高等学校工程创新型"十二五"规划教材

电子技术实验教程

刘菊荣　库锡树　主编

廖灵志　蔡立群　程江华　关永峰
马路华　李贵林　邓　斌　刘　恋　编

高吉祥　主审

電子工業出版社

Publishing House of Electronics Industry

北京·BEIJING

内容简介

本书是为高等院校电类和非电类专业本科生编写的实践性系列教材，是与《电子技术工程训练》、《电子系统综合设计》和《电子设计竞赛专题训练——由浅入深》配套使用的电子工程实践系列丛书。

本书共分5篇：第1篇简要介绍了电子技术实验基础知识方法；第2篇主要介绍了电路分析基础、模拟电子技术基础、数字电子技术基础单元电路的实验内容及方法；第3篇主要介绍了高频电路、单片机系统设计、EDA技术实验内容及方法；第4篇介绍了电子技术课程设计的实验内容和方法；第5篇列举了全国大学生电子设计竞赛的案例并分析了相关内容。附录详细列出了常用实验元件引脚图及功能表、仿真软件，以及实验板等。

本书可作为高等院校电类和非电类专业本科生的电路、模拟电子技术、数字电子技术、高频电子技术、单片机系统设计、EDA技术等课程实验和课程设计的实验指导教材，也可作为大学生参加各类电子设计与制作、工程实践、毕业设计等参考资料。

图书在版编目(CIP)数据

电子技术实验教程/刘菊荣，库锡树主编. —北京：电子工业出版社，2013.1
高等学校工程创新型“十二五”规划教材
ISBN 978-7-121-19162-6

Ⅰ.①电… Ⅱ.①刘… ②库… Ⅲ.①电子技术－实验－高等学校－教材 Ⅳ.①TN－33

中国版本图书馆CIP数据核字(2012)第293403号

策划编辑：陈晓莉
责任编辑：陈晓莉
印　　刷：三河市双峰印刷装订有限公司
装　　订：三河市双峰印刷装订有限公司
出版发行：电子工业出版社
　　　　　北京市海淀区万寿路173信箱　邮编 100036
开　　本：787×1092　1/16　印张：23.5　字数：615千字
版　　次：2013年1月第1版
印　　次：2015年12月第3次印刷
定　　价：45.00元

凡所购买电子工业出版社图书有缺损问题，请向购买书店调换。若书店售缺，请与本社发行部联系，联系及邮购电话：(010)88254888。

质量投诉请发邮件至zlts@phei.com.cn，盗版侵权举报请发邮件至dbqq@phei.com.cn。

服务热线：(010)88258888。

前 言

为贯彻落实教育部“卓越工程师教育培养计划”和“专业综合改革试点”等文件精神，适应信息电子技术的快速发展，根据当前教育教学改革发展趋势，针对高等院校电类、非电类专业工程教育和创新人才培养需求，编者总结了过去十几年的实践教学经验，编著了这套“电子工程实践系列丛书”。丛书共4册，分别是《电子技术工程训练》、《电子技术实验教程》、《电子系统综合设计》和《电子设计竞赛专题训练——由浅入深》。

丛书针对电子技术系列课程特点，按照循序渐进的思想，分类梳理和设计了符合“3性+3型”（“3性”即基础性、系统性、应用性，“3型”即验证型、综合设计型、创新型）原则的实验项目。丛书涵盖了模拟电子线路、数字电子技术、单片机与嵌入式系统、EDA技术等原理和技术的实践教学内容。丛书深入浅出地分析和讨论了电子技术实验常识、技术原理、步骤流程、实验条件等实践要素，并把培养学生严谨的实验作风、良好的实验习惯、严格的质量意识等工程素养贯穿于丛书之中。丛书还提供大量易于自主学习和实践的素材及实例，为课程实验、实验课程、课程设计、工程实习、电子设计竞赛、创新实践活动等提供有效的教学指导。

第一册《电子技术工程训练》，主要介绍电子元件识别、仪器使用、焊接练习、电路板制作、仿真软件、电子产品的装调等，可作为大一或大二学生的实训教材。

第二册《电子技术实验教程》，主要介绍电子技术实验基础知识、电路基础、模拟电子技术基础、数字电子技术基础、高频电子线路、单片机、EDA技术、电子技术课程设计等实验内容和方法，还分析了全国大学生电子设计竞赛的相关内容，可作为大二或大三学生的实验教材。

第三册《电子系统综合设计》，主要介绍电子系统基本设计方法与流程、数/模混合电路设计、放大器设计、滤波器设计、接口电路、传感器应用、PID控制技术等内容，可以培养学生的知识综合运用能力，并提高学生的电子系统设计能力，可作为大三或大四学生的相关实验教材。

第四册《电子设计竞赛专题训练——由浅入深》，该书从历届全国及各省市大学生电子设计竞赛试题中精选了一些有代表性的赛题，讨论了赛题的类型、特点、设计要求、系统方案、电路设计、程序设计等内容。同时根据学生的不同能力，制定了不同的训练方案，引导学生按专题类型进行五至八道题目的训练，为参加竞赛做好充分准备。该书既可作为学生参加电子设计竞赛的实用参考书，也可作为大三或大四学生的竞赛培训教材。

本书（第二册）根据教育部高等学校电子电气基础课程教学指导分委员会起草的“电子电气基础课程教学基本要求”，结合当今信息电子技术的发展趋势，参考国内外优秀实验教材，对电子电路系列课程实验进行了优化和改革，充分重视经典实验，并引入许多来源于科研成果、工程项目和电子设计竞赛等创新活动的实践内容。本书以电子技术基础实验和课程设计为基础，对学生的基本实验技能、综合设计能力、工程创新能力进行系统的培训。使学生掌握功能单元电路设计技术和方法的同时，训练学生综合运用所学知识进行电子系统设计的能力，并拓宽知识面，为后续课程学习、参加各类电子设计竞赛等创新实践活动、毕业设计，乃至毕业后的工作打下良好的基础。

本书共分5篇：第1篇简要介绍了电子技术实验基础知识和方法；第2篇主要介绍了电路分析基础、模拟电子技术基础、数字电子技术基础单元电路的实验内容和方法；第3篇主要介绍了高频电路、单片机系统设计、EDA 技术实验内容和方法;第 4 篇介绍了电子技术课程设计的实验技术和方法,既包括了单一课程的课程设计内容和方法,也包括了综合运用模拟电子技术、数字电子技术、高频电子技术进行系统设计的实验内容和方法;第 5 篇列举了全国大学生电子设计竞赛的案例并分析相关内容;附录详细列出了常用实验元件引脚图及功能表、仿真软件,以及实验板等。

全书由刘菊荣高工、库锡树教授提出编写思路及撰写大纲,并完成本书的策划、统稿、定稿工作,高吉祥教授担任主审。参加本书编写工作的有刘菊荣(第 1、2、15 章)、库锡树(第 4、16 章)、廖灵志(第 11、12、13、14 章、)、蔡立群(第 5、6、8 章)、程江华(第 9 章、附录 C)、关永峰(第 10 章)、马路华(第 7 章)、李贵林(第 3 章)、邓斌(附录 B)、刘恋(附录 A)。

此外,唐朝京、涂瑞斌、丁文霞、谢晓霞、胡名成、杜湘瑜、高广珠、刘安芝、翟庆林、罗笑冰、于红旗、陆珉、朱畅、王宁、何智勇、杨筱等同志参加了本书部分编写和审阅工作,张凤莲、张玉梅、张晓雪参与了电路图绘制。同时,本书在编写的过程中得到国防科学技术大学电子科学与工程学院领导的关心与大力支持,得到了电子工业出版社陈晓莉编审的热情帮助,以及北京理工大学罗伟雄教授的悉心指导,在此一并致以衷心的感谢。

由于编者水平有限,难免会有不妥和错误之处,热忱欢迎读者批评指正,以便进一步改进。

编　者

2012 年 12 月于长沙国防科技大学

目　录

第1篇　电子技术实验基础知识

第2篇　电子技术基础实验

第 4 篇　电子技术课程设计

第 5 篇　电子设计竞赛题选

第1篇　电子技术实验基础知识

第1章　电子技术实验须知

1.1　电子技术基础实验目的和意义

大家知道，科学技术的发展离不开实验，实验是促进科技发展的重要手段。我国著名科学家张文裕在为《著名物理学实验及其在物理学发展中的作用》一书所写的序言中，精辟论述了科学实验的重要地位。他说："科学实验是科学理论的源泉，是自然科学的根本，也是工程技术的基础。"

对于电子技术基础这样一门具有工程性和实践性很强的课程，加强工程训练，特别是技能的培养，对于培养工程技术人员的素质和能力具有十分重要的作用。

为培养知识面宽、工程实践能力强、具有创新意识和创新能力的综合型科技人才，电子技术实验项目一般要符合"三性"+"三型"的要求，"三性"指的是实验内容符合基础性、系统性和应用性，"三型"指的是实验项目符合验证型、综合设计型、创新型。

验证型实验主要在电子技术学科范围为理论论证和实际技能的培养奠定基础。这类实验除了巩固加深重要的基础理论外，主要帮助学生认识现象，洞悉事物的本质，掌握基本实验知识、基本实验方法和基本实验技能。

综合设计型实验属于应用性实验，实验内容侧重于理论知识和基本技术的综合应用，其目的是培养学生综合运用所学理论知识解决较复杂的实际问题的能力。

创新型实验对于学生来说既有综合性又有探索性。它主要侧重于理论知识和技术的灵活运用，例如，进行新型功能的电子电路、创新项目、科技小发明等的项目设计、安装和调试等，要求学生在教师指导下独立开展查阅资料、设计方案与组织实验等工作，并写出报告。这类实验对于提高学生的工程素质和科学实验能力非常有益。

自20世纪90年代以来，电子技术发展呈现出系统集成化、设计自动化、用户专业化和测试智能化的趋势。为了培养电子技术人才，适应电子信息时代的要求，除了完成常规的硬件实验外，在电子技术实验中引入电子电路计算机辅助分析与设计的内容是很有必要的。

总之，电子技术实验应兼顾基础共性技能、综合实践能力、工程应用能力和创新能力的培养，以适应人才培养新的要求。

1.2　电子技术基础实验的一般程序

怎样做实验？如何做好实验？这是同学们关心的共同问题，也是必须了解和掌握的问题。无论是什么实验，都必须遵循一定的程序。

实验的一般程序是：实验预习→实验设计→实验操作→分析总结。

一、实验预习

为避免实验的盲目性，实验者应对实验内容进行预习。要明确实验目的要求，掌握有关电路的基本原理（课程设计则要完成设计任务），拟出实验方法和步骤，设计实验表格，对思考题做出解答，初步估算(或分析)实验结果(包括参数和波形)，最后做出预习报告。

预习类似战前准备。在每次实验前，同学们必须认真阅读实验教材，做好实验预习报告。预习报告的内容一般包括：

(1) 弄清实验的目的、内容、方法及有关的知识、技术，解决实验要做什么和怎么做的问题。

(2) 做好实验前的准备工作：

- 对初次实验，要熟悉仪器仪表的使用，阅读指导书及课件，熟悉实验内容。
- 对验证性实验，对照电路原理图，计算出电路元器件参数和各项指标理论值，或估算出结果，并进行误差分析。
- 对设计性实验，应进行电路设计，完成必要的理论计算。
- 对创新性实验，要综合学习和分析同类产品或作品设计的优缺点，提出多种解决方案，通过分析与比较，最后设计出一个合理的方案。
- 列出实验操作的具体步骤。
- 画出记录数据所需要的表格。
- 标出实验中应注意的问题，以便实验时给出必要的提示。

(3) 能进行电路仿真的实验项目、单元或部件，就应进行仿真实验。根据电路原理图，选择合理的电路仿真软件，进行仿真分析，直至仿真结果正确为止。大多数情况下，要在草稿纸上画出电路原理图和实物引脚接线图。

(4) 认真准备实验课所要讨论的问题，回答思考题，理解和牢记注意事项。

二、实验操作

在实验过程中，应遵守实验室规章制度，牢记教师反复强调的问题和注意事项，严谨细致地进行实验设计和实验操作。在实验时应做到如下几点。

(1) 检查元器件：检查实验用的元器件、连接线是否齐全，并对其进行检测，判断是否正常。

(2) 熟悉设备：熟悉实验(箱)板中有关元器件的位置、仪器的使用方法，防止不当操作。

(3) 组装电路：在通用板或PCB板上正确焊接，在面包板或实验箱上正确接线，完毕后检查是否正确。

(4) 检查电路：仔细检查电源连接是否正确，地线是否接好，系统是否共地。

(5) 测试电路：检查电路无误后，必须确认电源电压符合设定值，极性连接无误后才可通电进行实验，实验时要按正确的实验方法和步骤进行，细心观察实验现象，如实记录实验数据或波形。

(6) 电路调试：实验中若出现问题，应先排查问题，检查电路设计正确与否，连线是否有误等。如需要更换元器件时，应先切断电源再进行更换，切忌带电操作。若遇疑难问题时，应检索电子答疑系统，若还解决不了问题时，最后请求教师指导。

(7) 结果分析：对实验结果进行分析，若发现与理论值偏差太大，或结果完全不对，应仔细查找原因，找出问题所在，并重新测试。

(8) 实验整理：实验结束后，首先切断仪器仪表电源，整理好仪器设备并将其摆放整齐，清理连接线、电源线等，将实验台收拾干净，填写仪器设备使用登记本。

三、实验总结

实验结束后，需认真撰写实验报告。实验报告是以书面形式对实验结果的全面总结，是对实验人员综合分析能力、文字表达能力和工程素质的基本训练，是培养学生分析现象、总结问题、解决问题能力的重要环节之一。总结报告的质量好坏将体现实验者对实验项目的理解能力、动手能力和实验态度。

(1) 实验总结

实验总结主要包括如下内容：

- 将原始实验数据进行整理、分析。
- 进行误差计算，并进行具体分析。
- 对实验中遇到的问题和现象进行记录和分析。
- 实验结论。

最后把预习报告与总结报告综合成一本完整的实验报告。

(2) 实验报告要求

- 书写在规定的实验报告纸上。
- 简明扼要，文理通顺，书写工整。
- 图表清楚、规范(作图用直尺，数据以表格形式填写，曲线和表格应注明名称、物理量和单位)。
- 实验数据整理，对自己实验所得数据和观察到的现象要实事求是地填写，原始数据的记录要按要求精确到某位有效数字，以表格形式填写，标明单位。实验波形以实际测量为准，与理论波形相对比，并能分析出与理论值相差的原因。

(3) 实验报告基本格式

① 封面：应写明实验名称、实验教室、实验者姓名、实验日期等。

② 实验预习

- 实验目的。
- 实验原理。
- 实验仪器。
- 实验步骤和测量方法(含实验电路、实验步骤、测试数据表等)。
- 思考题解答。

③ 实验总结

- 数据分析及实验结论。
- 心得体会或建议。

1.3　电子技术实验基本技能提高方法

一、提高实验技能的几种常用方法

(1) 认真进行实验预习，复习相关理论知识，理解实验原理，掌握实验方法，拟定实验步骤，了解操作注意事项。

(2) 理论联系实际，实验过程中注意用理论指导实践操作，加强理论与实践的相互渗透。

(3) 在实验过程中，多观察、多思考、多探讨，认真分析实验现象，做好记录，培养严谨的学习作风和实事求是的科学精神。

(4) 认真处理实验数据，及时按要求完成实验报告。

(5) 结合专业学习培养兴趣，适当订阅、涉猎一些电工电子方面的书籍杂志，浏览网络相关网站，尝试组装、维修一些简易的小电器，自己动手设计并制作小电路或小电器等。

(6) 认真研究元器件手册。

二、元器件获取方法

课内实验的元器件由实验室统一配备。学生应按要求使用元器件，使用完后应及时归位。

课外实验需要使用的元器件可采取以下方法获得：

(1) 免费领用。实验内已备好的基本元器件可以免费领用。

(2) 自行购买。直接从当地电子市场购买需要的元器件。

(3) 网上邮购。网上有来自全国的许多卖家销售器件，学生可上淘宝网搜索到需要的器件后直接网上付款，卖家会通过邮寄将买好的器件寄出。网购器件时间较长(一般2～5天不等)，但器件种类丰富，较易买到合适的器件。

(4) 教师代购。将需要购买的器件列好详细的元件清单，包括元件名称、型号、功能、封装、可替代型号等，交实验室老师代购。

(5) 样片申请。登录各大芯片制造厂商的主页，某些厂商(如美信等)只需按要求填表后就能免费申请到样片。样片一般采用邮寄的方式寄到，器件免费。

1.4 电子技术实验基本规则

对于电子电气专业的学生来说，培养其良好的工程素养远比灌输知识更重要。大部分学生在进入电子技术实验室前，已具有较系统的数理化知识，智力得到了较充分的开发，具有基本的做人做事准则和动手实践的潜力。但少数学生情商较低，学习、生活态度和道德风范受社会不良风气影响较大，诚实守信、认真细致、团结协作、勤于思考、艰苦奋斗、勇于实践、百折不挠、勤俭节约的作风未得到充分发扬，不具备基本的工程素养。这些素养的提高在理论教学中体现得不够充分，但在电子技术实验室里能得到充分体现。开展科学的电子技术实验需要具备紧密的合作精神、良好的操作习惯、规范的操作流程和真实的数据记录，这对于培养一个人科学的态度、诚实的作风、良好的素养十分有利。因此，希望同学们在实验过程中严格要求自己，将上述理念始终贯穿于实验教和学的各个环节。

习惯是事业成败的关键因素，人们往往只注重结果，却忽视了良好习惯的养成。不良习惯一旦养成，就会伴随人的一生，进而影响其工作和生活质量。因此，在实验中培养良好的工程实践习惯是很重要的。

在电子技术实验中应注意培养学生养成良好的实验习惯，认真做到如下几点：

(1) 重视实验，做好实验预习，按时到达实验室。

(2) 按时上课，未完成实验者不得早退，因事、因病不能上实验课应请假，由负责人向教师交请假单。

(3) 上课带齐所需用品(书、报告纸、坐标纸、尺子等)。

(4) 进实验室后按指定桌号就位。

(5) 就位后检查实验台仪器设备器件是否完齐全。

(6) 遵守学生实验守则及实验室规章制度，遵守课堂纪律，保持肃静、整洁，严禁大声喧哗、打闹、调位、吃东西、丢弃杂物等。

(7) 爱护仪器设备，严格遵守仪器操作规程、正确使用仪器，不野蛮操作设备，不随意挪动设备，不操作无关设备。

(8) 注意人身和设备安全，切勿带电操作。若发现异常现象，应立即切断电源，及时报告教员，不得自行处理。

(9) 按规范流程进行实验操作，实验完毕后，按要求填写仪器使用登记本。保持实验工位整洁，将仪器设备、凳子摆放整齐，方可离开。

(10) 实验报告应按要求及时提交。

1.5 实验常见问题及处理

失败乃成功之母，人是在不断的改正错误中成长的。实验中出错或失败属于正常现象，如赫兹在验证电磁波存在实验时就经历了成千上万次的失败。实验中出错并不可怕，可怕的是不积极思考、主动分析问题、查找错误，而是一有问题就问老师或怨天尤人，只求尽快得到实验结果，敷衍了事，没有想到实验的真正目的是要培养分析问题、解决问题的能力。对于实验中出现的问题，需要有一个积极应对的态度，这个态度就是认真细致、不厌其烦地去查找和解决问题。即使没有达到预期的实验结果，也会有一定的收获，同样能获得较好的实验成绩。反之，即使实验结果正确，也体会不到实验的真正目的。

为提高实验效率，避免出现不必要的问题或走太多的弯路，根据老师多年从事实验教学的经验，总结出一些学生应引起重视的问题：

(1) 电源加电错误

① 由于不理解电路地和保护地的含义，误将电路参考地接至稳压电源的保护地(机壳或大地)，没有形成供电回路。

② 由于粗心大意，未将稳压电源的正负极接至实验电路，或未打开稳压电源的开关，或将电源正负极性接反，或稳压电源电压值设置错误，或未加去耦电容导致电路不稳定。

③ 由于不熟悉稳压电源使用方法，导致稳压电源恒压/恒流模式设置错误，或导致电源串/并联组合模式设置错误。

(2) 导线连接错误

由于粗心大意，或不讲究连线方法，或看错元器件、芯片引脚，导致接线错误。

(3) 导线断裂不通

实验中导线使用频率较高，有些学生操作不当或用力过猛，致使绝缘外皮看似完好的导线内部铜芯断裂。因此，应在使用前用三用表对导线进行测试。

(4) 看错器件型号

由于粗心大意，不仔细辨认芯片型号，导致器件用错。

(5) 器件内部损坏

实验中电位器使用频率较高，易造成绕线电阻丝断裂或碳膜损坏，应在使用前用三用表进行测试。

(6) 预习不够充分

① 由于原理理解不透，导致电路设计错误。

② 由于事先未画出实际引脚连线图，导致浪费大量的时间排除低级的连线错误。

③ 由于仪器使用不熟练，导致实验中仪器操作不当，实验测量结果不正确。

④ 由于课前未进行虚拟仿真实验，对实验过程、测量方法等不熟悉，导致不能在规定时间内完成实验。

(7) 设备老化问题

由于实验箱、仪器设备等使用频率高或时间长，造成设备器件老化损坏，导致正确搭建的实验电路却得不到正确的实验结果。学生应敢于怀疑和分析此类问题。

第2章　电路设计基础知识

电子技术基础课程设计包括实验项目选择、参数计算、电路设计、部件组装、元件焊接、电路调试和报告撰写等实验环节。

2.1　电子电路的设计方法

设计一个电子系统时，首先要明确系统的设计任务，根据任务进行方案选择，然后对方案中的各部分进行单元电路设计、参数计算和器件选择，最后将各单元或部件有机连接在一起，画出一个符合设计要求的完整的电路图。

一、明确任务

对系统的设计任务进行具体分析，充分了解系统的功能、指标、内容及要求，以便了解系统应完成的任务。

二、方案选择

这一步的工作要求是把系统要完成的任务分配给若干个单元电路，并画出一个能表示各单元功能的系统原理框图。

方案选择的重要任务是根据掌握的知识、技术和资料，针对系统提出的任务、要求和条件，完成系统的功能设计。在这个过程中要敢于探索，勇于创新，力争做到设计方案合理、可靠、经济、功能齐全、技术先进。并且对方案要不断进行可行性和优缺点的分析，最后设计出一个系统框图。框图必须正确反映系统应完成的任务和各组成部分的功能，清楚表示系统的组成部分和相互连接关系。

三、单元电路的设计、参数计算和器件选择

根据系统的指标和功能框图，明确各部分任务，进行各单元电路的设计、参数计算和器件选择。

1. 单元电路设计

单元电路是系统的一部分，只有把各单元电路设计好才能提高整体设计水平。

每个单元电路设计前都需明确本单元电路的任务，详细拟定单元电路的性能指标，与前后级之间的关系，分析电路的组成形式。具体设计时，可以模仿成熟的电路，也可以进行创新或改进，但都必须保证性能要求。不仅单元电路本身要设计合理，各单元电路间也要互相配合，注意各部分之间输入、输出信号和接口关系。

2. 参数计算及估计

为保证单元电路达到功能指标要求，就需要用相关的电路原理对参数进行计算。例如，放大电路中静态工作点、各电阻值、放大倍数的计算，振荡器中电阻、电容、振荡频率等参数的计算。只有理解电路的工作原理，正确利用计算方法，算出的参数才能满足设计要求。

参数计算时，同一个电路可能有几组数据，注意选择一组能完成电路设计指标的要求及在工程中可行的参数。计算电路参数时应注意下列问题：

① 元器件的工作电流、电压、频率和功耗等参数应能满足电路指标的要求。

② 元器件的极限参数必须留有足够充裕量，一般应大于额定值的1.5倍。

③ 电阻和电容的参数应选计算值附近的标称值。

3. 元器件选择

① 阻容元件的选择：电阻和电容制作材料种类很多，正确选择电阻和电容是很重要的。不同的电路对电阻和电容性能要求也不同，有些电路对电容的漏电要求很严，还有些电路对电阻、电容的性能和容量要求很高。例如，滤波电路中常用大容量（100～3000μF）铝电解电容，为滤掉高频通常还需并联小容量（0.01～0.1μF）瓷片电容。设计时要根据电路的要求选择性能和参数合适的阻容元件，并要注意功耗、容量、频率和耐压范围是否满足要求。

② 分立元件的选择：分立元件包括二极管、晶体三极管、场效应管、光电二（三）极管、晶闸管等。根据其用途分别进行选择。

选择的器件种类不同，注意事项也不同。例如，选择晶体三极管时，首先注意选择 NPN 型还是 PNP 型管，高频管还是低频管，大功率管还是小功率管，并注意晶体管的参数 P_{CM}、I_{CM}、BV_{CEO}、I_{CBO}、β、f_T 和 f_β 是否满足电路设计指标的要求；高频工作时，要求 $f_T=(5\sim10)f$，f 为工作频率。

③ 集成电路的选择：由于集成电路可以实现很多单元电路甚至部件或系统的功能，所以选用集成电路来设计单元电路和系统既方便又灵活，它不仅使电子产品体积缩小，而且性能可靠，便于调试，在设计电路时颇受欢迎。

集成电路有模拟集成电路、数字集成电路和数模混合电路。国内外已生产出大量集成电路，其器件的型号、原理、功能、参数可查阅有关手册。选择的集成电路不仅要在功能和指标上满足设计要求，而且要满足功耗、电压、速度、价格等多方面的要求。

四、电路图的绘制

为详细表示设计的整机电路及各单元电路的连接关系，设计时需绘制完整的电路图。

电路图通常是在系统框图、单元电路设计、参数计算和器件选择的基础上绘制的，它是组装、调试和维修的依据。绘制电路图时要注意以下几点。

（1）布局合理、排列均匀、图面清晰、便于看图、有利于对图的理解和阅读。

有时一个总电路由几部分组成，绘图时应尽量把总电路画在一张图纸上。如果电路比较复杂，需绘制几张图，则应把主电路画在同一张图纸上，而把一些比较独立或次要的部分画在另外的图纸上，并在图的端口两端做上标记，标出信号从一张图到另一张图的引出点和引入点，以此说明各图纸在电路连线之间的关系。

有时为了强调并便于看清各单元电路的功能关系，每个功能单元电路的元件应集中布置在一起，并尽可能按信号工作顺序排列。

（2）注意信号的流向，一般从输入端或信号源画起，由左至右或由上至下按信号的流向依次画出各单元电路，而反馈通路的信号流向则与此相反。

（3）图形符号要标准，图中应加适当的标注。图形符号表示器件的项目或概念。电路图中的中、大规模集成电路器件，一般用方框表示，在方框中标出它的型号，在方框的边线两侧标出每根线的功能名称和引脚号。除中、大规模器件外，其余元器件符号应当按标准画出。

（4）连接线应为直线，并且交叉和折弯应最少。连线通常可以水平布置或垂直布置，一般不画斜线，互相连通的交叉处用画实的圆点表示，根据需要，可以在连接线上加注信号名或其他标记，表示其功能或其去向。有的连线可用符号表示，例如，器件的电源一般标电源电压的数值，地线用地线符号表示。

设计的电路能否满足设计要求，还必须通过安装、调试进行验证。

2.2 电子电路的组装

电子电路设计好后，便可进行安装和调试。

电子技术基础实验中组装电路通常采用焊接和插接两种方式。焊接组装可提高学生焊接技术，但器件可重复利用率低。在面包板或实验箱上组装，元器件和导线便于插接，且电路便于调试，并可提高器件重复利用率，但连接的可靠性降低。

一、在实验箱上用插接方式组装电路的方法

(1) 集成电路的插装：插装集成电路时首先应认清方向，不要倒装，所有集成电路的插口方向保持一致，注意引脚不能弯曲。

(2) 元器件的插装：根据电路图确定元器件在实验箱的位置，并按信号的流向将元器件顺序地安装，以易于调试。

(3) 导线的选用和连接：导线直径应和插接板的插孔直径相一致，过粗会损坏插孔，过细则与插孔接触不良。

为方便检查电路，应根据不同用途，确定导线颜色。一般正电源用红线，负电源用蓝线，地线用黑线，信号线用其他颜色。

导线要求紧贴在插接板上，避免接触不良。较长的连线不允许跨在集成电路上，一般从集成电路周围通过，尽量做到横平竖直，这样便于查线和更换器件，但高频电路部分的连线应尽量短，且遵守分布参数等相关规则。

二、电路板布线的一般原则

(1) 按电路图顺序成直线排列。它的优点是电路结构清楚，便于布设、检查，也便于各级电路的屏蔽和隔离；电路的输入级和输出级距离较远，使级间寄生反馈及寄生耦合减小；各级电路之间衔接较好，使连接线较短，减小电路的分布参数。

(2) 交流、直流线路分开布线。

(3) 高压、低压电路分开走线。

(4) 强、弱信号分开布线。

(5) 在布线时，一般对地线作如下处理：接地线应短而粗，增大地线截面积，以减小地阻抗；低频电路中采用一点接地的方法，高频电路中采用多点接地和特殊布线的方法(参考相关的高频、射频布线资料)；数字地和模拟地分开布线。

组装电路时应注意，各电路单元之间要共地。正确的组装方法和合理的布局，不仅使电路整齐美观，而且能提高电路工作的性能和可靠性，便于检查和排除故障。

2.3 手工焊接基础知识

任何组成电子系统的部件、电子仪器、仪表或电子产品，都是由各种元器件、电子模块、接插件、线缆，采用一定的工艺方法，按电路工艺文件连接组装而成的。电子产品的制作包括PCB设计制作、元器件焊接、接插件焊接、线缆连接、机械安装等环节，其中焊接是电子制作中的重要环节，也是工程技术人员必须掌握的一种技能。焊接质量的好坏会直接影响电路的性能和可靠性。

焊接是将两个或两个以上的焊件，在外界某种能量(加热或其他的方法)的作用下，借助于各焊件接触部位的原子间的相互结合力，连接成一个不可拆卸的整体加工方法。

2.3.1 手工焊接技术

1. 电烙铁及其使用

电烙铁是焊接的主要工具，其作用是把电能转换成热能，对焊点部位进行加热，同时熔化焊锡，使熔化的焊锡润湿被焊金属形成合金，冷却后，被焊元器件通过焊点牢固地连接。常用电烙铁分外热式和内热式两种，除此之外还有恒温电烙铁、吸锡电烙铁和气焊烙铁等。按电烙铁功率大小又可分为 15W、20W、30W、45W、75W、100W 和 300W 等几种，应根据所焊接元器件的大小和导线粗细来选用。一般焊接晶体管、集成电路和小型元件时，选用 15W 或 20W 即可。

电烙铁使用时的注意事项：

① 使用前，应认真检查烙铁电源插头、电源线有无损坏，并检查烙铁头是否松动。

② 使用新烙铁前，应用细砂纸将烙铁头打光亮，通电烧热，用烙铁头刃面接触含松香的焊锡丝，使烙铁头上均匀地镀上一层薄锡，这样做可以便于焊接和防止烙铁头表面氧化。

③ 使用旧烙铁时，如烙铁头严重氧化而发黑，可以用钢锉刀锉掉表层氧化物，使其露出金属光泽后，重新镀锡，才能使用。

④ 对于表面镀有合金层的烙铁头，不能采用上述方法，可以用湿的棉布等去掉烙铁头表面的氧化物。

⑤ 电烙铁使用中，不能用力敲击，要防止烙铁头跌落。

⑥ 烙铁头上焊锡过多时，可用布擦掉，不可乱甩，以免伤到皮肤和眼睛及烫伤他人。

⑦ 电烙铁通电后温度高达 250℃以上，不用时应放在烙铁架上。如果较长时间不用应切断电源，防止高温“烧死”烙铁头(被氧化)。

⑧ 防止电烙铁烫坏其他元器件，尤其是电源线，若其绝缘层被烙铁烧坏，容易引发安全事故。

2. 焊料

焊料是一种易熔金属，它能使元器件引线与印制电路板的连接点连接在一起。目前主要使用锡铅焊料，也称焊锡。它的特点是熔点低，抗腐蚀能力强，凝固快，成本低，导电性好。

3. 焊剂

在焊接过程中，由于金属在加热的情况下会产生一薄层氧化膜，这将阻碍焊锡的浸润，影响焊接点合金的形成，容易出现虚焊、假焊现象。焊剂是用来增加润湿，以帮助和加速焊接的进程，故焊剂又称助焊剂。使用助焊剂，可以帮助清除金属表面的氧化物，利于焊接，又可保护烙铁头。焊剂的配方较多，常用的是将 20％的松香、78％的酒精和 2％的三乙醇胺配成松香酒精溶液。酸性焊油具有腐蚀性，在装配电子设备时不能使用。

2.3.2 手工焊接操作方法

一、电烙铁的握法

电烙铁的握法分为三种。如图 2-3-1 所示。

反握法：此法动作稳定，长时间操作不易疲劳，适用于大功率电烙铁，焊接散热量大的被焊件。

正握法：此法适用于中等功率电烙铁，使用弯形烙铁头的电烙铁一般也用此方法。

握笔法：此法适用于小功率电烙铁，焊接散热量小的被焊件，如焊接收音机、电视机的印制电路板及其维修等。

二、焊锡丝的拿法

焊锡丝的拿法有两种，如图 2-3-2 所示。连续焊接时应将焊锡丝抓在左手中，焊接时用左手拇指和食指捏住送向烙铁头，如图 2-3-2(a)所示；断续焊接时，焊锡丝也是用左手拇指和食指送往烙铁头，但焊锡丝不在手掌之中，如图 2-3-2(b)所示。

使用烙铁时，通常要配备烙铁架，烙铁不用时一定要稳妥地插放在烙铁架上，注意烙铁头不要触碰到导线或其他器件，以免烫伤导线，造成漏电等事故。

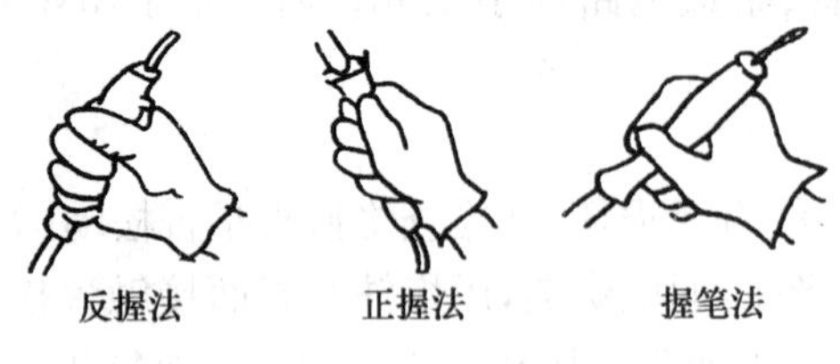

图 2-3-1　电烙铁握持方法

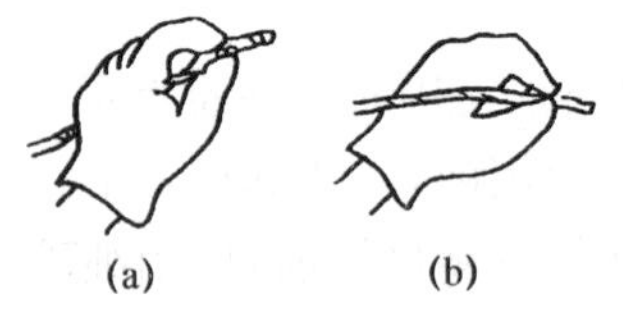

图 2-3-2　焊锡丝的拿法

三、焊接准备工作

在焊接电路板前，做好充分的准备工作是非常有必要的。首先，要熟悉所焊印制电路板的装配图，把每个元件检测一遍，看是否合格(包括型号、数值、耐压值和极性等)，不符合要求的要及时更换。把每只元件的引线用砂纸或小刀刮干净，露出金属光泽，涂上助焊剂进行上锡；然后按电路板的设计要求将元件引线做形；接着，根据安装图进行元器件的安装。元器件的安装方式有立式、卧式两种。如图 2-3-3 所示，卧式安装机械稳定性好，排列整齐，元器件跨距大，一般用于有足够空间的元件排版情况。立式安装元器件占地面积小，一般用于元器件排列密集的情况。

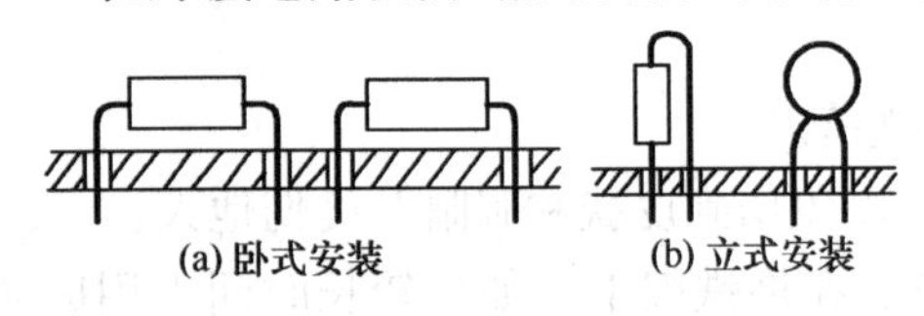

图 2-3-3　元器件的安装方式

安装顺序一般是先装大元件，然后再把电阻电容等小元件插入焊点孔中，要求元件排列整齐美观，元件型号数值朝外容易看到，便于检查维修，最后把测试好的晶体管或集成电路插入焊孔后，就可以进行焊接。理想的焊接，在结构上必须具有一层比较严格的合金层如图 2-3-4 所示，若焊接方法不正确将会出现虚焊、假焊现象，如图 2-3-5 所示。

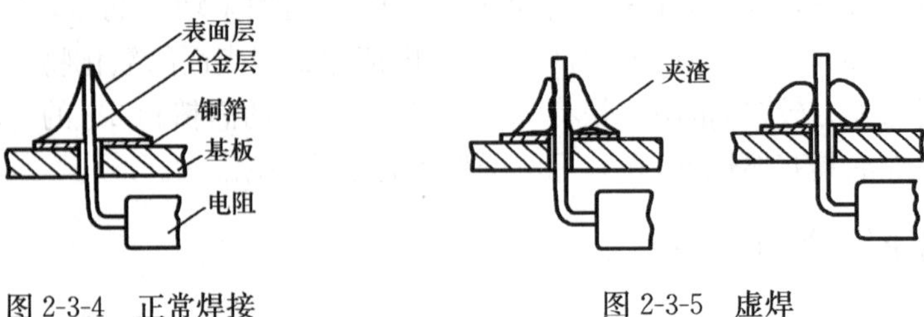

图 2-3-4　正常焊接

图 2-3-5　虚焊

四、手工焊接操作步骤

焊接操作方法有三工序法和五工序法。

(1) 五工序法如图 2-3-6 所示，具体步骤为：

① 准备施焊：右手拿烙铁(烙铁头应保持干净，并上锡)，处于随时可施焊状态。

② 加热焊件：应注意加热整个焊接体，元器件的引线和焊盘都要均匀受热。

③ 送入焊锡丝：加热焊件达到一定温度后，焊锡丝从烙铁对面接触焊件，注意不能直接接触电烙铁头。

④ 移开焊锡丝：当焊锡丝熔化一定量后，立即移开焊锡丝。

⑤ 移开电烙铁头：焊锡浸润焊盘或焊件的施焊部位后，移开烙铁。

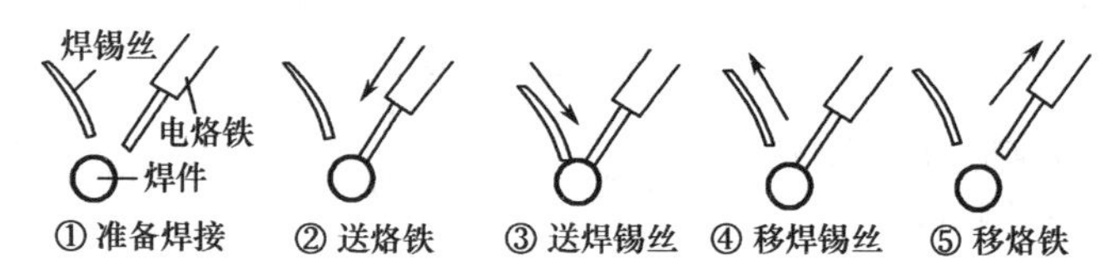

图 2-3-6　五工序法

(2) 三工序法如图 2-3-7 所示，焊接分为准备焊接、送电烙铁和焊锡丝、同时移开烙铁和焊锡丝三个工序进行。

对于小热容量焊件而言，上述整个过程不过 2～4 秒时间，一般采用三工序法操作。而在实际的焊接操作中，可能由于烙铁功率，焊点热容量的差别等因素，应实际掌握焊接火候，没有定章可循，应该具体情况具体对待，通过不断的实践、用心体会，使得动作协调熟练。

图 2-3-7　三工序法

(3) 贴片元件的手工焊接

焊接贴片元件时，应先在焊盘上涂上助焊剂，然后在焊点上上一点焊锡，用镊子夹住被焊元件，将其放在焊点上，放正后用烙铁将其焊上一个引脚，焊好后再看看是否放正，如果已放正，就再焊上其他引脚。

五、焊点的质量检查

为了保证焊点处电气接触良好、机械结合牢固和美观就要避免不合格焊点。常见的焊点缺陷及原因分析见表 2-3-1。

表 2-3-1　常见的焊点缺陷及原因分析

焊点缺陷	外观特点	危害	原因分析
虚焊	焊锡与元件引线或铜箔间有明显黑色界限，焊锡向界线凹陷，润湿不良	不能正常工作	元器件引线、印制板未清洁干净；焊剂质量不好
焊锡量过多	焊料面呈现凸形	浪费焊料，而且可能包藏缺陷	焊锡丝撤离过迟
焊锡量过少	焊料面积小于焊盘的 80%，焊料未形成平滑面	机械强度不足	焊锡丝撤离过早或焊锡流动性差；焊剂不足或质量差

（续表）

焊点缺陷	外观特点	危害	原因分析
过热	焊点发白，无金属光泽，表面较粗糙	焊盘容易剥落，强度降低	烙铁功率过大，加热时间过长
冷焊	表面呈豆腐渣状颗粒，有时可能有裂纹	强度低，导电性能不好	焊料未凝固前焊料抖动
空洞	焊锡未流满焊盘	强度不足	元器件引线、焊盘部分未清洁干净；焊料流动性不好；焊剂不足或质量差；加热不足
拉尖	出现尖端毛刺	外观不佳，绝缘距离变小，高压电路会造成打火现象	焊料过多，焊剂过少，加热时间过长，使焊锡黏性增加
桥接	相邻的铜箔被连接起来	造成电气短路	焊料过多；焊接技术不良，烙铁离开焊点时角度过小
剥离	铜箔从印制板上剥离	印制板被损坏	焊接温度过高，焊接时间过长

六、焊接注意事项

(1) 保持焊接处和焊接物的清洁。

(2) 烙铁头的温度和焊接时间应适当。

(3) 焊点上的焊锡量要适中。

(4) 烙铁头应以45°的方向撤离。

(5) 焊锡凝固之前不要使焊件移动或振动。

2.4 电路的调试

实践表明，一个电子装置，即使按照设计的电路参数进行安装，往往也难于达到预期的效果。这是因为人们在设计时，不可能周密地考虑各种复杂的客观因素（如元件值的误差，器件参数的分散性，分布参数的影响、各单元之间的相互干扰等），必须通过安装后的测试和调整，来发现和纠正设计方案的不足和安装的不合理，然后采取措施加以改进，使装置达到预定的技术指标。因此，掌握电子电路的调试技能，对于每个从事电子技术及其有关领域工作的人员来说，是非常重要的。

电路的调试除了目视观察法之外大多数情况要借助仪器设备。调试的常用仪器有万用表、稳压电源、示波器、信号发生器和扫频仪等。

一、调试前的目视检查

电路安装完毕，通常不宜急于通电，先要认真检查一下。具体查验的项目如下。

1. 连线是否正确

检查电路连线是否正确，包括错误连线、少线和多线。查线的方法通常有两种。

① 按照电路图检查安装的线路：这种方法的特点是，根据电路图连线，按一定顺序逐一检查安装好的线路。由此，可以比较容易查出错线和少线。

② 按照实际线路来对照原理电路进行查线：这是一种以元件为中心进行查线的方法。把每个元件（包括器件）引脚的连线一次查清，检查每个引脚的所有连线在电路图上是否存在，这种方法不但可以查出错线和少线，还容易查出多线。

为了防止出错，对于已查过的线通常应在电路图上做出标记。查线时最好用指针式万用表“Ω×1”挡，或数字式万用表“⊣▷挡”的蜂鸣器来测量，而且直接测量元、器件引脚，这样可以同时发现接触不良的地方。

2. 元、器件安装情况

检查元、器件引脚之间有无短路，连接处有无接触不良，二极管、三极管、集成电路和电解电容极性等是否连接有误。

3. 电源供电（包括极性）、信号源连线是否正确

检查电源极性是否正确，信号线是否连接正确。

4. 电源端对地是否存在短路

在通电前，断开一根电源线，用万用表检查电源端对地是否存在短路。检查直流稳压电源对地是否短路。

若电路经过上述检查，并确认无误后，就可转入调试。

二、借助仪器的调试检查

调试包括测试和调整两个方面。所谓电子电路的调试，是以达到电路设计指标为目的而进行的一系列的**“测量→判断→调整→再测量”**的反复过程。

为了使调试顺利进行，设计的电路图上应当标明各点的电位值、相应的波形图，以及其他主要参数值。调试方法通常采用：**先分调后联调（总调）**。

我们知道，任何复杂电路都是由一些基本单元电路组成的，因此，调试时可以遵循信号的流向，逐级调整各单元电路，使其参数基本符合设计指标。这种调试方法，一般是把组成电路的各功能块（或基本单元电路）先调试好，并在此基础上逐步扩大调试范围，最后完成整机联调。采用先分调后联调的优点是能及时发现问题和解决问题。新设计的电路一般采用此方法。对于包括模拟电路、数字电路和微机系统的电子装置，更应采用这种方法进行调试。因为只有把三部分分开调试后，分别达到设计指标，并经过信号及电平转换电路后才能实现整机联调。否则，由于各电路要求的输入、输出指标不符合要求，盲目进行联调，就可能造成器件损坏和浪费时间。

按照上述原则，具体调试步骤如下。

1. 通电观察

把经过准确检测并设好的电源接入电路，观察有无异常现象，包括有无冒烟，是否有异常气味，元器件是否发烫，电源是否有短路现象等。如果出现异常，应立即切断电源，待排除故障后才能再通电。然后测量各路总电源电压和各器件的引脚的电源电压，以保证元器件正常工作。

通过通电观察，认为电路初步工作正常，就可转入调试阶段。

在这里，需要指出的是，一般实验室中使用的稳压电源是一台仪器，它不仅有一个“+”端，

一个“－”端，还有一个“地”接在机壳上，叫“机壳地”，当电源与实验板（箱）连接时，为了能形成一个完整的屏蔽系统，实验板的“地”一般要与电源的“机壳地”连起来，而实验板上用的电源可能是正电压，也可能是负电压，还可能正、负电压都有，所以电源是“＋”端接“机壳地”还是“－”端接“机壳地”，使用时应先考虑清楚。如果要求电路浮地，则电源的“＋”与“－”端都不与机壳地相连。

另外，应注意，电源在开与关的瞬间往往会出现瞬态电压上冲的现象，集成电路最怕过电压的冲击，所以一定要养成先开启电源，后接电路的习惯，在实验中途也不要随意将电源关掉。

2. 静态调试

交流、直流并存是电子电路工作的一个重要特点。一般情况下，直流为交流服务，直流是电路工作的基础。因此，电子电路的调试有静态调试和动态调试之分。静态调试一般是指在没有外加信号的条件下所进行的直流测试和调整过程。例如，通过静态测试模拟电路的静态工作点、数字电路的各输入端和输出端的高、低电平值及逻辑关系等，可以及时发现已经损坏的元器件，判断电路工作情况，并及时调整电路参数，使电路工作状态符合设计要求。

对于运算放大器，静态检查除测量正、负电源是否接上外，主要检查在输入为零时，输出端是否接近零电位，调零电路是否起作用。当运放输出直流电位始终接近正电源电压值或负电源电压值时，说明运放处于阻塞状态，可能是外电路没有接好，也可能是运放已经损坏。如果通过调零电位器不能使输出为零，除了运放内部对称性差外，也可能运放处于振荡状态，所以实验板直流工作状态的调试，最好接上示波器进行监视。

3. 动态调试

动态调试是在静态调试的基础上进行的。调试的方法是在电路的输入端接入适当频率和幅值的信号，并循着信号的流向逐级检测各有关点的波形、参数和性能指标。发现故障现象，应采取不同的方法缩小故障范围，最后设法排除故障。

测试过程中不能凭感觉和印象，要始终借助仪器观察。使用示波器时，最好把示波器的信号输入方式置于“DC”挡，通过直流耦合方式，可同时观察被测信号的交、直流成分。

通过调试，最后检查单元电路和整机的各项指标（如信号的幅值、波形形状、相位关系、增益、输入阻抗和输出阻抗等）是否满足设计要求，如有必要，再进一步对电路参数进行合理的修正。

三、调试中的注意事项

调试结果是否正确，很大程度上受测量方法正确与否和测量精度的影响。为了保证调试的效果，必须减小测量误差，提高测量精度。为此，需应注意以下几点。

① 正确使用测量仪器的接地端。凡是使用地端接机壳的电子仪器进行测量，仪器的接地端应和放大器的接地端连接在一起，否则仪器机壳引入的干扰不仅会使放大器的工作状态发生变化，而且将使测量结果出现误差。根据这一原则，调试发射极偏置电路时，若需测量 V_{CE}，不应把仪器的两端直接接在集电极和发射极上，而应分别地测出 V_C、V_E，然后将两者相减得到 V_{CE}。若使用干电池供电的万用表进行测量，由于电表的两个输入端是浮动的，所以允许直接接到测量点之间。

② 在信号比较弱的输入端，尽可能用屏蔽线连接。屏蔽线的外屏蔽层要接到公共地线上。在频率比较高时要设法隔离连接线分布电容的影响，如用示波器测量时应该使用有探头的测量线，以减少分布电容的影响。

③ 测量电压所用仪器的输入阻抗必须远大于被测处的等效阻抗。因为，若测量仪器输入

阻抗小,则在测量时会引起分流,给测量结果带来很大的误差。

④ 测量仪器的带宽必须大于被测电路的带宽。例如,MF-20 型万用表的工作频率为 20～20 000Hz。如果放大器的 $f_H = 100kHz$,就不能用 MF-20 来测试放大器的幅频特性。否则,测试结果就不能反映放大器的真实情况。

⑤ 要正确选择测量点。用同一台测量仪进行测量时,测量点不同,仪器内阻引进的误差大小将不同。例如,对于图 2-4-1 所示电路,测 c_1 点电压 V_{c1} 时,若选择 e_2 为测量点,测得 V_{e2},根据 $V_{c1} = V_{e2} + V_{be2}$ 求得的结果,可能比直接测 c_1 点得到的 V_{c1} 的误差要小得多。所以出现这种情况,是因为 R_{e2} 较小,仪器内阻引进的测量误差小。

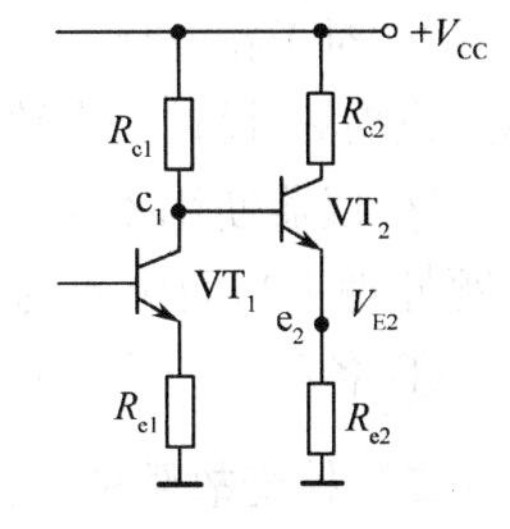

图 2-4-1　被测电路

⑥ 测量方法要方便可行。需要测量某电路的电流时,一般尽可能测电压而不测电流,因为测电压不必改动被测电路,测量方便。若需知道某一支路的电流值,可以通过测取该支路上电阻两端的电压,经过换算而得到。

⑦ 调试过程中,不但要认真观察和测量,还要善于记录。记录的内容包括实验条件,观察的现象,测量的数据、波形和相位关系等。只有得到了大量可靠的实验记录,并与理论结果加以比较,才能发现电路设计上的问题,完善设计方案。

⑧ 调试时出现故障,要认真查找故障原因。切不可一遇故障解决不了就拆掉线路重新安装。因为重新安装的线路仍可能存在各种问题,如果是原理上的问题,即使重新安装也解决不了问题。应当把查找故障并分析故障原因看成一次好的学习机会,通过它来不断提高自己分析问题和解决问题的能力。

2.5　检查故障的一般方法

故障是我们不希望出现的,但电路异常又是不可避免。分析、寻找和排除故障是电气工程师必备的技能。

对于一个复杂的系统来说,要在大量的元器件和线路中迅速、准确地找出故障是不容易的。一般故障诊断过程,就是从故障现象出发,通过反复测试,作出分析判断,逐步找出故障的过程。

一、故障现象和产生故障的原因

1. 常见的故障现象

① 放大电路没有输入信号,而有输出波形。

② 放大电路有输入信号,但没有输出波形,或者波形异常。

③ 串联稳压电源无电压输出,或输出电压过高且不能调整,或输出稳压性能变坏、输出电压不稳定等。

④ 振荡电路不产生振荡。

⑤ 计数器输出波形不稳,或不能正确计数。

⑥ 收音机中出现“嗡嗡”交流声、“啪啪”的汽船声和炒豆声等。

⑦ 发射机中出现频率不稳,或输出功率小甚至无输出,或反射大,作用距离小等。

以上是最常见的一些故障现象,还有很多奇怪的现象,在这里就不一一列举了。

2. 产生故障的原因

故障产生的原因很多,情况也很复杂,有的是一种原因引起的简单故障,有的是多种原因相互作用引起的复杂故障。因此,引起故障的原因很难简单分类。这里只能进行一些粗略的分析。

① 对于定型产品使用一段时间后出现的故障,其原因可能是元器件损坏,连线发生短路或断路(如焊点虚焊,接插件接触不良,可变电阻器、电位器、半可变电阻等接触不良,接触面表面镀层氧化等),或使用条件发生变化(如电网电压波动,过冷或过热的工作环境等)影响电子设备的正常运行。

② 对于新设计安装的电路来说,故障原因可能是:实际电路与设计的功能不相符;元件使用不当或损坏;设计的电路本身就存在某些严重缺陷,不满足技术要求;连线发生短路或断路等。

③ 仪器使用不正确引起的故障。如示波器使用不正确而造成的波形异常或无波形,共地问题处理不当而引入的干扰等。

④ 各种干扰引起的故障。

二、检查故障的一般方法

查找故障的顺序可以从输入到输出,也可以从输出到输入,具体方法有以下几种。

1. 观察法

观察法是指不用任何仪器,利用人的视、听、嗅、触等手段来发现问题,寻找和分析故障。观察法分为静态观察法和动态观察法。

静态观察法也称断电观察法,是在不通电的情况下,通过目测,用直观的方法和使用万用表来排除故障,如有无脱焊、短路、断线等外在故障;检查电解电容的极性是否正确;二极管和三极管的引脚、集成电路的引脚有无错接、漏接、互碰等情况;布线是否合理;印制板有无断线,等等。

动态观察法也称通电观察法,即设备通电后,观察电路各种现象排除故障的方法。如电路有无发烫、冒烟;有无异常声音;有无烧焦异味;触摸一些集成电路是否有发烫等现象。如果观察到有异常情况,应立刻断电,再分析其原因,进行故障的排除。

此法简单,也很有效,可作初步检查时用,但对比较隐蔽的故障无能为力。

2. 测量法

根据测量的电参数特性可分为:电阻测量法、电压测量法、电流测量法、逻辑状态测量法和波形测量法等。

(1) 电阻测量法

利用万用表的欧姆挡测量元器件或电路各点之间的电阻值来排除故障的方法称为电阻测量法。这种方法对确定开关、接插件、导线、印制板导电的通断及电位器的好坏、电容是否短路、电感线圈是否断路等故障的排查很有效。

(2) 电压测量法

当电子设备正常工作时,线路各点间都有一个确定的工作电压,通过测量电压来排查故障的方法称为电压测量法。根据电源的不同可分为交流和直流两种测量方法。

交流电压测量法一般是对 50/60Hz 的电压而言,只需使用普通万用表选择合适的 AC 量程挡即可测量;对于非 50/60Hz 的电源,应根据电压频率值合理选用不同频率特性的电压表。测高压时注意安全操作。

直流电压测量法可分为三步:测量稳压电路输出端是否正常;测量各单元电路及关键点的电压是否正常;测量电路各主要元器件(如晶体管、集成电路等)各引脚电压是否正常,对集成电路首先要测量电源端。然后对比正常工作的同种电路测得的各点电压,偏离正常电压较多的部位或元器件,通常就是故障所在的部位。

(3) 电流测量法

电子设备正常工作时,各部分工作电流是稳定的,根据电路原理图,可以测量电路各点工作电流是否正常，偏离正常值较大的部位通常就是故障的所在位置。电流测量法有直接测量和间接测量两种。直接测量是将电流表直接串接在检测电路中，测得电流值的方法。间接测量是用测量电压的方法测得采样电阻上的电压值，再换算成电流的方法。

(4) 逻辑状态测量法

这是对数字电路而言的，数字逻辑主要有高电平、低电平两种状态，只需判断电路各部分的逻辑状态，即可确定电路是否正常工作。

(5) 波形测量法

对交变信号而言，采用示波器观察信号通路各点的波形是最直观有效的排除故障方法。利于排除寄生振荡、寄生调制或外界干扰、噪声等引起的故障。

3. 信号寻迹法

对于各种较复杂的电路，可在输入端接入一个一定幅值、适当频率的信号(例如，对于多级放大器，可在其输入端接入 $f=1000$Hz 的正弦信号)，用示波器由前级到后级(或者相反)，逐级观察波形及幅值的变化情况，如哪一级异常，则故障就在该级。这是深入检查电路的方法。

4. 对比法

怀疑某一电路存在问题时，可将此电路的参数与工作状态与相同的正常电路中的参数(如理论分析的电流、电压、波形等)进行一一对比，从中找出电路中的不正常情况，进而分析故障原因，判断故障点。

5. 部件替换法

有时故障比较隐蔽，不能一眼看出，如此时你手中有与故障产品同型号的产品，可以将工作正常产品中的部件、元器件、插件板等替换有故障产品中的相应部件，以便于缩小故障范围，进一步查找故障。

6. 旁路法

当有寄生振荡现象，可以利用适当容量的电容器，选择适当的检查点，将电容临时跨接在检查点与参考接地点之间，如果振荡消失，就表明振荡是产生在此附近或前级电路中。否则就在后面，再移动检查点寻找它。

应该指出的是，旁路电容要适当，不宜过大，只要能较好地消除有害信号即可。

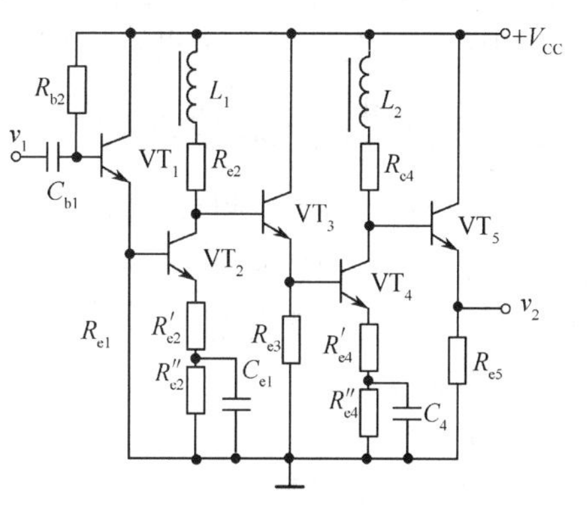

图 2-5-1 用于分析短路法的放大电路

7. 短路法

短路法就是采取临时性短接一部分电路来寻找故障的方法。如图 2-5-1 所示的放大电路，若用万用表测量 VT_2的集电极对地无电压时，我们就怀疑 L_1断路，则可以将 L_1两端短路，如果此时有正常的 V_{c2}值，则说明故障发生在 L_1上。

8. 断路法

断路法用于检查短路故障最有效。断路法也是一种使故障怀疑点逐步缩小范围的方法。例如，某稳压电源接入一个带有故障的电路，使输出电流过大，我们采取依次断开电路的某一支路的办法来检查故障。如果断开该支路后，电流恢复正常，则故障就发生在此支路。

9. 暴露法

有时故障不明显，或时有时无，一时很难确定，此时可采用暴露法。检查虚焊时对电路进行敲击就是暴露法的一种。另外，还可以让电路长时间工作一段时间，如几小时，然后再来检查电路是否正常。这种情况下往往有些临界状态的元器件经不住长时间工作，就会暴露出问题来，然后对症处理。

实际调试时，寻找故障原因的方法多种多样，以上仅列举了几种常用的方法。这些方法的使用可根据设备条件、故障情况灵活掌握。对于简单的故障用一种方法即可查找出故障点，但对于较复杂的故障则需采取多种方法互相补充、互相配合，才能找出故障点。在一般情况下，寻找故障的常规做法是：

① 采用直接观察法，排除明显的故障。

② 再用万用表(或示波器)检查静态工作点。

③ 信号寻迹法是对各种电路普遍适用而且简单直观的方法，在动态调试中广为应用。

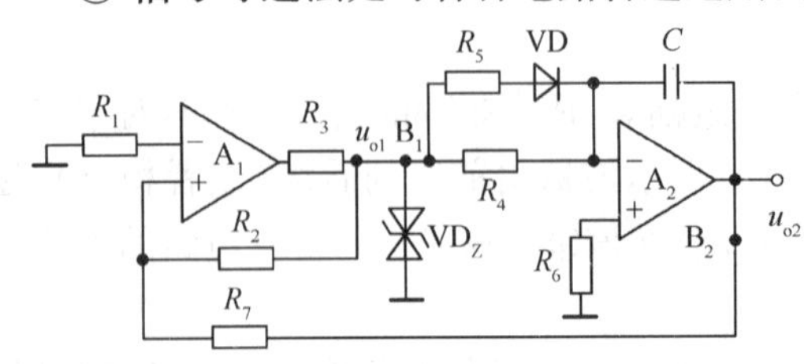

图 2-5-2　方波和锯齿波电压产生器电路

应当指出，对于反馈环内的故障诊断是比较困难的。在这个闭环回路中，只要有一个元器件(或功能块)出故障，则往往整个回路中处处都存在故障现象。寻找故障的方法是先把反馈回路断开，使系统成为一个开环系统，然后再接入一适当的输入信号，利用信号寻迹法逐一寻找发生故障的元、器件(或功能块)。例如，图 2-5-2 是一个带有反馈的方波和锯齿波电压产生器电路，A_1的输出信号 u_{o1}作为 A_2的输入信号，A_2的输出信号 u_{o2}作为 A_1的输入信号。也就是说，不论 A_1组成的过零比较器，还是 A_2组成的积分器发生故障，都将导致 u_{o1}、u_{o2}无输出波形。寻找故障的方法是，断开反馈回路中的一点(如 B_1点或 B_2点)，假设断开 B_2点，并从 B_2点与 R_7连线端输入一适当幅值的锯齿波(正常工作时的输出波形)，用示波器观测 u_{o1}输出波形应为方波，u_{o2}输出波形应为锯齿波，如果 u_{o1}没有波形或 u_{o2}波形出现异常，则故障就发生在 A_1组成的过零比较器(或 A_2组成的积分器)电路上。

2.6　电路设计总结报告

编写课程设计总结报告是对学生撰写科学论文和科研报告的能力训练。通过写报告，不仅把设计、安装、调试的内容进行全面总结，而且把实践内容上升到理论高度。一个高质量的总结报告应包括以下几点：

① 课题名称。

② 内容摘要。

③ 设计内容及要求。

④ 比较和选取设计的系统方案，画出系统框图。

⑤ 单元电路设计、参数计算和器件选择。

⑥ 画出完整的电路图，并说明电路的工作原理。

⑦ 组装调试的内容。包括使用的主要仪器和仪表、调试电路的方法和技巧、测试的数据和波形，结果比较分析，以及调试中出现的故障、原因及排除方法。

⑧ 总结设计电路的特点和方案的优缺点，指出课题的核心及实用价值，提出改进意见和展望。

⑨ 列出系统需要的元器件清单。

⑩ 列出参考文献。

⑪ 收获、体会。

第3章　常用电子元件识别

3.1　电阻器

电阻器是限制电流的元件，它是由电阻率较大的材料制成。在电路中起限流、分压、分流、耦合、阻抗匹配、负载等作用。电阻器一般用符号R表示，电阻值的单位为欧姆(Ω)，常用的单位还有千欧(kΩ)和兆欧(MΩ)。

3.1.1　电阻器的分类和符号

按用途分类，电阻器一般可分为固定电阻器、可变电阻器和特种电阻器三大类。

1. 固定电阻器

固定电阻器一般简称"电阻"，其阻值固定且不可调节，外形如图3-1-1(a)所示。

电阻器也可分为线绕和非线绕型，非线绕型又有合成型和薄膜型之分，薄膜型又细分为碳膜、金属膜和金属氧化膜。按用途可分为通用型、高阻型、高压型和高频无感型；按结构形状可分为圆柱形、管形、圆盘形、平面片状形和方形；按引出线可分为轴向引线、径向引线、同向引线和无引线。

电阻的种类很多，常用的主要有RT型碳膜电阻、RJ型金属膜电阻、RX型线绕电阻和片状电阻等。

2. 可变电阻器

可变电阻器分为滑线式变阻器和电位器，其中应用最广泛的是电位器。电位器是一种具有三个接头的可变电阻器，其阻值在一定范围内连续可调。

电位器的种类繁多，按电位器电阻体材料可分为薄膜型、合成型及合金型；按结构特点可分为单联、多联、带开关、锁紧型及非锁紧型等；按调节方式可分为直滑式和旋转式等；按用途可分为普通型、精密型、微调型、功率型及专用型等；按接触方式可分为接触式和非接触式两大类。

3. 特种电阻器

特种电阻器是指具有特殊性能的电阻器，如熔断电阻器、水泥电阻器、光敏电阻器、湿敏电阻器、热敏电阻器、压敏电阻器等，如光敏电阻器其阻值会随外界光线而改变。

(a) 外形　　(b) 符号

图3-1-1　常用电阻器外形及符号

3.1.2　电阻器的型号命名

电阻器的型号命名法详见表3-1-1。

例如，RJ61-0.125-4.7kI型的电阻表示普通精密金属膜电阻器，其额定功率为1/8W，标称阻值为4.7kΩ，允许误差为±5%。

表 3-1-1　电阻器的型号命名法

第一部分		第二部分		第三部分		第四部分
用字母表示主称		用字母表示材料		用数字或字母表示特征		用数字表示序号
符号	意义	符号	意义	符号	意义	
R	电阻器	T	碳膜	1、2	普通	包括额定功率、阻值、允许误差、精度等级
RP	电位器	P	硼碳膜	3	超高频	
		U	硅碳膜	4	高阻	
		C	沉积膜	5	高温	
		H	合成膜	6、7	精密	
		I	玻璃釉膜	8	电阻器:高压	
		J	金属膜		电位器:特殊函数	
		Y	氧化膜	9	特殊	
		S	有机实芯	G	高功率	
		N	无机实芯	T	可调	
		X	线绕	X	电阻器:小型	
		R	热敏	L	电阻器:测量用	
		C	光敏	W	电位器:微调	
		M	压敏	D	电位器:多圈	

3.1.3　电阻器的主要技术参数

电阻器的主要技术参数如下。

1. 额定功率

额定功率是指在正常条件下,电阻器长时间工作而不损坏或阻值不发生显著变化时,所允许消耗的最大功率。当超过额定功率时,电阻器的阻值将发生变化,甚至烧毁电阻器。对于同一类电阻器,额定功率的大小取决于它的几何尺寸和表面面积。选用电阻器时,一般选其额定功率比它在电路中消耗的功率高 1～2 倍的电阻。

额定功率分 19 个等级,常用的有 1/8W、1/4W、1/2W、2W、5W,等等,表示电阻器额定功率的通用符号如图 3-1-2 所示。

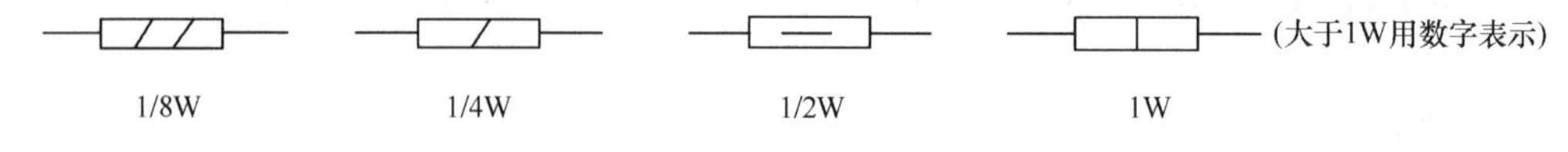

图 3-1-2　电阻器额定功率的通用符号

对于额定功率较大的电阻器,一般都将额定功率直接印在电阻器的表面上,而额定功率较小的电阻器,因为体积较小,并没有标出功率参数,实际使用中可根据电阻器的尺寸大小估计其功率大小,如果电路中对电阻器的功率没有特别要求,一般选用 1/8W 电阻。

2. 标称阻值和允许误差

标志在电阻器上的阻值称为标称阻值。但电阻的实际阻值往往与标称阻值不完全相符,存在一定的误差。

$$\delta=\frac{R-R_R}{R_R}\times 100\%$$

式中:δ 为允许误差;R 为实际阻值;R_R为标称阻值。

普通电阻器标称阻值系列见表3-1-2。表中E24系列中有24个数值等级,E12系列中有12个数值等级,E6系列中有6个数值等级。表中数值乘以10^n,单位为Ω,n为整数。例如4.7这个数值,就有0.47Ω、4.7Ω、47Ω、470Ω、4.7kΩ等。

精密电阻器的标称值有E48系列、E96系列和E192系列,其中E48系列中有48个数值等级,E96系列中有96个数值等级,E192系列中有192个数值等级。

表3-1-2　电阻器标称阻值表

允许误差	系列代号	标称阻值系列
±5%	E24	1.1　1.2　1.3　1.5　1.6　1.8　2.0　2.2　2.4　2.7　3.0 3.3　3.6　3.9　4.3　4.7　5.1　5.6　6.2　6.8　7.5　8.2　9.1
±10%	E12	1.0　1.2　1.5　1.8　2.2　2.7　3.3　3.9　4.7　5.6　6.8　8.2
±20%	E6	1.0　1.5　2.2　3.3　4.7　6.8

电阻器的允许误差等级(精度等级)见表3-1-3。

表3-1-3　电阻器允许误差等级

级别	005	01	02	Ⅰ	Ⅱ	Ⅲ
允许误差	±0.5%	±1%	±2%	±5%	±10%	±20%

市场上成品电阻的精度大部分为Ⅰ、Ⅱ级,很少采用Ⅲ级。005、01、02精度等级的电阻器,仅供精密仪器或特殊电子设备使用,它们的标称阻值属于E48、E96、E192系列。

实际使用电阻器应选择接近计算值的一个标称阻值,一般的电路对精度没有要求,选Ⅰ、Ⅱ级的允许误差就可满足要求。若有精度要求,则可根据需要从规定的高精度系列中选取。

3. 最高工作电压

最高工作电压是电阻器、电位器最大电流密度、电阻体击穿及其结构等因素所规定的工作电压限度。对阻值较大的电阻器,当工作电压过高时,虽功率不超过规定值,但内部会发生电弧火花放电,导致电阻变质损坏。一般1/8W碳膜电阻器或金属膜电阻器,最高工作电压分别不能超过150V或200V。

3.1.4　电阻器阻值识别

电阻器主要采用直标法或色标法来识别其阻值。

1. 直标法

电阻值用数字和文字符号直接标出。如图3-1-3所示,电阻器阻值,允许误差和额定功率可直接读出。片状(贴片)电阻的阻值通常用3位数字表示,如图3-1-4所示。前两位数字表示阻值的有效数,第三位表示有效数字后"0"的个数,即倍率。例如,100表示10Ω,102表示1kΩ。当阻值小于10Ω时,以"R"表示,将R看作小数点,如8R1表示8.1Ω。阻值为0Ω的电阻器是一种用于代替连接导线的"桥接元件",称为桥接器。

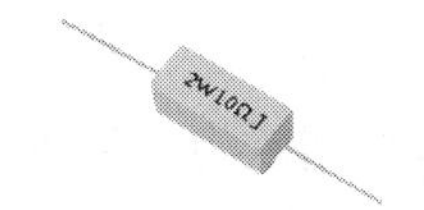

图3-1-3　电阻器阻值标识

图3-1-4　片状电阻阻值标识

2. 色标法

用标在电阻体上不同颜色的色环作为标称阻值和允许误差的标记。

普通精度的电阻用4条色环标志，如图3-1-5所示。第一色环（与端部距离最近）、第二色环代表阻值的第一、二位有效数字，第三色环表示第一、二位数之后“0”的个数即倍率，第四色环代表阻值的允许误差。各色环颜色与数值对照表见表3-1-4。

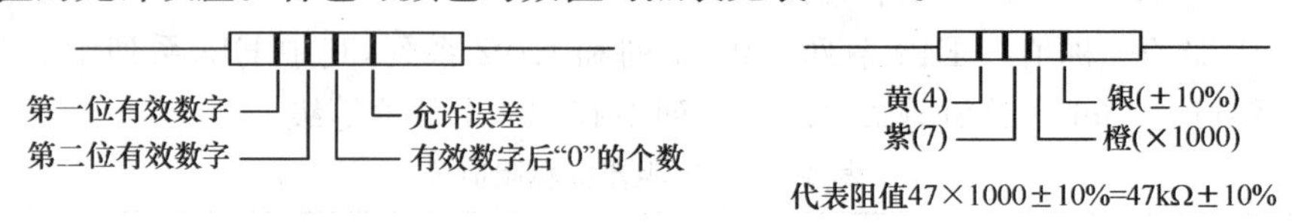

图3-1-5　4色环电阻器表示法及举例

精密电阻器用5条色环标志，如图3-1-6所示。第一、二、三色环代表阻值的第一、二、三位有效数字，第四色环表示有效数字之后“0”的个数即倍率，第五色环代表阻值的允许误差。各色环颜色与数值对照表见表3-1-4。

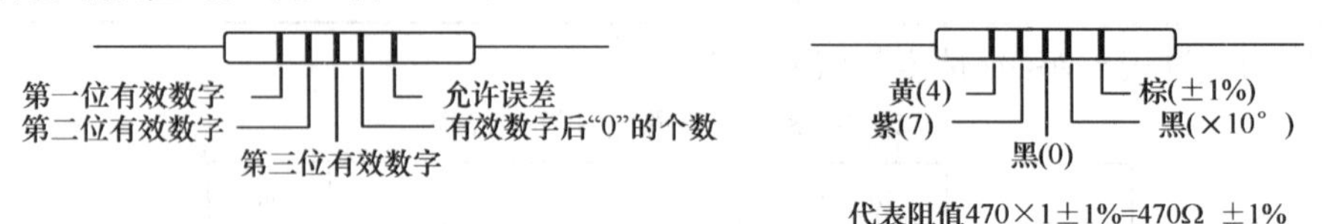

图3-1-6　5色环电阻器表示法及举例

表3-1-4　电阻器颜色与数值对照表

颜色	黑	棕	红	橙	黄	绿	蓝	紫	灰	白	金	银	本色
有效数字	0	1	2	3	4	5	6	7	8	9			
倍率	10^0	10^1	10^2	10^3	10^4	10^5	10^6	10^7	10^8	10^9	10^{-1}	10^{-2}	
允许误差(4色环)											±5%	±10%	±20%
允许误差(5色环)		±1%	±2%			±0.5%	±0.25%	±0.1%					

3.1.5　电阻器的测量

测量电阻阻值有直接测量和间接测量两种方法。

1. 直接测量

普通电阻器一般使用万用表进行电阻阻值测量。测量前应根据电阻器的标称阻值，将万用表的功能选择开关旋转到适当量程的电阻挡，然后一只手拿万用表的两个表笔，另一只手捏住电阻器的中间，用两支表笔接触电阻器的两个引出线，即可用万用表测得电阻值。对于体积较小的电阻器，可将电阻器放在绝缘物体上，用表笔直接测量。

当测量精度要求高时，应采用数字欧姆表、数字电桥等专用仪器进行电阻阻值的测量。注意：测量电阻时，不能用双手同时接触电阻两个管脚端，否则测量出的电阻值为被测电阻与人体电阻的并联值。

2. 间接测量

通过测量电阻上的电压压降 V 和流过电阻的电流 I，根据欧姆定律 $R=V/I$，间接测量电阻器的阻值。

3.2　电容器

电容器（简称电容）是一种储能元件，它是由两个彼此绝缘的金属电极中间夹一层绝缘体

(电介质)构成。电容器在电路中用于耦合、滤波、调谐、旁路、定时等方面。电容器在电路中的文字符号用字母 C 表示,单位是法(F)、毫法(mF)、微法(μF)、纳法(nF)和皮法(pF),其中 $1F=10^3mF=10^6\mu F=10^9nF=10^{12}pF$

3.2.1 电容器的分类

电容器按结构分为固定电容器、半可变电容器和可变电容器。电容器按极性分为无极性电容器和有极性电容器。

常见无极性电容器按介质材料分有云母电容器、瓷介质电容器、独石电容器、玻璃釉电容、纸介电容器、有机薄膜电容器等,其外形和符号如图 3-2-1(a)所示。

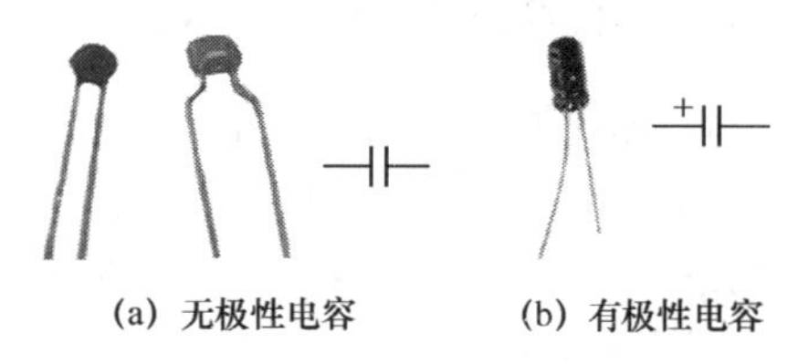

(a) 无极性电容　　(b) 有极性电容

图 3-2-1　电容器外形和符号

有极性电容最常用的是电解电容器,它以铝、钽、铌、钛等金属氧化膜作介质的电容器。它容量大,体积小,耐压高(但耐压越高,体积越大),一般在 500V 以下,常用于交流旁路和滤波;缺点是容量误差大,且随频率而变动,绝缘电阻低。电解电容有正、负极之分。一般电容器外壳上都标有"+""−"记号,如无标记则引线长的为"+"端,引线短的为"−",使用时注意极性不要接反,其外形和符号如图 3-2-1(b)所示。

3.2.2 电容器的型号命名法

国产电容器的型号命名法见表 3-2-1。具体示例如图 3-2-2 所示。

表 3-2-1　电容器型号命名法

第一部分		第二部分		第三部分		第四部分
字母表示主称		字母表示材料		字母表示特征		字母或数字表示序号
符号	意义	符号	意义	符号	意义	
C	电容器	C	瓷介	T	铁　电	包括品种、尺寸代号、温度特性、直流工作电压、标称值、允许误差、标准代号
		I	玻璃釉	W	微　调	
		O	玻璃膜	J	金属化	
		Y	云母	X	小　型	
		V	云母纸	S	独　石	
		Z	纸介	D	低　压	
		J	金属化纸	M	密　封	
		B	聚苯乙烯	Y	高　压	
		F	聚四氟乙烯	C	穿心式	
		L	涤纶(聚酯)			
		S	聚碳酸酯			
		Q	漆膜			
		H	纸膜复合			
		D	铝电解			
		A	钽电解			
		G	金属电解			
		N	铌电解 E			
		T	钛电解			
		M	压敏			
		E	其他材料电解			

示例：CJX-250-0.33-±10%电容器的命名含义。

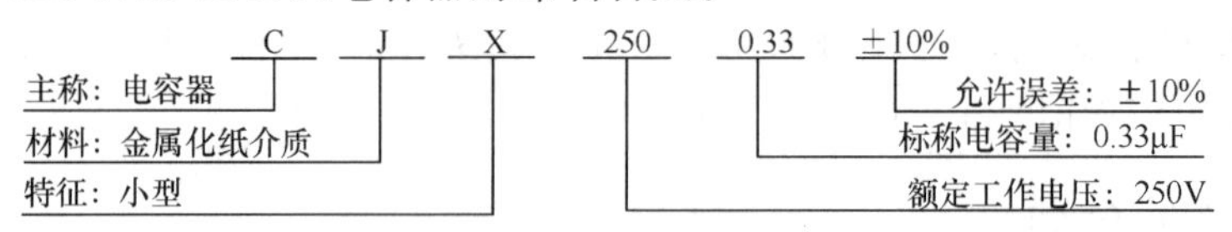

图 3-2-2 电容器的型号命名示例

3.2.3 电容器的主要技术参数

1. 标称容量和允许误差

因不同材料制造的电容器，其标称容量系列也不一样。电容器基本都是按 E_{24}、E_{12}、E_6、E_3 系列进行生产。电容器的标称容量和允许误差一般标在电容体上。标志的方法主要有直标法、文字符号法。

(1) 直标法

直标法主要用在体积较大的电容上。一般标称容量、额定电压及允许误差都会标注。当然也有体积太小的电容仅标出容量一项(往往 pF 单位也省略)。

(2) 文字符号法

文字符号法采用字母或数字或者两者结合的方法来标注电容的主要参数。其中容量有两种标注法：一是用字母和数字相结合。如 10p 表示 10pF，4.7μ 表示 4.7μF，3P3 表示 3.3pF，8n2 表示 8200pF 等，其特点是省略 F 和小数点。二是用 3 位数字表示，其中左起第一、二位为有效数字位，表示容值的有效数，第三位为倍率，表示有效数字后零的个数，电容量的单位为 pF。如 203 表示容量为 20×10^3 pF＝0.02μF；103 表示容量为 10×10^3 pF＝10000pF＝10nF 等。

实际电容量与标称容量之间允许的最大偏差范围称为允许误差。误差一般分为 4 级：0 级±2%，Ⅰ级±5%，Ⅱ级±10%，Ⅲ级±20%。精密电容器允许误差较小，而电解电容器的误差较大。

2. 额定电压

额定电压(也称作耐压)是指在允许的环境温度范围内，电容上可连续长期施加的最大电压有效值，电容的额定电压通常是指直流工作电压。

电解电容器的直流工作电压值，是指在＋85℃条件下能长期正常工作的电压值。如果电容器用于交流电路中，则所加的交流电压的最大值(峰值)不能超过额定直流工作电压。

电容器常用的额定电压有 6.3V、10V、16V、25V、50V、63V、100V、160V、250V、400V、630V、1000V 等。

3. 绝缘电阻

绝缘电阻是加在其上的直流电压与通过它的漏电流的比值。绝缘电阻一般应在 5000MΩ 以上，优质电容器可达 TΩ(10^{12}Ω 称为太欧)级。

4. 介质损耗

理想的电容器应没有能量损耗。但实际上电容器在电场的作用下，总有一部分电能转换成为热能，所损耗的能量称为电容器损耗，它包括金属极板的损耗和介质损耗两部分。小功率电容器主要是介质损耗。

5. 温度系数

温度的变化会引起电容容量微小变化，常用温度系数来表示这种变化的程度。温度系数是指在一定温度范围内，温度每变化 1℃，电容量的相对变化值。电容器的温度系数主要与电容器介质材料的温度特性及电容器的结构有关，国家标准规定用字母代号或标志颜色表示电容器的温度系数组别。

3.2.4 电容器的测量

电容器的测量用 Q 表(谐振法)和电容电桥可以得到准确的电容量。一般情况下，对电容量精度无特殊要求，可以用数字万用表测量，下面以 VC890D 数字万用表为例说明电容量的测量方法。

① 首先将数字万用表的红表笔插入“com”插座，黑表笔插入“macx”。

② 然后将万用表的量程开关根据电容器的标称容量转至相应的电容量程上，红表笔接触电容的“+”极，黑表笔接触电容的“-”极，万用表的读数为电容容量。

测量中应注意以下几点：

① 如果不知道被测电容的标称容量，应将量程开关转到最高的挡位，然后根据显示值转换到相应的挡位上。

② 如果万用表最高位显示“1”，表明已超过量程范围，须将量程开关转至较高的挡位上。

③ 大电容挡测量严重漏电或已被击穿的电容时，将显示一些数值且不稳定。

④ 测量电容容量之前，必须使电容充分放电。

3.3 电感器

电感器一般由线圈构成。为了增加电感量 L，提高品质因数 Q 和减小体积，通常在线圈中加入软磁性材料的磁芯。

3.3.1 电感器的分类和符号

根据电感器的电感量是否可调，电感器分为固定、可变和微调电感器。

可变电感器的电感量可利用磁芯在线圈内移动而在较大的范围内调节。它与固定电容器配合应用于谐振电路中起调谐作用。微调电感器可以满足整机调试的需要和补偿电感器生产中的分散性，一次调好后，一般不再变动。

除此之外，还有一些小型电感器，如色码电感器、平面电感器和集成电感器，可满足电子设备小型化的需要。电感器的符号如图 3-3-1 所示。

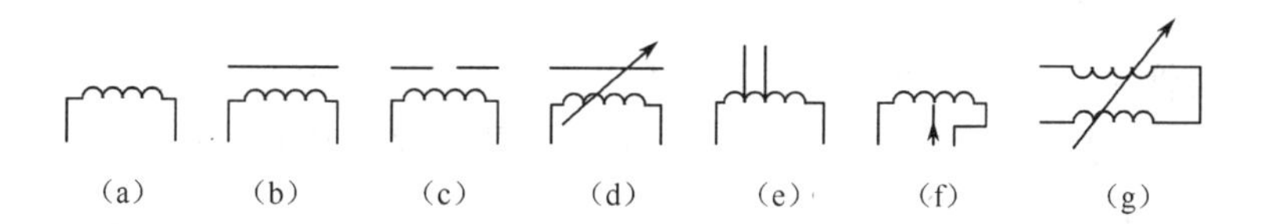

(a)电感器线圈，(b)带磁芯、铁芯的电感器，(c)磁芯有间隙电感器，(d)带磁芯连续可调电感器，(e)有抽头电感器，(f)步进移动触点的可变电感器，(g)可变电感器

图 3-3-1 电感器的符号

3.3.2 电感器的主要技术参数

(1) 电感量

电感量是指电感器通过变化电流时产生感应电动势的能力。其大小与磁导率 μ、线圈单

位长度中匝数 n 以及体积 V 有关。当线圈的长度远大于直径时，电感量为

$$L=\mu n^2 V \tag{3-3-1}$$

电感量的常用单位为 H(亨利)、mH(毫亨)、μH(微亨)，$1\text{H}=10^3\text{mH}=10^6\mu\text{H}$。

(2) 品质因数

品质因数 Q 反映电感器传输能量的本领。Q 值越大，传输能量的本领越大，即损耗越小，一般要求 $Q=50\sim300$。

$$Q=\frac{\omega L}{R} \tag{3-3-2}$$

式中：ω 为工作角频率；L 为线圈电感量；R 为线圈电阻。

(3) 额定电流

额定电流主要对高频电感器和大功率调谐电感器而言。通过电感器的电流超过额定值时，电感器将发热，严重时会烧坏。

(4) 电感线圈的标识方法

为了便于生产和使用，常将小型固定电感线圈的主要参数标识在电感线圈的外壳上，标识的方法有直标法和色标法两种。

① 直标法：直标法指的是，在小型电感线圈的外壳上直接用文字标出电感线圈的电感量、允许偏差和最大直流工作电流等主要参数。其中最大工作电流常用字母标识，如表 3-3-1 所示。

表 3-3-1　小型固定电感线圈的工作电流与标识字母

标识字母	A	B	C	D	E
最大工作电流(mA)	50	150	300	700	1600

② 色标法：色标法指的是，在电感线圈的外壳上涂有不同颜色的色环，用来表明其参数，左起第一、二条色环表示电感量的第一、二位有效数字；第三条色环表示倍率；第四条色环表示允许偏差。数字与色环颜色所对应的关系与四色环电阻器标识法相同。所标识的电感量单位为 μH。

3.3.3　电感器的测量

测量电感的方法与测量电容的方法相似，也可以用电桥法、谐振回路法测量。常用测量电感的电桥有海氏电桥和麦克斯韦电桥。

3.4　半导体分立元件(二极管和三极管)

半导体二极管和三极管是组成分立元件电子电路的核心器件。二极管具有单向导电性，可用于整流、检波、稳压、混频电路中。三极管对信号具有放大和开关作用。它们的管壳上都印有规格和型号。其命名法见表 3-4-1。

3.4.1　半导体二极管

半导体二极管是将一个 PN 结加上相应的电极引线和密封壳做成的半导体器件，其主要特性是单向导电。

半导体二极管种类很多，按材料分有锗、硅、砷化镓二极管等；按结构分有点接触和面接触二极管等；按用途分有检波、整流、开关、稳压、发光、光电、变容二极管等。常见二极管外形及符号如图 3-4-1 所示。

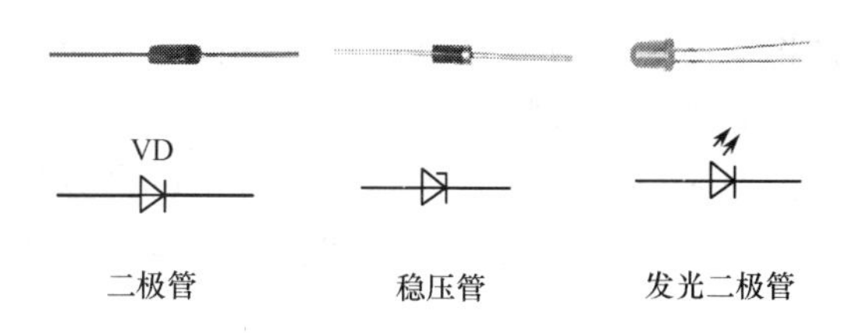

图 3-4-1　常见二极管外形及符号

表 3-4-1　国内半导体器件型号命名法

第一部分		第二部分		第三部分		第四部分	第五部分
用数字表示器件的电极数		用字母表示器件的材料和极性		用字母表示器件的类别		用数字表示器件的序号	用字母表示规格号
符号	意义	符号	意义	符号	意义	意义	意义
2	二极管	A	N 型锗材料	P	普通管	反映了极限参数、直流参数和交流参数等的差别	反映了承受反向击穿电压的程度。如规格号为 A、B、C、D…… 其中 A 承受的反向击穿电压最低，B 次之……
		B	P 型锗材料	V	微波管		
		C	N 型硅材料	W	稳压管		
		D	P 型硅材料	C	参量管		
3	三极管	A	PNP 型锗材料	Z	整流管		
		B	NPN 型锗材料	L	整流堆		
		C	PNP 型硅材料	S	隧道管		
		D	NPN 型硅材料	N	阻尼管		
		E	化合物材料	U	光电器件		
				K	开关管		
				X	低频小功率管(f_a<3MHz P_c<1W)		
				G	高频小功率管(f_a≥3MHz P_c<1W)		
				D	低频大功率管(f_a<3MHz P_c>1W)		
				A	高频大功率管(f_a≥3MHz P_c>1W)		
				T	半导体闸流管(可控整流器)		
				Y	体效应器件		
				B	雪崩管		
				J	阶跃恢复管		
				CS	场效应器件		
				BT	半导体特殊器件		
				FH	复合管		
				PIN	PIN 管		
				JG	激光器件		

1. 二极管的主要技术参数

不同用途的二极管，其参数要求也不相同。

① 整流、检波二极管：主要参数有最大整流电流、最大反向电压、最大反向电流、击穿电压。

② 稳压二极管：主要参数有最大工作电流，最大耗散功率，动态电阻和稳定电流等。

③ 发光二极管：主要参数有最大反向电流，正向工作电压，反向耐压和发光强度等。

2. 常用二极管介绍

(1) 整流、检波二极管

整流和检波并没有实质上的差别，原理都是利用 PN 结的单向导电性，不同的仅是应用的场合和要求，整流一般是对低频率的市电而言；而检波一般是对高频率的小信号来说。

整流二极管的作用是将交流电变成脉动直流，即整流，它一般选用硅材料面接触型二极管，特点是工作频率低，允许通过的正向电流大，反向击穿电压高，允许的工作温度高。

检波二极管的作用是把原来调制在高频无线电电波中的低频信号取出来。检波也叫解调。检波一般是对高频小信号而言，通常选用锗材料点接触型二极管。

（2）全桥和硅堆

在二极管整流电路中，桥式整流电路使用较多，把4只整流二极管按桥式全波整流电路的形式连接并封装，就构成了全桥。

硅堆又叫硅柱，它是一种硅高频高压整流二极管，工作电压在几千至几万伏之间，常用于雷达及其他电子仪器中作高频高压整流。它的内部结构由若干个硅高频二极管串联起来组合而成，其反向峰值电压取决于二极管的个数及每个二极管的反向峰值电压。

（3）稳压二极管

稳压管一般用硅材料制成，具有一般二极管的单向导电特性。其稳压原理：二极管加正向电压时，二极管导通，有较大的正向电流。二极管加反向电压时则截止，只有很小的反向电流。当反向电压大到一定程度，反向电流突然增大，这时二极管进入了击穿区，进入此区后反向电流在较大范围内变化时，二极管的两端的反向电压保持基本不变。而稳压二极管正是利用反向击穿后，在一定反向电流范围内反向电压不随反向电流变化这一特性进行稳压的，稳压管特性曲线如图3-4-2所示。当反向电流增加到一定数值后，二极管就会被彻底击穿而损坏。普通二极管是不允许使用在击穿区的。

（4）发光二极管

发光二极管是采用磷化镓或磷砷化镓等半导体材料制成。发光二极管和普通二极管一样也是具有单向导电性。发光二极管为正向电流驱动器件，用交流、直流和脉冲电流均可驱动，其发光亮度与驱动电流成正比。但应用时电流不可超过发光二极管所允许的极限值。在电路中限制发光二极管驱动电流的方法一般是使用限流电阻。

3. 二极管的测量

（1）整流、检波、稳压二极管

二极管正、反向电阻值的测量。测试方法是：数字万用表选择欧姆挡，将两支表笔任意接触二极管两端，读出电阻值；再交换红、黑表笔测量，读出电阻值。对于正常二极管，两次测量电阻值相差很大，阻值大的称为反向电阻，阻值小的称为正向电阻。通常硅二极管的正向电阻为数百至数千欧，反向电阻1MΩ以上；锗二极管正向电阻为100～1000Ω，反向电阻则大于100kΩ。如果实测反向电阻很小，说明二极管已经击穿；如果正、反向电阻均为无穷大，表明二极管已经断路；如果正、反向电阻相差不大或者有一个阻值偏离正常值，说明二极管性能不良。

二极管正向导通压降测量。将数字万用表拨至二极管挡，此时红表笔带正电，黑表笔带负电，用两个表笔分别接触二极管的两个电极，若显示值在1V以下（硅二极管0.550～0.700V，锗二极管0.150～0.300V），说明管子处于正向导通状态，红表笔接的是正极，黑表笔接的是负极。若显示溢出符号“1”，证明管子处于反向截止状态，黑表笔接的是正极，红表笔接的是负极。为进一步确定二极管的质量好坏，应交换表笔，若两次测试均显示“000”，证明管子已击穿短路。两次都显示溢出符号“1”，证明管子内部开路。

（2）发光二极管

发光二极管除低压型外，其正向导通电压大于1.5V。一种测试方法是用万用表测量发光二极管的正、反向电阻，判断方法与普通二极管相似。另一种测量方法如图3-4-3所示电路。

调节电位器，可使发光二极管点亮，通过电流表可测得发光二极管的工作电流。

用数字万用表的二极管挡也可测试发光二极管。例如，测试 BT204 型发光二极管，万用表红表笔接发光二极管正极，黑表笔接负极，则发光二极管稍微发光，同时万用表显示 1.526V（典型值为 1.7V）。

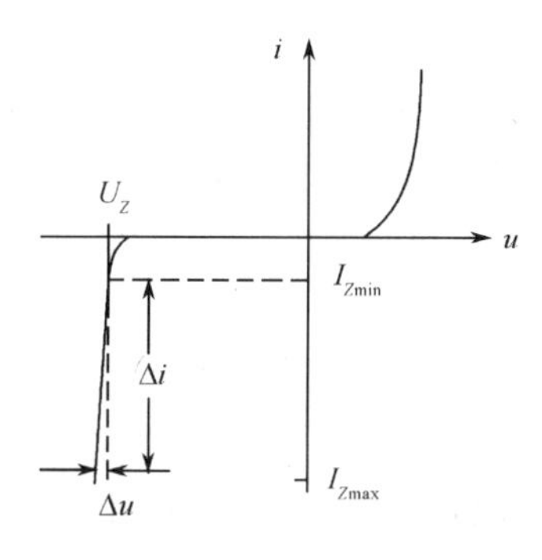

图 3-4-2　稳压管特性曲线

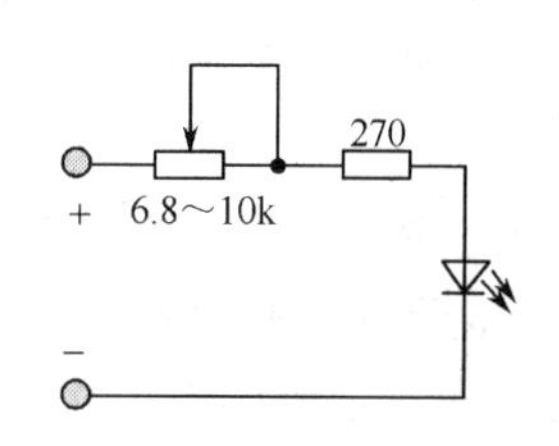

图 3-4-3　发光二极管工作电流测量

3.4.2　半导体三极管

1. 三极管的分类

半导体三极管简称三极管，按材料分有硅三极管和锗三极管；按 PN 结组合分有 NPN 三极管和 PNP 三极管；按工作频率分有高频管和低频管；按功率分有大功率管、中功率管、小功率管。常用三极管符号及外形如图 3-4-4 所示。

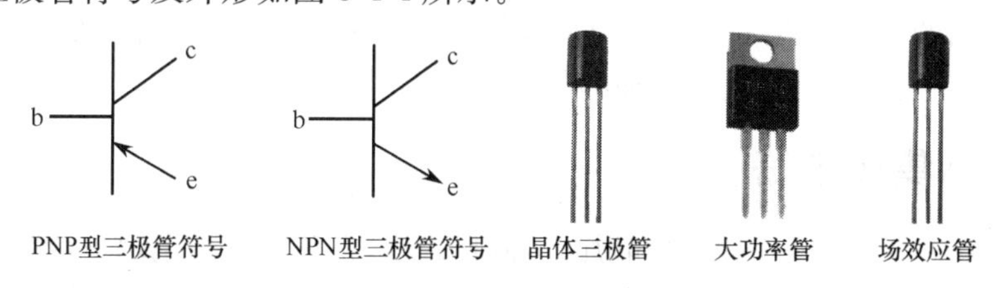

图 3-4-4　常用三极管符号及外形

2. 三极管的主要参数

(1) 电流放大系数 β 和 h_{FE}

三极管的电流放大系数分直流电流放大系数和交流电流放大系数。直流电流放大系数是指在直流状态下（无变化信号输入），三极管的集电极电流 I_c 和基极电流 I_b 之比，在共射状态下，用 h_{FE}（或 β）表示，即

$$h_{FE}=\frac{I_c}{I_b} \tag{3-4-1}$$

交流电流放大系数表示三极管对交流（变化）信号的电流放大能力，用 β 表示，β 等于集电极电流的变化量 ΔI_c 与基极电流的变化量 ΔI_b 之比，即

$$\beta=\frac{\Delta I_c}{\Delta I_b} \tag{3-4-2}$$

(2) 集电极最大电流 I_{CM}

I_{CM} 为三极管集电极允许通过的最大电流。一般应用时 I_c 不能超过 I_{CM}。

(3) 集电极最大允许功率 P_{CM}

P_{CM} 是指三极管参数变化不超出规定允许值时的最大集电极耗散功率。实际电路中，实际功耗不允许超过 P_{CM}，功耗过大是三极管烧坏的主要原因。

(4) 集电极—发射极击穿电压 BU_{CEO}

BU_{CEO}是指三极管基极开路时，允许加在集电极和发射极之间的最高电压。

3. 常用三极管

实验中常用的有9012和9013，场效应管、大功率三极管、对管和达林顿管。

4. 三极管引脚识别和测量

当一个三极管没有任何标记时，可以用万用表来初步确定该三极管的好坏、类型(NPN型还是PNP型)，以及辨别出e、b、c三个电极。用数字式万用表测量方法：由于数字式万用表欧姆挡的测试电流很小，不适合检测三极管，因此使用二极管挡和h_{FE}挡。

(1) 判定基极

将数字万用表拨至二极管挡，红表笔固定接三极管的某个电极，黑表笔依次接触另外两个电极，如果两次显示值基本相等(都在1V以下或都显示溢出符号"1")，就证明红表笔所接的是基极。如果两次显示值中有一次在1V以下，另一次溢出，证明红表笔接的不是基极，应改换其他电极重新测量。

(2) 鉴别NPN管与PNP管

在确定基极之后，用万用表红表笔接基极，黑表笔依次接触其他两个电极。如果都显示0.550～0.700V，属于NPN型三极管；如果两次测量都显示溢出符号"1"，则管子属于PNP型。

(3) 判定集电极和发射极，测h_{FE}(β)值。

判定集电极和发射极，需要使用万用表的h_{FE}挡。假设被测三极管为NPN型，把三极管基极插入万用表NPN插孔的b孔，其余两个电极分别插入c孔和e孔中，测出的h_{FE}为20至几百，则c孔上插的是集电极，e孔上插的是发射极。如果测出的h_{FE}值只有1～19，证明三极管的集电极、发射极插反了，这时c孔插的是发射极，e孔插的是集电极。

3.5 半导体集成电路

集成电路就是在一块极小的硅单晶片上，制作二极管、三极管及电阻、电容等元件，并连接成能完成特定功能的电子线路。集成电路在体积、功耗、寿命、可靠性及电性能指标方面，远远优于分立元件组成的电路，常见半导体集成电路的外形如图3-5-1所示。

图3-5-1 常见半导体集成电路的外形

3.5.1 集成电路的分类及型号命名

1. 集成电路的分类

按集成度高、低不同，可分为小规模(SSI)、中规模(MSI)、大规模(LSI)和超大规模(VLSI)集成电路，集成度就是单位面积内所包含的元件数对于模拟集成电路，一般认为集成50个元器件以下为小规模集成电路，集成50～100个元器件为中规模集成电路，集成100个以上元器件为大规模集成电路；对于数字集成电路，集成1～10个等效门或10～100个元件为小规模集成电路，集成10～100个等效门或100～1000个元件为中规模集成电路，集成1000～10000等效门或10000～100000个元件为大规模集成电路，集成十万个等效门或百万个以上元件为超大规模集成电路。

按制作工艺可分为半导体集成电路、膜集成电路和混合集成电路。

2. 集成电路的型号命名

集成电路的品种型号众多,至今国际上对集成电路型号的命名尚无统一标准。国产集成电路的命名方法按国家标准,每个型号由 5 部分组成,见表 3-5-1。

国外集成电路由各厂商或公司按各自的一套命名方法生产。一般情况下,型号的开始字母为公司名称缩写或公司产品代号,如美国摩托罗拉公司产品型号开始字母为 MC。知道了产品的生产公司,进入该公司网站或按相应的集成电路手册查找即可。此外,有的集成电路型号开始字母并不是公司名称缩写,对于此类集成电路则可按集成电路芯片上的公司商标确定生产厂商,然后再查找芯片手册。

示例:

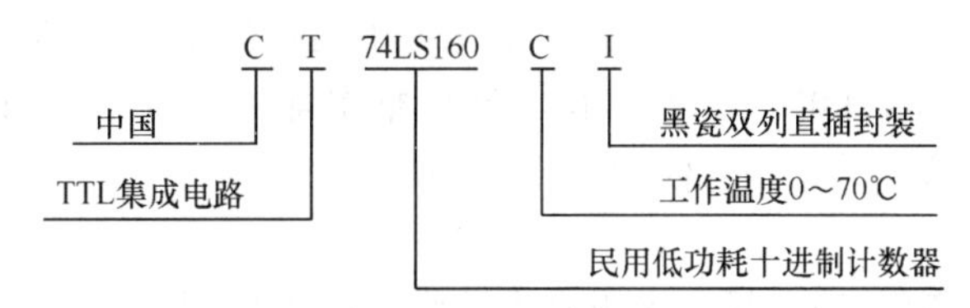

表 3-5-1 集成电路的型号命名法

第零部分		第一部分		第二部分	第三部分		第四部分	
用字母表示器件所符合的国家标准		用字母表示器件的类型		用阿拉伯数字和字母表示器件系列品种	用字母表示器件的工作温度范围		用字母表示器件的封装	
符号	意义	符号	意义		符号	意义	符号	意义
C	中国制造	T	TTL 电路	TTL 分为:	C	0~70℃⑤	F	多层陶瓷扁平封装
		H	HTL 电路	54/74×××①	G	−25~70℃	B	塑料扁平封装
		E	ECL 电路	54/74H×××②	L	−25~85℃	H	黑瓷扁平封装
		C	CMOS	54/74L×××③	E	−40~85℃	D	多层陶瓷双列直插封装
		M	存储器	54/74S×××	R	−55~125℃	J	黑瓷双列直插封装
		μ	微型机电器	54/74LS×××④	M	−55~125℃⑥	P	黑瓷双列直插封装
		F	线性放大器	54/74AS×××	⋮		S	塑料封装
		W	稳压器	54/74ALS×××			T	塑料封装
		D	音响电视电路	54/74F×××			K	金属圆壳封装
		B	非线性电路	CMOS 为:			C	金属菱形封装
		J	接口电路	4000 系列			E	陶瓷芯片载体封装
		AD	A/D 转换器	54/74HC×××			G	塑料芯片载体封装
		DA	D/A 转换器	54/74HCT×××			⋮	网格针栅陈列封装
		SC	通信专用电路	⋮			SOIC	小引线封装
		SS	敏感电路				PCC	塑料芯片载体封装
		SW	钟表电路				LCC	陶瓷芯片载体封装
		SJ	机电仪电路					
		SF	复印机电路					
		⋮						

注:①74:国际通用 74 系列(民用);国际通用 54 系列(军用);②H:高速;③L:低速;④LS:低功耗;⑤C:只出现在 74 系列;⑥M:只出现在 54 系列。

3.5.2 常用的几种集成电路

1. 三端固定稳压器

三端固定稳压器的"三端"是指集成稳压电路的引出脚只有三条,其输出电压固定且不能调整。集成稳压电路内部设置了过流、过热保护电路。比较常见的三端固定稳压电路是正电压输出 78××系列和负电压输出 79××系列，其型号中的 78 或 79 后面的数字代表三端集成稳压电路的输出电压数值。例如，7805 表示输出电压为正 5V；7924 表示输出电压为负 24V。外形封装如图 3-5-2 所示。

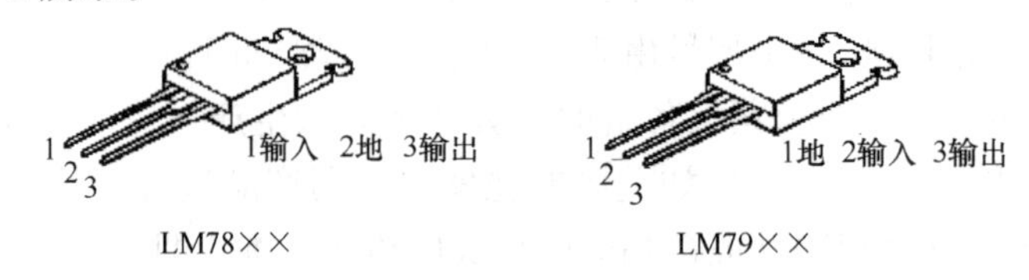

图 3-5-2 TO-220 封装的 78××和 79××外形

用三端集成稳压芯片组成的稳压电路，具有外围元件少，电路简单，安全可靠等优点。

2. 三端可调稳压器

LM117、LM217、LM317 是输出 1.2～37V 电压的可调集成稳压器，其外围电路仅用两只电阻便可以调整输出电压，其电压调整率和电流调整率都优于常见的固定稳压器。LM 系列内部具有过载保护和限流保护功能，使用中不易损坏。

3. 集成运算放大器

集成运算放大器(简称运放)是由多级基本放大电路直接耦合而成的高增益放大器。运放通常由输入级、中间放大器、低阻输出级和偏置电路组成，其结构如图 3-5-3 所示，图中 V_- 为反相端，V_+ 为同相端。

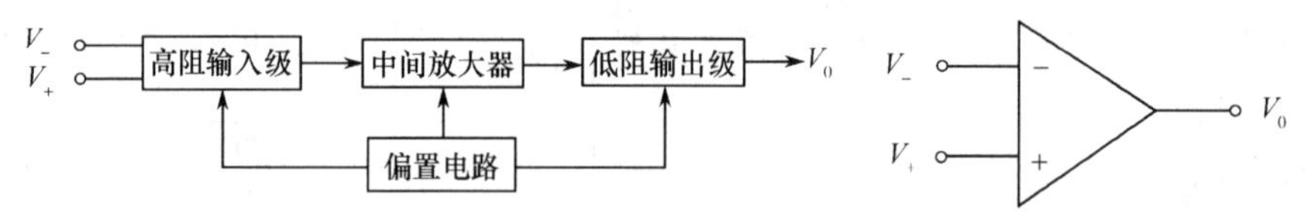

图 3-5-3 运放的结构框图和符号

一个完整的运算放大器，电路除内部电路外还有外围电路。运算放大器特性取决于外围电路中反馈网络的参数。

集成运放可根据性能的不同，分为通用型和专用型两大类。如果无特殊要求，一般情况下选用通用型运算放大器，这类器件直流性能好，种类齐全，选择余地大。通用运放中，有单运放、双运放和四运放。如果系统对运放有特殊要求，则应该选择专用型运放。例如低功耗运放，高输入阻抗运放等。

近年来，MOS 运放得到很大的发展，它不仅集成度高，而且同时兼具高精度、高速、高输入阻抗等优点。

4. 数字集成电路

① TTL 电路：TTL 电路主要有 54/74 系列产品，其中 54 系列为军用产品，其工作环境温度为－55～＋125℃；74 系列为民用产品，其工作温度范围为 0～75℃。

② CMOS 电路：CMOS 电路主要有 CD4000B 系列和 74HC00B 系列产品。

74HC 系列 CMOS 电路，有三种类型即 HC、HCT 和 HCU 型。它们的逻辑功能和外引线排列与相应的 74LS TTL 系列产品的品种相同，工作速度相当，而功耗大大低于 74LS 产品，其中的 74HCT 系列产品可与 74LS 系列直接互换使用。

3.6 元件识别练习

一、实验目的

(1) 掌握数字万用表的正确使用方法；

(2) 掌握常用元件的基本特性及其基本测量方法；

(3) 了解常用元器件在电路中的应用。

二、实验条件

(1) 数字万用表　(如选用 VC890D 型)

(2) 电阻　1kΩ、10kΩ

(3) 电位器　100kΩ

(4) 电容器　无极性电容，电解电容

(5) 二极管　1N4148

(6) 三极管　9012、9013

以上仪表各一台，元件各一只，具体型号以实验室配备为准。

三、实验内容与步骤

1. 电阻的测量

读出色环电阻的标称阻值。用万用表测量电阻的阻值。计算实测阻值与标称阻值之间的误差 δ。

$$\delta=\frac{|R-R_{R}|}{R_{R}}\times 100\% \tag{3-6-1}$$

式中：δ 为误差；R 为电阻的实测阻值；R_{R} 为电阻的标称阻值。

将以上各值填入表 3-6-1 中。

表 3-6-1　电阻的测量

数据 电阻	标称阻值	实测阻值	误差 δ
电阻 R_1			
电阻 R_2			

2. 电位器的测量

用数字万用表电阻挡测量电位器的标称阻值，并记录 $R=$_______ Ω。

将数字万用表红表笔接电位器一个固定端，黑表笔接滑动端，调节电位器中心抽头，观察电位器阻值变化范围，以及电位器阻值的变化是否均匀、连续。

将红表笔接电位器另一固定端，黑表笔接滑动端，测量方法同上。

3. 电容的测量

读出电容的标称容值，用数字万用表测量电容的容值。计算实测容值与标称容值的容值误差 δ。

$$\delta=\frac{|C-C_{R}|}{C_{R}}\times 100\% \tag{3-6-2}$$

式中：δ 为误差；C 为电容的实测容值；C_{R} 为电容的标称容值。

将以上各值填入表 3-6-2 中。

表 3-6-2　电容的测量

数据 电　容	标称容值	实测容值	误差 δ
瓷介电容 103			
电解电容			

4. 二极管的测量

用数字万用表的欧姆挡测量二极管的正、反向电阻，判断出二极管的正负极。

用数字万用表的二极管挡测量二极管的正向压降，并判定二极管是硅管还是锗管。

将以上测量值填入表 3-6-3 中。

表 3-6-3　二极管的测量

数据/型号	正向电阻	反向电阻	正向压降	硅管或锗管
1N4148				

5. 三极管的测量

数字式万用表测量方法：由于数字式万用表欧姆挡的测试电流很小，不适合检测三极管，因此使用二极管挡和 h_{FE} 挡。

(1) 判定基极

将数字万用表调至二极管挡，红表笔固定接三极管的某个电极，黑表笔依次接触另外两个电极，如果两次显示值基本相等（都在 1V 以下或都显示溢出符号“1”），就证明红表笔所接的是基极。如果两次显示值中有一次在 1V 以下，另一次溢出，证明红表笔接的不是基极，应改换其他电极重新测量，直到确定了基极。

(2) 鉴别 NPN 管与 PNP 管

在确定基极之后，用万用表红表笔接基极，黑表笔依次接触其他两个电极。如果都显示 0.550～0.700V，属于 NPN 型三极管；如果两次测量都显示溢出符号“1”，则管子属于 PNP 型。

(3) 判定集电极和发射极，测 $h_{FE}(\beta)$ 值

判定集电极和发射极，需要使用万用表的 h_{FE} 挡。假设被测三极管为 NPN 型，把三极管基极插入万用表 NPN 插孔的 b 孔，其余两个电极分别插入 c 孔和 e 孔中，测出的 h_{FE} 为 20 至几百，则 c 孔上插的是集电极，e 孔上插的是发射极。如果测出的 h_{FE} 值只有 1 至十几，证明三极管的集电极，发射极插反了，这时 c 孔插的是发射极，e 孔插的是集电极。

将以上各测量情况填入表 3-6-4 中。

表 3-6-4　三极管的测量

数据/型号	硅管或锗管	NPN 或 PNP	直流放大系数 $h_{FE}(\beta)$
9012			
9013			

四、实验预习要求

(1) 熟悉常用电子元件的名称及作用等。

(2) 了解各种常用电子元件的测量方法及使用注意事项。

五、实验报告要求

(1)整理实验数据、并对记录的数据进行误差分析等处理。

(2)实验心得(包括实验中遇到的问题、解决方法及对元件的认识等)。

第 4 章　常用电子仪器简介

4.1　万用表(VC890D)

一、概述

VC890D 型万用表具有测量电阻、电容、二极管、三极管 β 值、通断测试、交流电压、交流电流、直流电压、直流电流等参数的功能，显示精度可达三位半。

二、技术指标

VC890D 型万用表的技术指标见表 4-1-1。

表 4-1-1　VC890D 型万用表技术指标

测试项目	测量范围/显示值	分辨率/测试条件
电阻	0～20MΩ	量程×0.05%
电容	20nF～20μF	量程×0.05%
二极管及通断测试	显示二极管正向压降	正向直流电流约 1mA，反向电压约 3V
	蜂鸣器发声长响，测试两点间阻值约小于 70±20Ω	开路电压约 3V
三极管 h_{FE}	显示 h_{FE} 值 0～1000	基极电流约 10μA，V_{ce} 约 3V
直流电压	0～1000V	量程×0.05%
交流电压	0～750V	量程×0.05%
直流电流	0～20A	量程×0.05%
交流电流	0～20A	量程×0.05%

三、VC890D 万用表面板介绍

VC890D 的面板结构如图 4-1-1 所示。

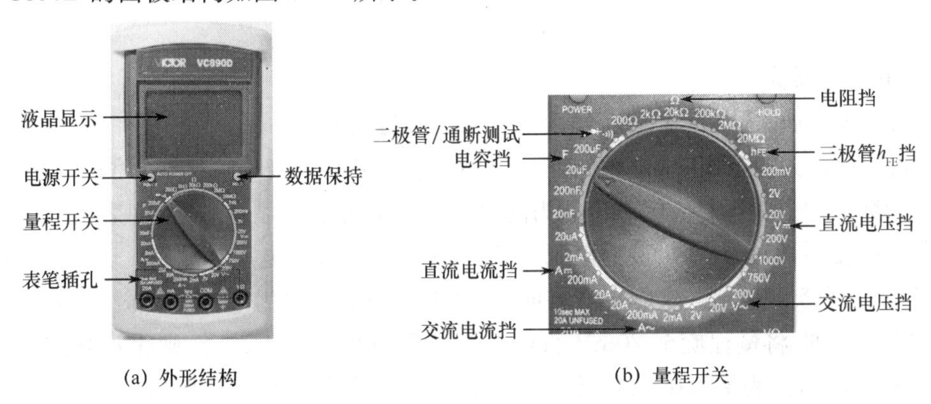

(a) 外形结构　　(b) 量程开关

图 4-1-1　VC890D 万用表面板图

四、使用方法简介

1. 电阻测量

(1) 将黑表笔插入【COM】插座,红表笔插入【V/Ω】插座。

(2) 将量程开关转至相应的电阻量程(Ω)上,然后将两表笔跨接在被测电阻上。

(3) 待读数基本稳定后读出数值,并加上单位"Ω/kΩ/MΩ",实际中应与选择的量程单位一致,如选择 20k 的量程,测得数值为 1.12,此时被测电阻值为 1.12kΩ;

(4) 使用 200Ω 量程挡进行测量时应先将表笔短路,测出短路电阻;被测电阻的阻值为测量值减去该短路电阻值。

2. 二极管及通断测试

(1) 将黑表笔插入【COM】插座,红表笔插入【V/Ω】插座(注意红表笔极性为内电池"+"极)。

(2) 将量程开关转至【二极管/通断测试】挡,并将表笔连接到待测试二极管,此时若红表笔与二极管正极相连,则读数为二极管正向压降的近似值,正常情况下此值应为 100~700 之间(单位 mV);否则,二极管很可能已损坏。若红表笔与二极管的负极相连,则读数为二极管的反向电阻,此值一般大于几百千欧;因此正常情况下万用表上会显示"1",表示电阻很大,测量溢出;否则,二极管很可能已被击穿。

(3) 将表笔连接到待测线路的两点,如果内置蜂鸣器发出"嘟……"的声音,则说明两点间电阻约小于(70±20)Ω。此时,如果测试的是导线则说明该导线导通。

3. 三极管 h_{FE}

(1) 将量程开关置于 h_{FE} 挡;将测试附件的"+"极插入【COM】插座,"-"极插入【mA】插座;

(2) 判断所测晶体管型号(NPN 或 PNP 型),认清 e、b、c 三极,并将发射极、基极、集电极分别插入测试附件上相应的插孔,万用表上显示值即为三极管的 β 值(h_{FE}值)。

4. 电容测量

(1) 将红表笔插入【COM】插座,黑表笔插入【macx】插座。

(2) 将量程开关转至相应的电容量程(F)上,表笔对应极性(注意红表笔极性为"+极")接入被测电容,测得的数值应加上对应量程的单位,如 20nF 量程测得读数为 2.05,则该电容值为 2.05nF。

5. 直流电压测量

(1) 将黑表笔插入【COM】插座,红表笔插入【V/Ω】插座。

(2) 将量程开关转至相应的直流电压量程上,然后将测试表笔跨接在被测电路上。待数值稳定后读数并加上量程对应的单位即为测量值。若屏幕上只显示数字,则表明实测电压与实际电压方向相同,即红表笔所接为电源"+"极,黑表笔所接为电源"-"极。若屏幕上最高位显示"-",则表明实测电压与实际电压方向相反,即黑表笔所接为电源"+"极,红表笔所接为电源"-"极。例如,将量程旋至 20mV 直流电压挡测得数值为-1.23,则表示被测两点间电压大小为 1.23mV,红表笔所接为电源"-"极,黑表笔所接为电源"+"极。

6. 交流电压测量

(1) 将黑表笔插入【COM】插座,红表笔插入【V/Ω】插座。

(2) 将量程开关转至相应的交流电压(V~)量程上,然后将测试表笔跨接在被测电路上,此时测得的数值加上量程对应的单位即表示被测点的电压有效值。如 200V 量程测得读数为 38.6,则表示被测电压有效值为 38.6V。

7. 直流电流测量

(1) 将黑表笔插入【COM】插座,红表笔插入【mA】插座中(最大可测 200mA),或红表笔插入【20A】插座中(最大可测 20A)。

(2) 将量程开关转至相应直流电流挡位上,然后将万用表的表笔串联接入被测电路中,被测电流值及红表笔点的电流极性将同时显示在屏幕上,此时将测得的数值加上量程对应的单位即为被测电流值。如 200mA 挡测得数值为 128,则表示被测点的电流为 128mA。

8. 交流电流测量

(1) 将黑表笔插入【COM】插座,红表笔插入【mA】插座中(最大可测 200mA),或红表笔插入【20A】插座中(最大可测 20A)。

(2) 将量程开关转至相应交流电流(A~)挡位上,然后将万用表的表笔串联接入被测电路中。测得的数值加上量程对应的单位即为被测交流电流的平均值。

9. 数据保持

按下"数据保持(HOLD)"开关,当前数据便保持在屏幕上。如需继续测量,请将数据保持开关置于弹起状态,否则将无法进行测量。

10. 自动断电

当仪表停止使用约 20 分钟后,仪表便自动断电进入休眠状态;若要重新启动万用表,再按两次"POWER"键,就可重新接通电源。

五、注意事项

(1)如果事先对被测信号范围没有概念,应将量程开关转到最高的挡位,然后根据显示值逐步转至相应挡位上进行测量。

(2)如果屏幕显示"1",表明已超过量程范围,须将量程开关转至较高挡位上。

(3)测量电阻的过程中应避免手接触到被测电阻的两个引脚,以免影响测量精度。

(4)在测试电容容量之前应先对电容进行充分的放电,以防止损坏仪表。

(5)万用表使用完毕应及时关闭电源开关。

4.2 直流稳压电源(SS2323)

一、概述

直流稳压电源可提供稳定的直流电压,SS2323 是由二路可调输出电源组成的高精度电源。二路可调输出电源具有串、并联输出和稳压与稳流自动转换功能,其电路由调整管功率损耗控制电路、运算放大器和带有温度补偿的基准稳压器等组成,控制部分由单片集成稳压器组成,电路稳定可靠。

二、技术指标

SS2323 直流稳压电源的技术指标见表 4-2-1。

表 4-2-1 SS2323 直流稳压电源技术指标

参数	指　　标
输入电压	AC220V±10%,50Hz±2Hz(输出电流小于 5A)
额定输出电压	0～30V 连续可调
额定输出电流	0～3A 连续可调
保护电路	电流限制保护
指示表头	数字电压表和数字电流表
表头精度	电压表±1%;电流表±2%

三、SS2323 功能面板介绍

SS2323 直流稳压电源的面板如图 4-2-1 所示,各旋钮的功能如下。

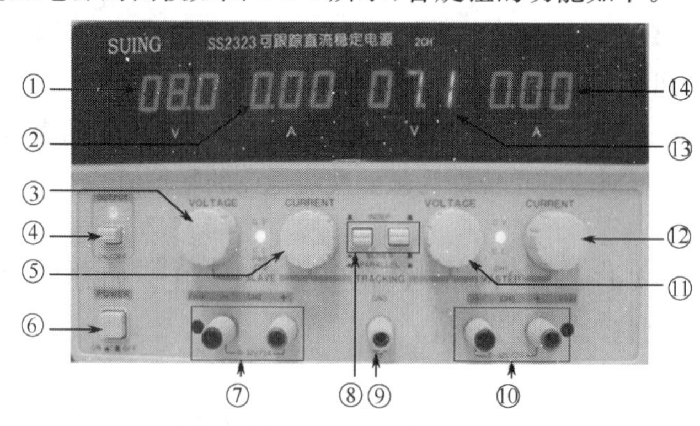

图 4-2-1 SS2323 直流稳压电源面板图

① 从路 CH2(SLAVE)电压表头。

② 从路 CH2(SLAVE)电流表头。

③ 从路电压调节旋钮【VOLTAGE】。

④ 输出开关【OUTPUT】:打开或关闭输出,输出状态下指示灯亮。

⑤ 从路电流调节旋钮【CURRENT】。

⑥ 电源开关【POWER】:置 ON 电源接通,置 OFF 电源关闭。

⑦ 从路电源输出接线柱。

⑧ 跟踪模式设置按钮【TRACKING】:两个键可选择 INDEP(独立)模式、SERIES(串联)跟踪模式或 PARALLEL(并联)的跟踪模式。

⑨ 机壳地【GND】端子:与机壳相连,一般接大地,不是电路中的参考地。

⑩ 主路电源输出接线柱。

⑪ 主路电压调节旋钮【VOLTAGE】。

⑫ 主路电流调节旋钮【CURRENT】。

⑬ 主路 CH1(MASTER)电压表头。

⑭ 主路 CH1(MASTER)电流表头。

四、SS2323 使用方法简介

1. 独立模式恒压输出方法

① 按下【POWER】电源开关;

② 将【CURRENT】电流调节旋钮逆时针旋到底后，再顺时针旋动约 1/4 圈，此时数码管显示的电流值为电源输出的限制电流值；

③ 旋动【VOLTAGE】电压调节旋钮调整输出电压至所需值；

④ 轻按一次【OUTPUT】按钮，在电源对应的“＋”、“－”输出接线柱上便能得到相应的电压。

2. 两路串联输出方法

(1) 将【TRACKING】跟踪模式设置的【SERIES】按键按下(选择串联)；

(2) 分别旋动主路【MASTER】和从路【SLAVE】的电流调节【CURRENT】旋钮，调整主路和从路的最大输出电流，一般先逆时针旋到底后再顺时针旋动约 1/4 圈；

(3) 串联模式下主、从路的电压值自动变为相等，并且电压的调整只能通过主路电压调节旋钮进行调节；

(4) 串联模式下，主路的“－”接线柱与从路的“＋”接线柱内部已导通，实际连接时这两个接线柱只需连接任意一个即可；

(5) 按一下【OUTPUT】键，在输出接线柱上以主路的“－”或从路的“＋”为参考地，主路的“＋”接线柱和从路的“－”接线柱能分别得到正电压和负电压输出(如果只连接主路“＋”接线柱和从路“－”接线柱，则输出电压为两路电压之和)。

3. 两路并联输出方法

(1) 按下【POWER】电源开关；

(2) 将跟踪【TRACKING】模式设置的【SERIES】和【PARALLEL】按键按下(选择并联)，此时输出电压和输出电流的调整只受主路【MASTER】控制，并且主路【CH1】和从路【CH2】的输出电压处于并联状态；

(3) 将主路的电流旋钮【CURRENT】逆时针旋到底后顺时针旋动约 1/4 圈，调整主路电压调节旋钮【VOLTAGE】到需要的电压值，此时主、从路的电压表头显示的电压值始终是相等的，输出电压即等于任意一路显示的电压值；

(4) 按一下【OUTPUT】按键，在主路【CH1】或从路【CH2】的输出“＋”、“－”极接线柱上都有电压输出。

五、注意事项

(1) 遇到电路异常情况请立即关闭【POWER】电源开关，待问题解决后方可恢复输出。

(2) 必须先调好输出电压值再接入电路，以免电压过高损坏电路元件。

(3) 电流调节旋钮【CURRENT】决定了电源最大输出电流，此旋钮的调节可根据外电路需要的电流值进行适当的调整(顺时针旋动为电流增大)。

(4) 并联后电源的最大输出电流为主路显示电流值的 2 倍。

(5) 仪器面板上标有【GND】的接线柱为机壳接大地的安全地线。使用时电路中的参考地应该接电源的“－”接线柱(负电源接法与此相反，电路中参考地应该接“＋”接线柱)。

(6) 当输出电压值显示在表头数码管上，显示电压仅供参考，要得到精确电压值请用万用表直流电压挡测量。

(7) 注意主路(CH1)和从路(CH2)输出及电源极性不要接错。

(8) 在操作中未提到的按钮应处于弹起状态。

4.3　函数信号发生器(TFG1020、SP1461、YB1052B)

4.3.1　TFG1020 函数信号发生器

一、概述

函数信号发生器可提供正弦波、三角波、方波等信号，TFG1020 DDS 函数信号发生器可输出 16 种波形，可设置精确的方波占空比，两路独立输出，可准确设置两路的相位差；全范围频率不分挡，直接数字设置；全部按键操作，中文菜单显示，直接数字设置或旋钮连续调节。

二、技术指标

TFG1020 DDS 函数信号发生器技术指标见表 4-3-1。

表 4-3-1　TFG1020 DDS 函数信号发生器技术指标

参　　数	指　　标
电源	AC 220V(1±10%) 频率 50Hz(1±5%)
显示	单色液晶显示，122 × 32 像素，中文菜单
输出波形	正弦波，方波，三角波，锯齿波等 16 种波形
A 路输出振幅 (高阻负载)	DC～10MHz，2mV(峰-峰值)～20V(峰-峰值) 10MHz～15MHz，2mV(峰-峰值)～14V(峰-峰值) 15MHz～20MHz，2mV(峰-峰值)～8V(峰-峰值)
B 路输出振幅(高阻负载)	20mV(峰-峰值)～20V(峰-峰值)
A 路输出频率	正弦波：40mHz～20MHz 其他波形：40mHz～1MHz
B 路输出频率	正弦波：40mHz～10MHz 其他波形：40mHz～50kHz
频率测量范围(选件)	1Hz～100MHz 输入信号幅度：100mV(峰-峰值)～20V(峰-峰值)
计数测量范围(选件)	1～4000000000 输入信号幅度：100mV(峰-峰值)～20V(峰-峰值)
最大功率输出(选件)	6W(8Ω) 1W(50Ω)

三、TFG1020 DDS 函数信号发生器面板介绍

TFG1020 DDS 函数信号发生器面板如图 4-3-1 所示，各标注点解释如下：

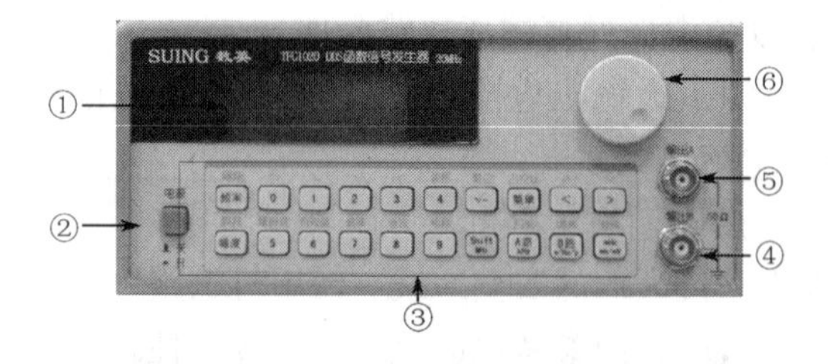

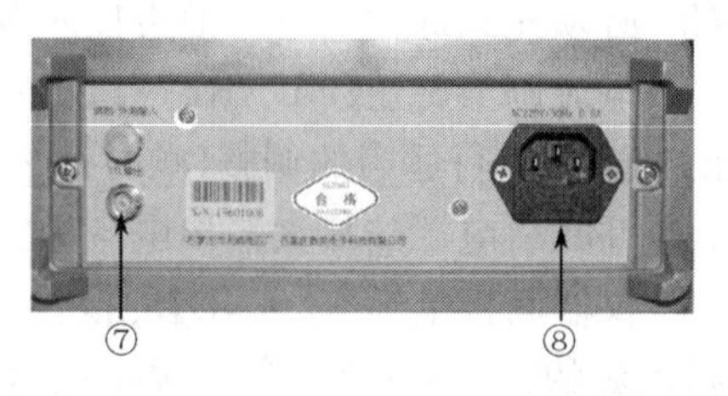

图 4-3-1　TFG1020 函数信号发生器前、后面板图

①液晶显示屏，②【电源】开关，③键盘，④B 路输出接口，⑤A 路输出接口，⑥调节旋钮，⑦TTL 输出接口，⑧AC 220V 电源插座。

四、TFG1020 DDS 函数信号发生器键盘说明

该信号发生器前面板上共有 20 个按键，键体上的字表示该键的基本功能，直接按键可执行基本功能。键上方的字表示该键的上挡功能，先按【Shift】键，屏幕右下方显示“S”，再按某一键可执行该键的上挡功能。20 个按键的基本功能如下：

(1)【频率】【幅度】键：频率和幅度选择键。

(2)【0】【1】【2】【3】【4】【5】【6】【7】【8】【9】键：数字输入键。

(3)【./—】键：在数字输入之后输入小数点，“偏移”功能时输入负号。

(4)【MHz】【kHz】【Hz】【mHz】键：双功能键，在数字输入之后执行单位键功能，同时作为数字输入的结束键。不输入数字，直接按【MHz】键执行“Shift”功能，直接按【kHz】键执行“A 路”功能，直接按【Hz】键执行“B 路”功能。直接按【mHz】键可以循环开启或关闭按键时的提示声响。

(5)【菜单】键：用于选择项目表中不带阴影的选项。

(6)【<】【>】键：光标左右移动键。

(7)【调节旋钮】：调整光标指示部分的值。如果是数字，则调整数字的大小，顺时针方向旋转为加，逆时针方向旋转为减。如果是衰减，则调整衰减的倍率。

五、TFG1020 A 路输出参数设定

按【A 路】键，选择“A 路单频”功能，其各项参数的设定方法如下：

(1) A 路频率设定：设定频率值 10kHz(A 路正弦波最大输出频率为 20MHz)

操作：【频率】【1】【0】【kHz】。

(2) A 路周期设定：设定周期 25ms。

操作：【Shift】【周期】【2】【5】【ms】。

(3) A 路幅度格式：有效值或峰-峰值。

操作：【Shift】【有效值】或【Shift】【峰-峰值】。

(4) A 路常用波形选择：正弦波、方波、三角波、锯齿波。

操作：【Shift】【0】、【Shift】【1】、【Shift】【2】、【Shift】【3】。

(5) A 路占空比设定：设定占空比为 40%。

操作：【Shift】【占空比】【4】【0】【Hz】。

(6) A 路衰减设定：循环选择 0dB，20dB，40dB，60dB，AUTO。

操作：【Shift】【衰减】启动衰减功能，再调节调整旋钮依次改变衰减的倍率。

(7) A 路偏移设定：循环加减偏移电压值。

操作：【Shift】【偏移】，按【<】或【>】调整光标位置，旋动调节旋钮改变偏移电压值。

(8) TTL 输出。

操作：用带 Q9 头的屏蔽电缆接入仪器背部标有“TTL 输出”的端口即可输出 TTL 信号。此时，信号的幅度大小不可调，频率大小由 A 路频率值决定。

(9) A 路扫频功能及参数设定。

操作：【Shift】【扫频】启动扫频功能。循环按【菜单】键可切换至扫频状态下不同的参数设置界面，如始点频率、终点频率、步进频率、扫描方式、间隔时间等。在不同的参数设置界面下，可转动调整旋钮改变相应的参数值。

(10) A 路调频功能及参数设定。

操作：【Shift】【调频】启动调频功能，此时调频信号从 A 端口输出。循环按【菜单】键可切换至调频状态下不同参数的设置界面，如载波频率、载波幅度、调制频率、调频频偏、调制波形等。在不同的参数设置界面下，可旋动调整旋钮改变相应的参数值。

六、TFG1020 B 路输出参数设定

按【B 路】键，选择“B 路单频”功能，其基本参数设置方法同 A 路。个别特殊参数设置如下。

B 路谐波设定：设定 B 路频率为 A 路频率的一次谐波。

操作：【Shift】【谐波】【1】【Hz】。

B 路相移设定：设定 AB 两路的相位差为 90°。

操作：【Shift】【相移】【9】【0】【Hz】。

4.3.2 SP1461 型数字合成高频信号发生器

一、概述

SP1461 型数字合成高频标准信号发生器，采用先进的 DDS 频率合成技术，实现 1μHz(载频≤80MHz)和 1Hz(载频>80MHz)频率分辨率，频率覆盖 100μHz～300MHz，电平覆盖 −127～+13dBm，集产生正弦信号、AM、FM、FSK、PSK 信号于一体的数字合成高频标准信号发生器。它是新一代的高性能合成信号发生器，采用中大规模集成电路和可编程逻辑器件，仪器设计合理，功耗小，重量轻，可靠性高，能满足科研、教学和通信领域对合成信号发生器要求。

二、技术指标

SP1461 数字合成高频信号发生器技术指标见表 4-3-2。

表 4-3-2　SP1461 数字合成高频信号发生器技术指标

参　数	指　标
电源	电压：AC 220V±22V，频率：50Hz±2.5Hz，功耗：30VA
显示	LED 冷光型数码管显示
输出波形	正弦波，AM，FM，FSK，PSK 信号等
射频频率	频率范围：100μHz～80MHz 分辨率：1μHz(载频≤80MHz) 1Hz(载频>80MHz) 精　度：同基准频率参考
频率参考	内部标频：温补 10MHz　　准确度：$\pm 5\times 10^{-6}$ 外标频输入：10MHz　　幅度峰-峰值：>1V
输出电平(选用脉冲调制功能时降低 3dB)	范　围：−117～+13dBm 分辨率：0.1dB 精　度：输出电平≥−105dBm：±1dB 输出电平≥−117dBm：±2dB 驻波比：<1.5 输出阻抗：50Ω
频谱纯度	谐　波：<−30dBc(输出电平≤+4dBm，典型值) 非谐波：<−40dBc(输出电平≤+4dBm，偏离载频≥5kHz) 分谐波：<−40dBc(输出电平≤+4dBm) 剩余调频：<100Hz(BW：0.3～3kHz，RMS：<110MHz)
其他	存储、调用、远控接口等
外形尺寸(*W*×*D*×*H*)	255mm×370mm×100mm
重量	约 4kg

三、SP1461 数字合成高频信号发生器面板介绍

SP1461 数字合成高频信号发生器前面板如图 4-3-2 所示。

① 数码管显示屏
② 【电源】开关
③ 键盘
④ 射频输出接口
⑤ 调制输出接口
⑥ 调节旋钮

图 4-3-2　SP1461 数字合成高频信号发生器前面板图

SP1461 数字合成高频信号发生器后面板如图 4-3-3 所示。

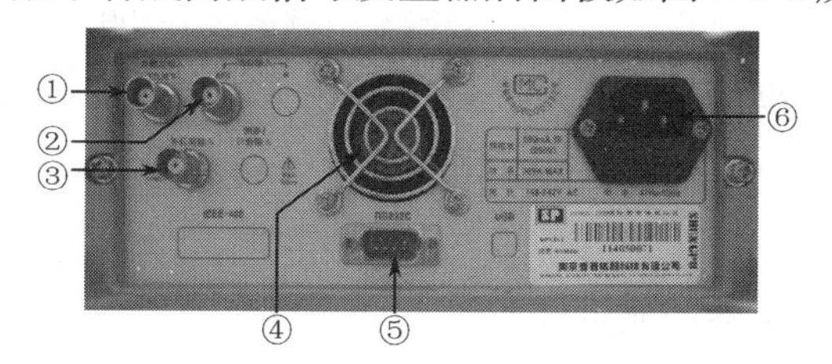

① 外触发输入接口(TTL 电平)
② 调制输入接口
③ 外标频输入接口
④ 散热风扇窗口
⑤ RS232 远程控制接口
⑥ 市电输入接口(交流 220V)

图 4-3-3　SP1461 数字合成高频信号发生器后面板图

四、SP1461 数字合成高频函数信号发生器按键功能说明

SP1461 数字合成高频函数信号发生器的前面板上共有 24 个按键,按键按下后,会用响声“嘀”来提示。其大多数的按键是多功能键,每个按键的基本功能标在该按键上,要想实现某按键基本功能,只须按下该按键即可。该仪器大多数按键具有第二功能,第二功能用蓝色字体标注在这些按键的上方或下方,实现按键第二功能,只须先按下【Shift】键再按下该按键即可。少部分按键还可作单位键,其单位标在这些按键的下方。要实现按键的单位功能,只有先按下数字键,接着再按下该按键即可。具体的按键功能介绍如下。

- 【Shift】键:基本功能是作为其他键的第二功能复用键,按下该键【Shift】标志亮,此时按其他键则实现第二功能;再按一次该键则该标志灭,此时按其他键则实现基本功能。其次功能是用作“s/Vpp/N”单位。分别表示时间的单位“s”、幅度的峰峰值单位“Vpp”和其他不确定的单位。
- 【0】【1】【2】【3】【4】【5】【6】【7】【8】【9】【●】【—】键:数据输入键。其中【7】【8】【9】【0】【●】【—】键还有第二功能,分别是“点频”“复位”“系统”及立体声功能选择键。
- 【◀】【▶】键:基本功能是光标左右移动键。第二功能是选择内调制 400Hz 和外调制。
- 【频率/周期】键:频率的选择键。当前如果显示的是频率,再按下一次该键,则表示输入为周期。第二功能是选择调频 75kHz 或调幅 30%。
- 【幅度/脉宽】键:幅度的选择键。此键无脉宽功能。第二功能是选择调频 22.5kHz 或调幅 60%。
- 【键控】键:FSK 功能模式选择键。当前如果是 FSK 功能模式,再按一次该键,则进入 PSK 功能模式;当前如果是 PSK 功能模式,再按一次该键,则进入 FSK 功能模式。第二功能是选择调频 3.5kHz 或调幅 90%。
- 【菜单】键:菜单键,进入 FSK、PSK、调频、调幅、扫描和猝发功能模式时,可通过【菜单】键选择各功能的不同选项,并改变相应选项的参数。在点频时且当前处于幅度时可用【菜单】键进行峰-峰值、有效值和 dBm 数值的转换。第二功能是选择内调制 1kHz。
- 【调频】键:调频功能选择键,第二功能是立体声选择键。它还用作“ms/mVpp”单位,分别表示时间的单位“ms”、幅度的峰-峰值单位“mVpp”。

- 【调幅】键：调幅功能模式选择键，第二功能是存储选择键。它还用作“MHz/Vrms”单位，分别表示频率的单位“MHz”、幅度的有效值单位“Vrms”。
- 【扫描】键：扫描功能模式选择键，第二功能是调用选择键。它还用作“kHz/mVrms”单位，分别表示频率的单位“kHz”、幅度的有效值单位“mVrms”。
- 【猝发】键：猝发功能模式选择键，第二功能是“调制关”选择键。它还用作“Hz/dBm/Φ”单位，分别表示频率的单位“Hz”、幅度的单位“dBm”。
- 【输出】键：信号输出控制键。如果不希望信号输出，可按【输出】键禁止信号输出，此时输出信号指示灯灭；如果要求输出信号，则再按一次【输出】键即可，此时输出信号指示灯亮。默认状态为输出信号，输出信号指示灯亮。在“猝发”功能模式和“扫描”功能模式的单次触发时作“单次触发”键，此时输出信号指示灯亮。

五、显示屏

SP1461 数字合成高频函数信号发生器的显示屏如图 4-3-4 所示。

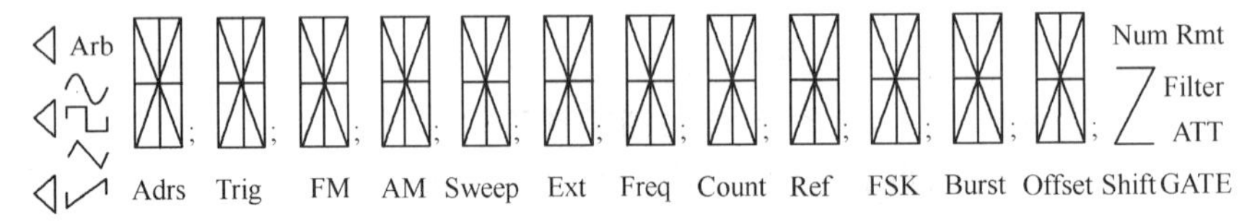

图 4-3-4　SP1461 数字合成高频函数信号发生器显示屏

显示屏上显示的内容见表 4-3-3。

表 4-3-3　SP1461 数字合成高频信号发生器显示屏

显　示	表　示
∿ ⊓ ⁓ ⩘	（不显示）
Arb、Filter、ATT、GATE	（不显示）
Freq、Count、Offset	（不显示）
Adrs、Rmt	仪器处于远程控制状态
Trig	等待单次或外部触发
FM、AM、Sweep	调频、调幅、扫描功能模块
FSK、◀FSK	频移、相移功能模块
Ext	外部信号输入状态
Ref	（与 Ext）外基准输入状态
Burst、Shift	猝发功能模块、【Shift】键按下
Z	频率单位 Hz 的组成部分

六、功能操作

仪器开机后出厂设置为“点频”功能模式，输出单一频率的连续波，按“调频”、“调幅”、“扫描”、“猝发”、“点频”、“FSK”、“PSK”、“立体声调频（选件）”、“脉冲调制（选件）”可以分别实现9 种功能模式。

1. 点频功能模式

点频功能模式指的是输出单一频率的连续波——正弦波。可以设定频率、幅度。在其他功能时，可先按下【Shift】键再按下【点频】键来进入点频功能。

从点频功能转到其他功能，点频设置的参数就作为载波的参数；同样，在其他功能中设置载波的参数，转到点频后就作为点频的参数。（例如，从点频转到调频，则点频中设置的参数就作为调频中载波的参数；从调频转到点频，则调频中设置的载波参数就作为点频中的参数）。

(1) 频率设定：按【频率】键，显示出当前频率值。可用数字键或调节旋钮输入频率值，此时仪器输出端口即有该值的频率信号输出。

例：设定频率值为 5.8kHz，按键顺序如下：【频率】【5】【●】【8】【kHz】（可以用调节旋钮输入）或者【频率】【5】【8】【0】【0】【Hz】（可以用调节旋钮输入）显示区都显示 5.80000000 kHz。

(2) 周期设定：信号的频率也可以用周期值的形式进行显示和输入。如果当前显示为频率，再按【频率/周期】键，即可显示出当前周期值，也可用数字键或调节旋钮输入周期值。

例：设定周期值为 10ms，按键顺序如下：【周期】【1】【0】【ms】（可以用调节旋钮输入）。如果当前显示为周期，再按【频率/周期】键，可以显示出当前频率值；如果当前显示的既不是频率也不是周期，按【频率/周期】键，显示出当前点频频率值。

(3) 幅度设定：按【幅度】键，显示出当前幅度值。可用数字键或调节旋钮输入幅度值，这时仪器输出端口即有该幅度的信号输出。幅度值的输入和显示有三种格式：峰-峰值、有效值和 dBm 值，可以用不同的单位输入。

例：设定幅度值峰峰值 1.5dBm，按键顺序如下：【幅度】【1】【●】【5】【dBm】（可以用调节旋钮输入）。

(4) 信号输出与关闭：按【输出】键禁止信号输出，此时输出信号指示灯灭。设定好信号的频率，幅度，再按一次【输出】键信号开始输出，此时输出信号指示灯亮。【输出】键可以在信号输出和关闭之间进行切换。输出信号指示灯也相应以亮（输出）和灭（关闭）进行指示。这样可以对信号输出与关闭进行控制。

2. 调幅功能模式

调幅又称为“幅度调制”。

(1) 按【调幅】键进入调幅功能模式，显示区显示载波频率。此时状态显示区显示调幅功能模式标志“AM”。连续按【菜单】键，显示区依次闪烁显示下列选项：调制深度“AM LEVEL”、调制频率“AM FREQ”、调制信号源“AM SOURCE”。当显示想要修改参数的选项后停止【菜单】键，显示区闪烁显示当前选项 1 秒后自动显示当前选项的参数值。对调幅的调制深度“AM LEVEL”、调制频率“AM FREQ”、调制信号源“AM SOURCE”选项的参数，可用数据键或调节旋钮输入。用数据键输入时，数据后面必须输入单位，否则输入数据不起作用。用调节旋钮输入时，可进行连续调节，调节完毕，按一次【菜单】键，跳到下一选项。如果对当前选项不做修改，可以按一次【菜单】键，跳到下一选项。

(2) 载波信号：按【调幅】键进入调幅功能模式，显示区显示载波频率。载波信号的设置方法以及数值范围与本章“点频的功能”中介绍的相同。如果不设置，则上述参数与前一功能的载波（或点频）参数一致。如按【幅度/脉宽】键可以设定载波信号的幅度，按【频率/周期】键可以设定载波信号的频率。

(3) 调制深度“AM LEVEL”：在显示区闪烁显示为调制深度“AM LEVEL”1 秒后自动显示当前调制深度值，可用数据键或调节旋钮输入调制深度值。也可以通过第二功能键快速设置调制深度值：【频率/周期】键对应 30%，【幅度/脉宽】键对应 60%，【键控】键对应 90%。

(4) 调制信号频率“AM FREQ”：调制信号的频率（频率的范围为 100mHz～10kHz）。在显示区闪烁显示为调制信号频率“AM FREQ”1 秒后自动显示当前调制信号频率值，可用数据键或调节旋钮输入调制信号频率。也可以通过第二功能键快速设置调制信号频率：【菜单】键对应 1kHz，【◀】键对应 400Hz。

（5）调制信号源“AM SOURCE”：调制信号分为内部信号，外部输入信号和外部脉冲调制信号。编号和提示符分别为“1：INT”“2：EXT”“3：PULSE MOD”。仪器出厂设置为内部信号。外部调制信号通过后面板“调制输入”端口输入（信号幅度 $5V_{p-p}$）；脉冲调制信号通过后面板“脉冲输入”端口输入。当信号源选为外部时，状态显示区显示外部输入标志“Ext”。此时“调制信号的频率”输入无效；当信号源选为外部脉冲调制时，状态显示区显示外部输入标志“Ext”，此时“调制信号的频率”及“调制深度”输入均无效。在显示区闪烁显示为调制信号源“AM SOURCE”1 秒后，自动显示当前调制信号源相应的提示符和编号，可用数据键或调节旋钮输入调制信号源编号来选择信号来源。也可通过【▶】键的第二功能快速设置调制源为外调制。

（6）调幅的启动与停止：将仪器选择为调幅功能模式时，调幅功能就启动。在设定各选项参数时，仪器自动根据设定后的参数进行输出。如果不希望信号输出。可按【输出】键禁止信号输出，此时输出信号指示灯灭；如果想输出信号，则再按一次【输出】键即可，此时输出信号指示灯亮。

例：载波信号频率为 1MHz，幅度为 1dBm；调制信号来自内部，调制信号频率为 5kHz，调制深度为 50%。按键顺序如下：

按【调幅】键，（进入调幅功能模式）；

按【频率】键，按【1】【MHz】（设置载波频率）；

按【幅度】键，按【1】【dBm】（设置载波幅度）；

按【菜单】键，选择调制深度“AM LEVEL”选项，按【5】【0】【N】（设置调制深度）；

按【菜单】键，选择调制信号频率“AM FREQ”选项，按【5】【kHz】（设置调制信号频率）；

按【菜单】键，选择调制信号源“AM SOURCE”选项，按【1】【N】（设置调制信号源为内部）。

4.3.3 YB1052B 型高频信号发生器

一、概述

YB1052B 高频信号发生器可提供载频、调频、调幅信号，其有效工作频率范围为 0.1～150MHz。信号发生器的输出频率由 4 位数码管显示，射频输出幅度由 3 位数码管显示（显示有效值）。在整个工作频段内，信号发生器有一致的调制度和稳定的输出幅度特性。

二、技术指标

YB1052B 型高频信号发生器技术指标见表 4-3-4。

表 4-3-4 YB1052B 型高频信号发生器技术指标

参数	指标
电源	AC220V±10%，50Hz±5%
载波频率范围	频段 1：0.1～10MHz，频段 2：10～150MHz
载波输出幅度（峰-峰值）	1mV～1.5V
调幅调制度范围	0～60%连续可调
内调幅频率	400Hz、1kHz
外调幅频率范围、输入电压	20Hz～30kHz、<5V
调频频偏范围	0～100kHz 连续可调（载波频率不小于 0.3MHz）
音频频率、输出幅度（峰-峰值）	400Hz、1kHz、3V

三、YB1052B 高频信号发生器功能面板介绍

YB1052B 高频信号发生器功能面板如图 4-3-5 所示。

① 频率显示值的单位指示灯(MHz/kHz)

② 频率显示区

③ 幅度显示区

④ 音频频率选择按键

⑤【电源】开关按键

⑥ 音频幅度调节旋钮

⑦ 音频信号输出接口

⑧ 内/外调制切换按键

⑨ 外调制输入接口

⑩【调幅】功能按键

⑪ 调制信号【频率选择】按键

⑫【调频】功能按键

⑬ 调制度调节旋钮

⑭ 电压信号输出接口

⑮ 幅度调节旋钮

⑯ 频段开关:【频段 I】(0.1～10MHz)/【频段 II】(10～150MHz)

⑰ 频率调节旋钮

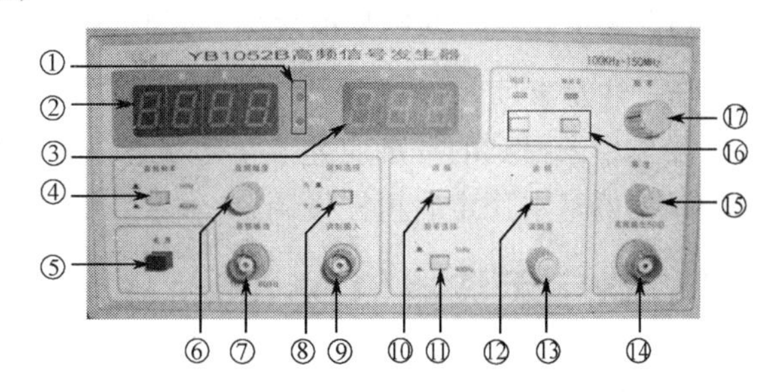

图 4-3-5　YB1052B 面板图

四、YB1052B 高频信号发生器使用方法简介

1. YB1052B 高频信号发生器普通信号的产生

(1) 按下【电源】开关;

(2) 选择输出信号频段,【频段 I】(0.1～10MHz),【频段 II】(10～150MHz);

(3) 转动“频率”旋钮调节输出频率,当前输出频率显示在频率显示区的数码管上;

(4) 转动“幅度”旋钮调节输出幅度,数码管显示的输出幅度仅作为参考,输出信号的幅度以示波器或毫伏表测量值为准;

(5) 输出信号用同轴电缆接在“高频输出 50Ω”端口上输出。

2. YB1052B 高频信号发生器音频信号的产生

(1) 按下【电源】开关;

(2) 在“音频”输出接口上连接同轴电缆对外输出音频信号;

(3) 按【音频频率】键选择输出音频信号的频率,按下为 400Hz,弹起为 1000Hz;

(4) 转动“音频幅度”旋钮可改变输出音频信号的幅度。

3. YB1052B 高频信号发生器调幅波或调频信号的产生

(1) 打开电源开关;

(2) 通过【调幅】或【调频】按键选择输出调幅波或调频波;

(3) 通过【频率选择】按键选择调制信号的频率(400Hz/1kHz),如不想使用内部固定的频率作为调制信号,可将【调制选择】按键按下,并用同轴电缆从“调制输入”接口输入调制信号;

(4) 载波信号的频率可通过“频段开关”(【频段 I】/【频段 II】)和“频率”调节旋钮进行调

节，当前频率值显示在频率显示区的数码管上；

（5）载波信号的幅度可通过“幅度”调节旋钮调整；

（6）通过“调制度”旋钮可改变调制深度；

（7）调幅波信号或调频信号由“高频输出 50Ω”端口输出。

五、注意事项

操作中未提到的按键应处于弹起状态。进行频率调节时速度不宜太快，要等数码管上显示的频率值基本稳定后再慢慢调节。

4.4 数字示波器（TDS1002）

一、概述

数字示波器能方便测量信号的波形及参数。TDS1002 数字存贮示波器具有 0～60MHz 的频带宽度，可同时显示两路被测信号的波形，并对被测信号的各种参数进行测量。

二、技术指标

TDS1002 数字存储示波器的技术指标见表 4-4-1。

表 4-4-1　TDS1002 数字存储示波器技术指标

参　　数	指　　标
输入灵敏度	2mV/DIV～5V/DIV，按 1～2～5 进位
精度	5V/DIV～10mV/DIV±3%，5mV/DIV～2mV/DIV±4%
频带宽度	直流，DC～60MHz<3dB，交流，10Hz－60MHz<3dB
耦合方式	AC，GND，DC
最大输入电压（峰-峰值）	300V
扫描方式	自动，正常
扫描时间	5ns/DIV～50s/DIV，按 1～2～5 进位
触发源	CH1，CH2，EXT
校准信号	波形：方波　幅度（峰-峰值）：5V。　频率：1kHz。
工作电源	幅度：220V±10%　　频率：50Hz±2%

三、TDS1002 数字示波器功能面板介绍

TDS1002 数字示波器面板如图 4-4-1 所示。

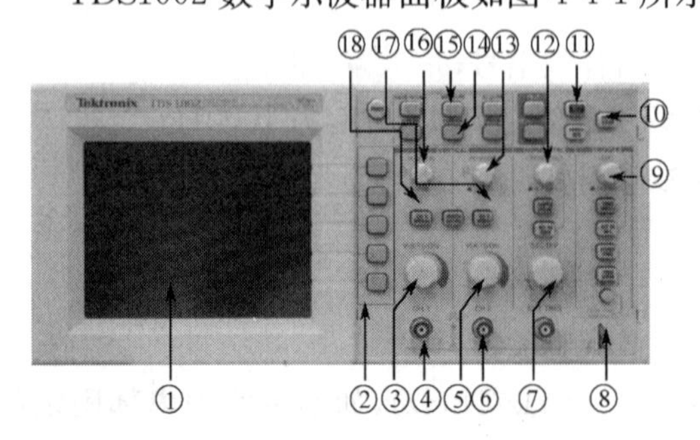

图 4-4-1　TDS1002 数字示波器面板图

① 显示屏

② 屏幕右侧菜单对应的功能按键

③ CH1 通道垂直灵敏度调节旋钮

④ CH1 通道信号输入接口

⑤ CH2 通道垂直灵敏度调节旋钮

⑥ CH2 通道信号输入接口

⑦ 水平灵敏度调节旋钮

⑧ 校准信号：$V=5V$（峰-峰值），$f=1kHz$，方波

⑨ 电平【LEVEL】调节旋钮

⑩ 运行/停止【RUN/STOP】控制按键

⑪ 自动设置【AUTO SET】按键

⑫ 水平位移旋钮

⑬ CH2 通道垂直位移旋钮或光标位移旋钮

⑭ 光标功能【CURSOR】按键

⑮ 测量功能【MEASURE】按键

⑯ CH1 通道垂直位移旋钮或光标位移旋钮

⑰ 通道 2 功能表(CH2 MENU)按键

⑱ 通道 1 功能表(CH1 MENU)按键

四、TDS1002 基本功能使用方法简介

1. 示波器通道检查

以 CH1 通道为例，介绍 TDS1002 示波器的使用方法。

(1) 将仪器顶部的电源开关按下；

(2) 将探头接入示波器的 CH1 通道，探头的探针钩住校准信号[$V=5\text{V}(\text{p}-\text{p})$、$f=1\text{kHz}$、方波]的信号端金属片，黑夹子夹住校准信号接地的金属片；

(3) 按通道 1 功能表【CH1 MENU】按键，在屏幕右侧出现一列菜单，按“探头”对应的按键，使其显示 1×；

(4) 按示波器上的自动设置【AUTO SET】按键；

(5) 待波形稳定后示波器屏幕上应该显示峰峰值为 5V，频率为 1kHz 的方波信号，说明示波器该通道能正常测量。若不能正确显示波形，请更换探头后重新按自动设置【AUTO SET】按键。

2. 直流电压测量

以 CH1 通道为例，介绍直流电压的测量方法。

(1) 打开电源开关；

(2) 按一次通道 1 功能表【CH1 MENU】按键，屏幕的右侧将显示一列菜单，循环按“耦合”对应的按键，使其为接地，检查“探头”对应的按键，是否显示为“1×”；

(3) 调节垂直位移和水平位移旋钮，使直线位于屏幕正中的水平位置，此位置即直流 0V 基准线；

(4) 继续按“耦合”对应的按键，使其显示“直流”；

(5) 用示波器探头从 CH1 通道输入被测信号，按一次测量【MEASURE】键，在屏幕的右侧将显示出平均值，即为直流电压的电压值。

3. 交流电压测量

以 CH1 通道为例，介绍交流电压的测量方法。

(1) 打开电源开关。

(2) 按一次通道 1 功能表【CH1 MENU】按键，在屏幕右侧将显示一列菜单，循环按“耦合”对应的按键，使其为“交流”耦合，检查“探头”对应的按键，是否显示为“1×”。

(3) 将示波器探头从 CH1 通道接入被测信号后按一次自动设置【AUTO SET】按键，待波形显示稳定后按测量【MEASURE】按键，此时，在屏幕右侧的一列菜单中将显示出该交流电压的峰峰值、频率值、平均值等参数。

(4) 如需要测量其他参数，请按屏幕右侧菜单中任意一个参数对应的按键，此时，屏幕右

侧显示的菜单中将显示出信源和类型两个选项。将信源选择CH1,循环按“类型”对应的按键,下方的“值”将对应显示出不同测量参数的值。

4. 光标测量功能

以CH1通道为例,介绍光标测量方法。

(1) 屏幕上显示出待测信号的波形后,按一次光标【CURSOR】按键,屏幕右侧显示一列菜单,包括“类型”和“信源”两项;

(2) 按“信源”对应的按键选择信源为CH1;

(3) 按“类型”对应的按键,类型下方将显示需要测量的参数名称(如电压、时间等),此列菜单的最后三项将显示“增量”,“光标1”和“光标2”,并且会显示对应的值,此时,屏幕中也会出现两条平行的虚线(横向或纵向),即光标;

(4) 调整垂直方式【VERTICAL】区中对应的两个亮灯的旋钮【POSITION】(垂直位移/光标位移旋钮)可分别改变光标1和光标2在屏幕中的位置;

(5) 将光标1和光标2调整到适当的位置,如测量正弦信号的峰-峰值时,可将两光标调整至刚好夹在正弦波峰与峰之间,此时,光标1和光标2下方显示的值就是光标1和光标2偏离0V基准线的值,而“增量”下方显示的则是该波形的峰-峰值(如图4-4-2所示),切换光标功能后使用类似的方法可测量信号的周期和频率(如图4-4-3所示);

(6) 重新按通道1功能表【CH1 MENU】按键或自动设置按键【AUTO SET】可退出光标功能。

5. 手动设置方法

特殊情况下(如观察调幅、调频信号等),可采用手动设置的方式使被测波形尽可能清晰稳定的显示在示波器上。具体操作如下(以CH1通道为例)。

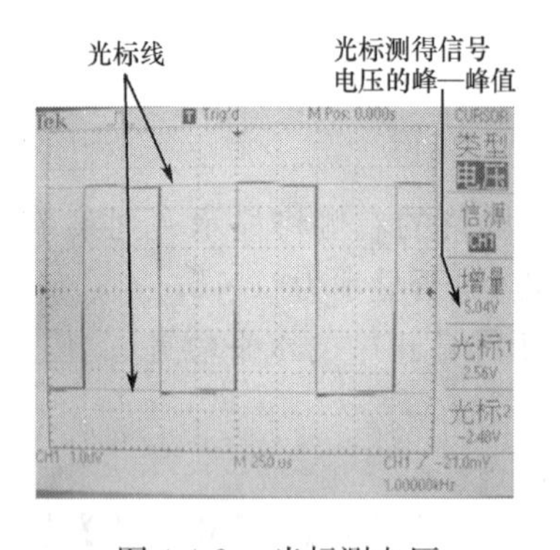

图4-4-2　光标测电压

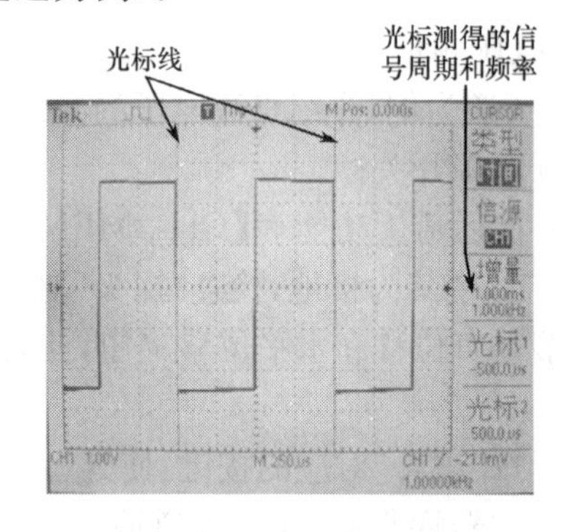

图4-4-3　光标测周期和频率

(1) 按一次自动设置【AUTO SET】按键,再按屏幕右侧菜单中“取消自动设置”对应的按键,示波器进入手动设置模式;

(2) 将探头从CH1通道输入被测信号,按CH1通道功能表【CH1 MENU】按键,在屏幕右侧弹出一列菜单,按菜单中“探头”对应的按键,使其显示“1×”;

(3) 调整垂直方式【VERTICAL】区的通道1的垂直灵敏度【VOLTS/DIV】旋钮、垂直位移【POSITION】旋钮,水平方式区的水平灵敏度【SEC/DIV】旋钮和水平位移【POSITION】旋钮,以及触发方式【TRIGGER】区的电平【LEVEL】旋钮,使信号在屏幕上显示最清晰,如无法使波形稳定显示,可按【RUN/STOP】按钮使波形停止后再进行调整;

(4) 启动测量功能或光标功能进行参数测量。

6. 停止功能

如果被测信号不能在屏幕上稳定显示，无法进行测量时，可按一下停止【RUN/STOP】键，屏幕上便会静止的显示出当前捕捉到的波形。此时，可旋动水平灵敏度调整旋钮【SEC/DIV】和垂直灵敏度调整旋钮【VOLTS/DIV】将波形调到适当大小(在屏幕上能显示 1～2 个完整周期为佳)，再按上述的光标功能进行相应参数的测量。

按下【RUN/STOP】键后如需继续采集信号需再按一次该键，退出停止模式。

五、注意事项

示波器探头的黑夹子接电路的地，探针接信号端，探头上的倍乘开关拨到"×1"挡。

4.5 多功能计数器(YB3371)

一、概述

多功能计数器对周期信号具有测量频率、周期、计数的功能。YB3371 多功能计数器采用倒数计数技术，测量精度高，测频范围宽，灵敏度高，闸门时间可选。

二、技术指标

YB3371 多功能计数器技术指标见表 4-5-1。

表 4-5-1　YB3371 多功能计数器技术指标

参　数	指　标
电源	AC 220V±10%，50Hz±5%
频率测量范围	A 通道：1Hz～10MHz/100MHz B 通道：100MHz～1GHz/1.5GHz
周期测量范围	10ns～1s
计数容量	0～99,999,99
输入电压范围	A 通道：有效值 30mV，峰-峰值 250V B 通道：有效值 30mV～1V
适应波形	正弦波、三角波、脉冲波
A 通道低通滤波器	－3dB 带宽约 100kHz
A 通道衰减	×1 或×20

三、YB3371 型多功能计数器功能面板介绍

YB3371 型多功能计数器功能面板如图 4-5-1 所示。

① 频率/时间/次数显示区
② 【电源】开关
③ 【频率 A】按键
④ 【周期 A】按键
⑤ 【频率 B】按键
⑥ 【计数 A】按键
⑦ 闸门时间选择区

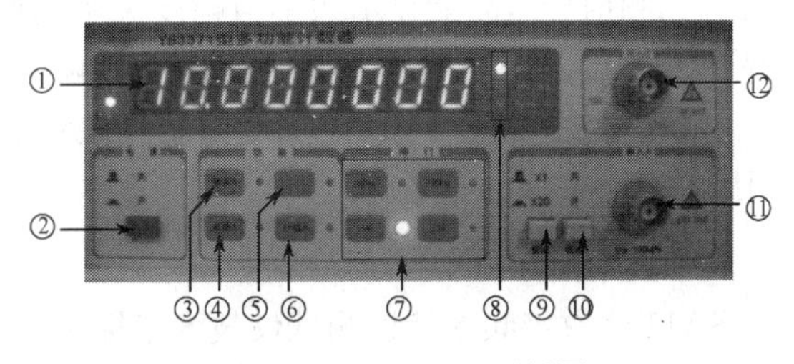

图 4-5-1　YB3371 面板图

⑧ 频率/时间的单位显示区

⑨ 输入信号【衰减】控制开关

⑩ 仪器内部【低通】滤波器开关

⑪ A 输入接口

⑫ B 输入接口

四、YB3371 多功能计数器使用方法简介

1. YB3371 测频方法

(1) 按下【电源】开关；

(2) 从输入接口 A(1Hz～100MHz)或输入接口 B(100MHz～1.5GHz)输入被测信号；

(3) 根据信号输入口在功能选择区选择【频率 A】或【频率 B】；

(4) 选择闸门时间(10ms/100ms/1s/10s)；

(5) 待读数稳定后，频率显示区即显示出被测信号的频率值。

2. YB3371 测量周期的方法

(1) 按下【电源】开关；

(2) 从输入接口 A(1Hz～100MHz)输入被测信号；

(3) 在功能选择区选择【周期 A】，选择闸门时间(10ms/100ms/1s/10s)；

(4) 待读数稳定后，数码管显示区将显示被测信号的周期值。

3. YB3371 计数方法

(1) 按下【电源】开关；

(2) 从输入接口 A(1Hz～100MHz)输入被测信号；

(3) 在功能选择区选择【计数 A】；

(4) 数码管显示区将显示当前对输入信号的脉冲计数值。

五、注意事项

(1) 上述操作未提到的按键应处于弹起状态。

(2) 信号幅度太大时可以按下衰减开关进行衰减，有需要时还可按下低通开关对输入的信号进行低通滤波后再测量。

4.6 数字频率特性测试仪(SA1140)

一、概述

频率特性测试仪，俗称扫频仪。它能够直接显示被测电路的频率——幅度特性。

一般示波器只能显示幅度与时间关系的曲线。扫频仪把调频和扫频技术相结合(调频信号称为扫频信号)，故能显示频率与幅度关系的曲线，所以称其为扫频仪。扫频仪可以用来测量调谐放大器、宽带放大器、各种滤波器、鉴频器，以及其他有源或无源网络的幅频特性。对于通信、广播电视、雷达导航、卫星地面站等设备的调试、及有关电路的分析和研究起着重要的作用。

二、技术指标

SA1140 数字频率特性测试仪技术指标见表 4-6-1。

表 4-6-1　SA1140 数字频率特性测试仪技术指标

参　数	指　标
扫频范围	20Hz～140MHz
输入阻抗	50Ω/高阻
输出阻抗	50Ω
输出衰减	0～80dB,1dB 步进
输入增益	10～－30dB,10dB 步进
相位范围	－180°～＋180°
相位分辨率	1°
显示分辨率	250×200 点
鉴频输入信号范围	0.1V≤A≤10V
鉴频直流偏置	±4V

三、SA1140 面板介绍

SA1140 数字频率特性测试仪功能面板如图 4-6-1 所示。

① 【电源】开关

② 显示屏

③ 功能选择

④ 参数选择 C1、C2、C3、C4、C5

⑤ 数字选择

⑥ 【复位】开关

⑦ 调节区

⑧ 输入接口

⑨ 输出接口

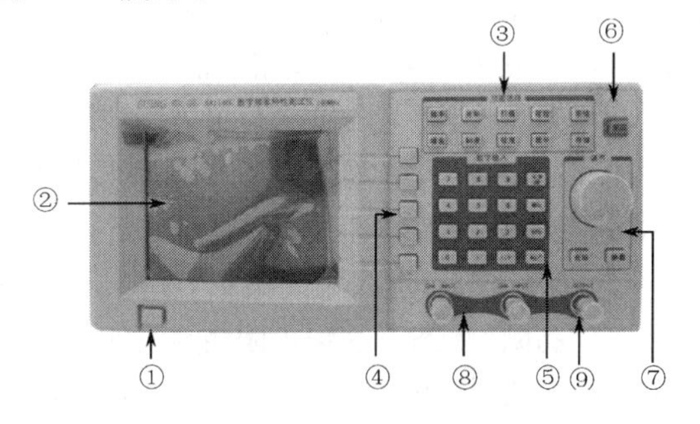

图 4-6-1　数字频率特性测试仪功能面板

四、SA1140 使用方法简介

(1) 按下【电源】开关。

(2) 按下【校准】进入校准菜单(将输入接口与输出接口用双 Q9 头电缆线相连),经数秒后,仪器自动校准结束后,显示屏上应出现一条与水平电器刻度平行的红色水平基线,当“基准”设置值改变时,该基线会相应地上下平移。

仪器开机默认菜单为频率菜单,或按功能区的【频率】键进入频率菜单,显示屏显示频率菜单自上而下为【C1】(频率线性)、【C2】(始点)、【C3】(终点)、【C4】(中心)、【C5】(带宽),默认值为线性扫描,始点频率(F_s)为 100kHz,终点频率(F_e)为 30.00000MHz,中心频率为(F_c)15.05000MHz,扫频带宽(F_b)为 29.90000MHz。

(3) 测量:

a. 按【频率】键进入频率菜单,如设定始点频率:依次按【C2】键、数字键(含【·】键)和【MHz】(或【kHz】、【Hz】键)即可。设定终点频率:依次按【C3】键、数字键(含【·】键)和【MHz】(或【kHz】、【Hz】键)即可。始点频率和终点频率之间的差值必须大于或等于 250Hz,

否则测试仪自动设定为250Hz。

b. 按【增益】键进入增益菜单，菜单自上而下为【C1】(增益对数)、【C2】(输出)、【C3】(输入)、【C4】(基准)、【C5】(增益)10.0 dB/DIV。

【增益对数】表示仪器增益轴是对数方式，反复按压此键，仪器的增益轴在对数和线性之间转换。

【输出】表示仪器当前的输出增益值，默认为0dB，调节步进值为1dB。例如按【C2】键和【—/←】、【2】、【0】、【dB】键即完成输出增益设为−20dB的操作。也可调节手轮改变"增益"设置值(逆时针减小，顺时针增加，调节步距1dB)。"输出" 增益的设置范围是0～−80dB，用数字键设置时，如果设置值大于0或小于−80dB，则操作无效，测试仪保持原有设置值。

【输入】表示仪器当前的输入增益值，默认为0dB，调节步进值为10dB 。例如，按【C3】键和【—/←】、【3】、【0】、【dB】键即完成输入增益设为−30dB的操作。输入增益的设置范围是10dB～−30dB、步距为10dB，用数字键设置输入增益时，如果输入值不是10的整倍数，测试仪则首先将输入值按四舍五入的规则进行预处理，然后将处理后的结果作为设置值。同样，输入增益的设置值也可以用手轮改变。

c. 按【光标】键进入光标菜单，此时在光标菜单中，"1"反亮显示，"开"反亮显示，光标值显示区显示1号光标的频率、增益值或相位值，主显示区在显示曲线上有一红色标记。反复按【C3】(光标选择)键，1、2、3、4轮流反亮显示，表示当前选择的为第几号光标，同时"开"或"关"也会反亮显示，表示当前选择的光标打开或关闭，若"开"反亮显示时，则在光标值显示区显示当前光标的频率和增益值或相位值，若"关"反亮显示，则光标值显示区没有显示内容。

d. 按【显示】键进入显示菜单，反复按【C1】(幅频开/关)键，当"开"反亮显示时，显示幅频特性曲线，当"关"反亮显示时不显示幅频特性曲线。反复按【C2】(相频开/关)键，当"开"反亮显示时，显示相频特性曲线，当"关"反亮显示时不显示相频特性曲线。

e. 按【系统】键进入系统菜单，本测试仪的输出阻抗为50Ω，输入阻抗有"50Ω"和"高阻"两种状态("高阻"状态下的输入阻抗为500kΩ)，可以满足输入输出阻抗为50Ω的电路测试和输入阻抗为50Ω、输出阻抗不为50Ω的电路测试。

(4) 状态显示区：SA1140数字频率特性测试仪显示屏的状态如图4-6-2所示。

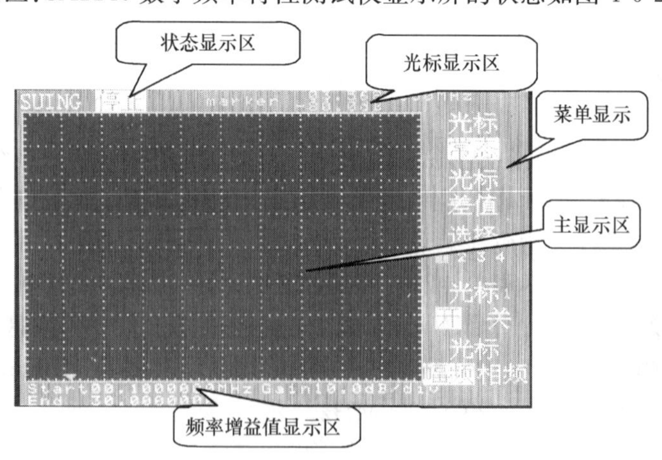

图4-6-2　状态显示

五、注意事项

(1) 在不熟悉本仪器面板各旋钮、开关的功能时,应仔细阅读说明书后才能开机使用。

(2) 被测设备的输入端不允许有直流电位。否则,会导致仪器不能正常工作,严重者会损坏仪器。

(3) 仪器的输出阻抗与被测件的输入阻抗必须匹配。否则,会造成反射,使测量不准确。

(4) 连接电缆应尽量短,避免不必要的损耗。

(5) 仪器输出信号过大,会使有源器件饱和,测出的则是失真的图形曲线。可利用衰减器适当的改变输出信号的大小,观察特性曲线的变化情况予以确定。

4.7 仪器使用练习

一、实验目的

(1) 熟悉常用电子仪器的操作界面,掌握常用电子仪器的使用方法;

(2) 掌握几种典型信号的幅值、有效值和周期的测量。

二、实验仪器

仪器:万用表 VC890D、直流稳压电源 SS232、数字示波器 TDS1002、低频函数发生器 TFG1020 DDS 及高频信号发生器 YB1052B。

元件:电阻 10Ω、100kΩ,电容 0.1μF,电感 10μH。

三、实验内容与步骤

1. 直流稳压电源及万用表的使用

(1) 用万用表测量给定的电阻阻值和电容器容值。

(2) 用万用表二极管挡测量整流二极管的正反向特性及发光二极管的正负引脚。

(3) 将两路可调直流稳压电源设为独立稳压输出,调节一路输出电压为 12V,另一路为 5V。并使用万用表直流电压挡进行测量(第一、二路都要测量),将测量结果和仪表显示值填入表 3-5-5 中。

(4) 将稳压电源输出按照图 4-7-1 所示的正负电源形式进行连接,输出直流电压 ±12V。

(5) 将两路可调电源串联使用,调节输出稳压值为 40V。

(6) 将稳压电源输出接为恒流模式,负载电阻为 10~50Ω,调节输出稳定电流为 0.2A,并用三用表直流电流挡进行测量。

表 4-7-1 实验数据(一)

输出接口	表头显示电压值(V)	测量电压值(V)
第一路		
第二路		

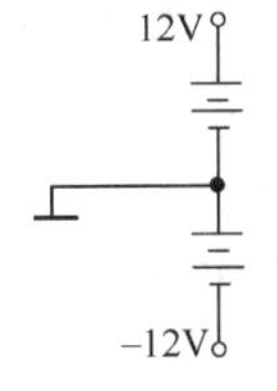

图 4-7-1 正负电源

2. 示波器、函数发生器的使用

(1) 示波器校准信号测试:用示波器显示校准信号的波形,测量该信号电压的峰-峰值和周期。并将测量结果与已知的校准信号峰-峰值和周期相比较。

(2) 正弦波测试:用函数信号发生器产生频率为 2kHz(以信号源显示值为准),峰-峰值为

4V 的正弦波信号。再用示波器显示该正弦信号波形，测出其周期、频率、峰-峰值，并用多功能计数器测量该信号的周期和频率。将测试数据填入表 4-7-2。

表 4-7-2　实验数据（二）

仪　器	正　　弦　　波		
	周　期	频　率	峰-峰值
函数发生器	—	2kHz	4V
示波器			
多功能计数器			—

（3）叠加直流电平的正弦波的测试：使用函数信号发生器产生一个叠加直流电平的正弦波。调节信号源使该波形频率为 1kHz（以信号源显示为准），峰-峰值为 4V，直流分量为 0.5V（以示波器测量为准），如图 4-7-2 所示。再用万用表（直流电压挡）测出该信号的直流分量电压值，用多功能计数器和示波器测出该信号的频率和周期。数据填入表 4-7-3 中。

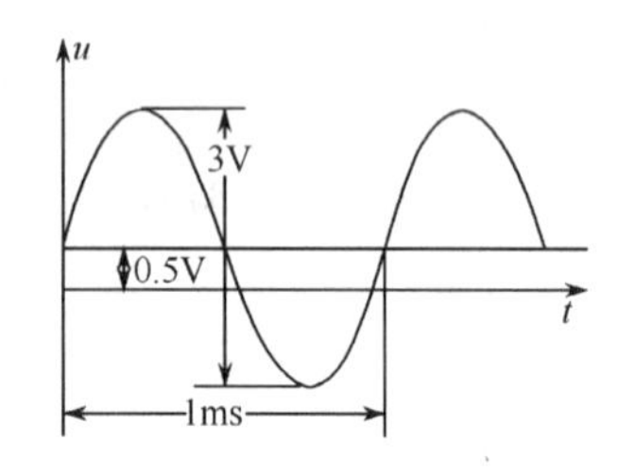

图 4-7-2　叠加直流电平的正弦波

表 4-7-3　实验数据（三）

仪　器	直流分量	交流分量		
		峰-峰值	周期	频率
示　波　器	0.5V	4V		
多功能计数器	—	—		
万　用　表		—	—	—
函数发生器	—	—	—	1kHz

3. 高频信号发生器的使用

（1）用高频信号发生器产生 50MHz，有效值为 100mV 的信号，以示波器测量为准。

（2）用高频信号发生器产生调幅波信号（调制信号选择 1kHz，载波选择 1MHz），并用示波器观察调幅信号的波形。

（3）用高频信号发生器产生调频信号（调制信号选择 400Hz，载波选择 1MHz），并用示波器观察调频信号的波形。

四、实验预习要求

（1）熟悉常用电子仪器面板上各控制件的位置、名称及作用。

（2）了解各种常用电子仪器的使用方法及使用注意事项。

五、实验报告要求

（1）整理实验数据、并对记录的数据进行误差分析。观察实验波形，绘出波形示意图（绘图使用铅笔和直尺）。

（2）写出实验心得（包括实验中遇到的问题、解决方法等）。

第 2 篇　电子技术基础实验

第 5 章　电路基础实验

实验 5-1　戴维南定理及最大功率传输定理

一、实验目的

(1) 验证戴维南定理,加深对该定理的理解;

(2) 掌握测量有源二端网络等效参数的一般方法;

(3) 验证最大功率传输定理,掌握电路中阻抗匹配的条件。

二、实验原理

(1) 任何一个线性含源网络,如果仅研究其中一条支路的电压和电流,则可将电路的其余部分看作是一个有源二端网络(或称为含源一端口网络)。

戴维南定理指出:任何一个线性有源单口网络,总可以用一个电压源与一个电阻的串联来等效代替,此电压源的电压 U_s 等于这个有源二端网络的开路电压 U_{oc},其等效内阻 R_0 等于该网络中所有独立源均置零(理想电压源视为短接,理想电流源视为开路)时的等效电阻。

(2) 有源二端网络等效参数的测量方法:

① 开路电压、短路电流法测 R_0。

在有源二端网络输出端开路时,用电压表直接测量其输出端的开路电压 U_{oc},然后再将其输出端短路,用电流表测量其短路电流 I_{sc},则等效内阻为

$$R_0=\frac{U_{oc}}{I_{sc}} \tag{5-1-1}$$

如果二端网络的内阻很小,若将其输出端口短路则容易损坏其内部元件,因此不宜使用此方法。

② 伏安法测 R_0。

测量电路如图 5-1-1 所示。用电压表、电流表测出有源二端网络的外特性曲线,特性曲线如图 5-1-2 所示。根据外特性曲线求出斜率 $\tan\varphi$,则内阻

$$R_0=\tan\varphi=\frac{\Delta U}{\Delta I}=\frac{U_{oc}}{I_{sc}} \tag{5-1-2}$$

也可以先测量开路电压 U_{oc},再测量电流为额定值 I_N时的输出端电压值 U_N,则内阻为

$$R_0=\frac{U_{oc}-U_N}{I_N} \tag{5-1-3}$$

③ 半电压法测 R_0

如图 5-1-3 所示,当负载电压为被测网络开路电压的一半时,负载电阻(由电阻箱的读数确定)即为被测有源二端网络的等效内阻值。

三、实验条件

(1) 直流稳压电源　　　　一台

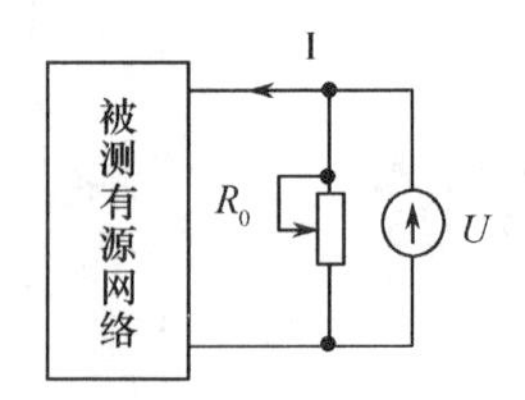

图 5-1-1　伏安法测 R_0

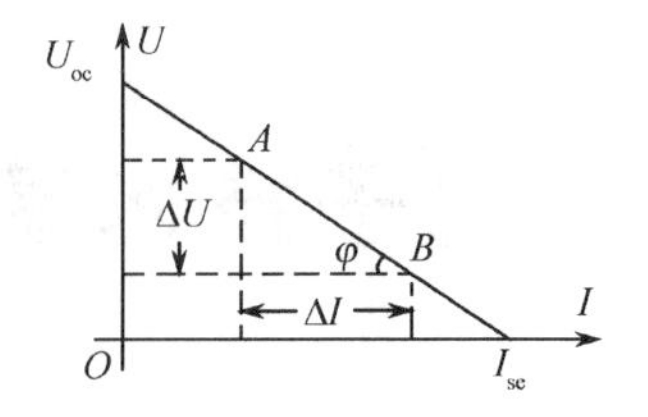

图 5-1-2　伏安特性曲线

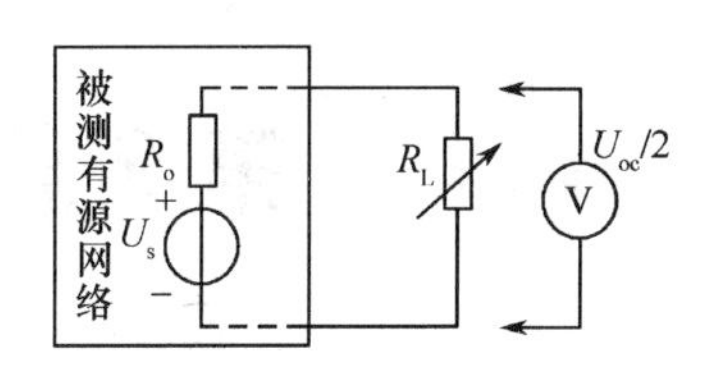

图 5-1-3　半电压法测 R_0

(2) 数字万用表　　　　　　　一台

(3) 实验箱　　　　　　　　　一台

四、实验内容

被测有源二端网络如图 5-1-4 所示，在实验箱上连接电路。

(1) 测量有源二端网络的外特性。

调整 RP，测量相应的 I_2、U_2，将测量结果记入表 5-1-1 中。P_W为计算值，并画出伏安特性曲线图。

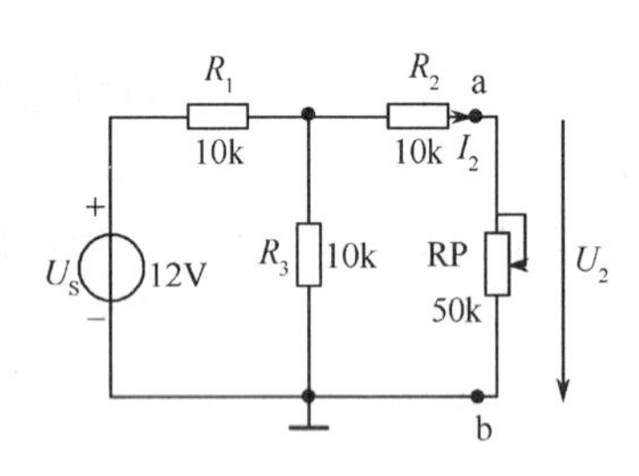

图 5-1-4　实验电路

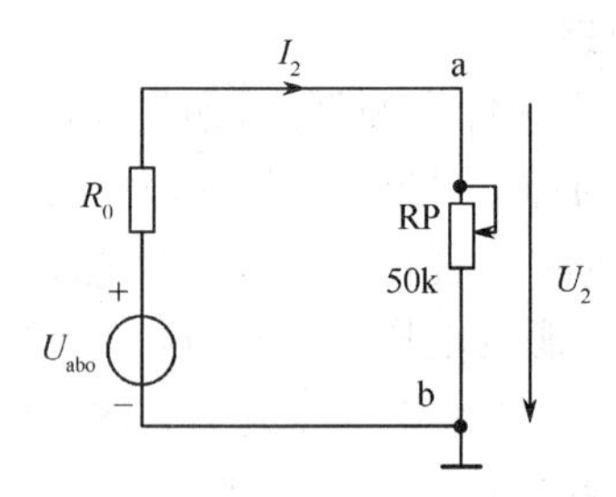

图 5-1-5　戴维南等效电路

表 5-1-1　电路参数测量数据表

RP/kΩ										
U_2/V										
I_2/mA										
P_W/mW										

(2) 测量有源二端网络的等效参数，并将结果记入表 5-1-2 中。

(3) 利用已测得的 U_{abo}、R_0 组成戴维南等效电源对 RP 供电，重测伏安特性曲线，测量电路如图 5-1-5 所示，并将测量结果填入自制表格中，画出伏安特性曲线图，并与(1)中伏安特性曲线图进行比较分析。

表 5-1-2　有源二端网络的等效参数测量数据表

U_{abo}	R_0

五、注意事项

(1) 改接线路时，必须关掉电源。

(2) 连接等效电路时应注意 U_{abo}、R_0 都是测量值而不是理论值。

(3) 用万用表直接测 R_0 时，网络内的独立源必须先置零，以免损坏万用表。

六、实验报告要求

(1) 按内容要求画出测试电路，整理实验数据。

(2) 对实验结果及实验中碰到的问题进行分析。

七、预习要求与思考题

(1) 预习要求：掌握戴维南定理，巩固所学理论知识。

(2) 思考题：说明测量有源二端网络开路电压及等效内阻的几种方法，并比较其优缺点。

实验 5-2　受控源的研究

一、实验目的

(1) 了解运算放大器构成受控源的方法和线路；

(2) 测试受控源的特性。

二、实验原理

(1) 电源有独立电源（如电池、发电机等）与非独立电源（或称为受控源）之分。

受控源与独立源的不同点是：独立源的电势 E_s 或电流 I_s 是某一固定的数值或是时间的某一函数，它不随电路其余部分的状态而改变。而受控源的电势或电流则是随电路中另一支路的电压或电流的改变而改变。

受控源又与无源元件不同，无源元件两端的电压和它自身的电流有一定的函数关系，而受控源的输出电压或电流则和另一支路（或元件）的电流或电压有某种函数关系。

(2) 独立源是二端器件，受控源则是四端器件，或称为双口元件。它有一对输入端（U_1、I_1）和一对输出端（U_2、I_2）。输入端可以控制输出端电压或电流的大小。施加于输入端的控制量可以是电压或电流，因而有两种受控电压源（即电压控制电压源 VCVS 和电流控制电压源 CCVS）和两种受控电流源（即电压控制电流源 VCCS 和电流控制电流源 CCCS）。

(3) 当受控源的输出电压（或电流）与控制支路的电压（或电流）成正比变化时，则称该受控源是线性的。

理想受控源的控制支路中只有一个独立变量（电压或电流），另一个独立变量等于零，即从输入口看，理想受控源或者是短路（即输入电阻 $R_1=0$，因而 $U_1=0$）或者是开路（即输入电导 $G_1=0$，因而输入电流 $I_1=0$）；从输出口看，理想受控源或是一个理想电压源或者是一个理想电流源，如图 5-2-1 所示。

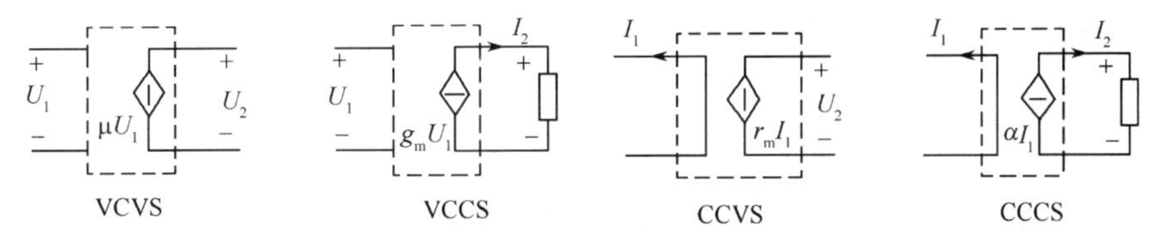

图 5-2-1　4 种受控源

(4) 受控源的控制端与受控端的关系式称为转移函数。

4 种受控源的定义及其转移函数参量的定义如下：

① 压控电压源（VCVS）：$U_2=f(U_1)$，$\mu=U_2/U_1$ 称为转移电压比（或电压增益）。

② 压控电流源（VCCS）：$I_2=f(U_1)$，$g_m=I_2/U_1$ 称为转移电导。

③ 流控电压源（CCVS）：$U_2=f(I_1)$，$r_m=U_2/I_1$ 称为转移电阻。

④ 流控电流源（CCCS）：$I_2=f(I_1)$，$\alpha=I_2/I_1$ 称为转移电流比（或电流增益）。

(5) 运算放大器的理想电路模型为一受控源，如图 5-2-2 所示，在它的外部接入不同的电路元件，可以实现信号的模拟运算或变换。如构成比例器、加法器、积分器、滤波器等。应用十分广泛。含有运算放大器的电路是一种有源网络，在实验中，主要研究端口特性以了解其基本功能。

① 图 5-2-3 所示电路是一个电压控制型电压源(VCVS)

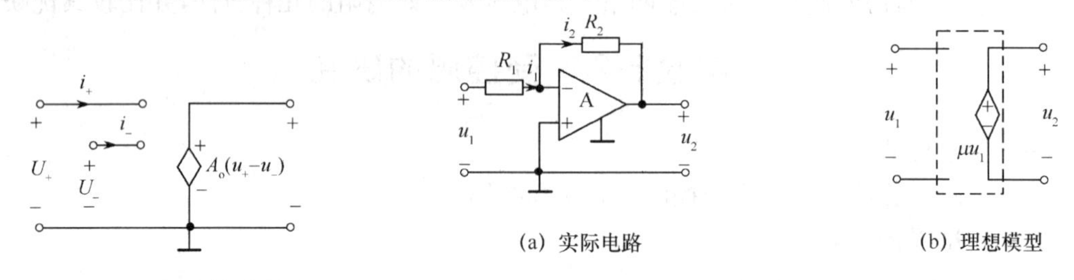

图 5-2-2 理想运算放大器　　图 5-2-3 电压控制型电压源电路

由于运算放大器工作在线性区，则"+"、"－"端虚拟短路，则有

$$u_+=u_-\approx 0 \tag{5-2-1}$$

由于运算放大器的"+"、"－"端虚拟断路，则有

$$i_+=i_-\approx 0 \quad i_1=i_2=\frac{u_1}{R_1} \tag{5-2-2}$$

$$u_2=-i_2R_2=-\frac{u_1}{R_1}R_2=-\frac{R_2}{R_1}u_1 \tag{5-2-3}$$

从上式中可知运算放大器的输出电压 u_2 受输入电压 u_1 的控制，那么上式可写成

$$u_2=\mu u_1$$

其中：$\mu=-\frac{R_2}{R_1}$，μ 无量纲，又称电压放大系数。该电路就是一个反向比例放大器，其输入或输出源有公共接地点，这种连接方式称为共地式连接。

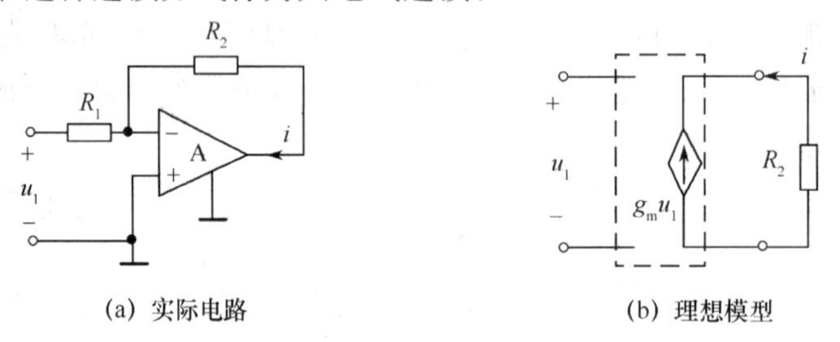

图 5-2-4 电压控制型电流源电路

② 将图 5-2-3(a)中的电阻 R_2 看作是一只负载电阻，这个电路就成一个电压控制型电流源(VCCS)，如图 5-2-4(a)所示。运算放大器输出电流为

$$i_o=-i=-\frac{u_1}{R_1}$$

即 i_o 只受运算放大器输入电压 u_1 的控制，与负载电阻 R_2 无关。

图 5-2-4(b)是理想电路模型。其比例系数

$$g_m=\frac{i_o}{u_1}=-\frac{i}{u_1}=-\frac{1}{R_1} \tag{5-2-4}$$

g_m具有电导的量纲，称为转移电导。式中负号是由于信号由反相输入端输入造成的。图 5-2-4(a)中输入端与输出端无公共接地点，这种连接方式称为浮地式连接。

③ 一个简单的电流控制型电压源(CCVS)如图 5-2-5(a)所示。

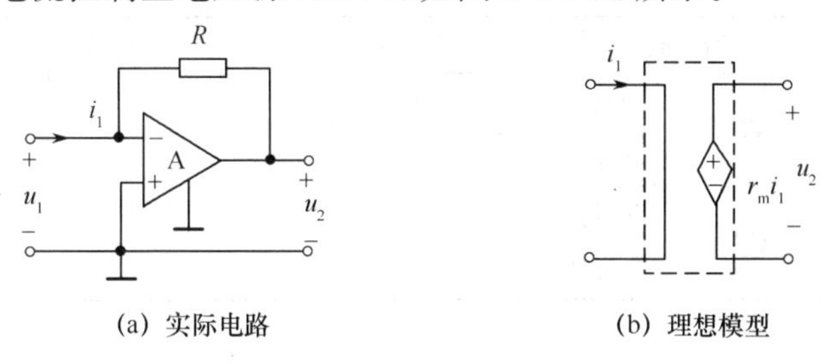

图 5-2-5 电流控制型电压源电路

由于运算放大器的“+”端接地，即 $u_+=0$，所以“-”端电位 u_- 也为零，在这种情况下，运算放大器的“-”端称为“虚地点”。显然流过 R 的电流就是网络输入端口电流 i_1，运算放大器的输出电压 $u_2=-i_1R$，它为电流 i_1所控制。图 5-2-5(b)是它的理想模型电路，其比例系数 $r_m=u_2/i_1=-R$，具有电阻量纲，称为转移电阻，连接方式为共地式连接。

④ 用运算放大器还可以构成电流控制型电流源(CCCS)如图 5-2-6(a)所示。

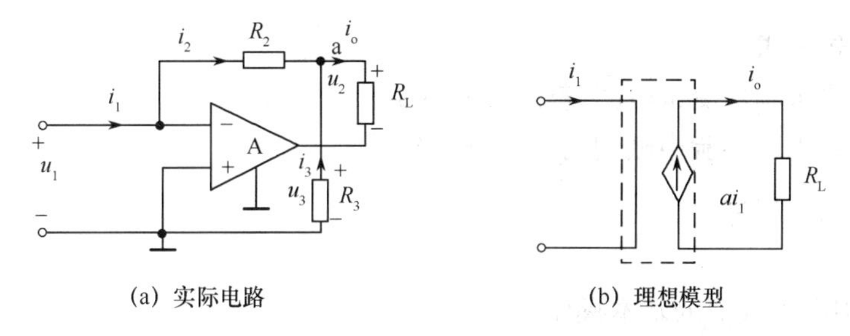

图 5-2-6 电流控制型电流源电路

由于 $u_a=-i_2R_2=-i_1R_2$(u_a为 R_2上的电压降)，且 $i_o=i_2+i_3=i_1+\frac{i_1R_2}{R_3}=i_1(1+\frac{R_2}{R_3})$，即输出电流 i_o只受网络的输入端口电流 i_1的控制，与负载电阻 R_L无关，它的理想电路模型如图 5-2-6(b)所示，其电流比为 $\alpha=\frac{i_o}{i_1}=1+\frac{R_2}{R_3}$，$\alpha$ 为无量纲，又称电流放大系数。这个电路实际上起着电流放大的作用，连接方式为浮地式连接。

三、实验条件

(1) 直流稳压电源　　一台
(2) 数字万用表　　一台
(3) 实验箱　　一台
(4) μA741　　一个

四、实验内容

测试电压控制型电压源和电压控制型电流源特性。

(1) 实验电路如图 5-2-7 所示。R_1取 10kΩ，运算放大器的工作电压为±15V，V_1为直流电压输入信号。

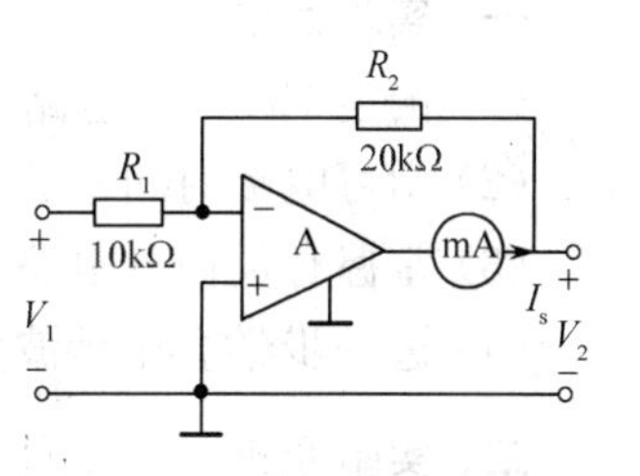

图 5-2-7 实验电路图

(2) 接通直流稳压电源，根据给定的 V_1数据，测量对应的

V_2和 I_S值，并将实测数据填入表 5-2-1中。

(3) 根据测量结果算出 μ 和 g_m值，填入表 5-2-1 中并分析受控源特性。

表 5-2-1　VCVS 和 VCCS 测量参数

给定值		V_1(V)	0.5	1	1.5	2	2.5
VCVS	测量值	V_2(V)					
	计算值	μ					
VCCS	测量值	I_S(mA)					
	计算值	g_m(S)					

五、注意事项

(1) 实验前应检查连接线的好坏，使用时注意不要用力拉拔导线以防连接线损坏。

(2) 注意正负电源的连接方法。

(3) 连接好电路后用三用表检查电路是否有短路现象，如有则排除故障后再继续实验。

(4) 注意芯片的引脚方向。

(5) 测量短路电流 I_{SC}时，注意电流表的极性和量程。

(6) 注意严禁带电操作。

六、实验报告要求

(1) 按内容要求画出测试电路，整理实验数据。

(2) 对实验结果及实验中碰到的问题进行分析。

七、预习要求及思考题

(1) 预习要求：

① 掌握常用电子仪器的基本操作方法。

② 复习受控源的工作原理。

③ 根据本实验中给定的电路参数，计算出 R、g_m及 V_{oc}、I_{oc}、R_0的值。

(2) 思考题：

① 受控源和独立源相比有何异同点？比较四种受控源的代号、电路模型、控制量与被控量的关系如何？

② 4 种受控源中的 r_m、g_m、α 和 μ 的意义是什么？如何测得？

③ 若受控源控制量的极性反向，试问其输出极性是否发生变化？

④ 受控源的控制特性是否适合于交流信号？

实验 5-3　一阶电路时域响应的研究

一、实验目的

(1) 测定 RC 一阶电路的零输入响应、零状态响应及完全响应；

(2) 学习电路时间常数的测量方法；

(3) 掌握有关微分电路和积分电路的概念；

(4) 进一步学会用示波器观测波形。

二、实验原理

(1) 动态网络的过渡过程是十分短暂的单次变化过程。要用普通示波器观察过渡过程和测量有关的参数，就必须使这种单次变化的过程重复出现。为此，我们利用信号发生器输出的方波来模拟阶跃激励信号，即利用方波输出的上升沿作为零状态响应的正阶跃激励信号；利用方波的下降沿作为零输入响应的负阶跃激励信号。只要选择方波的重复周期远大于电路的时间常数 τ，那么电路在这样的方波序列脉冲信号的激励下，它的响应就和直流电接通与断开的过渡过程是基本相同的。

(2) 图 5-3-1(b)所示的 RC 一阶电路的零输入响应和零状态响应分别按指数规律衰减和增长，其变化的快慢决定于电路的时间常数 τ。

(3) 时间常数 τ 的测定方法：

用示波器测量零输入响应的波形如图 5-3-1(a)所示。

根据一阶微分方程的求解得知 $u_c = U_m e^{-t/RC} = U_m e^{-t/\tau}$。当 $t=\tau$ 时，$U_c(\tau) = 0.368U_m$。此时所对应的时间就等于 τ。也可用零状态响应波形增加到 $0.632U_m$ 所对应的时间测得，如图 5-3-1(c)所示。

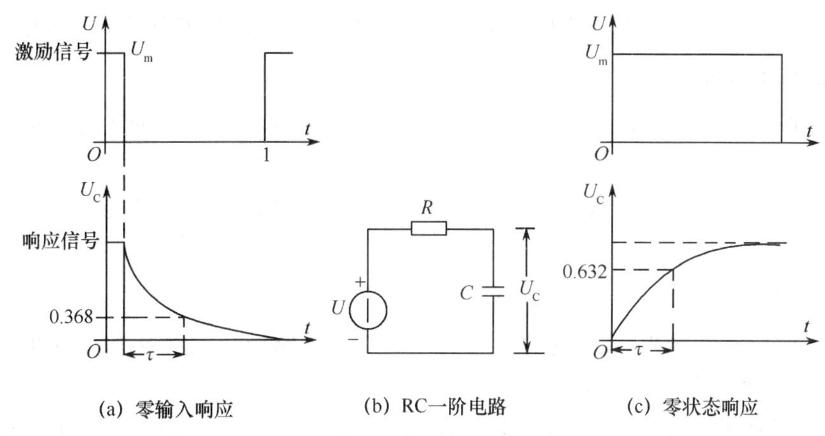

图 5-3-1　RC 一阶电路的零输入响应与零状态响应

(4) 微分电路和积分电路是 RC 一阶电路中较典型的电路，它对电路元件参数和输入信号的周期有着特定的要求。一个简单的 RC 串联电路，在方波序列脉冲的重复激励下，当满足 $\tau = RC \ll T/2$ 时（T 为方波脉冲的重复周期），且由 R 两端的电压作为响应输出，这就是一个微分电路。因为此时电路的输出信号电压与输入信号电压的微分成正比。如图 5-5-2(a)所示，利用微分电路可以将方波转变成尖脉冲。

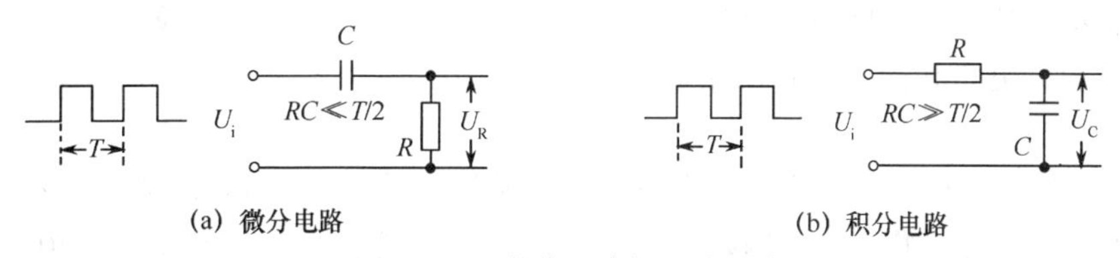

图 5-3-2　微分电路与积分电路

若将图 5-3-2(a)中的 R 与 C 位置调换一下，如图 5-3-2(b)所示，由 C 两端的电压作为响应输出。当电路的参数满足 $\tau = RC \gg T/2$ 条件时，即称为积分电路。因为此时电路输出信号电压与输入信号电压的积分成正比。利用积分电路可以将方波转变成三角波。

从输入输出波形来看，上述两个电路均起着波形变换的作用，请在实验过程中仔细观察与记录。

三、实验条件

(1) 函数信号发生器　　　　　一台

(2) 数字示波器　　　　　　　一台

(3) 实验箱　　　　　　　　　一台

四、实验内容

(1) 从实验箱上选 $R=10\text{k}\Omega$，$C=6800\text{pF}$ 组成如图 5-3-2(b)所示的 RC 充放电电路。u_i为信号发生器输出的方波电压信号峰-峰值($V=3\text{V}$、$f=1\text{kHz}$)，通过两根同轴电缆线，将激励源 u_i和响应 u_c的信号分别连至示波器的两个输入端 CH1 和 CH2。这时可在示波器的屏幕上观察到激励与响应的变化规律，测算出时间常数 τ。

改变电容值或电阻值，定性地观察对响应的影响，记录观察到的现象。

(2) 令 $R=10\text{k}\Omega$，$C=0.1\mu\text{F}$，观察并描绘响应的波形，继续增大 C 之值，定性地观察对响应的影响。

(3) 令 $C=0.01\mu\text{F}$，$R=10\text{k}\Omega$，组成如图 5-3-2(a)所示的微分电路。在同样的方波激励信号(峰-峰值 $V=3\text{V}$，$f=1\text{kHz}$)作用下，观测并描绘激励与响应的波形。增减 R 之值，定性地观察对响应的影响，并作记录。当 R 增至 $1\text{M}\Omega$ 时，输入输出波形有何本质上的区别？

五、实验注意事项

(1) 实验前，需熟读双踪示波器的使用说明书，观察双踪时，要特别注意相应开关、旋钮的操作与调节。

(2) 信号源的接地端与示波器的接地端要连接在一起(称共地)，以防外界干扰而影响测量的准确性。

六、实验报告要求

(1) 根据实验观测结果，在坐标纸上绘出 RC 一阶电路充放电时 u_c的变化曲线，由曲线测得 τ 值，并与参数值的计算结果作比较，分析误差原因。

(2) 根据实验观测结果，归纳、总结积分电路和微分电路的形成条件，阐明波形变换的特征。

(3) 心得体会及其他。

七、预习要求与思考题

(1) 预习要求：

① 复习 RC 一阶电路的零输入响应、零状态响应及完全响应的概念。

② 熟悉示波器测量时间常数 τ 的方法。

③ 了解积分电路和微分电路的组成。

(2) 思考题：

① 什么样的电信号可作为 RC 一阶电路零输入响应、零状态响应和完全响应的激励信号？

② 已知 RC 一阶电路 $R=10\text{k}\Omega$，$C=0.1\mu\text{F}$，试计算时间常数 τ，并根据 τ 值的物理意义，拟定测量 τ 的方案。

③ 何谓积分电路和微分电路，它们必须具备什么条件？它们在方波序列脉冲的激励下，其输出信号波形的变化规律如何？这两种电路有何作用？

实验 5-4　双口网络的频域特性

一、实验目的

(1) 测定无源线性双口网络的幅频特性；

(2) 由已知的幅频特性来设计网络参数。

二、实验原理

(1) 网络的频域特性反映了网络对于不同频率输入时,其正弦稳态响应的性质,这对于设计和应用特定网络具有重要的意义。一般以网络函数 $H(j\omega)$表示。

当所研究(如图 5-4-1 所示)网络的网络函数为输出电压与输入电压之比时,又称为网络的电压传输特性,即

$$H(j\omega)=\frac{\dot{V}_2}{\dot{V}_1} \qquad (5\text{-}4\text{-}1)$$

无源线性双口网络

图 5-4-1 双口网络电路图

(2) 对于图 5-4-2 所示的高通滤波 RC 电路,因为

$$\dot{V}_2=\frac{\dot{V}_1}{\left(R+\frac{1}{j\omega C}\right)}\cdot R=\frac{j\omega RC}{1+j\omega RC}\cdot\dot{V}_1$$

所以

$$H(j\omega)=\frac{\dot{V}_2}{\dot{V}_1}=\frac{j\omega RC}{1+j\omega RC}=A(\omega)\angle\varphi(\omega) \qquad (5\text{-}4\text{-}2)$$

其中

$$A(\omega)=\frac{\omega RC}{\sqrt{1+(\omega RC)^2}} \qquad (5\text{-}4\text{-}3)$$

是传输特性 $H(j\omega)$中的幅频特性,显然当 $\omega\ll\frac{1}{RC}$,即低频时,$A(\omega)=\omega RC\ll 1$,当 $\omega\gg\frac{1}{RC}$,即高频时,$A(\omega)=1$,在 $\omega=\frac{1}{RC}$时,

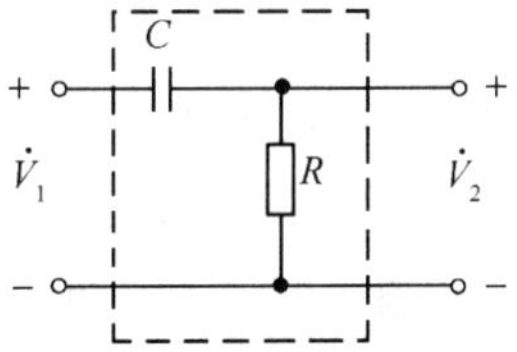

$$A(\omega)\mid_{\omega=1/RC}=\frac{1}{\sqrt{2}}=0.707 \qquad (5\text{-}4\text{-}4)$$

即

$$\frac{V_2}{V_1}=0.707$$

图 5-4-2 高通双口网络

通常把 V_2降低到 $0.707V_1$时的角频率 ω 称为截止频率 ω_c,即 $\omega=\omega_c=1/RC$。

幅频特性常用对数表示,定义为

$$L(\omega)=20\lg A(\omega)(\text{dB}) \qquad (5\text{-}4\text{-}5)$$

所以 $A(\omega)$每增加 1 倍,$L(\omega)$增加 6 倍,$A(\omega)$每增加 10 倍,$L(\omega)$增加 20dB。可见,对于图 5-4-2所示 RC 电路,由于 $\omega=1/RC$,所以有以下几种情况:

当 $\omega\ll\frac{1}{RC}$,即低频时,$A(\omega)=\omega RC=\frac{\omega}{\omega_c}$,于是有

$$L(\omega)=20\lg A(\omega)=20\lg\frac{\omega}{\omega_c}=20(\lg\omega-\lg\omega_c)$$

当 $\omega\gg\frac{1}{RC}$,即高频时,$A(\omega)=1$,于是有

$$L(\omega)=20\lg A(\omega)=0$$

当 $\omega=\frac{1}{RC}=\omega_c$,$A(\omega)=0.707$,于是有

$$L(\omega)=20\lg A(\omega)=-3(\text{dB})$$

由以上分析可见,高频时,$L(\omega)$就在 ω 轴上,低频时,$L(\omega)$为负值,且为一条在对数坐标图

上斜率为 20dB 的直线。$L(\omega)=0$ 和 $L(\omega)=20(\lg\omega-\lg\omega_c)$分别代表网络传输特性在高频和低频时的两条渐进线。以这两条渐进线替代真实的传输特性曲线时，在 $\omega=\omega_c$处产生最大误差，根据上面的计算，最大为 3dB。高通双口网络对数幅频特性曲线如图 5-4-3 所示。

(3) 对于图 5-4-4 所示的低通滤波 RC 电路，可得

$$H(\mathrm{j}\omega)=\frac{\dot{V}_2}{\dot{V}_1}=\frac{1}{1+\mathrm{j}\omega RC}=A(\omega)\angle\varphi(\omega)$$

其中
$$A(\omega)=\frac{1}{\sqrt{1+(\omega RC)^2}}$$

是传输特性 $H(\mathrm{j}\omega)$中的幅频特性。电路的截止频率仍为 $\omega_c=1/RC$，因为 $\omega=\omega_c$时，$A(\omega)=0.707$，这时 $L(\omega)=-3\mathrm{dB}$。

当 $\omega\ll\omega_c=1/RC$，即低频时，$\omega RC\ll1$，$A(\omega)=1$，则 $L(\omega)=0$。

当 $\omega\gg\omega_c=1/RC$，即高频时，$\omega RC\gg1$，$A(\omega)=\omega_c/\omega$，则

$$L(\omega)=20\lg A(\omega)=20\lg(\lg\omega_c-\lg\omega)$$

同理，可画出传输特性曲线和真实特性曲线，如图 5-4-5 所示。

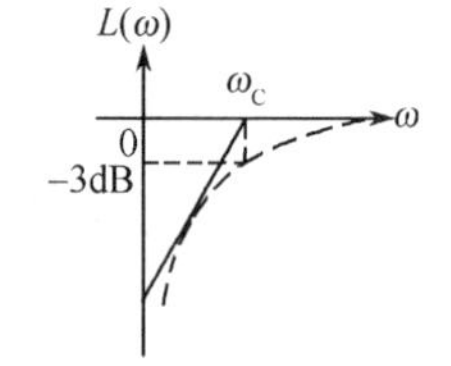

图 5-4-3　高通双口网络对数幅频特性

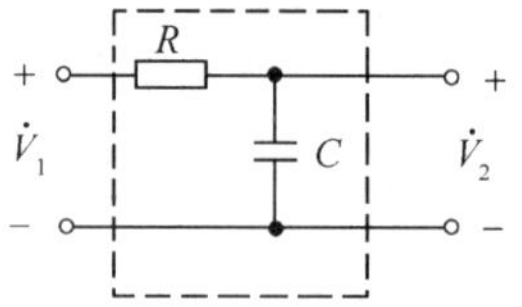

图 5-4-4　低通双口网络

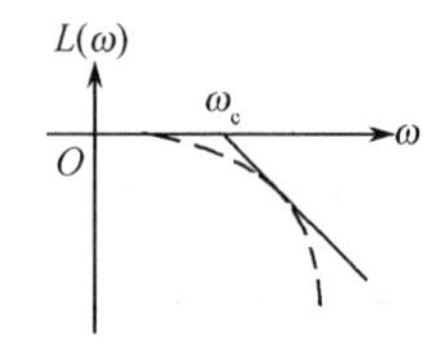

图 5-4-5　低通双口网络对数幅频特性

(4) 对于图 5-4-6 所示的带通滤波 RC 电路，不难看出它是图 5-4-2 和 5-4-4 所示电路的结合，设两种情况下的截止频率分别是 ω_{c1} 和 ω_{c2}，且若 $\omega_{c2}\gg\omega_{c1}$ 则它的传输特性应是图 5-4-3 和图 5-4-5 的结合，如图 5-4-7 所示。在图 5-4-7 中，$\omega_{c1}=1/R_1C_1$，$\omega_{c2}=1/R_2C_2$。

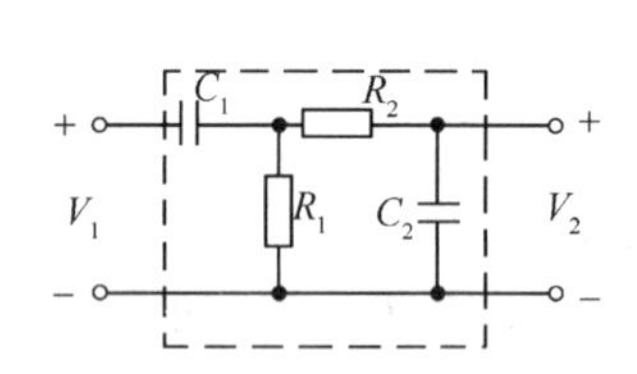

图 5-4-6　带通双口网络

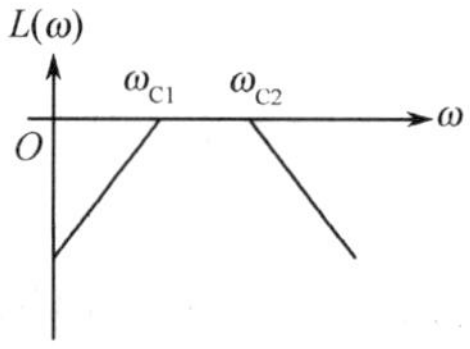

图 5-4-7　带通双口网络对数幅频特性

三、实验条件

(1) 函数信号发生器　　　　一台

(2) 数字示波器　　　　一台

(3) 实验箱　　　　一台

四、实验内容

(1) 按图 5-4-2 连接电路，选 $R=10\mathrm{k}\Omega$，$C=0.01\mu\mathrm{F}$，由信号源输出幅度为 $V_{\mathrm{p\text{-}p}}=1\mathrm{V}$ 的正弦信号，改变信号源的频率大小，测量高通双口网络的幅频特性曲线。

(2) 按图 5-4-4 连接电路，选 $R=10\mathrm{k}\Omega$，$C=0.01\mu\mathrm{F}$，由信号源输出幅度为 $V_{\mathrm{p\text{-}p}}=1\mathrm{V}$ 的正弦信号，改变信号源的频率大小，测量低通双口网络的幅频特性曲线。

五、实验注意事项

(1) 在改变信号源的频率大小时,要保持输入信号的幅度不变。

(2) 信号源的接地端与示波器的接地端要连在一起(称共地),以防外界干扰而影响测量的准确性。

六、实验报告要求

(1) 根据实验观测结果,画出低通双口网络和高通双口网络的幅频特性曲线,并与参数值的计算结果作比较,分析误差原因。

(2) 根据实验观测结果,归纳、总结低通双口网络和高通双口网络的特征。

(3) 心得体会及其他。

七、预习要求与思考题

(1) 预习要求:

① 认真预习实验指导书中实验原理及说明部分,掌握其原理。

② 根据截止频率确定参数,拟出测量的数据表格。

(2) 思考题:

① 测量网络传输特性的意义何在?

② 实验中的误差可能由哪些因素引起?

实验 5-5　RLC 串联谐振电路的研究

一、实验目的

(1) 学习用实验方法绘制 RLC 串联电路的幅频特性曲线;

(2) 加深理解电路发生谐振的条件、特点,掌握电路品质因数(电路 Q 值)的物理意义及其测定方法。

二、实验原理

(1) 在图 5-5-1 所示的 RLC 串联电路中,当正弦交流信号源 U_i 的频率 f 改变时,电路中的感抗、容抗随之而变,电路中的电流也随 f 而变。取电阻上的电压 U_o 作为响应,当输入电压 U_i 的幅值维持不变时,在不同频率的信号激励下,测出 U_o 之值,然后以 f 为横坐标,以 U_o/U_i 为纵坐标(因 U_i 不变,故也可直接以 U_o 为纵坐标),绘出光滑的曲线,此即为幅频特性曲线,也称谐振曲线,如图 5-5-2 所示。

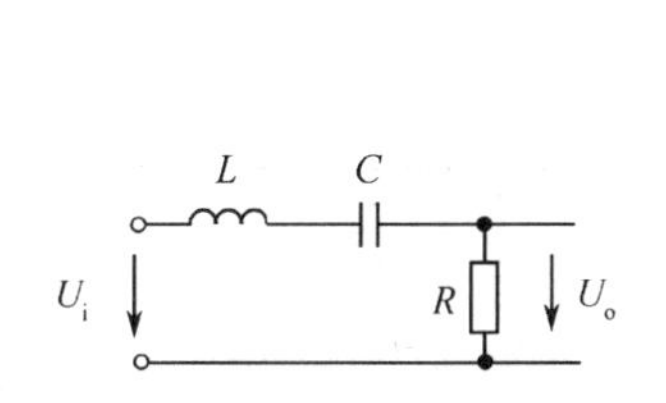

图 5-5-1　RLC 串联电路

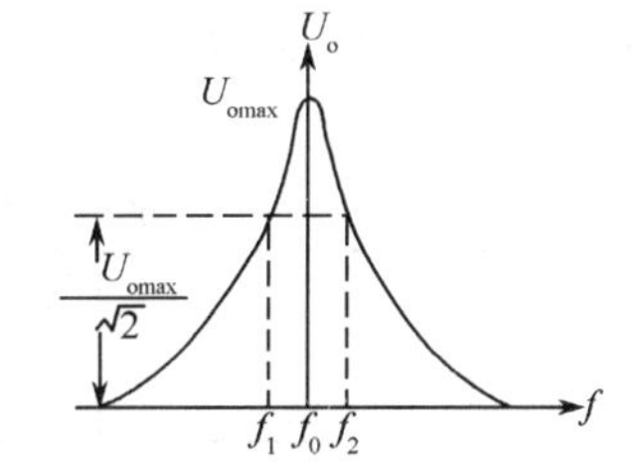

图 5-5-2　RLC 串联电路谐振曲线

(2) 在 $f=f_0=\dfrac{1}{2\pi\sqrt{LC}}$ 处,即幅频特性曲线尖峰所在的频率点称为谐振频率。此时 $X_L=X_C$,电路呈纯阻性,电路阻抗的模为最小。当输入电压 U_i 为定值时,电路中的电流达到最大值，且与输入电压U_i同相位。从理论上讲，此时$U_i=U_R=U_o$，$U_L=U_C=QU_i$，式中的Q称为电路的品质因数。

(3) 电路品质因数Q值的两种测量方法：

一种方法是根据公式$Q=\frac{U_L}{U_o}=\frac{U_C}{U_o}$测定，$U_C$与$U_L$分别为谐振时电容器$C$和电感线圈$L$上的电压；另一方法是通过测量谐振曲线的通频带宽度$\Delta f=f_2-f_1$，再根据$Q=\frac{f_0}{f_2-f_1}$求出$Q$值。式中$f_0$为谐振频率，$f_2$和$f_1$是失谐时，也即输出电压的幅度下降到最大值的$1/\sqrt{2}$(=0.707)倍时的上、下频率点。$Q$值越大，曲线越尖锐，通频带越窄，电路的选择性越好。在恒压源供电时，电路的品质因数、选择性与通频带只决定于电路本身的参数，而与信号源无关。

三、实验条件

(1) 函数信号发生器	一台
(2) 数字示波器	一台
(3) 交流毫伏表	一台
(4) 实验箱	一台

四、实验内容

(1) 在实验箱上按图 5-4-3 组成监视、测量电路。选$C=0.01\mu F$，$L=10mH$，$R=1k\Omega$。用交流毫伏表测电压，用示波器监视信号源输出。令信号源输出电压$U_i=3V$，并保持不变。

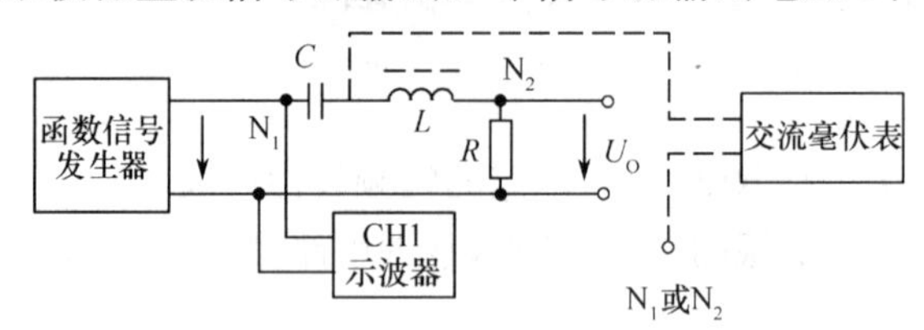

图 5-5-3　测量线路

(2) 找出电路的谐振频率f_0，其方法是：①将毫伏表接在R(1kΩ)两端，令信号源的频率由小逐渐变大(注意要维持信号源的输出幅度不变)，当U_o的读数为最大时，读得函数信号发生器上的频率值即为电路的谐振频率f_0，并测量U_C与U_L之值(注意及时更换毫伏表的量限)②调节信号源频率，示波器取双通道观察，当输入信号波形与电路中电流的波形同相位时，电路达到谐振，此时频率即谐振频率。

(3) 在谐振点两侧，按频率递增或递减 500Hz 或 1kHz，依次各取 8 个测量点，逐点测出U_o，U_L，U_C之值，记入数据表 5-5-1 中。

表 5-5-1　测量数据

f(kHz)														
U_o(V)														
U_L(V)														
U_C(V)														
$U_i=3V$，$C=0.01\mu F$，$R=1k\Omega$，$f_0=$　　　，$f_2-f_1=$　　　，$Q=$														

五、实验注意事项

(1) 测试频率点的选择应在靠近谐振频率附近多取几点。在变换频率测试前，应调整信号输出幅度(用示波器监视输出幅度)，使其维持在 3V。

(2) 测量 U_C 和 U_L 数值前，应将毫伏表的量限改大，而且在测量 U_L 与 U_C 时毫伏表的"+"端接 C 与 L 的公共点，其接地端分别触及 L 和 C 的近地端 N_2 和 N_1。

(3) 实验中，信号源的外壳应与毫伏表的外壳绝缘(不共地)。如能用浮地式交流毫伏表测量，则效果更佳。

六、实验报告要求

(1) 根据测量数据，绘出不同 Q 值时三条幅频特性曲线，即

$$U_o = f(f), U_L = f(f), U_C = f(f)$$

(2) 计算出通频带与 Q 值，说明不同 R 值时对电路通频带与品质因数的影响。

(3) 对两种不同的测 Q 值的方法进行比较，分析误差原因。

(4) 谐振时，比较输出电压 U_o 与输入电压 U_i 是否相等？试分析原因。

(5) 通过本次实验，总结、归纳串联谐振电路的特性。

(6) 心得体会及其他。

七、预习要求与思考题

(1) 预习要求：

① 巩固 RLC 串联谐振电路的工作原理。

② 掌握电路品质因数(电路 Q 值)的物理意义及其测定方法。

(2) 思考题：

① 根据实验线路板给出的元件参数值，估算电路的谐振频率。

② 改变电路的哪些参数可以使电路发生谐振，电路中 R 的数值是否影响谐振频率值？

③ 如何判别电路是否发生谐振？测试谐振点的方案有哪些？

④ 电路发生串联谐振时，为什么输入电压不能太大，如果信号源给出 3V 的电压，电路谐振时，用交流毫伏表测 U_L 和 U_C，应该选择用多大的量限？

⑤ 要提高 RLC 串联电路的品质因数，电路参数应如何改变？

⑥ 本实验在谐振时，对应的 U_L 与 U_C 是否相等？如有差异，原因何在？

实验 5-6　二端口网络测试

一、实验目的

(1) 加深理解二端口网络的基本原理；

(2) 掌握直流二端口网络传输参数的测量技术。

二、实验原理

对于任何一个线性网络，我们所关心的往往只是输入端口和输出端口的电压和电流之间的相互关系，并通过实验测定方法求取一个极其简单的等值二端口电路来替代原网络，此即为"黑盒理论"的基本内容。

(1) 一个二端口网络两端口的电压和电流四个变量之间的关系，可以用多种形式的参数方程来表示。本实验采用输出口的电压 U_2 和电流 I_2 作为自变量，以输入口的电压 U_1 和电流 I_1 作为应变量，所得的方程称为二端口网络的传输方程，如图 5-6-1 所示的无源线性二端口网络(又称为四端网络)的传输方程为：$U_1 = AU_2 + BI_2$；$I_1 = CU_2 + DI_2$，式中的 A、B、C、D 为二端口网络的传输参数，其值完全决定于网络的拓扑结构及各支路元件的参数值。这四个参数表征了该二端口网络的基本特性，它们的含义是：

图 5-6-1　线性无源二端口网络

$$A=\frac{U_{1o}}{U_{2o}}（令\ I_2=0，即输出口开路时）$$

$$B=\frac{U_{1s}}{I_{2s}}（令\ U_2=0，即输出口短路时）$$

$$C=\frac{I_{1o}}{U_{2o}}（令\ I_2=0，即输出口开路时）$$

$$D=\frac{I_{1s}}{I_{2s}}（令\ U_2=0，即输出口短路时）$$

由上可知，只要在网络的输入口加上电压，在两个端口同时测量其电压和电流，即可求出 A、B、C、D 4 个参数，此即为双端口同时测量法。

（2）若要测量一条远距离输电线构成的二端口网络，采用同时测量法就很不方便。这时可采用分别测量法，即先在输入口加电压，而将输出口开路和短路，在输入口测量电压和电流，由传输方程可得：

$$R_{1o}=\frac{U_{1o}}{I_{1o}}=\frac{A}{C}（令\ I_2=0，即输出口开路时）$$

$$R_{1s}=\frac{U_{1s}}{I_{1s}}=\frac{B}{D}（令\ U_2=0，即输出口短路时）$$

然后在输出口加电压，而将输入口开路和短路，测量输出口的电压和电流。此时可得

$$R_{2o}=\frac{U_{2o}}{I_{2o}}=\frac{D}{C}（令\ I_1=0，即输入口开路时）$$

$$R_{2s}=\frac{U_{2s}}{I_{2s}}=\frac{B}{A}（令\ U_1=0，即输入口短路时）$$

R_{1o}，R_{1s}，R_{2o}，R_{2s}分别表示一个端口开路和短路时另一端口的等效输入电阻，这 4 个参数中只有三个是独立的

因为$\frac{R_{1o}}{R_{2o}}=\frac{R_{1s}}{R_{2s}}=\frac{A}{D}$，即 $AD-BC=1$。至此，可求出 4 个传输参数：

$$A=\sqrt{R_{1o}/(R_{2o}-R_{2s})}，B=R_{2s}A，C=A/R_{1o}，D=R_{2o}C$$

（3）二端口网络级联后的等效二端口网络的传输参数也可采用前述的方法之一求得。从理论推得两个二端口网络级联后的传输参数与每一个参加级联的二端口网络的传输参数之间有如下的关系：

$$A=A_1A_2+B_1C_2 \qquad B=A_1B_2+B_1D_2$$

$$C=C_1A_2+D_1C_2 \qquad D=C_1B_2+D_1D_2$$

三、实验条件

（1）直流稳压电源　　　　一台

（2）数字万用表　　　　　一台

（3）实验箱　　　　　　　一台

四、实验内容

二端口网络实验线路如图 5-6-2 所示，可利用实验箱提供的元件。将直流稳压电源的输出电压调到 10V，作为二端口网络的输入。

（1）按同时测量法分别测定两个二端口网络的传输参数 A_1、B_1、C_1、D_1和 A_2、B_2、C_2、D_2，并列出它们的传输方程，将测量结果填入表 5-6-1 和表 5-6-2 中。

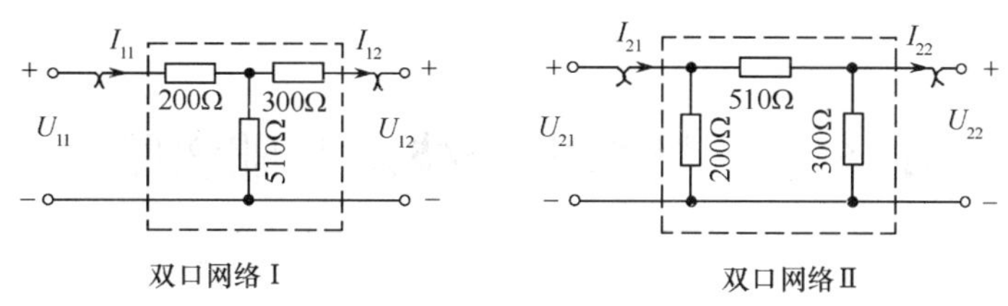

图 5-6-2　实验线路

表 5-6-1　二端口网络Ⅰ测量数据

二端口网络Ⅰ		测　量　值			计　算　值
	输出端开路 $I_{12}=0$	U_{11O}(V)	U_{12O}(V)	I_{11O}(mA)	$A_1=$
					$B_1=$
	输出端短路 $U_{12}=0$	U_{11S}(V)	I_{11S}(mA)	I_{12S}(mA)	$C_1=$
					$D_1=$

表 5-6-2　二端口网络Ⅱ测量数据

二端口网络Ⅱ		测　量　值			计　算　值
	输出端开路 $I_{22}=0$	U_{21O}(V)	U_{22O}(V)	I_{21O}(mA)	$A_2=$
					$B_2=$
	输出端短路 $U_{22}=0$	U_{21S}(V)	I_{21S}(mA)	I_{22S}(mA)	$C_2=$
					$D_2=$

(2) 将两个二端口网络级联，即将网络Ⅰ的输出接至网络Ⅱ的输入。用两端口分别测量法测量级联后等效二端口网络的传输参数 A、B、C、D，并验证等效二端口网络传输参数与级联的两个二端口网络传输参数之间的关系。(总输入端或总输出端所加的电压仍为 10V)，测量数据计入表 5-6-3 中。

表 5-6-3　两个二端口网络级联的测量数据

输入端加电压	输出端开路 $I_2=0$			输出端短路 $U_2=0$			计算传输参数
	U_{1O} (V)	I_{1O} (mA)	R_{1O} (kΩ)	U_{1S} (V)	I_{1S} (mA)	R_{1S} (kΩ)	
输出端加电压	输入端开路 $I_1=0$			输入端短路 $U_1=0$			$A=$
	U_{2O} (V)	I_{2O} (mA)	R_{2O} (kΩ)	U_{2S} (V)	I_{2S} (mA)	R_{2S} (kΩ)	$B=$ $C=$
							$D=$

五、实验注意事项

(1) 用电流插头插座测量电流时，要注意判别电流表的极性及选取适合的量程(根据所给的电路参数，估算电流表量程)。

(2) 实验中，如果测得的 I 或 U 为负值，则计算传输参数时取其绝对值。

六、实验报告要求

(1) 按内容要求画出测试电路，整理实验数据。

(2) 对实验结果及实验中碰到的问题进行分析。

七、预习要求与思考题

(1) 预习要求

① 理解二端口网络的基本理论。

② 掌握双口网络参数 A、B、C、D 的计算方法。

(2) 思考题：举例说明有的双口网络不宜用开路短路的方法测量参数。对于这种情况提出解决办法。

第 6 章　模拟电子技术基础实验

实验 6-1　单管共发射极放大器的研究

一、实验目的

(1) 学习如何设置放大器的静态工作点及其调整方法；

(2) 学习放大器放大倍数的测量方法；

(3) 了解单管放大器参数对放大器工作状态和性能的影响；

(4) 掌握放大器电路的设计、安装及调试方法；

(5) 进一步熟悉晶体管参数的测试。

二、实验原理

1. 原理简述

电阻分压式静态工作点稳定的放大器电路如图 6-1-1。它的偏置电路是采用R_{B1}和R_{B2}组成的分压电路，并在发射极中接有电阻R_E，以稳定放大器的静态工作点。当放大器的输入端加入u_i后，在放大器的输出端便可得到一个与u_i相位相反，幅值被放大了的输出信号u_o，从而实现了电压放大。

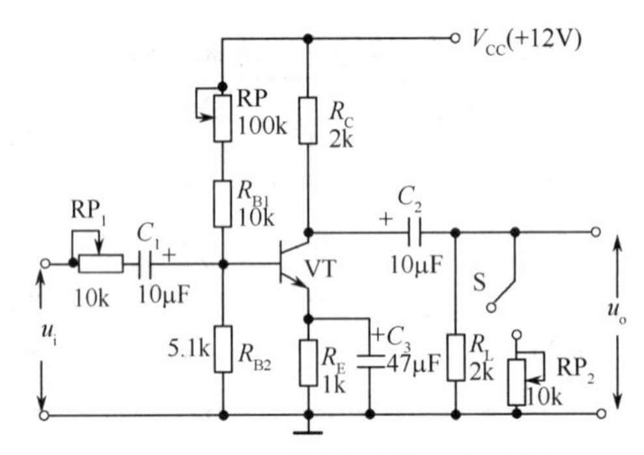

图 6-1-1　单管共发射极放大器

2. 静态参数分析

在图 6-1-1 电路中，当流过偏置电阻R_{B1}和R_{B2}的电流远大于晶体管 VT 的基极电流I_B时(一般 5～10 倍)，则它的静态工作点可用下式估算：

$$V_B \approx \frac{R_{B1}}{R_{B1}+R_{B2}} V_{CC} \tag{6-1-1}$$

$$I_C \approx I_E \approx \frac{V_B - V_{BE}}{R_E} \approx (1+\beta) I_B \tag{6-1-2}$$

$$V_{CE} = V_{CC} - I_C(R_C + R_E) \tag{6-1-3}$$

3. 动态参数分析

电压放大倍数
$$A_u = -\beta \frac{R_C /\!/ R_L}{r_{be}} \tag{6-1-4}$$

输入电阻
$$R_i = R_{B1} /\!/ R_{B2} /\!/ r_{be} \tag{6-1-5}$$

输出电阻

$$R_o \approx R_C \tag{6-1-6}$$

4. **电路参数的设计**

(1) 电阻 R_E 的选择

根据式(6-1-1)和式(6-1-2)得

$$R_E \approx \frac{V_B}{(1+\beta)I_B} \tag{6-1-7}$$

式中 β 的取值范围应查询元件手册获得，V_B 选择 2～3V，I_B 可根据 β 和 I_{CM} 选择。

(2) 电阻 R_{B1}、R_{B2} 的选择

流过 R_{B2} 的电流 I_{RB} 一般为(5～10)I_B，所以，R_{B1}、R_{B2} 可由下式确定

$$R_{B1} = \frac{V_{cc} - V_B}{I_{RB}}, \qquad R_{B2} = \frac{V_B}{I_{RB} - I_B} \tag{6-1-8}$$

(3) 电阻 R_C 的选择

根据式(6-1-3)得

$$R_C = \frac{V_{CC} - V_{CE}}{\beta I_B} - R_E \tag{6-1-9}$$

式中 $V_{CE} \approx \frac{1}{2} V_{CC}$，具体选择 R_C 时，应满足电压放大倍数 $|A_u|$ 的要求。此外，电容 C_1、C_2 可选择 10μF 左右的电解电容，C_3 可选择 47μF 左右的电解电容。

由于电子器件的分散性较大，因此在实际设计晶体管放大电路时，离不开测量和调试技术。放大电路的测量和调试一般包括：放大器静态工作点的测量与调试，消除干扰与自激振荡及放大器各项动态参数的测量与调试等。

5. **测量与调试**

放大器的静态参数是指输入信号为零时的 I_B、I_C、V_{BE} 和 V_{CE}。动态参数为电压放大倍数、输入电阻、输出电阻、最大不失真电压和通频带等。

(1) 静态工作点的测量

测量放大器的静态工作点，应在输入信号 $u_i = 0$ 的情况下进行，即将放大器输入端与地端短接，然后选用量程合适的直流毫安表和直流电压表，分别测量晶体管的集电极电流 I_C，以及各电极对地的电位 V_B、V_C 和 V_E。一般实验中，为了避免断开集电极，所以采用测量电压 V_E 或 V_C，然后算出 I_C 的方法，例如，只要测出 U_E，即可用

$I_C \approx I_E = \frac{V_E}{R_E}$　　算出 I_C(也可根据 $I_C = \frac{V_{CC} - V_C}{R_C}$，由 V_C 确定 I_C)，

同时也能算出 $V_{BE} = V_B - V_E$，$V_{CE} = V_C - V_E$。

为了减小误差，提高测量精度，应选用内阻较高的直流电压表。

(2) 静态工作点的调试

放大器静态工作点的调试是指对三极管集电极电流 I_C(或 V_{CE})的调整与测试。

静态工作点是否合适，对放大器的性能和输出波形都有很大影响。如工作点偏高，放大器在加入交流信号以后易产生饱和失真，此时 u_o 的负半周将被削底，如图 6-1-2(a)所示；如工作点偏低则易产生截止失真，即 u_o 的正半周被缩顶(一般截止失真不如饱和失真明显)，如图 6-1-2(b)所示。这些情况都不符合不失真放大的要求。所以在选定工作点以后还必须进行动态调试，即在放大器的输入端加入一定的输入电压 u_i，检查输出电压 u_o 的大小和波形是否满足要求。如不满足，则应调节静态工作点的位置。

改变电路参数 V_{CC}、R_C、R_B(R_{B1}、R_{B2})都会引起静态工作点的变化，如图 6-1-2(c)所示。但

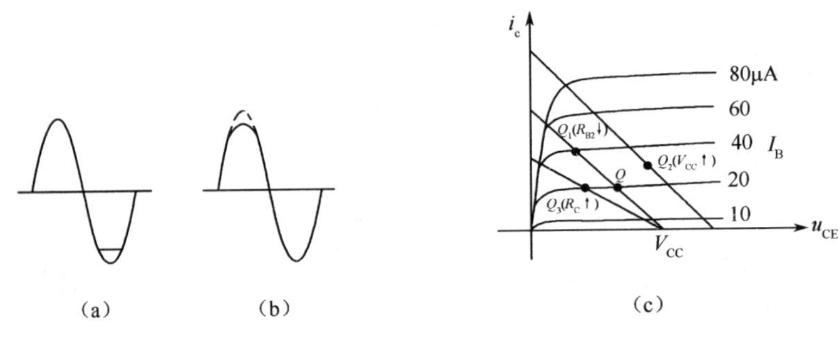

图 6-1-2　电路参数对静态工作点的影响

通常多采用调节偏置电阻 R_{B2} 的方法来改变静态工作点，如减小 R_{B2}，则可使静态工作点提高等。所谓的工作点“偏高”或“偏低”不是绝对的，应该是相对信号的幅度而言，如输入信号幅度很小，即使工作点较高或较低也不一定会出现失真。所以确切地说，产生波形失真是信号幅度与静态工作点设置配合不当所致。如需满足较大信号幅度的要求，静态工作点最好尽量靠近交流负载线的中点。

(3) 电压放大倍数 A_u 的测量

调整放大器到合适的静态工作点，然后加入输入电压 u_i，在输出电压 u_o不失真的情况下，用交流毫伏表测出 u_i和 u_o的有效值 U_i和 U_o，则

$$A_u=\frac{U_o}{U_i} \tag{6-1-10}$$

(4) 输入电阻 R_i的测量

放大器输入电阻的大小，反映放大器消耗前级信号功率的大小。为了测量放大器的输入电阻，在被测放大器的输入端与信号源之间串入一已知电阻 R，如图 6-1-3 所示。在放大器正常工作的情况下，用交流毫伏表测出 U_S和 U_i，则根据输入电阻的定义可得

$$R_i=\frac{U_i}{I_i}=\frac{U_i}{\dfrac{U_R}{R}}=\frac{U_i}{U_S-U_i}R \tag{6-1-11}$$

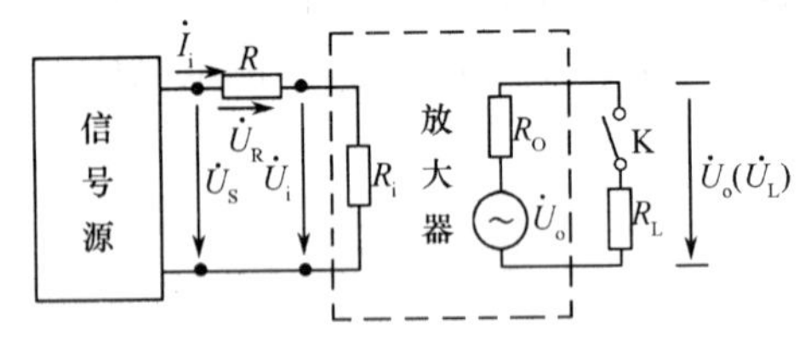

图 6-1-3　输入、输出电阻测量电路

测量时应注意下列几点：

① 由于电阻 R 两端没有电路公共接地点，所以测量 R 两端电压时必须分别测出 U_S和 U_i，然后按 $U_R=U_S-U_i$求出 U_R值。

② 电阻 R 的值不宜取得过大或过小，以免产生较大的测量误差，通常取 R 与 R_i为同一数量级，本实验可取 $R=1\sim10\text{k}\Omega$。

(5) 输出电阻 R_o的测量

如图 6-1-3 所示，在放大器正常工作条件下，测出输出端不接负载 R_L的输出电压 U_o和接入负载后的输出电压 U_L，根据

$$U_L=\frac{R_L}{R_o+R_L}U_o \tag{6-1-12}$$

即可求出

$$R_o=\left(\frac{U_o}{U_L}-1\right)R_L \tag{6-1-13}$$

在测试中应注意，必须保持 R_L接入前后输入信号的大小不变。

(6) 最大不失真输出电压 U_{OPP} 的测量(最大动态范围)

如上所述，为了得到最大动态范围，应将静态工作点调在交流负载线的中点。为此在放大器正常工作情况下，逐步增大输入信号的幅度，并同时调节 RP(改变静态工作点)，用示波器观察 u_o，当输出波形同时出现削底和缩顶现象时，如图 6-1-4 所示，说明静态工作点已调在交流负载线的中点。然后反复调整输入信号，使波形输出幅度最大，且无明显失真时，用交流毫伏表测出 U_o(有效值)，则动态范围等于 $2\sqrt{2}U_o$。或用示波器直接读出 U_{OPP} 的值。

(7) 放大器幅频特性的测量

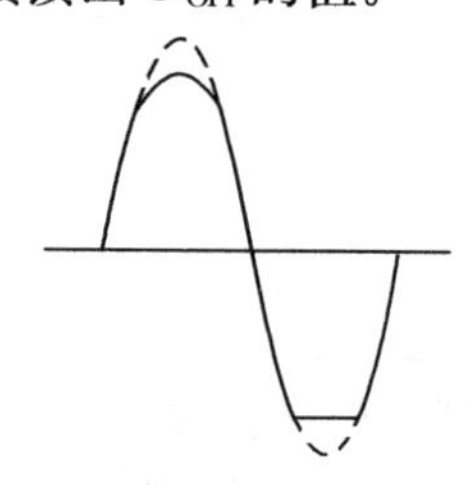

图 6-1-4　静态工作点正常，输入信号太大引起的失真

放大器的幅频特性是指放大器的电压放大倍数 A_u 与输入信号频率 f 之间的关系曲线。单管阻容耦合放大电路的幅频特性曲线如图 6-1-5 所示，A_{um} 为中频电压放大倍数，通常规定电压放大倍数随频率变化下降到中频放大倍数的 $1/\sqrt{2}$ 倍，即 $0.707A_{um}$ 所对应的频率分别称作下限频率 f_L 和上限频率 f_H，则通频带 $f_{BW}=f_H-f_L$。

放大器的幅率特性就是测量不同频率信号时的电压放大倍数 A_u。为此，可采用前述测 A_u 的方法，每改变一个信号频率，测量其相应的电压放大倍数，测量时应注意取点要恰当，在低频段与高频段应多测几点，在中频段可以少测几点。此外，在改变频率时，要保持输入信号的幅度不变，且输出波形不失真。

常用晶体三极管引脚排列如图 6-1-6 所示。

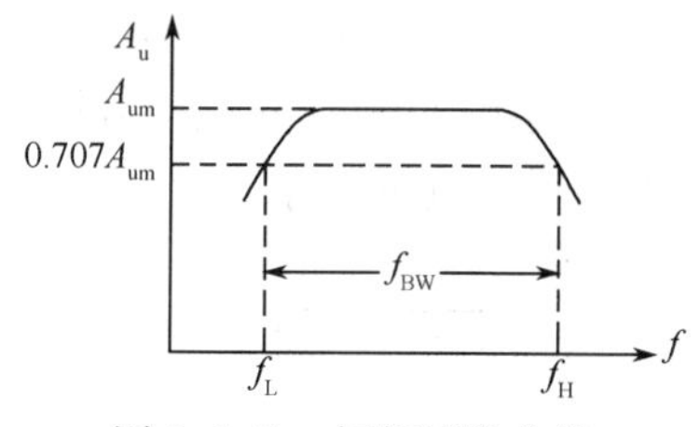

图 6-1-5　幅频特性曲线

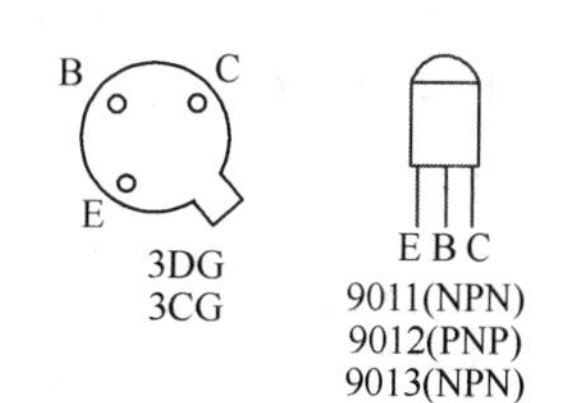

图 6-1-6　晶体三极管引脚排列

三、实验条件

(1) 低频信号发生器	1 台
(2) 双踪示波器	1 台
(3) 直流稳压电源	1 台
(4) 数字式三用表	1 块
(5) 低频实验箱	1 个
(6) 三极管 9013	1 个

四、实验内容及步骤

1. 直流工作点的调整与测量

接通直流稳压电源+12V，调节 RP，使 $V_B=2\sim3V$，用三用表直流电压挡测三极管三极分别对地的电压，计算出 V_{BEQ}、V_{CEO} 填入表 6-1-1 中。

表 6-1-1　直流工作点的测量

测　量　值			计　算　值	
V_B(V)	V_E(V)	V_C(V)	V_{BEQ}(V)	V_{CEQ}(V)

2. 放大倍数的测量

在放大器输入端接入 $f=1\text{kHz}$，$U_i=20\text{mV}$（有效值）的正弦信号，在输出端负载 R_L 上用示波器监视输出波形，在波形无明显失真时，测出输出电压幅度，算出电压增益（$A_u \geqslant 60$）。填入表 6-1-2 中。

表 6-1-2　放大倍数的测量

U_{ipp}	U_{opp}	A_u	波形图
			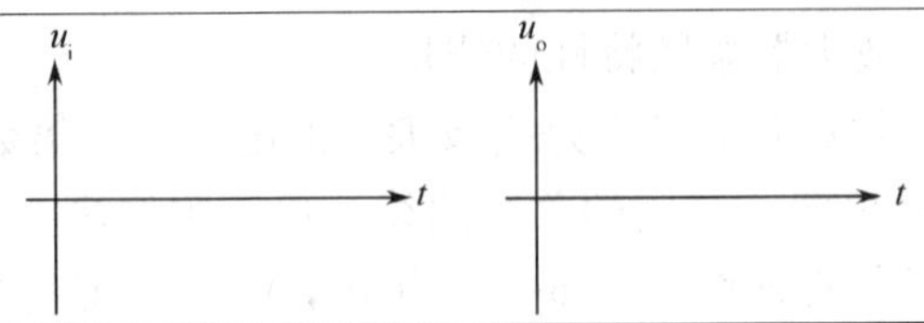

3. 观察失真波形

改变 RP，观察输出波形失真情况。

（1）调节 RP 到最大，适当调节输入信号幅度，用示波器观察截止失真，记录截止失真波形；填入表 6-1-3 中。

（2）调节 RP 到最小，适当调节输入信号幅度，用示波器观察饱和失真，记录饱和失真波形。填入表 6-1-3 中。

4. 测量输入/输出阻抗

用半电压法测量输入/输出阻抗，如图 6-1-7 所示。

当 $U_s=20\text{mV}$，调节 RP_1 使 $U_i=10\text{mV}$，断开 RP_1，用三用表电阻挡测量 RP_1 的阻值，即为放大器的输入阻抗 R_i。断开 R_L，测 U_{o1}，再接通开关 S，调节 RP_2 使输出电压 $U_o=U_{o1}/2$，断开 RP_2，用三用表电阻挡测量出 RP_2 的阻值，即为放大器的输出阻抗 R_o。测量值填入表 6-1-4中。

表 6-1-3　观察失真波形

RP	波形图	失真情况
RP=∞	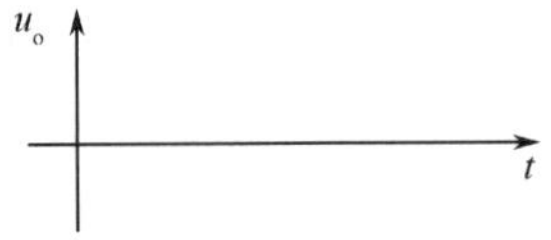	
RP=0	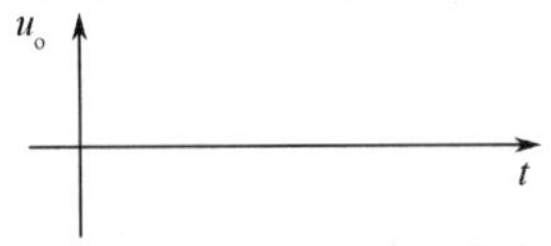	

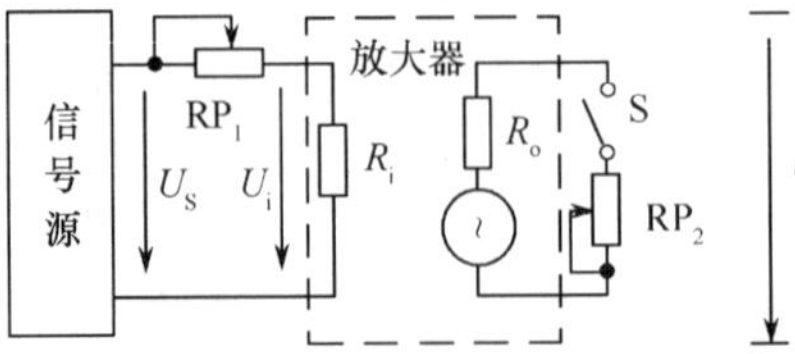

图 6-1-7　半电压法测量输入电阻示意图

表 6-1-4　输入/输出阻抗的测量

U_s (mV)	U_i (mV)	R_i(kΩ)		U_{o1}(V)	U_o(V)	R_o(kΩ)	
		测量值	计算值			测量值	计算值

5. 最大不失真动态范围的测量

为了得到最大动态范围，应将静态工作点调在交流负载线的中点。为此，在放大器正常工作的情况下，逐步增大输入信号的幅度，并同时调节 RP（改变静态工作点），用示波器观察的波形，当输出波形同时出现削底和缩顶失真时，说明静态工作点已调在交流负载线的中点。然后反复调整输入信号，使波形输出幅度最大，且无明显失真，此时，在示波器上直接读出 U_{opp} 值。

6. 放大器幅频特性的测量

保持 $U_i=20mV$（有效值）的正弦信号不变，分别向高频段和低频段调节信号源的频率，使高频段和低频段时放大器的输出电压分别等于中频时的 $1/\sqrt{2}$ 倍，即 $U_{oh}=U_{ol}=0.707U_o$，也就是 $A_{uh}=A_{ul}=0.707A_u$，从而测量出放大器的上限频率 f_h 和下限频率 f_l，即通频带 $f_{bw}=f_h-f_l$ 测量结果填入表 6-1-5 中。

表 6-1-5　幅频特性的测量

	f_l	f_o	f_h
f(kHz)			
U_o(V)			
$A_u=U_o/U_i$			

五、注意事项

(1) 实验前应检查连接线的好坏。

(2) 连接好电路后用三用表检查电路是否有短路现象，如有，排除故障后再继续实验。

(3) 测量交流信号时注意测量线的共地问题。

(4) 严禁在接通电源的情况下，进行电路连接或装拆器件。

六、实验报告要求

(1) 预习报告中，应画出实验电路图，将各测量参数的理论值计算出来，作为实验值的参照。

(2) 严格按照测试的结果记录各波形。

(3) 回答思考题。

七、预习要求与思考题

(1) 预习要求：

① 三极管输入/输出特性曲线。

② 单管放大器的基本工作原理。

③ 实验电路中采用 9013 三极管，β 值为 180～200，估算电路中的静态工作点，电压放大倍数，输入/输出阻抗。

④ 用 Multisim 8.0 仿真软件对电路进行仿真、分析。

(2) 思考题：

① 实验电路的参数 R_E，R_L 及 V_{CC} 的变化，对输出信号的动态范围有何影响？如果信号加大，输出信号的波形将产生什么失真？

② 本实验在测量放大倍数时，使用示波器而不用万用表，为什么？

③ 测一个放大器的输入电阻时，若选取的串入电阻过大或过小，则会出现测量误差，请分

析测量误差。

④ 在示波器屏幕上显示 NPN 型和 PNP 型两种晶体管输出信号波形，两种晶体管的饱和失真波形有何区别，为什么？

实验 6-2　结型场效应管共源放大电路

一、实验目的

(1) 了解结型场效应管的性能和特点；

(2) 进一步熟悉放大器参数的测试方法。

二、实验原理

场效应管是一种较新型的半导体器件，其外形与普通晶体管相似，但两者的控制特性截然不同。普通晶体管是电流控制元件，通过控制基极电流达到控制集电极电流或发射极电流的目的，即信号源必须提供一定的电流才能工作。因此，它的输入电阻较低，仅有几千欧。场效应管则是电压控制元件。它的输出电流决定于输入端电压的大小，基本上不需要信号源提供电流，所以它的输入电阻很高，可高达 $10^9 \sim 10^{10}\,\Omega$，这是它的突出特点。此外，场效应管还具有热稳定性好、抗辐射能力强、噪声系数小等优点，所以现在已被广泛应用于放大电路和数字电路中。场效应管按结构可分为结型和绝缘栅型两种，场效应管转移特性曲线如图 6-2-1 所示。

分压式自偏压共源放大电路如图 6-2-2 所示。静态时

$$V_{GS}=V_G-V_S=\frac{R_{G2}}{R_{G1}+R_{G2}}V_{DD}-I_DR_S$$

考虑到图 6-2-1 所示的转移特性，可用下式表示

$$I_D=I_{DSS}\left(1-\frac{V_{GS}}{V_P}\right)^2 \quad 和 \quad g_m=\frac{\Delta i_D}{\Delta V_{GS}} \qquad (6\text{-}2\text{-}1)$$

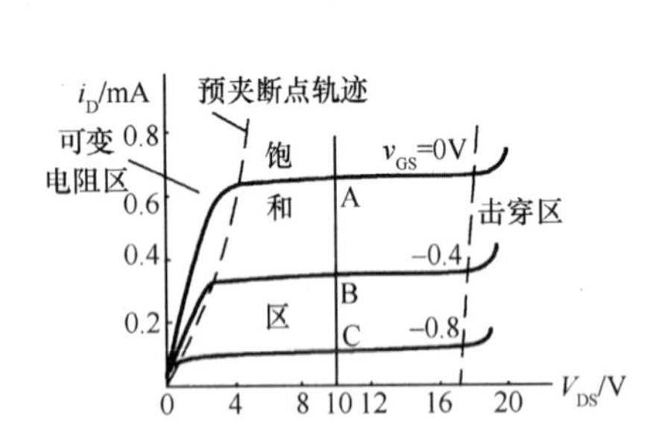

图 6-2-1　场效应管转移特性曲线

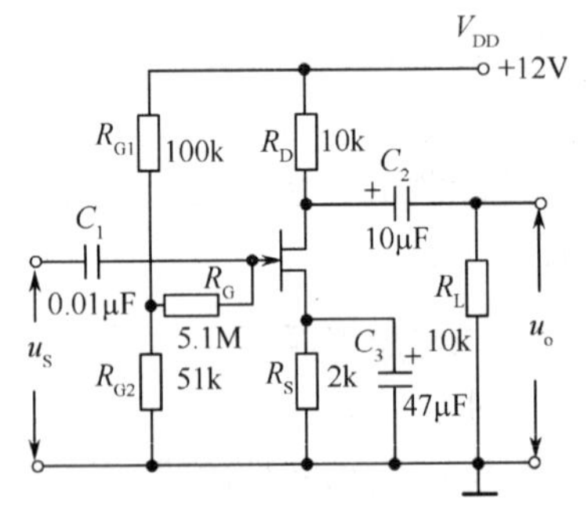

图 6-2-2　结型场效应管共源放大电路

将式(6-2-1)和式(6-2-2)联立求解，即可求出静态工作点。

图 6-2-2 所示共源放大电路的电压放大倍数为

$$A_u=-g_mR'_L,\quad R'_L=R_D /\!/ R_L \qquad (6\text{-}2\text{-}2)$$

输入电阻

$$R_i=R_G+R_{G1} /\!/ R_{G2} \qquad (6\text{-}2\text{-}3)$$

输出电阻

$$R_o=R_d \qquad (6\text{-}2\text{-}4)$$

三、实验条件

(1) 数字三用表　　　　　1 块

(2) 直流稳压电源　　　　1台
(3) 示波器　　　　1台
(4) 函数信号发生器　　　　1台
(5) 交流毫伏表　　　　1台
(6) 低频实验箱　　　　1台
(7) K30 场效应管　　　　1个

四、实验内容及步骤

(1) 按图 6-2-2 接好电路。用三用表电阻挡检查电路是否有短路现象,如有请排除故障。

(2) 测量静态工作点:接通电源 V_{DD},用数字三用表测量 V_G(调节 R_{G2},使 $U_G=0$),此时测量出 V_S、V_D,算出 V_{GS},V_{DS}和 I_D,$I_D=V_S/R_S$。填入表 6-2-1 中。

(3) 测量电压放大倍数 A_u、输入电阻 R_i和输出电阻 R_o,填入表 6-2-2 中。

① 在电路的输入端接入频率为 1kHz,有效值为 0.2V 的正弦信号,调节 R_{G2},用示波器监视输出波形,在输出波形最大不失真时,用交流毫伏表分别测量 $R_L=\infty$和 $R_L=10\text{k}\Omega$ 时的输出电压 U_o,计算出电压增益 A_u和 R_o。

② 在电路输入端加入 R=10kΩ 的电位器,用半电压法测量输入电阻 R_i。

表 6-2-1　静态工作的测量

测　量　值			计　算　值	
V_G(V)	V_D(V)	V_S(V)	V_{GS}(V)	V_{DS}(V)

表 6-2-2　放大倍数输入电阻的测量

A_u(V)	R_i(kΩ)	R_o(kΩ)

五、注意事项

(1) 实验前应检查连接线的好坏。使用时注意不要用力拉拔导线以防连接线损坏。

(2) 连接好电路后用三用表检查电路是否有短路现象,如有,排除故障后再继续实验。

(3) 测量交流信号时注意测量线的共地问题。

(4) 注意场效应管的极性。

六、实验报告要求

(1) 预习报告中,应画出实验电路图,将各测试量的理论值计算出来,作为实验值的参照。

(2) 严格按照测试的结果记录各波形。

(3) 回答思考题。

七、预习要求及思考题

(1) 预习要求:

① 复习场效应管输入/输出特性曲线。

② 复习场效应管放大器的基本工作原理。

③ 实验电路中采用 K30 场效应管,估算电路中的静态工作点,电压放大倍数,输入/输出阻抗。

④ 用 Multisim 8.0 仿真软件对电路进行仿真、分析。

(2) 思考题：

① 场效应管有没有电流放大倍数 β，为什么？

② 将场效应管放大器与晶体管放大器进行比较，总结场效应管放大器的特点。

③ 在测量场效应管放大电路的静态工作电压 V_{GS} 时，可否用万用表直接在 G、S 两端测量，为什么？试比较 V_{GS} 的直接测量值和间接测量值（测出 V_G 和 V_S，然后求 V_{GS}）之间的差异。

实验 6-3　负反馈对放大器的影响

一、实验目的

(1) 学习负反馈放大器的参数测量方法；

(2) 加深理解负反馈放大器性能的影响；

(3) 了解不同形式的负反馈对放大器输入/输出阻抗及放大倍数的影响。

二、实验原理

在放大电路中，由于晶体管的参数会随着环境条件的改变而改变，特别是温度的变化，不仅会使放大器的工作点、放大倍数不稳定，而且还存在失真、干扰等问题。为改善放大器的性能，常常在放大器中加入反馈网络。

反馈就是把放大器输出量（电压或电流）的一部分或全部通过一定的方式送回到输入回路的过程。反馈有交流反馈和直流反馈，交流反馈用于改善放大器的动态性能，直流反馈用于稳定工作点。根据输出端取样方式和输入端比较方式的不同，可以把负反馈放大器分为四种基本组态：电压串联负反馈、电流串联负反馈、电压并联负反馈、电流并联负反馈。

负反馈放大器可以使放大器的许多性能指标得以改善，它可以提高放大器增益的稳定性；改变放大器输入、输出阻抗，以满足系统匹配的不同需要；提高放大器的信噪比；扩展放大器的通频带：提高放大器输入信号的动态范围；降低放大器的增益。

反馈对放大器性能的改善程度，取决于反馈量的大小。反馈深度是衡量反馈强弱的重要物理量，记为 $1+AF$。式中 A 为开环增益；F 为反馈系数。若引入负反馈后的闭环增益为 A_f，则

$$1+AF=A/A_f \tag{6-3-1}$$

从上面的分析可知，引入负反馈会使放大器的增益降低。但是事物是一分为二的，负反馈虽然牺牲了放大器的放大倍数，但它改善了放大器的其他性能指标，因此负反馈在放大器中仍得到广泛的应用。

本实验着重研究电流串联负反馈放大器。电路中加入电流串联负反馈后，使放大器的输入、输出阻抗增加，通频带展宽，但电压增益降低。实验电路如图 6-3-1 所示。

三、实验条件

(1) 低频信号发生器　　1 台

(2) 双踪示波器　　1 台

(3) 直流稳压电源　　1 台

(4) 数字式三用表　　1 块

(5) 交流毫伏表　　1 个

(6) 低频实验箱　　1 个

(7) 三极管 9013　　　　　　　　　　1个

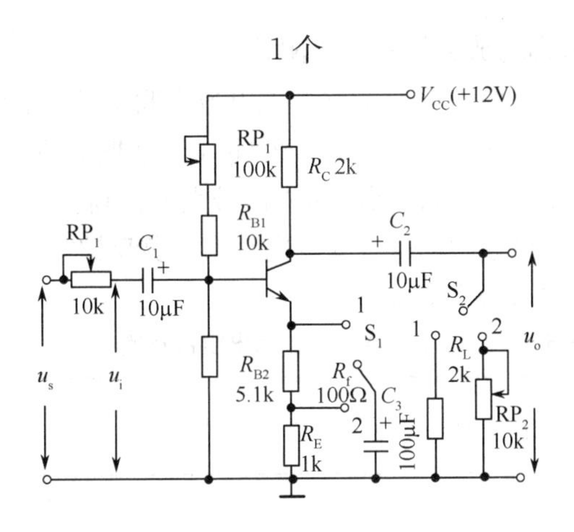

图 6-3-1　电流串联负反馈放大器

四、实验内容及步骤

1. 实验内容

(1) 测量原放大器的性能。

(2) 研究电流串联负反馈对放大器的影响。

2. 实验步骤

(1) 将 S_1 置于"1"，S_2 置于"1"，RP_1 调至 0Ω，测量原放大器的性能。

① 在输入端加入 $f=1\text{kHz}$，$U_S=U_i=10\text{mV}$ 的正弦信号，用示波器监视输出电压 U_o 的波形，在波形不失真的情况下，测出 U_o 的值，计算放大器的电压增益 A_u。填入表 6-3-1 中。

表 6-3-1　电压增益的测量及波形

U_{ipp}	U_{opp}	A_u	波形图
			u_i — t　　u_o — t

② 保持输入信号的幅度不变，分别向高频段和低频段调节信号源的频率，使高频段和低频段时放大器的输出电压分别等于中频时的 $1/\sqrt{2}$ 倍，即 $U_{oh}=U_{ol}=0.707U_o$，也就是 $A_{uh}=A_{ul}=0.707A_u$，从而测量出放大器的上限频率 f_h 和下限频率 f_l，即通频带 $f_{BW}=f_h-f_l$。测量值填入表 6-3-2 中。

表 6-3-2　通频带的测量

	f_l	f_o	f_h
f(kHz)			
U_o(V)			
$A_u=U_o/U_i$			

③ 保持 $U_s=10\text{mV}$ 不变，调节 RP_1 使 $U_i=5\text{mV}$，断开 RP_1，用三用表电阻档测量 RP_1 的阻值，即为放大器的输入阻抗 R_i。

④ 将 S_2 断开，测 U_o，再将 S_2 接 2，调节 RP_2 使输出电压 U_o 下将为一半，断开 S_2，用三用表

电阻挡测量出 R_{W2} 的阻值，即为放大器的输出阻抗。

(2) 将 S_1 置于"2"，S_2 置于"1"，此时电路构成电流串联负反馈放大器。

① 当放大器串联接入负反馈后，将使放大器输入信号抵消掉一部分，为了保持放大器接入负反馈前后输出电压的幅值不变，需要将输入信号大大提高。

② 按原放大器各参数的测量方法，再测量电流串联负反馈放大器的电压增益，输入/输出阻抗及通频带。测量数据填入表 6-3-3 中。

表 6-3-3　电压增益、输入、输出阻抗及通频带的测量

A_u	R_i	R_o	f_h-f_l

五、注意事项

(1) 实验前应检查连接线的好坏，使用时注意不要用力拉拔导线以防连接线损坏。

(2) 连接好电路后用三用表检查电路是否有短路现象，如有则排除故障后再继续实验。

(3) 测量交流信号时注意测量线的共地问题。

(4) 测量通频带时应保持输入信号幅度不变。

六、实验报告要求

(1) 整理各项数据和波形，并与理论值相比较，分析误差大小。

(2) 由实验结果讨论电压串联负反馈对放大器的影响。

(3) 回答思考题。

七、预习要求及思考题

(1) 预习要求：

① 复习负反馈的工作原理。

② 实验电路中采用电流串联负反馈，选用 9013 三极管，估算电路中的静态工作点、电压放大倍数、输入/输出阻抗。

③ 用 Multisim 8.0 仿真软件对电路进行仿真、分析。

(2) 思考题：

① 如果将电路接为电压并联负反馈放大器，电路参数会如何变化？

② 总结电流串联负反馈对放大器的影响。

③ 能否说 $1+AF$ 越大，负反馈效果越好？

实验 6-4　功率放大器

一、实验目的

(1) 了解功率放大器的工作原理和使用特点；

(2) 学习功率放大电路指标的测量方法；

(3) 训练观察问题和解决问题的能力。

二、实验原理

集成功率放大器实际上是一个集成化的互补推挽功率放大电路。TDA2030 集成功放的内部电路如图 6-4-1 所示。图 6-4-2 是其外形封装图。

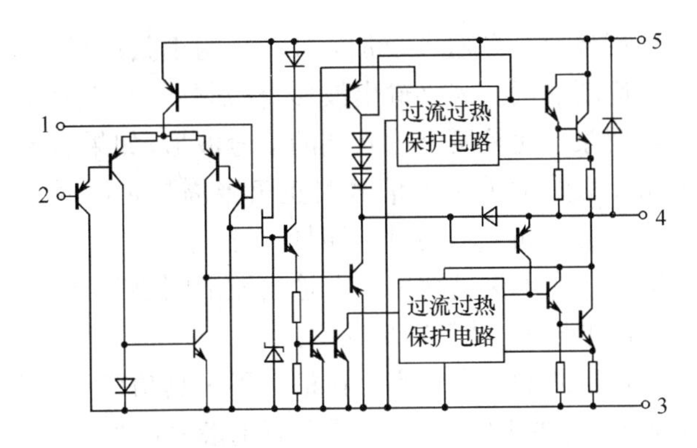

图 6-4-1　TDA2030 集成功放电路原理图

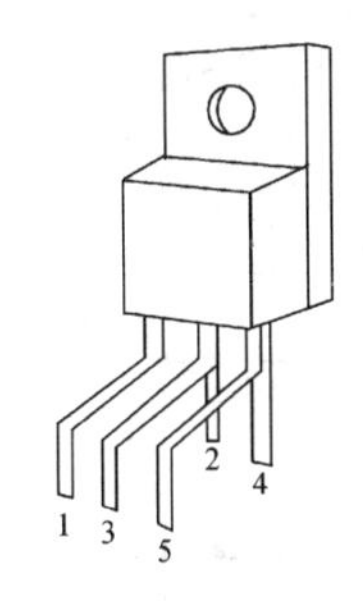

图 6-4-2　TDA2030 外形结构

互补对称推挽电路由正负电源供电，电源电压为 V_{CC} 时，其最大输出功率的理想值为

$$P_{om}=V_{CC}^2/(2R_L) \tag{6-4-1}$$

实际上输出管的饱和压降随着输出电流的增加而有一定增加。所以实际输出功率还要乘上一个小于 1 的系数 K。

$$P_{om}=KV_{CC}^2/(2R_L) \tag{6-4-2}$$

按照一般经验，R_L 阻值为 8Ω 时，K 取 0.7；R_L 阻值为 4Ω 时，K 取 0.6。

随着输出功率的变化，电路的效率也会改变。功放电路的最大效率是指最大输出功率时，输出功率与电源提供功率的比值。

$$\eta_{max}=P_{om}/P_E \tag{6-4-3}$$

功放电路的功率增益（A_P）是输出功率和输入功率的比值，通常用分贝表示，即

$$A_P=10\lg(P_o/P_i) \tag{6-4-4}$$

输出功率是负载上电压和电流的乘积，输入功率则为放大器输入电压和输入电流的乘积。

非线性失真度是被测信号中除基波以外各次谐波电压总的有效值与基波电压有效值的百分比。

$$\gamma=\frac{\sqrt{v_2^2+v_3^2+\cdots+v_n^2}}{v_1}\times 100\% \tag{6-4-5}$$

三、实验条件

(1) 双踪示波器	1 台
(2) 低频信号发生器	1 台
(3) 双路稳压电源	1 台
(4) 晶体管毫伏表	1 台
(5) 数字式万用表	1 块
(6) 低频实验箱	1 台
(7) TD2030	1 个

四、实验内容及步骤

图 6-4-3 为实验电路，首先分析电路各元件的功能，当电路工作不正常时，应能正确判断故障原因。正确连接电路，确认电路连接无误。接入负载电阻之前，先接通直流电源，测量各端直流电压，特别是输出端电压。如果输出电压不为零，要仔细查明原因。然后才能接入负载。

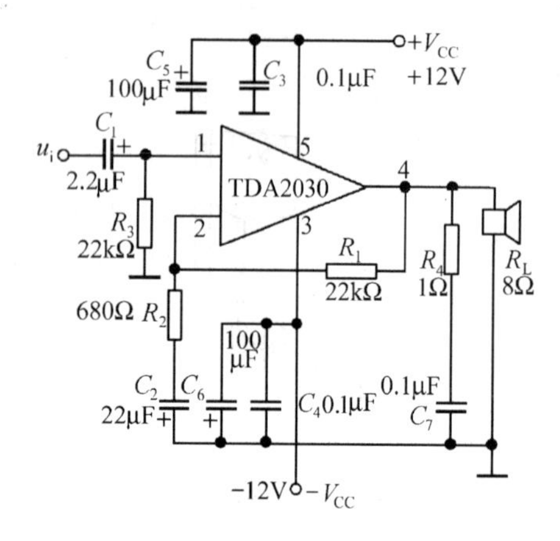

图 6-4-3　功率放大实验电路

观察波形。在输入端加入 1kHz 的正弦信号，幅值从零逐渐加大。观察输出波形，特别要仔细观察交越失真现象。比较两个输入端的信号波形，如果有差异说明什么？加大输入信号时正负半周是否同时出现削顶失真？如果不同时，说明什么？

测量最大不失真功率。在输出波形刚要削顶时，测量输出电压值，计算输出功率。

测量电路的最大效率。在最大不失真功率下，测出电源电流，算出电源功率，进而算出最大效率。

测量功率增益。分别测出输出功率和输入功率，然后求出功率增。

五、注意事项

(1) 功率放大器输出电压电流都较大，实验过程中要特别注意安全，绝不能出现短路现象，以防烧毁功放集成电路。

(2) 输出功率较大时，功放集成电路会发烫。为了防止过热烧毁集成块，尽可能加上散热器。

(3) 功放电路信号较强，布线不合理时，很容易发生自激振荡。实验过程中随时用示波器观察输出波形，如发现有异常现象，马上切断电源。

六、实验报告要求

(1) 预习报告中，应将各测试量的理论值计算出来，作为实验值的参照。

(2) 严格按照测试的结果记录各波形。

(3) 对前面提出的各思考题和实验中观察到的问题都须作出回答和解释。

七、预习要求与思考题

(1) 预习要求：

① 复习 OTL 功率放大器的工作原理。

② 了解 OTL 功率放大器的主要性能参数。

③ 用 Multisim 8.0 仿真软件对电路进行仿真、分析。

(2) 思考题：

① 通常，功率放大器也有电压增益，功率放大器的电压放大倍数和电压放大器的电压放大倍数计算方法有无差别？

② 可否通过改变反馈量来改变功放电路的输出功率？

实验 6-5　差分放大电路

一、实验目的

(1) 加深对差动放大器原理和性能的理解；

(2) 掌握差动放大器基本参数的测试方法。

二、实验原理

图 6-5-1 所示为基本的差动放大器，它由两个元件参数相同的基本共射放大电路组成。

当开关 S 拨向左边时，构成典型的差动放大器。调零电位器 RP 用来调节 VT_1、VT_2 管的静态工作点，使得输入信号 $V_i=0$ 时双端输出电压 $V_o=0$。两管共用的发射极电阻 R_E 对差模信号无负反馈作用，因而不影响差模电压放大倍数，但对共模信号有较强的负反馈作用，故可以有效地抑制零点漂移，稳定静态工作点。当开关 S 拨向右边时，构成具有恒流源的差动放大器，它用晶体管恒流源代替发射极电阻 R_E，可以进一步提高差动放大器抑制共模信号的能力。

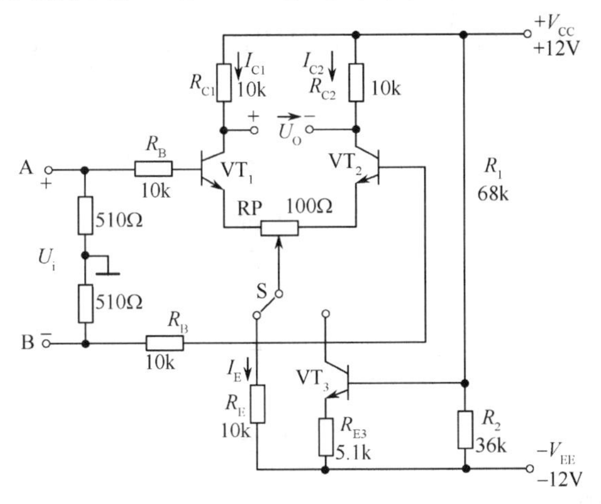

图 6-5-1　差分放大电路

1. 静态工作点的估算

典型电路

$$I_E=\frac{|V_{EE}|-V_{BE}}{R_E},I_{C1}=I_{C2}\approx\frac{1}{2}I_E,V_{B1}=V_{B2}\approx 0$$

恒流源电路

$$I_{C3}\approx I_{E3}\approx\frac{\frac{R_2}{R_1+R_2}(V_{CC}+|V_{EE}|)-V_{BE}}{R_{E3}} \tag{6-5-1}$$

$$I_{C1}=I_{C2}\approx\frac{1}{2}I_{C3}$$

2. 差模电压放大倍数和共模电压放大倍数

当差动放大器的射极电阻 R_E 足够大，或采用恒流源电路时，差模电压放大倍数 A_d 由输出端方式决定，而与输入方式无关。

双端输出：$R_E=\infty$，RP 在中心位置时，

$$A_d=\frac{\Delta U_o}{\Delta U_i}=-\frac{\beta R_C}{R_B+r_{b_e}+\frac{1}{2}(1+\beta)R_P} \tag{6-5-2}$$

单端输出：

$$A_{d1}=\frac{\Delta U_{C1}}{\Delta U_i}=\frac{1}{2}A_d,A_{d2}=\frac{\Delta U_{C2}}{\Delta U_i}=\frac{1}{2}A_d$$

当输入共模信号时，若为单端输出，则有

$$A_{C1}=A_{C2}=\frac{\Delta U_{C1}}{\Delta U_i}=\frac{-\beta R_C}{R_B+r_{b_e}+(1+\beta)\left(\frac{1}{2}\mathrm{RP}+2R_E\right)}\approx\frac{R_C}{2R_E} \tag{6-5-3}$$

若为双端输出，在理想情况下

$$A_C=\frac{\Delta U_o}{\Delta U_i}=0$$

实际上由于元件不可能完全对称，因此 A_C 也不会绝对等于零。

为了表征差动放大器对有用信号(差模信号)的放大作用和对共模信号的抑制能力，通常用一个综合指标来衡量，即共模抑制比

$$\mathrm{CMRR}=\left|\frac{A_d}{A_C}\right| \quad 或 \ \mathrm{CMRR}=20\mathrm{Log}\left|\frac{A_d}{A_C}\right|(\mathrm{dB}) \tag{6-5-4}$$

三、实验条件

(1) 低频信号发生器　　1 台

(2) 双踪示波器　　1 台

(3) 直流稳压电源　　1 台

(4) 数字式三用表　　1 块

(5) 交流毫伏表　　1 台

(6) 低频实验箱　　1 台

(7) 三极管 9011　　2 个

四、实验内容及步骤

1. 测量典型差动放大器

连接实验电路如图 6-5-1 所示，开关 K 拨向左边，构成典型差动放大器。

(1) 静态工作点的调节和测量

① 调节放大器零点：信号源不接入，即将放大器输入端 A 和 B 短接，接通±12V 直流电源，用三用表直流电压挡测量输出电压 U_o，调节调零电位器 RP，使 $U_o=0$(以下保持 RP 不变)。

② 测量静态工作点：用三用表直流电压表测量 VT_1 和 VT_2 管各电极的电位及射极电阻 R_E 两端的电压 V_{RE}，填入表 6-5-1 中。

表 6-5-1　静态工作点的测量

测量值	V_{C1}(V)	V_{B1}(V)	V_{E1}(V)	V_{C2}(V)	V_{B2}(V)	V_{E2}(V)	R_E(V)
计算值	I_C(mA)		I_B(mA)		V_{CE}(V)		

(2) 测量差模电压放大倍数

断开直流电源，将信号源的输出端红夹子接放大器输入 A 端，信号源的黑夹子接放大器输入 B 端，调节输入信号为频率 $f=1\mathrm{kHz}$ 的正弦信号，并使信号源的幅度输出旋钮旋至零，用示波器监视输出端(集电极 C_1 或 C_2 与地之间)。

接通±12V 直流电源，逐渐增大输入电压 U_i(≤100mV)，在输出波形无失真的情况下，用交流毫伏表测量 U_i、U_{C1}、U_{C2}，填入表 6-5-2 中，并观察 U_i、U_{C1}、U_{C2} 之间的相位关系。

(3) 测量共模电压放大倍数

将放大器 A、B 短接，信号源接 A 端与地之间，构成共模输入方式，调节输入信号 $f=1\mathrm{kHz}$，$U_i=1\mathrm{V}$，在输出电压无失真的情况下，测量 U_i、U_{C1}、U_{C2} 的值填入表 6-5-2 中，并观察 U_i、U_{C1}、U_{C2} 之间的相位关系。

表 6-5-2　电压放大倍数的测量

参数	典型差动放大电路	
	双端输入	共模输入
U_i	100mV	1V
U_{C1}(V)		
U_{C2}(V)		
$A_{d1}=U_{C1}/U_i$		/
$A_d=U_o/U_i$		/
$A_{C1}=U_{C1}/U_i$	/	
$A_C=U_o/U_i$	/	
$K_{CMR}=\|A_d/A_C\|$		

2. 测量具有恒流源的差动放大器

将图 6-5-1 所示电路中的开关 S 拨向右边，构成具有恒流源的差动放大电路。重复实验内容 1 的要求，将数据分别填入表 6-5-3、表 6-5-4 中。

表 6-5-3　静态工作点的测量

测量值	V_{C1}(V)	V_{B1}(V)	V_{E1}(V)	V_{C2}(V)	V_{B2}(V)	V_{E2}(V)	R_E(V)
计算值	I_C(mA)		I_B(mA)		V_{CE}(V)		

表 6-5-4　电压放大倍数的测量

参数	典型差动放大电路	
	双端输入	共模输入
U_i	100mV	1V
U_{C1}(V)		
U_{C2}(V)		
$A_{d1}=U_{C1}/U_i$		/
$A_d=U_o/Y_i$		/
$A_{C1}=U_{C1}/U_i$	/	
$A_C=U_o/U_i$	/	
$K_{CMR}=\|A_d/A_c\|$		

五、注意事项

(1) 实验前应检查连接线的好坏，使用时注意不要用力拉拔导线以防连接线损坏。

(2) 连接好电路后用三用表检查电路是否有短路现象，如有则排除故障后再继续实验。

(3) 测量交流信号时注意测量线的共地问题。

(4) 两只 9011 三极管的参数应基本相同。

六、实验报告要求

(1) 整理实验数据，列表比较实验结果和理论估算值，分析误差原因。

(2) 比较 u_i、u_{c1} 和 u_{c2} 之间的相位关系。

(3) 根据实验结果，总结电阻 R_E和恒流源的作用。

七、预习要求及思考题

(1) 预习要求：

① 复习差动放大电路工作原理及主要性能指标分析。

② 实验电路中采用 9011 三极管，β 值为 80 左右，估算电路中的静态工作点及差模放大倍数。

③ 用 Multisim 8.0 仿真软件对电路进行仿真、分析。

(2) 思考题：

① 怎样提高差分放大器的共模抑止比和减小零点漂移？

② 用一端接地的毫伏表和示波器等测量仪器，如何测量差分放大器双端输出电压的幅度和波形？

实验 6-6　集成运算放大器的参数测量

一、实验目的

(1) 学会集成运算放大器参数的测量方法；

(2) 学会集成运算放大器的使用方法。

二、实验原理

集成运算放大器(Integrated Operational Amplifier)简称集成运放，是由多级直接耦合放大电路组成的高增益模拟集成电路。它的增益高(可达 60～180dB)，输入电阻大(几十千欧至百万兆欧)，输出电阻低(几十欧)，共模抑制比高(60～170dB)，失调与飘移小，而且还具有输入电压为零时输出电压也为零的特点，适用于正，负两种极性信号的输入和输出。集成运放由输入级、中间级、输出级和偏置电路四部分组成。在它的输出端和输入端之间加上反馈网络，则可实现各种不同的电路功能，如反馈网络为线性电路时，运放的功能有：放大、加、减、积分和微分等；如反馈网络为非线性电路时可实现对数、乘和除等功能；还可组成各种波形形成电路，如正弦、三角波、脉冲等波形发生器。

使用运算放大器时，调节零点和相位补偿是必须注意的两个问题。

为了提高集成运算放大器的运算精度，消除因失调电压和失调电流引起的误差，必须采取调零技术，保证运算放大器输入为零时，输出也为零。

本实验采用的集成运放型号为 μA741，引脚排列如图 6-6-1 所示，它是八脚双列直插式组件，②脚为反相输入端，③脚为同相输入端，⑥脚为输出端，⑦脚为正电源端，④脚为负电源端，①脚和⑤脚为失调调零端，①⑤脚之间可接入一只几十千欧的电位器并将滑动触点接到负电源端。⑧脚为空脚。

1. μA741 主要指标测试

(1) 输入失调电压(V_{OS})

理想运放组件，当输入信号为零时，其输出也为零。但是即使是最优质的集成组件，由于运放内部差动输入级参数的不完全对称，输出电压往往不为零。这种零输入时输出不为零的现象称为集成运放的失调。

输入失调电压 V_{OS}是指输入信号为零时，输出端出现的电压折算到同相输入端的数值。

失调电压测试电路如图 6-6-2 所示。闭合开关 S_1及 S_2，使电阻 R_B短接，测量此时的输出

电压 V_{O1} 即为输出失调电压，则输入失调电压

$$V_{OS}=\frac{R_1}{R_1+R_F}V_{O1} \tag{6-6-1}$$

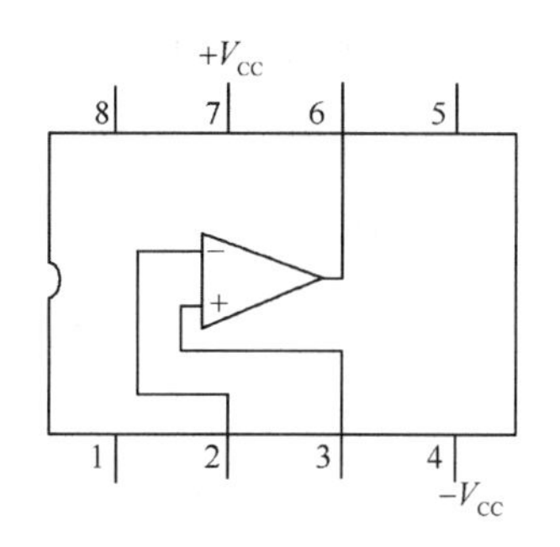

图 6-6-1　μA741 引脚图

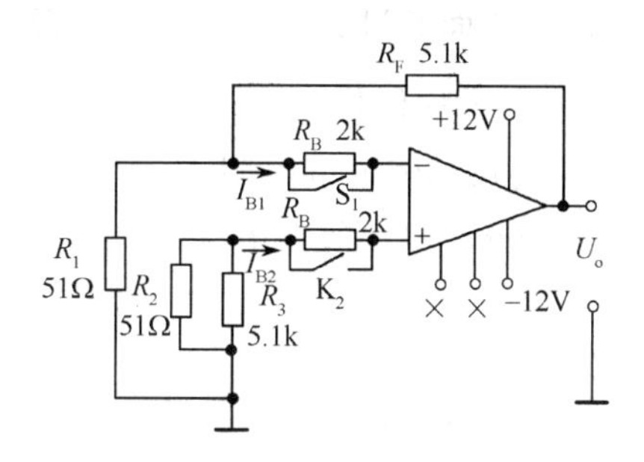

图 6-6-2　U_{0S}、I_{0S}测试电路

实际测出的 V_{o1} 可能为正，也可能为负，一般在 1～5mV，对于高质量的运放 V_{0S} 在 1mV 以下。

测试中应注意：

① 将运放调零端开路。

② 要求电阻 R_1 和 R_2，R_3 和 R_F 的参数严格对称。

(2) 输入失调电流(I_{OS})

输入失调电流 I_{OS}是指当输入信号为零时，运放的两个输入端的基极偏置电流之差为

$$I_{OS}=|I_{B1}-I_{B2}| \tag{6-6-2}$$

输入失调电流的大小反映了运放内部差动输入级两个晶体管 β 的失配度，由于 I_{B1}，I_{B2} 本身的数值已很小(微安级)，因此它们的差值通常不是直接测量的，测试电路如图 6-6-2 所示，测试分两步进行

① 闭合开关 S_1 及 S_2，在低输入电阻下，测出输出电压 U_{o1}，如前所述，这是由输入失调电压 V_{0S}所引起的输出电压。

② 断开 S_1 及 S_2，接入两个输入电阻 R_B，由于 R_B阻值较大，流经它们的输入电流的差异，将变成输入电压的差异，因此，也会影响输出电压的大小，可见测出两个电阻 R_B接入时的输出电压 U_{o2}，若从中扣除输入失调电压 U_{OS}的影响，则输入失调电流 I_{OS}为

$$I_{OS}=|I_{B1}-I_{B2}|=|U_{o2}-U_{O1}|\frac{R_1}{R_1+R_F}\times\frac{1}{R_B} \tag{6-6-3}$$

一般 I_{OS}为几十～几百 nA(10^{-9}A)，高质量运放 I_{OS}低于 1nA。

测试中应注意：

① 将运放调零端开路。

② 两输入端电阻 R_B必须精确配对。

(3) 开环差模放大倍数(A_{ud})

集成运放在没有外部反馈时的直流差模放大倍数称为开环差模电压放大倍数，用 A_{ud} 表示。它定义为开环输出电压 U_o与两个差分输入端之间所加信号电压 U_{id}之比

$$A_{ud}=\frac{U_o}{U_{id}} \tag{6-6-4}$$

按定义 A_{ud}应是信号频率为零时的直流放大倍数，但为了测试方便，通常采用低频(几十

赫兹以下)正弦交流信号进行测量。由于集成运放的开环电压放大倍数很高,难以直接进行测量,故一般采用闭环测量方法。A_{ud}的测试方法很多,现采用交、直流同时闭环的测试方法,如图 6-6-3 所示。

被测运放一方面通过 R_F、R_1、R_2完成直流闭环,以抑制输出电压漂移,另一方面通过 R_F和 R_S实现交流闭环,外加信号 $\dot{U}_S$经 R_1、R_2分压,使 $\dot{U}_{id}$足够小以保证运放工作在线性区,同相输入端电阻 R_3应与反相输入端电阻 R_2相匹配,以减小输入偏置电流的影响,电容 C 为隔直电容。被测运放的开环电压放大倍数为

$$A_{ud}=\frac{U_o}{U_{id}}=\left(1+\frac{R_1}{R_2}\right)\frac{U_o}{U_i} \tag{6-6-5}$$

通常低增益运放 A_{ud}为 60～70dB,中增益运放约为 80dB,高增益在 100dB 以上,可达 120～140dB。

测试中应注意:

① 测试前电路应首先消振及调零。

② 被测运放要工作在线性区。

③ 输入信号频率应较低,一般用 50～100Hz,输出信号幅度应较小,且无明显失真。

(4) 共模抑制比 CMRR

集成运放的差模电压放大倍数 A_d与共模电压放大倍数 A_C之比称为共模抑制比

$$\mathrm{CMRR}=\left|\frac{A_d}{A_C}\right| \qquad \text{或 } \mathrm{CMRR}=20\mathrm{Log}\left|\frac{A_d}{A_C}\right|(\mathrm{dB}) \tag{6-6-6}$$

共模抑制比在应用中是一个很重要的参数,理想运放对输入的共模信号其输出为零,但在实际的集成运放中,其输出不可能没有共模信号的成分,输出端共模信号越小,说明电路对称性越好,也就是说运放对共模干扰信号的抑制能力越强,即 CMRR 越大。CMRR 的测试电路如图 6-6-4 所示。

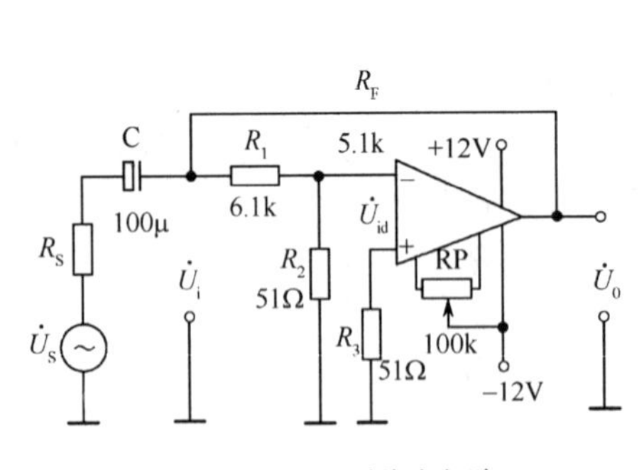

图 6-6-3　A_{ud}测试电路

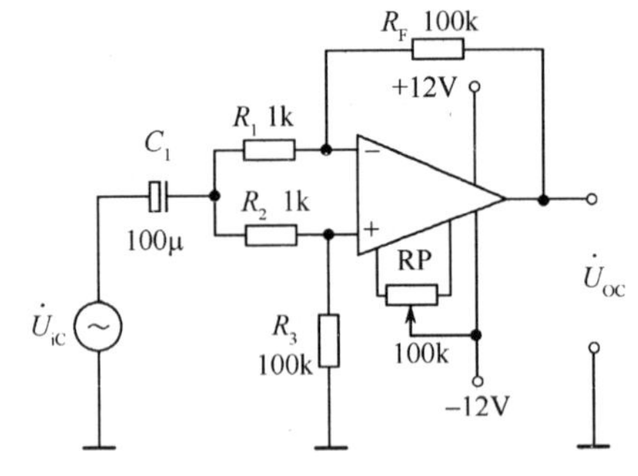

图 6-6-4　CMRR 测试电路

集成运放工作在闭环状态下的差模电压放大倍数为

$$A_d=\frac{R_F}{R_1} \tag{6-6-7}$$

当接入共模输入信号 U_{iC}时,测得 U_{OC},则共模电压放大倍数为

$$A_C=\frac{U_{oC}}{U_{iC}} \tag{6-6-8}$$

即共模抑制比

$$\mathrm{CMRR}=\left|\frac{A_d}{A_C}\right|=\frac{R_F}{R_1}\frac{U_{iC}}{U_{oC}} \tag{6-6-9}$$

测试中应注意：

① 消振与调零；

② R_1与R_2、R_3与R_F之间阻值严格对称；

③ 输入信号U_i幅度必须小于集成运放的最大共模输入电压范围U_{icm}。

三、实验条件

(1) 双踪示波器　　1台

(2) 低频信号发生器　　1台

(3) 双路稳压电源　　1台

(4) 晶体管毫伏表　　1台

(5) 数字式万用表　　1块

(6) 低频实验箱　　1台

(7) μA741　　1个

四、实验内容及步骤

(1) 测量输入失调电压(U_{OS})

按图6-6-2连接实验电路，闭合开关S_1、S_2，用三用表直流电压挡测量输出端电压U_{O1}，并计算U_{OS}。填入表6-6-1中。

(2) 测量输入失调电流(I_{OS})

实验电路如图6-6-2所示，打开开关S_1、S_2，用三用表直流电压挡测量U_{O2}，并计算I_{OS}。填入表6-6-1中。

表6-6-1　输入失调电压、失调电流、共模抑制比的测量

U_{OS}(mV)		I_{OS}(nA)		A_{ud}(dB)		CMRR(dB)	
实测值	典型值	实测值	典型值	实测值	典型值	实测值	典型值
	2～10		50～100		100～106		80～86

(3) 测量开环差模电压放大倍数(A_{ud})

按图6-6-3连接实验电路，在运放输入端加入频率$f=100\text{Hz}$，$U_s=50\text{mV}$(有效值)的正弦信号，用示波器监视输出波形。用交流毫伏表测量U_o和U_i，并计算A_{ud}。填入表6-6-1中。

(4) 测量共模抑制比(CMRR)

按图6-6-4连接实验电路，在运放输入端加$f=100\text{Hz}$，$U_{iC}=1\text{V}$(有效值)的正弦信号，用示波器监视输出波形。测量U_{oC}和U_{iC}，计算A_C及CMRR。填入表6-6-1中。

五、注意事项

(1) 实验前应检查连接线的好坏，使用时注意不要用力拉拔导线以防连接线损坏。

(2) 注意正负电源的连接方法。

(3) 连接好电路后用三用表检查电路是否有短路现象，如有则排除故障后再继续实验。

(4) 测量交流信号时注意测量线的共地问题。

(5) 注意芯片的引脚方向。

六、实验报告要求

(1) 按内容要求画出测试电路，将所测得的数据与典型值进行比较。

(2) 对实验结果及实验中碰到的问题进行分析。

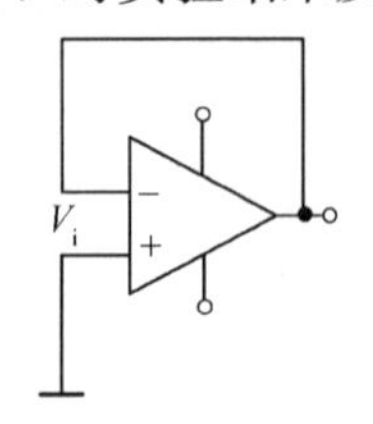

图 6-6-5　测量 U_{OS}的工作原理图

七、预习要求及思考题

(1) 预习要求：

① 复习集成运算放大器的相关知识。

② 了解 μA741 典型指标数据及引脚功能。

(2) 思考题：

① 测量 μA741 的指标参数并与典型值相比较，分析误差原因。

② 图 6-6-5 为测量 U_{OS}的工作原理图，说明实际上又为什么不采用这种方法？

实验 6-7　集成运算放大器信号运算电路

一、实验目的

(1) 研究运算放大器在模拟运算中，具有比例放大、相加、相减、积分和微分的功能；

(2) 研究运算放大器在双电源供电时的工作特点。

二、实验原理

对于理想的运放，当它工作于线性状态下具有两个十分突出的特点。其一是“虚断”，即 $I_+=I_-=0$；其二是“虚短”，即 $U_+=U_-$（在反相输入同相接地电路中因 $U_+=0$，故“虚短”又可引申为“虚地”）。不管电路结构形式如何复杂，均可根据这两个特点推导出输出与输入之间的函数关系。理想运放具有以下特点：

开环电压增益　$A_{ud}=\infty$

输入阻抗　$r_i=\infty$

输出阻抗　$r_o=0$

带宽　$f_{BW}=\infty$

失调与漂移均为零等。

1. 反相比例放大电路

电路如图 6-7-1 所示。对于理想运放，该电路的输出电压与输入电压之间的关系为

$$U_o=-\frac{R_F}{R_1}U_i \tag{6-7-1}$$

实际运放与理想运放之间总存在一定的差异，故在实际使用中常需采用一些措施以减小误差、提高精度和防止自激。首先采用的一个措施是加入平衡电阻 R_2，使 $R_2=R_1 /\!/ R_F$，以保证实际运放的反相与同相输入端对地的等效电阻相等，从而使其处于对称与平衡工作状态，减小由输入偏置电流引入的误差。其次是防止运放自激，运放在使用中有时会产生自激，此时即使 $U_i=0$，也会产生一定的交流输出使运放无法正常工作。消除自激的办法是在电源端加接去耦电容或增设电源滤波电路，同时应尽可能减小线路、元件间的分布电容，对于具有补偿引脚的集成运放器件，还可接入适当的补偿电容。

2. 反相加法电路

电路如图 6-7-2 所示，输出电压与输入电压之间的关系为

$$U_o=-\left(\frac{R_F}{R_1}U_{i1}+\frac{R_F}{R_2}U_{i2}\right)\quad R_3=R_1 /\!/ R_2 /\!/ R_F \tag{6-7-2}$$

3. **电压跟随器**

电路如图 6-7-3 所示，输出电压与输入电压之间的关系为 $U_o=U_i$

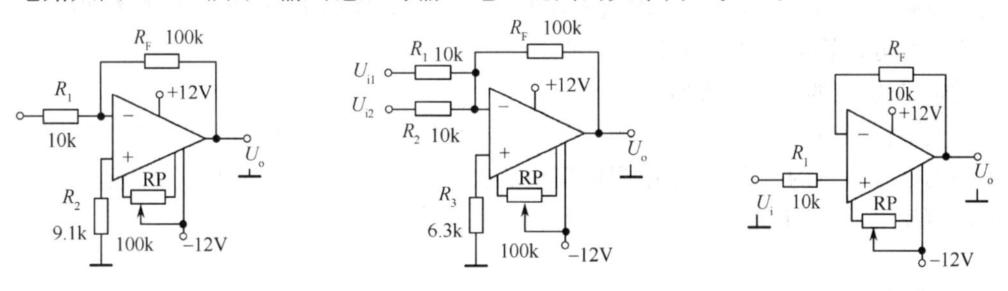

图 6-7-1　反相比例运算电路　　图 6-7-2　反相加法运算电路　　图 6-7-3　电压跟随器电路图

4. **减法器**

对于图 6-7-4 所示的减法运算电路，当 $R_1=R_2$，$R_3=R_F$时，有如下关系式

$$U_o=\frac{R_F}{R_1}(U_{i2}-U_{i1}) \tag{6-7-3}$$

5. **积分运算电路**

反相积分电路如图 6-7-5 所示。在理想化条件下，输出电压 u_o等于

$$u_o(t)=-\frac{1}{R_1C}\int_0^t u_i\mathrm{d}t+u_C(0) \tag{6-7-4}$$

式中，$u_C(0)$是 $t=0$ 时刻电容 C 两端的电压值，即初始值。

如果 $u_i(t)$是幅值为 E 的阶跃电压，并设 $u_C(0)=0$，则

$$u_o(t)=-\frac{1}{R_1C}\int_0^t E\mathrm{d}t=-\frac{E}{R_1C}t \tag{6-7-5}$$

即输出电压 $u_o(t)$随时间增长而线性下降。显然 RC 的数值越大，达到给定的 U_o值所需的时间就越长。积分输出电压所能达到的最大值受集成运放最大输出范围的限值。

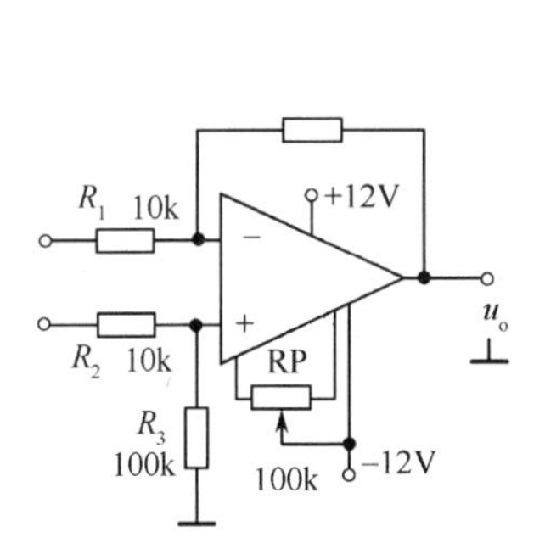

图 6-7-4　减法运算电路图

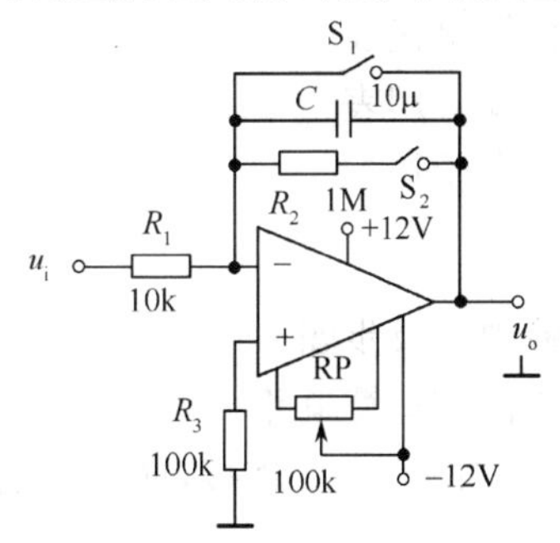

图 6-7-5　积分运算电路图

在进行积分运算之前，首先应对运放调零。为了便于调节，将图中 S_1闭合，即通过电阻 R_2的负反馈作用帮助实现调零。但在完成调零后，应将 S_1打开，以免因 R_2的接入造成积分误差。S_2的设置一方面为积分电容放电提供通路，同时可实现积分电容初始电压 $u_C(0)=0$，另一方面，可控制积分起始点，即在加入信号 u_i后，只要 S_2一打开，电容就将被恒流充电，电路也就开始进行积分运算。

6. **微分运算电路**

微分运算电路如图 6-7-6(a)所示。在理想化条件下，输出电压 u_o等于

$$u_o(t) = -R_F i_F(t) = -R_F C \frac{du_i(t)}{dt} \qquad (6\text{-}7\text{-}6)$$

实际电路中,应在 C_2 两端并联电阻 R_2,在 C_1 一端串入电阻 R_1 解决直流漂移、高频噪声等问题。实际微分运算电路如图 6-7-6(b)所示。

7. 单电源供电的运算放大器

放大交流信号时,可以采用单电源(正电源或负电源)供电,此时集成运算放大器输出直流电平近似为电源电压的一半,通过电阻使反相端也有相应的直流电压,为了保证运放两输入端有相同的直流电压,其电路如图 6-7-7 所示。

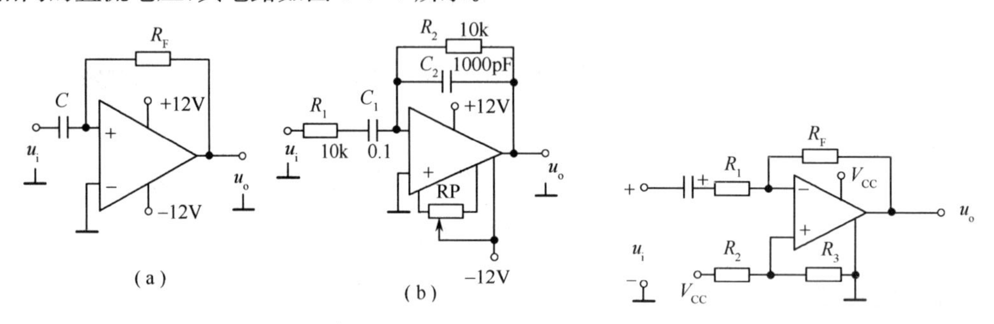

图 6-7-6　微分运算电路　　　　图 6-7-7　单电源供电的运算放大器

同相输入端的直流电压($V/2$)是通过 R_2 与 R_3 分压得到的。单电源供电的交流放大器的闭环增益计算公式与前面介绍双电源供电时的公式相同,使用时输入、输出都必须加隔直电容。

三、实验条件

(1) 双踪示波器	1 台
(2) 低频信号发生器	1 台
(3) 直流稳压电源	1 台
(4) 晶体管毫伏表	1 台
(5) 数字式万用表	1 块
(6) 低频实验箱	1 台
(7) μA741	1 个

四、实验内容及步骤

(1) 反相比例运算电路

实验电路按图 6-7-8 连接,使其满足下列关系式 $U_o = -10U_i$

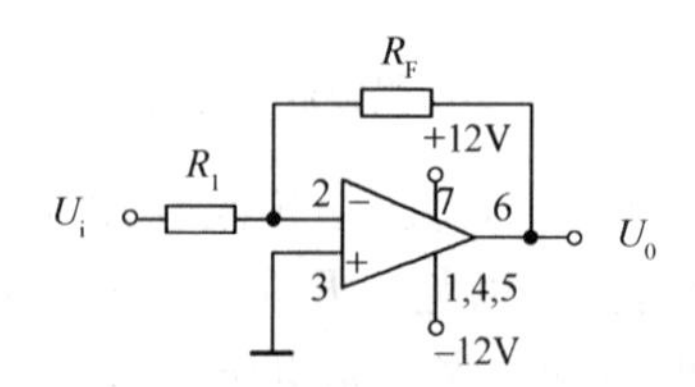

图 6-7-8(a)　(μA741)反相比例运算电路

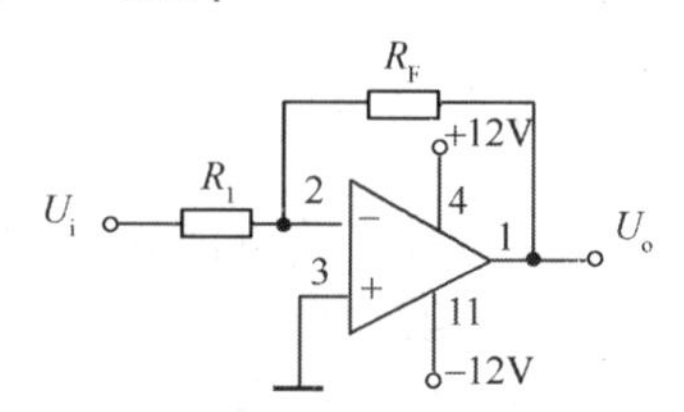

图 6-7-8(b)　(LM324)反相比例运算电路

在该比例放大器中加入以下电压值:

① 在输入端加入直流电压:-500mV,-200mV,0V,+200mV,+500mV;用三用表直流电压挡测出放大器的输出电压值。填入表 6-7-1 中。

② 在输入端加入 $f=1\text{kHz}$，$U_{iPP}=1\text{V}$ 的正弦信号，用示波器测出放大器的输出电压值，填入表 6-7-1 中。

表 6-7-1　输出电压的测量

U_i	−500mV	−200mV	0V	200mV	500mV	U_{opp}
U_o						

(2) 反相加减法运算电路

实验电路按图 6-7-9 连接，使其满足下列关系式

$$U_o=4U_{i3}-10U_{i1}-2U_{i2}$$

加入 $U_{i1}=0.5\text{V}$，$U_{i2}=1\text{V}$，$U_{i3}=1.5\text{V}$ 时，测出输出电压值。

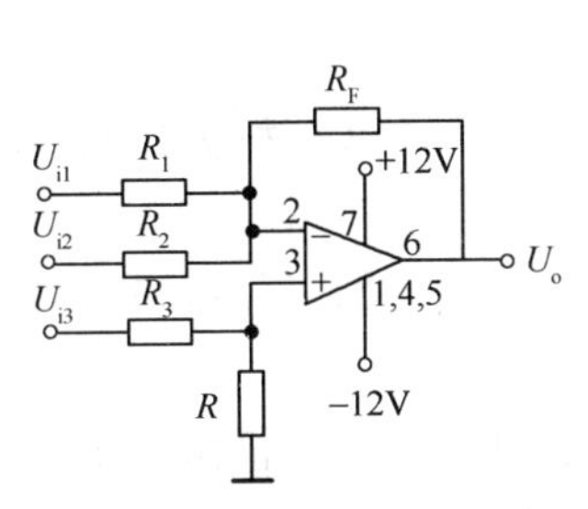

图 6-7-9(a)　反相加减法运算电路(μA741)

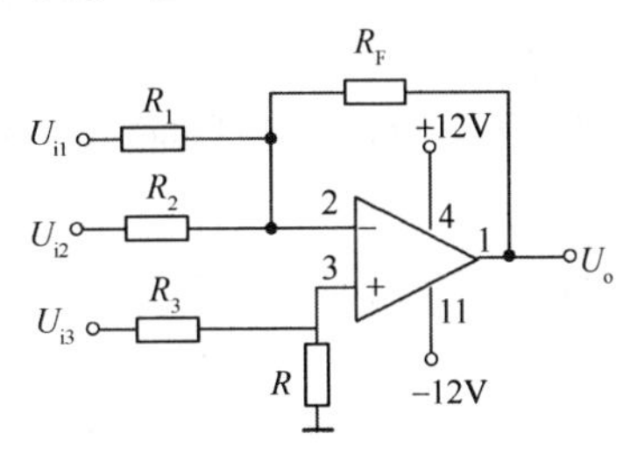

图 6-7-9(b)　反相加减法运算电路(LM324)

(3) 电压跟随器

实验电路按图 6-7-3 连接。

在电压跟随器输入端加入 $f=100\text{Hz}$ 的交流信号，调节 U_i 的大小，测量输出电压 U_o，填入表 6-7-2 中，计算其电压放大倍数，并与理论值比较。用双踪示波器观察输入、输出波形是否跟随。

(4) 积分运算电路

实验电路如图 6-7-5 所示。

① 打开 S_2，闭合 S_1，对运放输出进行调零。

② 调零完成后，再打开 S_1，闭合 S_2，使 $u_C(0)=0$。

③ 预先调好直流输入电压 $U_i=0.5\text{V}$，接入实验电路，再打开 S_2，然后用直流电压表测量输出电压 U_o，每隔 5 秒读一次 U_o，填入表 6-7-3，直到 U_o 不继续明显增大为止。

表 6-7-2　输出电压的测量

U_i	0.1V	0.2V	0.4V
U_o			
A_u			

表 6-7-3　输出电压的测量

$t(s)$	0	5	10	15	20	25	30	…
U_o(V)								

(5) 微分运算电路

实验电路按图 6-7-6(a)连接。

在输入端分别输入正弦波和三角波信号，用示波器观察输入输出波形，分析电路功能。

五、注意事项

(1) 实验前应检查连接线的好坏，使用时注意不要用力拉拔导线以防连接线损坏。

(2) 注意正负电源的连接方法。

(3) 连接好电路后用三用表检查电路是否有短路现象，如有则排除故障后再继续实验。

(4) 测量交流信号时注意测量线的共地问题。

(5) 注意芯片的引脚方向。

六、实验报告要求

(1) 按内容要求画出测试电路,整理实验数据。

(2) 对实验结果及实验中碰到的问题进行分析。

七、预习要求及思考题

(1) 预习要求:

① 复习运算放大器基本运算电路的工作原理及各电路U_i与U_o的关系式。

② 用 Multisim 8.0 仿真软件对电路进行仿真、分析。

(2) 思考题:

① 运算放大器接成积分器时,在积分电容两端跨接电阻R_F,试分析为什么能减少输出端的直流漂移。

② 运算放大器作比例放大时,R_1与R_F的误差为±10%,试问如何分析和计算电压增益的误差。

③ 运算放大器作精密放大时,同相输入端对地的直流电阻要与反相输入端对地的直流电阻相等,如果不相等,会引起什么现象,请详细分析?

实验 6-8　有源滤波器

一、实验目的

(1) 熟悉用运放构成的有源低通、高通和带通滤波器;

(2) 进一步熟悉有源滤波器幅频特性的测试。

二、实验原理

由 RC 元件与运算放大器组成的滤波器称为 RC 有源滤波器,其电路功能是让一定频率范围内的信号通过,抑制或急剧衰减此频率范围以外的信号。可用在信息处理、数据传输、抑制干扰等方面,但因受运算放大器频带限制,这类滤波器主要用于低频范围。目前有源滤波器的最高工作频率只能达到 1MHz 左右。根据对频率范围的选择不同,可分为低通、高通、带通与带阻等四种滤波器,它们的幅频特性如图 6-8-1 所示。

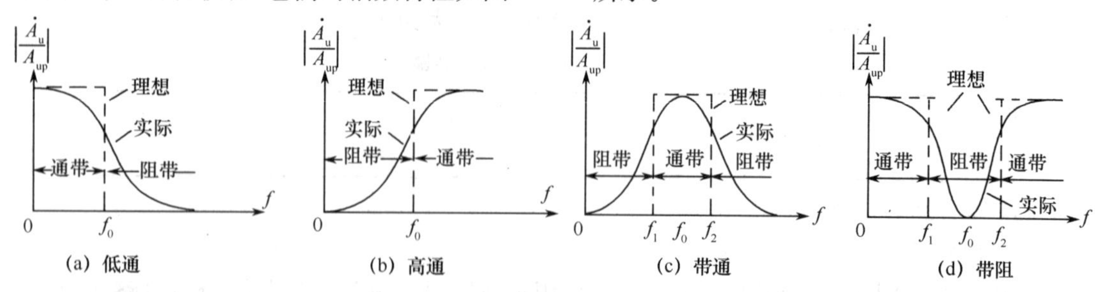

图 6-8-1　四种滤波电路的幅频特性示意图

1. 低通滤波器(LPF)

低通滤波器是用来通过低频信号衰减或抑制高频信号。

如图 6-8-2(a)所示,为典型的二阶有源低通滤波器。它由两级 RC 滤波环节与同相比例运算电路组成，其中第一级电容 C 接至输出端，引入适量的正反馈，以改善幅频特性。图 6-8-2(b)为二阶低通滤波器幅频特性曲线。

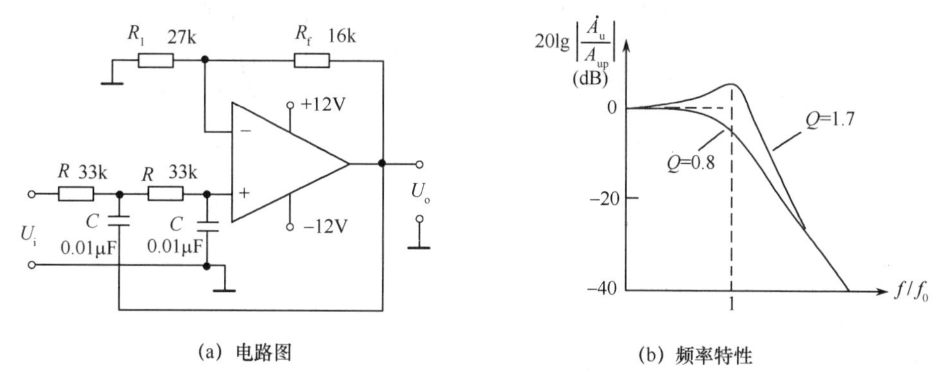

(a) 电路图　　(b) 频率特性

图 6-8-2　二阶低通滤波器

电路性能参数：

$A_{up}=1+\frac{R_f}{R_1}$二阶低通滤波器的通带增益；

$f_0=\frac{1}{2\pi RC}$截止频率，它是二阶低通滤波器通带与阻带的界限频率；

$Q=\frac{1}{3-A_{up}}$品质因数，它的大小影响低通滤波器在截止频率处幅频特性的形状。

2. 高通滤波器(HPF)

与低通滤波器相反，高通滤波器用来通过高频信号，衰减或抑制低频信号。

只要将图 6-8-2 低通滤波电路中起滤波作用的电阻、电容互换，即可变成二阶有源高通滤波器，如图 6-8-3(a)所示。高通滤波器性能与低通滤波器相反，其频率响应和低通滤波器是“镜像”关系，仿照 LPH 分析方法，不难求得 HPF 的幅频特性。

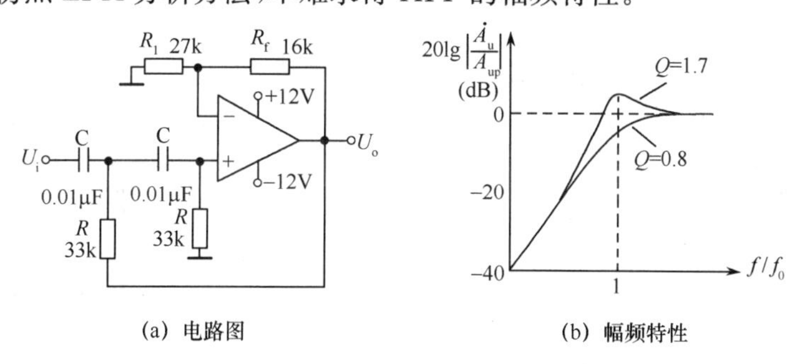

(a) 电路图　　(b) 幅频特性

图 6-8-3　二阶高通滤波器

电路性能参数 A_{up}、f_0、Q 各参数的含义同二阶低通滤波器。

图 6-8-3(b)为二阶高通滤波器的幅频特性曲线，可见，它与二阶低通滤波器的幅频特性曲线有“镜像”关系。

3. 带通滤波器(BPF)

带通滤波器的作用是只允许在某一个通频带范围内的信号通过，而比通频带下限频率低和比上限频率高的信号均加以衰减或抑制。

典型的带通滤波器可以从二阶低通滤波器中将其中一级改成高通而成。电路和幅频特性

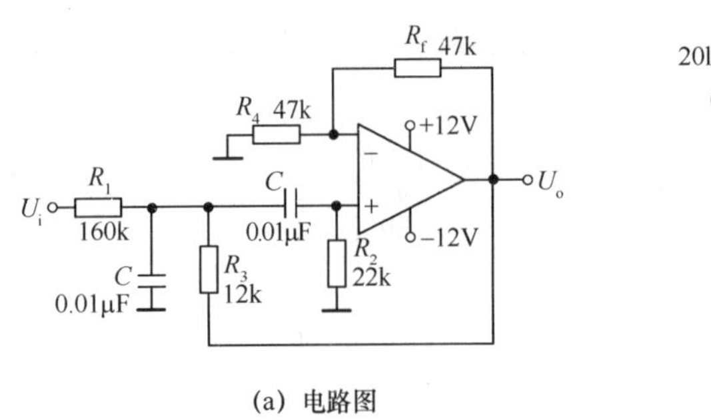

(a) 电路图

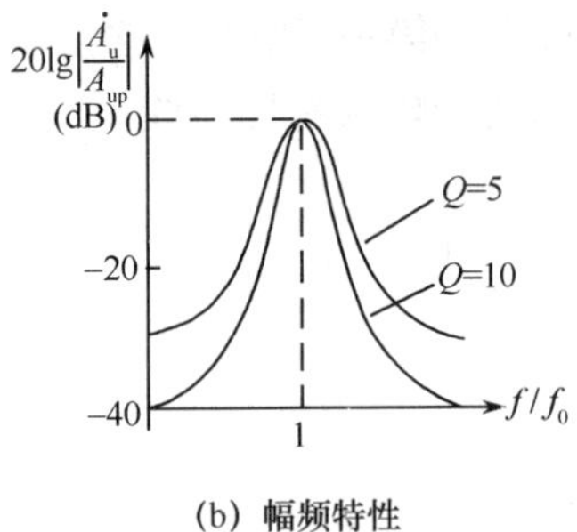

(b) 幅频特性

图 6-8-4　二阶带通滤波器

曲线如图 6-8-4 所示。

电路性能参数：

通带增益
$$A_{up}=\frac{R_4+R_f}{R_4R_1CB}$$

中心频率
$$f_o=\frac{1}{2\pi}\sqrt{\frac{1}{R_2C^2}\left(\frac{1}{R_1}+\frac{1}{R_3}\right)}$$

通带宽度
$$B=\frac{1}{C}\left(\frac{1}{R_1}+\frac{2}{R_2}-\frac{R_f}{R_3R_4}\right)$$

选择性
$$Q=\frac{\omega_0}{B}$$

此电路的优点是改变 R_f 和 R_4 的比例就可改变频宽而不影响中心频率。

4. **带阻滤波器(BEF)**

带阻滤波器的性能和带通滤波器相反，即在规定的频带内，信号不能通过(或受到很大衰减或抑制)，而在其余频率范围，信号则能顺利通过。在双 T 网络后加一级同相比例运算电路就构成了基本的二阶有源 BEF。电路和幅频特性曲线如图 6-8-5 所示。

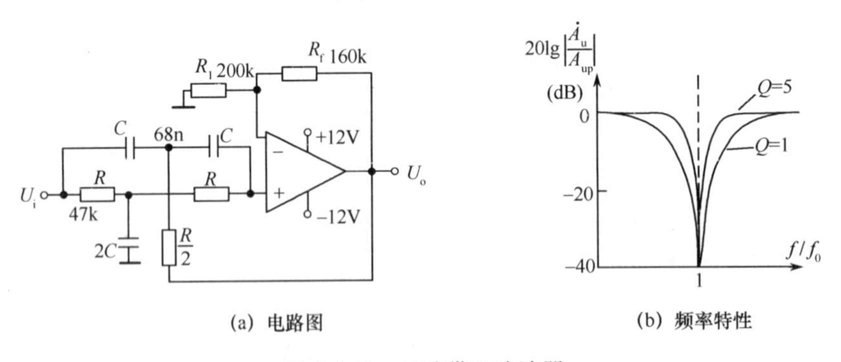

(a) 电路图　　(b) 频率特性

图 6-8-5　二阶带阻滤波器

三、实验条件

(1) 双踪示波器　　1 台

(2) 低频信号发生器　　1 台

(3) 双路稳压电源　　1 台

(4) 晶体管毫伏表　　1 台

(5) 数字式万用表　　1 块

(6) 低频实验箱　　　　　　　　1台

(7) μA741　　　　　　　　　　1个

四、实验内容及步骤

(1) 测试二阶低通滤波器的幅频特性

按图 6-8-2 连接电路，测试二阶低通滤波器的幅频响应（自拟实验步骤）。根据电压增益 $20\lg(U_0/U_i)$画出其幅频特性曲线。

(2) 测试二阶高通滤波器的幅频特性

按图 6-8-3 连接电路，测试二阶高通滤波器的幅频响应（自拟实验步骤）。根据电压增益 $20\lg(U_0/U_i)$画出其幅频特性曲线。

(3) 测试二阶带通滤波器的幅频特性

按图 6-8-4 连接电路，测试二阶带通滤波器的幅频响应（自拟实验步骤）。根据电压增益 $20\lg(U_0/U_i)$画出其幅频特性曲线。

(4) 测试二阶带阻滤波器的幅频特性

按图 6-8-5 连接电路，测试二阶带阻滤波器的幅频响应（自拟实验步骤）。根据电压增益 $20\lg(U_0/U_i)$画出其幅频特性曲线。

五、注意事项

(1) 实验前应检查连接线的好坏，使用时注意不要用力拉拔导线以防连接线损坏。

(2) 注意正负电源的连接方法。

(3) 连接好电路后用三用表检查电路是否有短路现象，如有则排除故障后再继续实验。

(4) 测量交流信号时注意测量线的共地问题。

(5) 注意芯片的引脚方向。

(6) 在测量幅频特性曲线时注意应保持输入信号的幅度不变。

六、实验报告要求

用表列出实验结果，以频率的对数为横坐标，电压增益的分贝数为纵坐标，在同一坐标上分别画出二种滤波器的幅频特性。

七、预习要求及思考题

(1) 预习要求：

① 复习运算放大器有源滤波器电路的工作原理。

② 计算各电路的截止频率。

③ 用 Multisim 8.0 仿真软件对电路进行仿真、分析。

(2) 思考题：

① 某同学在调试图 6-8-2 时，输入频率为 1kHz 的信号，发现输出电压远低于输入电压，他认为电路存在故障，此结论是否正确？

② 高通滤波器的幅频特性，为什么在频率很高时，其电压增益会随频率升高而下降？

③ 怎样用简便方法判别滤波电路属于哪种类型(低通、高通、带通、带阻)？

实验 6-9　电压比较器

一、实验目的

(1) 熟悉各种电压比较器电路原理及特点；

（2）掌握电压比较器的测量方法。

二、实验原理及电路

电压比较器是集成运放非线性应用电路，常用于各种电子设备中。它将一个模拟量电压信号和一个参考固定电压相比较，在二者幅度相等的附近，输出电压将产生跃变，相应输出高电平或低电平。比较器可以组成非正弦波形变换电路及应用于模拟与数字信号转换等领域。

图 6-9-1(a)所示为一最简单的电压比较器，U_R为参考电压，加在运放的同相的输入端，输入电压 U_i 加在反相的输入端。当 $U_i < U_R$时，运放输出高电平，稳压管 VD_Z反向稳压工作。输出端电位被其钳位在稳压管的稳定电压 U_Z，即 $U_o = U_Z$。当 $U_i > U_R$时，运放输出低电平，VD_Z正向导通，输出电压等于稳压管的正向压降 U_Z，即 $U_o = -U_Z$，因此，以 U_R为界，当输入电压 U_i变化时，输出端反映出两种状态，高电位和低电位。

表示输出电压与输入电压之间关系的特性曲线，称为传输特性。如图 6-9-1(b)所示。

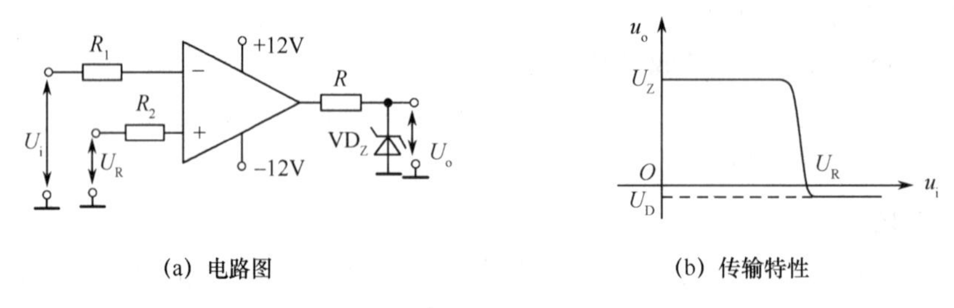

(a) 电路图　(b) 传输特性

图 6-9-1　电压比较器

常用的电压比较器有过零电压比较器、具有滞回特性的过零比较器、滞回电压比较器，窗口(双限)电压比较器。

1. 过零比较器

电路如图 6-9-2(a)所示为加限幅电路的过零比较器，VD_Z为限幅稳压管。信号从运放的反相输入端输入，参考电压为零，从同相端输入。当 $U_i > 0$ 时，输出 $U_o = -(U_Z + U_D)$；当 $U_i < 0$ 时，$U_o = +(U_Z + U_D)$，其电压传输特性如图 6-9-2(b)所示。

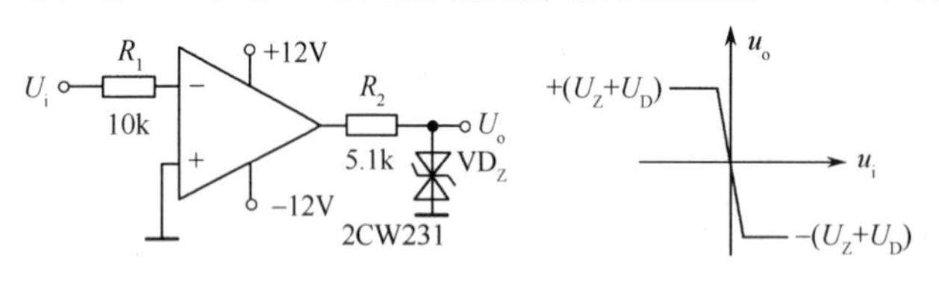

(a) 过零比较器　(b) 电压传输特性

图 6-9-2　过零比较器

过零比较器结构简单，灵敏度高，但抗干扰能力差。

2. 滞回比较器

图 6-9-3 为具有滞回特性的过零比较器。

过零比较器在实际工作时，如果 u_i恰好在过零值附近，则由于零点漂移的存在，u_o将不断由一个极限值转换到另一个极限值，这在控制系统中，对执行机构将是很不利的。为此，就需要输出特性具有滞回现象。如图 6-9-3(a)所示，从输出端引一个电阻分压正反馈支路到同相输入端，若 u_o改变状态，Σ点也随着改变电位，使过零点离开原来位置。当 u_o为正(记作 U_+)$U_\Sigma = \dfrac{R_2}{R_f + R_2} U_+$，则当 $u_i > U_\Sigma$后，u_o即由正变负(记作 U_-)，此时 U_Σ变为 $-U_\Sigma$。故只有当 u_i下降到 $-U_\Sigma$以下，才能使 u_o再度回升到 U_+，于是出现图 6-9-3(b)中所示的滞回特性。$-U_\Sigma$与 U_Σ的差别称为回差。改变 R_2的数值可以改变回差的大小。

3. 窗口(双限)比较器

简单的比较器仅能鉴别输入电压 u_i 比参考电压 U_R 高或低的情况，窗口比较电路是由两个简单比较器组成，如图 6-9-4 所示，它能指示出 u_i 值是否处于 U_R^+ 和 U_R^- 之间。如 $U_R^- < U_i < U_R^+$，窗口比较器的输出电压 U_o 等于运放的正饱和输出电压($+U_{omax}$)，如果 $U_i < U_R^-$ 或 $U_i > U_R^+$，则输出电压 U_o 等于运放的负饱和输出电压($-U_{omax}$)。

三、实验条件

(1) 双踪示波器　　1 台

(2) 低频信号发生器　　1 台

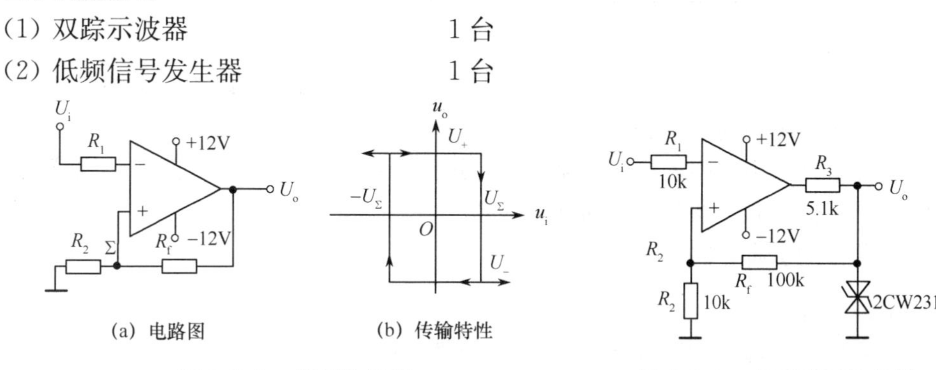

图 6-9-3　滞回比较器　　　图 6-9-4　反相滞回比较器

(3) 双路稳压电源　　1 台

(4) 晶体管毫伏表　　1 台

(5) 数字式万用表　　1 块

(6) 低频实验箱　　1 台

(7) μA741　　2 个

四、实验内容及步骤

(1) 计算出图 6-9-2，图 6-9-4，图 6-9-5，图 6-9-6 所示的 4 种比较器的阈值，并画出它们的传输特性曲线。

(2) 按图 6-9-2，图 6-9-4，图 6-9-5 和图 6-9-6 分别连好实验电路，在输入端加入频率 $f=500\text{Hz}$，有效值为 1V 的正弦信号，用双踪示波器观察 U_o 与 U_i 的波形，并记录其波形，标出 U_o 与 U_i 的关系，将观察结果填入表 6-9-1 中。

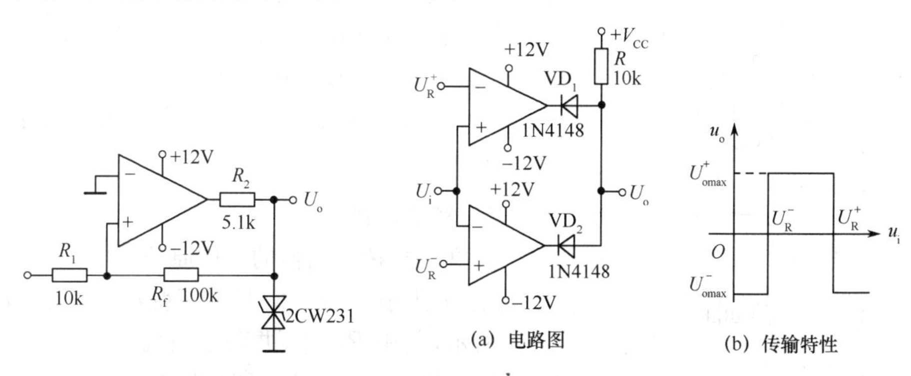

图 6-9-5　同相滞回比较器　　　图 6-9-6　由两个简单比较器组成的窗口比较器

表 6-9-1　比较器传输特性

过零比较器	反相滞回比较器	同相滞回比较器	窗口比较器
u_o — t	u_o — t	u_o — t	u_o — t

五、注意事项

(1) 实验前应检查连接线的好坏，使用时注意不要用力拉拔导线以防连接线损坏。

(2) 注意正负电源的连接方法。

(3) 连接好电路后用三用表检查电路是否有短路现象，如有则排除故障后再继续实验。

(4) 测量交流信号时注意测量线的共地问题。

(5) 注意芯片的引脚方向。

六、实验报告要求

(1) 整理实验数据，画出各类比较器的传输特性曲线。

(2) 总结几种比较器的特点，讨论它们的应用。

七、预习要求及思考题

(1) 预习要求：

① 复习运算放大器电压比较器的工作原理及各电路 U_i 与 U_o 的关系式。

② 用 Multisim 8.0 仿真软件对电路进行仿真、分析。

(2) 思考题：

① 试说明比较器的共同特点及分析方法。

② 比较器中的运算放大器是否工作在线性范围内？

实验 6-10　波形发生器

一、实验目的

(1) 通过集成运算放大器在波形发生方面的应用，进一步熟悉集成运算放大器的作用。

(2) 掌握文氏电桥振荡器的工作原理。

(3) 学习用运放组成方波、三角波发生器。

(4) 观测正弦波、方波、三角波发生器的波形、幅度和频率。

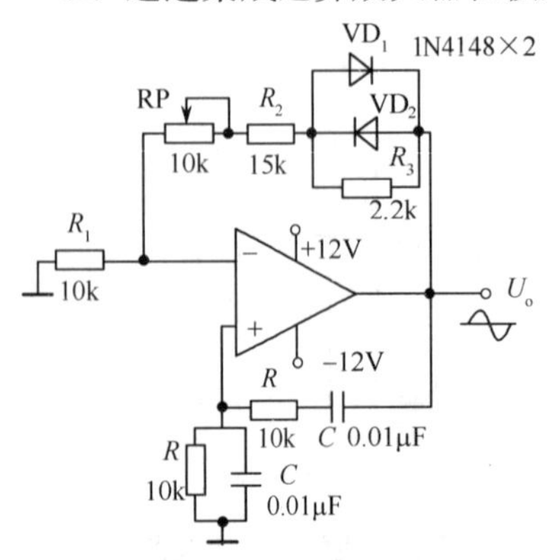

图 6-10-1　文氏电桥振荡器

二、实验原理

1. 文氏电桥振荡器的工作原理

文氏电桥振荡器(RC 桥式正弦波振荡器)如图 6-10-1 所示，其中 RC 串、并联电路构成正反馈支路，同时兼作选频网络，R_1、R_2、RP 及二极管等元件构成负反馈和稳幅环节。调节电位器 RP，可以改变负反馈深度，以满足振荡的振幅条件和改善波形。利用两个反

向并联二极管 VD_1、VD_2 正向电阻的非线性特性来实现稳幅。VD_1、VD_2 采用硅管（温度稳定性好），且要求特性匹配，才能保证输出波形正、负半周对称。R_3 的接入是为了削弱二极管非线性的影响，以改善波形失真。

电路的振荡频率 $$f_0=\frac{1}{2\pi RC}$$

起振的幅值条件 $$\frac{R_f}{R_1}\geqslant 2$$

式中 $R_f=R_P+R_2+(R_3 /\!/ r_D)$，$r_D$ 为二极管正向导通电阻。

调整反馈电阻 R_f（调 RP），使电路起振，且波形失真最小。如不能起振，则说明负反馈太强，应适当加大 R_f。如波形失真严重，则应适当减小 R_f。

改变选频网络的参数 C 或 R，即可调节振荡频率。一般采用改变电容 C 作频率量程切换，而调节 R 作量程内的频率细调。

2. 方波、三角波工作原理

方波、三角波发生器组成框图如图 6-10-2 所示。由集成运放构成的方波发生器和三角波发生器，一般均包括比较器和 RC 积分器两大部分。图 6-10-3 所示为由滞回比较器及简单 RC 积分电路组成的方波发生器其周期为

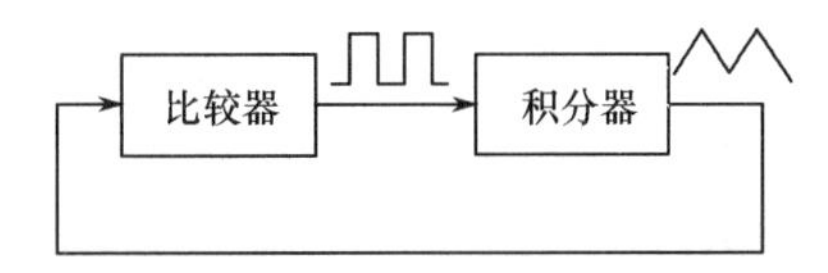

图 6-10-2　方波、三角波发生器组成框图

$$T=2RC\ln\left(1+2\frac{R_1}{R_2}\right)$$

电路的输出波形如图 6-10-4 所示。

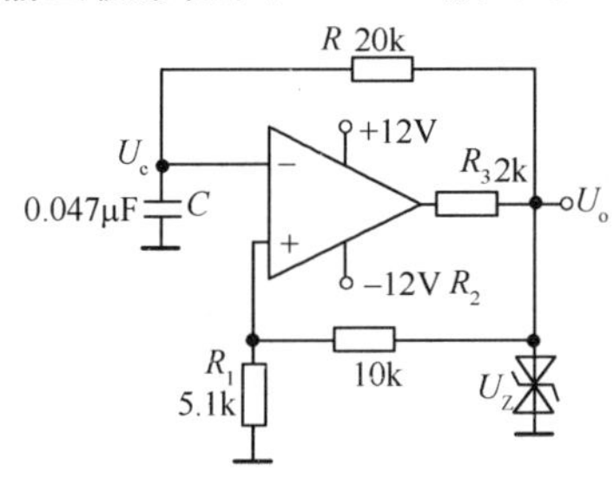

图 6-10-3　方波发生器

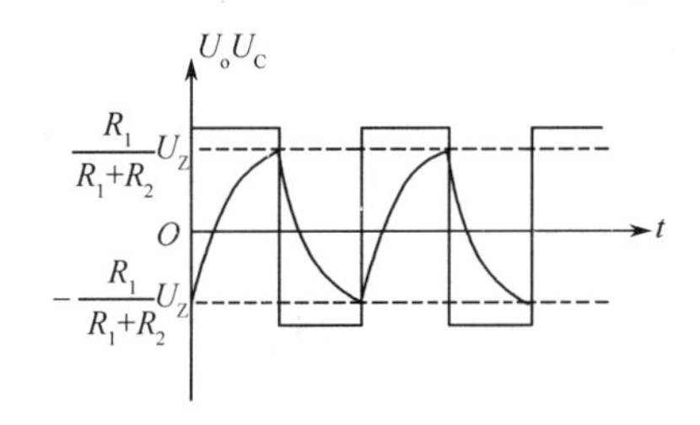

图 6-10-4　方波发生器输出波形

如把滞回比较器和积分器首尾相接形成正反馈闭环系统，如图 6-10-5 所示，则比较器 A_1 输出的方波经积分器 A_2 积分可得到三角波，三角波又触发比较器自动翻转形成方波，这样即可构成三角波、方波发生器。由此可以计算出振荡周期为 $T=4RC\dfrac{R_1}{R_2}$，其电路的输出波形如图 6-10-6 所示。

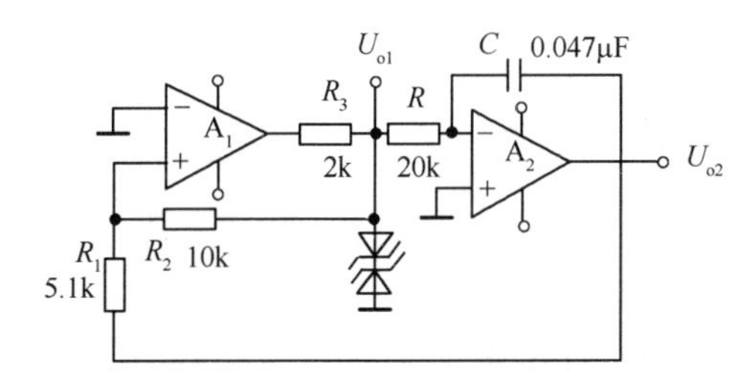

图 6-10-5　方波、三角波发生器

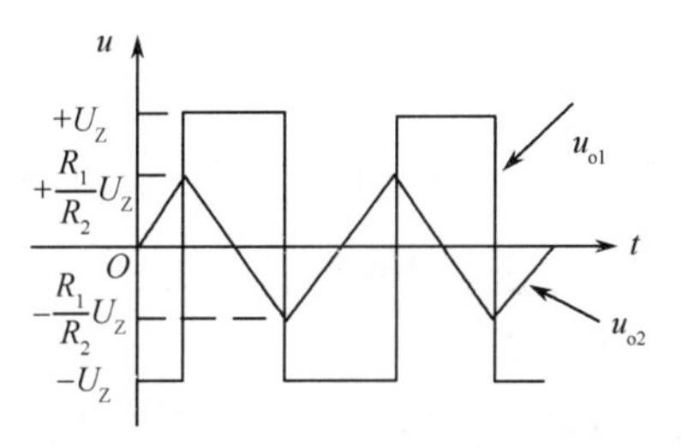

图 6-10-6　方波、三角波发生器输出波形

三、实验条件

(1) 双踪示波器　　　　　　1台
(2) 低频信号发生器　　　　1台
(3) 双路稳压电源　　　　　1台
(4) 晶体管毫伏表　　　　　1台
(5) 数字式万用表　　　　　1块
(6) 低频实验箱　　　　　　1台
(7) μA741　　　　　　　　2个

四、实验内容及步骤

(1) 文氏电桥振荡器

按图6-10-1连接实验电路。接通电源，调节电位器RP，使输出波形从无到有，从正弦波到出现失真。描绘 u_o 的波形，记下临界起振、正弦波输出及失真情况下的RP值，填入表6-10-1中。分析负反馈强弱对起振条件及输出波形的影响。调节电位器RP，使输出电压 u_o 幅值最大且不失真，用交流毫伏表分别测量输出电压 U_o。

表6-10-1　RP、输出电压的测量

RP(起振)	RP(失真)	U_o 波形
		u_o t

(2) 方波发生器

按图6-10-3连接电路，接通±15V直流电压，用示波器观测 U_o 和 U_C 的波形，测出其幅值和频率。

(3) 方波、三角波发生器

按图6-10-5连接电路，接通±15V直流电压，用示波器观测 U_{o1} 和 U_{o2} 的波形，测出其幅值和频率。

五、注意事项

(1) 实验前应检查连接线的好坏，使用时注意不要用力拉拔导线以防连接线损坏。
(2) 注意正负电源的连接方法。
(3) 连好电路后用三用表检查电路是否有短路现象，如有，排除故障后再继续实验。
(4) 测量交流信号时注意测量线的共地问题。
(5) 注意芯片的引脚方向。

六、实验报告要求

整理数据，绘出各电路的输出波形并与理论值比较。

七、预习要求及思考题

(1) 预习要求：
① 复习运算放大器文氏振荡电路的工作原理及 U_i 与 U_o 的关系式。
② 复习运算放大器非正弦波发生器的工作原理及各电路 U_i 与 U_o 的关系式。

③ 计算各电路的振荡频率。

④ 用 Multisim 8.0 仿真软件对电路进行仿真、分析。

(2) 思考题：

① 试计算图 6-10-3 所示的方波发生器的频率、输出波形幅值。

② 试计算图 6-10-5 所示的方波、三角波发生器的频率与幅值。

③ 若想改变图 6-10-1 所示电路的振荡频率，需要调节电路中哪些元件？

④ 试说明用示波器测量频率有哪几种常用方法？

实验 6-11　集成直流稳压电源

一、实验目的

(1) 初步了解集成稳压电源工作原理；

(2) 掌握稳压电源主要技术指标的测试方法。

二、实验原理

电子设备一般都需要用直流电源供电。这些直流电除了少数直接利用干电池和直流发电机外，大多数是采用把交流电(市电)转变为直流电的直流稳压电源。

直流稳压电源由电源变压器、整流、滤波和稳压电路 4 部分组成，其原理框图如图 6-11-1 所示。电网供给的交流电压 u_1(220V，50Hz)经电源变压器降压后，得到符合电路需要的交流电压 u_2，然后由整流电路变换成方向不变、大小随时间变化的脉动电压 u_3，再用滤波器滤去其交流分量，就可得到比较平直的直流电压 u_1。但这样的直流输出电压，还会随交流电网电压的波动或负载的变动而变化。在对直流供电要求较高的场合，还需要使用稳压电路，以保证输出直流电压更加稳定。

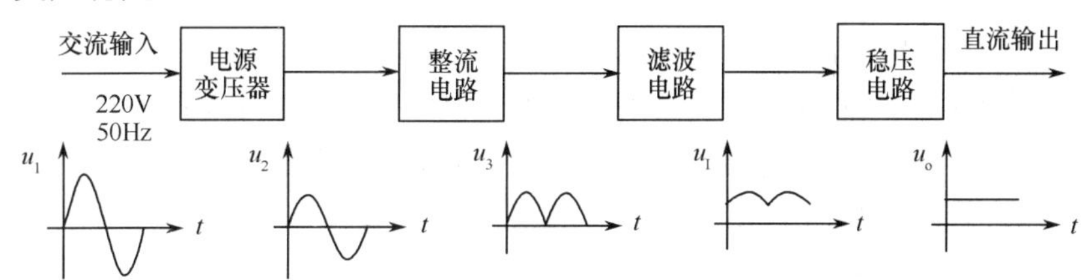

图 6-11-1　直流稳压电源框图

1. 三端式固定输出集成稳压器

随着半导体工艺的发展，稳压电路也制成了集成器件。由于集成稳压器具有体积小，外接线路简单、使用方便、工作可靠和通用性等优点，因此在各种电子设备中应用十分普遍，基本上取代了由分立元件构成的稳压电路。集成稳压器的种类很多，应根据设备对直流电源的要求来进行选择。对于大多数电子仪器、设备和电子电路来说，通常是选用串联线性集成稳压器。而在这种类型的器件中，又以三端式稳压器应用最为广泛。

W7800、W7900 系列三端式集成稳压器的输出电压是固定的，在使用中不能进行调整。W7800 系列三端式稳压器输出正极性电压，一般有 7 个档次：5V、6V、9V、12V、15V、18V、24V，输出电流最大可达 1.5A(加散热片)。同类型 78M 系列稳压器的输出电流为 0.5A，78L 系列稳压器的输出电流为 0.1A。若要求负极性输出电压，则可选用 W7900 系列稳压器。

图 6-11-2 为 W7800 系列的外形和接线图。

它有三个引出端：

输入端(不稳定电压输入端)　标以“1”

输出端(稳定电压输出端)　标以“3”

公共端　标以“2”

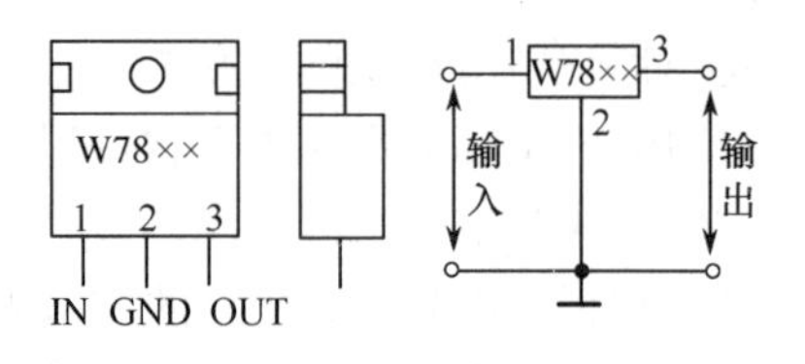

图 6-11-2　W7800 系列外形及接线图

除固定输出三端稳压器外，尚有可调式三端稳压器，后者可通过外接元件对输出电压进行调整，以适应不同的需要。

图 6-11-3 是用三端式稳压器 W7812 构成的单电源电压输出串联型稳压电源的实验电路图。其中整流部分采用了由 4 个二极管组成的桥式整流器成品(又称桥堆)，型号为 2W06(或 KBP306)，内部接线和外部管脚引线如图 6-11-4 所示。滤波电容 C_1、C_2 一般选取几百～几千微法。当稳压器距离整流滤波电路比较远时，在输入端必须接入电容器 C_3(数值为 0.33μF)，以抵消线路的电感效应，防止产生自激振荡。输出端电容 C_4(0.1μF)用以滤除输出端的高频信号，改善电路的暂态响应。

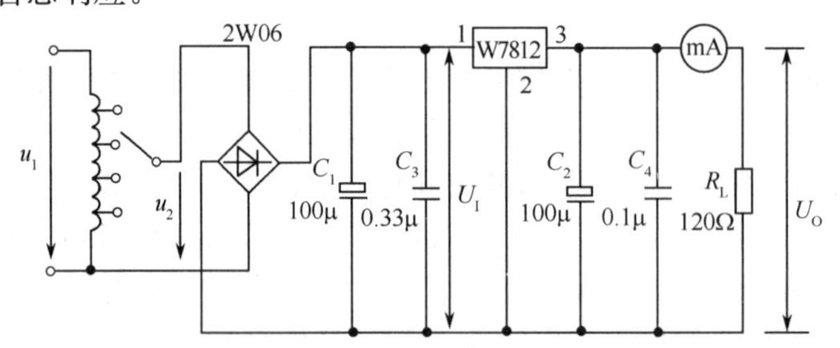

图 6-11-3　由 W7812 构成的串联型稳压电源

图 6-11-5 为正、负双电压输出电路，例如需要 $U_{O1}=+15V$，$U_{O2}=-15V$，则可选用 W7815 和 W7915 三端稳压器，这时的 U_I 应为单电压输出时的两倍。

当集成稳压器本身的输出电压或输出电流不能满足要求时，可通过外接电路来进行性能扩展。图 6-11-6 是一种简单的输出电压扩展电路。如 W7812 稳压器的 3、2 端间输出电压为 12V，因此只要适当选择 R 的值，使稳压管 VD_Z 工作在稳压区，则输出电压 $U_O=12+U_z$，可以高于稳压器本身的输出电压。

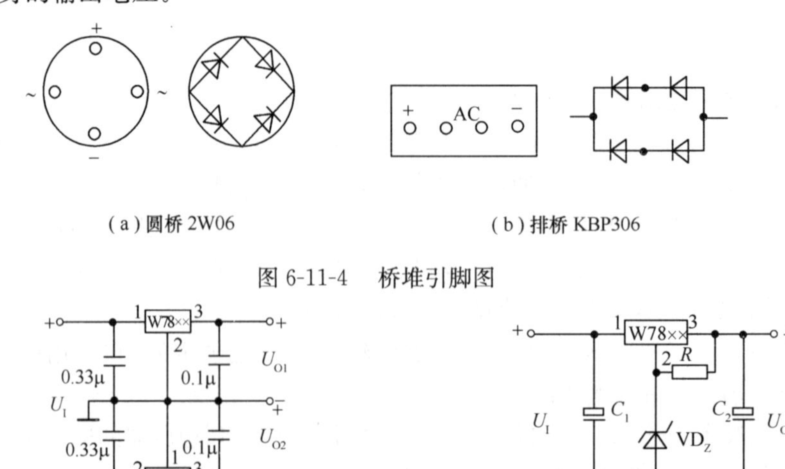

(a) 圆桥 2W06　(b) 排桥 KBP306

图 6-11-4　桥堆引脚图

图 6-11-5　正、负双电压输出电路

图 6-11-6　输出电压扩展电路

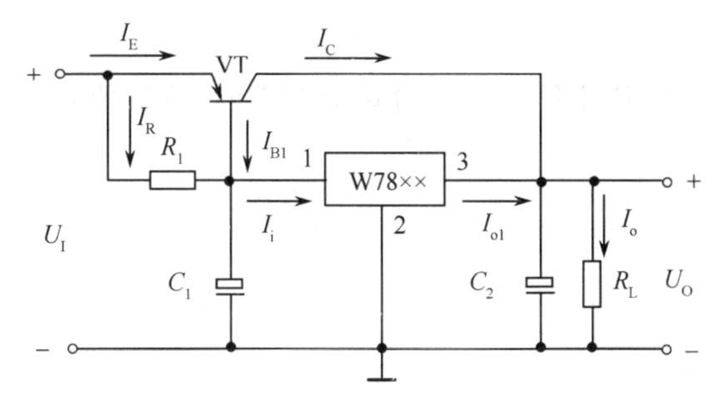

图 6-11-7　输出电流扩展电路

图 6-11-7 是通过外接晶体管 VT 及电阻 R_1来进行电流扩展的电路。电阻 R_1的阻值由外接晶体管的发射结导通电压 V_{BE}、三端式稳压器的输入电流 I_I(近似等于三端稳压器的输出电流 I_{O1})和 VT 的基极电流 I_B来决定,即

$$R_1=\frac{V_{BE}}{I_R}=\frac{V_{BE}}{I_I-I_B}=\frac{V_{BE}}{I_{O1}-\frac{I_C}{\beta}} \tag{6-11-1}$$

式中,I_C为晶体管 VT 的集电极电流,它应等于 $I_C=I_O-I_{O1}$;β 为 VT 的电流放大系数;对于锗管 V_{BE}可按 0.3V 估算,对于硅管 V_{BE}按 0.7V 估算。

附:(1)图 6-11-8 为 W7900 系列(输出负电压)外形及接线图。

(2)图 6-11-9 为可调输出正三端稳压器 W317 外形及接线图。

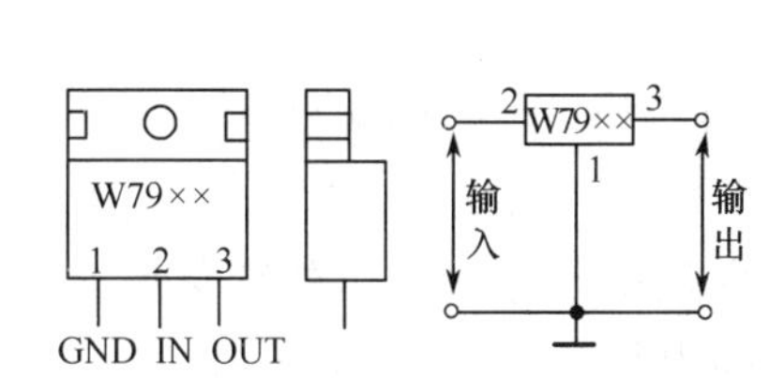

图 6-11-8　W7900 系列外形及接线图

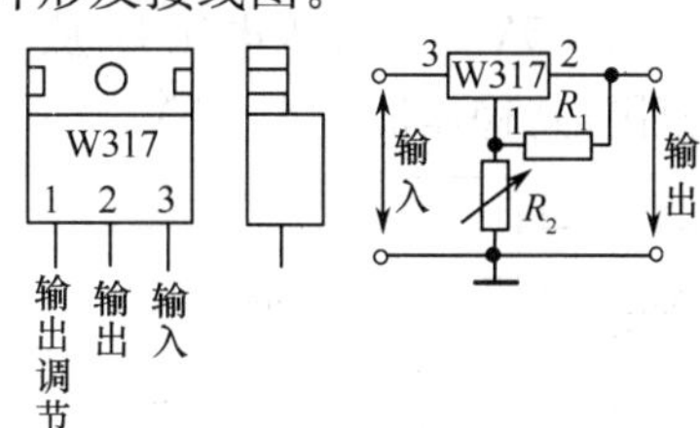

图 6-11-9　W317 外形及接线图

2. 稳压电源的主要性能指标

(1) 输出电压 U_o和输出电压调节范围

$$U_o=\frac{R_1+R_W+R_2}{R_2+R_W''}(V_Z+V_{BE2}) \tag{6-11-2}$$

调节 R_W值可以改变输出电压 U_o。

(2) 最大负载电流(I_{0m})

最大负载电流 I_{0m}是指电路能流过的最大电流。

(3) 输出电阻(R_o)

输出电阻 R_o定义为:当输入电压 U_I(指稳压电路输入电压)保持不变,由于负载变化而引起的输出电压变化量与输出电流变化量之比,即

$$R_o=\frac{\Delta U_o}{\Delta I_o}\bigg|_{U_I=\text{常数}} \tag{6-11-3}$$

(4) 稳压系数(S)

稳压系数(电压调整率)定义为:当负载保持不变,输出电压相对变化量与输入电压相对变化量之比,即

$$S=\frac{\Delta U_O/U_O}{\Delta U_I/U_I}|R_L=\text{常数} \tag{6-11-4}$$

由于工程上常把电网电压波动±10%作为极限条件,因此也有将此时输出电压的相对变化 $\Delta U_O/U_O$作为衡量指标,称为电压调整率。

(5) 纹波电压

输出纹波电压是指在额定负载条件下，输出电压中所含交流分量的有效值(或峰值)。

三、实验条件

(1) 电烙铁	1套
(2) 通用板	1块
(3) 数字万用表	1块
(4) 双路稳压电源	1台
(5) W7805	1片
(6) W7905	1片

四、实验内容及步骤

(1) 实验电路如图 6-12-10 所示，按图焊接电路，焊接完成后，仔细检查电路是否连接正确。

(2) 测量三端稳压电源的稳压值及稳压范围：

当输入电压 U_I从+8V 变到+12V 时，输出电压 U_O变化范围即为 W7805 的稳压范围，其稳压值应为+5V。当输入电压 U_I从−8V 变到−12V 时，输出电压 U_O变化范围即为 W7905 的稳压范围，其稳压值应为−5V。

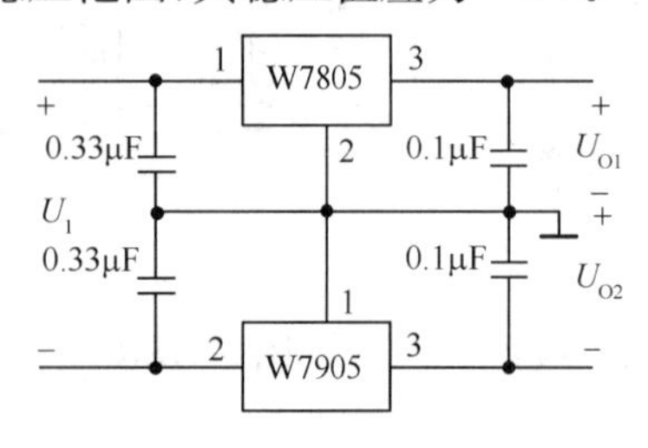

图 6-11-10 集成稳压电源实验电路图

(3) 电压调整率 S_v 的测量

这个参数也称为稳压系数，当输出电流一定时，输出电压的变化率与输入电压的变化率之比。其中 U_I 的变化范围为 $U_I \pm U_I \times 10\%$，S_v 反映了输入电压改变时，稳压电源保持输出电压稳定的能力，S_v 越小，稳定性能越好。

$$S_v = \frac{\Delta U_o / U_o}{\Delta U_i / U_i} \tag{6-11-5}$$

五、注意事项

(1) 注意芯片的引脚方向。

(2) 注意焊接电路时不要有短路和虚焊现象。

(3) 注意正负电源的连接方法。

六、实验报告要求

(1) 整理实验数据，并与手册上的典型值进行比较。

(2) 分析讨论实验中发生的现象和问题。

七、预习要求及思考题

(1) 预习要求：

① 复习集成直流稳压电源的工作原理。

② 了解 W78××和 W79××的基本性能指标。

(2) 思考题：

① 为了使稳压电源的输出电压 U_O=12V，则其输入电压的最小值 U_{1min}应等于多少？交流输入电压 U_{2min}又怎样确定？

② 怎样提高稳压电源的性能指标(减小 S 和 R_o)？

第 7 章　数字电子技术基础实验

实验 7-1　集成门电路逻辑功能及参数特性测试

一、实验目的

(1) 掌握集成门电路逻辑功能的测试方法；

(2) 掌握集成门电路主要特性参数的测试方法；

(3) 了解三态门工作原理，学习三态门的应用；

(4) 熟悉 OC 门的应用。

二、实验原理

1. 电压传输特性

门电路的输出电压与输入电压之间的关系曲线称为电压传输特性。测试电路如图 7-1-1 所示，调节电位器改变输入电压 V_I，测量输出电压 V_O。根据测量数据绘出电压传输特性曲线。从特性曲线上可以读出 V_{OH}、V_{OL}、V_{ON}、V_{OFF}、V_{NH}和 V_{NL}。

另一种测试电压传输特性的电路如图 7-1-2 所示。从与非门输入端输入锯齿波信号，用示波器可以直观观察到与非门的电压传输特性。

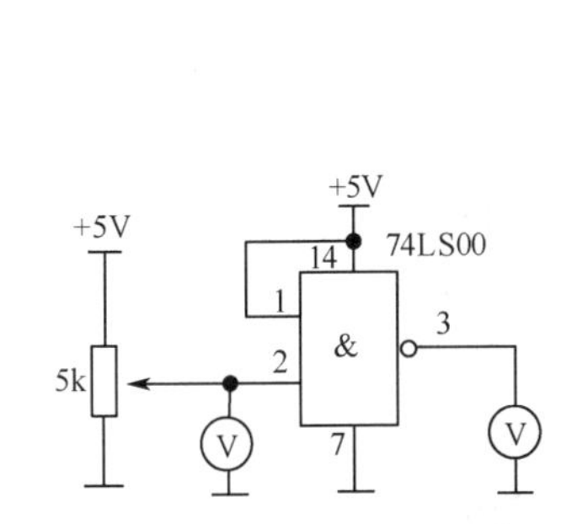

图 7-1-1　与非门电压传输特性测量

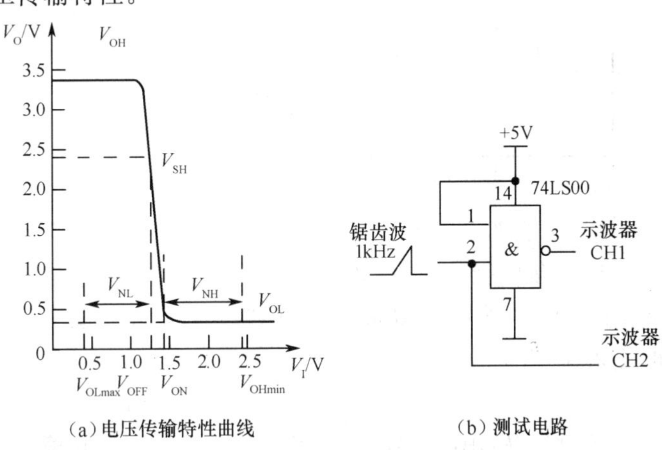

图 7-1-2　与非门电压传输特性及测试电路

V_{OHmin}，V_{OLmax}：输出高电平的下限值和输出低电平的上限值；

V_{OH}，V_{OL}：输出高、低电平；

V_{ON}：开门电平电压，输出为低电平电压 V_{OLmax}时，允许的最小输入高电平电压值；

V_{OFF}：关门电平电压，输出为高电平电压 V_{OHmin}时，允许的最大输入低电平电压值；

V_{NH}：高电平噪声容限 $V_{NH}=V_{OHmin}-V_{ON}$；

V_{NL}：低电平噪声容限 $V_{NL}=V_{OFF}-V_{OLmax}$。

2. 平均传输时间

传输延迟时间 t_{pd}是表征门电路开关速度的参数，它说明门电路在输入脉冲信号的作用下，输出信号相对于输入信号延迟的时间。

与非门的平均传输时间 t_{pd} 可用环形振荡器测量，如图 7-1-3 所示。用奇数个与非门环形连接在一起时，电路会产生一定频率的自激振荡。用示波器测量输出信号的周期 T，就可间接计算出与非门的平均传输延迟时间 $t_{pd}=T/2n$（n 为与非门的个数）。

3. 三态门

一般 TTL 门电路的输出级采用推挽工作结构，所以两个门的输出端不能并联使用。否则，可能会导致集成电路的损坏。而 TTL 三态门和 OC 门的输出端可以并联使用。

TTL 三态门的输出有三种状态："0"态、"1"态和高阻态。如图 7-1-4 和表 7-1-1 所示，三态门除有输入端和输出端外，增加了一个三态控制端$\overline{\mathrm{EN}}$。当三态控制端$\overline{\mathrm{EN}}$为低电平时，三态门处于工作状态，输出 Y 等于输入 A。当控制端$\overline{\mathrm{EN}}$为高电平时，三态门处于禁止状态，输出为高阻态，相当于开路，在此状态下，输出不再受输入的控制，数据不能再进行传送。利用三态门可以实现总线结构，实现数据的分时传送或双向传输。

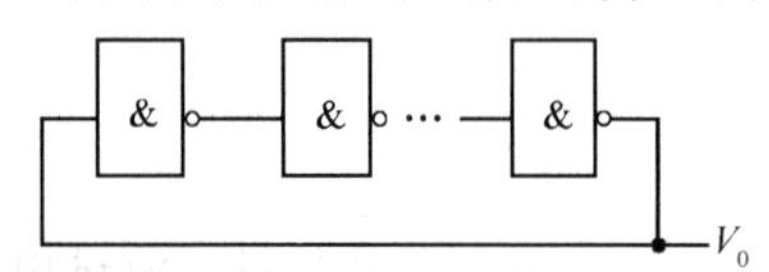

图 7-1-3　环形振荡器 t_{pd} 测量电路

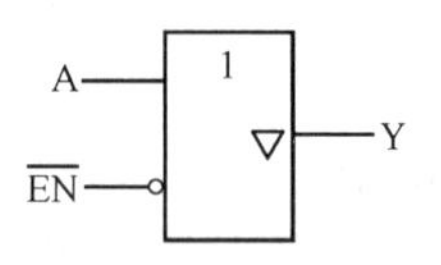

图 7-1-4　三态门

表 7-1-1　三态门真值表

$\overline{\mathrm{EN}}$	A	Y
0	0	0
0	1	1
1	0	高阻
1	1	高阻

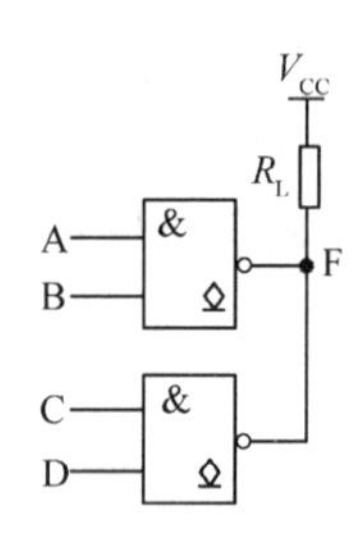

图 7-1-5　OC 门"线与"电路

4. OC 门

TTL 集电极开路门，又称 OC 门，其输出级电路的集电极采用开路结构，其输出端可以直接相连，实现"线与"的功能。OC 门"线与"电路如图 7-1-5 所示。其输出信号与输入信号的逻辑关系为

$$\mathrm{F}=\overline{\mathrm{A}\cdot\mathrm{B}}\cdot\overline{\mathrm{C}\cdot\mathrm{D}}$$

因 OC 门输出端是悬空的，所以在使用 OC 门时，要在输出端与电源之间接一上拉电阻 R_L，其阻值应根据使用条件决定。分析表明，上拉电阻最大值 R_{Lmax} 和最小值 R_{Lmin} 的表达式分别为

$$R_{Lmax}=\frac{V_{CC}-V_{OH(min)}}{nI_{ccr}+NI_{RE}},\quad R_{Lmin}=\frac{V_{CC}-V_{OL(max)}}{I_{OL}-NI_{IL}}$$

式中，V_{CC} 为上拉电阻所接外电源电压（最大 30V）；$V_{OH(min)}$ 为输出高电平的下限值，约为 2.8V；$V_{OL(max)}$ 为输出低电平的上限值，约为 0.35V；n 为"线与"连接的 OC 门个数；I_{ccr} 为 OC 门输出管漏电流，约为 50μA；N 为驱动下级门的个数；I_{RE} 为输入反向电流，约为 50μA；I_{OL} 为允许灌入最大负载电流，约为 20mA；I_{IL} 为短路输入电流，约为 1.4mA。

三、实验条件

(1) 直流稳压电源、双踪示波器各一台；

(2) 数字电子技术实验箱一台；

(3) 数字万用表一块；

(4) 74LS00(与非门)1 片、74LS04(非门)1 片、74LS125(三态门)1 片、74LS03(OC 门)1 片、CD4011(与非门)1 片、CD4069(非门)1 片。

四、实验内容及步骤

1. 与非门逻辑功能测试

(1) 选用 74LS00 芯片，查阅 74LS00 芯片引脚图，按图 7-1-6 所示连接电路。引脚 14 (V_{CC})接电源(+5V)，引脚 7(GND)接电源地线。与非门的两个输入端(A,B)分别接逻辑电平开关，由逻辑电平开关产生高电平或低电平。与非门的输出端(F)接电平显示发光二极管，由发光二极管的亮或灭判断输出状态是高电平或低电平。

(2) 将逻辑电平开关按表 7-1-2 置位，观察输出端电平显示发光二极管。发光二极管亮表示输出为高电平(1 状态)。发光二极管灭表示输出为低电平(0 状态)，将测试结果填入表 7-1-2，并写出输出 F 的逻辑表达式。

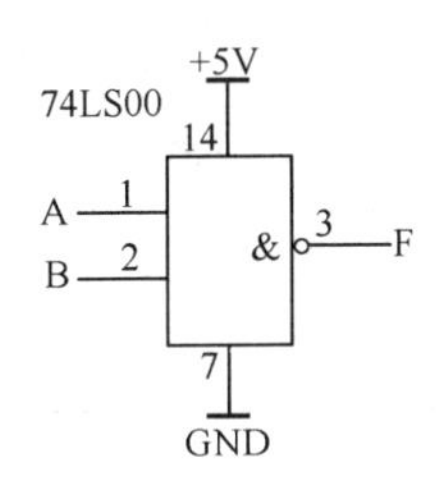

图 7-1-6　与非门逻辑功能测试图

表 7-1-2　与非门逻辑功能测试表

输　入		输　出
A	B	F
0	0	
0	1	
1	0	
1	1	

(3) 选用 CD4011 芯片，重复(1)、(2)步骤，测试 CMOS 与非门逻辑功能。

2. 与非门电压传输特性测试

(1) 选用 74LS00 芯片，查阅 74LS00 芯片引脚图，按图 7-1-1 所示连接电路，芯片的 14 (V_{CC})引脚接电源(+5V)，芯片的 7(GND)引脚接电源地线。改变输入直流电压的大小，并用万用表测量其对应的输入和输出电压值。

(2) 通过查阅 74LS00 的芯片数据手册，找出 V_{OHmin}和 V_{OLmax}记录到表 7-1-3 中。

(3) 改变输入电压大小，测量出 V_{ON}和 V_{OFF}，通过计算得到 V_{HN}和 V_{NL}. 将实验数据记录到表 7-1-3 中。

表 7-1-3　电压传输特性测试

型 号	V_{OHmin}	V_{OLmax}	V_{ON}	V_{OFF}	V_{NH}	V_{HL}
74LS00						

(4) 选用 CD4011 芯片重复步骤(1)、(2)、(3)，测试 CMOS 与非门的电压传输特性。

(5) 选用 74LS00 或 CD4011 芯片，按图 7-1-2(b)所示连接电路，芯片的 14(V_{CC})引脚电源(+5V)，芯片的 7(GND)引脚接电源地线。将 10Hz 锯齿波(幅度 0～4.5V)信号接入与非门输入端及示波器的 CH2 通道，与非门的输出端连接到示波器的 CH1 通道。观察并记录示波器显示的与非门电压传输特性曲线。

3. 测试平均传输延迟时间 t_{pd}

(1) 选用 74LS04 芯片，查阅 74LS04 引脚图，芯片的引脚 14(V_{CC})接电源(+5V)，芯片的引脚 7(GND)接电源地线。用 74LS04 构成环形振荡器(参阅图 7-1-3)，环形振荡器的输出连接示波器。

(2) 观察示波器显示波形，测量信号周期 T，计算平均传输延迟时间 t_{pd}，并填入表 7-1-4 中。

(3) 选用 CD4069 芯片，重复(1)、(2)步骤操作，测试其平均传输延迟时间。

表 7-1-3 与非门电压传输特性测试

型　号	V_{OHmin}	V_{OLmax}	V_{ON}	V_{OFF}	V_{NH}	V_{NL}
741LS00						

表 7-1-4 t_{pd}测试

型　号	T	t_{pd}
74LS04		

4. 三态门的功能测试

(1) 选择与非门(74LS00)和三态门(74LS125)芯片，按图 7-1-7 所示连接电路。输入端 A 接入 1Hz 方波信号，输入端 B 接入 2Hz 方波信号，输入端 C 连接逻辑电平开关，输出端 F 接电平显示发光二极管。

(2) 将逻辑电平开关按表 7-1-5 置位，通过发光二极管观察输出端 F 的状态，并将结果填入该表中。

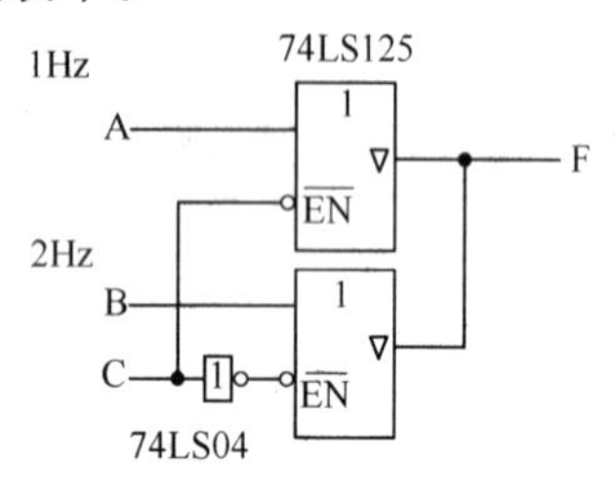

图 7-1-7 三态门应用

表 7-1-5 三态门功能测试

输　入			控　制		输　出
A	B	C	$\overline{EN1}$	$\overline{EN2}$	F
1Hz	2Hz	0			
1Hz	2Hz	1			

5. OC 门的功能测试

如图 7-1-8 所示，用 OC 门(74LS03)驱动一只发光二极管和一个与非门(74LS00)。假设发光二极管正常发光时，其正向导通压降 V_F=1.5V，导通电流 I_F=2mA，试确定发光二极管 VD 的限流电阻 R_D和上拉电阻 R_L，使电路正常工作。

在电路的输入端输入频率为 1kHz，幅度为 4V 的 TTL 信号，用示波器观察 V_i、V_o、V_{o1}点的波形。

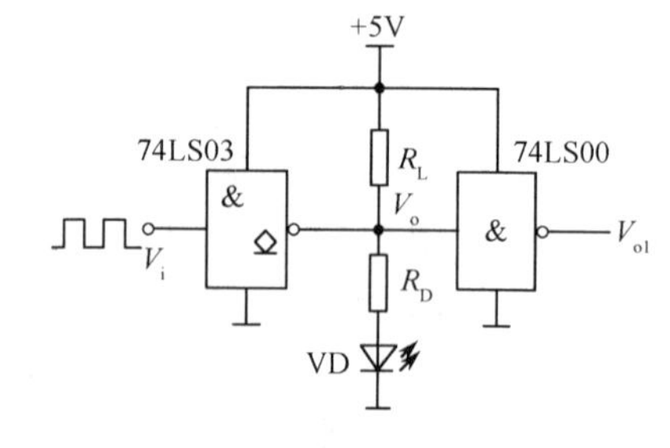

图 7-1-8 OC 门的功能测试

五、注意事项

(1) TTL 集成电路对电源电压要求比较严格，只允许在+5V±10%的范围内工作，若电压超过 5.5V 将损坏器件，低于 4.5V 其逻辑功能将不正常。

(2) TTL 集成电路输出端不允许直接接地或直接接+5V，否则将导致器件损坏。

(3) TTL 集成电路输出端不允许并联使用(三态门和 OC 门除外)。

(4) CMOS 集成电路电源电压允许范围是 3～18V。

(5) 在通电之前，要处理 CMOS 门电路不使用的输入端，不允许悬空，应按照逻辑需要并联使用，或接 V_{SS}，或通过几十千欧到几百千欧的电阻接 V_{DD}。

(6) 禁止在接通电源的情况下，连接电路或装拆器件。

六、实验报告要求

(1) 按实验内容要求填表，画出逻辑电路图，写出逻辑表达式。

(2) 自拟表格记录实验测得的各种参数，并分析说明。

七、预习要求与思考题

(1) 预习要求：

① 根据实验内容，查阅相应芯片引脚，并标注在逻辑图上。

② 画出实验用电路图和记录表格，填好理论值，实验电路注明引脚号。

(2) 思考题：

① TTL与非门输入端悬空，其输出端处于什么状态?

② CMOS门电路闲置输入端如何处理?

③ TTL电路中，逻辑0状态和逻辑1状态，其对应的标准电压值分别是多少?

④ CMOS器件和TTL器件各有什么特点?

⑤ 在实验中，如何判断三态门输出端是0状态还是高阻态?

实验7-2 SSI组合逻辑电路设计

一、实验目的

(1) 学习SSI(小规模数字集成电路)组合逻辑电路的设计方法；

(2) 掌握组合逻辑电路的分析与测试方法。

二、实验原理

组合逻辑电路是一类没有记忆功能的电路，它任一时刻的输出，仅仅取决于该时刻电路的输入，与过去的输入状态无关。组合逻辑电路的设计步骤如图7-2-1所示，先根据实际的逻辑问题进行逻辑抽象，定义逻辑状态的含义，再按照给定事件因果关系列出逻辑真值表，然后用卡诺图或代数法化简，求出最简逻辑表达式，最后用给定的器件实现简化后的逻辑表达式，画出逻辑电路图。

电路"最简"的标准，是指电路所用的器件个数最少，器件的种类最少，器件之间的连线也最少。

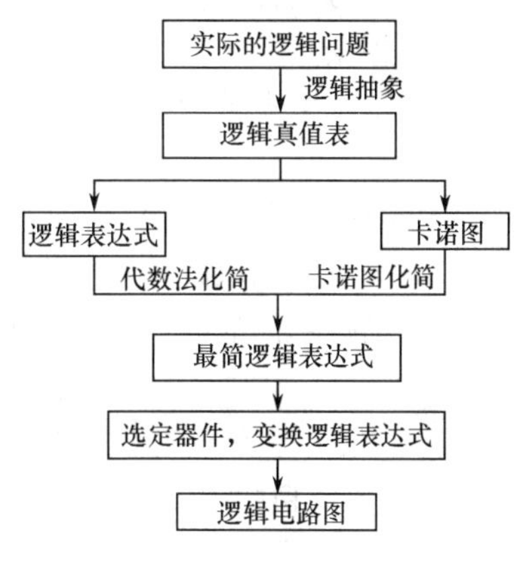

图7-2-1 组合逻辑电路设计过程

三、实验条件

(1) 直流稳压电源、数字万用表、数字电子技术实验箱；

(2) 74LS00(与非门)1片、74LS04(非门)1片、74LS20(与非门)1片、74LS32(或门)1片。

四、实验内容及步骤

(1) 设计一个优先电路

电路具有A、B、C三路输入信号，且分别由P_A、P_B、P_C输出，要求在同一时间内只能有一路电路(高电平)信号通过，其优先顺序：A最先，B次之，C最后。

(2) 设计一个2线至4线译码电路

当$A_0=0$、$A_1=1$时，B_0端输出为1，其余B_1、B_2、B_3输出为0；当$A_0=1$、$A_1=0$时，B_1端输出为1，其余输出端为0；其他状态以此类推。

(3) 设计一个裁判电路

例如举重比赛中，有三个裁判：一个主裁判，两个副裁判。试举是否成功的裁决，由每个裁判按一下自己面前的按钮来决定，只有两个以上裁判(其中必须包含主裁判)判明成功时，表示

"成功"的灯才亮。请设计这个组合电路。

(4) 选作实验

长廊中的一只电灯 L,有 A、B、C 三处控制开关,要求三处开关中的任何一处都能控制该灯亮和熄灭。试用与非门设计一个控制该灯的逻辑控制电路。

五、注意事项

(1) 数电实验箱接通电源前,应事先检查电源电压值和极性是否正确。

(2) 装拆芯片及连接电路时应断电操作,避免损坏芯片。

(3) 注意拿住连接线的插头进行插、拔,不要用力拉导线以防连接线损坏。

(4) 实验箱面板上不允许放多余的导线,以免短路或损坏设备。

六、实验报告要求

(1) 根据实验内容,写出实验电路的设计过程,并画出设计电路图。

(2) 总结组合逻辑电路的分析与设计方法。

七、预习要求与思考题

(1) 预习要求:

① 预习组合逻辑电路的分析与设计方法。

② 根据实验内容,查阅相应芯片引脚,并标注在逻辑图上。

③ 要求事先进行组合逻辑电路的设计,应预先绘出真值表、表达式、逻辑电路图和芯片引脚。

(2) 思考题:

① 当有影响电路正常工作的竞争冒险现象出现时,应怎样消除?

② 通过具体的设计体验后,你认为组合逻辑电路设计的关键点或关键步骤是什么?

实验 7-3　MSI 组合逻辑电路设计

一、实验目的

(1) 熟练掌握组合逻辑电路的设计方法与调试方法;

(2) 掌握 MSI 译码器和数据选择器的应用;

(3) 进一步提高排除数字电路故障的能力。

二、实验原理

译码器是一种将输入代码转换成特定输出信号的电路。译码器可实现存储系统和其他数字系统的地址译码、脉冲分配、程序计数、代码转换和逻辑函数发生以及用来驱动各种显示器件等。

数据选择器是根据地址选择码从多路输入数据中选择一路,送到输出。数据选择器可以组成数据选通电路,实现多通道数字传输。

中规模集成组合逻辑电路通常带有控制端,利用控制端可以实现多片器件互连,或扩展电路的逻辑功能。

1. 译码器 74LS138

74LS138 为中规模集成 3-8 线译码器,其引脚排列如图 7-3-1 所示,逻辑功能见表 7-3-1。该译码器设置有三个使能端 STA、$\overline{STB}$和$\overline{STC}$。当 STA=1,且$\overline{STB}$、$\overline{STC}$都为 0 时,译码器处于工作状态,否则就禁止译码。

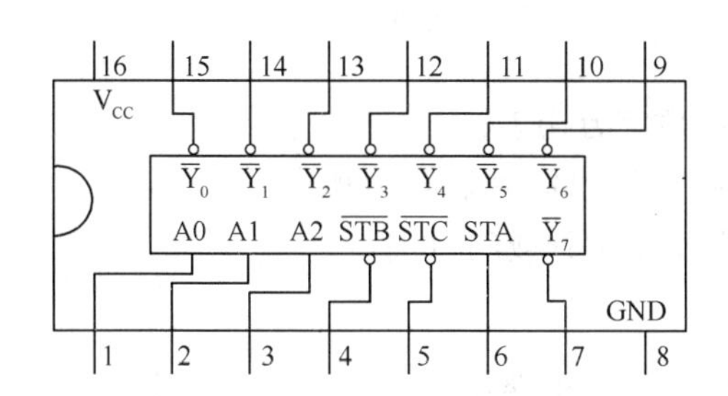

图 7-3-1　74LS138 引脚图

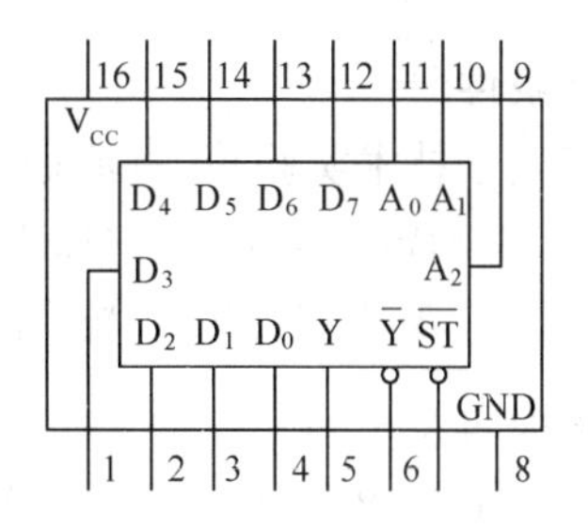

图 7-3-2　74LS151 引脚图

表 7-3-1　74LS138 功能表

输入					输出							
使能		选择										
ST_A	$\overline{ST_B}+\overline{ST_C}$	A_2	A_1	A_0	$\overline{Y_0}$	$\overline{Y_1}$	$\overline{Y_2}$	$\overline{Y_3}$	$\overline{Y_4}$	$\overline{Y_5}$	$\overline{Y_6}$	$\overline{Y_7}$
×	1	×	×	×	1	1	1	1	1	1	1	1
0	×	×	×	×	1	1	1	1	1	1	1	1
1	0	0	0	0	0	1	1	1	1	1	1	1
1	0	0	0	1	1	0	1	1	1	1	1	1
1	0	0	1	0	1	1	0	1	1	1	1	1
1	0	0	1	1	1	1	1	0	1	1	1	1
1	0	1	0	0	1	1	1	1	0	1	1	1
1	0	1	0	1	1	1	1	1	1	0	1	1
1	0	1	1	0	1	1	1	1	1	1	0	1
1	0	1	1	1	1	1	1	1	1	1	1	0

2. 数据选择器 74LS151

8 选 1 数据选择器的引脚图如图 7-3-2 所示，引脚功能见表 7-3-2。通过给定不同的地址代码(即 A_2、A_1、A_0 的状态)，从 8 个输入数据中选出一个，送至输出端 Y，而$\overline{Y}$为反码输出。

表 7-3-2　74LS151 真值表

输入				输出	
$\overline{ST}$	A_2	A_1	A_0	Y	$\overline{Y}$
1	Φ	Φ	Φ	0	1
0	0	0	0	D_0	$\overline{D_0}$
0	0	0	1	D_1	$\overline{D_1}$
0	0	1	0	D_2	$\overline{D_2}$
0	0	1	1	D_3	$\overline{D_3}$
0	1	0	0	D_4	$\overline{D_4}$
0	1	0	1	D_5	$\overline{D_5}$
0	1	1	0	D_6	$\overline{D_6}$
0	1	1	1	D_7	$\overline{D_7}$

三、实验条件

(1) 数字电子技术实验箱、直流稳压电源、数字万用表;

(2) 74LS138(译码器)1片、74LS151(数据选择器)1片、74LS00(与非门)1片、74LS04(非门)1片、74LS20(与非门)1片、74LS32(或门)1片。

四、实验内容及步骤

(1) 试用74LS138构成数据分配器,画出其逻辑电路图,将1Hz连续脉冲信号加到电路的输入端,输出端接电平显示发光二极管,改变输入地址码 A_2、A_1、A_0 的值,观察实验现象,记录实验结果。

(2) 设计一个报警电路。当第一路有报警信号时,数码管显示1;当第二路有报警信号时,数码管显示2;当第三路有报警信号时,数码管显示3;当有两路或两路以上有报警信号时,数码管显示8;当无报警信号时,数码管显示0。要求:用74LS138和逻辑门电路设计该电路并连接译码显示电路,组装调试该电路,观察电路显示结果。

(3) 设计一个三变量多数表决电路。当三个变量A、B、C中有两个或两个以上为1时,则输出F为1。要求用74LS151设计该电路。

(4) 用74LS151设计一个1位全加器电路。

五、注意事项

(1) 正确连接电路,注意避免电路接触不良。

(2) 集成电路的电源电压采用+5V,严禁接错。

六、实验报告要求

(1) 写出实验电路的设计过程,画出逻辑电路图。

(2) 记录实验电路的测试结果,并分析实验过程中出现的问题及其解决方法。

七、预习要求与思考题

(1) 预习要求:

① 学习用MSI设计组合逻辑电路的方法。

② 利用给定器件设计实验电路,并写出设计步骤。

③ 写好预习报告。

(2) 思考题:

① 普通的数据选择器能不能直接接入总线?

② 用数据选择器如何实现1位全减器的逻辑功能?

实验7-4 触发器及其应用

一、实验目的

(1) 加深理解各类触发器的功能和特性,掌握各类触发器的功能测试方法;

(2) 掌握触发器和组合电路的综合应用。

二、实验原理

触发器是组成时序逻辑电路的主要逻辑单元,按其功能可分为RS、D、J-K、T和T′触发器;按其电路结构动作特点可分为基本RS、同步、主从和维持阻塞触发器。触发器的触发方式有电平触发和边沿触发两种。

RS 触发器是最基本的触发器，其功能是完成置 0 或置 1，又称为置 0 置 1 触发器。

D 触发器的基本结构形式多为维持阻塞型，其次态 Q^{n+1} 取决于 CP 时钟脉冲上升沿到来之前 D 端的状态，即 $Q^{n+1}=D$。在 CP=1 或 CP=0 期间，D 端的数据状态变化不会影响触发器的输出状态。触发器$\overline{CLR}$(或$\overline{R}_D$)、$\overline{PR}$(或 $\overline{S}_D$)分别为置“0”和置“1”端，当不需要置“0”和“1”时，$\overline{CLR}$和$\overline{PR}$都应接高电平(如+5V 电源)。

JK 触发器的基本结构形式有主从和边沿两种，多为边沿，并在 CP 时钟脉冲下降沿触发(或 $\overline{R}_D$、$\overline{S}_D$)，它具有置 0、置 1、保持、翻转 4 种功能，其触发方程为：$Q^{n+1}=J\,\overline{Q^n}+\overline{K}Q^n$。JK 触发器$\overline{CLR}$、$\overline{PR}$是置“0”和置“1”端，当不需要置“0”、置“1”时，$\overline{CLR}$和$\overline{PR}$(或 $\overline{R}_D$，$\overline{S}_D$) 都应接高电平(如+5V 电源)。

二分频器的功能是对输入的周期脉冲信号进行分频，其输出信号频率 f_0 与输入信号频率 f_i 的关系为 $f_o=(1/2)f_i$，在电路结构形式上，二分频器与 T′触发器相同。

三、实验条件

(1) 数字电子技术实验箱、直流稳压电源、信号源、数字万用表；

(2) 74LS00(与非门) 1 片、74LS20(与非门) 1 片、74LS175(四 D 触发器) 1 片、74LS112(双 J-K 触发器)2 片。

四、实验内容及步骤

1. 基本 RS 触发器功能测试

(1) 选择 74LS00 芯片。按图 7-4-1(a)连接电路，芯片的引脚 14(V_{CC})接电源(+5V)，引脚 7(GND)接电源地线。触发器的 R、S 分别接逻辑电平开关，由逻辑电平开关产生高、低电平。触发器的 Q、$\overline{Q}$接电平显示发光二极管，由发光二极管的亮或灭判断输出状态是高电平还是低电平。

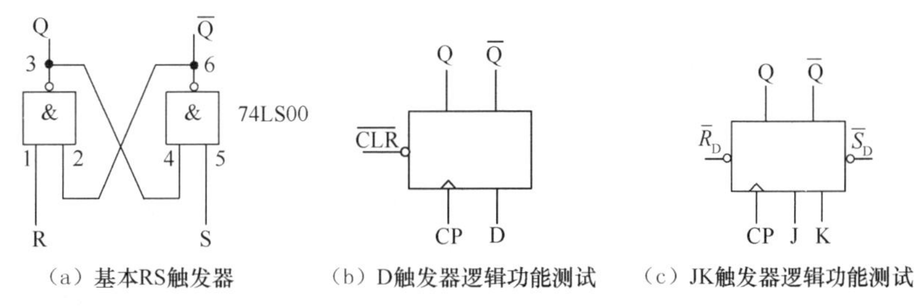

图 7-4-1 触发器及其逻辑功能测试

(2) 将逻辑电平开关按表 7-4-1 置位，观察输出电平显示发光二极管，发光二极管亮表示高电平，发光二极管灭表示低电平。将测试结果填入表 7-4-1。

2. D 触发器功能测试

(1) 选用 74LS175 芯片。75LS175 为 4D 触发器，选用其中一个 D 触发器进行测试。按图 7-4-1(b)连接电路，芯片的引脚 16(V_{CC})接电源(+5V)，引脚 8(GND)接电源地线。D 触发器的$\overline{CLR}$、D 分别接逻辑电平开关，时钟 CP 接单脉冲源，D 触发器的 Q、$\overline{Q}$接电平显示发光二极管。

(2) 将逻辑电平开关和单脉冲源按表 7-4-2 操作，观察输出显示发光二极管状态。

3. JK 触发器功能测试

(1) 选用 74LS112 芯片，按图 7-4-1(c)连接电路，芯片的引脚 16(V_{CC})接电源(+5V)，芯片的引脚 8(GND)接电源地线。JK 触发器的$\overline{R}_D$、$\overline{S}_D$、J、K 分别接逻辑电平开关，时钟 CP 接单

脉冲源,JK 触发器的 Q、$\overline{Q}$接电平显示发光二极管。

表 7-4-1　基本 RS 触发器测试

R	S	Q
0	0	
0	1	
1	0	
1	1	

表 7-4-2　D 触发器逻辑功能表

输　入			输　出		功能说明
$\overline{CLR}$	D	CP	Q^{n+1}	$\overline{Q^{n+1}}$	
0	×	×	0	1	异步置 0
1	0	↑	0	1	置 0
1	1	↑	1	0	置 1
1	×	0	Q^n	$\overline{Q^n}$	保持

(2) 将逻辑电平开关和单脉冲源按表 7-4-3 操作,观察输出显示发光二极管状态。

4. 二分频器电路设计

利用 D 或 JK 触发器构成二分频器,将 1kHz 脉冲信号作为二分频器的输入端并接入示波器 CH2 通道,二分频器的输出端连接示波器 CH1 通道,观察示波器并记录显示的分频波形。

表 7-4-3　JK 触发器逻辑功能表

输　入					输　出		功能说明
$\overline{R_D}$	$\overline{S_D}$	J	K	CP	Q^{n+1}	$\overline{Q^{n+1}}$	
0	1	×	×	×	0	1	异步置 0
1	0	×	×	×	1	0	异步置 1
1	1	0	0	↓	Q^n	$\overline{Q^n}$	保持
1	1	0	1	↓	0	1	置 0
1	1	1	0	↓	1	0	置 1
1	1	1	1	↓	$\overline{Q^n}$	Q^n	计数
1	1	×	×	1	Q^n	$\overline{Q^n}$	保持
0	0	×	×	×	1	1	不允许

5. 抢答器电路设计

整个电路有 5 个按钮开关,其中 4 个按钮开关 K_1～K_4 供竞赛者抢答用,另一个按钮开关 K_5 由裁判掌握"复位"。试设计出当 K_1～K_4 中有一个按钮开关最先被按动,则与按钮开关对应的指示灯亮,且锁住其余的三个抢答者的电路,裁判复位后开始新一轮抢答。

6. 选作实验

试用集成 D 触发器或 JK 触发器设计一个脉宽为 1ms 的单脉冲产生器。

五、注意事项

(1) 实验仪器与实验电路连接时要共地。

(2) 连续脉冲输入信号应接在函数信号发生器的 TTL 输出端,示波器用双踪观测,耦合方式选择"DC"。

(3) 装拆芯片及连接电路时应断电操作,以免损坏芯片。

(4) 注意拿住连接线的插头进行插、拔,不要用力拉线以防连接线损坏。

(5) 实验箱面板上不允许放多余的导线,以免短路或损坏设备。

六、实验报告要求

(1) 按实验内容要求填表,并画出相应的电路图。

(2) 绘制二分频器电路图及二分频波形。

(3) 描述抢答器电路的设计方法。

七、预习要求与思考题

(1) 预习要求

① 复习各种触发器的工作原理及特性方程。

② 按实验内容要求设计实验电路,拟定测试步骤和记录表格。

③ 了解给定实验芯片的引脚及使用方法。

(2) 思考题:

① 对于集成触发器的异步置数端,不需要使用这些端口时,应如何处理,为什么?

② 在 CP=1,D=0 的条件下,如何使集成触发器的 Q=1?

③ 触发器功能转换后,其触发方式、工作特性有无变化? 试以 JK 转换为 D 型触发器为例作简要说明。

实验 7-5 计数器及其应用

一、实验目的

(1) 了解计数器的应用加深理解时序逻辑电路的工作原理;

(2) 掌握计数器电路的一般设计方法。

二、实验原理

计数器是一种使用相当广泛的电路,在各种数字系统中,往往需要对脉冲的个数进行计数,以实现测量、运算、控制等功能。

1. 设计同步时序逻辑电路的一般过程

(1) 分析题意,选定所需的状态数和触发器个数。

(2) 根据题意,画出原始状态转换图。

(3) 进行状态化简,状态数越少电路越简单。

(4) 状态分配(状态编码)。

(5) 列出初态-次态状态转换及实现初次态转换对各触发器输入端的状态要求。

(6) 求出各触发器激励端和电路输出的逻辑函数表达式。

(7) 根据步骤(6)得到的各触发器输入端的逻辑函数表达式,画出完整的电路图。

(8) 校验电路能否自启动,不能自启动时要重新作出设计。

2. 4 位二进制同步计数器 74LS161

74LS161 的引脚排列如图 7-5-1 所示,功能见表 7-5-1,其主要功能如下:

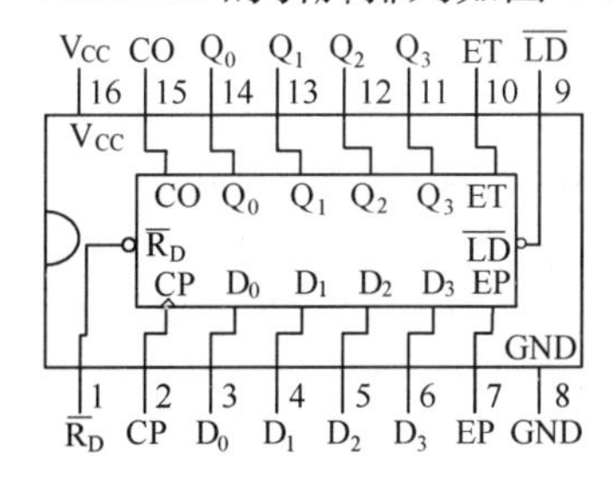

图 7-5-1 74LS161 引脚图

表 7-5-1 74LS161 功能表

CP	$\overline{R_D}$	$\overline{LD}$	EP	ET	工作状态
×	0	×	×	×	异步清零
↑	1	0	×	×	同步置数
×	1	1	0	1	保持
×	1	1	×	0	保持(CO=0)
↑	1	1	1	1	计数

(1) 异步清零：当$\overline{R_D}=0$时，计数器的$Q_3 \sim Q_0$立即变为0，称为异步清零；

(2) 同步预置：当$\overline{LD}=0$时，在时钟脉冲CP上升沿时，$Q_3=D_3$，$Q_2=D_2$，$Q_1=D_1$，$Q_0=D_0$；

(3) 计数：使能端EP=ET=1，$\overline{R_D}=\overline{LD}=1$时，在CP上升沿时计数器计数；

(4) 锁存：使能端EP=0或ET=0时，计数器暂停计数，为锁存状态。

用一片74LS161附加门电路可构成反馈式8421BCD码十进制计数器。反馈式十进制计数器一般有两种形式，清零法和置数法。

清零法：用清零端$\overline{R_D}$构成十进制计数器电路。当$Q_3Q_2Q_1Q_0=1010$时，通过反馈使计数器清零。电路中1010状态瞬间出现，它会引起译码电路的误动作，因此仅在电路的工作频率很低时采用此种形式，如图7-5-2所示。

置数法：用置数端$\overline{LD}$构成十进制计数器电路，计数器输入端$D_3D_2D_1D_0=0000$，当计数器计到1001时，$\overline{LD}=0$，下一个CP时钟上升沿时计数器$Q_3Q_2Q_1Q_0=D_3D_2D_1D_0=0000$，之后$\overline{LD}=1$，计数器又开始计数。这样，可以克服利用清除端$\overline{R_D}$构成计数器的缺点，如图7-5-3所示。

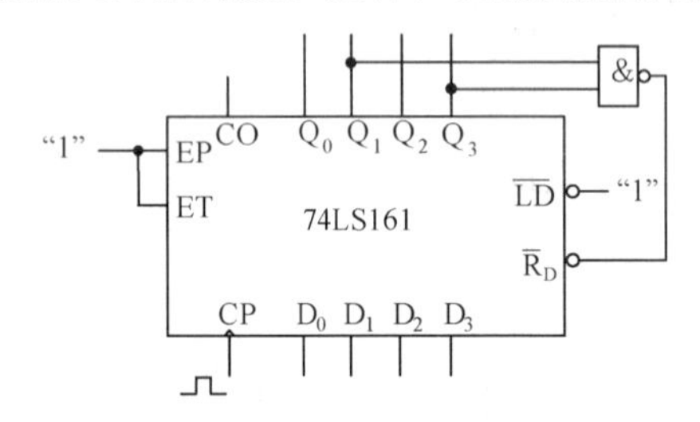

图7-5-2　用清零端$\overline{R_D}$构成十进制计数器

图7-5-3　用置数端$\overline{LD}$构成十进制计数器

3. 译码与显示电路

译码器是将给定的代码进行翻译。本实验是把计数器输出的四位二进制数代码翻译为相应的十进制数，并通过显示器显示。通常显示器与译码器配套使用。本实验选用七段译码驱动器(74LS48)和数码管(LED)组成共阴接法译码显示电路，如图7-5-4所示。

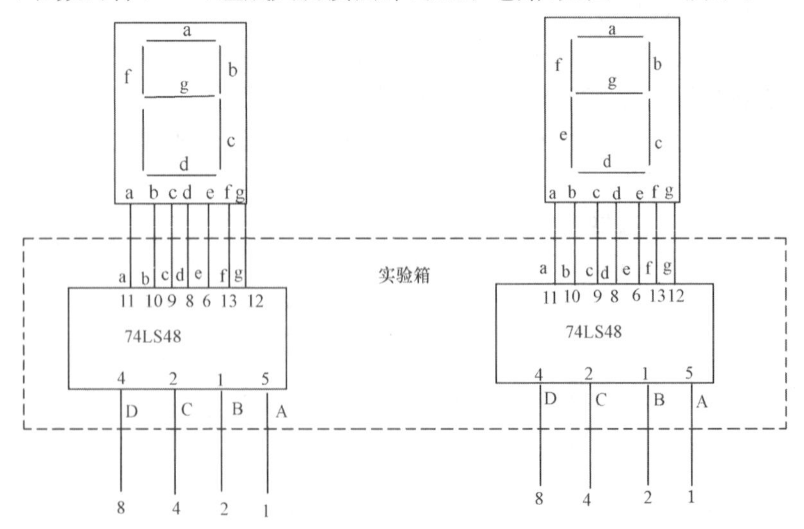

图7-5-4　译码显示电路

三、实验条件

(1) 数字电子技术实验箱、直流稳压电源、信号源、数字万用表；

(2) 74LS161(计数器)4 片、74LS175(双 D 触发器)1 片、74LS112(双 JK 触发器)2 片、74LS00(与非门)1 片、74LS04(非门)1 片、74LS20(与非门)1 片、74LS32(或门)1 片。

四、实验内容及步骤

(1) 用 D(或 JK)触发器设计一个模 6 计数器，并连接显示电路，观察电路的计数、显示过程。

(2) 用集成计数器 74LS161 设计一个十进制(0～9)和六进制(0～5)计数器，并连接显示电路，观察电路的计数、显示过程。

(3) 设计一个秒表显示电路，即六十进制(00～59)计数器，并连接显示电路，观察电路的计数、显示过程。

(4) 以 74LS161 为主要器件，设计一个用来记录短跑运动员成绩的数字秒表电路。具体设计要求如下：

① 具有计时、暂停、复位(清零)功能。

② 计时范围为 0～59.99s，计时精度 0.01s。

③ 数字秒表的操作方式与机械秒表类似，要求用一个按钮开关控制三种状态，状态转换顺序如图 7-5-5 所示：

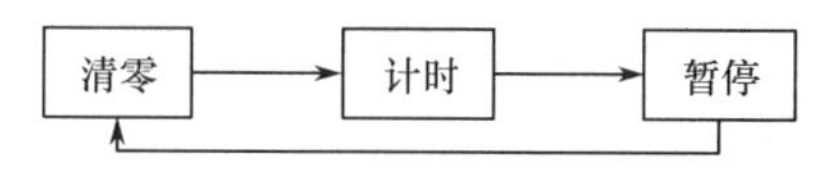

图 7-5-5　数字秒表状态转换图

(5) 选作实验：设计、焊接、调试出一个具有时、分、秒译码显示功能的基本数字钟电路。

① 具有整点报时功能。

② 具有定点报时功能。

五、注意事项

(1) 集成电路的输出端不允许与地或电源直接相连接。

(2) 集成电路芯片的电源和地切勿接反。

(3) 装拆芯片及连接电路时应断电操作，以免损坏芯片。

六、实验报告要求

(1) 写出计数器的设计过程，画出计数器的实验电路图。

(2) 画出完整的数字秒表电路图，并简述电路的工作原理。

(3) 说明实验过程中产生的故障现象及解决方法。

(4) 画出实验电路图，记录整理实验现象及实验所得的有关波形，对实验结果进行分析。

(5) 总结用 74LS161 构成 N 进制计数器的设计方法。

七、预习要求与思考题

(1) 预习要求：

① 复习 74LS161 的逻辑功能和使用方法，熟悉译码器和数码显示器有关内容。

② 根据给定的逻辑器件，按照实验任务设计电路，并标明芯片名称、引脚连接，标明信号输入和输出具体位置。

③ 写出预习报告。

(2) 思考题：

① 比较异步计数器与同步计数器的优缺点。

② 时钟信号频率保持不变，将信号幅度减小，观察计数器能否正常工作？如果不能正常工作，说明原因。

③ 六十进制计数器的个位向十位进位有几种方法，如何连接？

实验 7-6　555 电路及其应用

555 电路是一种模拟和数字电路相混合的集成电路。它结构简单、性能可靠、使用灵活，外接少量阻容元件，即可组成多种波形发生器、多谐振荡器、定时延迟电路、报警、检测、自控及家用电路，应用非常广泛。

一、实验目的

(1) 了解 555 电路的结构和工作原理；

(2) 学习用 555 电路组成常用几种脉冲发生器；

(3) 熟悉用示波器测量 555 电路的脉冲幅度、周期和脉宽的方法。

二、实验原理

1. 555 电路引脚说明

555 电路引脚排列如图 7-6-1 所示，其各引脚功能如下。

图 7-6-1　555 引脚

1 脚：地。

2 脚：低电平触发($<\frac{1}{3}V_{CC}$)。

3 脚：输出端。

4 脚：复位端(不用时接 V_{CC})。

5 脚：电压控制端，可改变上、下触发电位，不用时接 0.01μF 到地。

6 脚：高电平触发($>\frac{2}{3}V_{CC}$)。

7 脚：放电端。

8 脚：电源端 $V_{CC}=5\sim18V$。

2. 555 电路主要参数

主要电参数见表 7-6-1。

表 7-6-1　555 电路主要电参数

电源电压范围	4.5～18V
静态功耗($V_{CC}=15V$)	120mW
定时精度	1%
温度系数	0.03%/℃
电压漂移	0.03%/V
阈值电压 V_T($V_{CC}=15V$)	9.8～10.2V
触发电压($V_{CC}=15V$)	4.8～5.2V
复位电压	≤0.4V
输出电流	≥100mA

3. 555 电路功能表

电路的几种功能见表 7-6-2。

(1) 复位$\overline{R}$为 0,则输出为 0。

(2) 高触发电平 TH(6 脚)$>\frac{2}{3}V_{CC}$,D 放电管导通,输出 OUT 为 0。

(3) 低触发电平$\overline{TR}$(2 脚)$<\frac{1}{3}V_{CC}$,D 放电管截止,输出 OUT 为 1。

表 7-6-2　555 电路功能表

$\overline{TR}$低触发	TH 高触发	$\overline{R}$ 复位 4	D 放电 7	OUT 输出 3
$>\frac{1}{3}V_{CC}$	$>\frac{2}{3}V_{CC}$	1	导通	0
$>\frac{1}{3}V_{CC}$	$<\frac{2}{3}V_{CC}$	1	原状态	
$<\frac{1}{3}V_{CC}$	$<\frac{2}{3}V_{CC}$	1	截止	1
×	×	0	导通	0

4. 555 的几种典型电路

(1) 555 多谐振荡器

555 多谐振荡器如图 7-6-2 所示,图中 R_1、R_2、C 为外接元件。要求 $R_1>1\text{k}\Omega$。

振荡频率：
$$f=\frac{1}{T}=\frac{1}{T_1+T_2}=1.44/[(R_1+2R_2)C]$$

式中：
$$T_1=0.7(R_1+R_2)C,\quad T_2=0.7R_2C$$

占空比：
$$q=T_1/(T_1+T_2)=(R_1+R_2)/(R_1+2R_2)$$

当 $R_2\gg R_1$,占空比近似 50%。555 多谐振荡器波形如图 7-6-3 所示。图中 u_C为电容器 C 的充放电波形,u_o为输出矩形波。

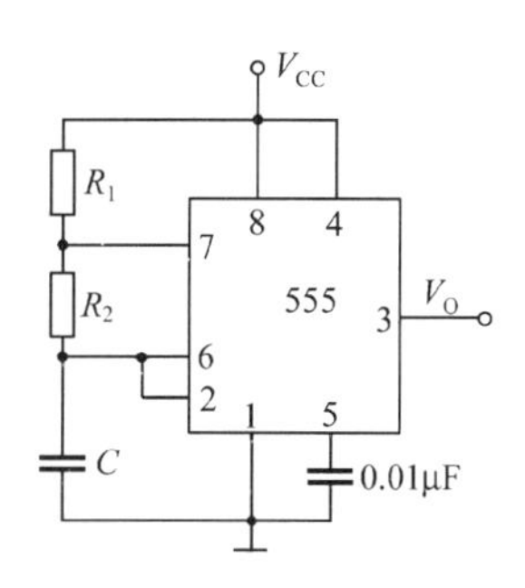

图 7-6-2　多谐振荡器

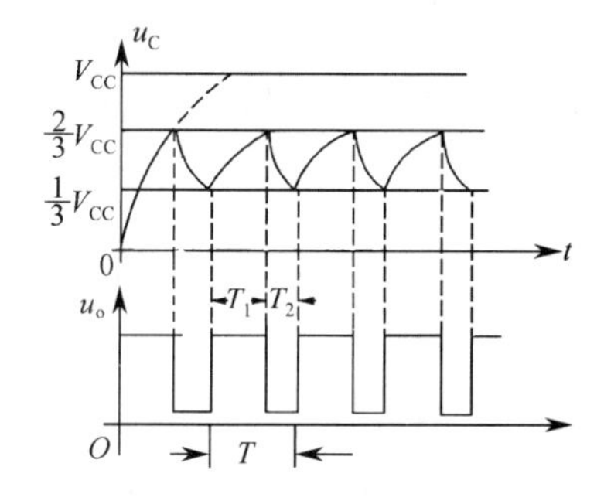

图 7-6-3　多谐振荡器波形

(2) 555 单稳态触发器

555 单稳态触发器如图 7-6-4 所示,图中 R、C 为定时元件。R_T、C_T为输入微分电路,其作用是当 V_i负脉冲宽度大于输出正脉冲宽度 T_w,则需将 V_i通过 R_TC_T微分经非门倒相的负脉冲接至 2 脚$\overline{TR}$。输出脉冲宽度 $T_w=1.1RC$,T_w由定时元件 R、C 参数决定,改变 R、C 值,可以控制输出波形的宽度。因此,单稳态触发器常用于定时、延迟或整形电路。一般 R 取值 1kΩ～10MΩ,C 取值应大于 1000pF。

555 单稳态触发器波形如图 7-6-5 所示,图中 V_i为矩形脉冲,经微分得 V_a微分波形,V_b负脉冲作为单稳态触发器触发脉冲,V_C为电容器充放电波形,V_o为输出矩形脉冲。

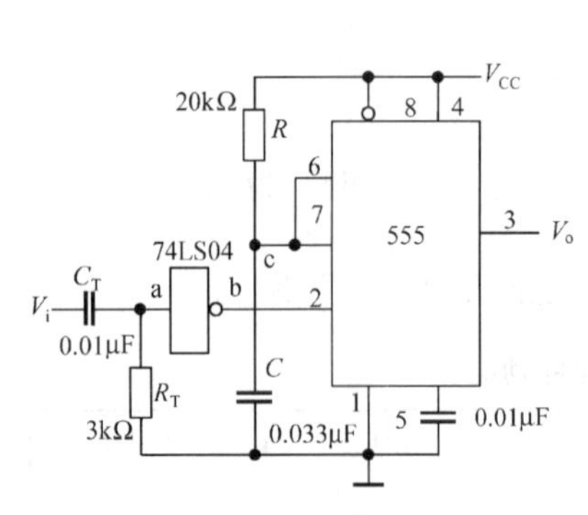

图 7-6-4　单稳态触发器

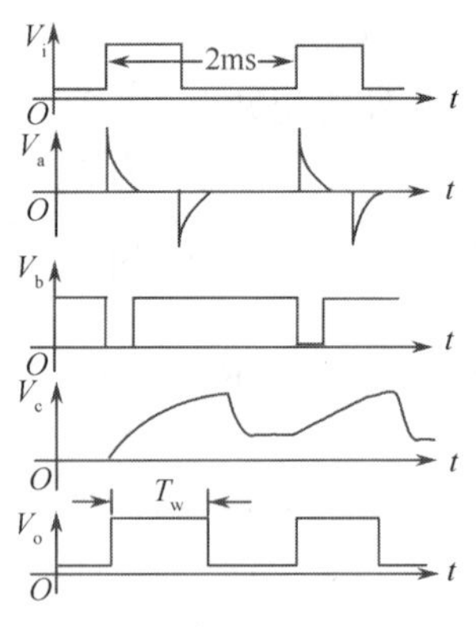

图 7-6-5　单稳态触发器波形

(3) 555 施密特电路

555 施密特电路如图 7-6-6 所示，工作波形如图 7-6-7 所示。图中控制端 5 脚加一可调直流电压 V_{CO}，其大小可改变 555 电路比较器的参考电压，V_{CO}越大，参考电压值越大，输出波形宽度越宽。

输入电路 C 为耦合电容，R_1、R_2构成偏置电路。

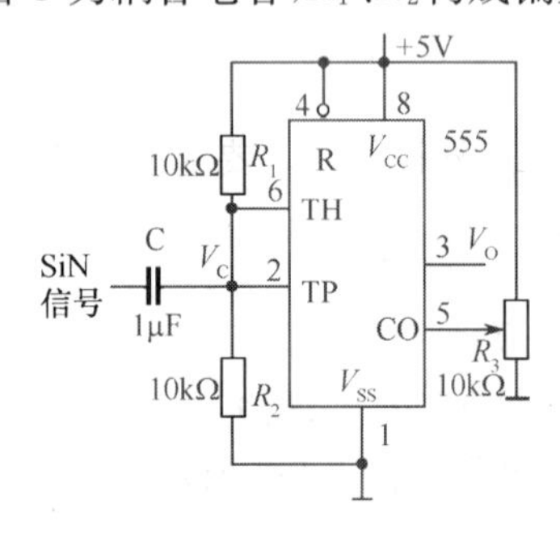

图 7-6-6　555 施密特电路

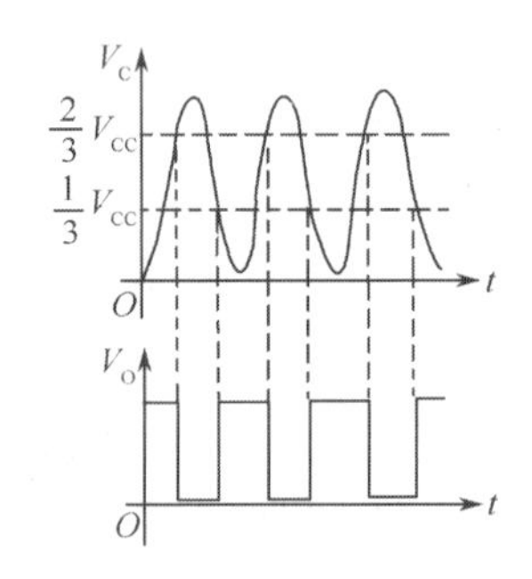

图 7-6-7　施密特电路波形

施密特电路可方便地把正弦波、三角波变换成方波。该电路的回差电压

$$\Delta V_T = V_{T^+} - V_{T^-} = \frac{2}{3}V_{CC} - \frac{1}{3}V_{CC} = \frac{1}{3}V_{CC}$$

改变 5 脚 V_{CO}则可用来调节 ΔV_T值。

三、实验条件

(1) 实验箱、直流稳压电源、双踪示波器、信号源、数字万用表；

(2) 电容：0.1μF(104)3 个，0.033μF(333)、0.1μF(103)和 1μF 各 1 个；

(3) 电阻：1kΩ 2 个、3kΩ 、20kΩ 各 1 个；芯片 NE555、74LS04 各 1 个。

四、实验内容及步骤

1. 多谐振荡器

(1) 用 555 电路设计一个多谐振荡器，要求频率为 1kHz，给定电容 C=0.1μF。

(2) 取 R_1=1kΩ，分别改变几组定时参数 R_2和 C，观察其波形，并将测量值与理论值填入表 7-6-3 中。对其误差进行分析。

2. 555 型单稳态触发器

(1) 用 555 电路设计一个整形电路。给定输入触发信号重复频率为 500Hz，要求输出脉冲宽度为 0.5ms，试计算定时元件 R 和 C，并实验验证。

(2) 用示波器观察图 7-6-4 单稳电路上 a 点、b 点、c 点和输出 3 脚各点波形，并测量 V_0 幅度及宽度 T_w，并与理论值进行比较。

(3) 将定时电容改为 0.1μF，重复上述实验。

3. 555 施密特电路

输入 1kHz，$V_{p\text{-}p}=5V$ 的正弦信号，用示波器定性观察图 7-6-6 所示 V_C 和 V_0 波形，并改变控制电压 V_{CO} 调节回差电压 ΔV_T 值。

表 7-6-3　多谐振荡器

参　数		测 量 值		理 论 值	
R_2	C	u_0	T	u_0	T
3kΩ	0.1μF				
3kΩ	0.033μF				
15kΩ	0.1μF				

五、注意事项

(1) 选择合理的脉冲信号频率作为单稳态触发器的输入触发信号。

(2) 实验电路所用器件及连线应有序连接，以免造成短路或连接错误。

(3) 装拆器件及连接电路时应断电操作，以免损坏器件。

六、实验报告要求

(1) 画出实验电路，标上引脚和元件值。

(2) 画出电路波形，标上幅度和时间。

(3) 对测试的数据进行讨论和误差分析。

七、预习要求与思考题

(1) 预习要求：

① 复习 555 电路的工作原理及其应用。

② 复习单稳触发器、多谐振荡器和施密特触发器的工作原理。

③ 拟定实验的步骤和方法。

④ 写出预习报告。

(2) 思考题：

① 555 电路构成的振荡器，其振荡周期和占空比的改变与哪些因素有关？若只需改变周期，而不改变占空比应调整哪个元件参数？

② 555 电路构成的单稳态触发器输出脉宽和周期由什么决定？

③ 单稳态触发电路的输出脉冲宽度是否应大于触发脉冲宽度？

实验 7-7　D/A 转换器

一、实验目的

(1) 了解 D/A 转换器的基本工作原理及其主要性能指标；

(2) 熟悉集成 D/A 转换器的基本使用方法；

(3) 掌握 DAC0832 的功能及其典型应用。

二、实验原理

数/模转换器(简称 DAC 或 D/A 转换器)的主要作用是将数字信号转换成模拟信号，其输

入为 n 位二进制数，输出为模拟电压(或电流)。单片集成 D/A 转换器按其内部电路结构可分为两类：一类是芯片内部集成了电阻网络(或恒流源网路)和电子开关；另一类则是芯片内部还集成了运算放大电路。按数字量输入方式可分为并行输入和串行输入两类。

1. D/A 转换器 DAC0832

DAC0832 是由美国国家半导体公司(NSC)生产的 8 位双缓冲 D/A 转换芯片，片内采用 CMOS 制造工艺，其内部有两级缓冲数据锁存器，可以直接与 8 位微型计算机相连，片内包含 TTL 逻辑电平输入的专用电路。因此芯片和 TTL 系列、5V CMOS 系列相兼容，是目前广泛使用的一种集成 DAC 器件。

(1) DAC0832 的内部组成

DAC0832 的功能框图和引脚排列如图 7-7-1 所示，其引脚功能说明见表 7-7-1。DAC0832 由 8 位输入锁存器、8 位 D/A 锁存器和 8 位 D/A 转换器三部分组成。在电路中，各数字信号的地线均接到 DGND，模拟信号的地线接到 AGND，以减少数字信号对模拟信号的干扰。

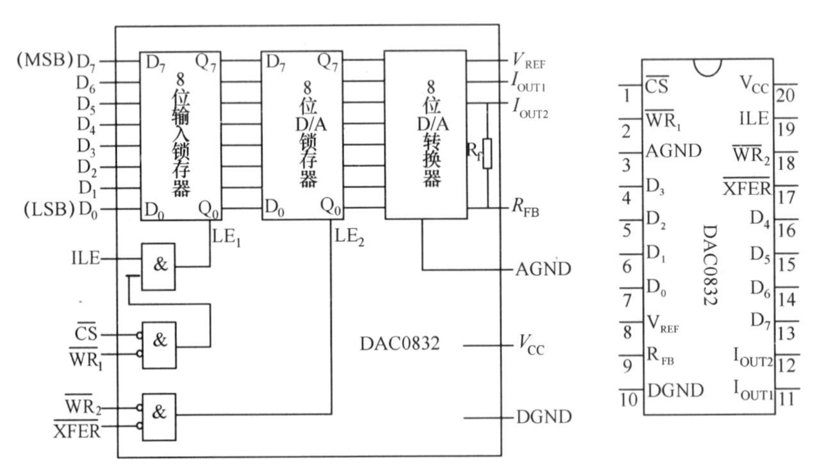

图 7-7-1　DAC0832 功能框图和引脚排列图

表 7-7-1　DAC0832 的引脚功能说明

$D_0 \sim D_7$	8 位数据输入端	$\overline{XFER}$	数据传输控制信号，低电平有效
ILE	输入锁存器允许，高电平有效	V_{REF}	基准电压输入端，−10～+10V
$\overline{CS}$	片选信号，低电平有效	I_{OUT1}，I_{OUT2}	D/A 转换器电流输出端
$\overline{WR_1}$	写信号 1，低电平有效。当 $\overline{CS}=\overline{WR_1}=0$，ILE=1 时，LE1 有效，将输入数据锁存到输入锁存器中	$\overline{WR_2}$	写信号 2，低电平有效。当 $\overline{WR_2}=\overline{XFER}=0$ 时，LE2 有效，将输入锁存器中的数据锁存到 8 位 D/A 锁存器中
R_{FB}	集成在片内的反馈电阻引出端	AGND	模拟地
V_{CC}	电源电压，+5～+15V	DGND	数字地

(2) DAC0832 的倒 T 形 R-2R 电阻网络

DAC0832 的核心组成部分是 8 位 D/A 转换器，它是由倒 T 形 R-2R 电阻网络、模拟开关两部分组成，其电路结构如图 7-7-2 虚线框内部所示。由于 DAC0832 芯片采用基准电压 V_{REF} 激励内部的倒 T 形电阻网络，其输出是电流信号(I_{OUT1}、I_{OUT2})，在电路系统中，通常需要电压信号，为了将输出的电流信号转换成电压信号，在使用时外接运算放大器进行电流信号和电压信号之间的转换，而运放的反馈电阻可采用片内电阻。图中给出了外部运放的接线示意图。

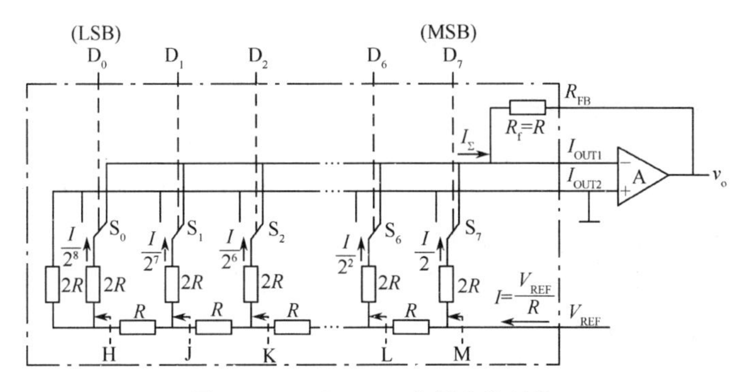

图 7-7-2　DAC0832 内部电路结构

图 7-7-2 中呈倒 T 形的电阻网络与运算放大器 A 组成“求和”电路，为了建立输出电流，在电阻分流网络的输入端接了参考电压 V_{REF}。模拟开关 S_i（$i=0,1,2,\cdots,7$）由输入数码 D_i 控制，当 $D_i=0$，S_i 接地；当 $D_i=1$，S_i 接运算放大器反相端。工作于线性状态的运放，其反相端“虚地”，这样，无论模拟开关 S_i 置于何种位置，与 S_i 相连的 $2R$ 电阻从效果上看总是接“地”的，流经每条 $2R$ 电阻支路上的电流与开关状态无关。

分析 R-2R 电阻网络可以发现，从虚线 H、J、K、L、M 处向左看，每个二端网络的等效电阻均为 R，与开关相连的 $2R$ 电阻上的电流从高位到低位按 2 的负整数幂递减。如基准电压源提供的总电流为 $I(I=V_{REF}/R)$，则流过各开关支路（从右到左）的电流分别为 I/2、I/4、I/8、I/16 …于是可得总电流为

$$
\begin{aligned}
i_\Sigma &= I\left(\frac{D_7}{2}+\frac{D_6}{2^2}+\frac{D}{2^3}+\cdots+\frac{D_1}{2^7}+\frac{D_0}{2^8}\right)\\
&=\frac{V_{REF}}{2^8R}(D_7\times 2^7+D_6\times 2^6+D_5\times 2^5+\cdots+D_1\times 2^1+D_0\times 2^0)\\
&=\frac{V_{REF}}{2^8R}\sum_{i=0}^{7}(D_i\times 2^i) \qquad (7\text{-}7\text{-}1)
\end{aligned}
$$

输出电压

$$v_o=-i_\Sigma R_F=-\frac{R_F}{R}\times\frac{V_{REF}}{2^8}\sum_{i=0}^{7}(D_i\times 2^i) \qquad (7\text{-}7\text{-}2)$$

当 $R_F=R$ 时，同时将上式中二进制数的值 $\sum_{i=0}^{7}(D_i\times 2^i)$ 用 N_B 表示，则式(7-7-3)可以改写为

$$v_o=-\frac{V_{REF}}{2^8}N_B \qquad (7\text{-}7\text{-}3)$$

上式表明，输出模拟电压 v_o 与输入的数字量成正比，从而实现了从数字量到模拟量的转换。由于输入的数字量是 8 位，总有 $2^8=256$ 种不同的二进制组态，每输入一个 8 位的二进制数到 D/A 转换器，就有一个对应的模拟量输出，故运放每次输出的模拟电压为 256 个电压值之一。

2. D/A 转换器的主要技术指标

(1) 分辨率

它表明 DAC 能够分辨最小输出电压的能力。通常定义为 DAC 最小输出电压 V_{LSB} 与满

量程输出电压V_{FSR}的比值，即

$$分辨率=\frac{V_{LSB}}{V_{FSR}}=\frac{1}{2^n-1} \tag{7-7-4}$$

式中，n是DAC的位数，显然位数越多，分辨率越高。V_{LSB}(可简写成LSB)是指DAC输入数字量中最低位D_0为1而其余各位都为0时，所对应的输出模拟电压值(即数字量的最低位状态变化时所引起的输出模拟电压的变化量)。V_{FSR}(可简写成FSR)是指DAC输入数字量为最大值(即所有位全为1)时，所对应的输出模拟电压值。

在实际的DAC产品性能表中，有时用位数n或者用2^n表示DAC的分辨率。例如，DAC0832的分辨率为8位或者2^8。

(2) 转换误差

转换误差也称转换精度。由于D/A转换器中受到电路元器件参数误差、基准电压不稳和运算放大器的零漂等因素的影响，D/A转换器实际输出的模拟量与理想值之间存在误差。因而，将这些误差的最大值定义为转换精度。转换误差有失调(零点)误差、比例系数误差和非线性误差等。产生失调误差的主要原因是输出放大器的零点漂移。产生比例系数误差的主要原因是基准电压偏离标准值和运算放大器闭环增益偏离设计值。产生非线性误差的主要原因是模拟开关的不理想和元器件的不精确。模拟开关接通时，接通等效电阻不为零，存在残余电压，且各个开关的残余电压也不是一样的，它们在输出端造成的误差是非线性的。集成芯片中电阻的阻值也有偏差，温度变化将引起更大的失配，从而影响DAC的精度。高精度的DAC在集成工艺和制造过程等方面均有严格的要求。

误差分为绝对误差和相对误差。所谓绝对误差就是实际值与理想值之间的最大差值，通常以V_{LSB}或LSB的倍数来表示。如果给出的绝对误差为1/2LSB，就说明实际输出模拟电压与理想值之间最大差值为最小输出电压的一半。

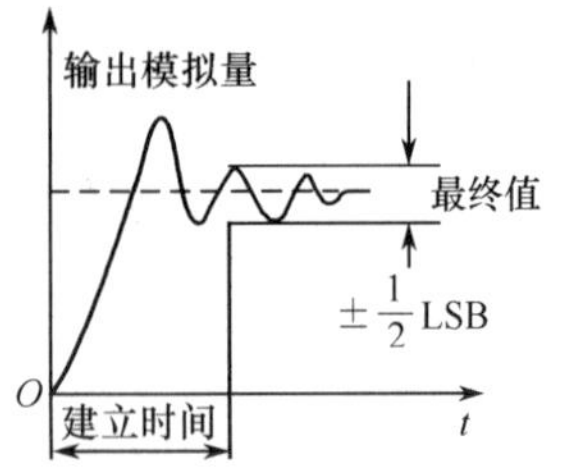

图7-7-3　DAC的建立时间

相对误差是绝对误差与满量程的比值，以满量程FSR(V_{FER}或I_{FER})的百分数或百万分之几表示。转换误差大的DAC，提高其分辨率是没有意义的，也是不可能的。DAC0832的相对误差为0.2%FSR。

(3) 建立时间

是指输入数字量变化时，输出电压达到规定误差范围所需的时间。建立时间包括上升速率、限制过充所需要的时间。一般用D/A转换器输入的数字量N_B从全0变为全1时，输出电压达到规定的误差范围(一般为±1/2LSB)时所需时间表示，如图7-7-3所示。DAC0832输出电流的建立时间为1.0μs。

三、实验条件

(1) 数电实验箱、数字万用表、双踪示波器、直流稳压电源；

(2) DAC0832(D/A转换器)1片、LM741(运算放大器)1片、74LS161(计数器)1片、74LS00(与非门)1片、电阻电容若干。

四、实验内容及步骤

1. D/A转换器DAC0832静态测试

(1) 按图7-7-4所示连接电路，将DAC0832接成直通工作方式，且为单极性电压输出，即

$\overline{CS}$、$\overline{WR1}$、$\overline{XFER}$接地；ILE、V_{CC}、V_{REF}接＋5V；运放电源接＋15V、－15V；D_0～D_7接逻辑电平开关的输出插口，输出端 V_o接直流数字电压表。

（2）电路连线检查无误后，接通电源，将 D_0～D_7全部置 0，调节运放的调零电位器 RP，使 LM741 输出电压 V_o＝0。

（3）将 D_0～D_7全部置 1，调整 R_F，改变运放的放大倍数，使运放输出满量程。

（4）将 D_0～D_7按表 7-7-2 置位，用数字电压表逐次测量模拟电压输出 V_o，将测量结果填入表中，并与理论值进行比较。

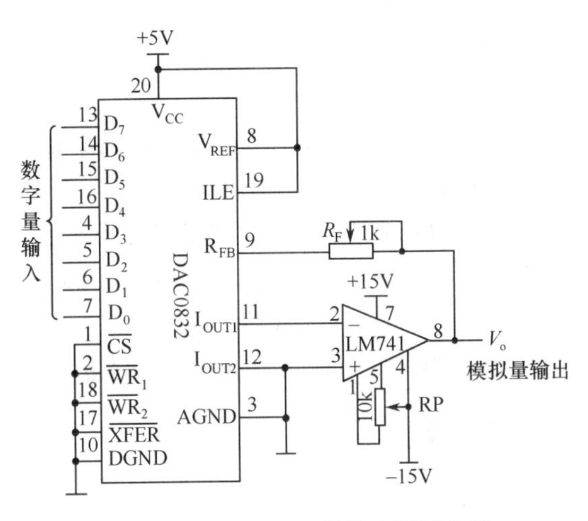

图 7-7-4　DAC0832 的静态测试电路

表 7-7-2　DAC0832 的静态测试

输入数字量								输出模拟量 V_{o1}	
D_7	D_6	D_5	D_4	D_3	D_2	D_1	D_0	理论值	实验值
0	0	0	0	0	0	0	0		
0	0	0	0	0	0	0	1		
0	0	0	0	0	0	1	0		
0	0	0	0	0	1	0	0		
0	0	0	0	1	0	0	0		
0	0	0	0	1	1	0	0		
0	0	0	1	0	0	0	0		
0	0	1	0	0	0	0	0		
0	0	1	1	0	0	0	0		
0	1	1	0	0	0	0	0		
1	0	0	0	0	0	0	0		
1	1	0	0	0	0	0	0		
1	1	1	1	1	1	1	1		

2. 利用 D/A 转换器 DAC0832 设计一个阶梯波发生器电路

（1）参照图 7-7-5 所示阶梯波发生器原理框图设计实验电路，将二进制计数器 74LS161 的输出 Q_3、Q_2、Q_1、Q_0由高到低，对应接到 DAC0832 数字量输入端的高 4 位 D_7、D_6、D_5、D_4，低 4 位输入端 D_3、D_2、D_1、D_0接地。74LS161 的 CP 选用 1kHz 方波信号。通过示波器上观察并记录 CP、Q_3～Q_0，以及输出的模拟电压波形 V_o。

（2）将 74LS161 接成十进制计数器，通过示波器观察并记录 CP、Q_3～Q_0，以及输出端的电压波形 V_o。

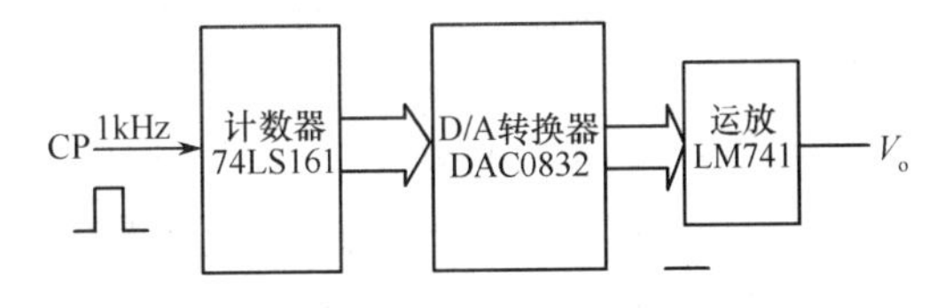

图 7-7-5　阶梯波发生器原理框图

3. 选作实验

设计电路，将实验内容 2 中输出阶梯波的阶梯去掉，使输出波形更平滑。

五、注意事项

（1）仔细查阅 D/A 转换器 DAC0832 的引脚图，不要接错引脚。

（2）先连接实验电路，仔细检查后，再通电。

（3）实验结束，先关断电源，再拆除电路。

六、实验报告要求

（1）记录 DAC0832 静态测试数据，并与理论值比较。

（2）画出完整的实验电路图。

(3) 对应描绘 CP 波形和阶梯波发生器的输出波形,并进行必要的说明。

(4) 说明实验过程中发生的故障现象及其解决方法。

(5) 写出预习报告。

七、预习要求与思考题

(1) 预习要求:

① 了解 D/A 转换器的结构及工作原理。

② 熟悉 DAC0832 芯片功能和使用方法。

③ 根据实验内容,画出完整的实验电路图和实验记录表格。

④ 参照图 7-7-5,自拟阶梯波发生器的实验电路和实验步骤。

(2) 思考题:

① 给一个 8 位 D/A 转换器输入二进制数 10000000 时,其输出电压为 5V,问:如果输入二进制数 00000001 和 11001101 时,D/A 转换器的输出模拟电压分别为何值?

② 如果实验内容 2 中 74LS161 的 CP 频率由 1kHz 增至 10kHz,那么输出波形会有什么变化?

③ 已知某 DAC 的最小分辨率电压 $V_{LSB}=40mV$,最大满量程输出电压 $V_{FSR}=10.2V$,求该电路输入二进制数字量 $n=$? 基准电压 $V_{REF}=$?

④ DAC 的主要技术指标有哪些? DAC 的转换精度与什么有关? 为减小误差应采取什么措施?

实验 7-8　A/D 转换器

一、实验目的

(1) 了解 A/D 转换器的基本工作原理及其主要性能指标;

(2) 熟悉集成 A/D 转换器的基本使用方法;

(3) 掌握 ADC0804 的功能及其典型应用。

二、实验原理

模/数转换器(简称 ADC 或 A/D 转换器)用来将输入的模拟信号转换成数字信号。n 位模/数转换器输出 n 位二进制数,它正比于加在输入端的模拟电压。A/D 转换器的种类很多,按转换方法的不同分类,主要有两大类:一类是直接转换,另一类是间接转换。直接转换是将模拟电压直接转换成数字量,这类转换器主要由逐次比较型、并行比较型等。间接转换是先将输入的模拟量转换成模拟中间变量如时间、频率等,再将中间变量转换成数字量,这类转换器主要有单积分型、双积分型等。并行比较型 ADC 的速度最快,但成本也最高;双积分型 ADC 精度高、抗干扰能力强,但速度太慢,适合转换缓慢变化的信号;逐次比较型 ADC 有较高的转换精度、工作速度中等、成本低等优点,因此获得广泛的应用。下面主要介绍 8 位逐次比较型 A/D 转换器 ADC0804 的结构与应用。

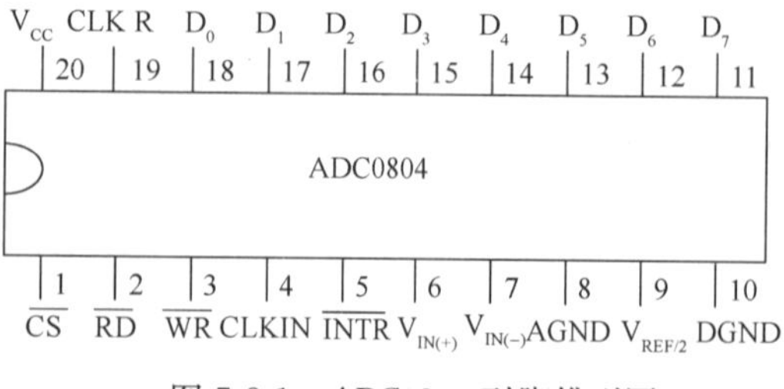

图 7-8-1　ADC0804 引脚排列图

1. A/D 转换器 ADC0804

ADC0804 是 8 位 A/D 转换器,采用 CMOS 制造工艺和逐次比较转换技术。该器件容易与各种微处理器连接,其三态输出可直接驱动数据总线,ADC0804 引脚排列图如图 7-8-1 所示。表 7-8-1 为 ADC0804 的引脚功能说明。

表 7-8-1　DAC0804 的引脚功能说明

引　脚	说　明	引　脚	说　明
$V_{IN(+)}$ $V_{IN(-)}$	$V_{IN(+)}$，$V_{IN(-)}$：差动模拟电压输入。输入单端正电压时，$V_{IN(-)}$接地	$D_7 \sim D_0$	8 位数字信号输出端
$\overline{WR}$	写数据控制信号输入端，此信号上升沿启动 A/D 转换过程	$\overline{INTR}$	转换结束信号输出端。当 A/D 芯片正在转换数据时$\overline{INTR}=1$；一旦结束，$\overline{INTR}$变为低电平，通知接收设备读取数据
$\overline{CS}$	片选信号，低电平有效	$\overline{RD}$	读数据控制信号输入端。此信号低电平时，将转换数据输出
V_{CC}	5V 电源端	$V_{REF/2}$	参考电压输入端。参考电源取输入信号电压(最大值)的二分之一
CLKIN，CLKR	时钟输入端或接 RC 振荡元件。ADC0804 内部有时钟电路，CLKIN 和 CLKR 外接一对 RC 元件，可产生 A/D 转换所要求的时钟，振荡频率 $f=1/(1.1RC)$，典型值 $R=10k\Omega$，$C=150pF$，$f=640kHz$，转换速度 $100\mu s$. 若采用外部时钟，则从 CLKIN 输入，频率范围 100～1460kHz	AGND，DGND	模拟地和数字地，将 AGND 和 DGND 分开，可以使数字电路的地电流不流过模拟信号回路，以防止寄生耦合产生的干扰

2. A/D 转换器的主要技术指标

(1) 分辨率

分辨率是指 A/D 转换器所能分辨的输入模拟量的最小值，通常用输出二进制数的位数表示。从理论上讲，n 位输出的 A/D 转换器能区分 2^n 个输入模拟电压信号的不同等级，能区分输入电压的最小值为满量程输入的 $1/2^n$。在最大输入电压一定时，输出位数越多，量化单位越小，分辨率越高。例如，A/D 转换器输出为 8 位二进制数，输入信号最大值为 5V，则这个转换器能区分出输入信号的最小电压值为 $5V/2^8=19.53mV$。

(2) 转换时间

转换时间指 ADC 完成一次完整的转换所需要的时间，即 A/D 转换器从转换控制信号到来开始，到输出端得到稳定的数字信号所经过的时间。

A/D 转换器的转换时间与转换电路的类型有关。不同类型的转换器转换速度相差甚远，其中并行比较 A/D 转换器的转换速度最高，逐次比较型 A/D 转换器次之，间接 A/D 转换器的速度最慢。

(3) 转换误差

转换误差也称为转换精度，它是指转换后所得结果相对于实际值的差值，ADC 的转换误差有绝对误差和相对误差两种表示方法。

ADC 的绝对误差是指与输出数字量对应的理论模拟值与产生该数字量的实际输入模拟值之间的差值。这一差值常用数字量的位数作为度量单位，例如，精度为最低值的±1/2 字(记作±1/2LSB)或±1 字(记作±1LSB)等。如果把差值表示为额定最大输入模拟值(FSR)的百分数，则它就是 ADC 的相对误差，例如，±0.05%FSR 或±0.1%FSR 等，ADC0804 的转换精度为±1LSB。

在实际应用中，应从系统数据总线的位数、转换时间、精度要求、输入模拟信号的范围及输入信号极性等方面综合考虑 A/D 转换器的选用。另外，还应注意信号频谱的最高有效频率分量、输出数字的编码、输出方式(三态输出、缓冲或锁存的需求等)、工作温度范围和电压稳定度等方面的要求。

三、实验条件

(1) 数字电子技术实验箱、数字万用表、双踪示波器、直流稳压电源；

(2) ADC0804(A/D 转换器)1 片、DAC0832(D/A 转换器)1 片、LM741(运算放大器)2 片、电阻电容若干。

四、实验内容及步骤

1. A/D 转换器 ADC0804 测试

(1) 按图 7-8-2 连接电路。由+5V 电源经电位器 RP 分压得到输入模拟电压信号 0～5V。由+5V 电源经电位器 RP_1 分压得到输入参考电压 $V_{REF/2}$。转换结束信号 $\overline{INTR}$和转换结果 D_0～D_7 接电平显示发光二极管,用发光二极管显示数字量的大小。

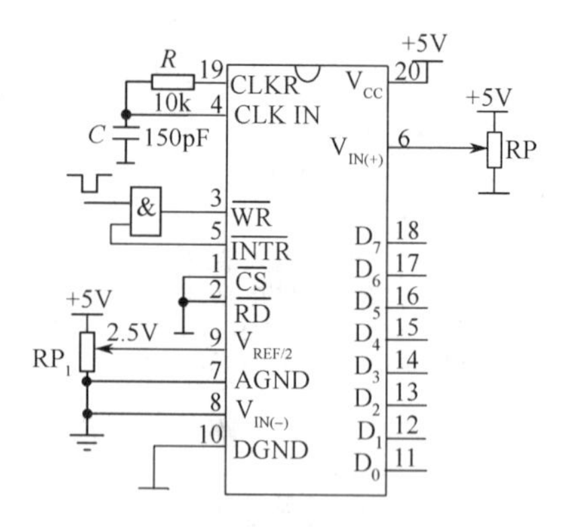

图 7-8-2　ADC0804 实验电路图

(2) 电路连线检查无误后，接通电源。

(3) 按表 7-8-2 的要求,调节电位器 RP 输入模拟电压值。观察 D_0～D_7 的发光二极管,记录模拟信号的转换结果并填入表 7-8-2 中。

(4) 重复(3)步骤,直至测试结束。

(5) 将转换结果换算成十进制数表示的电压值,并与输入电压值进行比较,分析产生误差的原因。

表 7-8-2　ADC0804 测试数据记录表

输入模拟量 V_I/V	输出数字量								
	D_7	D_6	D_5	D_4	D_3	D_2	D_1	D_0	十进制
5.0									
4.5									
4.0									
3.5									
3.0									
2.5									
2.0									
1.5									
1.0									
0.5									
0									

2. A/D—D/A 转换

将 A/D 转换器(ADC0804)与 D/A 转换器(DAC0832)连接起来,按下列要求进行实验。

(1) 将直流电压 V_I(0～5V)输入 A/D 转换器的一个通道,转换后得到的数字量再进行 D/A 转换,得到输出模拟电压 V_O,用万用表测量 V_I、V_O的大小,填入自拟的实验数据表中。

(2) 一个正弦信号经过半波整流后得到单极性电压信号 V_I,将 V_I输入 A/D 转换器的一个通道进行转换,再经过 D/A 转换后,得到输出模拟电压 V_O。用示波器测绘 V_I、V_O的波形,并对两波形进行比较和分析。

(3) 将一个双极性的正弦波电压信号V_I输入 A/D 转换器的一个通道，转换后得到的数字量再进行 D/A 转换，得到输出模拟电压 V_O，用示波器观察、记录 V_I、V_O的波形，并对两波形进行比较和分析。

五、注意事项

(1) 仔细查阅 A/D 转换器 ADC0804 的引脚图，不要接错引脚。

(2) 先连接实验电路，仔细检查后再通电。

(3) 实验结束，先关断电源，再拆除电路。

六、实验报告要求

(1) 整理实验数据，分析实验结果，找出误差产生的原因。

(2) 画出完整的实验电路图。

(3) 说明实验过程中出现的故障现象及其解决方法。

七、预习要求与思考题

(1) 预习要求：

① 了解 A/D 转换器的结构及工作原理。

② 熟悉 ADC0804、DAC0832 的功能和使用方法。

③ 根据实验内容，画出完整的实验电路图和实验记录表格。

(2) 思考题：

① 8 位 A/D 转换器，当其输入从 0～5V 变化时，输出二进制码从 00000000～11111111 变化。问使输出从 00000000 变至 00000001 时，输入电压值变化多少？

② ADC 的主要技术指标有哪些？它们的意义是什么？

③ 12 位 A/D 转换器能够区分出输入信号的最小电压值为多少？

④ 说明 ADC 转换误差产生的原因、绝对误差和相对误差表示的方法。

实验 7-9　基于 Quartus Ⅱ的数字电路仿真实验

一、实验目的

(1) 初步了解使用可编程逻辑器件实现逻辑电路的方法；

(2) 学习 Quartus Ⅱ软件的使用，初步掌握原理图输入的设计方法，以及编译和仿真的过程；

(3) 通过二分频电路的设计仿真实例，掌握一般数字电路的仿真分析方法。

二、实验原理

二分频电路的实现利用了 D 触发器的特性，其原理在实验 7-4 中已经做了详细的说明。本实验是采用 Quartus Ⅱ软件的图形编辑输入法进行二分频电路的设计和仿真验证。

图形编辑输入法也称为原理图输入设计法。用 Quartus Ⅱ软件的原理图输入法进行数字电路的设计与仿真时，不需要任何硬件描述语言方面的相关知识，只要懂数字电路知识，会设计电路原理图，会使用此软件即可方便快捷的进行仿真。

三、实验条件

计算机和 QuartusⅡ软件。

四、实验内容及步骤

下文以 QuartusⅡ7.1 版软件为例，通过采用一片 74LS74 芯片，设计一个二分频电路和实验，简介 Quartus Ⅱ软件的图形编辑输入法进行仿真设计的使用方法。

1. 建立工程和设计文件

首先，在盘中建立一个名为“shudiansy”的文件夹。本例用图形编辑法设计一个二分频电路 fenpin2，需要先建立 fenpin2 的设计工程。在 Quartus Ⅱ集成环境下，执行“File”→“New Project Wizard”命令，弹出如图 7-9-1 所示的新建工程的对话框。此对话框用于登记设计文件存储的文件夹、设计项目名称和顶层文件的实体名。注意：设计项目名称和顶层文件实体名称可以相同，一般在多层次设计中，以与设计项目同名的设计实体作为顶层文件名。

在图 7-9-1 的界面中单击“Next”，进入图 7-9-2 所示的对话框。此页面用于增加设计文件，包括顶层设计文件和其他底层设计文件。如果顶层文件和其他底层文件包含在工程文件夹中，则在此页面将设计文件增加到新建工程中。

单击图 7-9-2 页面中的“Next”，进入图 7-9-3 所示的对话框。该页面用于选择编程下载的目标芯片的类型与型号。注意：在编译设计文件前，应先选择下载的目标芯片，否则系统将以默认的目标芯片为基础完成设计文件的编译。本例未考虑下载到目标器件中，因此直接使用默认的芯片型号即可。

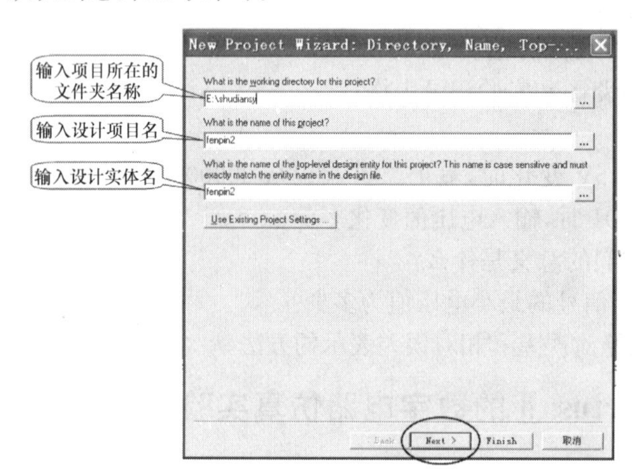

图 7-9-1　新建工程对话框-1

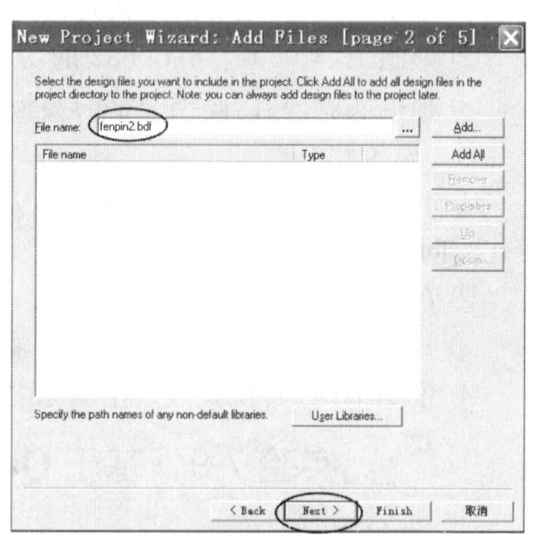

图 7-9-2　新建工程对话框-2

单击图 7-9-3 界面中的“Next”，进入图 7-9-4 所示的界面。此页面用于设置第三方 EDA 工具软件的选用，一般情况下设置为“不使用”（在第三方工具软件选择界面不出现“√”）。

图 7-9-3　新建工程对话框-3

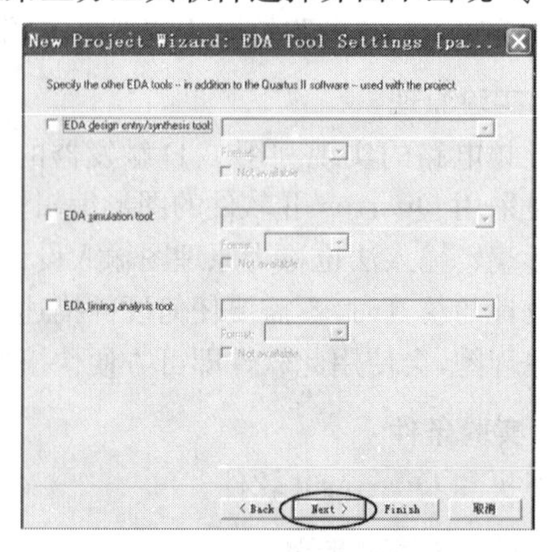

图 7-9-4　新建工程对话框-4

单击图 7-9-4 界面中的“Next”，进入图 7-9-5 所示的界面。此页面显示了新建工程的摘要(Summary)，包括所选目标器件型号、工程名称、顶层文件实体名称等。

新工程建立完成后，即可进行新的电路系统设计。在 Quartus Ⅱ环境下，执行“File→New”命令，弹出图 7-9-6 所示的对话框，选择“Block Diagram/Schematic File”(模块/原理图文件)方式后单击“OK”，进入 Quartus Ⅱ图形编辑方式的窗口界面，见图 7-9-7。

2. 编辑设计文件

在原理图编辑窗的任何一个空白位置双击，或者在编辑窗口右击，选择“Insert”的“Symbol as Block…”项，将弹出一个元件选择窗口。在元件选择窗口中，Quartus Ⅱ列出了存放在\Quartus\Libraries 文件夹中的各种元件库，具体说明如图 7-9-8 所示。

在库中找到相应的元件后单击，然后单击“OK”按钮即可获取该元件，回到编辑窗后继续单击即可将该元件置于编辑窗中鼠标所在位置处。如果只知道元件的名称，要进行快速查找只需在元件选择窗的“Name”处输入元件名称，如果能找到匹配的型号，软件便会自动打开该元件所在的库及其在库中的详细位置。

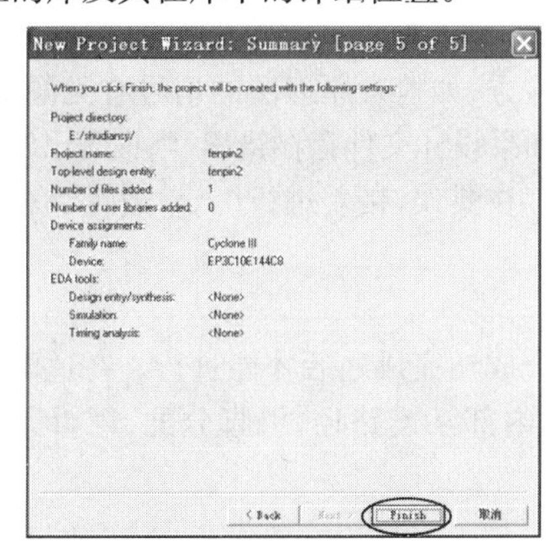

图 7-9-5　新建工程对话框-5

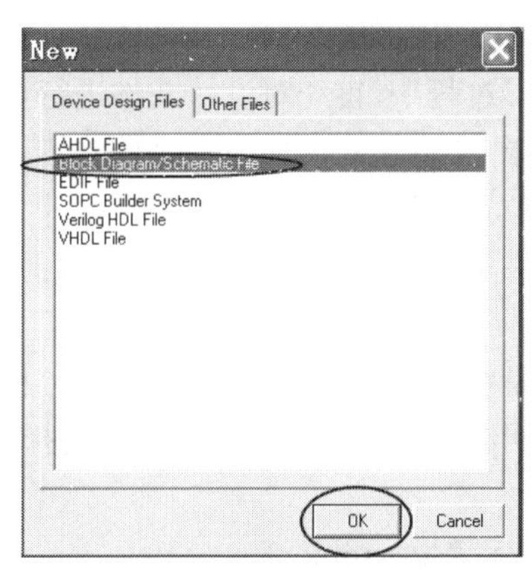

图 7-9-6　编辑文件类型选择窗

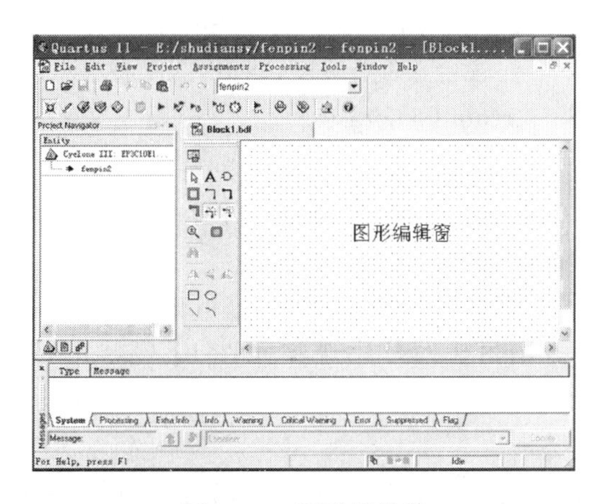

图 7-9-7　图形编辑窗

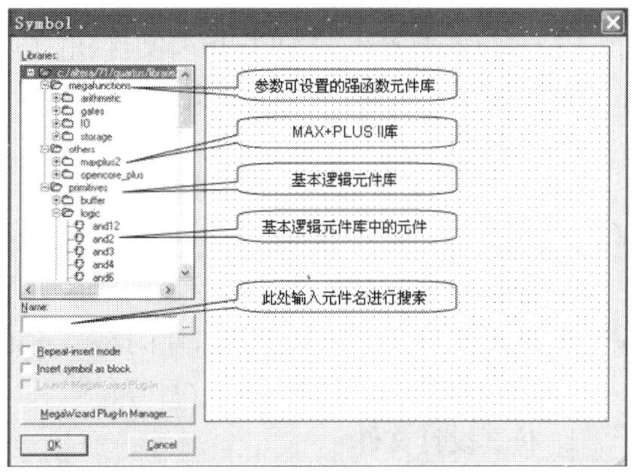

图 7-9-8　元件选择窗口

如图 7-9-9 所示，在库中找到相应的元件 74LS74 和 INPUT、OUTPUT、VCC 后，按二分频器的原理图连接好线路，并将 INPUT 的名称设置为 CP，OUTPUT 的名称设置为 OUT。单击“保存”图标，将文件保存在工程目录中，文件名称为默认的“fenpin2.bdf”。至此，原理图输入法设计的二分频电路完成。

3. 编译设计文件

执行 Quartus Ⅱ主窗口中的“Processing→Start Compilation”命令，或者在主窗口上直接单击“开始编译”命令按钮，开始对 fenpin2. bdf 文件进行编译。编译过程可以在图 7-9-10 所示的状态(Status)窗口上看到(该窗口可以关闭，也可以通过“View→Utility Windows→Status”命令打开)。编译过程包括分析与综合、适配、编程和时序分析 4 个环节。

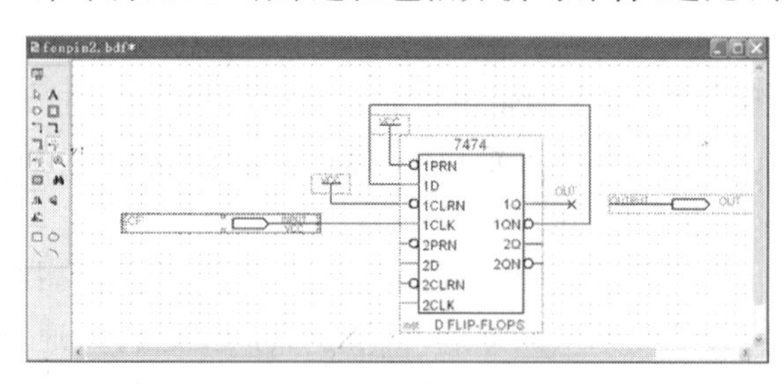

图 7-9-9　二分频电路原理图

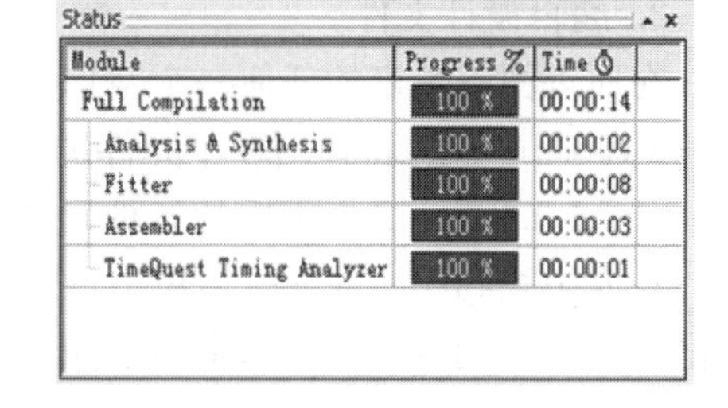

图 7-9-10　编译状态窗口

(1) 分析与综合(Analysis&Synthesis)

在编译过程中，首先对设计文件进行分析和检查，如检查原理图的信号有无漏接、信号有无双重来源、文本输入文件中有无语法错误等。如果设计文件存在错误，则报告出错信息并标出错误的位置，供设计者修改。如果设计文件不存在错误，接着进行综合，通过综合完成设计逻辑到器件资源的技术映射。

(2) 适配(Fitter)

适配是编译的第二个环节，只有当分析与综合成功完成之后才能进行。在适配过程中完成设计逻辑在器件中的布局和布线、选择适当的内部互连路径、引脚分配、逻辑元件分配等操作。

(3) 编程(Assembler)

成功完成适配之后，才能进入编程环节。在编程过程中，产生多种形式的器件编程映像文件，如可以通过 MasterBlaster 或 ByteBlaster 电缆将设计逻辑下载到目标芯片中的编程文件。对 CPLD 来说，是产生 JEDEC 熔丝文件(电子器件工程联合会制定的标准格式，简称 JED 文件)；对于 FPGA 来说，是生成位流数据文件 BG(Bit-stream Generation)。

(4) 时序分析(Timing Analyzer)

成功完成适配之后，设计编译还要进入时序分析环节。在时序分析中，计算给定设计与器件上的延时，完成设计分析的时序分析和所有逻辑的性能分析。

在编译开始后，软件自动弹出如图 7-9-11 所示的编译结果概要报告窗口，报告工程文件编译的相关信息，如下载目标芯片的型号名称、占用目标芯片中逻辑元件 LE(Logic Elements)的数目、占用芯片的引脚数目等。

4. 仿真设计文件

仿真需要经过建立波形文件、输入信号节点、设置波形参量、编辑输入信号、波形文件存盘、运行仿真器和分析仿真波形等过程。

(1) 建立波形文件

执行 Quartus Ⅱ主窗口中的“File→New”命令，弹出编辑文件对话框，选择“Other Files”中的“Vector Waveform File”方式后单击“OK”按钮，进入 Quartus Ⅱ波形编辑，弹出如图 7-9-12 所示的新建波形文件编辑窗口界面。

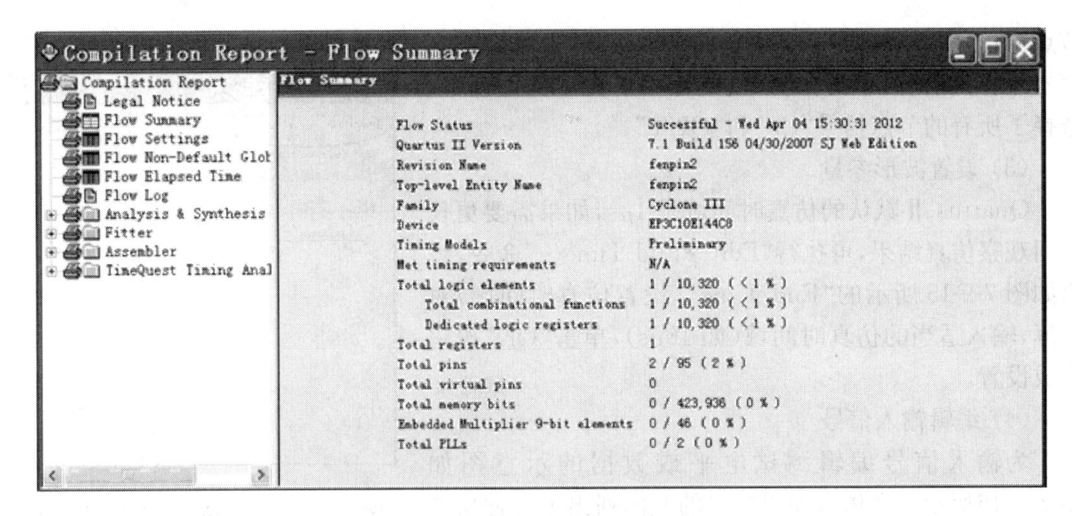

图 7-9-11　编译结果概要报告窗口

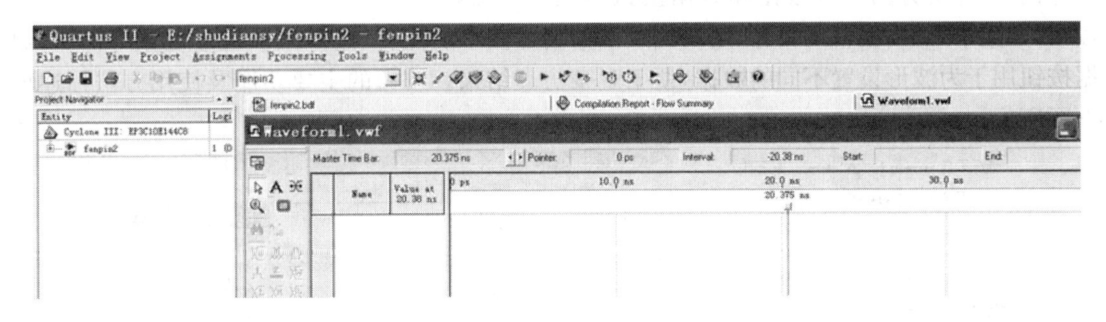

图 7-9-12　新建波形文件编辑窗口界面

(2) 输入信号节点

在波形编辑方式下，执行“Edit→Insert Node or Bus…”命令，或在波形文件编辑窗口“Name”栏中右击，在弹出的快捷菜单中选择“Insert Node or Bus…”命令，弹出如图 7-9-13 所示的插入节点或总线对话框。在此对话框中单击“Node Finder…”按钮，弹出如图 7-9-14 所示的节点发现者(Node Finder)对话框。

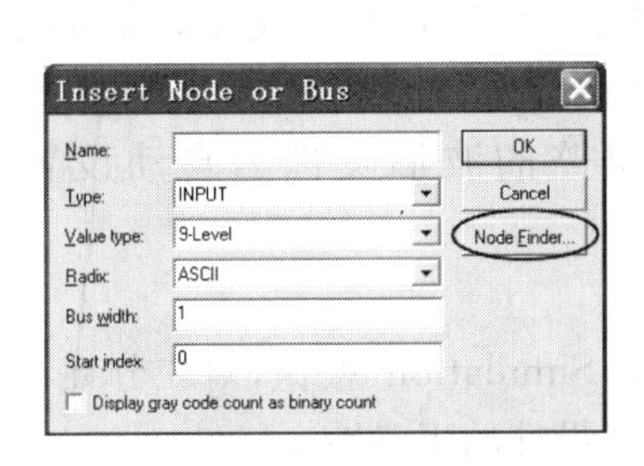

图 7-9-13　插入节点或总线对话框

图 7-9-14　节点发现者对话框

在图 7-9-14 对话框中，“Filter”栏选择“Pins：all”项后，单击“List”按钮，这时在窗口左边的“Nodes Found：”(节点建立)框中将列出该设计工程的全部信号节点。若在仿真中需要观察全部信号的波形，则单击窗口中间的“>>”按钮；若在仿真中只需观察部分信号的波形，则首先将信号名选中，然后单击窗口中间的“>”按钮，选中的信号即进入到右边窗口(被选择的节点窗口)中。如需删除已选择的节点信号,也可将其选中后单击窗口中间的“<”按钮。节点信号选择完毕后,单击“OK”按钮即可。在本例设计中,选择了所有的节点信号“CP”和“OUT”。

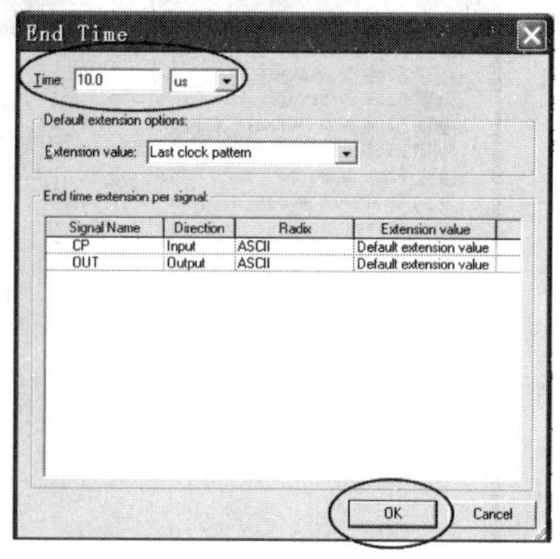

图 7-9-15　设置仿真时间域对话框

(3) 设置波形参量

Quartus Ⅱ默认的仿真时间域是 1μs,如果需要更长时间观察仿真结果,可执行“Edit→End Time…”命令,弹出如图 7-9-15 所示的“End Time”(设置仿真时间域)对话框,输入适当的仿真时间域(如 10μs),单击“OK”按钮完成设置。

(4) 编辑输入信号

为输入信号编辑测试电平或数据的示意图如图 7-9-16所示。在仿真编辑窗口的左侧列出了各种功能选择按钮,主要分为工具按钮和数据按钮两大类。工具按钮(如文本工具、编辑工具等)用于完成诸如增加波形的注释、选择某段波形区域等操作;数据按钮用于为波形设置不同的数据,便于观察仿真结果。按钮的主要功能及使用方法描述如下图所示。

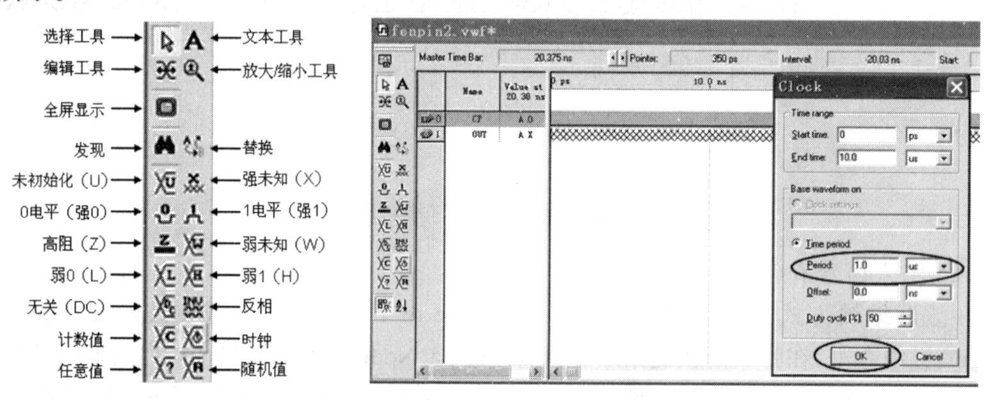

图 7-9-16　为输入信号编辑测试电平或数据示意图

(5) 波形文件存盘

执行”File→Save”命令,在弹出的“Save as”对话框中单击“OK”按钮,完成波形文件的存盘。在波形文件存盘操作中,系统自动将波形文件名设置设计文件名同名,但文件类型是.vwf。例如,波形文件存盘时,系统将二分频器设计电路的波形文件名自动设置为“fenpin2.vwf”,因此可以直接单击“OK”按钮存盘。

(6) 运行仿真器

执行“Processing→Start Simulation”命令,或单击“Start Simulation”按钮,对二分频器设计电路进行仿真,仿真波形如图 7-9-17 所示,仿真结果验证了设计的正确性。

5. **编程下载设计文件**

如果有 FPGA 硬件开发平台支持,可对信号进行引脚锁定并重新编译后,借助 USB Blaster 下载工具将位流数据 BG 文件配置到 FPGA 中去,即可实现二分频器的功能。本例中未涉及到相应的开发平台,具体的引脚锁定和配置方法,请参考相关的软件操作说明文档。

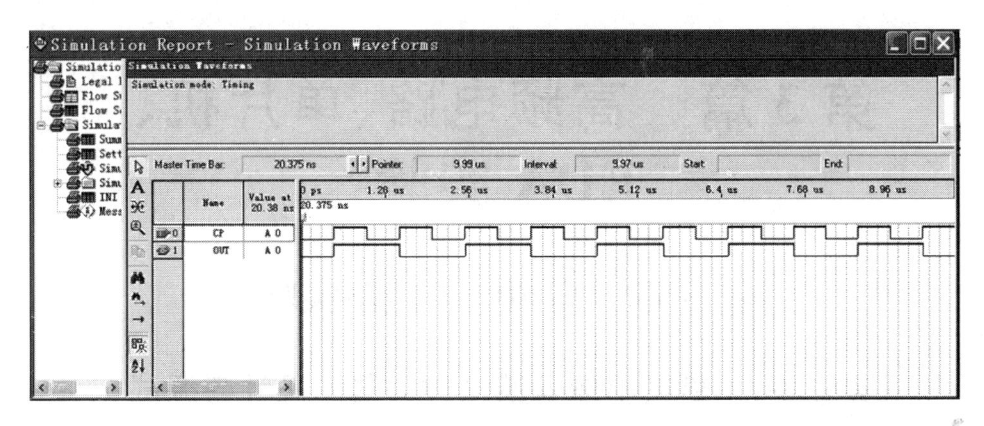

图 7-9-17　二分频器的仿真波形图

五、注意事项

(1) 注意不同类型文件的后缀名(原理图设计文件为 . bdf,波形仿真文件为 . vwf),不可随意更改。

(2) 原理图绘制完成后请及时保存,原理图一经更改需重新进行保存和编译。

(3) 观察仿真波形时,结束时间不宜设置过长(一般不超过 1 秒),否则可能导致仿真加载变慢,其结果的实时效果差,也不便于全面观察与分析。

六、实验报告要求

(1) 回顾设计过程,总结设计的大体方法和注意事项。

(2) 画出完整的实验电路图。

(3) 记录二分频电路仿真得到的波形并进行简要分析。

七、预习要求与思考题

(1) 预习要求

① 了解 Quartus Ⅱ软件的基本操作方法。

② 熟悉 74LS74 的逻辑功能,熟练掌握其典型应用电路。

③ 写好预习报告,画出完整的二分频电路的原理图。

(2) 思考题

① 回顾并总结 Quartus Ⅱ软件进行原理图设计输入和仿真的步骤。

② 用 Quartus Ⅱ软件进行仿真设计的优点、缺点及注意事项分别是什么?

③ 试用该软件设计一个 24 进制计数器,并进行仿真分析。

第3篇　高频电路、单片机、EDA实验

第8章　高频电子线路实验

实验8-1　高频小信号谐振放大器的设计与调试

一、实验目的

(1) 掌握小信号谐振放大器的基本工作原理；

(2) 掌握谐振放大器的电压增益、通频带等参数的定义、测试及计算方法；

(3) 了解高频小信号放大器动态范围的测试方法。

二、实验原理

高频放大器与低频放大器的主要区别在于两者的工作频率范围和所需通过的频带宽度都有所不同，所以采用的负载也不相同。

高频放大器的中心频率一般在几百kHz到几百MHz，但所需通过的频率范围和中心频率相比是很小的，或者只需工作在某一个特定频率。因此一般采用选频网络组成高频放大器。

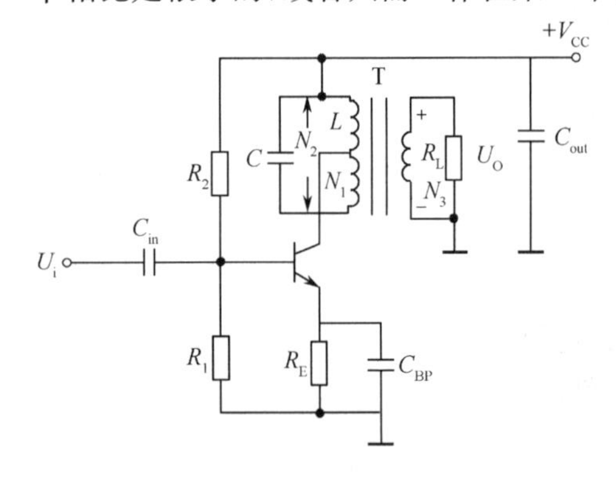

图8-1-1　高频小信号放大器电路图

高频小信号放大器电路由两部分组成：放大电路和选频电路。放大电路的作用是将直流电源转换成交流信号，实现对小信号的放大。选频网络一般采用电感和电容组件。

1. 谐振放大器的元件参数计算

高频小信号谐振放大器原理图如图8-1-1所示。电路中，晶体管起信号放大作用，但随着频率的升高，放大倍数β将会逐渐降低，放大将不易实现，因此可以采用多级级联的方法。我们一般希望工作频率在所选择晶体管的低频区，即晶体管的f_T应尽量高，考虑到实际应用中成本的限制，一般取f_T大于工作频率的10倍。三极管9018基本参数见表8-1-1。

表8-1-1　9018晶体管基本参数

晶体管型号	反压V_{beo}	电流I_{cm}	功率P_{cm}	特征频率	β_{DC}	管子类型
9018	30V	0.05A	0.4W	1GHz	100	NPN

静态工作点选择：

$$V_{CEQ}=5V, I_{CQ}=4mA,\ V_{CC}=6V$$

取$V_E=1V$时，有

$$R_E=\frac{V_E}{I_E}=\frac{1V}{4mA}=250\Omega$$

所以取 $R_E=240\Omega$。

$$V_B=1V+0.7V=1.7V, I_B=I_C/\beta_{DC}=4mA/100=0.04mA,$$

$$R_1=\frac{V_B}{I_{R1}}=\frac{1.7V}{10I_B}=\frac{1.7V}{0.4mA}=4.25k\Omega$$

$$R_2=\frac{V_C-V_B}{I_{R2}}=\frac{6V-1.7V}{11I_B}=\frac{4.3V}{0.4mA}=9.77k\Omega$$

所以,R_1 取 4.3kΩ,R_2 取 10kΩ。

$$r_e=\frac{26mV}{4mA}=6.5\Omega, r_{b'e}=(1+\beta)r_e=101\times6.5=656.5\Omega$$

$$R_i=r_{b'e}//R_1//R_2=539\Omega$$

查手册得:$C_{CB}=1.3pF$,回路中心频率 10.7MHz,带宽 500kHz,

$$Q_L=\frac{10.7MHz}{500kHz}=21.4$$

$$f_0=\frac{1}{2\pi\sqrt{LC_\Sigma}},\quad LC_\Sigma=\frac{1}{(2\pi f_0)^2}=2.2124\times10^{-16} \tag{8-1-1}$$

若取 $L=2\mu H, C_\Sigma\approx110pF$

$$X_L=2\pi f_0L=134.5\Omega$$

$$R_C'=Q_LX_L=21.4\times134.5\Omega=2.88k\Omega$$

$$A_v=-\frac{R_C'}{r_e}=\frac{2.88k\Omega}{6.5\Omega}=-443\text{(输出功率匹配时增益)}$$

$$A_v(dB)=20\lg443=53dB$$

$$A_{uo}=\frac{u_o}{u_i}=\frac{N_3}{N_1-N_2}$$

$$C_i=C_{be}+(1+|A_v|)C_{bc}\approx|A_v|C_{bc}=443\times1.3pF=580pF$$

$$X_{Ci}=\frac{1}{2\pi f_0C_i}=186\Omega$$

$$Z_i\approx539\Omega-jX_{Ci}=539\Omega-j186\Omega=570\angle19^\circ$$

取 $X_{Cin}=\frac{Z_i}{10}\approx57\Omega\Rightarrow C_{in}=\frac{1}{2\pi\times10.7\times10^6\times57\Omega}=261pF$

$$X_{C_{BP}}=\frac{1}{10}(r_e//R_E)\approx\frac{r_e}{10}=0.65\Omega\Rightarrow C_{BP}=\frac{1}{2\pi\times10.7\times10^6\times0.65\Omega}=22.8nF$$

电容 C_{in} 和 C_{out} 是信号输入和输出的耦合电容,起到隔直的作用,使前后各级的直流电位不相互影响。高频放大器的耦合电容不宜过大,否则放大电路将对信号源或上级电路产生反射,它们的值一般取 1nF 以下。

发射极电容 C_{BP} 对高频交流信号相当于短路,消除偏置电阻 R_E 对高频信号的负反馈作用,提高高频信号的增益。

电阻 R_1、R_2、R_E 共同决定晶体管的静态工作点(包括基极直流电压和射极电流),可以使其工作在甲类放大状态。一方面保证晶体管导通正常工作,另一方面使晶体管有较大的放大倍数。

变压器 T 可自行绕制,也可使用电视中周变压器,相关电感参数及阻抗变换比另外计算。实际电路增益计算应考虑 RC 折合到 LC 谐振回路及总谐振电阻 R_P 折合到 N_2-N_1 端的计算,C 选用高频瓷介电容器。

电感和电容组成的谐振电路起选频作用,选择所要频率的信号。可以根据公式计算出 L

和C的值，需要注意，实际的电感、电容组件值和标称值之间是有误差的，并且晶体管极与极之间存在分布电容，所以在实际电路中，电容应该由一个固定的电容和一个可调电容并联组成。如可调电容选取25pF，固定电容的选择应与其取同量级，否则，固定电容值远大于25pF时，可调电容就不能有效的改变调谐频率值。

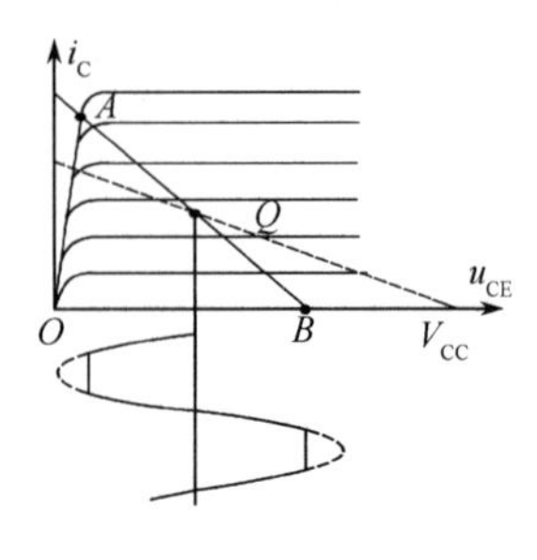

图 8-1-2　三极管输出特性曲线

2. 放大器的工作状态

在图 8-1-1 所示的电路中，V_B是电路中晶体管基极相对地的直流电压。它的特点是：当V_B为正并且输入信号幅度较小以保证输入信号在所有时间内落在晶体管的线性范围内。甲乙类甚至乙类、丙类放大状态中，交流信号V_b总有一部分小于0，出现非线性失真。

本实验要实现的是小信号的线性放大，需要保持晶体管工作在甲类放大状态。另外，对甲类放大器，从小到大改变输入信号的幅度，可以使晶体管从线性放大器过渡到非线性状态，甚至到甲乙类放大器。三极管输出特性曲线如图 8-1-2 所示。

3. 主要参数

（1）谐振增益

放大器的谐振增益是指放大器在谐振频率上的电压增益，记为A_{u0}，其值也可以用分贝(dB)表示。f_0是谐振中心频率，当输入信号的频率刚好等于谐振频率时，放大增益最大。

$$A_{uo}=U_o/U_i \quad \text{（输出电压与输入电压之比）} \tag{8-1-2}$$

$$A_{uo}=20\lg(U_o/U_i)\text{dB} \quad \text{（分贝表示）} \tag{8-1-3}$$

（2）通频带

谐振回路具有选频作用，当工作频率偏离谐振频率时，放大器的电压放大倍数下降。当电压放大倍数A_{uo}下降到谐振电压放大倍数A_{uo}的0.707倍时，所对应的频率范围为放大器的通频带BW。其数学表达式为

$$BW=2\Delta f_{0.7}=f_o/Q_L \text{（}Q_L\text{为回路的等效品质因子）}$$

三、实验条件

（1）双踪示波器　　一台
（2）高频信号源　　一台
（3）频率特性测试仪　　一台
（4）直流稳压电源　　一台
（5）三用表　　一块
（6）通用板1块，电阻、电容、电感若干。

四、实验内容

（1）实验电路如图 8-1-1 所示。设计制作中心频率为10.7MHz，带宽为1MHz以内的高频小信号谐振放大器，电路供电电压为6V，总电流小于6mA，输出负载为1kΩ并联100pF电容。

（2）用三用表直流电压挡测量三极管的静态工作点。

（3）由高频信号源提供有效值为5mV的输入信号，测量电路的电压放大倍数。

（4）用频率特性测试仪测量电路的幅频特性曲线。

（5）改变电路中的R_1、R_2、R_E值，记录放大器对输入的高频小信号的交、直流回路输出。

实验中,可以改变 LC 电路的谐振频率,观察非线性情况。

五、注意事项

(1) 电容和电感的取值。电感和电容组成的谐振电路起选频作用,可以根据公式计算出 L 和 C 的值,需要注意的是,实际的电感、电容组件值和标称值之间是有误差的,并且晶体管极与极之间存在分布电容,所以在实际电路中,电容 C 应该由一个固定的电容和一个可调电容并联组成。

(2) 电路的布局。低频电路中,电路布局对电路效果影响不大,但在高频电路中,布局就是一门学问了。我们不能预知电路中隐藏的分布电容以及其他因素的影响,但按照电路图走向和与组件分布进行布局还是可以做到的。

(3) 射极电阻 R_E的选取。在 V_B一定的情况下,如果 R_E偏大,就会使射极电流偏小,这将影响晶体管的放大倍数。

(4) 电路可能会产生高频自激。有效的解决方法是:

① 给电源加上一个 10μF 的电解电容和一个 0.1μF～0.01μF 的旁路陶瓷电容,或串接一个低通滤波器(可以是 LC 低通滤波器)对电源电压进行缓冲和去耦,电路如图 8-1-3 所示。

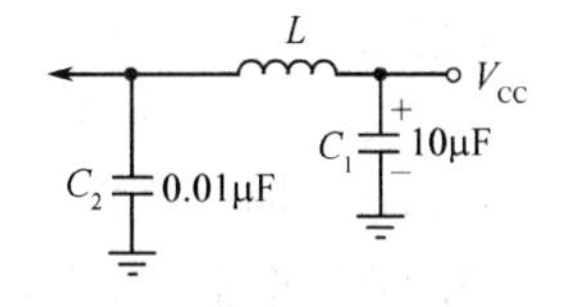

图 8-1-3　LC 低通滤波器

② 调节射极回馈电阻 R_E的值,增大其阻值,但这样势必会降低放大倍数。所以要在二者之间做好权衡。

(5) 频率特性测试仪的输出端应接电路的输入端,频率特性测试仪的输入端应接电路的输出端。

六、实验报告要求

(1) 按要求整理实验数据。

(2) 画出放大器幅频特性曲线。

(3) 对实验结果进行分析讨论。

(4) 写出本实验的心得与体会。

七、预习要求与思考题

(1) 预习要求:

① 复习高频小信号谐振放大器的工作原理。

② 了解高频小信号谐振放大器的基本参数的测量方法。

(2) 思考题:

① 如何判断并联谐振回路是否处于谐振状态? 回路的谐振频率 f_0与哪些参数有关? 用实验说明。

② 为什么说提高电压放大倍数 A_{uo}时,通频带 BW 会减小? 可采取哪些措施提高 A_{uo}? 实验结果如何?

③ 在调谐振回路时,对放大器的输入信号有何要求? 如果输入信号过大会出现什么现象?

④ 影响谐振放大器稳定性的因素有哪些? 你在调整放大器时,是否出现过自激振荡,其表现形式如何? 是采取什么措施解决的?

实验 8-2　LC 振荡器的研究

一、实验目的

(1) 熟悉电容三点式振荡器(考毕兹振荡器、克拉泼振荡器和西勒振荡器)的振荡原理及特点;

(2) 学会数字频率计的使用方法。

二、实验原理及电路

振荡器是一种将直流电源的能量变换为一定波形的交变振荡能量的电路。

LC 振荡器振荡应满足两个条件:

(1) 相位平衡条件:回馈信号与输入信号同相,保证电路正回馈。在电路中表现为,集电极-发射极之间和基极-发射极之间回路组件的电抗性质是相同的,它们与集电极-基极之间回路组件的电抗性质是相反的。在本实验电路中,集电极-基极间的电抗应呈现电感性,而集电极-发射极之间和基极-发射极之间的电抗应呈现电容性。

(2) 振幅平衡条件:反馈信号的振幅应该大于或等于输入信号的振幅,即 $AF \gg 1$(A 为放大系数,F 为回馈系数)。

振荡器接通电源后,由于电路中存在某种扰动,这些微小的扰动信号,通过电路放大及正反馈使振荡幅度不断增大。当振荡幅度增大到一定程度时,导致晶体管进入非线性区,产生自给偏压,引起晶体管的放大倍数减小,最后达到平衡,即 $AF=1$,振荡幅度就不再增大了。

振荡器有一个 LC 并联谐振回路,由于其选频作用,所以使振荡器只有在某一频率时才能满足振荡条件。于是得到单一频率的振荡信号,这个振荡器就是正弦波振荡器。

实验电路如图 8-2-1 所示,第一级为电容回馈三点式振荡器,第二级为射极输出器,T1 为振荡管。振荡回路由 L、C_1、C_2、C_3和 C_4组成,C_1、C_2是反馈组件,构成反馈支路。

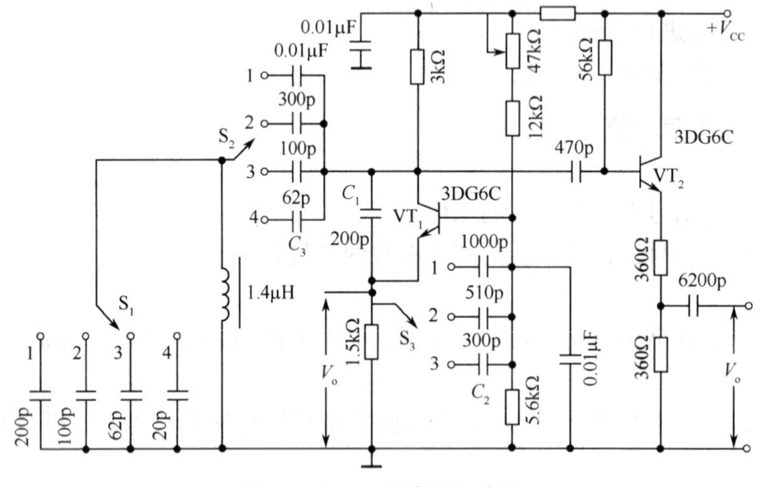

图 8-2-1　LC 振荡器电路图

当 S_1、S_2 和 S_3 分别接到电路中的不同位置时,就可以分别构成考毕兹、克拉泼和西勒三种不同形式的振荡器。

考毕兹电路:S_1→悬空,S_2→1,S_3→任意

克拉泼电路:S_1→悬空,S_2→2、3、4, S_3→任意

西勒电路:S_1→1、2、3、4, S_1→2、3、4, S_3→任意

三、实验仪器

(1) 数字示波器　　　　　　　　　　　一台

(2) 直流稳压电源　　　　　　　　　　一台

(3) 数字频率计　　　　　　　　　　　一台

(4) 数字三用表　　　　　　　　　　　一台

(5) LC 振荡器实验板　　　　　　　　　一块

四、实验内容及步骤

(1) 根据实验电路和实验板，首先明确将实验电路分别改接成考毕兹、克拉泼、西勒三种振荡器时所对应的 S_1、S_2、S_3 的位置。

(2) 在考毕兹电路中，调节静态工作点 V_e 分别为 1V、1.5V、2V 时(应在振荡器停振时进行)，用示波器和频率计测量出 $C_1=200pF$，$C_2=510pF$ 时振荡器的输出幅度，频率及波形，要求用列表的方法整理实验数据。

(3) 在考毕兹振荡器中，当 $V_e=1V$ 时，固定 $C_1=200pF$，改变 C_2 的值(C_2 分别为 1000pF，510pF，300pF)，测量出振荡幅度及频率，将测量结果整理列表。

(4) 在克拉泼振荡器中，当 $V_e=1.5V$ 时，固定 $C_1=200pF$，$C_2=510pF$，改变 C_3 的值(C_3 分别为 300pF，100pF，62pF)，测量出振荡幅度及频率，将测量结果整理列表。

(5) 在西勒电路中，当 $V_e=2V$ 时，固定 $C_1=200pF$，$C_2=510pF$，$C_3=100pF$，改变 C_4 值(C_4 分别为 200pF、100pF、62pF、20pF)，测量出振荡幅度及频率，求出频率覆盖系数，将测量结果整理列表。

五、注意事项

(1) 实验前应检查连接线的好坏，使用时注意不要用力拉拔导线以防连接线损坏。

(2) 注意电源的连接方法。

(3) 判断电路是否满足起振条件。

六、实验报告要求

(1) 按实验内容要求画出测试电路，整理实验数据。

(2) 对实验结果及实验中碰到的问题进行分析。

七、预习要求及思考题

(1) 预习要求：

① 复习 LC 振荡器电路的工作原理，画出三种振荡器的交流等效电路图。

② 计算各振荡器的工作频率。

(2) 思考题：

① 在克拉泼振荡器中，当 C_3 变小为某一数值时，振荡器就会停振，说明停振的原因是什么？

② 同一振荡器在不同工作点时，振荡器输出的幅度为什么不同？三种振荡器在同一工作点时，振荡器的输出幅度为什么不同？

③ 比较一下，利用数字频率计和示波器分别测量频率，各有什么优缺点？

实验 8-3　乘积型乘法器的应用

一、实验目的

模拟乘法器是一种新型的集成器件，它利用晶体管的非线性特性，经过电路上巧妙安排，在输出中把两路输入信号抵消，仅保留由晶体管非线性所产生的两路输入信号的乘积项，从而获得良好的乘法特性。模拟乘法器是一个多用途器件，它与放大器相结合可以完成许多数学运算，如乘法、除法、乘方、开方等，除此以外模拟乘法器还能用来进行各种频率变换，如平衡调制、混频、倍频、同步检波、鉴频、鉴相等。本实验的主要目的是：

(1) 了解 MC1496 型模拟乘法器的工作原理；

(2) 利用 MC1496 型模拟乘法器完成平衡调制、混频、倍频、同步检波及鉴相等频率变换的几种功能。

二、实验原理

MC1496 型模拟乘法器内部结构如图 8-3-1 所示。由图可知，该乘法器是属于并联交叉耦合可变互导型。VT_1、VT_2管组成第一对差分放大器，VT_5是它的恒流源；VT_3、VT_4管组成第二对差分放大器，VT_6是它的恒流源。VT_1和 VT_3集电极连在一起，VT_2和 VT_4集电极连在一起，即 VT_1的基极与 VT_3的基极相连，从这种连接方式可以看出，第一对差分放大器的输入信号极性(对 $u_x(t)$来说)恰好与第二对差分放大器的输入信号的极性相反，当 $u_y(t)=0$ 时，$i_5=i_6$，图中引起电流变化量都是相反的，即

$$\Delta i_1=-\Delta i_2, \qquad \Delta i_3=-\Delta i_4$$

$$u_o(t)=-(i_1+i_2)R_c+(i_3+i_4)R_c$$

$$\Delta u_o(t)=-(\Delta i_1+\Delta i_3)R_c+(\Delta i_3+\Delta i_4)R_c=0$$

可见，当 $u_y(t)=0$ 时，流过集电极负载 R_c的电流变化量 $\Delta i_{RC}=0$，$u_o(t)$中不存在 $u_x(t)$的直流。同理，当 $u_x(t)=0$ 时，$u_o(t)$中也不存在 $u_y(t)$的直流。当同时加入 $u_x(t)$和 $u_y(t)$时，根据分析表明，在 $u_o(t)$中只存在 $u_x(t)$和 $u_y(t)$的乘积项，而没有它们的直流成分，VT_7、VT_8、VT_9等组成具有负反馈电阻的镜像恒流源，电阻、R_{e8}、R_{e9}为负反馈电阻，是为展宽动态范围而设的。MC1496 型乘法器只适于频率较低的场合，一般工作在 1MHz 以下的频率。

MC1496 型模拟乘法器外形、引脚及外部联机图如图 8-3-2 所示，u_x和 u_y信号分别从 8 和 1 脚输入。

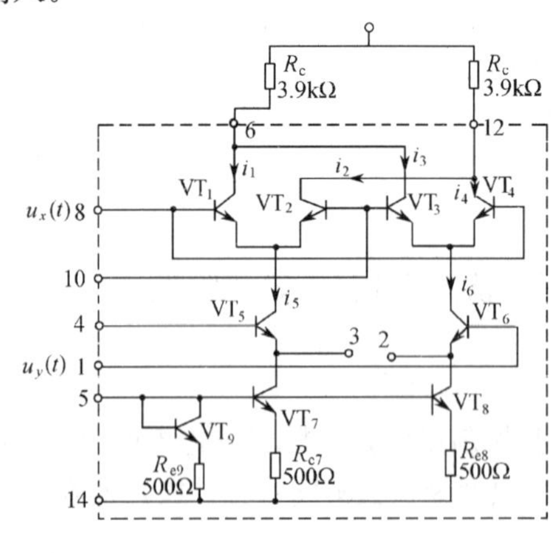

图 8-3-1　MC1496 内部电路图

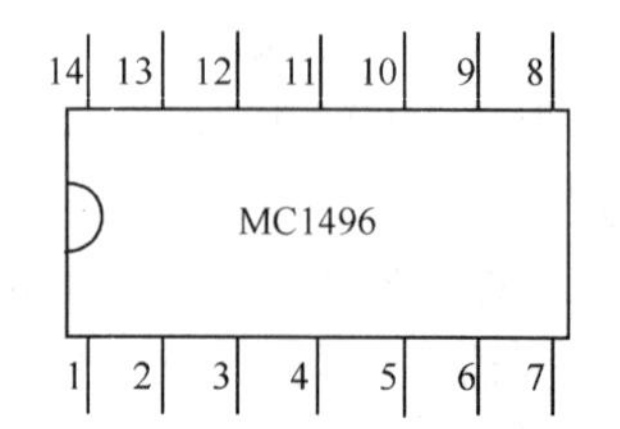

图 8-3-2　MC1496 引脚排列图

用 MC1496 型模拟乘法器能实现各种频率变换器，下面分别介绍原理及电路。

1. 利用 MC1496 实现振幅调制的电路及工作原理

利用 MC1496 实现振幅调制的电原理图如图 8-3-3 所示。

(1) 抑制载波双边带振幅调制信号产生原理

设载波电压为 $u_c = U_c\cos\omega_c t$ (8-3-1)

调制电压为 $u_\Omega = U_\Omega\cos\Omega t$ (8-3-2)

上面两式相乘结果为抑制载波双边带振幅调制信号

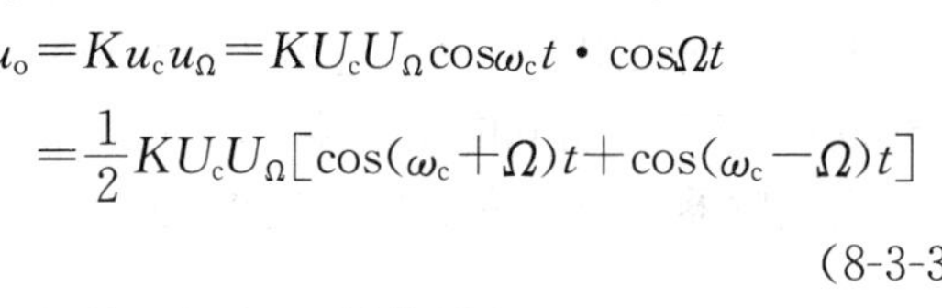

$$u_o = Ku_c u_\Omega = KU_c U_\Omega\cos\omega_c t\cdot\cos\Omega t$$

$$=\frac{1}{2}KU_c U_\Omega[\cos(\omega_c+\Omega)t+\cos(\omega_c-\Omega)t] \quad (8\text{-}3\text{-}3)$$

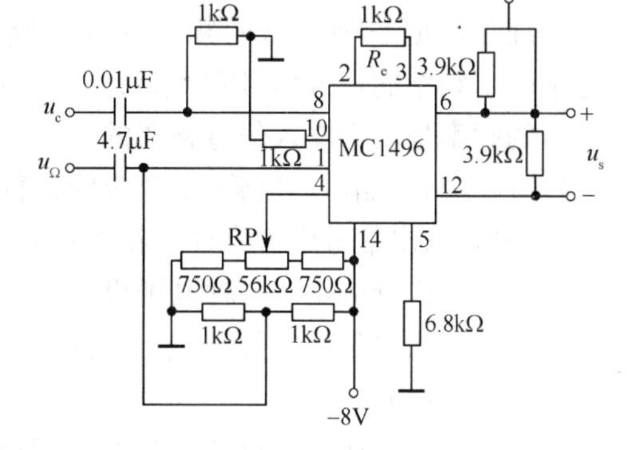

图 8-3-3 乘积型振幅调制实验电路

(2) 普通振幅调制信号产生原理

设载波电压为 $u_c = U_c\cos\omega_c t$

调制电压为 $u_\Omega = E_c + U_\Omega\cos\Omega t$ (8-3-4)

上面两式相乘为普通振幅调制信号

$$U_s(t) = KU_c(E_c+U_\Omega\cos\Omega t)\cos\omega_c t = KU_c E_c\left(1+\frac{U_\Omega}{U_c}\cos\Omega t\right)\cdot\cos\omega_c t$$

$$=KU_c E_c\cos\omega_c t+\frac{1}{2}KU_c U_\Omega[\cos(\omega_c+\Omega)t+\cos(\omega_c\Omega)t]$$

2. 利用 MC1496 实现振幅解调的电路及工作原理

调幅波的解调,就是要求从调幅波中不失真地还原出调制信号,它是调制的逆过程。调幅波的解调有两类基本的解调方法,而同步检波适用于双边带信号和单边带信号的解调。

乘积型同步检波器是采用一个模拟乘法器作为非线性器件,将输入信号与载波信号进行相乘运算,再由低通滤波器从乘法器输出的乘积中取出所需的调制信号,原理图如图 8-3-4 所示,实现同步检波的方框图如图 8-3-5 所示。

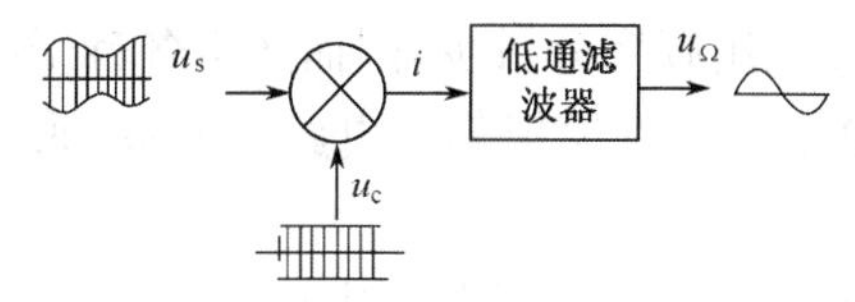

图 8-3-4 振幅解调方框图

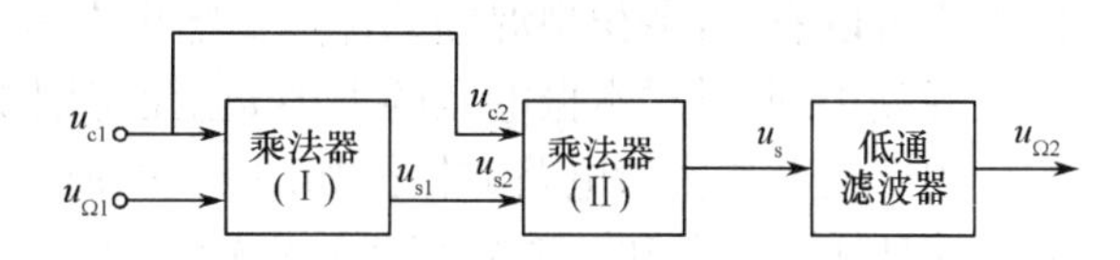

图 8-3-5 实现同步检波方框图

在图 8-3-5 中,乘法器(Ⅰ)产生调幅信号,乘法器(Ⅱ)完成调幅信号的解调,乘法器(Ⅰ)的实验电路如本实验 1 乘积型振幅调制器中的图 8-3-3 所示,乘法器(Ⅱ)是本实验的实验电路。如图 8-3-6 所示。

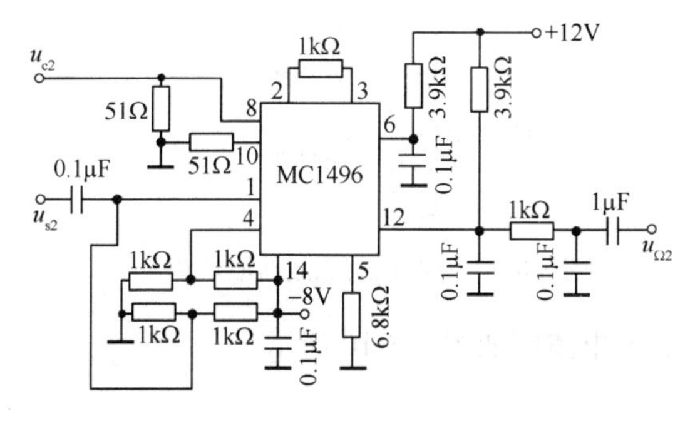

图 8-3-6 乘积型振幅解调器实验电路

设 $u_{c1}=u_{c2}=u_{c1}\cos\omega t$, $u_\Omega = U_\Omega\cos\Omega t$

$$u_{s1}=u_{s2}=u_{c1}\cdot u_{\Omega1}=u_{c1}\cos\omega t\cdot u_{\Omega1}$$

$$u_{s3}=u_{s2}u_{c2}=u_{s1}\cdot u_{c1}=u_{c1}^2\cdot u_{\Omega1}$$

$$=\frac{1}{2}u_{c1}^2(1+\cos2\omega t)\cdot u_{\Omega1}$$

从上式中可知,其中含有 $u_{\Omega1}$ 的频率分量,经低通滤波器后滤波可得:

$$u_{\Omega2}=K\cdot u_{\Omega1} \quad (8\text{-}3\text{-}5)$$

3. 利用MC1496实现混频的电路及工作原理

混频器是一种典型的频率变换电路，即将某一个频率的输入信号变换成另一个频率的输出信号，而保持原有的调制规律不变，其输出信号的频率是两个输入信号频率的和或差。混频器的组成必须有非线性组件，常用的非线性组件有二极管、晶体三极管、场效应管、模拟乘法器等。当两个不同频率的信号经过非线性组件作用后，输出信号中含有许多新的频率分量，因此必须采用选频网络选出所需的频率分量。

混频器广泛应用于各种电子设备。在发射设备、接收设备和电子仪器中，利用混频器可以改变振荡源输出信号的频率；频率合成器件，常用混频器完成频率的加减运算，从而得到各种不同频率的信号。

混频器按工作原理可分为两大类，即叠加型混频和乘积型混频。叠加型混频器原理是先将信号电压和本振电压叠加，再作用于非线性器件的混频。而乘积型混频是将信号电压和本振电压通过模拟乘法器直接相乘。本实验是采用乘积型混频，下面我们侧重介绍乘积型混频的工作原理。

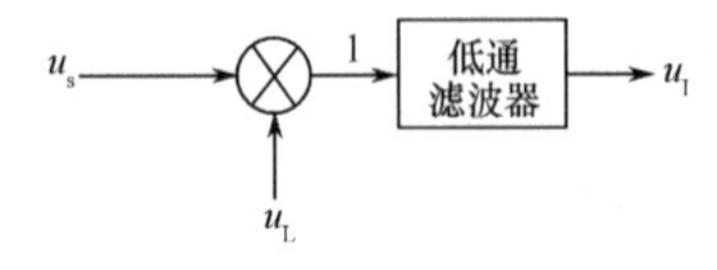

图 8-3-7 乘积型混频器方框图

本实验采用MC1496模拟乘法器进行混频，其实质是将信号电压u_s和本振电压u_L通过模拟乘法器直接相乘，再由低通滤波器取出差频分量实现混频，因此称为乘积型混频器，如图 8-3-7所示。

设信号电压为u_s

$$u_s=U_{sm}\cos\omega_s t,\quad u_L=U_{Lm}\cos\omega_L t \tag{8-3-6}$$

则模拟乘法器的输出电流为

$$i=Ku_s u_L=KU_{sm}U_{Lm}\cos\omega_s t\cos\omega_L t=\frac{1}{2}KU_{sm}U_{Lm}[\cos(\omega_L+\omega_s)t+\cos(\omega_L\pm\omega_s)t] \tag{8-3-7}$$

式中K为相乘增益，由低通滤波器取出差频分量，可获得中频输出电压u_I。

由上式可以看出，乘积型混频的优点是输出电流中无用频率分量少，因而产生各种干扰就比叠加型混频小，同时对本振电压的大小u_{Lm}无特别要求。随着模拟集成电路的发展，乘积型混频的应用广泛。本实验电路方框图如图 8-3-8 所示。

6MHz 晶体振荡器和 1/6 分频器分别输出 6MHz 和 1MHz 的信号，用作本振信号，虽然是非正弦信号，但对混频结果没有影响。

乘法器相乘后经有源低通滤波器输出，便可获得差频信号。其低通有源滤波器电路如图 8-3-9所示。

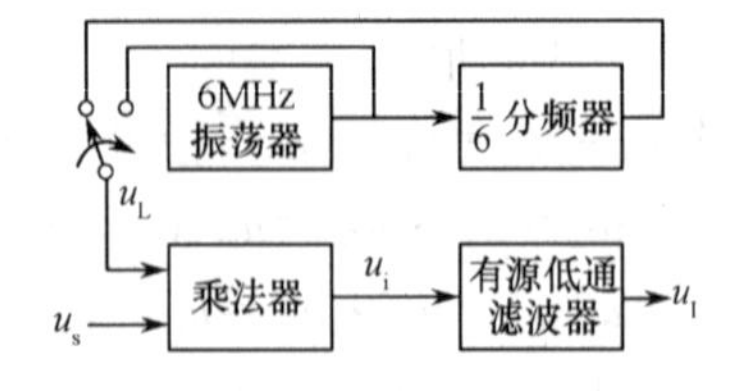

图 8-3-8 实验电路方框图

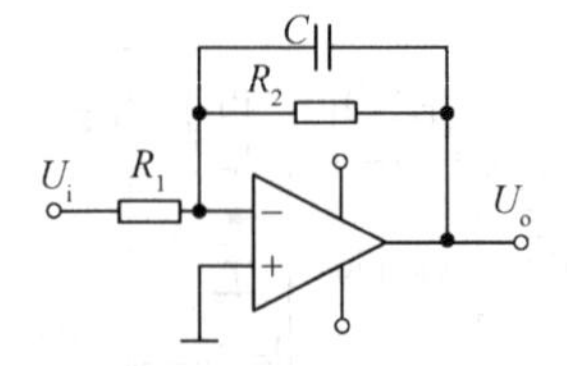

图 8-3-9 有源低通滤波器原理图

其增益$K=\frac{R_2}{R_1}$，截止频率$f_c=\frac{1}{2\pi R_2 C}$，本实验的电路图如图 8-3-10 所示。

三、实验条件

(1) 数字示波器　　一台

(2) 高频信号源　　一台

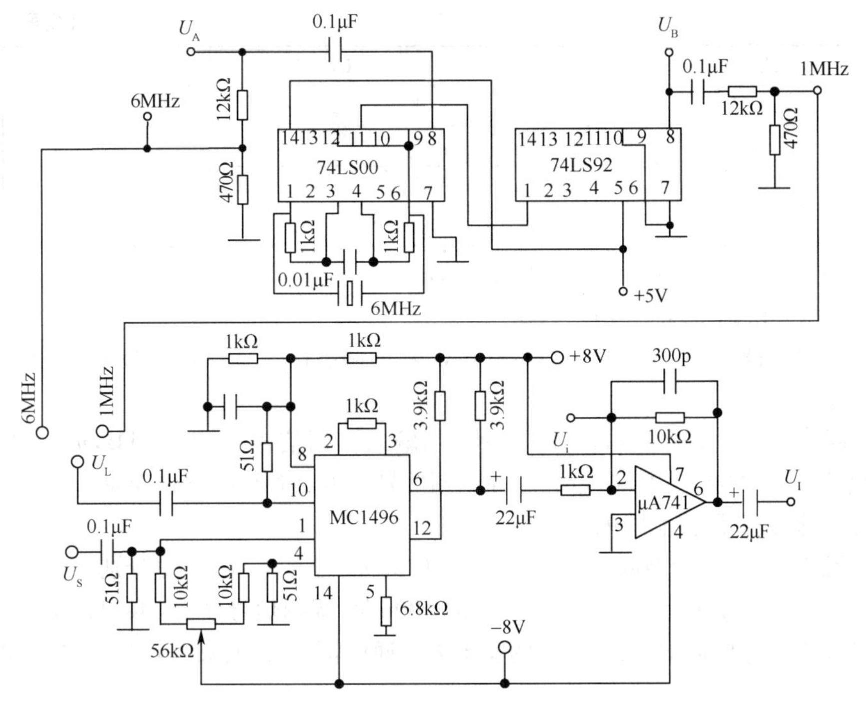

图 8-3-10　乘积型混频器实验电路

(3) 低频信号源　　　　　　　　　　　　一台

(4) 直流稳压电源　　　　　　　　　　　一台

(5) 数位三用表　　　　　　　　　　　　一块

(6) 实验电路板　　　　　　　　　　　　三块

四、实验内容及步骤

1. 乘积型振幅调制器实验内容

(1) 用模拟乘法器实现普通调幅：

① 调制信号 $f_\Omega=1\text{kHz}$，$u_{\Omega 1}=0.4\text{V}$，输入 $f_c=100\text{kHz}$，$u_{c1}=80\text{mV}$ 左右，调节 RP 使电路产生普通调幅波，观察并记录此时 u_{s1} 的波形。

② 根据上面观察的波形，按调制系数的定义计算此时的调制系数 m_a，由图 8-3-11 可定义调制系数 m_a：

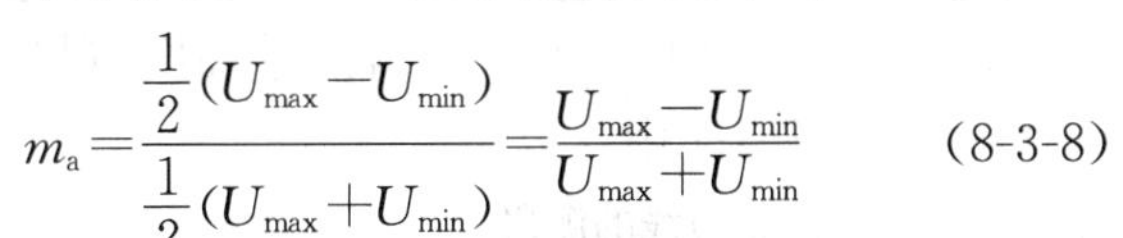

$$m_a=\frac{\frac{1}{2}(U_{max}-U_{min})}{\frac{1}{2}(U_{max}+U_{min})}=\frac{U_{max}-U_{min}}{U_{max}+U_{min}} \qquad (8\text{-}3\text{-}8)$$

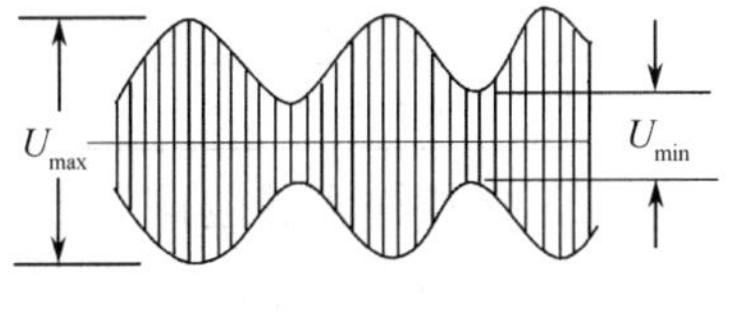

图 8-3-11　调幅波波形

③ 改变调制信号的幅度，观察波形，并计算此时调制系数 m_a，绘出 $m_a \sim U_\Omega$ 曲线，将测量数据填入表 8-3-1 中。

表 8-3-1　调制系数的测量

U_Ω(V)	U_{max}(V)	U_{min}(V)	m_a
0.1			
0.15			
0.2			

（续表）

U_{Ω}(V)	U_{max}(V)	U_{min}(V)	m_a
0.25			
0.3			
0.35			
0.4			

④ 调节 RP，观察并记录过调制的输出波形。

(2) 用模拟乘法器实现平衡调制：

① 输入载波信号 f_c=100kHz，u_{c1}=80mV，不加调制信号 $u_{\Omega 1}$时，调节 RP 使输出信号 u_{s1}幅度达到最小。

② 保持载波信号 f_c=100kHz，u_{c2}=80mV，输入调制信号 f_{Ω}=10kHz，$u_{\Omega 1}$=0.4V，观察并记录输出信号 u_{s1}的波形，特别注意 u_{s1}在调制信号过零点时载波倒相现象。

2. 乘积型振幅解调器实验内容

(1) 将图 8-3-6 与乘积型调制器的图 8-3-3 中的 u_{c1}与 u_{c2}.，u_{s1}与 u_{s2}分别相连。

(2) 输入载波信号 f_{c1}=100kHz，u_{c1}=u_{c2}=80mV，调制信号 $f_{\Omega 1}$=1kHz。$u_{\Omega 1}$=0.4V，调节振幅调制器中的电位器 RP，使 u_{s1}端的输出为普通调幅波，此时观察输出信号 $u_{\Omega 2}$的波形，并与 $u_{\Omega 1}$比较。

(3) 保持调制信号不变，改变载波频率为 f_{c1}=150kHz，u_{c1}=80mV，观察并记录输出电压 $u_{\Omega 2}$的波形。

(4) 保持调制信号不变，载波频率为 f_{c1}=100kHz，改变载波幅度时，观察对输出波形的影响。将测量资料填入表 8-3-2 中。

表 8-3-2　u_{c1}与 $u_{\Omega 2}$曲线的测量

u_{c1}(mV)	20	30	40	60	70	80	90
$u_{\Omega 2}$(mV)							

(5) 保持输入载波信号不变，调制信号 $u_{\Omega 1}$=0.4V，改变调制信号频率 $f_{\Omega 1}$，观察对输出信号 $u_{\Omega 2}$的影响。将测量资料填入表 8-3-3 中。

表 8-3-3　$f_{\Omega 1}$与 $u_{\Omega 2}$曲线的测量

$f_{\Omega 1}$(kHz)	1	2	3	4	5	6
$u_{\Omega 2}$(mV)						

(6) 保持输入载波信号不变，调制信号 $f_{\Omega 1}$=1kHz，改变调制信号幅度，观察对输出信号 $u_{\Omega 2}$的影响，画出关系曲线。将测量资料填入表 8-3-4 中。

表 8-3-4　$u_{\Omega 1}$与 $u_{\Omega 2}$曲线的测量

$u_{\Omega 1}$(mV)	100	200	300	400	500	600	800
$u_{\Omega 2}$(mV)							

3. 乘积型混频器实验内容

(1) 当 u_L的频率为 1MHz，u_s的频率为 1.1MHz、幅度为 0.5V_{PP}时，观察及测绘 u_s、u_L、u_i和 u_1各点波形。

(2) 当 u_L的频率为 6MHz，u_s的频率为 6.1MHz、幅度为 0.5V_{PP}时，观察及测绘 u_s、u_L、u_i和 u_2各点波形。

(3) 当 u_L的频率为 1MHz,u_s幅度为 0.5V$_{(峰值)}$时,改变 u_s的频率 f_s($f_s<f_L$)。测量输出信号 u_I的频率和幅度,即测出有源低通滤波器的下通频带范围。将测量资料填入表 8-3-5 中。

表 8-3-5 通频带的测量

$f_I=f_L-f_s$	1k	20k	40k	50k	80k	100k
U_I						

(4) 当 u_L的频率为 1MHz,u_s幅度为 0.5V$_{(峰值)}$时,改变 u_s的频率 f_s($f_s>f_L$),测量输出信号 u_I的频率和幅度,即测出有源低通滤波器的上通频带范围。将测量资料填入表 8-3-6 中。

表 8-3-6 通频带的测量

$f_I=\|f_L-f_s\|$	1k	20k	40k	50k	80k	100k
U_I						

(5) 当 u_L的频率为 6MHz 时,按(3)、(4)项实验内容要求,测出有源低通滤波器的上下通频带范围。

五、注意事项

(1) 实验前应检查连接线的好坏,使用时注意不要用力拉拔导线以防连接线损坏。

(2) 注意正负电源的连接方法。

(3) 注意输入信号的幅度大小。

六、实验报告要求

(1) 整理实验资料。

(2) 按时间关系画出各频率变换的波形图及频谱变换图。

(3) 在平衡调制的过程中会出现哪几种不正常的波形?试分析原因。

(4) 写出本实验的心得与体会。

七、预习要求与思考题

(1) 预习要求:

① 复习振幅调制器、振幅解调器和混频器的工作原理。

② 了解 MC1496 模拟乘法器应用的相关知识。

(2) 思考题:

① 在平衡调制电路中,若将载波信号的输入幅度改为 1V,电路是否还能实现平衡调制?此时输出波形是否会发生变化?

② 混频电路中出现寄生干扰与哪些因素有关?

实验 8-4 锁相环的应用

一、实验目的

(1) 了解锁相环路的工作原理、电路组成及性能特点;

(2) 掌握锁相环路及其部件性能指标的测试方法;

(3) 掌握集成锁相环的基本应用。

二、实验原理

1. 锁相环的工作原理

锁相环路是一种利用相位负反馈使输出信号与输入信号频率一致,相位差保持恒定值的误差控制系统。它由鉴相器、环路滤波器、压控振荡器等构成。如图 8-4-1 所示。

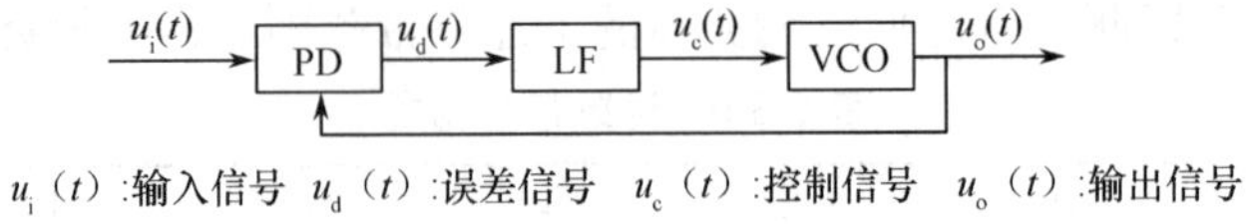

$u_i(t)$ → PD → $u_d(t)$ → LF → $u_c(t)$ → VCO → $u_o(t)$

$u_i(t)$:输入信号　$u_d(t)$:误差信号　$u_c(t)$:控制信号　$u_o(t)$:输出信号

图 8-4-1　基本锁相环路的组成

其中,PD 对 $u_i(t)$的相位 $\theta_i(t)$与 $u_o(t)$的相位 $\theta_o(t)$之差 $\theta_e(t)$[即 $\theta_e(t)=\theta_i(t)-\theta_o(t)$]进行检测,其输出信号 $u_d(t)$是 $\theta_e(t)$的函数,即

$$u_d(t)=f[\theta_e(t)]$$

该函数 $f[\theta_e(t)]$可以具有正弦形,三角形,锯齿形或其他特性。其电路有模拟乘法器、门鉴相器等形式。

LF 是一个线性电路,其传输电路可以用时域的 $F(P)$或频域的 $F(S)$(其中 P 为微分操作数,S 为拉普拉斯操作数)来描述。常见的 LF 电路有 RC 积分滤波器、无源比例积分滤波器、有源比例积分滤波器等形式。

VCO 的振荡角频率 $\omega_v(t)$随输入控制电压 $u_c(t)$而线性变化,可表示成:

$$\omega_v(t)=\omega_o+K_oV_c(t)$$

式中,K_o称为压控灵敏度或增益系数,单位为 rad/v · s,ω_o为 VCO 的自由振荡角频率。它可以由 LC 振荡器、晶体压控振荡器、负阻压控振荡器、RC 压控振荡器等来实现。

当锁相环路工作时,输入信号相位 $\theta_i(t)$与回馈信号相位 $\theta_o(t)$在 PD 中进行比较,得到 $u_d(t)$,再经 LF 滤波得到控制电压 $u_c(t)$,$u_c(t)$控制 VCO,使之产生相对于 VCO 自由振荡角频率 ω_o的相对偏移量。假如环路的输入角频率 ω_i是常数,那么输出角频率 $\omega_v(t)$就会在 $u_c(t)$的控制下不断向 ω_i靠近,当两者达到相等时,$\theta_e(t)$不再变化,$u_c(t)$也成为一个常数,VCO 的输出频率保持不变,环路达到锁定,因此在锁定状态下,进入 PD 的两路信号即输入 $u_i(t)$与输出 $u_o(t)$的频率相等,而其相位差保持一个恒定值。

2. 单片集成锁相环介绍

(1) 单片集成锁相环 NE564 简介

NE564 是 Signetics 公司生产的最高工作频率达 60MHz 的单片集成锁相环,采用+5V 单电源供电,电路设计所使用的组件不多,关键步骤是设置中心频率和如何滤波两个方面。特别适用于高速数字通信中 FM 信号和 FSK(移频键控)信号的调制和解调,且不需外接复杂的滤波器。

① NE564 工作原理及组成:芯片采用双极性工艺,电路由限幅器、鉴相器、压控振荡器、放大器、直流恢复电路和施密特触发器 6 部分组成,内部结构如图 8-4-2 所示。

在图 8-4-2 中,限幅器由差分电路组成,可抑制 FM 信号的寄生调幅;鉴相器(PD)的内部含有限幅放大器,以提高对 AM 信号的抗干扰能力;4、5 脚外接电容组成环路滤波器,用来滤除比较器输出的直流误差电压中的纹波;2 脚用来改变环路的增益;3 脚为 VCO 的回馈输入端;VCO 是改进型的射极耦合多谐振荡器,有两个电压输出端,9 脚输出 TTL 电平,11 脚输出 ECL 电平。VCO 内部接有固定电阻,只需外接一个定时电容就可产生振荡;施密特触发器的回差电压可通过 15 脚外接直流电压进行调整,以消除 16 脚输出信号的相位抖动。NE564 的引脚图如图 8-4-3 所示。

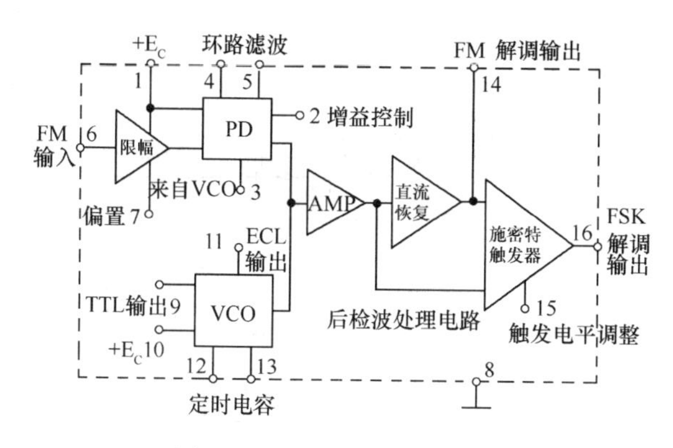

图 8-4-2　NE564 内部方框图

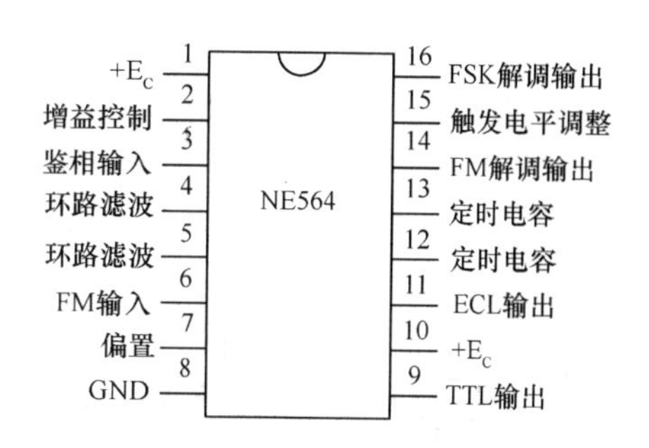

图 8-4-3　NE564 引脚图

NE564 的主要参数如下：NE564 的最高工作频率为 50MHz，最大锁定范围达 $\pm12\% f_o$，输入阻抗大于 50kΩ，电源工作电压 5～12V，典型工作电压为 5V，典型工作电流为 60mA，最大允许功耗为 40mV，在频偏为 ±10%、中心频率为 5MHz 时，输出的解调电压达 140mV(峰峰值)输入信号为有效值大于或等于 200mV(有效值)。

② NE564 锁相环的应用：主要用作锁相倍频、锁相调频和锁相解调。

a. 锁相倍频器

锁相倍频的原理框图如图 8-4-4 所示，图中输出 $u_o(t)$ 不是直接送至 PD，而是经 N 次分频得到 $u_o'(t)$ 后送至 PD，$u_o'(t)$ 的频率为

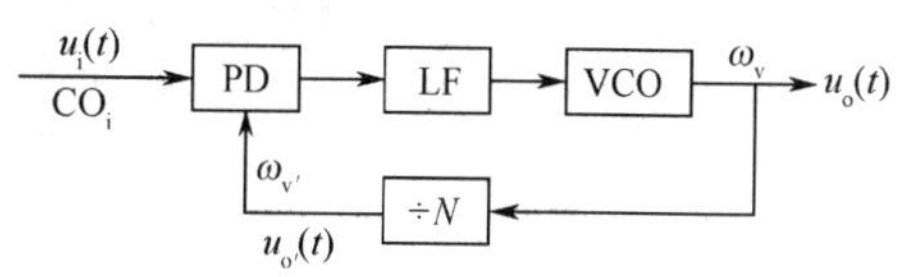

图 8-4-4　锁相倍频原理框图

$$\omega_v'(t)=\omega_v/N \tag{8-4-1}$$

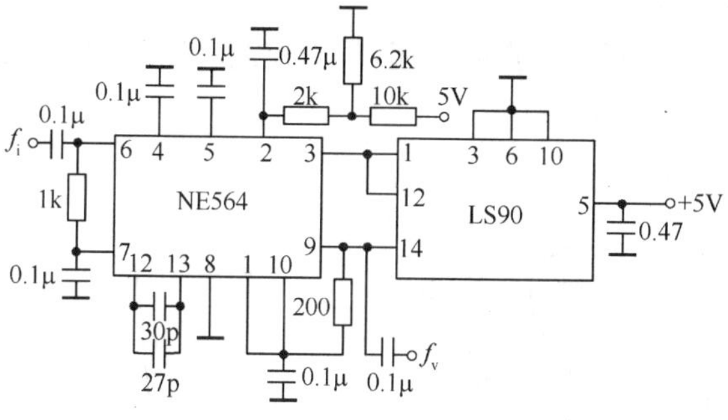

当环路锁定后，进入 PD 的两路信号 $u_i(t)$ 与 $u_o'(t)$ 的频率相等，即：$\omega_i=\omega_v'$

由(8-4-1)式有：$\omega_i=\omega_v/N$，故

$$\omega_v=N\omega_i \tag{8-4-2}$$

即输出 $u_o(t)$ 的频率 ω_v 为输入 $u_i(t)$ 的频率 ω_i 之 N 倍，实现了 N 倍频。倍频实验原理电路如图 8-4-5 所示。本电路为二倍频器，其中 LS90 为二分频器：$f_v'=f_v/2$，当环路锁定后有：$f_i=f_v'=f_v/2$，即 $f_v=2f_i$。

图 8-4-5　二倍频电路

b. 锁相调频器

锁相调频的原理框图如图 8-4-6 所示，当环路锁定后，VCO 的中心频率被锁定在载波的频率上，调制信号 u_Ω 从 VCO 注入，直接对 VCO 的振荡频率进行调制，其调制灵敏度与 VCO 的控制灵敏度相同。锁相调频的实验电路如图 8-4-7 所示。

载波 u_i 从 NE564 的 6 脚输入，而调制信号 u_Ω 通过 0.47μF 隔直电容和 39kΩ 电阻衰减后加至变容二极管，以控制 NE564 内部 VCO 的振荡频率。电位器 RP_1 用来控制变容二极管的直流电压，调节它可以使调频电路工作在最佳状态。

如果不加调制信号 u_Ω，则电路实际上就是一个一倍频器，输出 u_o 的频率就等于输入 u_i 的频率，改变输入 u_i 的频率，即可观察该锁相环的基本跟踪性能。

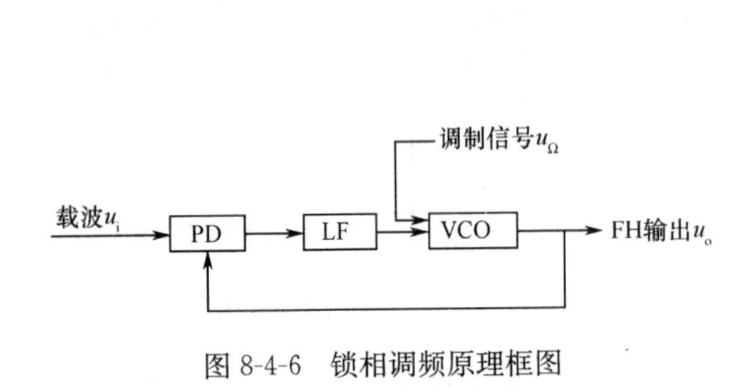

图 8-4-6 锁相调频原理框图

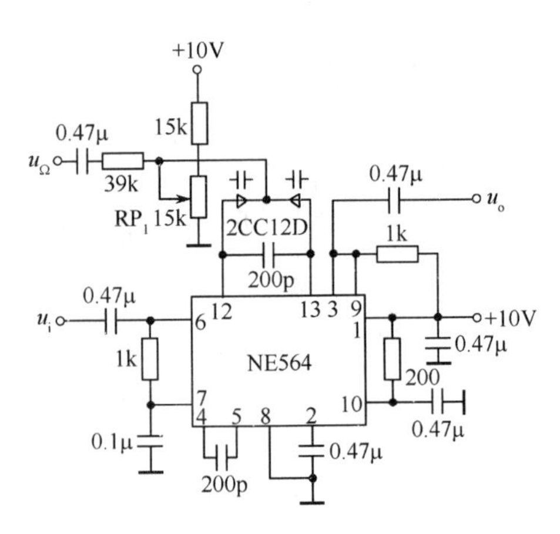

图 8-4-7 锁相调频电路

c. 锁相解调器

锁相解调的原理框图如图 8-4-8 所示。

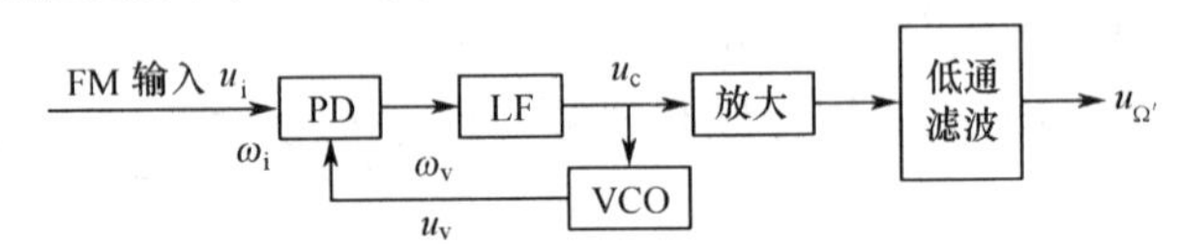

图 8-4-8 锁相解调原理框图

环路正常工作时，VCO 的振荡频率 ω_v 跟踪输入 FM 波的频率 ω_i，因输入 u_i 是调频信号，故 u_i 与 u_v 鉴相并通过 LF 后产生的低频信号 $u_c(t)$，其频率应与 u_i 中的调制信号 u_Ω 的频率一致，否则 ω_v 就不能跟踪 ω_i 的变化，$u_c(t)$ 通过放大和进一步的低通滤波器后，就可得到 FM 波的解调信号 u'_Ω，u'_Ω 与 u_Ω 频率相等，只是幅度有所不同。

FM 解调电路如图 8-4-9 所示，电位器 RP_2 用来调节 2 脚的偏流，从而控制环路的增益，使电路工作在最佳解调状态。

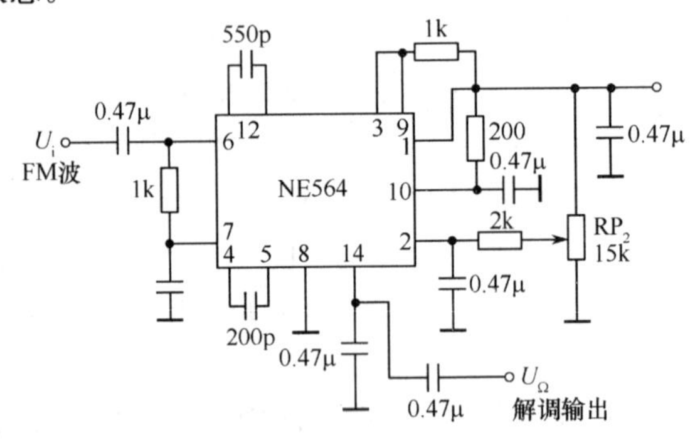

图 8-4-9 调频信号解调电路

(2) CMOS 低频锁相环 CD4046 介绍

CMOS CD4046 锁相环是低频数字锁相环，在数字式倍频、频率合成器、数字锁相跟踪滤波器等中有重要的应用。

① CMOS CD4046 锁相环的工作原理及组成：图 8-4-10 是 CD4046 原理框图。在这个集成芯片中，内含两个相位比较器，其中 PC_1 是异或门比较器；PC_2 是边沿触发式数字相位比较器；还有一个压控振荡器 VCO；一个前置放大器 A_1；一个低通滤波器；输出缓冲放大器 A_2 和

一个内部 5V 基准稳压电源 V_2。各引脚的作用说明如下：

引脚 16 接正电源电压 V_{DD}；引脚 8 接负电源 V_{SS}，在用一组电源时接地；6 脚和 7 脚用来接振荡电容 C；11 脚外接电阻 R_1、R_2 和 C 决定 VCO 的自由振荡频率 f_0；5 脚为 VCO 的禁止端 INH，当 INH＝“1”(即为 V_{DD} 电平)时，VCO 停止振荡，当 INH＝0(即为 V_{SS} 电平)，VCO 振荡；4 脚为 VCO 的输出；3 脚是比较输入端；14 脚是信号输入端；2 和 13 脚分别为相应比较器 PC_1 和 PC_2 的输出端，通过它们可外接低通滤波器，低通滤波器的输出经 9 脚送入 VCO 的控制端，10 脚是低通滤波器输出的缓冲放大输出端，用来检测控制电压 V_d；1 脚是 PC_2 的锁定指示输出，当 1 脚输出逻辑“1”时，电路输入锁定指示输出，反之指示失锁；15 脚是内设 5V 基准电压输出端，使用时要外接内部稳压管的偏置电阻 R_2。

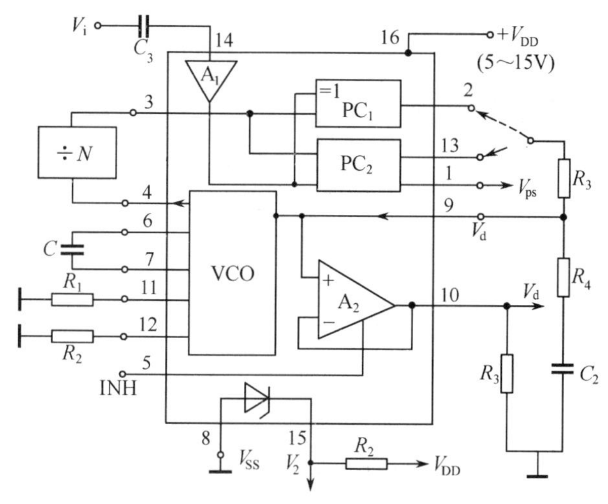

图 8-4-10　CD4046 原理框图

两个相位比较器可按不同的输入状态选择使用。异或门相位比较器在使用时要求两个作比较用的信号必须是占空比为 50%的波形，如果两个需要就要使用边沿触发式相位比较器。

② 锁相环 4046 外部组件的选择：由图 8-4-10 可知，VCO 的特性由外接组件 R_1、R_2 和 C 确定。两个相位比较器可按不同的输入状态选择使用。图 8-4-11(a)、(b)、(c)为 CD4046 中 VCO 在不同外部参数下的特性曲线，这些曲线与表 8-4-1 配合使用，可用作应用时的设计依据。

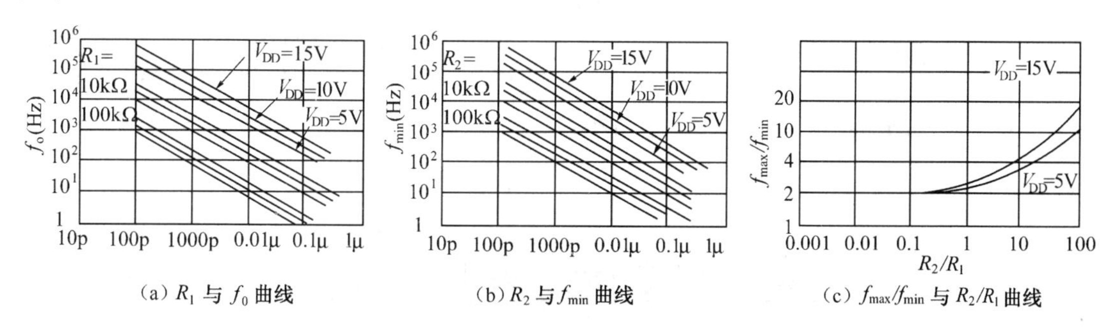

(a) R_1 与 f_0 曲线　　(b) R_2 与 f_{min} 曲线　　(c) f_{max}/f_{min} 与 R_2/R_1 曲线

图 8-4-11　CD4046 在不同外部参数下的特性曲线

③ CD4046 锁相环的应用：CMOS 锁相环电路主要用于低频段的调频解调、频率合成、分相数据同步、相位锁定检波、伺服马达稳速等通信和电子控制电路，下面简单介绍几种常用电路。

表 8-4-1　PC 和 VCO 外部特性表

VCO	使用 PCⅠ		使用 PCⅡ	
	$R_2=\infty$	$R_2\neq\infty$	$R_2=\infty$	$R_2\neq\infty$
f_0	f_0，f_{max}，f_0，f_{min}；$\frac{1}{2}V_{DD}$　V_{DD}　V_d	f，f_{max}，f_0，f_{min}；$\frac{1}{2}V_{DD}$　V_{DD}　V_d	f_0，f_{max}，f_{L0}，f_{min}；$\frac{1}{2}V_{DD}$　V_{DD}　V_d	f，f_{max}，f_0，f_{min}；$\frac{1}{2}V_{D0}$　V_{D0}　V_d
无输入信号	调节在 f_o上		调节在 f_{min}上	
锁定范围	f_L＝整个 VCO 覆盖范围内		$f_L=\frac{1}{2}(f_{max}-f_{min})$	
捕捉范围	U_i　R_1　C_1　U_o	U_i　R_2　R_j　U_o	$2f_c=\frac{1}{\pi}\sqrt{\frac{2\pi f_L}{C_1}}$　$f_c=f_L$	
两信号相位差	f_0 处 90°锁定范围内为 0°～180°		锁定在 0°上	
锁定谐波	能		不能	
噪声容限	高		低	
VCO 外部组件选择步骤	①给定 f_o ②用图 8-4-11(a)求得 R_1、C_1值	①给定 f_o 和 f_L ②用图 8-4-11(b)求 f_{min}决定 R_2、C_1 ③求得 f_{max}/f_{min}，用图 8-4-11(c)得 $R_2/R_§$ ④再求得 L	①给定 f_{max}时，$f_o=f_{max}/2$ 求 f_o ②图 8-4-11(a)得 R_1、C_1	①给定 f_{min}和 f_{max}用图 8-4-11(b)求 R_2、C_1，再求 f_{max}/f_{min} ②用图 8-4-11(c)得 $R_2/R_§$

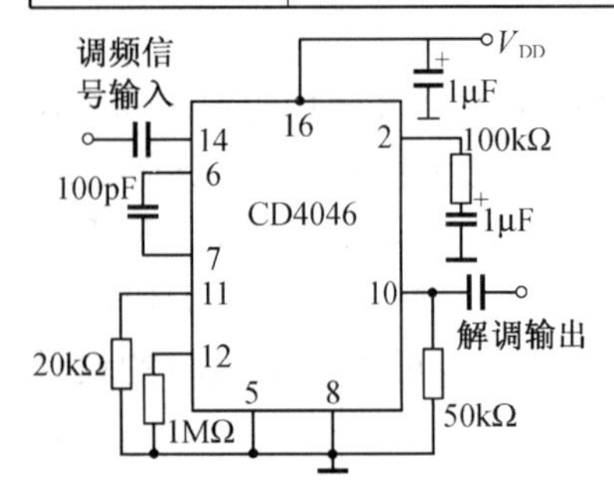

图 8-4-12　调频波解调电路

a. 调频波解调：CD4046 锁相环用于调频解调，其电路图如图 8-4-12 所示。此电路可用于调频中频在 1MHz 左右的调频接收机作解调用，用 CD4046 作调频解调的优点是：线性好，失真小，且系统具有频率选择性，可以不必设置调谐回路基本上无须调谐，就可组成解调电路。

b. 低频频率合成：PLL 最重要的应用是频率合成。所谓频率合成，是用任一指定的基准频率（例如晶振产生的高稳定频率基准）经过一些功能电路的作用，产生一系列我们所需要的稳定度与基准频率相当的其他频率信号。利用锁相实现频率合成的原理框图如图 8-4-13 所示。

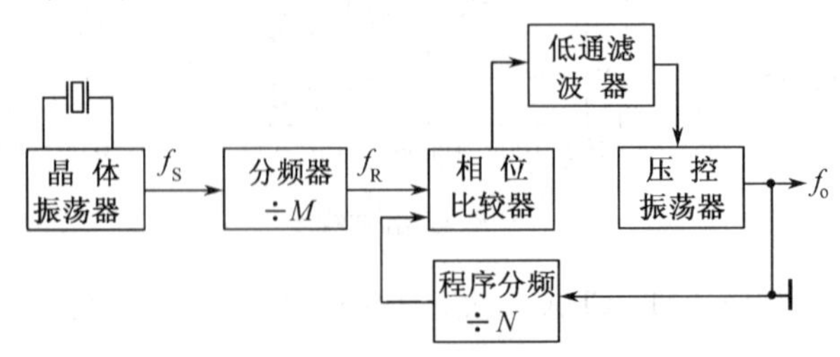

图 8-4-13　频率合成原理图

当环路锁定后，则有 $f_o=\frac{N}{M}f_S$。其中 M 是一固定数值，N 为可变量值，改变 N 就可得到不同的输出频率。当 N 也为固定数值时，则此电路就实现了倍频。用 CD4046 实现 10 倍频的电路如图 8-4-14 所示。

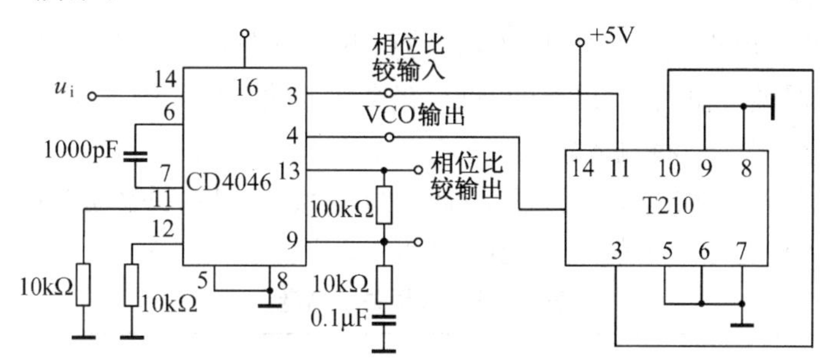

图 8-4-14　10 倍频电路

c. 电机稳速伺服系统：利用 CMOSCD4046 锁相环，可以精密地控制电动机的转速。

一般电机控制系统于图 8-4-15 所示。在这一控制系统中只用 CD4046 的相位比较器Ⅱ。

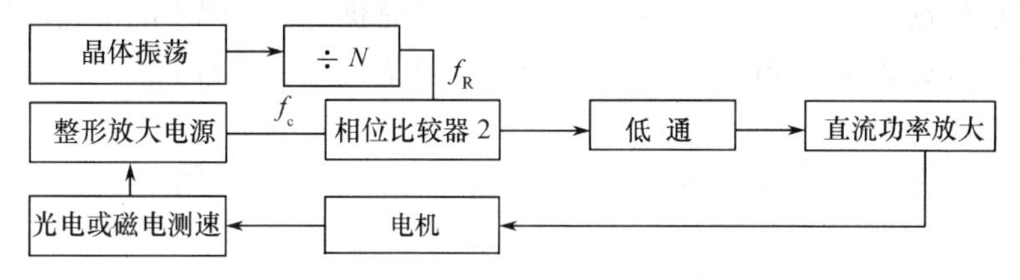

图 8-4-15　电机稳速系统框图

图中晶体振荡信号 f_S经可编程控分频器÷N 后得 $f_R=f_S/N$，而电机转速经光电或磁电测速放大后得转速信号 f_c，当锁定后，应有 $f_c=f_R$。即 $f_c=f_S/N$，可以用测速电路使电机每转一周产生 m 个脉冲，则上述表示式可改写为：$f_c=\frac{m}{N}f_S$

只要我们控制 N 的数值，即可达到要求。

以上介绍了两种单片集成锁相环，NE564 为模拟环，适用于高频，最高工作频率可达 50MHz，但价格贵。CD4046 是数字环，适用于低频，最高工作频率在 1MHz 以下，价格便宜。可根据不同情况选用。

三、实验条件

(1) 数字示波器　　一台

(2) 高频信号源　　一台

(3) 频率计　　一台

(4) 直流稳压电源　　一台

(5) 三用表　　一块

(6) 实验电路板　　三块

四、实验内容及步骤

1. 锁相倍频器

(1) 测量 VCO 的自由振荡频率 f_o

① 按实验电路图 8-4-5 连接电路，接通电源，找到输入输出点。

② 在不外加信号的条件下，接通直流稳压电源，用示波器观察输出点信号波形，该信号就是 VCO 产生的自由振荡波形，测出它的频率 f_o。

（2）观察倍频现象

① 将信号源的输出点接到电路板的输入点，并将其频率 f_i 调到 $1/2f_o$ 附近，峰峰值为 1.5V 左右，用示波器观察输入，输出点的波形，轻微改变输入信号频率 f_i，输出信号频率 f_v 应随之改变，然后固定一个 f_i，将输入输出点的波形描绘下来。

② 将输入信号频率 f_i 在 $1/2f_o$ 附近缓慢改变，用示波器同时观察输入输出点的波形，每改变一次 f_i，测量输入输出信号的频率，并填入表 8-4-2 中。

表 8-4-2　倍频关系测量

f_i(kHz)					
f_v(kHz)					

（3）测量锁相环的捕获带宽和同步带宽

环路的捕获带宽 $\Delta\omega_p$ 是对一定环路而言的能通过捕获而进入同步的最大起始频差。

环路的同步带宽 $\Delta\omega_H$ 是能够保持锁相环路锁定状态的最大固有频差。

测量过程如下：

① 将电路调到锁定状态即输出信号能跟上输入信号的变化，用示波器同时观察两路信号，此时两路信号应该都稳定的显示在屏幕上。

② 把输入信号的频率缓慢调高，使电路刚好失锁，此时示波器上的输出信号波形不能稳定显示，记录下此时的输入信号频率 f_1（应为临界频率）。

③ 把输入信号的频率调低，使电路刚好锁定，此时输出信号又能跟上输入信号的变化，两路信号应该都稳定的显示在屏幕上，记录下此时的输入信号频率 f_2（应为临界频率）。

④ 继续调低输入信号频率，使电路再次刚好失锁，此时示波器上的输出信号波形又不能稳定显示，记录下此时的输入信号频率 f_3（应为临界频率）。

⑤ 把输入信号频率重新调高，使电路再次刚好锁定，此时输出信号又能跟上输入信号的变化，两路信号应该都稳定的显示在屏幕上，记录下此时的输入信号频率 f_4（应为临界频率）。

则该锁相环的捕获带宽，同步带宽分别为

$$\Delta f_p=\left[\frac{1}{2}(f_2-f_4)\right]\times 2=f_2-f_4\text{（捕获带宽）}$$

$$\Delta f_H=\left[\frac{1}{2}(f_1-f_3)\right]\times 2=f_1-f_3\text{（同步带宽）}$$

2. 锁相调频器

（1）按实验电路图 8-4-7 连接电路，接通电源，但不接入载波 u_i 和调制信号 u_Ω。

（2）接通电源，用示波器观察输出信号 u_o，u_o 的频率即为锁相环 VCO 的自由振荡频率，调节电位器 RP_1，使 VCO 的频率约为 1MHz。

（3）将载波信号频率调至 1MHz 左右，幅度 2V 左右，接入电路，用示波器观察输出 u_o，这时 u_o 与 u_i 的频率应该相等，改变 u_i 的频率，u_o 的频率也跟着变化，这就是锁相环的跟踪现象。当 u_i 频率改变到一定程度后，u_o 不再跟随 u_i 变化，锁相环即为失锁状态。仔细调节 u_i 的频率范围，记下能跟踪的最小频率 f_{min} 和最大频率 f_{max}，两者之差即为该锁相电路的跟踪范围。

（4）将调制信号 u_Ω 的频率调到 2kHz 左右，幅度约为 $2V_{(峰值)}$，接入电路，用示波器同时观察 u_Ω 和输出 u_o，并细心调节电位器 RP_1，可以看到调频现象，改变 u_Ω 的频率，调频现象跟着改变。将此时的输入输出波形记录下来。

3. 锁相解调器

（1）按实验电路图 8-4-9 连接电路，接通电源，不接调频波，用示波器观察 NE564 的 9 脚输出的自由振荡信号，频率应为 1MHz 左右。

（2）将实验电路图 8-4-7 中的调频波输出接至本实验的输入端，用示波器同时观察实验电路图 8-4-7 中的调制信号 u_Ω 和本实验的解调信号 u'_Ω。

（3）仔细调节图 8-4-7 中的电位器 RP_1 和本实验电路中的 RP_2，以及 u_Ω 的幅度，使 u'_Ω 波形和 u_Ω 波形基本一致，u'_Ω 即为调频波的解调信号，解调后的信号频率应与 u_Ω 的频率相同，波形呈线性关系，即不失真。

（4）当调制信号 u_Ω 的峰峰值幅度为 2V 时，改变 u_Ω 的频率 f_Ω，测出解调信号 u'_Ω 的频率 f'_Ω 和幅度 u'_Ω。测量资料填入表 8-4-3 中。

表 8-4-3　u'_Ω、f'_Ω 及 u'_Ω 的测量

f_Ω(kHz)						
$f_\Omega{}'$(kHz)						
$u_\Omega{}'$(V)						

4. 当调制信号 u_Ω 的频率为 2kHz 时，改变 u_Ω 的幅度，测出解调信号 u'_Ω 的幅度。测量资料填入表 8-4-4 中。

表 8-4-4　输入输出幅度的测量

u_Ω(V)				
$u_\Omega{}'$(V)				

五、注意事项

（1）实验前应检查连接线的好坏，使用时注意不要用力拉拔导线以防连接线损坏。

（2）注意正负电源的连接方法。

（3）仔细观察电路的频率变化。

六、实验报告要求

（1）按实验步骤要求整理实验资料。

（2）作出必要的曲线。

（3）对实验结果进行分析讨论。

（4）写出本实验的心得与体会。

七、预习要求与思考题

（1）预习要求：

① 了解锁相环 NE564 的基本性能和应用。

② 复习锁相倍频器、锁相调频器、锁相解调器的工作原理。

（2）思考题：

如何判断环路处于锁定状态？你能想出一个简便的指示锁定的方法吗？

实验 8-5　高频谐振功率放大器

一、实验目的

(1) 了解高频谐振功率放大器的工作原理及其负载阻抗、输入激励电压、电源电压等对高频谐振功率放大器工作状态的影响；

(2) 掌握高频功率放大器的设计方法；

(3) 掌握高频谐振功率放大器的调谐、调整和主要技术指标的测量方法；

(4) 熟悉高频仪器仪表的使用方法。

二、实验原理

1. 高频谐振功率放大器的工作原理

高频功率放大器是发射机的重要组成部分。它的主要任务是：以高效率输出最大的高频功率。因此高频功放一般工作在丙类(指调频调相体制而言)，必须是 LC 谐振回路，以实现阻抗匹配。

这里只讨论窄带放大器，图 8-5-1 为一个谐振放大器的原理图，图中 V_{bb} 为基极直流偏压，V_{cc} 为集电极直流电压。为了得到丙类工作状态，V_{bb} 应为负值(NPN 管)，即基极处于反向偏置。图 u_b 为基极激励电压，为了分析集电极电流与激励电压 u_b 的关系，最简单的办法可以从图 8-5-2 所示的晶体管的转移特性曲线入手，工程上常采用折线近似进行处理。V_{DD} 叫做截止电压或起始电压，硅管的 $V_{DD}=0.4\sim0.7$V。由图可知，只有 u_b 的正半周，并且大于 V_{bb} 和 V_{DD} 绝对值之和时，i_e 才流通。一周期内集电极电流在 $-\theta_c\sim+\theta_c$ 时间内导通，因此 θ_c 称为半通角或

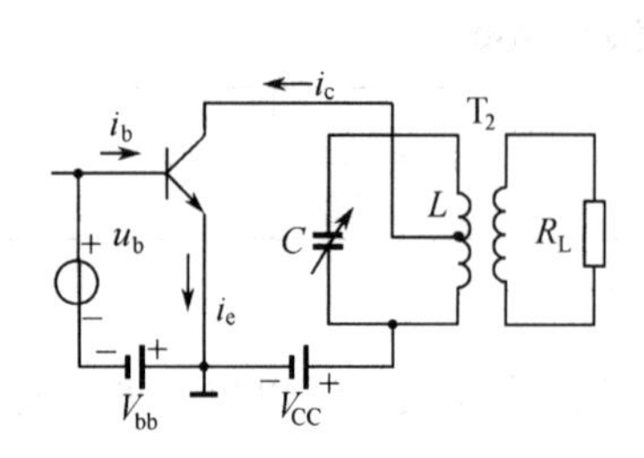

图 8-5-1　谐振放大器原理图

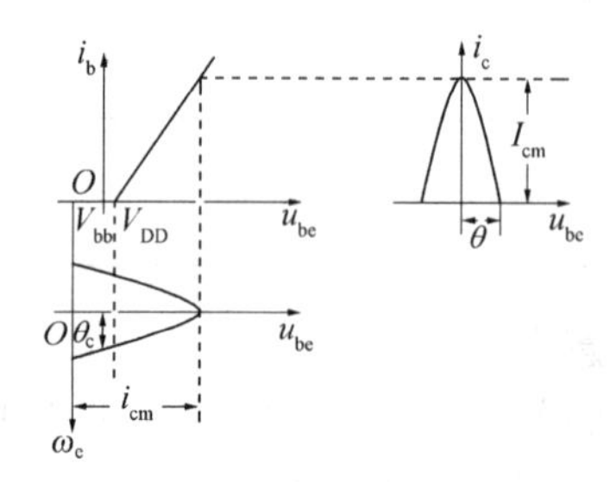

图 8-5-2　i_c 与 u_b 的关系

截止角，(当 $\omega t=\theta_c$ 时电流被截止)，由图可见，$U_{bm}\cdot\cos\theta_c=V_{DD}+V_{bb}$，故得 $\cos\theta_c=\dfrac{V_{DD}+V_{bb}}{U_{bm}}$，图中画出了 u_b 和 i_c 的关系，采用折线近似后，集电极电流是尖顶余弦脉冲，对这余弦脉冲用傅里叶级数进行分解，可求出它的直流、基波与各次谐波的分量，即

$$i_c=I_{c0}+I_{c1m}\cos\omega t+I_{c2m}\cos2\omega t+\cdots+I_{cnm}\cos n\omega t+\cdots$$

其中 I_{c0}、I_{c1m}、I_{c2m}…各量完全取决于脉冲高度 I_{cm} 与通角 θ_c，即

$$I_{c0}=I_{cm}\alpha_0(\theta_c)$$

$$I_{c1m}=I_{cm}\alpha_1(\theta_c)$$

$$\cdots\cdots$$

$$I_{cn}=I_{cm}\alpha_n(\theta_c)$$

式中 α_0、α_1、…、α_n 是 θ_c 的函数，称为尖顶余弦脉冲的分解系数。

在发射机专业书中都有计算方法和图表，在此不列举了。从这些系数分析中 $\theta_c=120°$ 时

I_{c1m}和 I_{cm}达到最大值，因此在 I_{cm}与负载阻抗为定值时，输出功率达到最大值，但这时放大器工作在甲乙类状态，集电极效率太低，一般不用。如单从效率考虑，θ_c值越小，α_1/α_0就越大，效率越高。效率虽高，但 i_c小，功率也小，综合考虑，最佳通角取 70°～80°左右。

综上所述，集电极电流 i_c是脉冲状，包含许多谐波，失真很大，所以集电极电路内必须采用并联谐振回路或其他形式的选频网络，这样 i_c的失真虽然很大，但经滤波电路滤除了各次谐波，使集电极回路的输出仍然得到基波频率的正弦波。

丙类高频功率放大器可工作在欠压状态，过压状态和饱和状态。因欠压状态效率低，而过压状态失真严重，谐波分量大，故这类放大器一般选在饱和状态。在晶体管功率放大器中，可以从改变激励电压、基极偏压、集电极负载、集电极直流供电电压来改变放大器的工作状态。

当放大电路工作在饱和状态时，可以将集电极电流脉冲用傅里叶级数分解，求出它的直流分量，基波分量和高次谐波，从而可以计算出直流供给功率和交流输出功率以及集电极效率。这时集电极输出功率为

$$P_{\sim}=\frac{1}{2}U_{c1m}I_{c1m}=\frac{1}{2}\ \frac{U_{c1m}^2}{R_c} \tag{8-5-1}$$

式中 R_c为集电极负载电阻。集电极电源供给的直流功率为

$$P_0=E_cI_{c0} \tag{8-5-2}$$

其效率为：

$$\eta_c=\frac{p_{\sim}}{p_0} \tag{8-5-3}$$

现引入电压利用系数 $\xi=\dfrac{U_{c1m}}{E_c}$，它的含义是高频交流电压振幅占集电极直流供电电压的百分比。将 $\xi I_{c0}=I_{cm}\alpha_0(\theta_c)$、$I_{C0}=I_{cm}\alpha_0(\theta_c)$、$I_{c1m}=I_{cm}\alpha_1(\theta_c)$代入式(8-5-1)和式(8-5-2)可得

$$P_{\sim}=\frac{1}{2}\xi E_c\alpha_1(\theta_c)I_{cm},\quad P_0=E_c\alpha_0(\theta_c)I_{cm} \tag{8-5-4}$$

现在以一个输入功率为 1W，输出功率为 50W 的功率放大器为例，计算各级工作状态。总功率增益为 17dB，所以采用两级放大，前级输入 1W，输出 10W，增益为 10dB，末级输入 10W 输出 50W 增益为 7dB。关于集电极电源电压的选择，太低功率不够，太高又有晶体管击穿的危险，这是因为丙类放大时，集电极一发射极的瞬时电压接近于集电极电源电压 E_c的两倍，所以 E_c不允许选得太高，一般取 28V。现分别估算末级和末前级的工作状态。

末级：输出功率 50W，考虑输出匹配网络和输出滤波电路的插入损失 0.3dB，则末级晶体管的实际输出功率要求达到 53.6W。作为工程近似计算，可以认为集电极最小瞬时电压 $U_{emin}=1.5V$(集电极-发射极饱和压降)，于是

$$U_{c1m}=E_c-u_{cemin}=2.8-1.5=26.5\quad(V)$$

$$\xi=\frac{U_{c1m}}{E_c}=\frac{26.5}{28}=0.95$$

由式(8-5-1)可得

$$R_c=\frac{U_{c1m}^2}{2P_{\sim}}=\frac{26.5^2}{2\times53.6}=6.5(\Omega)$$

$$I_{c1m}=\frac{U_{c1m}}{R_c}=\frac{26.5}{6.55}=4.05\quad(A)$$

选 $\theta_c=80°$，则 $\alpha_0(80°)=0.286$，$\alpha_1(80°)=0.472$。

$$I_{cm}=\frac{I_{c1m}}{\alpha_1(80°)}=\frac{4.05}{0.472}=8.584$$

$$I_{c0}=I_{cm}\alpha_0(80°)=8.584\times0.286=2.45(\text{A})$$

$$P_0=E_cI_{c0}=28\times2.45=68.6\omega$$

集电极损耗 $P_0=P_0-P_{\sim}=68.6-53.6=15(\text{W})$

$$\eta_c=\frac{P_{\sim N}}{P_0}=53.6\div68.6=78\%$$

包括损耗后的效率为$\frac{50}{68.6}=73\%$。

末前级：设输出功率为 10W，E_c与 V_{c1m}的值与末级相同，则

$$R_c=\frac{U_{c1m}^2}{2P_{\sim}}=\frac{26.5^2}{2\times10}=35.1\ (\Omega)$$

$$I_{c1m}=\frac{U_{c1m}}{R_c}=\frac{26.5}{35.1}=0.75\ (\text{A})$$

也选 $\theta_c=80°$，则

$$I_{cm}=\frac{I_{c1m}}{\alpha_1(80°)}=\frac{0.75}{0.472}=1.59\ (\text{A})$$

$$I_{C0}=I_{CM}\alpha_0(80°)=1.59\times0.286=0.45\ (\text{A})$$

$$P_0=E_CI_{C0}=28\times0.45=12.6\ (\text{W})$$

$$P_c=P_0-P_{\sim}=12.6-10=2.6\ (\text{W})$$

$$\eta_c=\frac{10}{12.6}=79\%$$

2. 高频谐振功放的调谐与调整

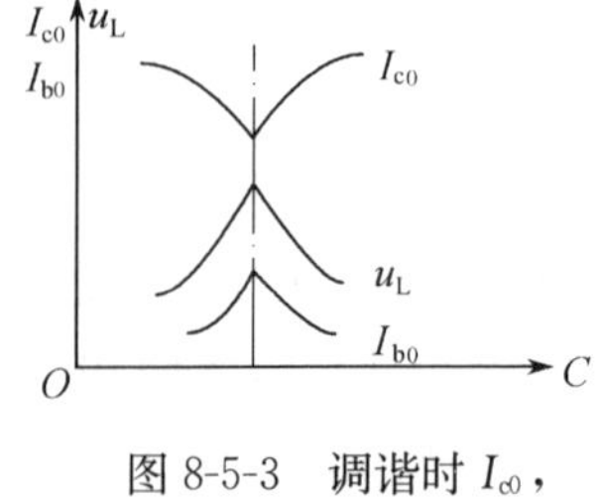

图 8-5-3　调谐时 I_{c0}，I_{b0}，u_L的变化

谐振功放的设计基础是集电极回路或匹配网络对信号频率处于谐振状态，也就是集电极回路呈电阻性。经分析可知，只有集电极回路谐振时，输出电压最大，输出功率也大。无论容性失谐或感性失谐，输出功率都小，所以调整功放电路时，首先进行回路的调谐，调回路的电感或电容组件均可，本实验电路是调电容。调谐特性是指谐振功放集电极回路在谐振过程中，集电极平均电流 I_{c0}(或基极平均电流 I_B)及回路电压 u_L的变化特性。其特性如图 8-5-3 所示，由图可知，当回路自然谐振频率 f_c与信号源频率恰好一致时称为谐振，此时 I_{C0}最小，u_L最大，故可以以 I_{C0}最小或 V_1最大作为谐振指示。理论分析 I_{C0}最小与 u_L最大应同时出现，而实际放大器由于内部电容 C_{bc}回馈，使 u_L最大与 I_{c0}最小往往不是同时出现。

调谐在什么状态下进行好呢？由理论分析可知，放大器工作于欠压状态，i_c是尖顶脉冲，且变化不大，而工作在过压状态，i_c是凹顶脉冲，i_e变化很明显，为使调谐明显，可在弱过压状态下进行，一般以 I_{c0}最小谐振指示，当然也可以用 u_L最大为调谐指示。

由调谐曲线可知，失谐时电流大，功放管功耗大，为保护功放管，在进行调谐时，应降低电源电压为工作电压的$\frac{1}{2}\sim\frac{1}{3}E_0$，或者减小激励电压，调谐后再恢复到正常值。

3. 实验电路

本实验电路如图 8-5-4 所示。电路由三级电路组成。第一级为射随器，起隔离作用，改变射随器的电阻，可改变射随器的输出大小，以控制激励级输入的大小。第二级为功放激励级，

为功放输出级提供一定的激励功率。第三级电路为功放级电路，该级选用3DA1为功放管，电源电压为12V，射极电阻为5.1Ω，起负反馈作用，放大器工作于丙类，采用电容调谐，变压器耦合输出，负载电阻R_L可用电位器进行调节。

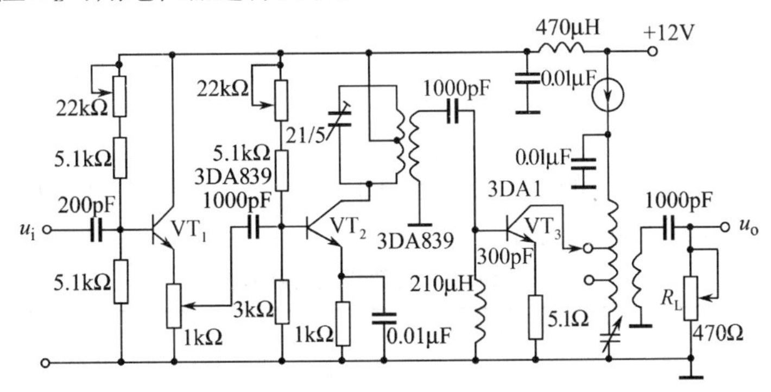

图 8-5-4　高频功率放大器电路

三、实验条件

(1) 数字示波器　　一台

(2) 高频信号源　　一台

(3) 直流稳压电源　　一台

(4) 数位三用表　　一块

(5) 实验电路板　　一块

四、实验内容及步骤

将电路图与实验板对照，找到功放级对应的元器件及测试点。

(1) 调谐步骤

① 不加电，调负载电位器，使R_L为150Ω左右。

② 激励电压V_{bm}为0.8V、E_c为12V，接通电源开关，调节回路电容C，使I_{CD}最小且输出波形不失真。

③ 调节负载电位器，使$R_L=100\Omega$，调节U_{bm}的大小，使输出功率达到100mW以上。

(2) 测工作点

① 当不加激励电压时，记下VT_3的各极直流电压及I_{c0}的值。

② 加上激励电压，$U_{bm}=1V$左右时，记下VT_3的各极直流电压U_{c0}、U_{b0}、U_{e0}及直流电流I_{c0}的值。

(3) 改变抽头位置，观察对放大器工作状态的影响。

测试条件：$E_c=12V$，$R_L=50\Omega$，记下各个抽头时的I_{c0}、U_{RL}值。

(4) 工作特性的测量

① 测试条件：$f_c=10MHz$、$U_{bm}=1V$左右。

② 用双路稳压电源，分别对激励级和功放级供电。

③ 改变功放电源电压E_c，测出对应的I_{c0}和U_{RL}值，注意调谐，用示波器观察并将所测资料填于表8-5-1中，并计算P_L和η。

(5) 负载特性的测量

① 测试条件：$f_c=10MHz$、$u_b=1V$左右，$E_c=12V$。

表 8-5-1　特性参数的测量

E_c(V)	6	8	10	12	14	16	18
I_{c0}(mA)							
U_{RL}(V)							
P_L(mW)							
η							

② 改变 R_L 的值，测出对应的 I_{c0} 和 U_{RL} 值填于表 8-5-2 中，并计算 P_L、P_0（直流输入功率）、η_0 在测试过程中要注意波形不要失真。

表 8-5-2　负载特性的测量

R_L(Ω)	30	50	75	100	150	250	350
I_{c0}(mA)							
U_{RL}(V)							
P_L(mW)							
P_0(mW)							
η							

五、注意事项

（1）三级放大器应先单独调试好再进行联调。

（2）防止电路产生自激。

（3）注意各级三极管的工作状态。

六、实验报告要求

（1）画出高频功放电路的实验电路及交流等效电路。

（2）整理工作特性的资料，算出各测试点的功率 P_L 及 η，绘出 I_{c0}，U_{RL}，P_L，η 随 E_c 变化的曲线，并从图上注明所对应的工作状态。

（3）整理负载特性的测量数据，算出所对应的测试点的功率 P_L，直流供给功率 P_0 及 η，描绘出 P_L，P_0，η，I_{c0}，U_{RL} 随负载变化的曲线。并进行分析讨论。

（4）写出对本实验的心得体会，建议和要求。

七、预习要求与思考题

（1）预习要求：

① 复习高频功率放大器的工作原理。

② 掌握高频电子仪器的使用方法。

（2）思考题：

① 调谐和调整放大器的工作状态有什么不同？应注意什么问题。

② 调谐时，发现 I_{c0} 最小和 U_L 最大不同时出现，为什么？应如何进行调谐？

③ 用示波器监视输出波形时，发现负载电阻 R_L 越大，波形越大，而 R_L 越小时波形越差，为什么？

④ 如何验证本实验电路工作于丙类？

第 9 章　单片机系统设计实验

实验 9-1　发光二极管闪烁控制电路设计

一、实验目的

(1) 熟悉单片机的软件开发环境 Keil C；

(2) 熟悉单片机仿真软件 Proteus；

(3) 掌握单片机程序的基本结构和编程方法；

(4) 掌握单片机时钟电路、复位电路、I/O 接口电路的设计方法，掌握使用单片机程序控制硬件电路工作的方法。

二、实验原理

1. 电路原理

本实验主要使用 P1.0 口的输出功能来控制一个发光二极管的闪烁，闪烁时间间隔 0.2s。当 P1.0 输出“0”时点亮发光二极管，当 P1.0 输出“1”时熄灭发光二极管。单片机完成上述功能，需要配备晶振电路和复位电路，具体电路结构如图 9-1-1 所示。

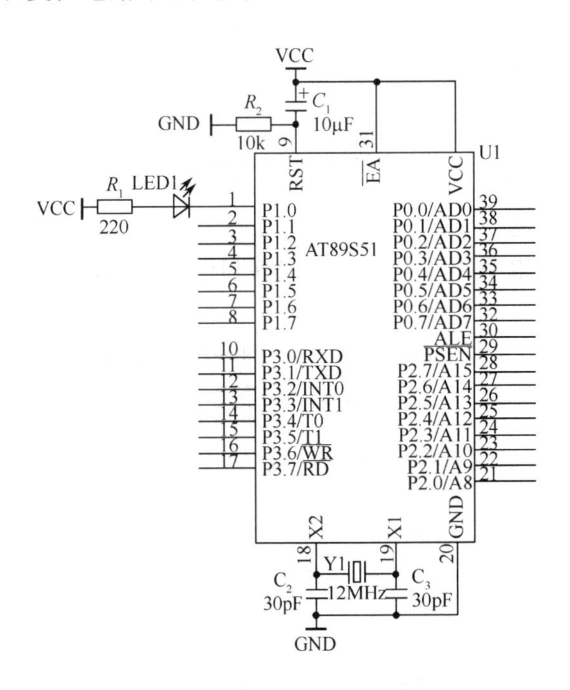

图 9-1-1　发光二极管闪烁控制系统硬件电路

2. 程序设计

(1) 延时程序设计

单片机指令执行的时间很短，晶振为 12MHz 的系统，机器周期为 1μs，一条指令执行时间为 1～4μs，与要求的闪烁时间间隔 0.2s 相差太大，因此，需要通过编写延时程序来达到要求。使用 C 语言开发单片机程序通常使用 for 语句或 while 语句设计延时程序，但 C 语言中无法准确计算程序时间，所以需要通过仿真方法进行尝试，可利用 Keil C 自带的工具或者使用 Proteus 软件进行仿真。

(2) 程序流程

本程序是一个无限循环结构，开始时 P1.0 端口输出高电平，即令 P1.0 为“1”熄灭发光二极管，然后延时 0.2s，再使 P1.0 端口输出低电平，即令 P1.0 为“0”点亮发光二极管，然后延时 0.2s，完成一个有效循环，程序流程图如图 9-1-2 所示。

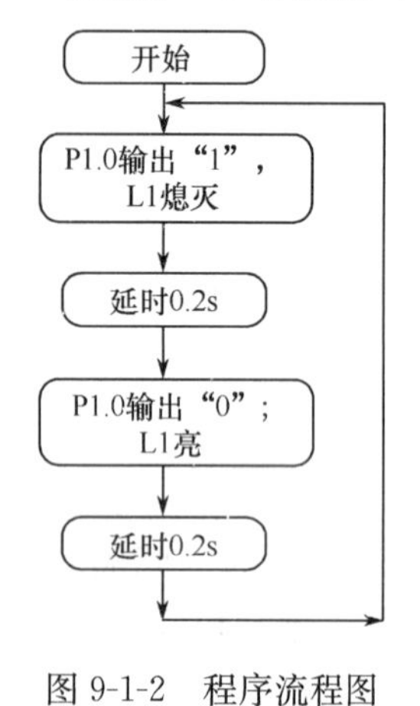

图 9-1-2　程序流程图

三、实验条件

计算机 1 台及 Proteus 仿真软件 1 套。

四、实验内容及步骤

(1) 使用 Proteus 仿真软件绘制硬件电路。

(2) 编写 C 程序，使用 Keil C 进行编译生成 HEX 文件。

(3) 将 HEX 文件调入 Proteus 中进行仿真调试，并观察实验结果。

五、注意事项

(1) 根据电路结构，注意使用 P1.0 输出低电平时才会点亮发光二极管。

(2) 使用 C 语言开发单片机程序无法精确控制时延，为获得精确定时可使用软件仿真或汇编语言嵌套。

六、实验报告要求

完成实验报告的撰写，包括设计思想、程序流程图、操作说明等。

七、预习要求与思考题

(1) 阅读教材中时钟电路、复位电路和 I/O 接口电路的相关内容，掌握单片机 I/O 接口的控制方法。

(2) 熟悉 Proteus 仿真软件，掌握原理图设计和程序设计的一般方法。

(3) 如何通过程序控制发光二极管的显示亮度？

实验 9-2　跑马灯设计

一、实验目的

(1) 熟悉单片机的软件开发环境 Keil C；

(2) 熟悉单片机仿真软件 Proteus；

(3) 掌握单片机程序的基本结构、时钟电路、复位电路、I/O 接口电路的设计方法。

二、实验原理

1. 电路原理

本实验是实验一的扩展，在已经掌握单个 I/O 引脚控制发光二极管的基础上，实现 P1.0 到 P1.7 分别控制 8 个不同的发光二极管的功能，8 个发光二极管 LED1～LED8 分别接在单片机的 P1.0～P1.7 接口上，输出“0”时，发光二极管亮，按照 P1.0→P1.1→P1.2→P1.3→…→P1.7→P1.6→…→P1.0 的顺序控制发光二极管点亮，重复循环，实现跑马灯的功能，电路结构如图 9-2-1 所示。

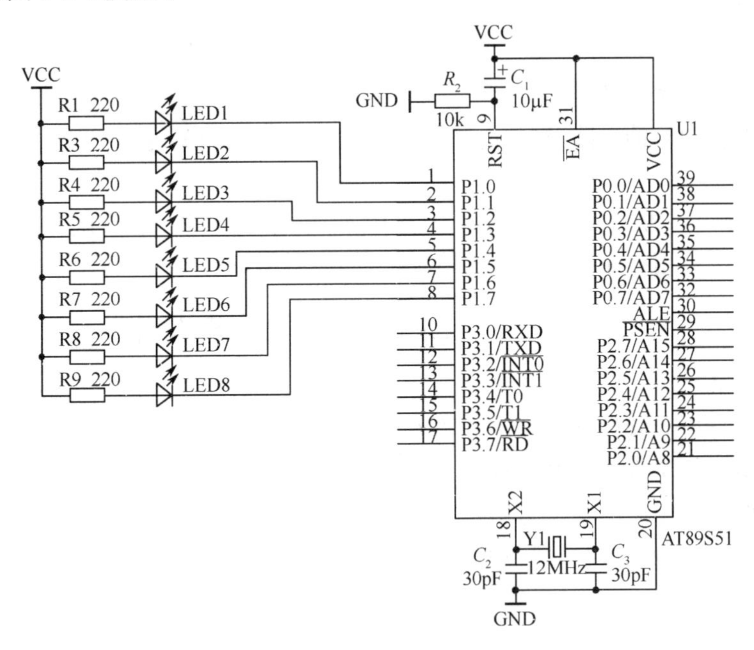

图 9-2-1　跑马灯硬件电路

2. 程序设计

(1) 输出控制

发光二极管是顺序点亮的，因此可以首先令 P1 口输出 0xFE 点亮 L1，然后将 P1 的内容循环左移，再输出便可完成发光管的顺序点亮。

(2) 程序流程

首先令 P1 口输出 0xFE，再延时 0.2s，将 P1 的内容循环左移一位输出，然后程序再返回到延时函数，流程图如图 9-2-2 所示。

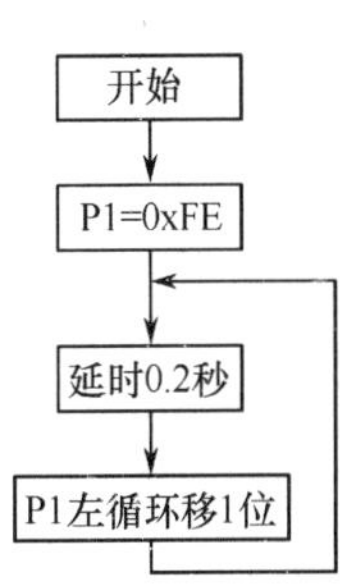

图 9-2-2　跑马灯程序流程图

三、实验条件

计算机 1 台及 Proteus 仿真软件 1 套。

四、实验内容及步骤

(1) 使用 Proteus 仿真软件绘制硬件电路。

(2) 编写 C 程序，使用 Keil C 进行编译生成 HEX 文件。

(3) 将 HEX 文件调入 Proteus 中进行仿真调试，并观察实验结果。

五、注意事项

(1) 根据电路结构，注意使用 P1.0 输出低电平时才会点亮发光二极管。

(2) 注意 P1 口的移位操作是循环左移，如果只使用左移最终会使 P1 内容变为 0x00，8 个发光二极管会全部点亮。

(3) 使用 C 语言开发单片机程序无法精确控制时延，为获得精确定时可使用软件仿真或汇编语言嵌套。

六、实验报告要求

完成实验报告的撰写，包括设计思想、程序流程图、操作说明等。

七、预习要求与思考题

（1）阅读教材中时钟电路、复位电路和I/O接口电路的相关内容，掌握单片机I/O接口的控制方法。

（2）熟悉Proteus仿真软件，掌握原理图设计和程序设计的一般方法。

（3）在尽量少占用程序存储空间的情况下，如何增加跑马灯的显示样式？

实验9-3　模拟开关灯系统设计

一、实验目的

（1）熟悉单片机的软件开发环境Keil C；

（2）熟悉单片机仿真软件Proteus；

（3）掌握单片机程序的基本结构；

（4）掌握单片机时钟电路、复位电路、I/O接口电路的设计方法，掌握通过I/O引脚识别外部信号的方法。

二、实验原理

1. 电路原理

本实验的电路如图9-3-1所示，图中使用P1.0口来控制一个发光二极管的亮灭，使用P3.0的输入功能获取外部按键的开关状态，当按键K1断开时P3.0口会获得高电平，此时读P3.0口时可以得到逻辑“1”，当按键K1闭合时P3.0口会获得低电平，此时读P3.0口时可以得到逻辑“0”。在编写程序时可以通过判断P3.0的状态获得按键的开关状态。

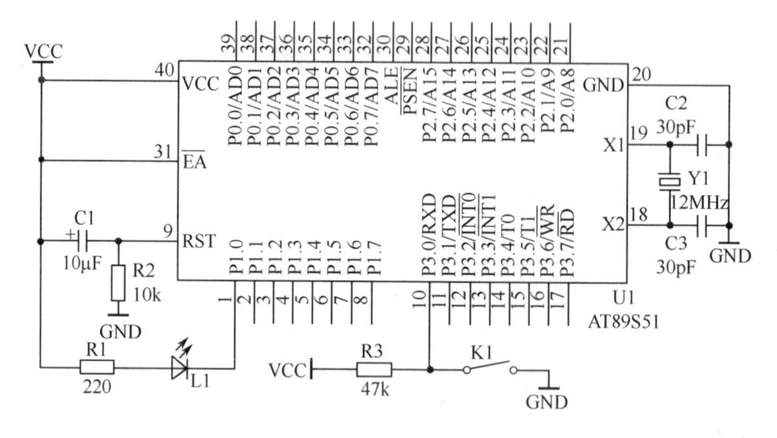

图9-3-1　模拟开关灯系统硬件电路

2. 程序设计

（1）开关状态检测

按键开关状态是从单片机的P3.0端口输入，而输入的信号只有高电平和低电平两种，当开关K1断开时，则输入高电平，当开关K1闭合时，则输入低电平。单片机可以采用查询方式实时判断P3.0的状态，状态为“0”表示开关闭合，状态为“1”表示开关断开。

(2) 输出控制

使用发光二极管的亮灭作为检测到按键状态变化的指示，当检测到开关闭合时，令 P1.0 输出“0”点亮发光二极管 LED1，当检测到开关断开时，令 P1.0 输出“1”熄灭发光二极管 LED1。

(3) 程序流程

程序为一无限循环结构，采用查询方式读取 P3.0 口的状态，然后判断是否为“1”，如果为“1”则使 P1.0 输出“0”，否则输出“1”，然后再进入下一次循环，程序流程图如图 9-3-2 所示。

三、实验条件

计算机 1 台及 Proteus 仿真软件 1 套。

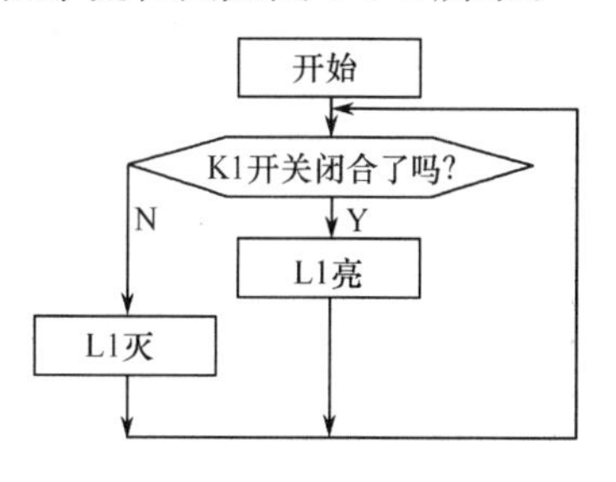

图 9-3-2 模拟开关灯系统程序流程图

四、实验内容及步骤

(1) 使用 Proteus 仿真软件绘制硬件电路。

(2) 编写 C 程序，使用 Keil C 进行编译生成 HEX 文件。

(3) 将 HEX 文件调入 Proteus 中进行仿真调试。

(4) 使开关 K1 分别处在闭合和开启状态，观察发光二极管 LED1 的亮灭情况，如果没有达到预期效果继续修改程序，再重复步骤(2)～(4)，直到功能正确。

五、实验报告要求

完成实验报告的撰写，包括设计思想、程序流程图、操作说明等。

六、预习要求与思考题

(1) 阅读教材中时钟电路、复位电路和 I/O 接口电路的相关内容，掌握单片机 I/O 接口的控制方法。

(2) 熟悉 Proteus 仿真软件，掌握原理图设计和程序设计的一般方法。

(3) 如采用中断方式实现按键的识别，硬件电路和软件编程应如何修改?

实验 9-4 简单按键识别系统

一、实验目的

(1) 熟悉单片机的软件开发环境 Keil C;

(2) 熟悉单片机仿真软件 Proteus;

(3) 掌握单片机程序的基本结构;

(4) 掌握单片机时钟电路、复位电路、I/O 接口电路的设计方法，掌握按键消抖的处理方法。

二、实验原理

1. 电路原理

实验电路如图 9-4-1 所示，利用 4 个发光二极管来指示系统的状态，驱动接口电路同实验 9-2。按键接口设计与实验 9-3 类似，由于 P3 口内部具有上拉电阻，因此省略了外部上拉电阻，当 SP1 闭合时 P3.7 输入为“0”，当 SP1 断开时内部上拉电阻会使 P3.7 输入为“1”。

2. 程序设计

(1) 按键识别方法

按键从未按下到按下以及释放是一个完整的过程，当按下一个按键时，仅希望某个命令只

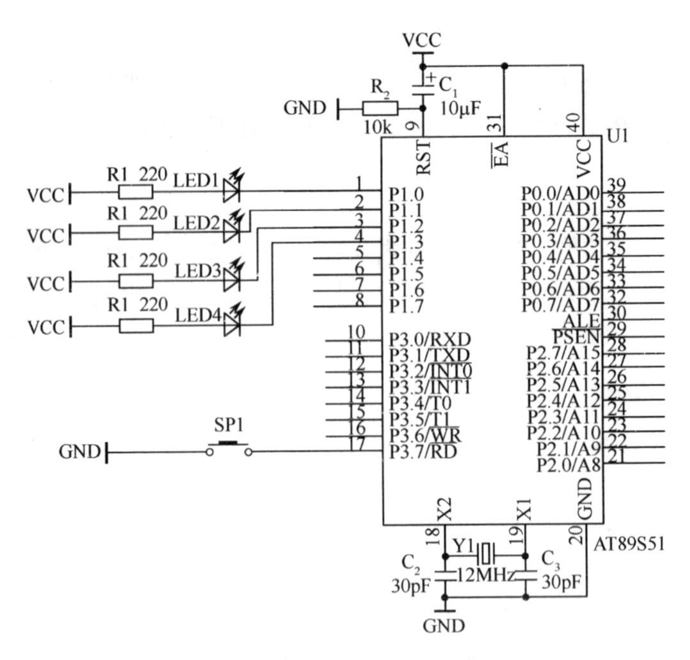

图 9-4-1　按键识别系统硬件电路

执行一次，而在按键按下的过程中，不能有干扰进来，一旦有干扰，可能造成误触发。因此，在按键按下的时候，要把按键的机械接触干扰信号滤除。一般情况下，可以采用电容来滤除这些干扰信号，但此方法会增加硬件成本及硬件电路的面积，因此，通常采用软件滤波的方法去除这些干扰信号。具体的一个按键从按下到释放的全过程的信号图如图 9-4-2 所示。

图 9-4-2　按键信号波形

从图中可以看出，在程序设计时从按键被按下之后延时 5ms 以上，再来检测一次，便可避开干扰信号区域，若按键真的已经按下，这时肯定输出为低电平，若这时检测到的是高电平，证明刚才是由于干扰信号引起的误触发，CPU 就认为是误触发信号而舍弃这次的按键识别过程，从而提高了系统的可靠性。由于要求每按下一次，命令被执行一次，直到下一次再按下的时候，再执行一次命令，因此按键被识别之后，就可以执行这次的命令。此外还要等待一个按键释放的过程，就是使按键恢复成高电平状态，当检测到 P3.7 输入为高电平即认为按键已经释放。

(2) 程序流程

按键识别程序流程图如图 9-4-3 所示，此处需要在程序中增加一个 10ms 的延时函数(通常使用循环语句实现)，同时还需要设定一个标志位(例如 first_getkey)。当第一次检测到 P3.7 为"0"时，令 first_getkey 为 1，延迟 10ms 以后再次检测按键时如果 first_getkey 为 1，同时 P3.7 为"0"，此时才确认有一个有效按键输入。当获得有效按键输入以后使 P1 口数值加 1 并输出，通过二极管的状态便可以得知按键识别的情况，输出指示程序流程如图 9-4-4 所示。

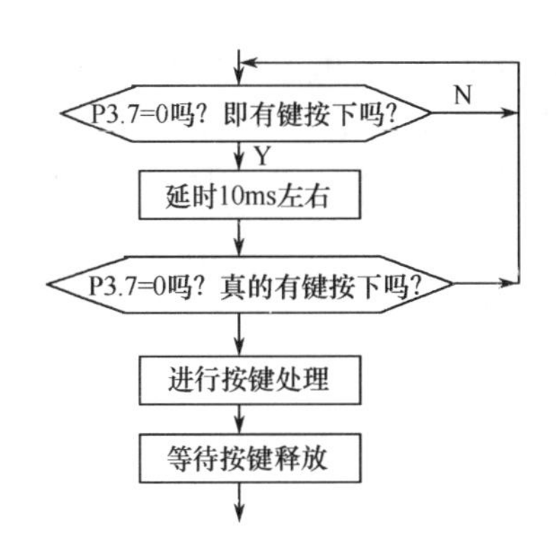

图 9-4-3　按键识别程序流程图

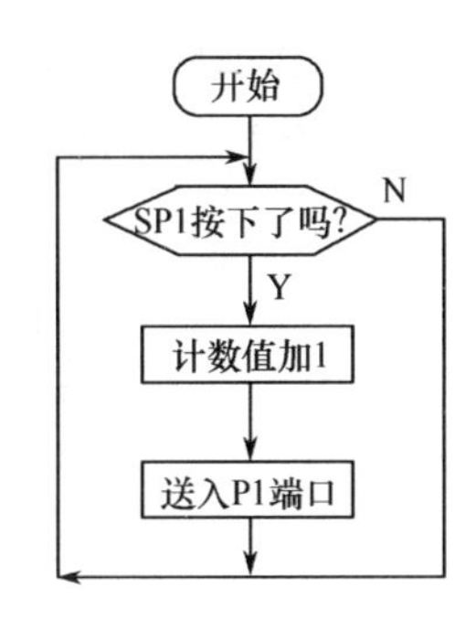

图 9-4-4　按键识别系统程序流程图

三、实验条件

计算机 1 台及 Proteus 仿真软件 1 套。

四、实验内容及步骤

（1）使用 Proteus 仿真软件绘制硬件电路。

（2）编写 C 程序，使用 Keil C 进行编译生成 HEX 文件。

（3）将 HEX 文件调入 Proteus 中进行仿真调试。

（4）初始时刻二极管全部点亮（P1.0～P1.3＝0000），按下一次开关 SP1，计数值加 1，观察二极管变化情况，如果功能不正确则继续调试程序。

五、注意事项

注意按键的消抖处理，避免按一次 SP1 使 P1 输出的增加值多于 1。

六、实验报告要求

完成实验报告的撰写，包括设计思想、程序流程图、操作说明等。

七、预习要求与思考题

（1）阅读教材中键盘接口及显示程序相关内容，掌握按键消抖的软件处理方法。

（2）熟悉 Proteus 仿真软件，掌握原理图设计和程序设计的一般方法。

实验 9-5　动态数码显示系统设计

一、实验目的

（1）熟悉单片机的软件开发环境 Keil C；

（2）熟悉单片机仿真软件 Proteus；

（3）掌握数码管动态显示原理。

二、实验原理

1. 电路原理

实验中使用两个 4 位一体的共阳极数码管，数码管的内部结构可以参阅教科书数码管显示相关内容。数码管的 N1、N2、N3 和 N4 是数码管的公共阳极，在系统中命名为位码线，当其为高电平时点亮对应的数码管。数码管的 a、b、c、d、e、f、g、h 分别为段码线，当其为低电平时对应的段码位置被点亮。在此电路中使用的数码管是理想器件，不用考虑内部二极管的正向导通电压特性，此处只要在位码输入高电平，在段码输入低电平即可使数码管显示给定的内容。系统中使用 P2 口的 8 个 I/O 引脚分别控制不同的数码管,电路中的标号为 S1 到 S8,使用 P0 口的 8 个 I/O 引脚分别控制段码,标号使用 C1 到 C8 表示。

此外,电路中使用一个外部按键作为输入,电路结构与实验 9-3 相同。整体实验系统如图 9-5-1所示。

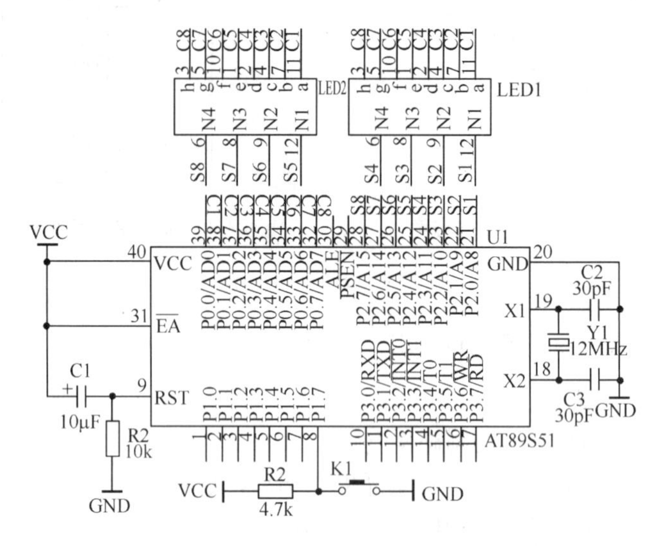

图 9-5-1　动态数码显示系统硬件电路

2. 程序设计

(1) 动态扫描方法

动态扫描显示采用各数码管循环显示的方法,当循环显示频率较高时,利用人眼的暂留特性,看不出闪烁显示现象,这种显示需要一个接口完成字形码的输出(字形选择),另一接口完成各数码管的循环点亮(数字选择)。

在进行数码显示时,要对显示单元开辟 8 个显示缓冲区,每个显示缓冲区装载显示的不同数据即可。

对于显示的字形码数据采用查表方法来完成。

(2)程序流程

程序是一个无限循环结构,每个循环周期为 2ms(通过延时函数完成)。每个周期均会检测按键 K1 的输入情况,当开关断开时,程序将显示内容改为“12345”,当开关闭合时,程序将显示内容改为“HELLO”。每次主循环字型码和位选码变换一次,在显示输出时还要通过查表将需要显示的段码输出到 P0 口,位码输出到 P2 口。同时需要设定一个计数变量用于记录当前数码管的显示位置,计数变量的模为 5,每次主循环计数值加 1。

三、实验条件

计算机 1 台及 Proteus 仿真软件 1 套。

四、实验内容及步骤

(1) 使用 Proteus 仿真软件绘制硬件电路。

(2) 编写 C 程序,使用 Keil C 进行编译生成 HEX 文件。

(3) 将 HEX 文件调入 Proteus 中进行仿真调试。

(4) 闭合开关,观察数码管是否显示“HELLO”字样。断开开关,观察数码管是否显示

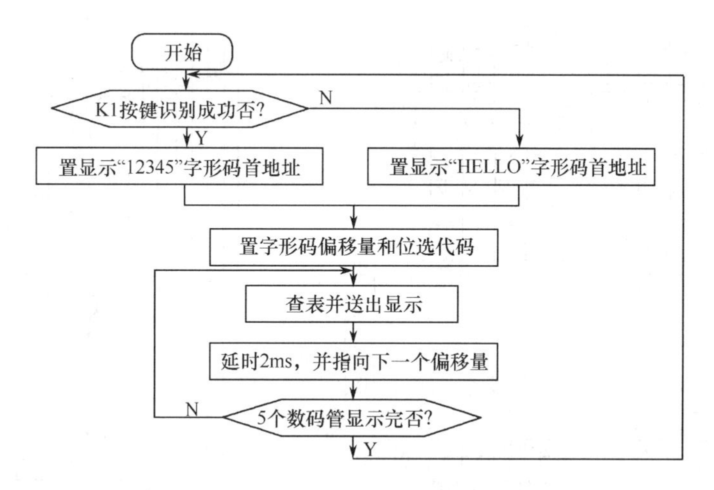

图 9-5-2　动态数码显示系统程序流程图

"12345"字样。反复调试直到显示预期效果。

五、注意事项

(1) 硬件电路中使用的是共阳极七段码数码管,注意显示段码的构成形式。

(2) 注意动态显示过程中在进行不同数码管切换时的消隐处理,避免不同数码管显示内容的串扰。

六、实验报告要求

完成实验报告的撰写,包括设计思想、程序流程图、操作说明等。

七、预习要求与思考题

(1) 阅读教材中键盘接口及显示程序相关内容,掌握数码管动态显示的软件处理方法。

(2) 熟悉 Proteus 仿真软件,掌握原理图设计和程序设计的一般方法。

(3) 如何通过软件设计来解决数码管动态显示过程中的串扰问题。

实验 9-6　4×4 矩阵式键盘识别系统设计

一、实验目的

(1) 熟悉单片机的软件开发环境 Keil C;

(2) 熟悉单片机仿真软件 Proteus;

(3) 掌握矩阵式键盘的识别方法。

二、实验原理

1. 电路原理

本实验电路如图 9-6-1 所示,其中包括两个 4 位一体的数码管(电路结构同实验 9-5)和一个 4×4 的键盘。键盘为横向 4 行,使用 P3.0～P3.3 控制,网路标号分别为 RR1～RR3,纵向 4 列,使用 P3.4～P3.7 控制,网路标号分别为 CR1～CR3。由于 P3 口内部均有上拉电阻,因此不需要外部上拉电阻。

2. 程序设计

(1) 动态扫描方法

每个按键有它的行值和列值,行值和列值的组合就是识别这个按键的编码。矩阵的行线

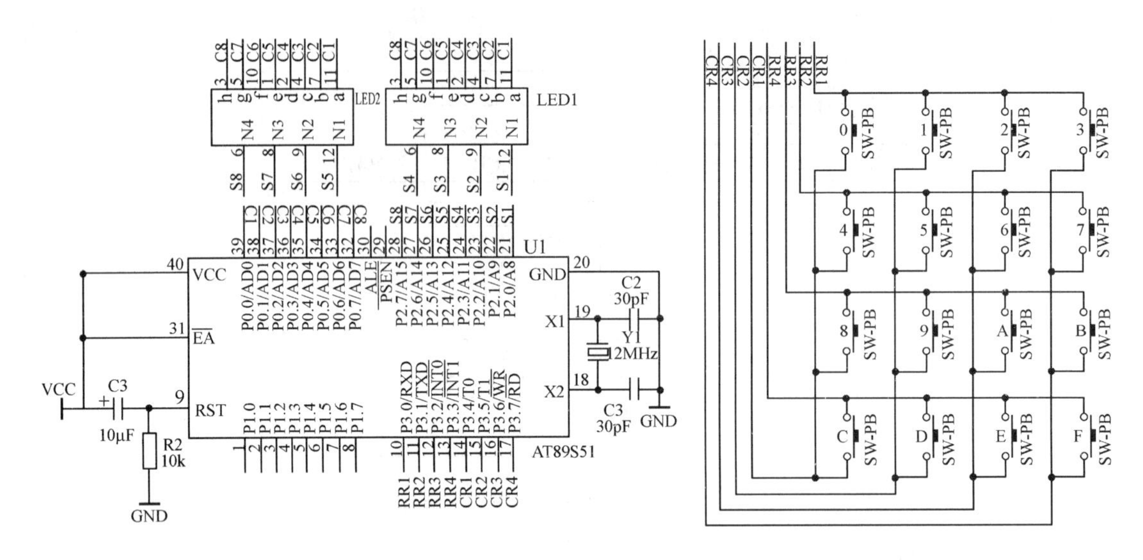

图 9-6-1　键盘识别系统硬件电路

和列线分别通过 P3.0～P3.3 和 P3.4～P3.7 与 CPU 通信。每个按键的状态同样需变成数字量“0”和“1”，开关的一端(列线)通过电阻接 VCC(在 P3 口内部具有上拉电阻)，而接地是通过程序输出数字“0”实现的。键盘处理程序的任务是:确定有无键按下，判断哪一个键按下，键的功能是什么;还要消除按键在闭合或断开时的抖动。P3 口的 P3.0～P3.3 和 P3.4～P3.7 中，一个输出扫描码，使按键的一端逐行动态接地，另一个读入按键状态，由行扫描值和回馈信号共同形成键编码而识别按键，通过软件查表，查出该键的功能。

同时，采用实验 9-5 中的数码管显示方法实时显示按键的数值，8 个数码管均显示按键数值。

(2) 程序流程

如图 9-6-2 时，令 P3 口输出全部为“1”，再令 P3.0 输出为“0”使第一行按键的一端接地，如果此时第一行无有效按键按下，则 P3.4～P3.7 读取的数值全部为“1”，如果有按键按下则对应的 P3.4～P3.7 中读取的值存在“0”。为了消除按键的抖动，在第一次判断 P3.4～P3.7 非全“1”后，要延时 10ms 再进行判断，如此时 P3.4～P3.7 仍然非全“1”，则表明是有效按键，然后再根据P3.4～P3.7 中“0”的位置判断按键所处的列号，此处为了简便起见不考虑两个或两个以上按键同时按下的情况。如 P3.4 为“0”则获取的按键编号为“0”，P3.4 为“1”、P3.5 为“0”则获取的按键编号为“1”，P3.4 为“1”、P3.5 为“1”、P3.6 为“0”则获取的按键编号为“2”，P3.4 为“1”、P3.5 为“1”、P3.6 为“1”、P3.7 为“0”则获取的按键编号为“3”。

如果令 P3.0 输出为“0”时，P3.4～P3.7 读取的数值为“1111”，则说明此行无有效的按键按下，然后令 P3.1 输出为“0”，采用上面的方法识别第二行的按键，如获取有效按键则编号依次为“4”、“5”、“6”、“7”。

如第一、第二行均无有效按键，则识别第三行，编号依次为“8”、“9”、“A”、“B”。

如第一、第二、第三行均无有效按键，则识别第四行，编号依次为“C”、“D”、“E”、“F”。

三、实验条件

计算机 1 台及 Proteus 仿真软件 1 套。

四、实验内容及步骤

(1) 使用 Proteus 仿真软件绘制硬件电路，电路如图 9-6-1 所示，用 AT89S51 的并行口 P3

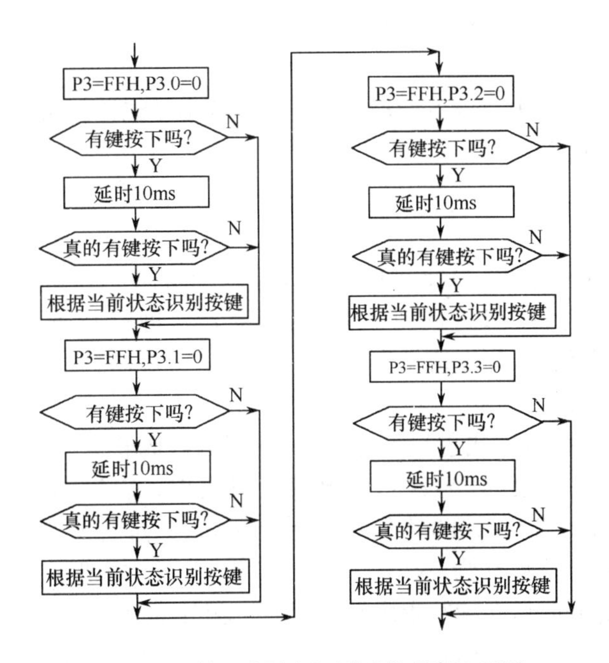

图 9-6-2　数组式键盘识别系统程序流程图

接 4×4 矩阵键盘，以 P3.0～P3.3 作输出线，以 P3.4～P3.7 作输入线。

(2) 编写 C 程序，使用 Keil C 进行编译生成 HEX 文件。

(3) 将 HEX 文件调入 Proteus 中进行仿真调试。

(4) 按照"0"～"F"的顺序依次按下按键，观察数码管是否显示"0"～"F"。反复调试直到显示预期效果。按键结构和编码顺序如图 9-6-3 所示。

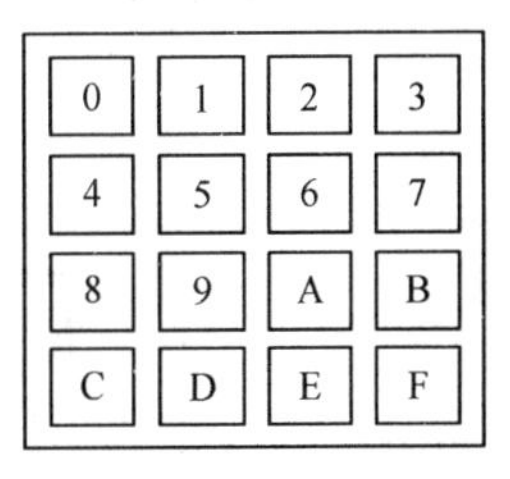

图 9-6-3　数组式键盘结构

五、注意事项

注意按键消除抖动处理，同时注意按键识别后的编码顺序。

六、实验报告要求

完成实验报告的撰写，包括设计思想、程序流程图、操作说明等。

七、预习要求与思考题

(1) 阅读教材中键盘接口及显示程序相关内容，掌握阵列式键盘的识别方法。

(2) 熟悉 Proteus 仿真软件，掌握原理图设计和程序设计的一般方法。

(3) 如何结合外部中断来提高按键识别的效率？

实验 9-7　自动报时数字钟设计

一、实验目的

(1) 学会单片机开发工具的使用方法；

(2) 掌握单片机软件开发的基本技巧，学会使用 C 语言开发单片机程序；

(3) 通过设计一个自动报时数字钟，学会综合运用单片机的各种资源，如定时器、中断等实现最小系统控制功能。

二、实验原理

使用单片机的定时器、中断等各种资源实现基本的小系统控制功能，结合按键输入和数码管输出实现数字钟的功能。

1. 电路原理

(1) 键盘电路

最小系统上设置了一个2行乘8列的阵列式键盘，系统硬件电路如图9-7-1所示。电路结构采用总线扩展方式进行设计，同时使用P13和P14进行行选择，按键信号通过一片74LS245挂接到数据总线上，片选信号为KEY_CS，为其分配的物理位址为0xA100。

(2) 数码管显示电路

电路结构采用总线扩展方式进行设计，其中使用的数码管为4位一体的共阳极数码管。通过芯片U15(74HC573)锁存，为数码管提供段码数据。通过芯片U14(74HC573)、U13(74HC138)以及三极管UT1～UT8将低三位地址A[2..0]进行硬件译码，为每个数码管提供一个唯一的物理位址，具体地址为0xA000～0xA007。此外本电路结构还考虑了不同数码管进行显示切换时的消隐问题，在编写程序时不用通过额外的处理进行消隐。由于为每个数码管都分配了一个固定的物理地址，在编写程序时只要将相应的段码数据写入到对应的地址当中便可以完成显示。

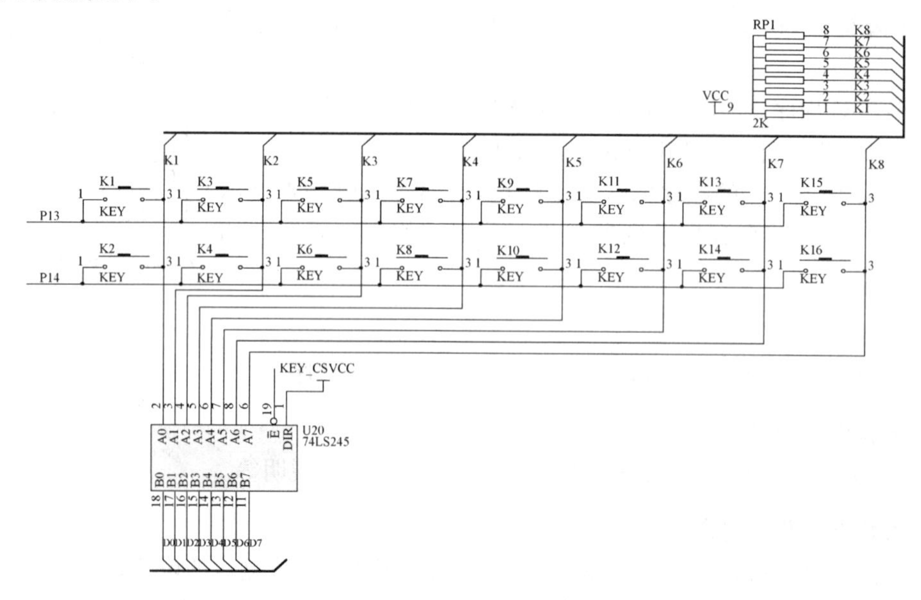

图9-7-1　键盘接口电路

2. 程序流程

(1) 按键识别程序流程

系统采用定时扫描的方式(扫描间隔为4ms，内部定时器定时中断间隔为2ms，每两次定时中断进行一次键盘扫描)进行键盘识别，设计程序时常要进行以下4个方面的处理：

① 每隔4ms读取一次键盘的数值，判断有无按键按下。具体方法是令first_row = 0，second_row=0，M_key = KEY，判断M_key的值是否为0xFF，如果等于0xFF说明没有按键按下，如果不等于0xFF说明有按键按下。

② 去除按键的机械抖动影响。通过设置状态标志位first_getkey来判断连续两次扫描键

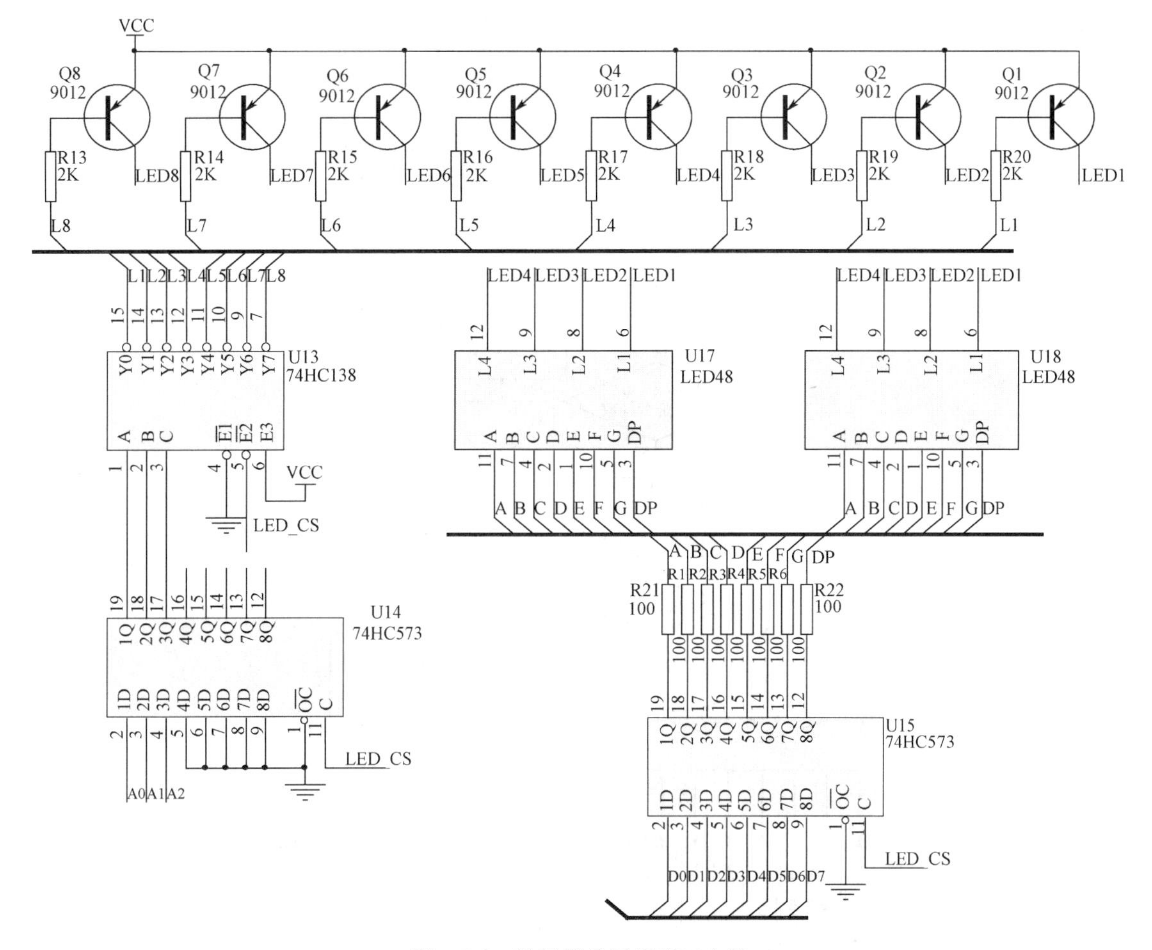

图 9-7-2　数码管显示器接口电路

盘是否都检测到有按键按下。如果没有连续两次都检测到按键按下，则按照键抖动处理；否则，认为确实有按键按下。

③ 准确输出按键值 keynum，并提供获得有效按键标志 getkey。

④ 防止按键冲突。在获得有效按键以后设定状态标志位 keyon 来实现每次只处理一个按键，且无论一次按键时间有多长，系统仅执行一次按键功能程序。

键盘识别程序流程如图 9-7-2 所示。

(2) 数码管显示程序流程

使用内部定时器每 2ms 产生一次定时中断，系统在每进入到一次定时中断后更新一次显示内容，对于每个数码管来说其显示的周期为 16ms，由于显示频率足够高人眼感觉不到闪烁的存在，数码管显示程序流程图如图 9-7-3 所示。

三、实验条件

(1) 单片机最小系统板

(2) ISP 下载器

(3) 计算机

(4) Keil C、Protues、AVR_fighter 等开发软件

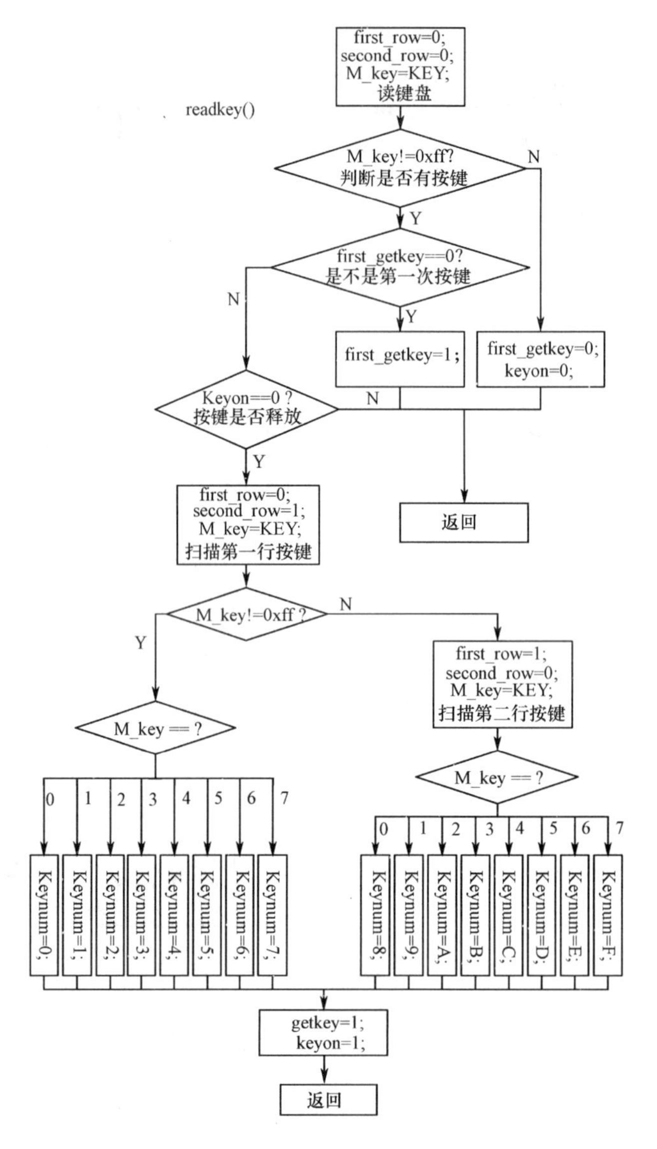

图 9-7-2 键盘识别程序流程图

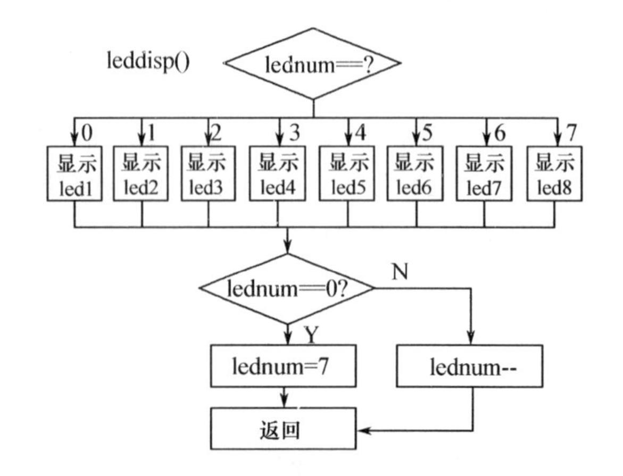

图 9-7-3 数码管显示程序流程图

四、实验内容及步骤

1. 基本部分：(必做)

(1) 使用数码管的低六位分别显示时、分、秒，使用第七位指示上午、下午，符号 A 表示上午，符号 P 表示下午。

(2) 可以通过按键分别调整小时位和分钟位。

(3) 到达整点时以第八位数码管闪烁的方式报时，使用“8”作为闪烁的内容，闪烁频率为 2Hz，持续时间从 xx.00.00 到 xx.00.05。

2. 发挥部分：(选做)

在基本部分基础上考虑增加定点闹铃功能。实验按键设定闹铃的时间，包括小时和分钟的设定，当时钟到达设定时间后，使用数码管的闪烁作为闹铃指示，闪烁频率为 2Hz，直到使用按键取消闪烁显示。

五、注意事项

(1) 按键的硬件结构和识别原理。

(2) 数码管的硬件结构和显示原理。

(3) 定义系统功能键尽量方便简洁。

(4) 在完成发挥部分内容时，设定闹时的过程中注意不要影响正常的时间运行，同时注意显示接口的切换。

六、实验报告要求

完成实验报告的撰写，包括设计思想、程序流程图、操作说明等。

七、预习要求与思考题

(1) 阅读教材中定时器、中断、键盘接口及处理程序、LED 显示器接口及显示程序相关内容，掌握单片机各种资源的使用方法和工作原理。

(2) 熟悉 Keil C 单片机集成开发环境。

(3) 熟悉 Proteus 仿真软件，并能仿真简单单片机程序。

实验 9-8　计算器设计

一、实验目的

(1) 通过设计一个简易计算器，学会综合运用单片机的各种资源，如定时器、中断等实现最小系统控制功能；

(2) 掌握最小系统中按键、液晶显示器的使用方法；

(3) 学习单片机程序中整数、小数的处理方法，掌握液晶显示器显示整数、小数的基本技巧。

二、实验原理

使用按键输入和液晶输出实现计算器的功能，按键的工作原理参照实验 9-7 的相关内容。下面详细叙述液晶显示器的硬件结构和驱动原理。

1. 电路原理

单片机最小系统中除了数码管显示器以外，还接入了一个液晶显示模块，其型号为 SGM12864C，可以显示 64 行 128 列的点阵数据，通过编写相应的程序可以显示英文、汉字或图形，可以实现比较复杂的用户操作接口，硬件接口电路如图 9-8-1 所示，液晶模块的结构及操作控制请参阅 SMG12864C. PDF。

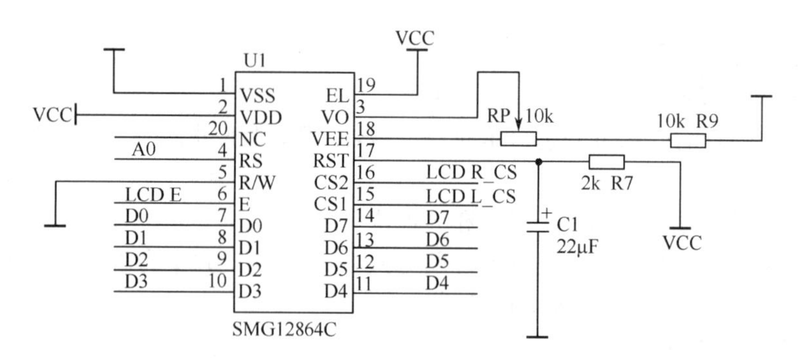

图 9-8-1　液晶接口电路

在硬件设计中使用译码电路提供的 LCD_R_CS、LCD_L_CS、LCD_E 为液晶模块提供片选及使能信号。使用系统的地址信号 A0 控制向液晶写入的是命令字还是数据字。此外将液晶的读写控制端接地，禁止从液晶中读数据，在向液晶中写入一个数据或命令后延时一段时间再向其中写入新的数据，避免由于液晶处在忙状态导致写入错误的情况发生。

2. 液晶驱动程序

参阅附录 C-1。

三、实验条件

单片机最小系统板、液晶显示器、ISP 下载器、计算机和 Keil C、Protues、AVR_fighter 等开发软件。

四、实验内容及步骤

1. 基本部分：(必做)

(1) 实现 8 位以内有效数字的加、减、乘、除四则运算，其中小数位置可自动调整；

(2) 使用数码管显示输入的数据和计算结果；

(3) 使用按键完成数据的输入，包括：

① 10 个数字："0～9"；

② 小数点"."；

③ 操作符："+"、"-"、"*"、"/"、"="。

(4) 具有溢出和出错提示。

2. 发挥部分：(选做)

实现科学计数显示。

五、注意事项

注意数据计算过程中的小数处理方法，同时考虑数据显示的科学性。

六、实验报告要求

完成实验报告的撰写，包括设计思想、程序流程图、操作说明等。

七、预习要求与思考题

(1) 阅读教材中定时器、中断、键盘接口及处理程序、液晶显示器接口及显示程序相关内容，掌握单片机各种资源的使用方法和工作原理。

(2) 熟悉 Keil C 单片机集成开发环境。

(3) 如何增加其他的数据运算功能，例如三角函数等。

第 10 章　EDA 技术实验

实验 10-1　跑马灯设计实验

一、实验目的

(1) 初步认识数字设计的基本思想；

(2) 了解 FPGA 设计的基本流程；

(3) 熟悉 Altera 公司 Quartus II 集成开发环境的使用；

(4) 掌握 Verilog 硬件描述语言。

二、实验原理

核心板上 LED 灯的连接图如图 10-1-1 所示。从图中可以看出，LED 灯的正极连接至 3.3V，负极连接至 FPGA 引脚。为了点亮 LED 灯，连接负极的 FPGA 引脚必须输出低电平。

为了使 LED 灯亮的时间为 200ms，那么连接到相应 LED 负极的 FPGA 引脚必须输出低电平 200ms。由于核心板上的时钟是 50MHz，如果输出低电平时间为 200ms，则需要输出低电平的时钟周期数为：50,000,000 * 0.2=10,000,000。为此，需要一个 24(2^{24}=16,777,216>10,000,000)位的计数器对点亮的时钟周期进行计数，初始计数器为 0，当计数到 10,000,000 时，则熄灭当前点亮的 LED 灯，点亮下一个 LED 灯。

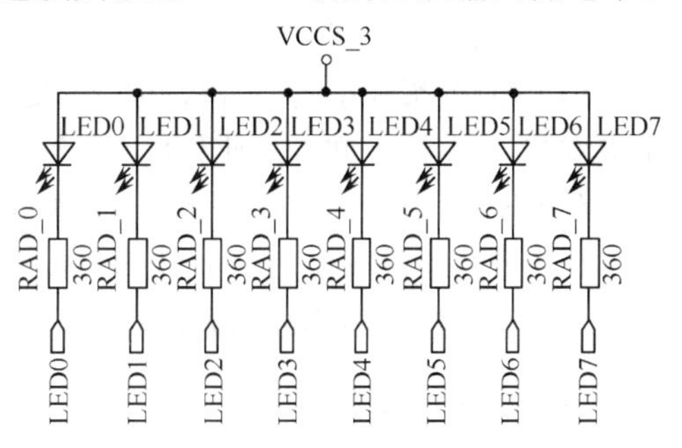

图 10-1-1　核心板上 LED 灯的连接图

为了分别控制每个 LED 灯，定义一个 8 位的寄存器，寄存器中的每一位分别控制一个 LED 灯，如果把寄存器中的某一位设为 0，则点亮相应的 LED 灯；如果某一位设为 1，则熄灭相应的 LED 灯。举例如下：

```
always @ (posedge clk)
    if(! reset)
        counter< =  24'b0;
    else
        counter< =  counter+ 1;
always @ ( counter)
    case(counter[23:20])
    4'b0000 : led =  8'b1111_1110;
    4'b0001 : led =  8'b1111_1101;
    4'b0010 : led =  8'b1111_1011;
    4'b0011 : led =  8'b1111_0111;
    4'b0100 : led =  8'b1110_1111;
    4'b0101 : led =  8'b1101_1111;
    4'b0110 : led =  8'b1011_1111;
    4'b0111 : led =  8'b0111_1111;
    default : led =  8'b1111_1111;
    endcase
```

按照前文和参考程序仿真、编译和下载程序，并观看运行结果。需要说明的是：在仿真时，由于计数器的计数值非常大，为 10,000,000，循环一次要 10,000,000 个时钟周期，仿真的时间会很长，在观测时间内看不到计数器循环一次，所以在仿真时可以降低计数器的计数值，减少仿真时间，确保在观测时间内至少能看到计数器循环一次。

三、实验条件

(1) EDA 实验箱　　1 台
(2) PC　　1 台
(3) Quartus II 软件　　1 套
(4) +9V 输出开关电源　　1 个

四、实验内容及步骤

(1) 使用 Verilog HDL 语言设计一个简单的数字逻辑来控制核心板上 8 个 LED 灯的亮和灭，并循环点亮核心板上的 8 个 LED 灯，每个 LED 灯点亮的时间为 200ms。

(2) 在 Quartus II 集成开发环境里编译综合，并下载进实验板。

五、注意事项

(1) EDA 实验箱由核心板和扩展板组成，每块子板上都带有电源界面。使用时给任意一个电源接口供+9V 的电，但千万不可给两个电源接口同时供电。

(2) EDA 实验箱的下载器已经集成在开发板上，因此只需将 USB 连接到 PC 机上即可。

(3) FPGA 没有使用的 I/O 口应设置为输入三态。

(4) 设计过程中养成随时保存程序的好习惯。

六、实验报告要求

(1) 阐述时钟分频及倍频的原理。

(2) 用 ModelSim 画出仿真波形图。

(3) 用程序来说明设计中体现同步时序电路设计思想的内容。

七、预习要求与思考题

(1) 熟悉 Verilog HDL 基本的语法和概念。

(2) 用 LED 灯和按键实现其他的功能。

实验 10-2　键盘扫描及数码管显示实验

一、实验目的

(1) 熟悉矩阵键盘的动态扫描工作原理。

(2) 掌握七段数码管的扫描显示原理。

(3) 提高复杂 FPGA 数字逻辑设计及输入输出设计技能。

二、实验原理

1. 4×4 扫描键盘原理

4×4 扫描键盘原理如图 10-2-1 所示，KR0～KR3 为行线输入端，初始化为带下拉电阻的输入口。KC0～KC3 为列线输出端，初始化为输出高电平。

键盘扫描方法：首先由输出口 KC0～KC3 向所有的列线输出高电平，读取各行线 KR0～KR3 的状态。若行线状态全为低电平，则表明无键按下，若有高电平，则表明有键按下。若有键

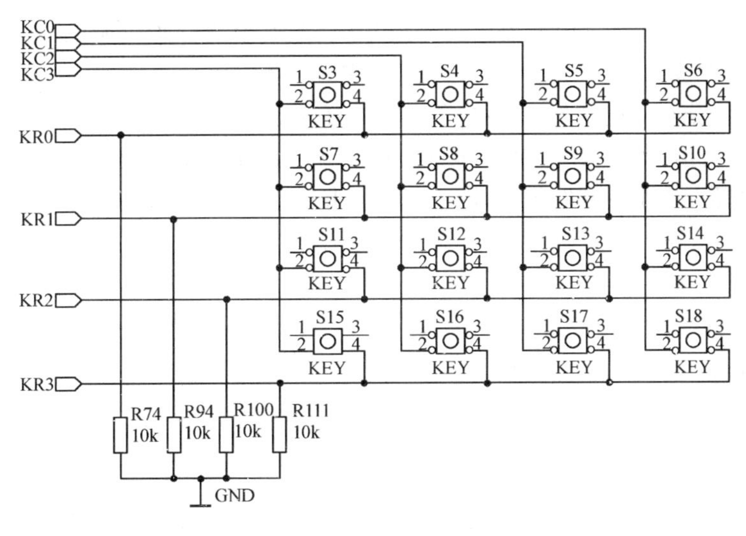

图 10-2-1　4×4 扫描键盘原理

按下，先进行消抖，消抖结束，再对每一列进行扫描，即 KC0～KC3 四条列扫描线分别输出高电平，在每次输出高电平期间，读取各行线 KR0～KR3 的状态，确定键值。例如“0100”，此时若读取 KR0～KR3 的状态为“1000”，则表明按键 S5 被按下。在按键闭合和打开的瞬间会产生许多尖脉冲，持续时间约几毫秒到几十毫秒。因而在程序中，当检测到按键被按下后，便开始读取键值，每隔 4ms 读一次键值，直到连续 8 次读取的键值完全相同，则认为抖动已经消除。消抖时间为 4ms×8＝32ms。另外，本例只响应单个按键，若同时按下两个或两个以上的按键，则程序不响应。

2. 七段数码管显示原理

七段数码显示器具有两种显示模式。一种是独立显示模式，即每个显示器具有单独的 8 根段码数据线和 1 根选通信号线，可以同时控制各个显示器的显示结果。另一种是扫描显示模式，即所有显示器共享数据线进行显示，七段数码管显示原理如图 10-2-2 所示。

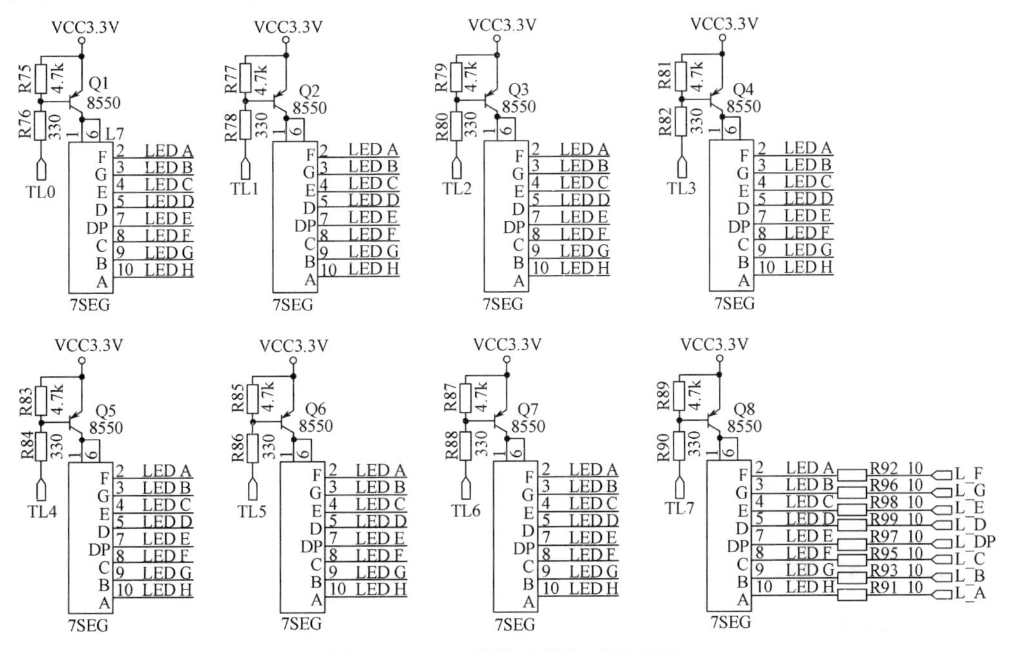

图 10-2-2　七段数码管显示原理图

独立显示模式实现简单，但是需要很多信号线（如 8 个要分别控制的话一共需要 9×8=72 根信号线），因此实际中一般采用扫描显示模式。

七段数码管扫描显示的实现原理：由于人眼具有视觉暂留的特性，其影像在人眼的视网膜上仍旧会残存一段时间，因此当一个事物周期性的闪现在眼前，且其重复频率足够高时，这个事物的影像就会一直留在人眼的视网膜上，则在人眼看来这个事物就是连续存在的。对于每个显示器来说，如果让它每隔时间 T 闪现一次，而每次闪现时间为 t（满足 $t<T$），则当 T 足够小（例如 $T=10\text{ms}$ 时），我们看这个显示器就像是连续显示的了。如果要同时显示 8 个显示器，则可以把每个周期 T 平均分成 8 段，每个显示器分别利用其中的一段时间进行显示（即 $t=T/8$）。

三、实验条件

EDA 实验箱，计算机及 Quartus Ⅱ软件，+9V 输出开关电源。

四、实验内容及步骤

(1) 根据键盘扫描的原理，编写行线扫描输出信号和列线数据读取信号。结合行线和列线的数据实现 4*4 行列式键盘的识别，并将每个按键的键值分别指定为“0～15”保存起来。

(2) 根据数码管动态显示的原理，编写动态扫描显示程序控制数码管的 L7 和 L8 显示“00～99”之间的任意值。

(3) 程序联调。将第 1 步得到的键值传送给数码管显示程序中的显示缓存区，使数码管的 L7 和 L8 位能将不同的按键值显示出来。

五、注意事项

(1) 键盘一定要进行消抖处理，且选择好消抖时间。

(2) 数码管分为共阴极和共阳极两种，不同类型的数码管控制信号电平也不一样。

(3) 数码管的刷新时间要控制好，让人眼感觉不出闪动。

(4) 程序编写和调试时应注意按模块化的方法进行，编写一个模块即调试一个模块。

(5) 设计过程中养成随时保存程序的好习惯。

六、实验报告要求

(1) 画出按键消抖的原理示意图。

(2) 阐述数码管刷新显示的原理。

(3) 分析实验中出现的问题及解决方法。

七、预习要求与思考题

(1) 按键抖动消除方法。

(2) 数码管的显示使人眼感觉不出闪烁的方法。

实验 10-3　数字钟实验

一、实验目的

(1) 通过本实验熟悉较为复杂数字逻辑电路的设计；

(2) 进一步熟悉模块化设计思路；

(3) 理解数字钟的设计原理。

二、实验原理

设计一个时钟产生模块，如图 10-3-1 所示，产生周期为 1s 的时钟和键盘扫描时钟。周期为 1s 的时钟触发秒的计时，计时到 59s 时产生分钟的进位，并触发分钟的计时，同样分钟计时到 59 分时产生小时的进位，并触发小时的计时。通过键盘上的某些键可以手动设置小时和分钟，时间和键值都会在数码管上显示出来。键盘部分参考前面的键盘扫描和数码管显示实验。

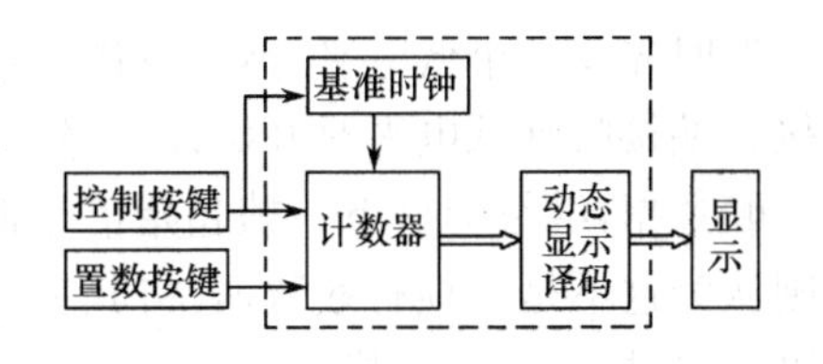

图 10-3-1　数字钟显示原理图

三、实验条件

EDA 实验箱，计算机及 Quartus Ⅱ软件，+9V 输出开关电源。

四、实验内容及步骤

（1）编写实现六十进制和二十四进制计数器的程序模块。

（2）将六十进制计数器和二十四进制计数器的程序模块按照时钟的时、分、秒进位关系进行级联，使其实现时钟的基本计时关系。

（3）编写七段动态显示数码管的显示程序，能控制 8 位数码管显示出“XX-XX-XX”的界面，其中的“XX”分别代表时、分、秒的显示值。

（4）结合独立按键或矩阵键盘的扫描原理，编写键盘扫描程序实现开发板上的按键调整数字时钟时间的功能，如时、分、秒的加、减或直接数值输入修改。

（5）将各模块的程序进行联调，实现正常的走时、时间的显示和调整。

五、注意事项

（1）时、分、秒的级联应注意采用同步方式。

（2）程序编写和调试时应注意按模块化的方法进行，编写一个模块即调试一个模块。

（3）设计过程中养成随时保存程序的好习惯。

（4）键盘的设定需人性化，要做到调整方便、使用。

六、实验报告要求

提供仿真波形图，阐述程序设计中的同步时序电路设计理念。调试出现的问题及解决方法。

七、预习要求与思考题

（1）本例是显示的时分秒，如何实现年月日的显示和运行？

（2）对本实验进行修改，加入用 LCD 显示时间的功能，或者其他的一些功能。

实验 10-4　串口通信实验

一、实验目的

（1）了解串口通信的基本原理和实现方法；

（2）使用 Verilog HDL 编写串口通信的程序。

二、实验原理

UART 是异步通信方式，通信的发送方和接收方各自有独立的时钟，传输的速率由双方约定。UART 的通信协议十分简单，以低电平作为起始位，高电平作为停止位，中间可传输 5～8bit 数据和 1bit 奇偶校验位，奇偶校验位的有无和数据比特的长度由通信双方约定。一帧数据传输完毕后可以继续传输下一帧数据，也可以继续保持为高电平，两帧之间保持高电平，持续时间可以任意长。本方案采用不添加校验位的方法，以提高数据传输效率。发送端发送数据时先发一个低电平，然后发送 8bit 数据，之后马上把信号拉高，从而完成一帧数据传送。接收端接收到低电平时开始计数，然后接收 8bit 信息位后如果检测到高电平即认为已接收完一帧数据，继续等待下一帧起始信号低电平的到来，若接收完 8bit 数据后没有检测到高电平则认为这不是一帧有效数据，将其丢弃，继续等待起始信号。时序关系如图 10-4-1 所示，收发可同时进行，互不干扰。

三、实验条件

EDA 实验箱，计算机及 Quartus Ⅱ 软件，+9V 输出开关电源及串口数据线。

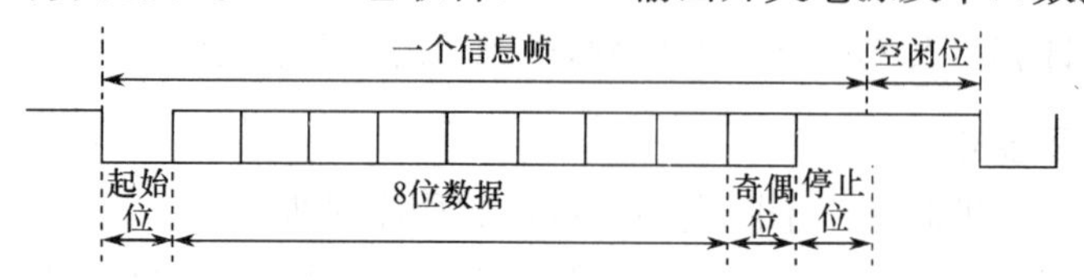

图 10-4-1　串口异步时序关系图

四、实验内容及步骤

(1) 用 Verilog HDL 或 VHDL 编写串口通信的程序。

(2) 实现与计算机的通信，通过键盘输入数据发送给 FPGA。

(3) FPGA 收到数据以后再将该数据返回给计算机。

(4) 通过超级终端显示出来。

五、注意事项

(1) 编程时注意同步时序电路和有限状态机的设计方法。

(2) 联机调试时注意串口数据线的 TX、RX 和 GND 的连接方法。

(3) 程序编写和调试时应注意按模块化的方法进行，编写一个模块即调试一个模块。

(4) 设计过程中养成随时保存程序的好习惯。

六、实验报告要求

(1) 阐述串口通信中怎样按次序的输出相关数据。

(2) 提供 SignalTap 实时分析波形。

(3) 提供不同波特率的串口通信方法。

七、预习要求与思考题

(1) 本例中编译后若时钟的时序不满足，应怎样修改设计？

(2) 如何能够显示汉字字符？

实验 10-5　波形发生器实验

一、实验目的

(1) 熟悉 QuartusⅡ 软件的不同功能；

(2) 掌握数字电路设计的基本流程；

(3) 了解用 Mega Wizard 定制 IP 模块的思想。

二、实验原理

如图 10-5-1 所示，采用先将波形文件存储进 FPGA 内部 RAM 空间，然后通过计数器计算寻址的方式将波形文件内容读取出来，输出给 DA 模块，形成各种输出波形。

计数器实际上是一个地址发生器，通过改变计数器的计数值的变化，实现调整计数器产生的地址变化速率，从而改变输出的任意波形的频率。计数器产生的地址码提供读出内存中波形数据所需要的地址信号，波形数据被依次读出后送至 D/A 转换器，将之转变为模拟量后输出所需的波形。

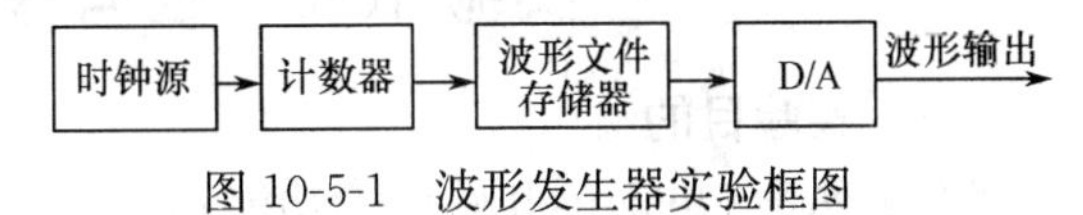

图 10-5-1　波形发生器实验框图

波形的产生通过查表来完成。在 FPGA 芯片内部开辟一块 RAM 区域，将离散时间波形幅值存入其中。在需要时，按照相位与地址一一对应的关系从表中依次读出即可。由于 FPGA 芯片的硬件资源有限，如何有效的利用资源成为非常关键的一点。考虑到正弦波以及三角波的周期性与对称性，因此在 RAM 表中只需存 1/2 周期的波形数据即可。在本设计中，一个波形周期内共采样 100 个点，相位分辨率为 3.6，而实际在 RAM 表中只需存 50 个采样点，这样就减少了芯片硬件资源的消耗。

三、实验条件

EDA 实验箱，计算机及 Quartus Ⅱ 软件，+9V 输出开关电源。

四、实验内容及步骤

(1) 用 Verilog HDL 设计一个波形发生器。

(2) 通过开关可以选择波形，见表 10-5-1。

(3) 改变输出频率。用三个模块分别产生用于 ASK 及 BPSK 的正弦波，正弦波，三角波。

(4) 在顶层模块中通过输入端口选择不同波形和频率。

表 10-5-1　开关选择波形

输入端口	SW1	SW2	波　形	输入端口	SW1	SW2	波　形
wave_selc	0	0	ASK 调制的正弦波	fre	0	0	500kHz，每周期采样 100 点
	0	1	正弦波		0	1	1MHz，每周期采样 50 点
	1	0	三角波		1	0	2MHz，每周期采样 25 点
	1	1	BPSK 调制的正弦波		1	1	5MHz 每周期采样 10 点

五、注意事项

(1) 编程时注意同步时序电路设计的方法。

(2) 程序编写和调试时应注意按模块化的方法进行，编写一个模块即调试一个模块。

(3) 设计过程中养成随时保存程序的好习惯。

六、实验报告要求

(1) 阐述 DDS 的原理。

(2) 提供 ModelSim 的仿真波形。

(3) 提供 SignalTap 的实时分析波形。

(4) 总结经验及不足。

七、预习要求与思考题

(1) 怎样将波形文件存储进 FPGA 内部?

(2) 实现 50MHz 以上波形输出，对输入时钟源频率有什么要求。

实验 10-6　信号采集、存储与回放实验

一、实验目的

(1) 熟悉 QuartusⅡ软件的功能；

(2) 掌握 AD/DA 芯片的控制方法；

(3) 掌握 LCD 显示控制方法；

(4) 掌握 FPGA 控制 SRAM 内存的方法。

二、实验原理

将待测信号进行数字采集、存储，并分别通过液晶屏和示波器将被测信号显示出来。由于待测信号为模拟信号，存储过程为数字方式，故应该将模拟信号进行量化处理，然后存储到内存中，当需要显示时，从内存读出数据直接显示在液晶屏上，或恢复为模拟信号，送往示波器输入端，因此，设计的重点是模拟信号的采样与处理、数字信号存储、液晶屏显示控制等方面。

该实验使用的模数转换芯片为 TI 公司的串行模数转换器 TLC549，典型时钟频率为 1.1MHz，8 位串行输出。根据 Nyquist 采样定理，待测信号频率要低于采样时钟的一半以下，因此规定待测信号频率要低于 1kHz。TLC549 内部结构和时序关系分别如图 10-6-1 和图 10-6-2 所示。

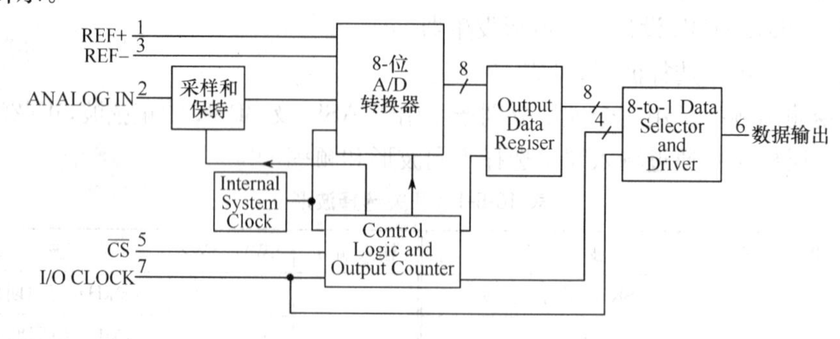

图 10-6-1　TLC549 内部结构图

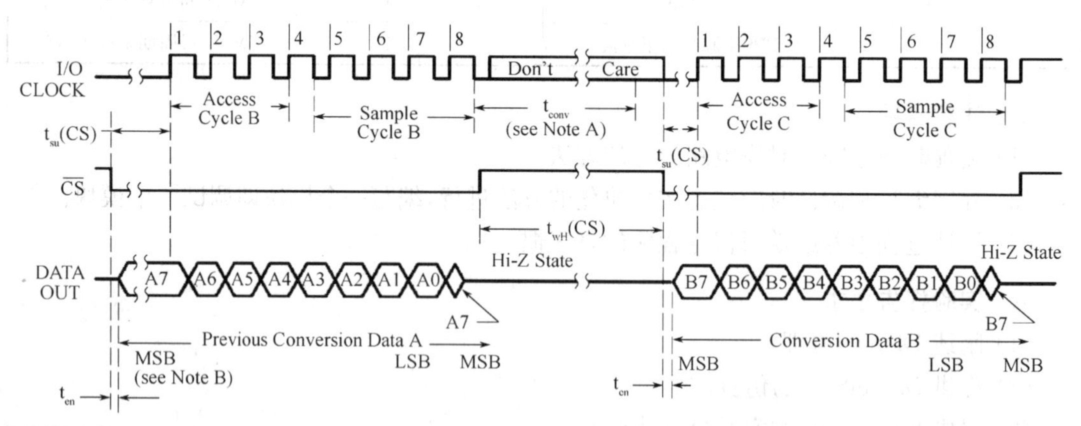

NOTES: A. The conversion cycle, which requires 36 internal system clock periods(17ms maximum), is initiated with the eighth I/Oclock pulse trailing edge after $\overline{CS}$ goes low for the channel whose address exists in memory at the time.

B. The mos significan bit (A7) is automatically placed on the DATA OUT bus after $\overline{CS}$ is brought low. The remaining seven bits (A6-A0) are clocked out on the first seven I/O clock falling edges. B7-B0 follows in the same manner.

图 10-6-2　TLC549 时序控制图

三、实验条件

EDA 实验箱，计算机和 Quartus Ⅱ软件，+9V 输出开关电源。

四、实验内容及步骤

(1) 用 Verilog HDL 编写数据采集、SRAM 存储控制、LCD 显示控制、DA 转换控制等程序。

(2) 信号源产生信号并输出给 AD 芯片，FPGA 控制 AD 数据采集并进行存储。

(3) 需要回放时，调用 SRAM 里面的数据，将其输出给 LCD 或 DA 芯片。

五、注意事项

(1) SRAM 存储设计方法。

(2) LCD 显示器在控制方面的特点。

(3) 程序编写和调试时应注意按模块化的方法进行，编写一个模块即调试一个模块。

(4) 设计过程中养成随时保存程序的好习惯。

六、实验报告要求

阐述系统工作原理，提供 SignalTap 实时分析波形以及 LCD 显示控制方法。

七、预习要求与思考题

(1) AD、DA 芯片的使用。

(2) LCD 屏的显示控制时序。

第4篇　电子技术课程设计

第11章　模拟电子技术课程设计

课程设计11-1　运算放大器电路设计

一、设计目的

（1）了解运算放大器的供电特点及各种应用电路的设计；

（2）掌握较为复杂的模拟电路调试方法；

（3）进一步掌握运算放大器的典型应用；

（4）掌握芯片数据手册的查阅方法。

二、设计内容

利用运算放大器设计一个能产生正弦波信号和三角波信号，并将这两路信号按一定的关系进行相加、滤波、放大和比较的电路，具体要求如下：

1. 基本部分

（1）三角波发生器：$T=0.1\text{ms}(\pm5\%)$，$V_{\text{p-p}}=2\text{V}(\pm5\%)$。

（2）加法器：$U_{i2}=7U_{i1}+U_{o1}$。

（3）选频滤波器：$f_{02}=100\text{Hz}$，低通。

（4）比较器：$V_{\text{P-P}}=2\text{V}(\pm5\%)$。

2. 发挥部分

（1）自制正弦信号发生器替代图11-1-1中的低频信号源。

（2）正弦信号发生器峰-峰值：0.5V。

（3）正弦信号发生器频率：100Hz。

（4）增加比较器输出信号的稳定度。

3. 设计要求

（1）系统电源不得超过±5V。

（2）建议先使用PROTEUS虚拟仿真软件进行仿真验证。

（3）所有电路使用通用电路板进行焊接，不允许使用电路模块或信号产生器芯片。

（4）预留U_{i1}、U_{i2}、U_{o1}、U_{o2}和U_{o3}的信号测试端子。

三、设计说明

此题是运算放大器的综合应用，由运算放大器的各种典型应用电路进行综合，构成了一个具有一定复杂度的电路系统，系统功能结构如图11-1-1所示。

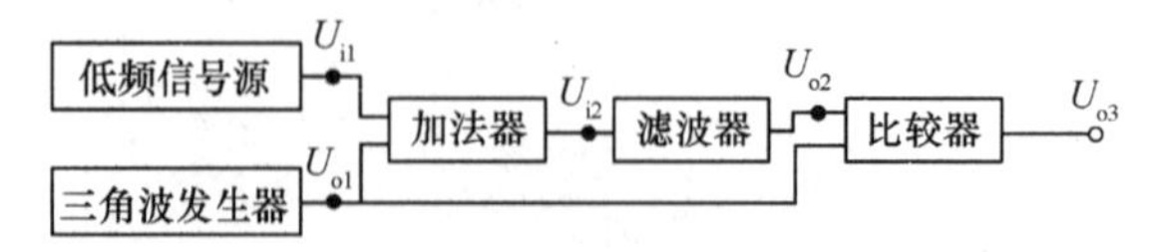

图11-1-1　信号综合处理系统原理框图

系统首先将低频信号源产生的信号 U_{i1}（U_{i1pp}＝0.5V，f_{oi1}＝100Hz）和自制信号发生器产生的三角波信号 U_{o1}（T＝1.0ms，V_{pp}＝2V）送入加法器，相加得到 U_{i2} 信号。U_{i2} 经滤波器后去除三角波信号，得到峰峰值为 7V 的不失真正弦波信号 U_{o2}。U_{o2} 和 U_{o1} 信号经比较器后在 1kΩ 负载上可得到峰-峰值为 2V 的输出信号。

1. 三角波发生器

三角波产生的电路很多，可以使用二极管、三极管、NE555、运算放大器或波形发生器芯片等各种不同的电路组合产生。最简单的三角波电路是利用 RC 充放电实现。在一定的条件下，若 RC 的参数选择适当，其充放电的波形就会接近一个三角波，这种电路简单，但其电路参数的选择较麻烦，波形效果不理想。

使用两个运算放大器，其中一个产生方波，另外一个将方波进行积分也能得到三角波。使用这种电路相对而言设计较难，但其参数选择方便，波形效果也较好。设计者可根据实际条件合理的选择设计方案。

2. 加法器

加法器的典型电路主要有两种：同相加法器和反相加法器。这两种加法器的电路存在细微的差别，设计者可选择使用器件较少的反相加法器进行设计，以减小设计的复杂程度，提高电路的稳定性。

3. 滤波器

滤波器通常分为无源滤波器和有源滤波器两种。根据题目的要求，滤波器需要将 100Hz 正弦波和 1kHz 三角波叠加后的信号进行选择性滤波，去除高频的三角波信号，保留正弦波信号，并进行放大。因此，可以确定必须使用有源低通或带通滤波器进行设计。同时，要想保持原有正弦波信号的不失真，则应该尽可能的将滤波器的带外衰减度增大，使用二阶滤波器可有效达到目的。

4. 比较器

比较器的电路结构较为简单。一般的比较器虽然具备简单，灵敏度高的特点，但是对于本设计来说，应根据实际情况，适当的选择抗干扰性能较好的滞回比较器，对提高最后一级输出方波的稳定度有一定的作用。

5. 正弦波发生器

正弦波发生器可以利用运算放大器和电阻、电容等进行设计，也可以使用 LC 振荡电路、波形发生器芯片等进行设计。此题中为达到简洁而高性价比的目的，推荐选用运算放大器进行设计。

四、仪器设备及参考器件

（1）仪器设备

直流稳压电源、低频信号发生器、示波器和万用表。

（2）参考器件：LM324、电阻、电容等，其他。

五、设计报告

（1）按照技术指标及要求，设计完整的系统框图及电路图。

（2）电路参数计算及方案论证。

（3）电路模块的分析。

（4）系统指标的测量。

（5）心得体会。

课程设计 11-2　音频放大电路设计

一、设计目的

(1) 掌握运算放大器的工作原理及其典型应用；

(2) 掌握低频小信号放大电路和功放电路的设计方法；

(3) 了解语音频率的基本特点；

(4) 熟悉驻极体话筒的基本结构及使用方法；

(5) 掌握芯片数据手册的查阅方法。

二、设计内容

设计制作一个能采集语音信号，并能将其进行处理和功率放大，从而推动喇叭发声的音频功率放大器。同时，要求该功率放大器也可将提供的音乐源信号进行功率放大。具体要求如下：

1. 基本部分

(1) 前置放大器：输入信号 $U_i \leqslant 10\text{mV}$，输入阻抗 $R_i \geqslant 100\text{k}\Omega$，共模抑制比 $K_{CMR} \geqslant 60\text{dB}$。

(2) 有源带通滤波器通带频率：300Hz～3kHz。

(3) 功率放大器：$P_{om} \geqslant 0.5\text{W}$（负载阻抗 4Ω，电源电压不超过±5V）。

(4) 输出功率连续可调。

2. 发挥部分

(1) 减小输入信号幅度，使 $U_i \leqslant 5\text{mV}$ 能正常工作。

(2) 增加输出功率：$P_{om} \geqslant 5\text{W}$（$U_i = 5\text{mV}$，负载阻抗 8Ω，电源电压不超过±12V。）

(3) 增加音频输入接口，可对 PC 或 MP3 等电子设备提供的信号进行功率放大。

3. 设计要求

预留信号输入、输出及测试端子。

三、设计说明

音频功率放大器是一种将微弱的低频信号进行放大并推动喇叭发声的设备。该设计要求制作出一种能对特定频率范围的信号进行放大的电路，以有效地滤除外界噪声的干扰，从而保证放大器对语音信号的放大效果。典型系统框图如图 11-2-1 所示。

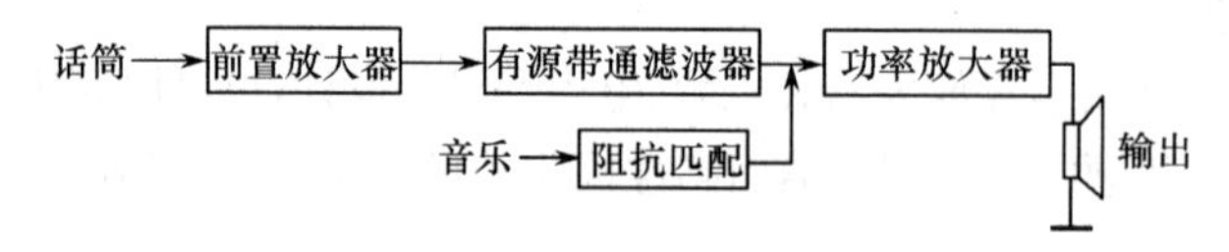

图 11-2-1　音频放大电路系统框图

1. 前置放大器

前置放大器的作用是将声音传感器送出的微弱声音信号进行放大。较为常见的声音传感器主要是驻极体话筒，这种传感器的结构可参考图 14-1-3。由于该传感器输出的信号较弱，在设置对其进行放大的电路时应特别注意输入阻抗的大小，一般而言，设计者可采用输入阻抗较大的 CMOS 结构的运算放大器，如 LF351、LF356 等。

2. 有源带通滤波器

有源滤波器的种类很多，通常按照通带性能可以划分为低通（LPF）、高通（HPF）、带通（BPF）、带阻（BEF）滤波器等。如图 11-2-2 所示为典型的二阶有源低通滤波器的结构，二阶有源高通滤波器的结构如图 11-2-3 所示。选择合适的低通和高通滤波器参数，便可组成本设计中要求的带通滤波器。

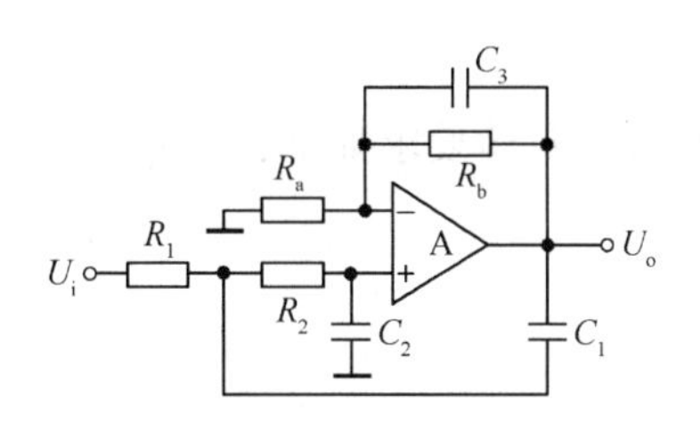

图 11-2-2 二阶有源 LPF

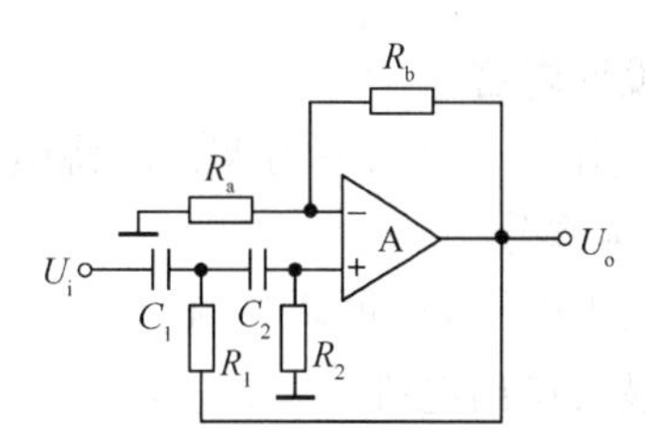

图 11-2-3 二阶有源 HPF

3. 功率放大器

功率放大的主要作用是向负载提供功率，对功率放大器而言要求做到输出功率尽量大，转换效率尽量高，非线性失真尽量小。

功率放大电路的形式很多，有双电源供电的 OCL 互补对称功放电路、单电源供电的 OTL 功放电路、BTL 桥式推挽功放电路和变压器耦合功放电路等。这些电路都各有特点，可根据设计要求和实验条件综合考虑。

常见的集成音频功率放大器件有：LM386、TDA2003、TDA2030、TDA2822 等。可通过阅读厂商提供的 PDF 资料，选择一种性价比高的芯片完成功放电路的设计。

4. 阻抗匹配

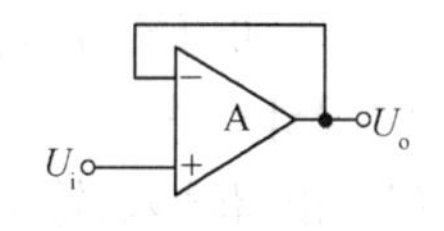

图 11-2-4 电压跟随器电路

阻抗匹配电路的作用是将前后级电路有效的连接起来，实现信号最大功率传输并尽可能减小前后级干扰的电路。典型的阻抗匹配电路是放大倍数为 1 的电压跟随器电路，如图 11-2-4 所示。该电路主要利用了运算放大器输入阻抗大，输出阻抗小的特性。此外，用三极管组成的射极跟随器电路，场效应管组成的源随器电路等都可用来完成阻抗匹配电路的设计。

四、仪器设备及参考器件

(1) 仪器设备：直流稳压电源、低频信号发生器、示波器和万用表。

(2) 参考器件：LF351、TDA2003、LM386，电阻、电容等，4Ω 大功率负载（大功率扬声器）及其他。

五、设计报告

(1) 按照技术指标及要求，设计完整的系统框图及电路图。

(2) 电路参数计算及方案论证。

(3) 电路模块的分析。

(4) 系统指标的测量。

(5) 心得体会。

课程设计 11-3 可调恒压恒流电源设计

一、设计目的

(1) 掌握恒压源和恒流源的工作原理；

(2) 掌握恒压恒流电路的设计、制作与调试方法；

(3) 了解各种稳压电路的典型特性;

(4) 掌握芯片数据手册的查阅方法。

二、设计内容

设计制作一个高效率可调恒压源电路和恒流源电路,具体要求如下:

1. 基本部分

(1) 输出电压 U_o 可调范围:2.5V~12V。

(2) 最大输出电流 I_{omax}:400mA。

(3) U_1 从 15V 变到 20V 时,电压调整率 $S_U \leqslant 2\%$(I_o=400mA)。

(4) I_o 从 0 变到 400mA 时,负载调整率 $S_I \leqslant 5\%$(U_2=18V)。

(5) 输出噪声纹波电压峰-峰值 $U_{OPP} \leqslant 0.5$V(U_1=18V,U_o=12V,I_o=400mA)。

(6) DC-DC 变换器的效率 $\eta \geqslant 70\%$(U_1=18V,U_o=12V,I_o=400mA)。

(7) 恒流输出 I_{cc}:100~500mA 可调(测试负载 20Ω),稳定度优于±2%。

(8) 恒压源具有短路保护功能,解除短路后能自动恢复输出。

2. 发挥部分

(1) 进一步提高 DC-DC 变换器效率,使 $\eta \geqslant 80\%$。

(2) 扩大恒压源最大输出电流,使 I_{omax} 达到 1A。

(3) 设置过热保护电路,温度下降后能自动恢复输出。

(4) 增加恒流源电路的过流指示,在输出电流达到 520mA±10mA 时指示过流。

3. 设计要求

(1) 预留输入、输出及测试端子。

(2) U_1 用实验室的直流稳压电源提供。

(3) 允许使用芯片和芯片级以下的器件,不能使用成品模块。

三、设计说明

电源是任何电子设备必不可少的能量之源。电源质量的好坏,体积大小、性能参数以及电源的发展状况影响着电子设备的发展。纵观电源的发展历程,可以看到近些年电源发展的一个大的变革,电源已悄然的由原来的线性稳压电源走上了开关稳压电源的变革之路。

在倡导节能减排的大环境下,电源的改进首先必须注重效率。下面介绍几种典型的电源设计方案仅供参考。恒压恒流电源系统框图如图 11-3-1 所示。

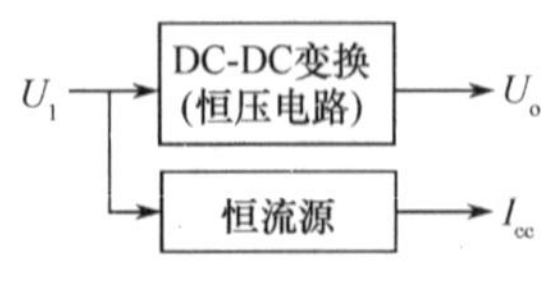

图 11-3-1 恒压恒流电源系统框图

1. DC-DC 变换电路

DC-DC 变换即将直流电压转换为直流电压,通常包含升压变换和降压变换。根据此设计要求可知,此 DC-DC 变换为降压电路,降压电路形式很多,主要包括线性降压电路和开关降压电路。

(1) 设计方案一:

使用线性降压电路设计。如图 11-3-2 是使用 W78 系列稳压芯片进行稳压降压的典型电路。这种电路的优点是:结构简单,实现容易,成本低廉。但也存在各种缺点:如输入端和输出端压差不能太大,降压转换效率较低,发热量大,电路体积较大等。

(2) 设计方案二:

使用开关稳压电路设计。如图 11-3-3 即典型的 Buck 开关降压电路结构图。该电路引入了储能元件 L,通过 PWM 控制器输出的信号驱动 MOSFET 的周期性导通与关闭,高电位时

MOSFET 导通向 L 提供能量,同时也给 C 和负载提供能量;低电位时 MOSFET 截止,由于 L 中的电流不能突变,因此,通过 L、负载和 VD 构成电流回路继续供电。这样,通过开关管 MOSFET 的周期性开关变化,实现了能量的传递过程。由于在整个过程开关管并未始终导通,这样,能量的利用率变高,损耗减少了很多。

开关电源具有效率高,体积小,输入输出允许压差大,发热小,集成度高等特点,是目前电源行业发展的主导方向,因此在多数轻便型或大功率设备上都有它的踪影。选择好一款合适的 PWM 控制芯片,配合其外围元件便能方便的完成开关电源的设计。常用的集成中、小功率 PWM 控制芯片包括:MC34063、LM2596、LM2576、UC3842/3/4、TL494、SG3525 等,其使用方法、典型设计及应用技巧请自行阅读 PDF 资料。

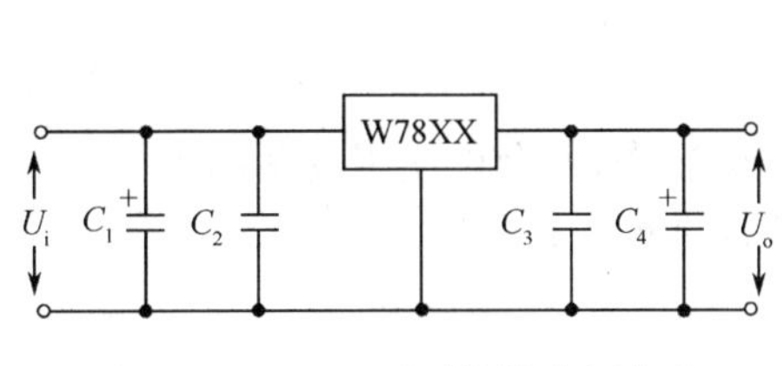

图 11-3-2　W78 系列线性稳压电路

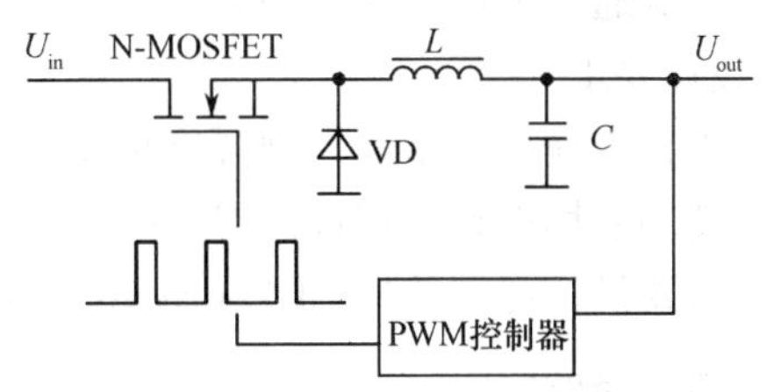

图 11-3-3　开关降压 Buck 电路

2. 恒流源电路

恒流源电路即能向负载提供恒定大小电流输出的电路。两种典型的恒流源电路如图 11-3-4 所示。图中 R_L为负载,当负载在一定范围内变化时,该电路流过负载的电流能保持恒定不变。图(a)加入了反馈,电路能及时根据负载的变化而作出相应的调整,而图(b)恒流效果则相对较差。

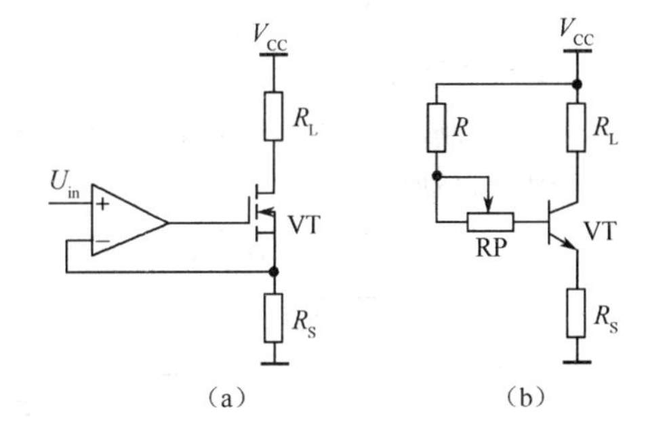

图 11-3-4　恒流源电路

四、仪器设备及参考器件

(1) 仪器设备:

直流稳压电源 1 台,万用表 2 个,大功率负载或滑动变阻器 1 个。

(2) 参考器件:MC34063、LM2576、UC3842 电阻、电容、电感、二极管、接线柱等,其他。

五、设计报告

(1) 按照技术指标及要求,设计完整的系统框图及电路图。

(2) 电路参数计算及方案论证。

(3) 电路模块的分析。

(4) 系统指标的测量。

(5) 心得体会。

课程设计 11-4　水温控制系统

一、设计目的

(1) 了解温度传感器的性能,掌握温度传感器的应用;

(2) 熟悉集成运算放大器的线性和非线性应用;

(3) 掌握电路系统设计与调试的方法；

(4) 掌握芯片数据手册的查阅方法。

二、设计内容

设计制作一套能对水进行加热，并能对水温(≥室温)进行恒温设定和控制的电路系统。具体要求如下：

1. 设计指标

(1) 测温和控温范围：室温～60℃。

(2) 控制精度：±1℃。

(3) 控温通道输出：220V，10A。

2. 设计要求

(1) 不允许使用数字输出型温度传感器进行设计。

(2) 使用通用电路板焊接或 PCB 板完成该电路的制作，不允许使用成品模块。

(3) 电路设计建议使用 PROTEUS 虚拟仿真软件进行仿真验证。

三、设计说明

温度控制器的基本组成框图如图 11-4-1 所示。本电路由温度传感器、K～℃变换器、温度设置、数字显示和输出功率级等部件组成。温度传感器的作用是把温度信号转换成电流或电压信号，K～℃变换器将热力学温度 K 转换成摄氏温度℃。信号经放大和刻度定标(0.1V/℃)后由三位半数字电压表直接显示温度值，并同时送入比较器与预先设定的固定电压(对应控制温度点)进行比较，由比较器输出电平高低变化来控制执行器件(如继电器)工作，实现温度自动控制。

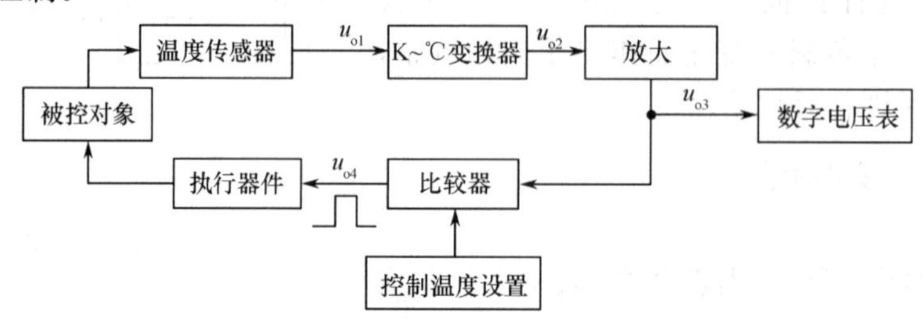

图 11-4-1　温度控制器基本组成框图

1. 温度传感器

建议采用 AD590 集成温度传感器进行温度-电流转换，它是一种电流型二端器件，其内部已做修正，具有良好的互换性和线性。有消除电源波动的特性，输出阻抗达 10MΩ，转换当量为 1μA/K。器件采用 B—1 型金属壳封装。

温度-电压变换电路如图 11-4-2 所示。由图可得：

$$u_{o1}=1\mu A/K\times R=R\times 10^{-6}/K$$

如 $R=10k\Omega$，则 $u_{o1}=10mV/K$。

2. K～℃变换器

因为 AD590 的温控电流值是对热力学温度 K，而在温控中需要采摄氏温度℃，由运放组成的加法器可实现这一转换，参考电路如图 11-4-3 所示。

元件参数的确定和 $-U_R$ 选取的指导思想是：0℃(即 273K)时，$u_{o2}=0V$。

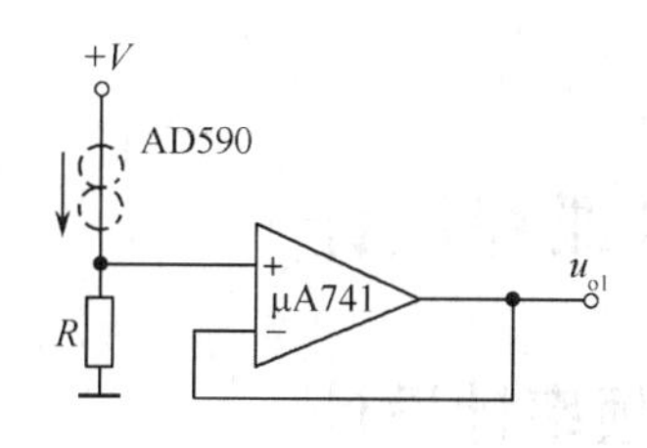

图 11-4-2　温度-电压变换电路

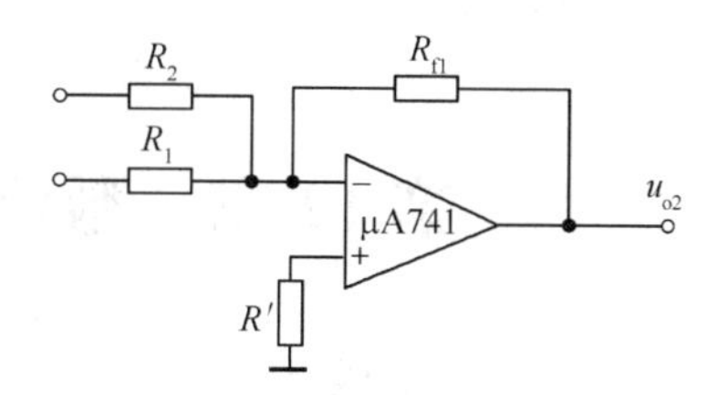

图 11-4-3　K～℃变换电路

3. 放大器

设计一个反相比例放大器，使其输出 u_{o3} 满足 100mV/℃。用数字电压表可实现温度显示。

4. 比较器

由电压比较器组成，如图 11-4-4 所示。U_{REF} 为控制温度设定电压（对应控制温度），R_{f2} 用于改善比较器的迟滞特性，决定控温精度。

5. 继电器驱动电器

电路如图 11-4-5 所示。当被测温度超过设定温度时，继电器动作，使触点断开停止加热，反之被测温度低于设置温度时，继电器触点闭合，进行加热。

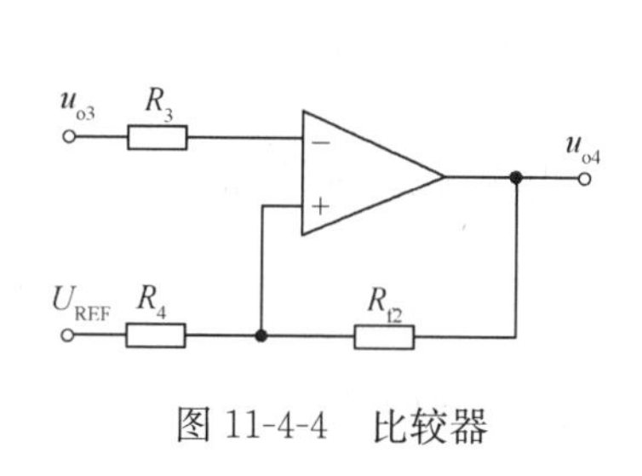

图 11-4-4　比较器

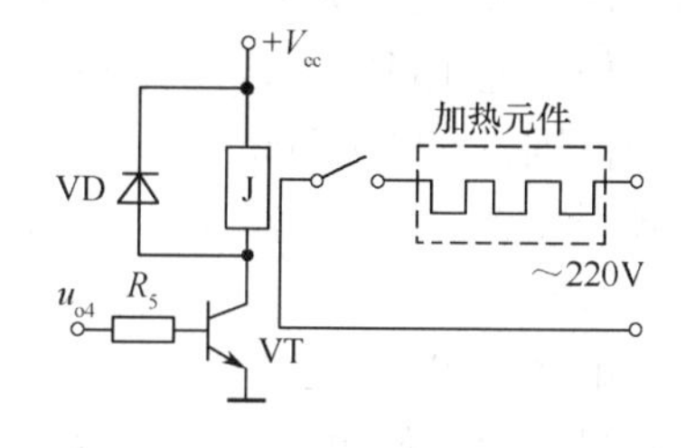

图 11-4-5　继电器驱动电路

6. 调试要点和注意事项

用温度计测传感器处的温度 T（℃），如 $T=27$℃（300K）。若取 $R=10\text{k}\Omega$，则 $u_{o1}=3\text{V}$，调整 U_R 的值使 $u_{o2}=-270\text{mV}$，若放大器的放大倍数为 -10 倍，则 u_{o3} 应为 2.7V。测比较器的比较电压 U_{REF} 值，使其等于所要控制的温度乘以 0.1V，如设定温度为 50℃，则 U_{REF} 值为 5V。比较器的输出可接 LED 指示。把温度传感器加热（可用电吹风吹）在温度小于设定值前 LED 应一直处于点亮状态，反之，则熄灭。

如果控温精度不良或过于灵敏造成继电器在被控点抖动，可改变电阻 R_{f2} 的值。

四、仪器设备及参考器件

（1）仪器设备：直流稳压电源、数字万用表、温度计和电吹风。

（2）参考器件：μA741、AD590，继电器或晶闸管，电阻、电容、电位器、二极管、三极管、发光二极管及其他。

五、设计报告

（1）按照技术指标及要求，设计完整的系统框图及电路图。

（2）电路参数计算及方案论证。

（3）电路模块的分析。

（4）指标的测试方法及测试结果。

（5）心得体会。

第12章　数字电子技术课程设计

课程设计12-1　简易数字频率计设计

一、设计目的

(1) 理解频率计的测频原理；

(2) 掌握模拟、数字电路混合设计与调试的方法；

(3) 进一步熟练掌握模拟器件和数字集成电路的应用；

(4) 掌握芯片数据手册的查阅方法。

二、设计内容

设计制作一套能测量并显示正弦波、方波和三角波信号频率的电路，具体要求如下：

1. 设计指标

(1) 测量信号种类：正弦波、方波、三角波。

(2) 输入信号电压($V_{p\text{-}p}$)：50mV～5V。

(3) 测频范围：1～9999Hz。

(4) 测频误差：±1Hz(当输入<100Hz时)，±2%(当输入≥100Hz时)。

2. 设计要求

(1) 系统电源不得超过±5V。

(2) 电路设计建议使用PROTEUS虚拟仿真软件进行仿真验证。

(3) 不允许使用测频模块或测频专用芯片。

三、设计说明

数字频率计是一种用十进制数字显示被测信号频率的数字测量仪器，它的基本功能是测量正弦波、方波等周期信号的频率，用途非常广泛。

测量频率的基本方法是：将周期信号转换为TTL信号，然后记录时间T秒内TTL信号的脉冲数量N，最后通过运算公式$f=N/T$即可得到信号的频率。如果将时间定为1秒，则1秒内记录的信号脉冲数量N即为该信号的频率值。

1. 设计方案一

使用基本的中规模数字器件可实现数字频率计的设计，其基本原理框图如图12-1-1所示。

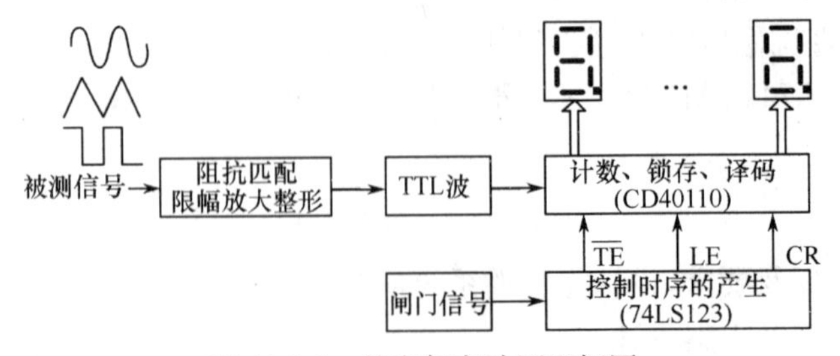

图12-1-1　数字频率计原理框图

由图12-1-1可知，数字频率计的工作流程如下：被测周期信号经放大、整形后送入计数器，计数器在闸门信号的有效时间内，对输入信号的周期进行计数，将得到的计数值经处理后显示在数码管上。如果选择闸门信号为1秒,则计数值只需经过译码处理后显示在数码管上即为得到的被测信号频率值。每次测得的数据在数码管上显示并保持一定的时间,直到获得新的被测信号频率后刷新显示。这样就完成一个计数、锁存、显示的过程,之后的测量则周而复始的进行。

根据频率计的工作原理,结合上述原理框图可得到数字频率计各控制信号的时序关系,如图12-1-2所示。

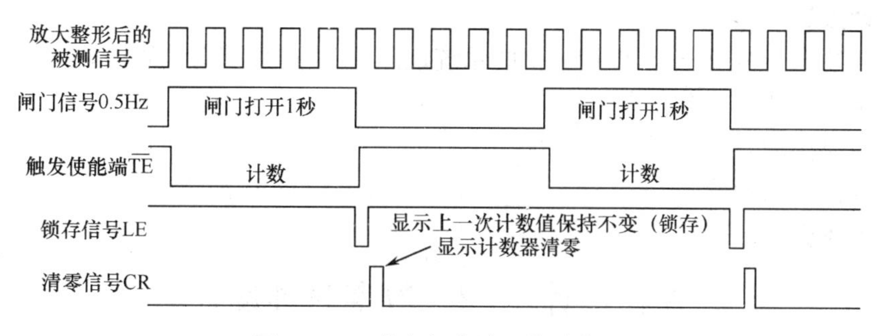

图12-1-2 数字频率计工作时序图

2. 设计方案二

使用单片集成频率计芯片ICM7216D,只需外接少量的元件即可构成10MHz数字频率计,由该芯片组成的频率计电路如图12-1-3所示。

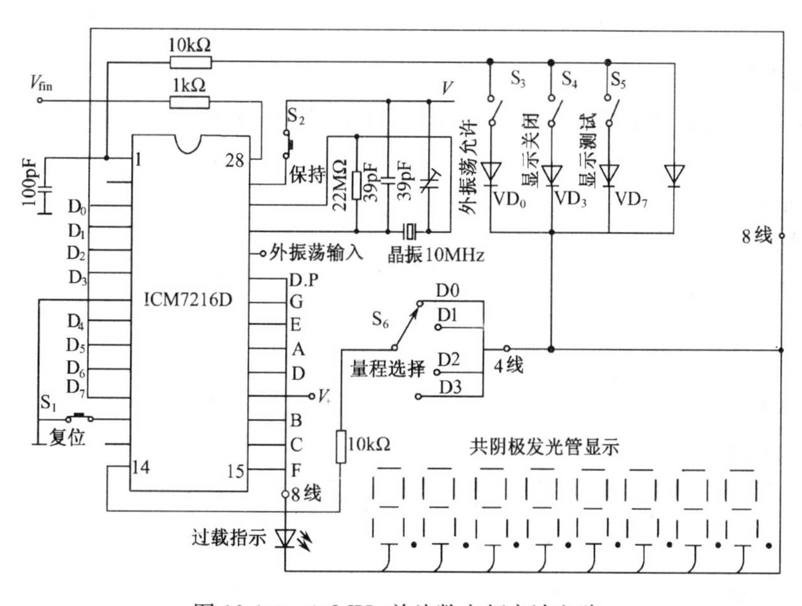

图12-1-3 10MHz单片数字频率计电路

3. 设计方案三

使用可编程逻辑器件或单片机进行频率测量,其设计框图如图12-1-4所示。使用该设计需要具备一定的程序基础,但其硬件结构简单,测频精度可通过修改程序方便地调整。

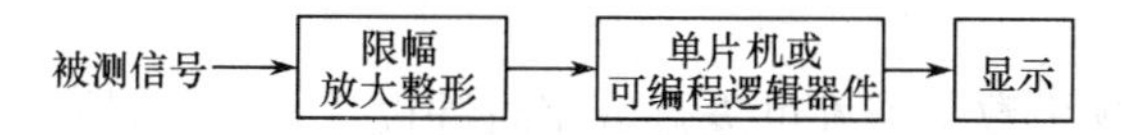

图12-1-4 单片机或可编程逻辑器件设计频率计框图

以上三种方案供设计者参考，选择方案时可根据实际条件进行选择。

四、仪器设备及参考器件

(1) 仪器设备：直流稳压电源、低频信号发生器、示波器、万用表及多功能计数器。

(2) 参考器件(方案一)：七段共阴极数码管，CD40110、74LS123、NE555、LM358、LM311、74LS74、74LS90、74LS04，电阻、电容、1N4148 二极管、晶振及其他。

五、设计报告

(1) 按照技术指标及要求，设计完整的系统框图、工作时序图及电路图。

(2) 电路参数计算及方案论证。

(3) 电路模块的分析。

(4) 系统指标的测量。

(5) 心得体会。

课程设计 12-2　数字时钟设计

一、设计目的

(1) 理解数字时钟的工作原理；

(2) 熟练掌握中规模计数器芯片的综合应用；

(3) 进一步熟练掌握复杂数字集成电路的设计与调试方法；

(4) 掌握芯片数据手册的查阅方法。

二、设计内容

设计制作一个能在数码管上显示时、分、秒，并能自动走时和手动调时的数字时钟，具体要求如下：

1. 设计指标

(1) 时钟：24 小时制。

(2) 具备时、分、秒三级校时。

(3) 上电后时钟自动运行。

(4) 误差：优于 1 秒/小时。

2. 设计要求

(1) 系统使用+5V 电源供电。

(2) 电路设计建议使用 PROTEUS 虚拟仿真软件进行仿真验证。

(3) 不允许使用集成时钟芯片。

三、设计说明

本设计要求制作一个简易的数字时钟，能实时显示时、分、秒并且能进行时间的调整。

数字时钟通常可以分解为 4 个模块：秒信号产生模块、六十进制和二十四进制计数模块、显示模块和校时模块等。理解了各模块的含义及相互之间的信号衔接关系便可以设计出能自动走时的简易数字时钟。

1. 设计方案一

使用基本的中、小规模数字器件可进行数字时钟设计，其基本原理框图如图 12-2-1 所示。

由图 12-2-1 可知，要提高时钟的走时精度则务必要提高秒信号的精确度。秒信号的产生电路多种多样，如：由 NE555 构成的多谐振荡器可以产生秒信号，或由晶振和非门组成的振荡电路经分频后可以产生秒信号，由专用的秒信号产生芯片也可以产生秒信号，其性能特点各不一样，建议设计者选择一种符合设计要求且性价比高的方案。

2. 设计方案二

使用单片机或可编程逻辑器件也可完成数字时钟的设计，其原理框图如图 12-2-2 所示。

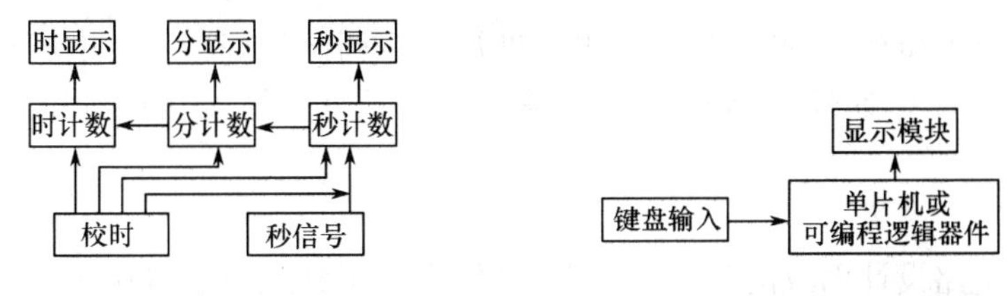

图 12-2-1 数字时钟原理框图 图 12-2-2 数字时钟原理框图

该方案集成度较高，秒信号产生，计时和显示驱动均有单片机或可编程逻辑器件完成，在一定范围内进行功能的调整和精度的校正只需通过修改程序即可完成，但要求设计者具备一定的编程基础。

以上两种设计方案供设计者参考，制作时应根据提供的条件和实际情况进行选择。

四、仪器设备及参考器件

(1) 仪器设备：直流稳压电源、低频信号发生器、示波器、万用表、多功能计数器。

(2) 参考器件(方案一)

七段共阳极数码管，74LS190、74LS74、74LS51、74LS00、74LS47、74LS04、74LS124、NE555，电阻、电容、晶振及其他元件。

五、设计报告

(1) 按照技术指标及要求，设计完整的系统框图、工作时序图及电路图。

(2) 电路参数计算及方案论证。

(3) 电路模块的分析。

(4) 系统指标的测量。

(5) 心得体会。

课程设计 12-3 数字电压表设计

一、设计目的

(1) 理解数字电压表的组成及工作原理；

(2) 掌握数字电压表的设计与调试方法；

(3) 掌握芯片数据手册的查阅方法。

二、设计内容

设计制作一个测量和显示直流电压大小的电路，具体要求如下：

1. 设计指标

(1) 测量范围：直流 0～3V。

(2) 显示分辨率：优于 0.02V。

(3) 测量误差：±2%V。

(4) 具有过量程指示。

2. 设计要求

(1) 系统允许使用±5V 电源供电。

(2) 不允许使用集成电压测量模块。

三、设计说明

电压表是进行电压测量的重要仪表,也是进行电路调试的好帮手。电压表通常由阻抗转换电路、测量电路、计算处理电路和显示电路组成。下面提供了几种电压表的设计方案供选择。

1. 设计方案一

利用双积分电路设计而成的数字电压表,也称为双积分式数字电压表。该电压表包括模拟积分器、电压比较器、多路选择开关、主门及控制电路、计数及译码显示电路、时钟脉冲振荡器和主控脉冲振荡器等部分,其原理框图如图 12-3-1 所示。

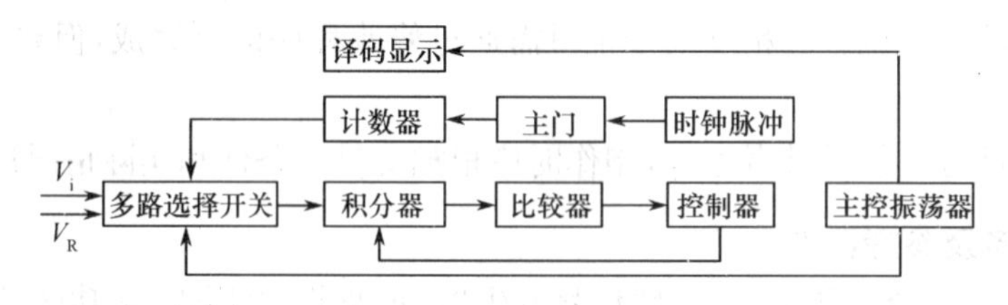

图 12-3-1　双积分式数字电压表原理框图

2. 设计方案二

使用 3 位半集成 A/D 转换器芯片 MC14433,只需要外加少量数字芯片和其他元器件便可以完成数字电压表的设计,其电路原理如图 12-3-2 所示。

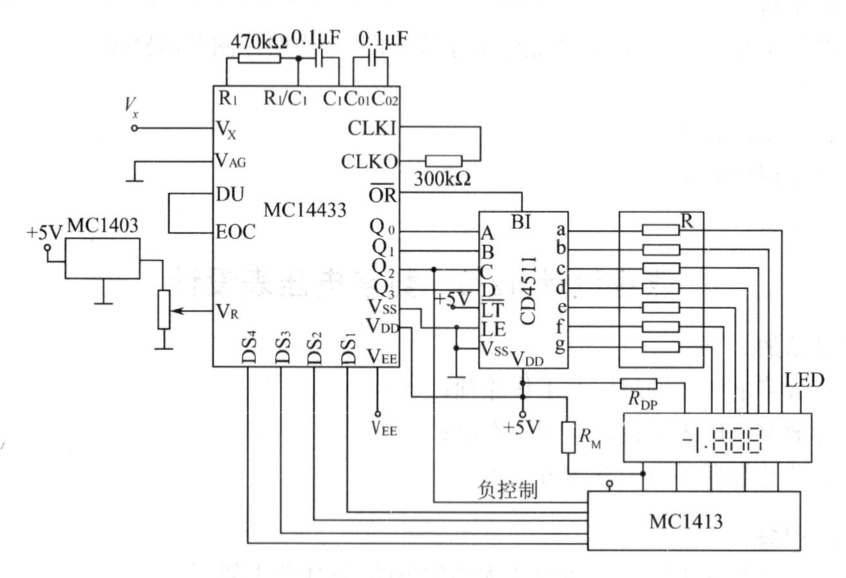

图 12-3-2　3 位半数字电压表原理图

该方案选用了集成 A/D 转换器芯片,并且芯片内还集成了数码管显示驱动电路,大大简化了设计难度。

3. 方案三

使用单片机和 A/D 转换器芯片进行设计,其框图如图 12-3-3 所示。被测电压信号通过

A/D 转换器后直接输出量化的数字信号，该数字量由单片机采集并计算处理后即可转化为电压值，同时，单片机控制显示器将电压值显示出来即可。该方案在进行数据处理和误差校正时比较方便，但要求设计者具有一定的编程基础。

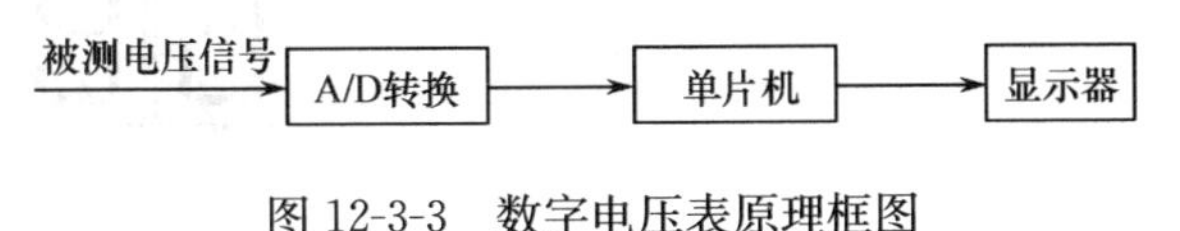

图 12-3-3　数字电压表原理框图

以上三种设计方案供设计者参考，制作时应根据实际条件进行选择。

四、仪器设备及参考器件

(1) 仪器设备：直流稳压电源、示波器、万用表。

(2) 参考器件（方案一）：七段共阳极数码管，74LS190、74LS74、74LS374、74LS00、74LS47、CD4051、LM311、LM358，电阻、电容、电位器、稳压二极管及其他元件。

五、设计报告

(1) 按照技术指标及要求，设计完整的系统框图、工作时序图及电路图。

(2) 电路参数计算及方案论证。

(3) 电路模块的分析。

(4) 系统指标的测量。

(5) 心得体会。

课程设计 12-4　简易电容测试仪设计

一、设计目的

(1) 了解 555 芯片的内部结构，掌握其电路设计与应用；

(2) 了解电容测量的基本原理；

(3) 掌握电路系统设计与调试的方法；

(4) 掌握芯片数据手册的查阅方法。

二、设计内容

设计制作一个能测量和显示电容器容值大小的电路，具体要求如下：

1. 设计指标

(1) 测量电容范围：100pF～999nF。

(2) 至少设计两个量程：1～999pF，1～999nF。量程切换可采取机械开关或按钮等实现。

(3) 测量误差：±2%。

2. 设计要求

(1) 使用三位数码管显示测量结果，用红、绿两种颜色的发光二极管显示不同量程时的单位。

(2) 使用通用电路板焊接完成该电路的制作，不允许使用集成模块和电容测量的专用芯片。

(3) 电路设计建议使用 PROTEUS 虚拟仿真软件进行仿真验证。

三、设计说明

电容测量是利用电容充放电的特性实现的，本设计中利用电容和单稳态电路，将电容的大小转换成电平脉冲的持续时间，通过计数器在单稳态脉冲持续时间内对某一基准频率进行计数，进而得到电容量的大小，其原理框图如图 12-4-1 所示。

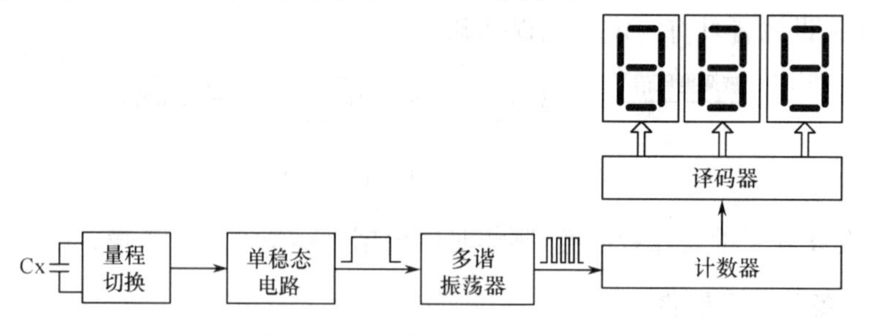

图 12-4-1　电容测量仪原理框图

（1）单稳态电路

实现单稳态电路的集成芯片很多，仅选择 555 时基电路即可达到设计的要求，将电容的变化转换为输出高电平脉冲宽度的变化。

（2）多谐振荡器

多谐振荡器的电路组成形式多样，此处可采用 555 时基芯片构成多谐振荡器，电路简洁、可靠。

（3）计数器及译码器

计数和译码电路主要对固定脉冲时间内多谐振荡器的振荡周期个数进行计数和译码。此处可选择计数和七段译码一体的芯片 CD40110，也可使用 74LS161 计数器芯片与 74LS48 七段译码器组合或其他类似的芯片。

（4）显示器

采用数码管进行显示既简单又清晰，选择数码管或译码器时应注意一一对应，共阴极的数码管只能选用共阴极输出型的译码芯片进行组合。

四、仪器设备及参考器件

（1）仪器设备：直流稳压电源、低频信号发生器、示波器、万用表。

（2）参考器件：NE555，74LS161、74LS48、CD40110、74LS00、74LS04 等，1 位七段共阴极数码管，电阻、电容、电位器、开关、发光二极管及其他元件。

五、设计报告

（1）按照技术指标及要求，设计完整的系统框图及电路图。

（2）电路参数计算及方案论证。

（3）电路模块的分析。

（4）系统指标的测量及使用方法。

（5）心得体会。

第 13 章　高频电子技术课程设计

课程设计 13-1　调频接收机的设计

一、设计目的

(1) 了解调频接收机的工作原理及组成；

(2) 掌握调频接收机的设计方法；

(3) 掌握调频接收机的测试方法。

二、设计内容

设计装调一个能接收空中调频电台信号，并能解调出其中的语音信号，再经放大推动扬声器发声的调频信号接收机。具体要求如下：

1. 设计指标

(1) 频率范围 87～108MHz。

(2) 灵敏度优于 10μV，选择性优于 40dB。

(3) 信噪比≥50dB。

(4) 频响 80～15000Hz，±1dB。

(5) 失真度 80～15000Hz≤2%。

(6) 输出功率≥0.5W(负载 8Ω)。

2. 设计要求

(1) 直流电源的参数不得超过 9V/1A。

(2) 自拟设计方案，画出电路原理图，列出元件清单，画出印制电路板图。

(3) 在调时过程中要考虑采用高频电路三点跟踪的调试方法。

(4) 测试并记录总机技术指标。

(5) 为减小调试工作量，建议采用大规模集成电路完成。

三、设计说明

调频接收机原理框图如图 13-1-1 所示，接收信号从天线输入，天线可用拉杆天线，总长度为 1.5m，调试时可用 1.5m 的 ϕ1 铜线代替。带通滤波器，可以自制，也可用成品，其频率范围为 87～108MHz，带外抑制为 20dB。高频放大一般采用共基极电路，输入阻抗低，便于与天线匹配。本振为 LC 正弦振荡电路，调谐电容可与高频放大调谐电容联调，采用双联可变电容器，也可采用变容二极管。本振频率 F_c=(87+10.7)～(108+10.7)MHz。本振信号与接收信号经过混频，差出 10.7MHz 中频信号，经过 10.7MHz 陶瓷中频滤波器，中频滤波器主要满足选择性的要求，且插入损失较大。中放放大器应具有足够大的放大倍数，对信号进行限幅，被放大的中频信号经解调电路，还原成音频信号，经过 50μs 的去加重网络，再经过低放和功放去推动扬声器发音，其参考原理图如图 13-1-2 所示。

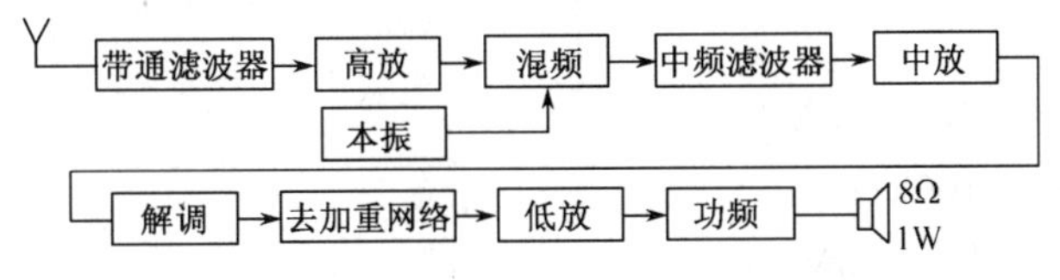

图 13-1-1　FM 广播接收机原理框图

由于该电路复杂程度较大，实际制作时建议采用大规模集成电路，如 CXA1019 或 1191 或 1619，或其他大规模集成芯片完成，以减小调试工作量，更好更快地完成设计要求。

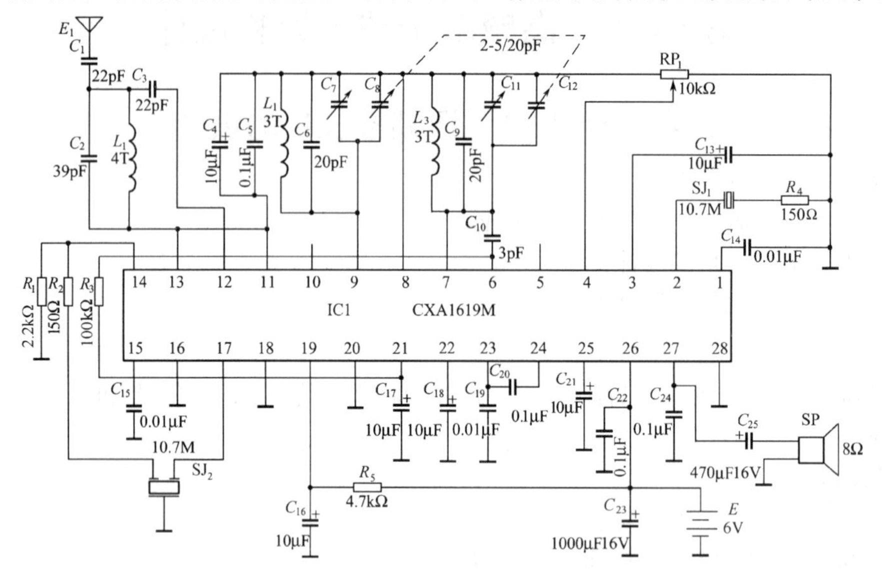

图 13-1-2　0.5W 调频接收机原理图

四、仪器设备及参考器件

(1) 仪器设备：高频信号发生器、函数信号发生器、扫频仪、频率计、示波器、失真度测试仪、万用表。

(2) 参考器件：CXA1019(1191)或 1619，10.7MHz 陶瓷滤波器，导线、电阻、电容、电感若干，扬声器(1W，8Ω)。

五、设计报告

(1) 设计计算过程，并画出电路图。

(2) 整理实验数据，画出陶瓷滤波器的幅频特性曲线。

(3) 对实验结果进行分析讨论，写出心得、体会及对本实验的建议。

课程设计 13-2　频率合成器的设计

一、设计目的

(1) 了解频率合成器的工作原理、组成；

(2) 掌握频率合成器的设计方法和调试方法；

(3) 培养综合应用电路的能力。

二、设计内容

设计装调一个高频频率合成器。具体要求如下：

1. 设计指标

(1) 频率范围　87～108MHz。

(2) 频率分辨率　100kHz。

(3) 输出电压　$V_{P-P} \geqslant 3V$。

(4) 频率稳定度　$\Delta f/f_0 < 10^{-5}$。

2. 设计要求

(1) 设计好线路,列出元器件清单。

(2) 选择好测试仪器,拟定测试方法,根据设计的电路,安装并调试好电路。

(3) 观察参考信号源的波形,测量参考信号的频率和 5 分钟内的频率稳定度。

(4) 开环,测量 VCO 的频率和 5 分钟内的频率稳定度。

(5) 使环路处于锁定,当可变分频器预置从 1739～2159 变化时,测出 VCO 相应的频率。

(6) 当环路锁定在某一频率上,测量 VCO 在 5 分钟内的频率稳定度,并与参考信号源比较。

三、设计说明

目前,频率合成器的应用已日益广泛,成为通信设备、广播电视设备、测试设备等的主要组成部分,使得从大量频率中选择某一工作频率变得极为精确又方便。频率合成的方法有两种,即直接式和间接式。目前应用最为广泛的是锁相式频率合成器。下面简单的对锁相式频率合成器作介绍。

锁相式频率合成器基本组成框图如图 13-2-1 所示,它是由基本锁相环加上数字式可变分频器构成的,所以又称数字式频率合成器。

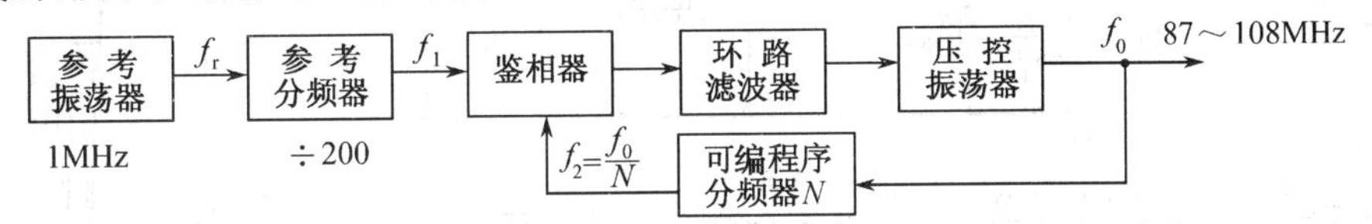

图 13-2-1　锁相式频率合成器基本组成框图

锁相频率合成的基本方法是:锁相环路对高稳定度的参考振荡器锁定,环路串接可编程的程序分频器,通过编程改变程序分频器的分频比 N,从而得到 N 倍参考频率的稳定输出。

下面以目前应用比较广泛的调频广播发射机中锁相式频率合成器为例,进一步说明其工作原理。其锁相分频单元原理图如图 13-2-2 所示,压控振荡器如图 13-2-3 所示,这两个部分就组成了频率合成器,线路中预置开关预置的发射频率为 100.00MHz。

1. 可变程序分频器(射频取样分频器)

它是由 10 分频器 IC_1 和可编程分频器 IC_2～IC_4 组成的。10 分频器采用一块 11C9D(也可采用 E12013)数字集成块,固定 10 分频,电平为 ECL 电平,但最后转换为 TTL 电平,送到可编程分频器上。可编程分频器由三块 SN74LS193 二进制计数器和三组四刀两位微型预置开关 S_1、S_2、S_3 组成。通过预置开关编程,可使分频次数在 1740～2160 之间变化,(实际上程序表是 1739～2159,间隔为 2)最后输出固定的 5kHz 脉冲信号。因此,分频次数的多少取决于发射频率的多少。具体公式如下:

理论分频次数:　　$N=f_0/(Mf_N)$

实际分频次数:　　$N=f_0/50\text{kHz}-1$

式中 f_0 为发射频率,M 为预分频次数(这里预分频 f_N 为基准比较频率,$f_N=5\text{kHz}$)。

由于相邻发射频率相差 0.1MHz,故相应分频间隔为 2,另外因"0000,0000,0000"为一状态,故实际编程数需减 1,即 $20f_0$(MHz)次－1 次。

一块 74LS193 最大只能构成十六进制减法计数器,而对于 1740～2160 次分数,就需由三块 74LS193 组成 3 位十六进制计数器来完成,如图 13-2-3 所示。

S_3、S_2、S_1 分别是 IC_4、IC_3、IC_2 的输入预置数,有 4 位$(DCBA)_2$。因此确定分频次数 N 时,先将十进制数化为十六进制数,对应 S_3、S_2、S_1 数再化成二进制数,由此确定 S_3、S_2、S_1 各开关的位置。

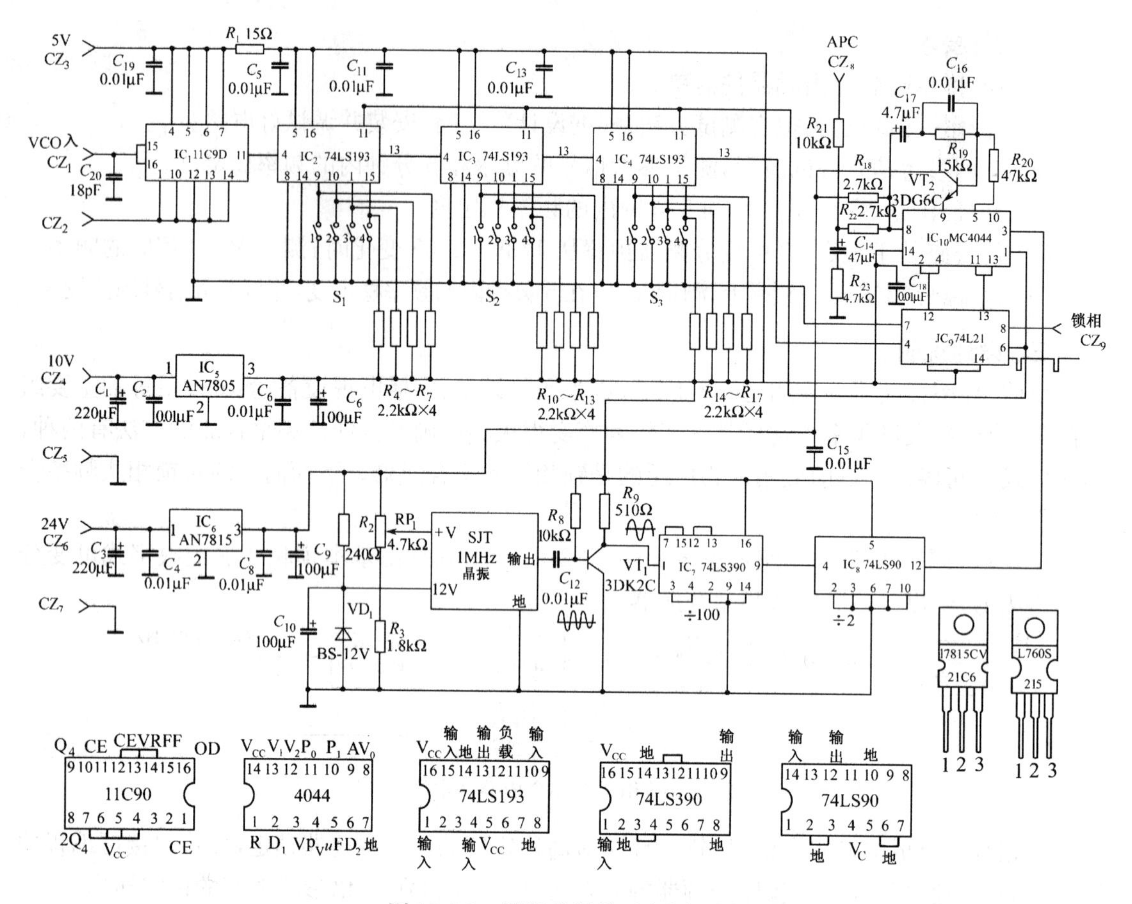

图 13-2-2　锁相分频单元电原理图

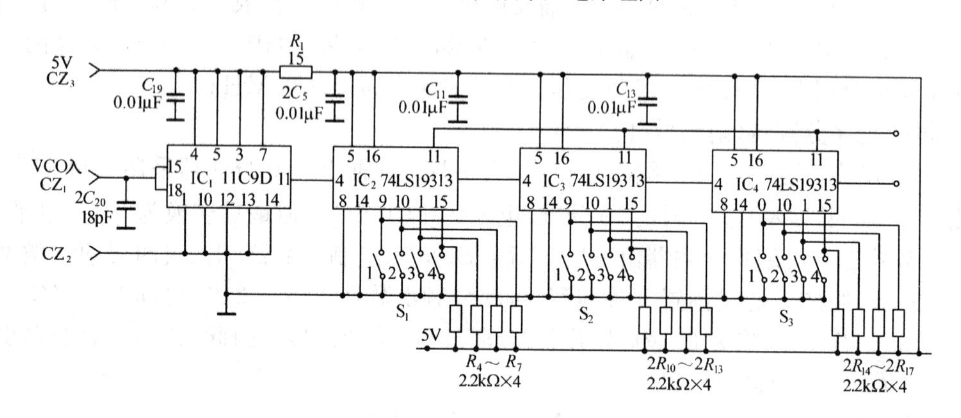

图 13-2-3　压控振荡器

例如：当发射频率为 100MHz 时，求程序分频编程是多少？

解：分频次数 $N=20f_0-1=20\times100-1=1999$ 次

1999÷16=124 … 余15=S1

124÷16=7 … 余12=S2

7=S3

事实上：$N=(7CF)_{16}=1999$

因此，IC_2 的预置数为：$S_1=(F)_{16}=(1111)_2=(DCBA)_2$

IC_3 的预置数为：$S_2=(C)_{16}=(1100)_2=(DCBA)_2$

IC_4 的预置数为：$S_3=(7)_{16}=(0111)_2=(DCBA)_2$

所以，由上述得出 100MHz 的实际编程数是 1999。

程序编码为 $S_1=1111$　　　$S_2=1100$　　　$S_3=0111$

即　　　$(\underbrace{0111}_{S_3}\underbrace{1100}_{S_2}\underbrace{1111}_{S_1})$

开关预置 on 为 0，预置 off 为 1(0 为低电平 0V，1 为高电平 5V)。把 S_1 上的 1，2，3，4 开关拨到 off 处即为 1111；把 S_2 上的 1、2 开关拨到 off 处，3、4 开关拨到 on 处即为 1100；把 S_3 上的 1 开关拨到 on 处，2、3、4 开关拨到 off 处即为 0111。射频取样分频器框图如图 13-2-4 所示。

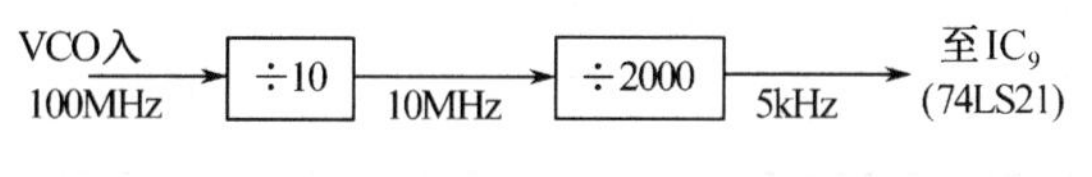

图 13-2-4　射频取样分频框图

2. 可编程分频器 74LS193

可编程分频器 74LS193 的连接图如图 13-2-5 所示。它是一个预置 N 进制的计数器，这里称为 N 分频器。只要在输入端 D、C、B、A 上预置数字电平“0”或“1”，则构成 N 进制减计数器，$N=(DCBA)_2$。如预置十二进制减法计数器，则 D 端＝C 端＝1，B 端＝A 端＝0，即 D、C 端输入＋5V 电平，B、A 端输入 0V 电平，可通过开关 S 预置，开关 S 的 1、2 拨到 off 处，3、4 拨到 on 处。当 74LS193 的 4 脚(减计数 CP)输入正脉冲信号，频率为 f，初始状态为 12，减法计数到 $Q_DQ_CQ_BQ_A=0000$ 时，13 端借位输出一负脉冲，经与门电路 IC_9 触发 11 脚进行置数操作，使 $Q_DQ_CQ_BQ_A=DCBA=1100$，此时减法计数器从 12 开始，下一个脉冲到达时，计数器开始作减法计数，经过 12 个脉冲以后，计数器状态回到 $Q_DQ_CQ_BQ_A=0000$ 状态，输出借位脉冲，进行置数操作，这样循环往复，如图 13-2-6 所示。SN74LS193(预置十二进制时)工作顺序见表 13-2-1。

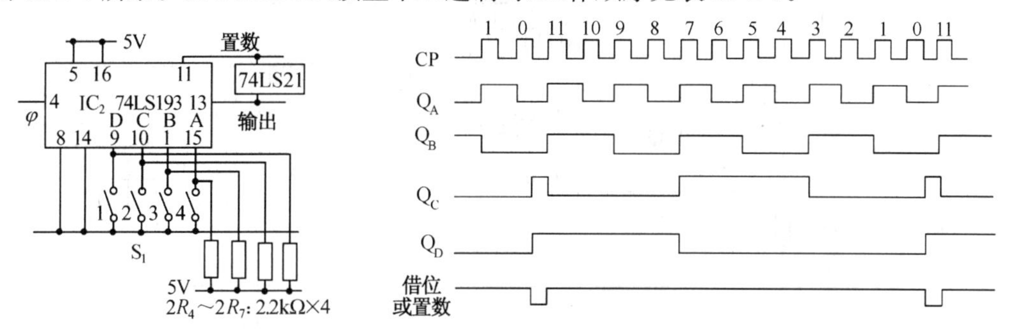

图 13-2-5　74LS193 接线图　　　图 13-2-6　1 位十二进制减法计数器时序图

表 13-2-1　SN74LS193(预置十二进制时)工作顺序

CP 脉冲	Q_A	Q_B	Q_C	Q_D	借位脉冲(13 脚)	置数脉冲(11 脚)
初态	0	0	1	0	1	0
1	0	0	0	1	1	0
2	0	0	0	0	1	0
	1	1	0	0	⊔	⊔
0	1	0	1	1	1	0
1	1	0	1	0	1	0
2	1	0	0	1	1	0

（续表）

CP 脉冲	Q_A	Q_B	Q_C	Q_D	借位脉冲（13 脚）	置数脉冲（11 脚）
3	1	0	0	0	1	0
4	0	1	1	1	1	0
5	0	1	1	0	1	0
6	0	1	0	1	1	0
7	0	1	0	0	1	0
8	0	0	1	1	1	0
9	0	0	1	0	1	0
10	0	0	0	1	1	0
11	0	0	0	0	1	0
	1	1	0	0	⊔	⊔

3. **参考晶振分频器的组成**

它是由供电电路，晶振器和整形电平转换电路及分频器组成的，如图 13-2-7 所示。SJT 是具有温度补偿装置的晶体振荡器，振荡频率为 1MHz。供电电压是＋12V，由 24V 供电电路提供，供电电路将＋15V 直流电压经 R_2、C_{10}、EG_1 串联稳压后，在 EG_1 稳压管正端输出稳定的＋12V电压给晶振器，晶振器的＋V 端由 RP_1 和 R_3 分压提供，微调 RP_1，可使晶振频率得到微调，从而得到较准确的 1MHz 参考频率。整形电路由 VT_1、R_3、R_4 组成，目的是把晶振器输出的 1MHz 正弦波整形成近似方波，并把晶振器输出电平转换成 TTL 电路电平，以触发 74LS390 固定 100 分频，再触发 74LS90 固定的 2 分频，即将 1MHz 晶振进行固定 200 分频后变成 5kHz 方波脉冲，作为参考频率，送鉴频/鉴相器 MC4044 与射频取样分频器输出的 5kHz 脉冲进行比较。

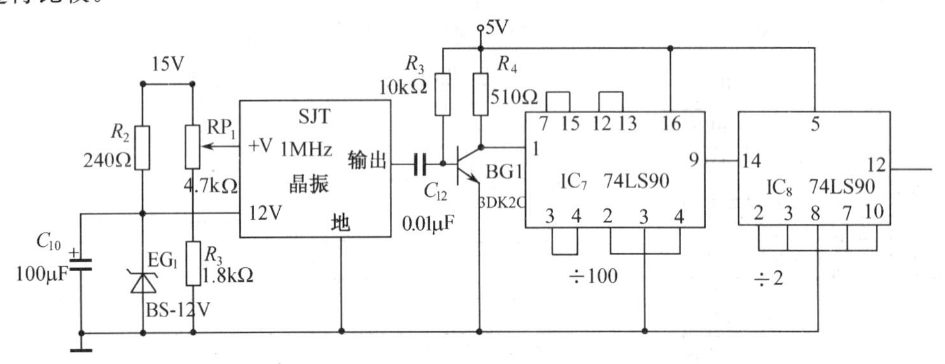

图 13-2-7　参考晶振分频器电原理图

4. **鉴相器**

鉴相器由 MC4044 构成，它是一种新型数字式鉴频/鉴相中规模集成电路，具有鉴频和鉴相的功能，不需辅助捕捉电路即能实现宽带捕捉和保持。此集成电路包括比相器，恒压泵电路和达林顿电路三部分。比相器主要对两路信号进行相位比较，由相位差大小决定输出脉冲宽度。泵源电路是将输入的脉冲电压宽度转成电流形式输出。达林顿电路是由两级晶体管组成的。

MC4044 电路原理如图 13-2-8 所示。

比相器由比相器Ⅰ和比相器Ⅱ两部分组成，实际只使用比相器Ⅰ，其原理是：

比相器Ⅰ由 9 个“与非”门组成，门 1 及门 7、门 6 及门 9 组成一个 R-S 触发器，门 2 及门 3、门 4 及门 5 各组成 R-S 触发器，R、V 分别表示基准信号(参考信号)和压控振荡器分频信号 5kHz 的输入端，f、g 为其输出端。

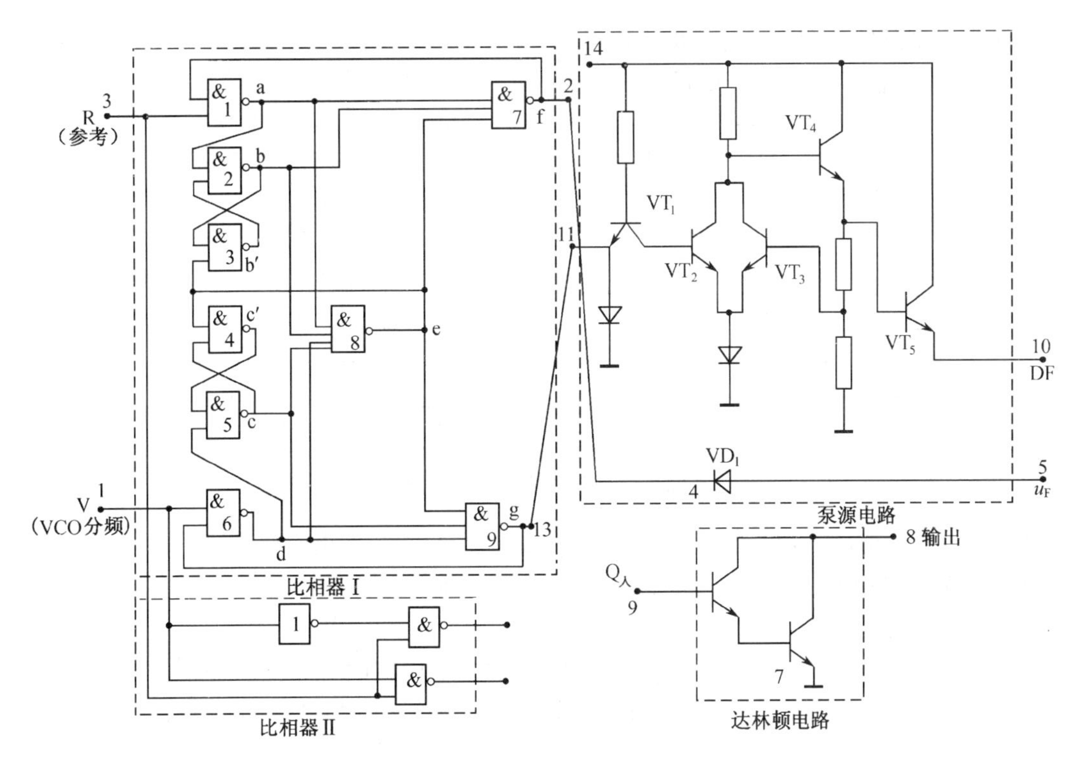

图 13-2-8　MC4044 内部电路原理图

首先介绍 R-S 触发器原理，如图 13-2-9 所示。

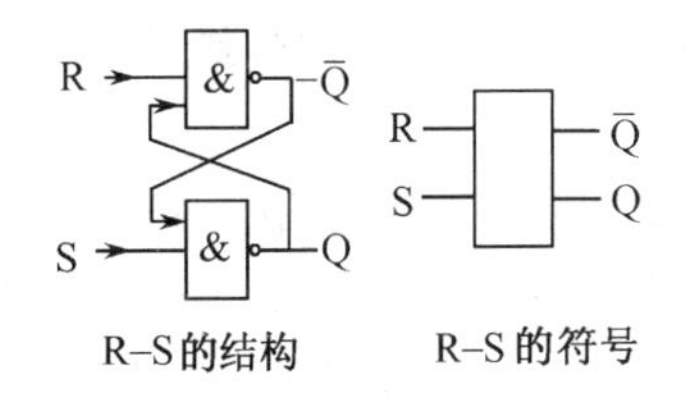

逻辑输入		输出
S	R	Q_{n+1}
0	0	Q_n不定
0	1	1
1	0	0
1	1	Q_n

图 13-2-9　R-S 触发器原理图及真值表

R-S 触发器由两个与非门组成，当两个输入端为 1 时，输出状态不变。当 R=0，S=1 则 Q=0。当 R=1，S=0 则 Q=1。R-S 触发器实质是一个存储单元。

比相器Ⅰ上各点逻辑关系如下：

$$a=\overline{R\cdot f},d=\overline{V\cdot g},f=\overline{a\cdot b\cdot e},g=\overline{c\cdot d\cdot e},e=\overline{a\cdot b\cdot c\cdot d}$$

从上述关系式可知：

① e 总是高电平。因为 a、b、c、d 中实际总有一个低电平，故 e 为高电平。假如 e 为低电平，则 a、b、c、d 必然都为高电平。而 e 为低电平，从比相器Ⅰ图中知，b′，c′必然为高电平，这样，使 a 与 b，c 与 d 必然相反，与假设 e 为低电平矛盾，从而可以证明 e 不可能为低电平。

② f、g 不可能同时为低电平。因为 e 总是高电平，故 a、b、c、d 不可能同时为高电平，f、g 就不可能同时为低电平。

③ f、g 可以同时为高电平。

④ f、g 可以一个是高电平，一个是低电平。

由比相器Ⅰ部分逻辑图画出在输入信号各种情况下的波形，如图 13-2-10 所示。设输入信号占空比为 1∶1，从图中可以看出，不管 f_R 和 f_V 之间存在相位差还是频率差，输出误差脉冲起始于先后来到的两个输入脉冲的下降沿。

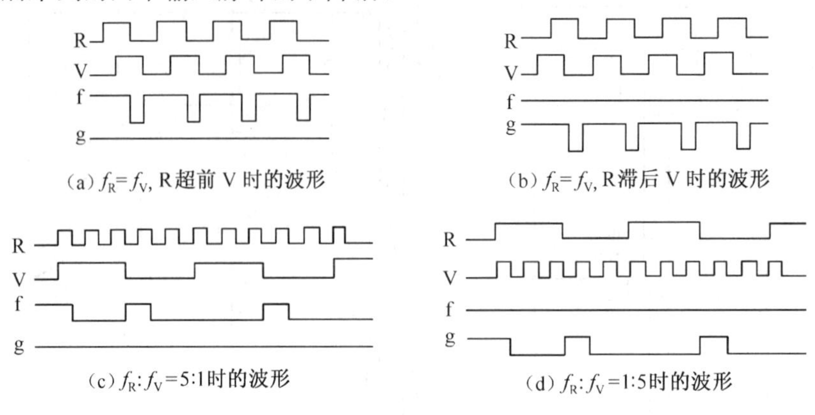

图 13-2-10 在输入信号各种情况下比相器Ⅰ输出波形图

① 在 $f_R=f_V$情形下，f_R相位超前 f_V，则 f 端输出负脉冲，g 端输出稳定的高电平。设 θ_e为负脉冲的宽度，(用相位表示)V_m为脉冲幅度，则比相器部分输出电压为

$$V_0=V_g-V_f=V_m\theta_e/2\pi$$

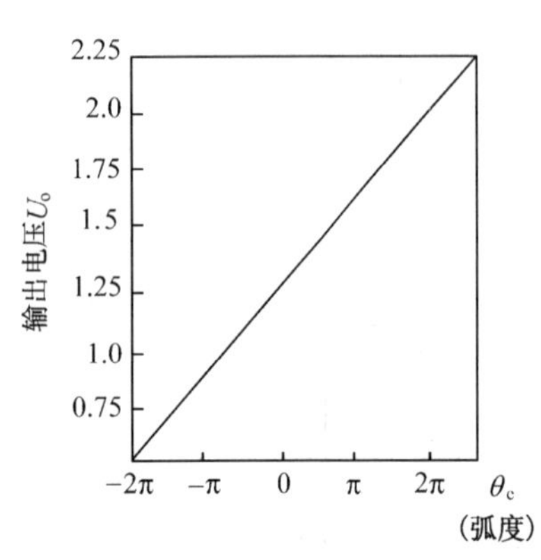

图 13-2-11 MC4044 鉴相特性

② 当 f_R相位滞后 $f_V(f_R=f_V)$，则 f 端输出脉冲始终为高电平，g 端有负脉冲输出。此时比相部分输出电压为

$$V_0=V_g-V_f=-V_m\theta_e/2\pi$$

由上两式可以得到鉴相特性如图 13-2-11 所示。

输出负脉冲宽度 θ_e 包含两输入信号的相位信息，相位差越大，输出负脉冲宽度越宽，最后比相器部分输出脉冲幅度最大。

鉴相灵敏度：$K_a=dV_0/d\theta_e=V_m/2\pi$

MC4044 的鉴相灵敏度为 0.12V/弧度，其鉴相范围为±2π。

③ $f_R\neq f_V$时，比相器部分以鉴频方式工作。当 $f_R>f_V$时，f 端输出负脉冲，g 端输出高电平。比相部分输出电压为

$$V_0=V_g-V_f=V_m(1-f_V/f_R)$$

式中 f_R为 R 端输入信号频率，f_V为 V 端输入信号频率，V_m为脉冲的幅度。

④ 当 $f_R\neq f_V$，且 $f_R<f_V$时，f 端输出高电压，g 端输出负脉冲。比相部分输出电压为

$$V_0=V_g-V_f=V_m(f_R/f_V-1)$$

因此，频率相差越大，输出电压越大。

由上述分析可知，MC4044 鉴相器既有鉴相能力，又有鉴频能力。

MC4044 有一个泵源电路，它有两个输入端与比相部分两个输出端相连，泵源输出端直接与有源滤波器相连，比相器 f 端与泵源 VD_1负极相连，当 f 端为低电平时，VD_1导通；当 f 端为高电平时，VD_1截止。比相器 g 端与 VT_1的发射极 e 相连，当 g 端为低电平时，VT_1的 be 结导通，VT_2的 b 极电位降低，VT_2导通减弱，其 c 极电位升高，促使 VT_4、VT_5导通加强。VT_3的 b 极电位取自 VT_4的 e 极电阻一部分。由于 VT_3与 VT_2组成具有恒流作用的差分放大器，这样促使 VT_3，VT_2的电流重新分配，达到新的平衡，使 VT_5持续地输出电流。当 g 端由低电平转为高电平时，VT_1的 be 结截止，VT_2的 b 极电位升高，VT_2导通，VT_4、VT_5截止。由此，泵源电路起着一个开关作用，它输出一个恒定电流，其持续时间对应于比相器输出脉冲宽度。这个电

流送到有源滤波器中，使 VT_2 和达林顿管导通，C_{17} 充电，如图 13-2-12 所示。这个电流持续时间越长，C_{17} 充电电压越大，这个电流结束后，VT_2 和达林顿管就截止，有源滤波器输出电压为 MC4044(8 脚)C_{17} 上的电压。

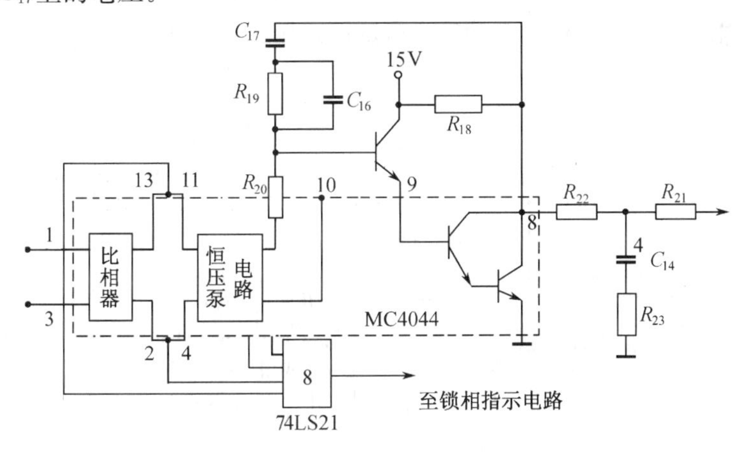

图 13-2-12　MC4044 外部电路

有源滤波器由 VT_2 跟随器和 MC4044 内部达林顿管组成。它是一个并联电压负反馈放大器，负反馈支路对高频成分反馈量很大，使得增益减小。对低频反馈量小，增益大，从而起到滤除高频成分的作用。由 R_{22}、R_{21}、C_{14}、R_{23} 组成 T 形的低通滤波器，使输出只保留直流成分。

为什么鉴相器后面要加入有源滤波器、低通滤波器组成环路滤波器呢？因为锁相稳频系统是一个相位反馈系统，其反馈目的是使 VCO 的振荡频率自有偏差的状态逐步过渡到准确的标准值。另外，VCO 本身又是调频，也就是说，VCO 的瞬时频率总是偏离其标准值的，那么锁相环路是否会把这种频率偏移抑制掉呢？我们认为，如果不采取措施，锁相环会把这种频率偏移抑制掉的，这是不符合调频要求的。从调频理论知道，调频时引起相位偏移与调制信号的角频率成反比，频率越低，相位偏移越大，因此锁相环路反馈量就越大。也就是说，随着调制音频信号的频率不同，锁相环路反馈就不同，对 VCO 调频功能抑制程度不同，特别是低音频段抑制更为强烈。另外，鉴相器的输出是一个脉冲波，要变成一个直流电压去控制 VCO 就需要平滑滤波器，把所有脉冲的交流成分(包括基波及其各次谐波)全部滤除，保留其直流成分。对滤波器的要求是严格的，因为只要有残留交流成分存在，它送到 VCO 就会产生调频噪声，这是不允许的。所以，一般在鉴相器的输出端加入一套环路滤波器。环路滤波器包括一级有源滤波器和一级低通滤波器，以滤除比相器输出脉冲的基波和谐波成分，其总幅频特性的通带约在几赫兹以下，以阻止调制的音频信号再送到 VCO 起调制反作用，既保证锁相环路调整只控制载频处于准确的标准值，又不影响调频。

射频取样分频器和参考晶振分频器输出的脉冲分别送至 MC4044 的 1、3 脚上，由后沿触发比相器工作。当两频率不同或相位不同时，比相器 13 脚或 2 脚有低电位脉冲输出，两者(两频率)相差越大，低电位的脉冲就越宽。13 脚或 2 脚分别分两路输出，一路送到 74LS21 的 12、13 脚的四与门输入端，使 8 脚(输出端)为低电平去控制锁相指示电路，锁相指示灯不亮。另一路经泵源电路控制有源滤波器的充放电，输出一个与低电位脉宽成比例的误差电压，该电压由 R_{22}，C_{14} 和 R_{23} 组成低通滤波器，作为 V_{APC} 送到 VCO 的变容管 EG_1、EG_2 之间，使振荡中心频率和相位产生相应变化，反复循环，最终使其回到由参考晶振所决定的频率和相位上，实现相位锁定。此时使 74LS21 的 12，13 脚都为高电平，其 8 脚输出一个负尖脉冲(长时间高电平）去控制锁相指示电路，锁定后锁相指示灯亮，如图 13-2-12 所示。

5. 压控振荡器 VCO

压控振荡器（简称 VCO）如图 13-2-13 所示。它属电感三点式振荡器，用低噪声场效应管 J310 作振荡管，用两对变容二极管直接接入振荡回路做压控器件。

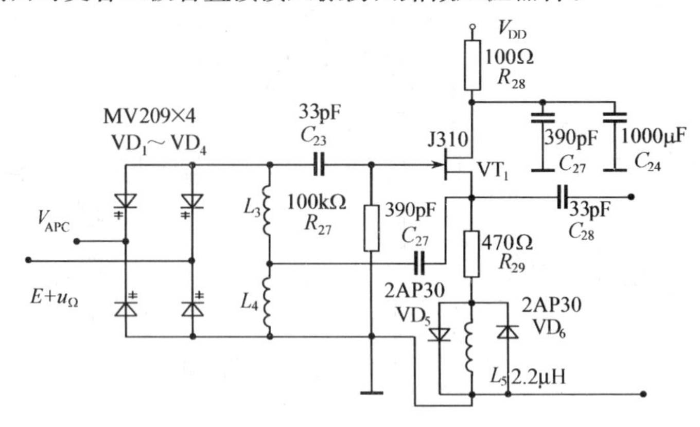

图 13-2-13 VCO 电路原理图

图 13-2-13 所示电路可以简化成图 13-2-14 所示的电路。

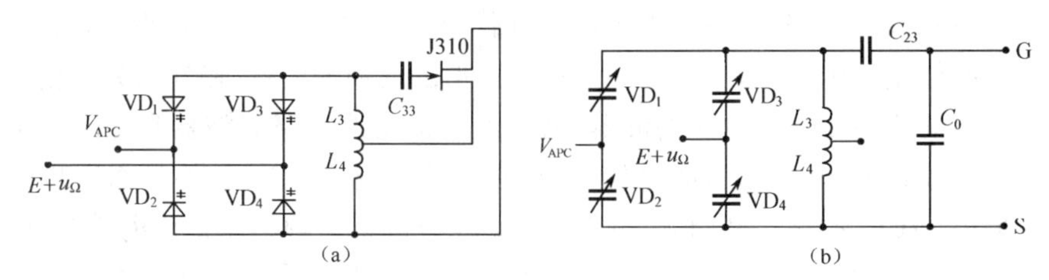

图 13-2-14 VCO 简化电路

其振荡频率为

$$f_0 = 1/2\pi(LC)^{1/2}$$

式中，$L = L_3 + L_4 + 2M$，$C = 1/2(C_{VD1} + C_{VD3}) + C_0 /\!/ C_{23}$

由于变容二极管特性曲线，所以，当 u_Ω 变化时，C_{VD3}、C_{VD4} 也随着 u_Ω 而变化，因此 f 也随着变化而形成调频波。

四、仪器设备及参考器件

(1) 仪器设备：高频函数信号发生器、直流稳压电源、频率计、示波器、万用表。

(2) 参考器件（主要器件）：MC4044、E12013（或 11C9D）、74LS193、74LS90、74LS390、74SL21，场效应管 J310，晶振 1MHz，变容二极管 MV209。

五、设计报告

(1) 设计计算过程，并画出电路图。

(2) 整理实验数据、描绘参考信号和 VCO 的频率随时间变化的曲线。

(3) 对实验结果进行分析讨论，并写出心得体会及对本实验的建议。

课程设计 13-3 调频发射机的设计

一、设计目的

(1) 了解调频发射机的工作原理及组成；

(2) 掌握调频发射机的设计方法；

(3) 掌握调频发射机的调试及测试方法。

二、设计内容

设计装调一个调频发射机。具体要求如下：

1. 基本部分

(1) 发射频率：100MHz。

(2) 发射半径：＞10m。

(3) 发射功率：＞10mW。

(4) 供电电源：＜5V。

(5) 天线：＜50cm。

(6) 输入方式：MIC 和 3.5mm 单声道接口。

2. 发挥部分

(1) 供电电源：1.5V。

(2) 发射半径：＞50m。

(3) 发射频率：80MHz、90MHz、100MHz、105MHz 可选。

3. 设计要求

(1) 设计好线路，列出元器件清单，画出印制板图。

(2) 拟定好测试方案，列出所需的仪器清单。

(3) 测试总机技术指标。

(4) 不允许使用调频发射模块。

三、设计说明

本设计要求制作调频小功率发射机，通常小功率发射机采用直接调频方式实现，它的组成框图如图 13-3-1 所示。

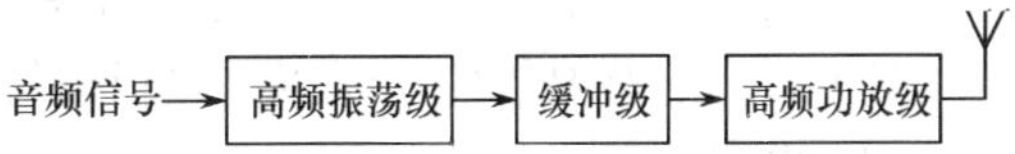

音频信号 → 高频振荡级 → 缓冲级 → 高频功放级

图 13-3-1　小功率调频发射机原理框图

其中高频振荡级主要是产生频率稳定、中心频率符合指标要求的正弦波信号，且其频率能受到外加音频信号电压调变；缓冲级主要是对调频振荡信号进行放大，以提供末级所需的激励功率，同时还对前后级起一定的隔离作用，从而避免末级功放的工作状态变化直接影响振荡级的频率稳定度；高频功放级的任务是确保高效率输出足够大的高频功率，并馈送到天线进行发射。

由于设计和调试具有一定的难度，建议采用集成芯片（如 BA1404、BH1415、BH1417 等）进行电路设计，以减小调试工作量。

四、仪器设备及参考器件

(1) 仪器设备：函数信号发生器、扫频仪、频率计、示波器、万用表及调频收音机。

(2) 参考器件：三极管 9014、9018，漆包线、电阻、电容、电位器、驻极体话筒、耳机插座，集成芯片 BA1404。

五、设计报告

(1) 设计方案论证。

(2) 各模块参数计算及电路图。

(3) 写出心得体会及对本实验的建议。

第 14 章　电子技术综合课程设计

课程设计 14-1　声光控制节电开关设计

一、设计目的

(1) 掌握声光控制节电开关的设计、组装与调试方法；

(2) 熟悉模拟分立元件的使用、数字集成电路的应用及数据手册的查阅方法；

(3) 掌握声、光传感器的工作原理及应用；

(4) 掌握秒计时信号的产生方法。

二、设计内容

设计制作一个能根据光线强弱和声音大小控制电灯开启与关闭的电路，具体要求如下：

1. 设计指标

(1) 光线强度控制：白天开关不工作，夜间开关工作。

(2) 声音控制：击掌声音可触发开关开启。

(3) 开关导通指示：LED 发光二极管。

(4) 开关导通时间：每次有效触发导通时间为 6 秒，不可重复触发。

(5) 显示：开关导通用 LED 发光二极管指示，数码管显示开关每次触发的时间。

2. 设计要求

(1) 可使用基本的模拟器件和中小规模数字集成芯片完成，也可采用模拟电路与单片机结合完成，各小组根据实际情况自行选择一种方案完成设计。

(2) 电源无需自制，但系统供电电压只允许使用单电源，并且电压不得超过＋5V。

(3) 所有电路要求使用通用电路板进行焊接，不得借助于购买的模块或实验箱。

(4) 电路设计建议使用 PROTEUS 虚拟仿真软件进行仿真验证。

三、设计说明

声光控制节电开关的产品外形如图 14-1-1 所示，本设计的声光控延时开关电路原理框图如图 14-1-2 所示。模拟电路部分主要完成声音信号的采集、放大与整形，光信号强度的采集与比较等。数字电路部分则主要完成计时与显示等功能。

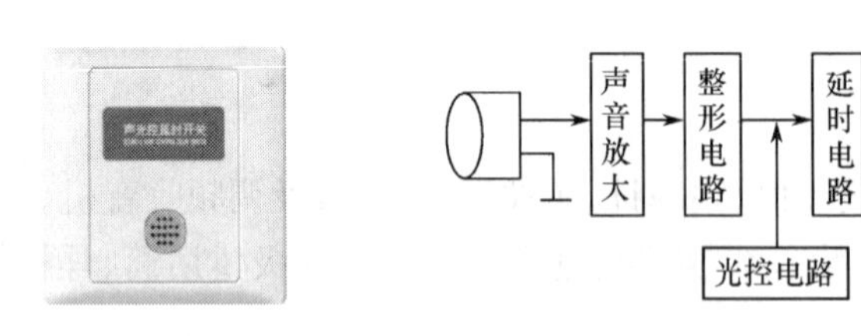

图 14-1-1　声光控延时开关　　　　图 14-1-2　声光控延时开关原理框图

系统的工作流程如下：白天条件下，无论声音强度多大，开关始终处于断开状态，即发光二极管(LED 灯)处于熄灭状态，且数码管也处于熄灭状态。黑夜环境中(用黑色套管套住感光器件模拟黑夜环境)，当声音强度大于某设定值时，发光二极管(LED 灯)点亮，计时电路开始工作，数码管实时显示计时时间，待 6 秒钟时间到，发光二极管(LED 灯)熄灭，数码管也随之熄灭。反之，当声音强度小于某设定值时，发光二极管保持熄灭状态，数码管也保持熄灭状态。

1. **声音传感器**

声音传感器主要是将声音信号转变为电信号，通常需要配合一定的外围电路共同完成此功能。较为常见的声音传感器主要为驻极体话筒（话筒芯），其封装外形及典型使用方法可参考图 14-1-3，它内置了一个场效应管，通过简单的外围电路即可将声音信号转化为电压信号，使用非常方便。

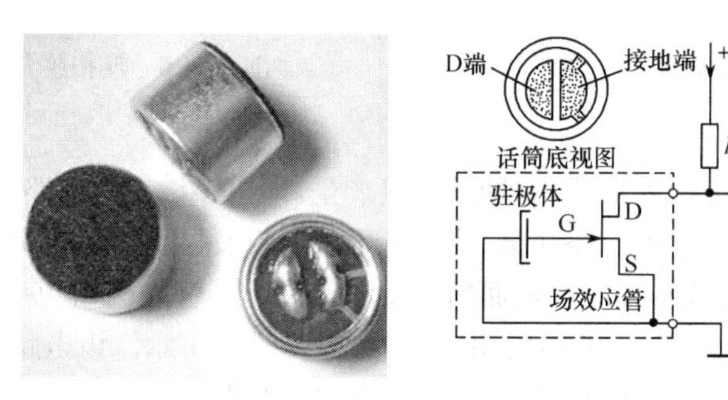

图 14-1-3　驻极体话筒外形及典型电路

2. **光强度传感器**

光强度传感器的种类很多，既有数字接口的，也有模拟的。

数字式光强度传感器通常使用在要求较高的场合，测量精度高，能进行定量的测量，但价格也比较贵。数字式光强度传感器通常还需要配合 CPU 才能进行数据的读取，使用较为复杂，此处不具体讲述。

模拟光强度传感器应用广泛，典型的代表就是光敏电阻。光敏电阻就是将光强度直接转化为电阻大小的一种传感器，其特性如下：通常情况下在光强度较高时呈现的电阻较小，反之则电阻较大。光敏电阻在电路中使用起来非常方便，只需串接一个电阻后接入电源即可将光强度转化为电压值。光敏电阻外形、结构及典型电路如图 14-1-4 所示。

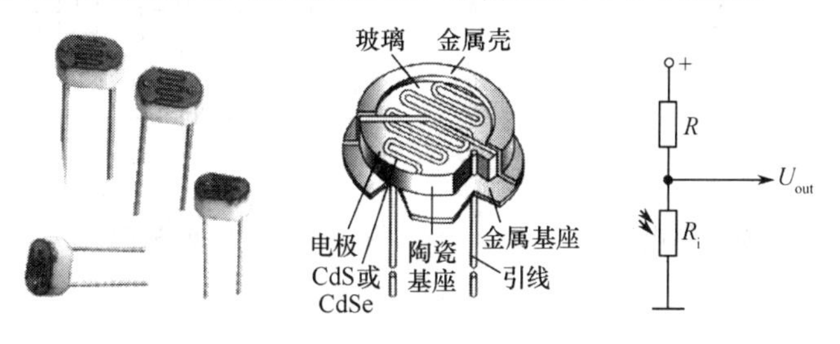

图 14-1-4　光敏电阻外形、结构及典型电路图

3. **放大电路**

基本的放大电路通常由三极管和电阻、电容等组成，主要包括共发射极放大电路、共集电极放大电路和共基极放大电路，称这类电路为分立元件组成的放大电路。这类放大电路的性能受外围参数、布局、布线及环境条件等的影响较大，使用过程中调试参数较为麻烦，但其成本低廉，在一些要求较低的小产品中经常可见。图 14-1-5 即为驻极体话筒信号放大的一个简单的共发射极放大电路。该电路简洁，易实现，图中给出的参数仅供参考。

集成运算放大器芯片是电子设计爱好者和科研工作者常用的器件，具有集成度较高、性能优良、设计简单、性价比高等特点。设计者使用时只需对照其数据手册设计好外围电路及参数即可获得较好的电路效果。如图 14-1-6 所示，即为由运算放大器芯片组成的简单的反相放大电路。

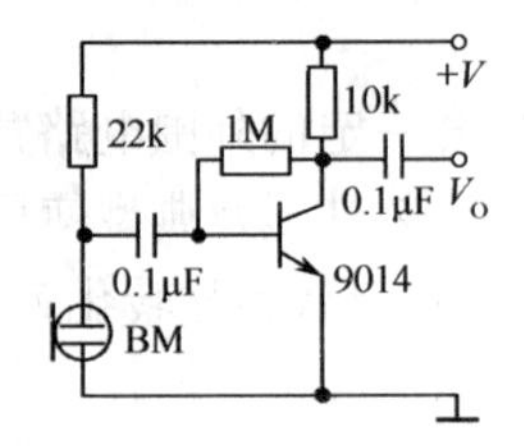

图 14-1-5　简易驻极体话筒放大电路

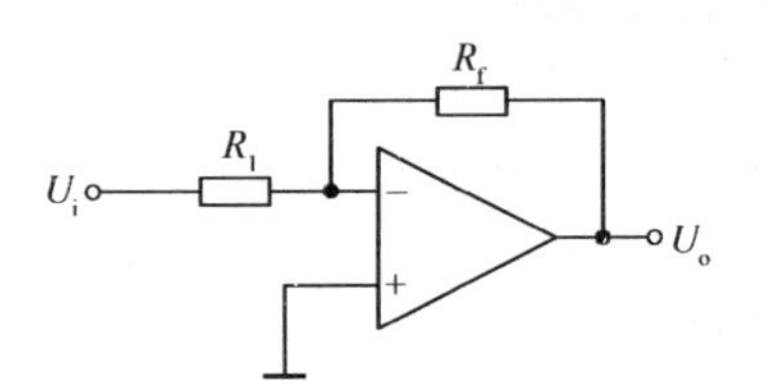

图 14-1-6　反相放大电路

4. 秒信号产生

秒信号的产生主要分为两种形式，一种是直接产生，即由多谐振荡电路直接产生周期或某一电平宽度为 1 秒的信号。这种电路简洁，成本低廉，但往往精度较低，容易受温度、湿度等自然条件的影响，一般应用在成本控制严格而精度要求不高的场合。例如，使用 555 电路可构成频率为 1Hz 的多谐振荡器，获取 1 秒的周期信号，如图 14-1-7 所示。该电路要求 R_1 和 R_2 的阻值均大于或等于 1kΩ，R_1 加上 R_2 应小于或等于 3.3MΩ。其振荡周期由 R_1、R_2 和 C 共同决定，计算公式为 $T=0.7(R_1+R_2)C+0.7R_2C$。

第二种形式是采用晶体振荡器产生某一谐振频率后通过分频电路进行分频，得到 1Hz 的信号，分频电路的系数与晶体振荡器 Y 的参数有关，具体使用时应根据实际情况进行计算与设计，其典型的结构框图如图 14-1-8 所示。这种电路产生的秒信号误差主要来自晶体振荡器，而晶体振荡器的精度很高，一般可达 10^{-6} 以上。如果需要进一步提高该电路的精度，也可采用温补晶振或对晶振进行恒温处理等。当然，如果使用单片机设计，则只需将单片机自身的时钟通过编程控制定时器计数后得到需要的时间即可，精度与上述第二种形式同数量级。

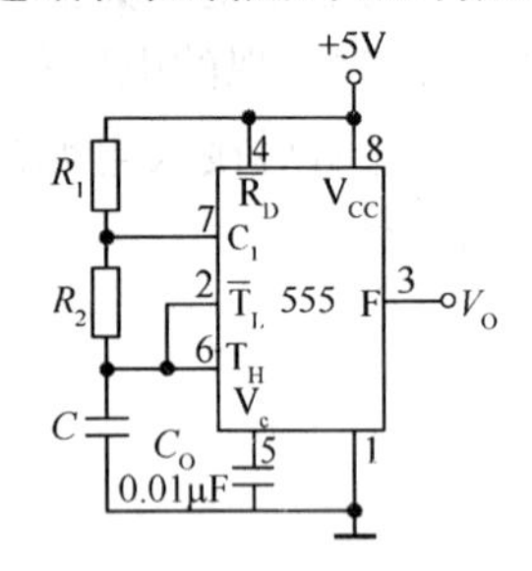

图 14-1-7　555 多谐振荡器电路

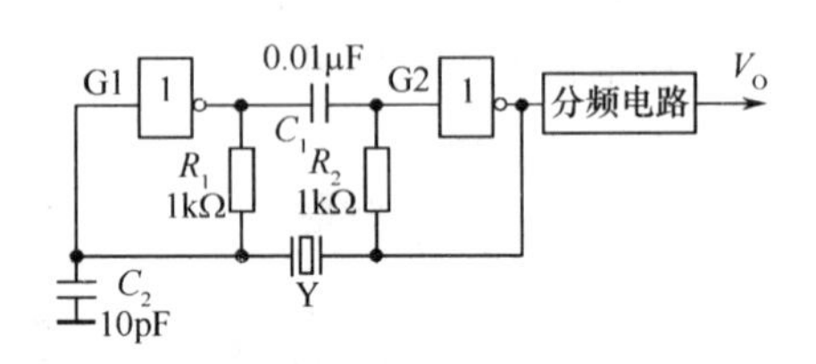

图 14-1-8　石英晶体振荡器产生 1Hz 信号

5. 延时电路

延时电路的设计方法很多，RC 充放电电路、单稳态电路等均可。图 14-1-9 和图 14-1-10 给出了简单的 RC 延时电路和单稳态延时电路的典型形式，这类电路延时精度很低，受环境的影响也比较大。尤其是图 14-1-9，该电路在输入脉冲宽度较窄的情况下容易导致电容充电未达到饱和，从而使延时电路输出低电平的时间较少，产生较大的误差。图 14-1-10 所示电路则能有效的弥补图 14-1-9 电路的不足，该电路每次低脉冲触发后产生的高电平时间为：$T_H=1.1RC$。

提高延时精度的有效解决办法是采用单片机或其他可编程器件进行计时。该方法是以晶振周期为标准时间，而晶振受外部环境影响较小，其精度一般可达 10^{-6} 以上。但是，该方法要求设计者能很好地掌握可编程器件的应用，设计成本也相对增加。设计小组应根据自己的实力，选择合适的方案进行设计。

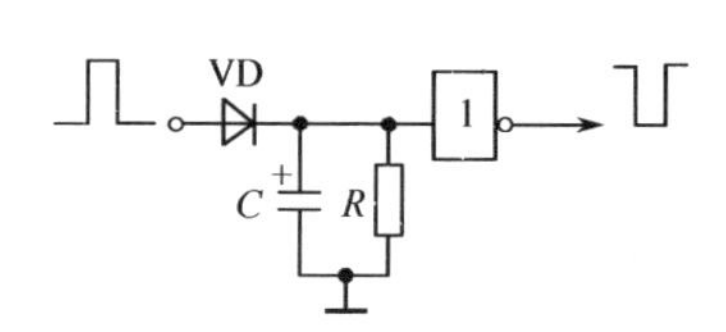

图 14-1-9　简易 RC 延时电路

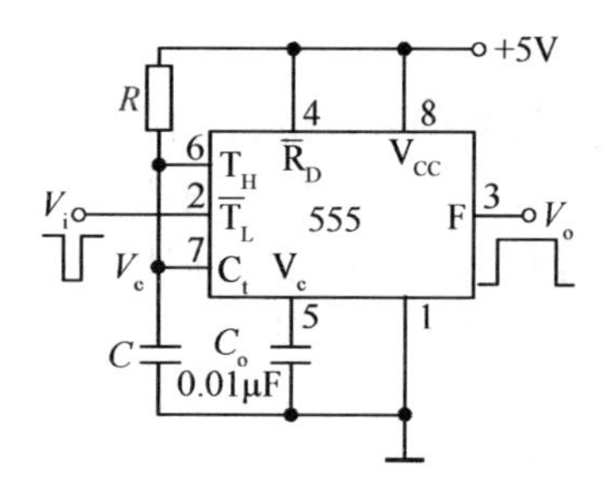

图 14-1-10　由 555 构成的单稳态电路

6. 计数及显示

计数显示的方案主要包括中小规模集成数字芯片处理和单片机处理两种。使用集成数字芯片设计的框图如图 14-1-11所示。这种方式主要采用计数器对秒信号进行计数，再将计数值通过译码后在数码管上显示出来。该方案电路较为麻烦，但思路简单，无需编程即可实现。

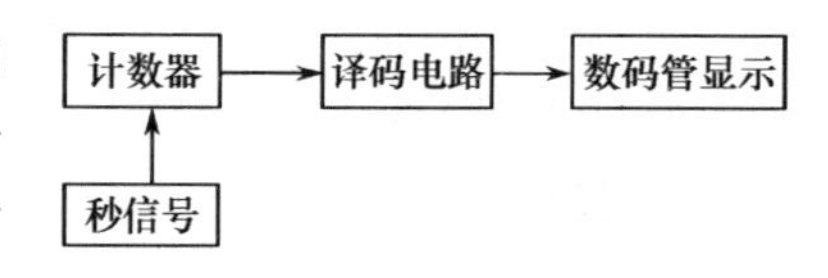

图 14-1-11　计数及显示原理框图

使用单片机进行计数显示的电路非常简单，但需要设计者能熟练地运用单片机 C 语言或汇编语言进行编程。这两种设计方式都能完成题目的要求，但训练重点各不相同。

四、仪器设备及参考器件

(1) 仪器设备：直流稳压电源、低频信号发生器、示波器和万用表。

(2) 参考器件：NE555、NE556、74LS161、74LS48、74LS00、74LS04、74LS74、74LS90 等，1 位七段共阴极数码管，LM324、LM358，LM311，驻极体话筒、光敏电阻，2S9014 三极管、电阻、电位器、电容、普通二极管、发光二极管、晶振及其他元件。

五、设计报告

(1) 按照技术指标及要求，设计完整的系统框图及电路图。

(2) 电路参数计算及方案论证。

(3) 电路模块的分析。

(4) 指标的测试方法及测试结果。

(5) 心得体会。

课程设计 14-2　智能节水控制电路设计

一、设计目的

(1) 掌握单稳态电路的工作原理及典型应用；

(2) 了解传感器的种类及使用方法；

(3) 掌握弱电控制强电的实现方法；

(4) 熟悉抗干扰电路设计的基本方法；

(5) 掌握芯片数据手册的查阅方法。

二、设计内容

设计制作一个能自动识别人手或物体靠近水龙头时便自动开启水阀的控制电路，具体要求如下：

1. 基本部分

(1) 检测装置的有效检测范围：<15cm。

(2) 检测装置有效感应范围：30°±5°。

(3) 有效信号消失持续时间达 2 秒则自动断水。

(4) 每次持续出水时间达到 8 秒则发出声、光报警信号。

(5) 水龙头电磁阀的开启与关闭用 LED 指示的亮、灭指示。

2. 发挥部分

(1) 每次出水时间达到 15 秒则强行断水。

(2) 设置重启功能，强行断水后按复位键(不断电)，所有电路能恢复正常工作。

(3) 增强电路的抗干扰性能。

(4) 设计出能驱动 5V/1A 的大电流驱动电路。

(5) 尽量降低待机功耗。

3. 设计要求

(1) 使用通用电路板焊接制作，全部使用集成芯片及分立元器件完成。

(2) 电路设计建议使用 PROTEUS 虚拟仿真软件进行仿真验证。

(3) 系统只允许使用一路+5V 直流电源供电。

(4) 尽量降低设计成本，增加产品的性价比。

三、设计说明

自动出水的节水水龙头在宾馆、酒店等随处可见，其控制核心就是智能节水控制电路。该电路通过检测是否有人或物靠近水龙头区域，如有则检测电路将信号传给控制阀自动出水，待检测不到人或物后则自动关闭水阀，既节水、卫生，又方便、实用。它的组成结构框图如图 14-2-1 所示，主要包括检测处理电路、延时电路、秒信号产生电路、计数电路、报警电路、驱动电路等。

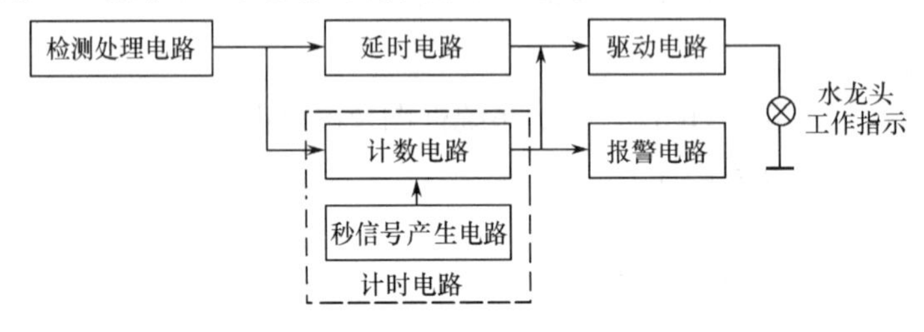

图 14-2-1　智能节水控制电路系统框图

1. 检测处理电路

检测处理电路的作用是可靠的检测出指定范围内人或物的存在，并输出相应的有效信号。

检测电路无疑要用到传感器。传感器的种类很多，能够检测人或物的传感器包括红外线传感器、热释红外传感器、超声波传感器、微波雷达等。从性价比方面考虑，红外线传感器、热释红外传感器、超声波传感器等成本较低，适合进行实验电路制作或产品的开发。

处理电路则应该将捕捉的有效信号进行放大、滤波及抗干扰等各方面的处理。

2. 延时电路

延时电路的目的是要实现在特定信号的触发下输出一段时间的持续电平信号。比较常见的延时电路包括 NE555 构成的单稳态触发器和 74LS123 等集成暂稳态触发芯片构成的暂稳态电路。其每次触发产生的延时时间可由外部电阻、电容等参数进行调节，具体计算公式请参考芯片数据手册。

3. 计时电路

计时电路由秒信号产生电路和计数电路组成。秒信号主要为计时电路提供基准时间信号。产生秒信号的方法有:使用 NE555 多谐振荡器产生 1Hz 的信号、使用晶振和分频电路产生 1Hz 的信号或使用秒信号产生的集成芯片产生 1Hz 信号等。计数电路通过记录 1Hz 脉冲的数量来反映计时时间的长短,该部分可使用中规模计数器芯片(如 74LS161、74LS160 等)即可完成。

有条件的话也可直接选用单片机,通过编程完成整个计时电路和延时电路的功能。

4. 驱动电路

低压大电流直流设备的驱动电路种类很多,如:继电器隔离驱动、MOSFET 驱动、大功率三极管驱动等。典型电路及设计方法请自行查阅资料。

5. 报警电路

报警电路产生声、光报警信号。声音的产生可直接使用有源蜂鸣器,光信号则可用 LED 来产生,电路结构都比较简单,此处不再作详细介绍。

四、仪器设备及参考器件

(1) 仪器设备:直流稳压电源、低频信号发生器、示波器和万用表。

(2) 参考器件:74LS161、74LS123,NE555,红外线传感器等,LED、电阻、电容、电位器、轻触按键及其他元件。

五、设计报告

(1) 按照技术指标及要求,设计完整的系统框图及电路图。

(2) 电路参数计算及方案论证。

(3) 电路模块的分析。

(4) 指标的测试方法及测试结果。

(5) 心得体会。

课程设计 14-3　数控音量调整电路设计

一、设计目的

(1) 掌握系统设计与调试的方法;

(2) 熟悉并掌握功率放大器的工作原理及设计方法;

(3) 掌握中小规模集成芯片的应用;

(4) 掌握按键消抖电路的原理与设计方法;

(5) 掌握芯片数据手册的查阅方法。

二、设计内容

设计制作一个能用按键调整音量,并能显示音量大小的功率放大器,具体要求如下:

1. 设计指标

(1) 功率放大器带宽:单声道 200～10kHz。

(2) 功率:>0.3W(负载:8Ω/0.5W 喇叭)。

(3) 音量设置:按键可调,调整挡位≥8 挡。

(4) 显示:能显示音量等级。

(5) 电源电压：单路+5V。

2. 设计要求

(1) 使用通用电路板焊接制作，但不能使用数控调音芯片。

(2) 音量调整应能从无声调至最大，每挡音量应有明显的大小区别。

(3) 系统中的部分电路建议使用 PROTEUS 虚拟仿真软件进行仿真验证。

三、设计说明

如图 14-3-1 所示，K1 和 K2 分别为音量加和音量减的两个按键。K1、K2 键的信号经消抖处理后为一标准脉冲，该脉冲控制计数器进行加、减计数。计数值一方面传输给八选一模拟开关的地址线，在 0～7 对应的不同地址时选择 R_1～R_8 中不同的电阻接地，音频信号经 R 与该电阻分压后送入后级功率放大电路进行放大。由于 R_1～R_8 电阻值的不同，会直接改变输入至功率放大器中音频信号的大小，从而使输出信号的功率也会发生变化，进而改变喇叭音量的大小。计数器的计数值又同时传给七段译码器进行译码，驱动数码管显示对应的计数值，即当前声音信号的等级。

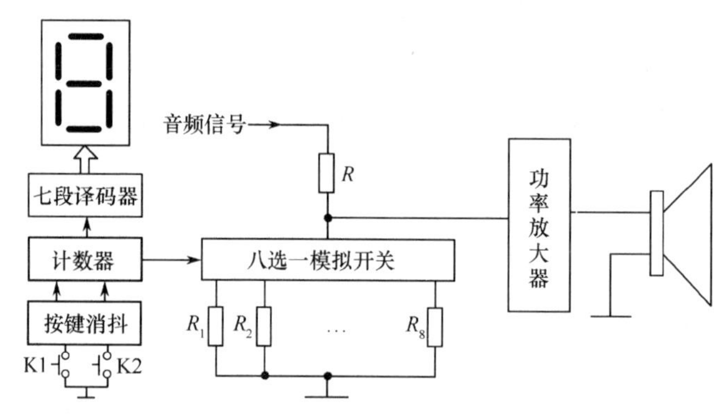

图 14-3-1 数控调音量音频功率放大器原理框图

1. 八选一模拟开关

八选一模拟开关可采用 CD4051 实现。该芯片在 CBA 端口输入不同的二进制数据地址时能将 3 引脚与 1、2、4、5、12、13、14、15 引脚中的某一引脚导通，具体的使用方法请参照 CD4051 的 PDF 数据手册。

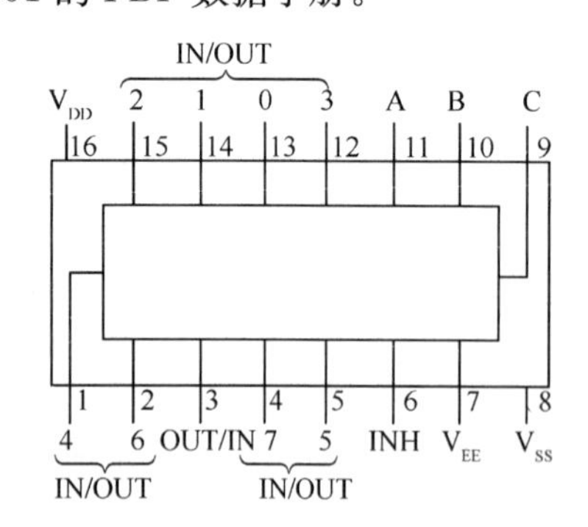

INPUT STATES				"ON" CHANNELS		
INHIBIT	C	B	A	CD4051B	CD4052B	CD4053B
0	0	0	0	0	0X,0Y	cx,bx,ax
0	0	0	1	1	1X,1Y	cx,bx,ay
0	0	1	0	2	2X,2Y	cx,by,ax
0	0	1	1	3	3X,3Y	cx,by,ay
0	1	0	0	4		cy,bx,ax
0	1	0	1	5		cy,bx,ay
0	1	1	0	6		cy,by,ax
0	1	1	1	7		cy,by,ay
1	*	*	*	NONE	NONE	NONE

*Don't Care condition.

图 14-3-2 CD4051 引脚图及逻辑功能表

2. 功率放大器

功率放大器的种类很多，集成功放芯片的型号也很多，如 LM386、TDA2822、TDA2030 等。它们的外围电路通常都比较简单，设计者应针对不同的设计指标要求选择性价比较高的芯片进行设计。

3. **按键消抖**

由于普通按键在按下的瞬间会产生许多的高低电平毛刺，称其为按键抖动。按键抖动往往会给电路带来很大的负面影响，如按一次声音加键本应该使声音音量加大一等级，而由于按下的过程中有抖动，因而一次按键会被系统识别为多次按键，不能精确控制音量。这个设计中，应采用D触发器、RC电路等对按键进行消抖，以达到良好的控制效果。

4. **计数器和七段译码器**

计数器种类繁多，使用方法却大同小异。计数值要求为0～7，因此，应选择8进制以上的计数器进行设计。

七段译码器则应与数码管配合使用。七段译码器主要分为共阳极输出型和共阴极输出型，如果选择共阴极的数码管，则应对应选择共阴极输出型的七段译码器，否则将无法实现预先设计的功能。

四、仪器设备及参考器件

（1）仪器设备：直流稳压电源、低频信号发生器、示波器、万用表、MP3或其他音乐播放机

（2）参考器件：CD4051、74LS161、74LS48、74LS00、74LS04、74LS74等，LM386、TDA2822，1位七段共阴极数码管，电阻、电容、轻触按键、扬声器及其他元件。

五、设计报告

（1）按照技术指标及要求，设计完整的系统框图及电路图。

（2）电路参数计算及方案论证。

（3）电路模块的分析。

（4）指标的测试方法及测试结果。

（5）心得体会。

课程设计14-4　直流电机转速测量仪设计

一、设计目的

（1）了解红外光电传感器的典型应用方法；

（2）掌握转速测量装置的结构及测量的原理；

（3）掌握单片机开发及其典型外围电路的应用；

（4）了解并掌握直流电机速度调节与控制的方法；

（5）掌握电路系统设计与调试的方法；

（6）掌握芯片数据手册的查阅方法。

二、设计内容

设计制作一个能对直流电机的转速进行测量和显示的装置，具体要求如下：

1. **基本部分**

（1）显示刷新频率：优于1Hz。

（2）转速测量误差：±1%。

（3）显示分辨率：1转/秒。

2. **发挥部分**

（1）电机转速控制：按键控制。

(2) 能按键设定电机的匀速转动值并由系统控制其保持匀速转动。

(3) 其他。

3. 设计要求

(1) 系统能准确测量并实时显示小型直流电机的转速。

(2) 自行设计电机速度控制电路,允许采用手动方式进行调速。

(3) 使用通用电路板或PCB电路板完成该电路的制作。

三、设计说明

转速即单位时间内运动物体转动的圈数。要测量物体的转动,必须设计合适的外围电路将物体的转动反映到电信号的周期性变化中来。通过单片机在预设的闸门时间内对周期性变化的电信号脉冲进行计数即可通过计算得到该物体的转速值,最后将转速值显示出来即成为转速测量装置,电机转速测量仪的原理框图如图14-4-1所示。

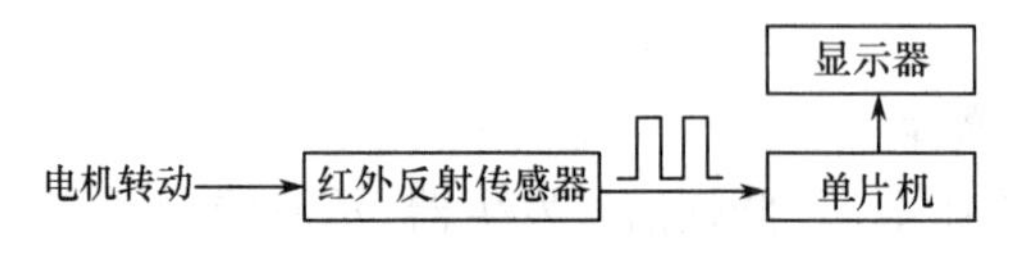

图14-4-1 电机转速测量仪原理框图

1. 光电转换

采用光电转换装置的目的是将物体的转动反映到光的变化,最终转化为电信号的变化。如图14-4-2所示,采用反射式光电传感器进行设计,反射式光电传感器包含红外发射部分和红外接收部分,发射的红外线遇到黑色物体或无障碍物均不会反射,只有遇到反射强度较大的白色物体表面才会有大的反射作用。

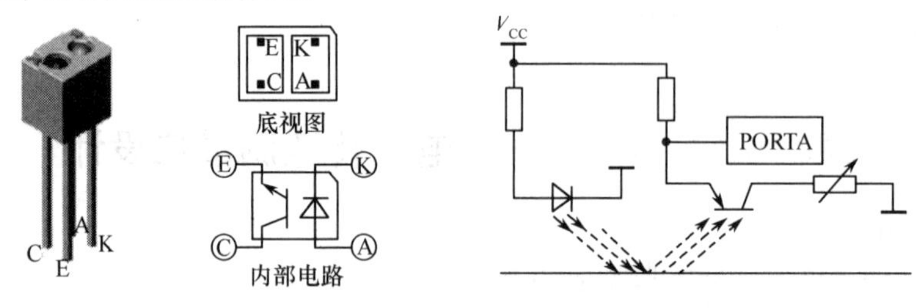

图14-4-2 反射式光电传感器的外形、内部电路及原理

如果在电机轴上固定一圆盘,并将其涂成黑白相间的颜色作为红外传感器的反射面,并在合适的位置装上红外反射式传感器即可有效的实现将电机的转动转化为电信号的变化,如图14-4-3所示。

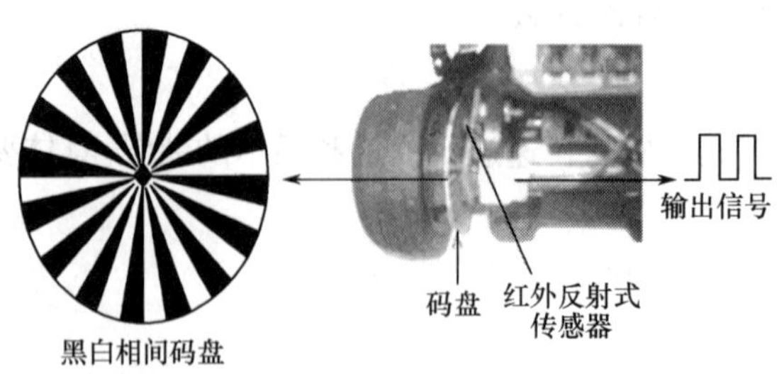

图14-4-3 红外反射测速装置

2. 转速测量

利用比较器电路或兼容 TTL 电平的数字芯片等将红外传感器变化的电信号转化为标准的 TTL 信号，经单片机采集，在预设时间内对 TTL 信号进行计数，即可得到电机的转速值。

3. 显示器及电机速度控制

显示的方法很多，设计者请参考本节实验 14-6，选择合适的显示方案。

直流电机的速度通常与其电压或工作的电流紧密相关。改变电机的转速可采用改变平均功率和改变电压或电流的办法来实现，如图 14-4-4 所示。

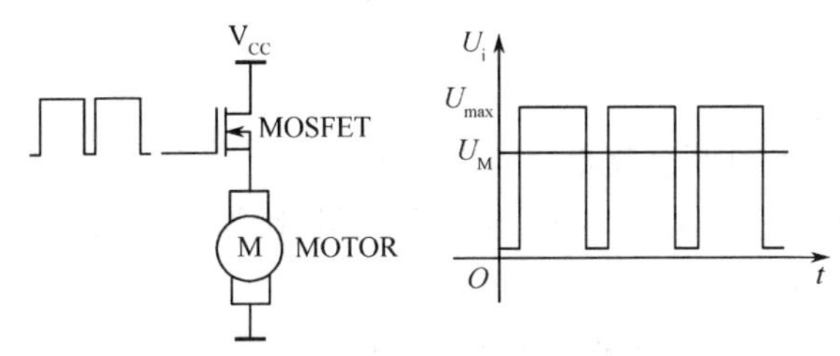

图 14-4-4　电机转速控制

四、仪器设备及参考器件

(1) 仪器设备：直流稳压电源、低频信号发生器、示波器和万用表。

(2) 参考器件：AT89S51/52、STC89C51/52、ST178、LM393、小型 5V 直流电机，4 位一体共阴极数码管，电阻、电容、电位器、开关、三极管、发光二极管及其他元件。

五、设计报告

(1) 按照技术指标及要求，设计完整的系统框图及电路图。

(2) 电路参数计算及方案论证。

(3) 电路模块的分析。

(4) 指标的测试方法及测试结果。

(5) 心得体会。

课程设计 14-5　温度测量与控制系统设计

一、设计目的

(1) 了解并掌握温度传感器的典型应用；

(2) 掌握单片机的开发流程及外围电路的典型应用；

(3) 了解继电器或 MOSFET 的结构，掌握其特性及使用方法；

(4) 掌握电路系统设计与调试的方法；

(5) 掌握芯片数据手册的查阅方法。

二、设计内容

设计并制作一套能在 30～80℃范围内实现温度测量和控制的电路系统。具体要求如下：

1. 基本部分

(1) 设计一个温度测量电路，其输出电压能随电热元件温度的变化而变化；记录温度在 30～80℃范围内每变化 5℃对应的模拟电压值。

(2) 以数字方式显示温度值。

(3) 先将电热元件温度稳定的控制在 40℃(保持至少 1 分钟)；然后快速升温至 60℃，并将温度稳定的控制在60℃(保持至少2分钟);并分别用LED指示灯指示升温中、温度达到40℃和温度达到60℃。

(4) 超温报警:温度超过恒温值±1℃持续10s以上则发出光报警信号。

2. 发挥部分

(1) 可以将电热元件温度稳定的控制在30～80℃之间的任一指定温度值,温度值可以设定;尽量减短升温时间,减小温度起伏。

(2) 从40℃升温至60℃的时间可设置,并尽量保持匀速升温。

(3) 其他。

3. 设计要求

(1) 用一台30V/2A的可调直流稳压电源供电。

(2) 采用20Ω/30W的空心瓷管电阻(或水泥电阻)作为加热元件。

(3) 不能使用数字温度传感器。

(4) 使用通用电路板或PCB电路板完成该电路的制作。

三、设计说明

恒温控制系统的实现原理比较简单,其系统原理框图如图14-5-1所示。

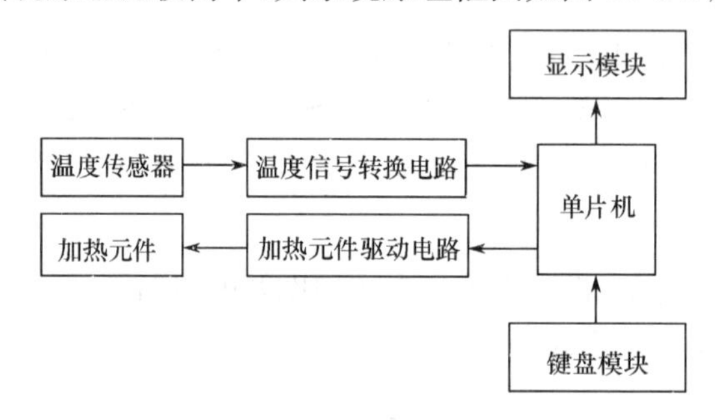

图14-5-1　恒温控制系统原理框图

单片机为整个系统的核心部分,温度传感器的信号经转换后传给单片机,单片机处理后得到温度值,控制显示模块显示当前温度,并将温度值与用户通过键盘模块设定的恒温值进行比较,作出加热控制,使系统达到温度恒定状态。

1. 测温电路

测温电路主要由温度传感器和信号放大电路、A/D转换器等组成。温度传感器的种类较多,主要可分为数字式集成温度传感器和模拟温度传感器两大类,两类传感器的外形如图14-5-2所示。

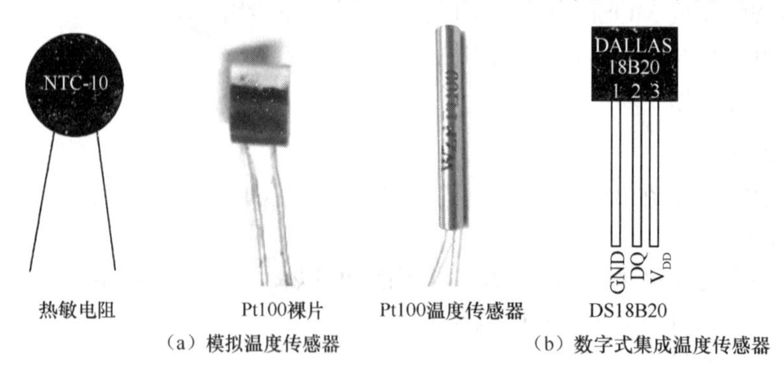

图14-5-2　温度传感器外形

模拟温度传感器通常指能将温度变化直接转化为元件参数变化的传感器，这种传感器一般将温度的变化转化为电阻的变化，要得到温度值，需结合必要的外围电路先将电阻的变化转换为电压的变化，再使用 ADC 转换将模拟电压转换为数字信号，并由单片机读取与处理得到温度值，这种方法得到的温度值分辨率低、误差大，其典型结构形式如图 14-5-3 所示。如需要使用模拟温度传感器得到更为精确的电压值，则需要加上电桥、放大电路等，如图 14-5-4 所示为使用 Pt100 模拟温度传感器进行温度测量的外部电路。

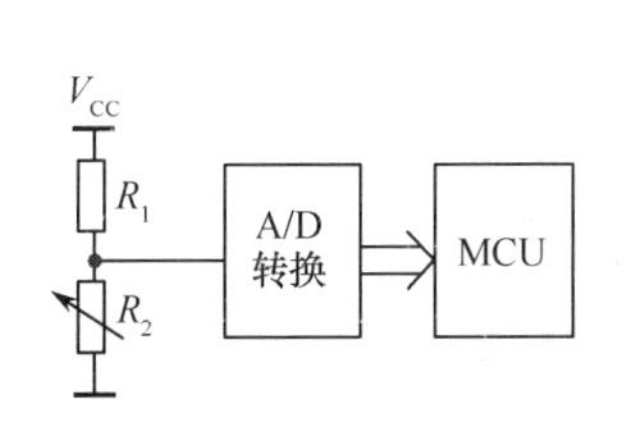

图 14-5-3　模拟温度传感器测温的典型结构

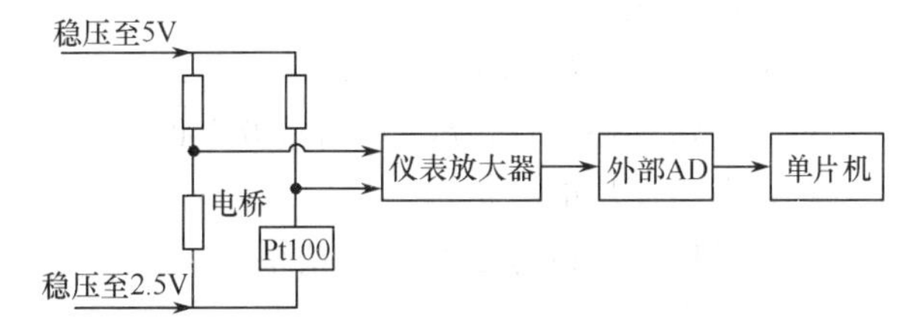

图 14-5-4　Pt100 测温电路

数字集成温度传感器的典型型号有 DS18B20。这种传感器将温度转换和 ADC 采集电路集成在同一个芯片内部，集成度大大增加，使用更为简单，体积大大减小，可靠性大大增强。其典型电路连接方式如图 14-5-5 所示，具体操作方法请参考 DS18B20 的数据手册。

2. 温度控制

温度控制部分主要包含加热元件驱动电路和加热元件。

加热元件一般可采用功率合适的水泥电阻或阻值合适的电炉丝。

加热元件驱动电路则要能承受大功率电器回路的大电流。简单的办法可采用继电器作为控制开关，既起到高低压隔离作用，又能实现大功率的控制，继电器的外形及结构图如图 14-5-6 所示。

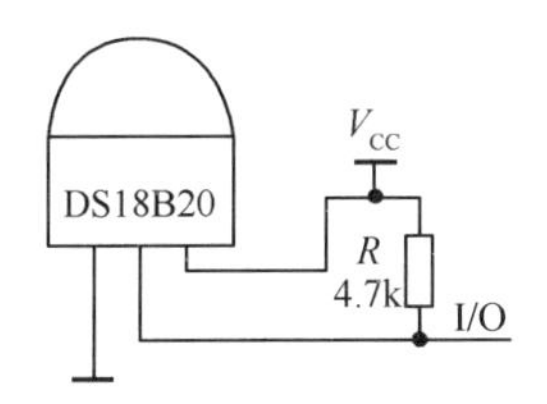

图 14-5-5　DS18B20 典型连接方式

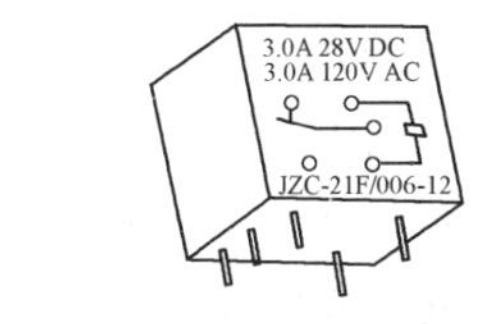

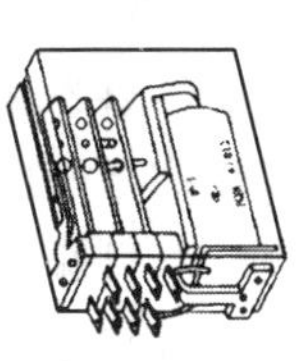

图 14-5-6　继电器外形及结构图

非隔离式大功率控制则通常采用大功率三极管或场效应管，这类器件体积小，结合单片机产生 PWM 信号控制可实现线性加热功率的调整，控制方便、精度高。但是使用大功率三极管或场效应管控制大功率电器时应考虑将控制信号加光耦进行隔离以增强抗干扰性能，如图 14-5-7所示，还应根据器件工作时的耗散功率大小选择加装合适的散热片。

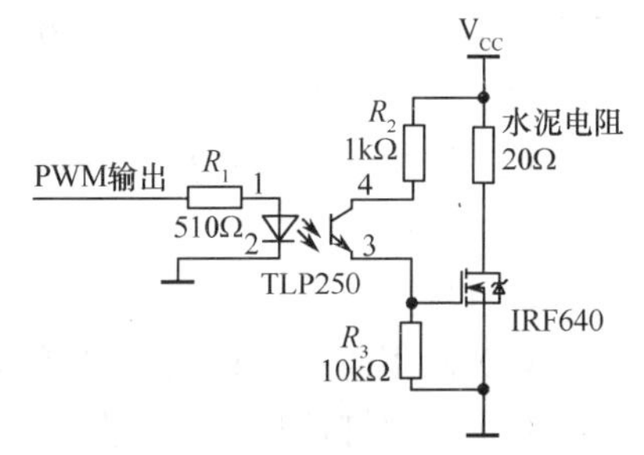

图 14-5-7　光耦隔离驱动 MOSFET

3. 温度显示及参数设定

温度显示可以采用数码管或液晶显示器，设计者可根据题目要求的指标选择合适的显示方案。

参数设定需通过用户键盘进行设置。设置的模式有多种，可采取直接控制温度加、减的方法，也可采用直接输入恒温温度值的方法。根据本设计要求，建议采用矩阵式键盘达到设定温度直接输入的目的，这样人机界面比较友好。

四、仪器设备及参考器件

(1) 仪器设备:直流稳压电源、测温万用表和万用表。

(2) 参考器件:M430G2553 或 STC12C5A60S2 开发板,Pt100,功率 MOSFET、功率三极管,LCD1602 或 LCD12864 液晶显示模块,水泥电阻或电炉丝,电阻、电容、电位器、开关、发光二极管、轻触按钮及其他元件。

五、设计报告

(1) 按照技术指标及要求,设计完整的系统框图及电路图。

(2) 电路参数计算、算法介绍及方案论证。

(3) 电路模块的分析。

(4) 指标的测试方法及测试结果。

(5) 心得体会。

课程设计 14-6　基于单片机的频率计设计

一、设计目的

(1) 掌握频率测量的原理及方法;

(2) 熟练掌握单片机的开发与应用;

(3) 掌握单片机外围电路的设计与应用;

(4) 掌握电路系统设计与调试的方法;

(5) 掌握芯片数据手册的查阅方法。

二、设计内容

设计制作一个测量与显示周期信号频率的电路,具体要求如下:

1. 基本部分

(1) 测量信号类型:正弦波、方波、三角波。

(2) 测量信号幅度(峰-峰值):0.5~5V。

(3) 测量信号频率范围:1Hz~9.999kHz。

(4) 显示分辨率:1Hz,测量误差为±1%。

(5) 测量闸门时间 1~10s 连续可调,调整步长为 1s,并实时显示闸门时间。

2. 发挥部分

(1) 测量 TTL 波形的频率扩展为 1MHz。

(2) 基本要求中三种波形的测量频率均扩大至 1MHz。

(3) 测量误差缩小为 0.1%。

(4) 增加 TTL 信号(<1kHz)的占空比测量功能。

(5) 其他。

3. 设计要求

(1) 使用通用电路板或 PCB 电路板设计制作电路。

(2) 不允许使用成品电路模块。

三、设计说明

频率及周期性信号在单位时间(1s)内重复的周期次数。要测量信号的频率,只需预设一个闸门时间(T),在有效的闸门时间内对周期信号进行计数(N),再通过计算公式 $F=N/T$ 即可计算出该周期信号的频率，频率计的原理框图如图 14-6-1 所示。

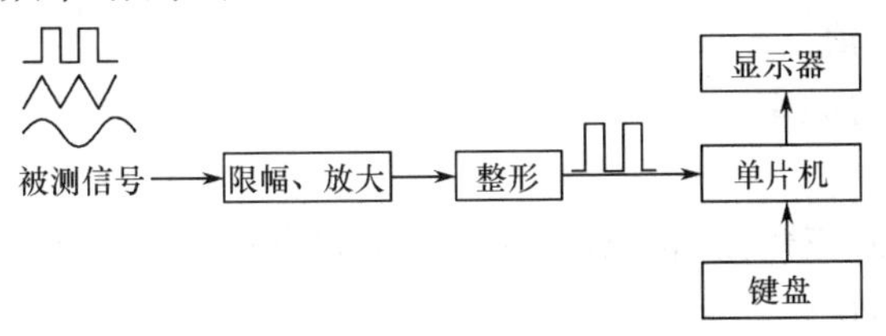

图 14-6-1　频率计原理框图

1. 信号预处理

信号预处理部分主要完成将输入信号放大、衰减、整型等，使其输出单片机能识别的 TTL 信号。

2. 单片机

单片机可对预处理后的 TTL 信号采集并进行计数与计算等处理，将计算结果输出到显示器进行显示。闸门时间的设置也由单片机进行处理，此设计中单片机是人机交互界面控制的核心。

3. 显示器

显示的方法多种多样，可采用数码管，也可采用液晶显示器进行显示，设计者可参考本节实验六的介绍选择合适的方案。

四、仪器设备及参考器件

(1) 仪器设备：直流稳压电源、低频信号发生器、示波器和万用表。

(2) 参考器件：AT89S51/52、STC89C51/52，LM311、LM358、7404，4 位一体共阴极数码管，轻触按钮、电阻、电容、电位器、开关、二极管、发光二极管及其他。

五、设计报告

(1) 按照技术指标及要求，设计完整的系统框图及电路图。

(2) 电路参数计算及方案论证。

(3) 电路模块的分析。

(4) 指标的测试方法及测试结果。

(5) 心得体会。

课程设计 14-7　波形发生器设计

一、设计目的

(1) 了解并掌握直接数字频率合成(DDS)的原理及方法；

(2) 熟练掌握单片机或 EDA 开发流程；

(3) 掌握电路系统设计与调试的方法；

(4) 掌握芯片数据手册的查阅方法。

二、设计内容

用 DDS 的原理设计制作一个能产生正弦波和其他各类波形，并能通过按键调整波形频率的电路，具体要求如下：

1. 基本部分

(1) 产生波形：正弦波。

（2）频率范围：100Hz～1kHz，调整步长为100Hz。

（3）幅度范围（峰峰值）：0～5V。

（4）可显示输出信号频率。

2. 发挥部分

（1）产生波形：方波、三角波、正弦波（通过按键切换），并用三个发光二极管指示。

（2）频率范围：100Hz～200kHz，调整步长设置100Hz，1kHz，10kHz三种。

（3）可采用键盘直接输入设定频率值。

（4）其他。

3. 设计要求

（1）使用通用电路板或自制PCB板完成该电路设计。

（2）不允许使用成品模块。

三、设计说明

本设计的核心是实现直接数字频率合成（DDS），其原理框图如图14-7-1所示。

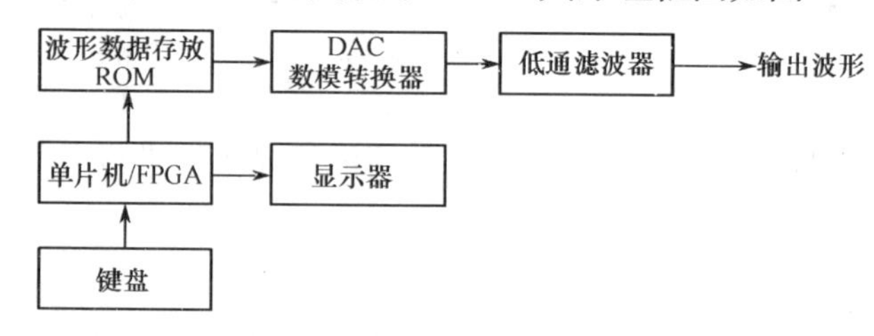

图14-7-1　波形发生器原理框图

通过单片机或FPGA可编程芯片，将预先存储在ROM中的波形数据从I/O端口输出后送至DAC转换器转化为阶梯式连续的模拟信号输出，再将该信号经过低通滤波即可得到平滑的波形。同样，由单片机或FPGA读取键盘并控制显示实现频率的调整、显示及波形的切换功能。

1. 键盘与显示

键盘与显示是设计的重要人机交互部分。键盘部分可采取独立式按键或矩阵式键盘实现输入控制，如图14-7-2所示。独立按键编程简单但占用I/O端口较多，而矩阵键盘则节省I/O端口，编程相对复杂，对于按键较多或I/O口紧张的场合通常采用矩阵式键盘。

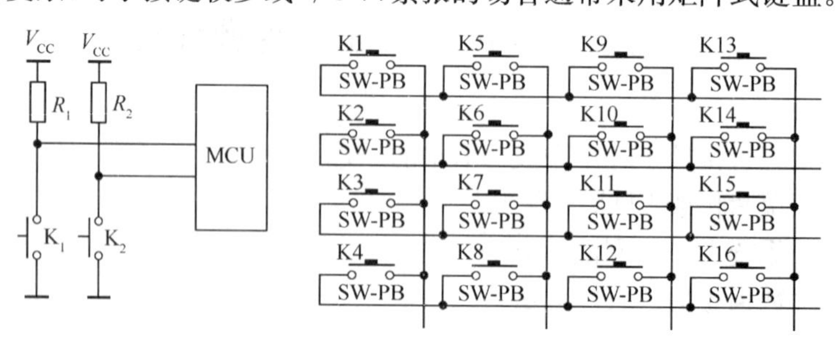

图14-7-2　独立键盘和矩阵式键盘

显示部分即可采用数码管，又可采用液晶显示器进行显示。采用数码管显示包含动态显示和静态显示两种。静态显示需占用大量的I/O端口，动态显示相对静态显示而言，占用的I/O端口大大减少，但编程相对复杂。

采用液晶显示不需要太多的 I/O 端口，能同时显示大量的信息，但价格相对而言较高。一块 LCD1602 液晶显示器分两行显示，可同时显示 32 个字符。LCD12864 或更高端的液晶显示器则能显示更多的信息，并且还支持汉字的显示。设计者可根据实际情况选择合适的显示方案。

2. DDS 原理

DDS 原理是将已知的波形数值点送到 D/A 转换器还原成完整的波形信号。

DDS 原理框图如图 14-7-3 所示，波形存储器为一 ROM，存放方波、正弦波或三角波和其他波形的数据。当 ROM 地址变化时，数模转换器(DAC)将此波形数据转化成电压波形，此电压波形的频率与 ROM 地址变化的速率成正比。DDS 采用相位累加技术，即采用一个加法器代替计数器来产生 ROM 的地址。每一个周期，储存于相位递增累加器的常数都会被加到累加器的当前结果上。

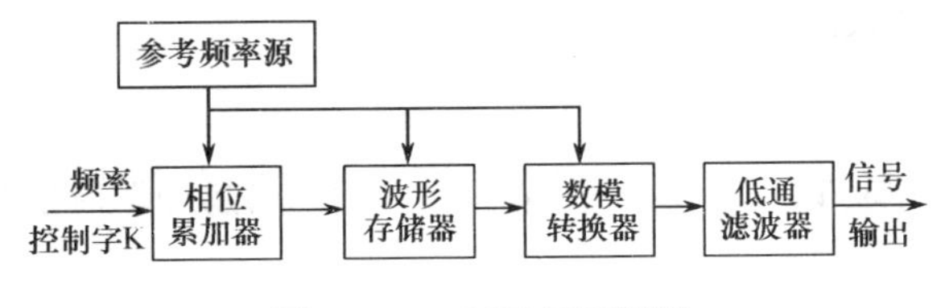

图 14-7-3 DDS 原理框图

通过改变相位递增累加器的常数，可改变每个周期的波形点数，从而改变频率。其值越小，则输出点数就多，输出波形频率就小；反之，则频率就大。数模转换器输出的分段式模拟电压信号经低通滤波器后即可得到平滑的波形信号。

按照 Naquist 原理，DDS 输出信号频率可达 $0.5f_c$。但考虑到实际低通滤波器的限制，最高输出频率一般为 $0.4f_c$。

DDS 的分辨率在累加器的位数 N 足够大的时候，可以达到很高的分辨率。如累加器时钟频率为 10MHz，累加器位数为 24 位，则频率的分辨率为 $10\text{MHz}/2^{24}=0.0625\text{Hz}$。

3. D/A 转换器

D/A 转换器的主要功能是实现 D/A 转换。通常情况下，D/A 转换器可分为电压输出型和电流输出型两种。不同类型的 D/A 其外围电路也不相同，设计者可参考芯片厂商提供的资料进行设计。

衡量 D/A 转换器性能指标的重要参数包括转换速度和转换精度。目前，市面上的 D/A 芯片转换精度主要有 8 位、10 位、12 位、16 位等。当然，与 D/A 相关的参数还有很多，如串行控制、并行控制、参考电压大小、参考电压极性、噪声系数等。总之，精度越高、速度越快的 D/A 其价格也越贵。

DAC 的输出电压与参考电压和数字端口输入的转换数据有关。改变参考电压可改变 DAC 输出电压值的范围。实际使用时请参考芯片 PDF 资料。

4. 低通滤波器

低通滤波器可分为无源低通滤波和有源低通滤波两大类。通常情况下，有源低通滤波器电路较复杂，但滤波效果较好，图 14-7-4 给出了两种类型滤波器的一般电路结构形式。

四、仪器设备及参考器件

(1) 仪器设备：直流稳压电源、示波器和万用表。

(2) 参考器件：AT89S51/52，STC89C51/52，DAC0800，OP07，4 位一体共阴极数码管，电

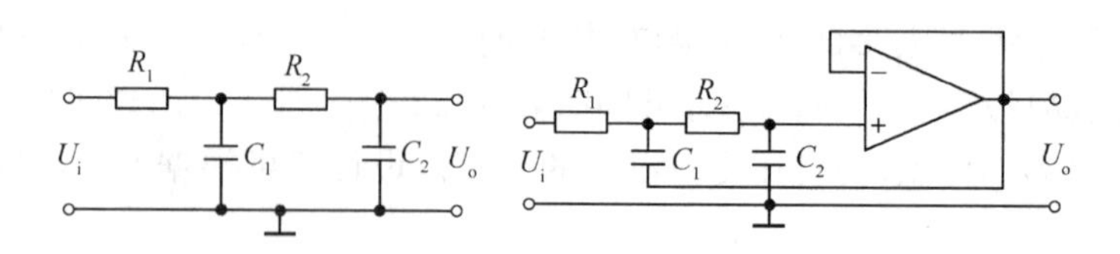

图 14-7-4　低通滤波器的一般结构形式

阻、电容、电位器、开关、发光二极管、晶振、轻触按钮及其他。

五、设计报告

(1) 按照技术指标及要求，设计完整的系统框图、电路图及程序源代码。

(2) 电路参数计算及方案论证。

(3) 电路模块的分析。

(4) 指标的测试方法及测试结果。

(5) 心得体会。

课程设计 14-8　自动增益控制放大器设计

一、设计目的

(1) 了解自动增益控制的概念、原理及实现方法；

(2) 掌握自动增益控制电路的设计与制作；

(3) 掌握单片机软件开发流程；

(4) 掌握电路系统设计与调试的方法；

(5) 掌握芯片数据手册的查阅方法。

二、设计内容

用运算放大器设计一个电压放大电路，其输入阻抗不小于 100kΩ，输出阻抗不大于 1kΩ，并能够根据输入信号的幅值自动调整增益。具体要求如下：

1. 基本部分

(1) 放大器带宽不窄于 0～100kHz；放大器的增益有 4 挡 0.2、0.5、2 和 5，并能够以数字方式切换增益。

(2) 测量并显示输入、输出信号幅度及当前放大器的增益。

(3) 输入一个幅度为 0.1～5V 的可调直流信号时，要求放大器输出信号电压在 0.5～2V 范围内，设计电路根据输入信号的情况自动调整到相应的最大增益。

2. 发挥部分

(1) 设计自动增益控制放大器，当输入直流信号幅度在 0.1～5V 变化时，放大器输出幅度控制在 1V±0.2V。

(2) 当输入一个频率不超过 100kHz、幅度范围为 0.1～10V(V_{P-P})的交流信号时，要求放大器输出信号电压控制在 1V±0.2V(峰峰值)的范围内。

(3) 其他。

3. 设计要求

(1) 可控增益放大器必须使用运算放大器进行设计，不允许使用程控放大器芯片。

(2) 自行选择测试仪器、设计测试方法。

(3) 使用通用电路板或 PCB 电路板完成该电路的制作。

三、设计说明

自动增益控制电路在电子产品中应用非常广泛。电路的主要功能是实现对输出信号幅度的自动控制。其组成框图如图 14-8-1 所示。

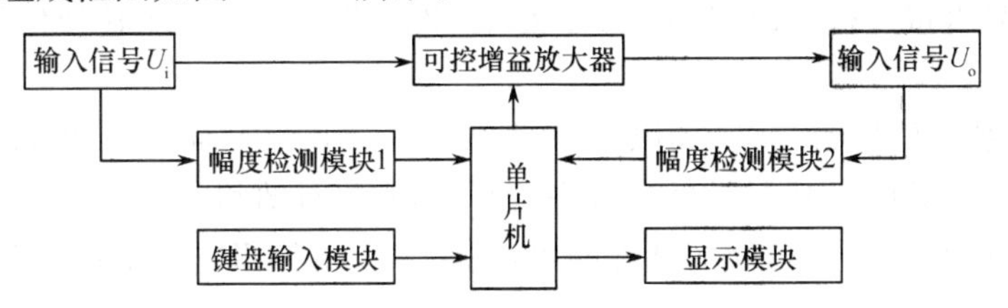

图 14-8-1　自动增益控制电路组成框图

1. 可控增益放大器

可控增益放大器是自动增益放大器系统的核心电路，其主要特点是能对其增益进行控制，便于和可编程设备进行直接的连接，从而达到自动增益控制的目的。可控增益放大器的实现方法较多，包括电压控制增益、数字量开关控制增益等。

(1) 电压控制增益：电压控制增益的典型集成电路芯片有 AD603 等，它主要是通过改变控制电压的大小来实现增益的控制，本题要求不允许使用程控放大器芯片，这里不再讨论。

(2) 数字量开关控制增益：数字量开关控制增益的典型结构如图 14-8-2 所示。由图可知，改变可控增益放大器的增益只需要改变其中的 R_F，当 R_F 设计为程控电阻网络时，整个电路就实现了程控电压增益的目的。

程控电阻网络的设计方法有多种，其典型的结构如图 14-8-3 所示。在图 14-8-3 中，只要将 K_1 至 K_n 用数控模拟开关(如 CD4051、CD4052 等)、场效应管或继电器替代即形成程控电阻网络，但设计的程控电阻网络阻值变化范围小、分辨率低，不能满足更高的要求。可以直接选用集成数字电位器芯片(如 X9313WP)或 T 形电阻网络的 DAC 转换器芯片直接替代程控电阻网络。该类芯片与运放结合便能轻松实现高增益、高分辨率的可控增益放大器。T 形电阻网络 DAC 和运算放大器构成的可控增益放大器如图 14-8-4 所示。

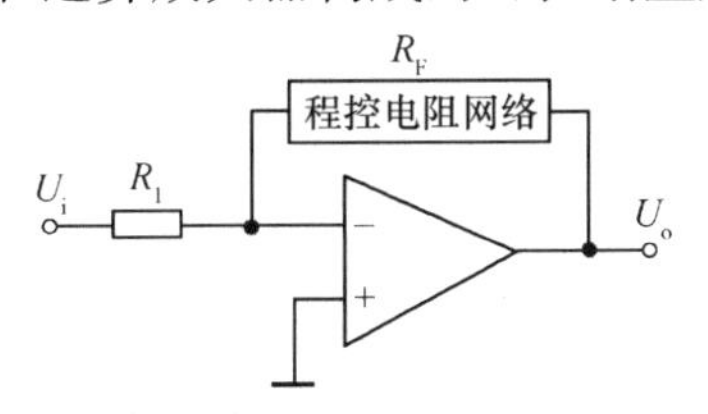

图 14-8-2　可控增益放大器的典型结构图

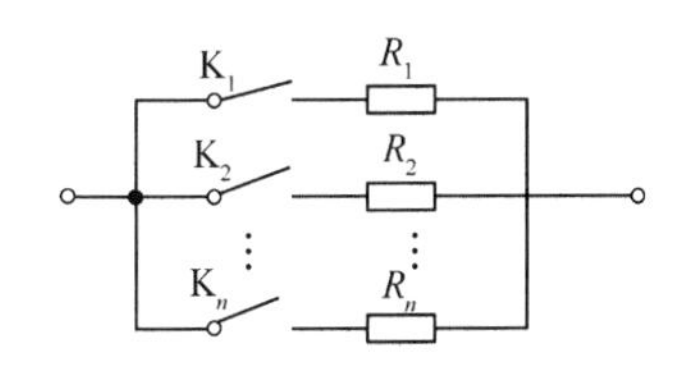

图 14-8-3　程控电阻网络

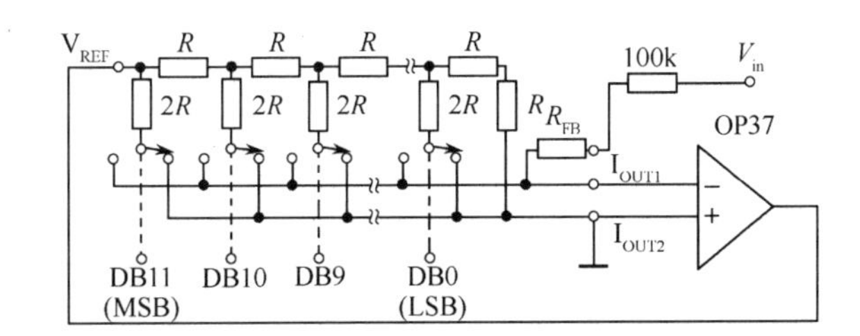

图 14-8-4　T 形电阻网络的 DAC 与运算放大器形成的可控增益放大器

2. 幅度检测模块及单片机

幅度检测的主要目的是测量输入和输出信号幅度，得到放大器的实际增益，即可计算出放大器增益的调整量。设计中要求测量交流和直流信号的幅度，但交流信号的频率不高，因此，完全可选用对信号直接进行 ADC 转换的方法，由单片机采集到电压转换值后计算出交流或直流信号的幅度。

ADC 应依据被测信号的频率和幅度参数进行选择。此题中对 ADC 的转换速率等要求不高，如果选择独立的 ADC 芯片对信号幅度进行测量，则设计难度增加，且性价比较低。因此，建议直接选用一款内置 ADC 模块的高性能单片机实现，如 MSP430 系列的 M430G2553 等。

3. 键盘和显示模块

键盘及显示模块的种类很多。根据设计的需要选择矩阵式键盘及 LCD1602 或 LCD12864 液晶模块进行设计可以更好地满足发挥部分设计的要求。也可实现良好的人机交互界面。

四、仪器设备及参考器件

(1) 仪器设备：直流稳压电源、低频信号发生器、示波器和万用表。

(2) 参考器件：DAC7811、X9313WP 或 CD4051，OP37、OPA2227、TLC085 等，M430G2553 开发板，电阻、电容、二极管、轻触按键、液晶显示模块及其他。

五、设计报告

(1) 按照技术指标及要求，设计完整的系统框图及电路图。

(2) 电路参数计算、软件算法分析及方案论证。

(3) 电路模块的分析。

(4) 指标的测试方法及测试结果。

(5) 心得体会。

第5篇　电子设计竞赛题选

第15章　电子设计竞赛简介

15.1　全国大学生电子设计竞赛简介

全国大学生电子设计竞赛是教育部高教司、工业和信息化部人教司共同主办的全国性大学生科技竞赛活动，目的在于按照紧密结合教学实际，着重基础、注重前沿的原则，促进电子信息类专业和课程的建设，引导高等学校在教学中注重培养大学生的创新能力、协作精神；加强学生动手能力的培养和工程实践的训练，提高学生针对实际问题进行电子设计、制作的综合能力；吸引、鼓励广大学生踊跃参加课外科技活动，为优秀人才脱颖而出创造条件。通过竞赛，使学生掌握综合系统设计、调试及测试的方法和技术；提高查阅资料的能力，培养良好的团队协作精神；提高理论与实践创新能力。

全国大学生电子设计竞赛从1994年开始举办，1995年以后每两年举办一次，每逢单数年的9月初举办，赛期4天，第一天8：00点至第四天20：00点。学生自愿组合，三人一队，由所在学校统一向赛区竞赛组委会报名。参赛队分本科生组和高职高专学生组，参赛队数由学校自行确定，报名一般在当年的6月份截止，报名是以高等学校为基本参赛单位。

全国竞赛采用“半封闭，相对集中”的组织方式。“半封闭”是指赛期内，各参赛队必须独立完成竞赛题目的各项要求，队内学生可以集体商讨设计思想，确定设计方案，分工负责、团结协作，不得与他人商量和交流，任何教师不得介入，但学生可以离开赛场查阅各种纸介或网络技术资料，可以在规定时间内用餐和休息；“相对集中”是指参赛学校安排本校所有参赛队集中在不超过三个实验室内完成全部竞赛任务，便于巡视员检查。为保证竞赛工作，竞赛所需场地、仪器设备、元器件或耗材原则上由参赛学校负责提供。

竞赛题目分为本科生组题目和高职高专学生组题目。竞赛题目包括“理论设计”和“实际制作”两部分，以电子电路（含模拟和数字电路）设计应用为基础，可以涉及模一数混合电路、单片机、嵌入式系统、DSP、可编程器件、EDA软件的应用。

全国大学生电子设计竞赛评奖工作采取“校为基础、一次竞赛、二级评奖”方式，评奖等级分为“赛区奖”和“全国奖”两种形式。每次全国竞赛后，经赛区评奖（第一级评奖）后再推荐出赛区优秀参赛队参加全国评奖（第二级评奖）。

15.2　电子设计竞赛题目分类

全国大学生电子设计竞赛从1994年开始，基本上隔年举办一次，至今已历经十届，参赛学校、队数及人数逐年递增，竞赛题目的数量及难度也逐年递增。命题朝着交叉性、综合性、应用性发展。竞赛题目涵盖了模/数混合电路，涉及单片机、FPGA、嵌入式系统等先进器件的应用，并扩展到现代信息处理、无线电发射与接收、仪器仪表、电力电子学、自动控制、通信、电磁场与天线、DSP等技术与专业领域。参赛学生不可能对所有的技术全部精通，一般侧重某一类技术去学习、训练，这样做效果会好些。现将历届竞赛题归为五大类，即电源类、模电类、高频无线电类、仪器仪表及数电类、自动控制类，具体如下。

一、电源类

1. 电源类题目

- 简易数控直流电源（第一届，1994 年，A 题）
- 直流稳定电源（第三届，1997 年，A 题）
- 数控恒流源（第七届，2005 年，F 题）
- 三相正弦波变频电源（第七届，2005 年，G 题）
- 开关稳压电源（第八届，2007 年，E 题）
- 光伏并网发电模拟装置（第九届，2009 年，A 题）
- 电能收集充电器（第九届，2009 年，E 题）
- 开关电源模块并联供电系统（第十届，2011 年，A 题）

2. 电源类题目分析

电源是一切电子设备的基础，是其必不可少的能量供给系统。从全国大学生电子设计竞赛的第一届开始就出现电源类题目，并且在后面的十多届中几乎没有间断过。从电源题的出题方向可以看到，其考察的知识点与电子技术的进步是密不可分的。前几届中的电源题型都是线性稳压电源，近年由于节能减排的大力倡导，融入了新型的高效电源技术，题型由线性稳压电源向开关稳压电源转变。这也就给参赛者提出了更大的挑战，在学会了线性稳压电源设计的同时还必须掌握开关电源设计的知识。

从 2009 年以后的电源类题型来看，其特点是：高电压、大电流、强干扰，既要设计出高效率高可靠的功率电路，还要精密控制流程算法达到控制目标，对选手要求很高。

二、模拟电路类（信号源及放大器）①

1. 模电类题目

(1) 信号源类

- 实用信号源的设计和制作（第二届，1995 年，B 题）
- 波形发生器（第五届，2001 年，A 题）
- 正弦信号发生器（第七届，2005 年，A 题）

(2) 放大器类

- 实用低频功率放大器（第二届，1995 年，A 题）
- 测量放大器（第四届，1999 年，A 题）
- 高效率音频功率放大器（第五届，2001 年，D 题）
- 宽带放大器（第六届，2003 年，B 题）
- 宽带直流放大器（第九届，2009 年，C 题）
- 数字幅频均衡的功率放大器（第九届，2009 年，F 题）
- LC 谐振放大器（第十届，2011 年，D 题）

(3) 其他类

- 程控滤波器（第八届，2007 年，D 题）

2. 模电类题目分析

模电类题目是每届竞赛中的重头戏，也是令参赛者比较头疼的一类题目。该类题目与模

① 模拟电路类简称模电类。

拟电路知识密不可分，要求参赛者能熟练掌握并灵活运用模电中诸如波形产生、放大、滤波、反馈、微分、积分等知识，同时还要求参赛者掌握芯片的选型、应用电路的设计、高品质电源的设计与调试等知识。该类题型着重考察参赛者对电路的设计与调试能力，而对数字电路方面则要求相对偏低。不过，参赛者也不能忽视数字电路的应用能力，近几年出现的模拟电路题型普遍都要求使用程控或可编程控制，模拟电路采用数字技术实现也是一种发展方向。

三、高频无线电类

1. 高频无线电类题目

- 简易无线电遥控系统（第二届，1995 年，C 题）
- 调幅广播收音机（第三届，1997 年，D 题）
- 短波调频接收机（第四届，1999 年，D 题）
- 调频收音机（第五届，2001 年，F 题）
- 电压控制 LC 振荡器（第六届，2003 年，A 题）
- 单工无线呼叫系统（第七届，2005 年，D 题）
- 无线识别装置（第八届，2007 年，B 题）
- 无线环境监测模拟装置（第九届，2009 年，D 题）

2. 高频无线电类题目分析

从以往的比赛情况来看，高频无线电类型的题目一直是令多数参赛者望而生畏的题型，主要原因是分布参数和干扰的影响，高频电路调试的方法和技术没有完全掌握。高频题与模电类题型有着相似之处，主要考察参赛者高频知识的应用，高频电路的设计与调试，高频元器件的合理选用等方面的知识。前几届高频题的考察重点为调制与解调知识的应用，高频功率放大电路的设计，压控振荡器设计等。近年来，高频无线电类的题目紧跟现代电子技术的发展趋势，出现了类似射频识别系统的题型，即无线识别和无线环境监测模拟装置。

四、仪器仪表及数电类

1. 仪器仪表及数电类题目

（1）数字电路设计

- 多路数据采集系统（第一届，1994 年，B 题）
- 数字化语音存储与回放系统（第四届，1999 年，E 题）
- 数据采集与传输系统（第五届，2001 年，E 题）

（2）仪器仪表类

- 简易电阻、电容和电感测试仪（第二届，1995 年，D 题）
- 简易数字频率计（第三届，1997 年，B 题）
- 数字式工频有效值多用表（第四届，1999 年，B 题）
- 频率特性测试仪（第四届，1999 年，C 题）
- 简易数字存储示波器（第五届，2001 年，B 题）
- 低频数字式相位测量仪（第六届，2003 年，C 题）
- 简易逻辑分析仪（第六届，2003 年，D 题）
- 集成运放测试仪（第七届，2005 年，B 题）
- 简易频谱分析仪（第七届，2005 年，C 题）
- 音频信号分析仪（第八届，2007 年，A 题）

● 数字示波器(第八届,2007 年,C 题)
● 简易数字信号传输性能分析仪(第十届,2011 年,E 题)

2. 仪器仪表及数电类题目分析

仪器仪表及数电类是电子设计竞赛中的重要题型,所考察的知识点较为广泛。参赛者必须熟练掌握数字可编程器件的应用,还必须对信号处理电路设计有着丰富的经验。由于此类题目与仪器仪表相关,因而,对整个系统的精度要求非常高。该类题目最大的特点就是基本功能相对简单,但是要达到高的技术指标还是比较困难的,在历届题目中,每次都有仪器仪表方面的题型,常见的仪器类题目均已出现过了。

五、自动控制类

1. 自动控制类题目

● 水温控制系统(第三届,1997 年,C 题)
● 自动往返电动小汽车(第五届,2001 年,C 题)
● 简易智能电动车(第六届,2003 年,E 题)
● 液体点滴速度监控装置(第六届,2003 年,F 题)
● 悬挂运动控制系统(第七届,2005 年,E 题)
● 电动车跷跷板(第八届,2007 年,F 题)
● 声音导引系统(第九届,2009 年,B 题)
● 基于自由摆平板控制系统(第十届,2011 年,B 题)
● 智能小车(第十届,2011 年,C 题)

2. 自动控制类题目分析

自动控制类的题目是最受欢迎的题型,其趣味性、观赏性吸引着参赛与观者的眼球,报名参赛的学生也是数量最多的。该类题型在以往竞赛中出现的频率较高,其平台往往都是一个可控制的运动系统,因而每个系统基本都离不开电机和传感器。2005 年以前的自动控制类题型相对都比较简单,适合现在的参赛队员作为基本练习的参考。后几届的题目在控制系统的设计和控制算法方面要求都越来越高,从中也可看出一些全国大学生电子设计竞赛在自动控制类题型中的发展趋势。

15.3 电子设计竞赛入门知识

一、需具备的基础知识

1. 相关课程

电子设计竞赛题涉及到电子电路(含模拟和数字电路)、模一数混合电路、单片机、嵌入式系统、DSP、可编程器件等,相关的课程有:“电路分析基础”、“模拟电子技术”、“数字电子技术”、“微机原理”、“单片机原理及应用”、“EDA 技术”等。各类专业基础课程有“信号与处理”、“数字信号与处理”、“自控原理”、“电力电子学”、“传感器原理及应用”、“高频电子线路”、“天线理论”、“通信原理”等。

2. 硬件基本知识

(1) 掌握模拟电子技术、数字电子技术课程核心知识,完成相关的实验及课程设计。

(2) 焊接调试技术:熟练掌握焊接技术,电路焊接不过关,会导致很多调试问题。

(3) PCB 绘图软件及制板技术:掌握一种 PCB 绘图软件,如 Protel 99 SE、Power PCB、

Orcad 或 Protel DXP 2004 的使用，根据学校实验室现有的制板条件，掌握制板技术，会提高电路焊接及调试效率。

(4) 仿真软件：掌握一种仿真软件，Multisim 或 Proteus 等电路设计仿真软件。

3. 软件基本知识

(1) 单片机基础与编程：掌握 C 语言或汇编语言，熟练运用单片机相关的开发环境，熟悉单片机开发流程。

(2) 可编程逻辑器件与编程：掌握 VHDL 或 Verilog HDL 语言。有条件的参赛者可同时学习 DSP。

4. 各类题型知识点

(1) 电源类：电源类题目主要掌握整流、滤波、稳压、恒流、斩波电路，开关电源的几种典型结构，常用开关电源芯片的典型应用。

(2) 模电类(信号源及放大器)：模电类题目主要掌握放大器、滤波器、加减法器、微分电路、积分电路、各种反馈形态、波形产生、波形变换、信号转换等。

(3) 高频无线电类：高频无线电类主要掌握调制、解调、小信号放大器、高频功率放大、压控振荡、谐振电路等。

(4) 仪器仪表及数电类：仪器仪表及数电类主要掌握放大器、滤波器、数字滤波算法，FFT 变换等。

(5) 自动控制类：自动控制类主要熟悉各种传感器、电机、电机驱动电路、电机调速方法、PID 控制算法等。

5. 具备常用工具

(1) 软件工具。包括有仿真软件：Multisim10、Proteus、Pspice。；电路图制作：Protel99SE、ORCAD、PowerLogic、PowerPCB 等。；单片机编程环境：Keil C 等。

(2) 硬件工具：通用板、面包板、电烙铁、镊子、斜口钳、剥线钳、吸锡器、万用表等，以及各类仪器：电源、示波器、信号源等。

(3) 元器件：常用元器件有电阻、电容、三极管、运放、单片机等；常用小系统有单片机小系统、FPGA 小系统等。

二、组队注意事项

1. 团队的选择

竞赛要求三个人一组，要想获得好成绩组建一个好的团队相当重要。一个积极向上的团队是成功的一半，而团队的配合第一要素是性格的磨合，这包括性格的相似磨合和相异磨合，也就是性格要有共同点和互补性。性格决定成败，要有外向的，三个“闷瓜”在一起肯定不行；要有稳重的，三个人整天嘻嘻哈哈也不可想象。不同的性格融洽互补，做到能达到刚柔并济的境界才是理想的配合。再者，是知识能力的配合，三个都只会 C 语言肯定做不了设计，要实现优势互补。搞硬件的要精通硬件，搞程序的要能顶上去，搞总体设计的，必须熟悉各方面技术，至少是对需要涉及的领域有所了解，三个人的知识能力融合是电子设计有效进行的保证。所以一个团队里既要有编程高手、又要有语言大师；既要有焊接机器、又要有系统构架专家，这样的一个团队才是协调统一而富有战斗力的团队。一个好的团队也必须是一个温暖的团队，组建团队必须具备以下几个基本特征。

(1) 兴趣是源动力：做任何事情都需要动力的支持，对电子有浓厚兴趣、喜欢电子制作有共同的爱好，才能走到一起。

(2) 选好组长:每个团队都应有一个领袖,也就是组长。即需具备一定的威信、知识全面、表达协调能力强、有良好的沟通能力,不仅能处理好本组出现的问题,还能与其他同学或教师有很好的沟通。

(3) 身体素质要好:搞电子设计不仅仅是脑力工作,更是体力活动,基本上没有不熬夜的,经历过竞赛的人都知道,4 天 3 夜是个什么概念,在这 4 天中睡觉不敢想,少得可怜,仅几小时,吃饭更是狼吞虎咽,时间紧时都免掉了,就连去趟洗手间都是一路小跑。所以,要保护好身体,保持精力旺盛才能进行长时间的磨炼。

(4) 能吃苦耐劳:只要有兴趣、有毅力、能吃苦坚持下去,就一定会实现目标。如果各方面基础相对薄弱,入门就是一个艰苦而漫长的过程,更需要坚强的意志和顽强的斗志去战胜各种困难,很多人就是在这个阶段退缩的,可能是太辛苦了,而且看不到希望。

(5) 英语水平好:能熟练看懂电子器件 PDF 文档资料。

2. 分工与合作

(1) 合理分工:在软件、硬件、报告写作中每个人都各有所长。不能由一个人完成所有的工作,否则会忙不过来,所以开始组队时不能光顾个人感情,而忘了是否需要这样的搭档,因为组队一旦定下来以后,很少有机会更改的。

每人都应成为多面手,避免一人只负责一项,而其他都不管。若负责硬件的只会硬件,负责软件的只会软件,写报告的只写报告,这样遇到困难时,谁也帮不上谁,谁也说服不了谁,都认为自己负责的部分没问题,而又无法从自己原有的思路中走出去。

建议每人至少掌握两项技能,一个为主,一个为辅。主要负责硬件的同学,也要学会些编程,掌握单片机原理,便于电路软、硬件联调,当程序有问题时也能帮助查找。主要负责软件的同学,也要懂些硬件知识,便于编程及解决接口之间的问题。主要负责写论文的同学,除了具有良好的写作技能外,还要熟悉电路硬件、软件,这样才能写出好的报告,同时,当软件或硬件有问题时,也能一起分析讨论,帮助查找。

(2) 团结合作:团队合作非常关键。合作精神、团队精神是今后工作不可或缺的品质。电子设计不是一个人的比赛,要想在四天三夜的时间内完成一件高水平的作品,靠一个人是很困难的,三个人必须精诚合作。如何发挥一个团队的最大作用,就需要合理的分工,根据题目做出合理的计划。三个人既要明确分工又不可死板的各自为阵,必须紧密协同,互补互助,密切协作,才能发挥出最高的效率。

团队内部要互相信任,这是比赛中最重要的一点。相互信任,相互学习,有困难时不要相互指责、埋怨,应互相鼓励、齐心协力一起解决问题。三个人要默契配合,做得不好时要多多体谅,相信总会有办法解决的。当遇到问题时,大家应冷静下来,仔细的分析,不急不躁。当遇到分歧时,小的争吵是不可避免的,但此时一定要站在团队的角度来思考问题,虚心接受正确的意见。当有人气馁时,队友之间的鼓励会给予无穷的动力,知道自己不是在孤军奋斗。当大家比较放松时,要提醒更加细心的对待,一个小的错误可能引起完全不同的结果。当取得成功时,大家可以相互庆祝一下。总之,一个团队的协调合作需要时间的磨合,需要每个组员的精诚协作。完成电子竞赛后,团队三人也许将成为一辈子的好朋友。

三、如何做题

1. 选择好题目类型

组好队之后,就要选定题目类型,按计划开始训练。电子设计竞赛题目可以分为电源类、模电类、高频无线电类、仪器仪表及数字类、控制类 5 大类。

训练之前应该选择一个题目类型，根据不同的类型，训练、培训的内容会有所不同。例如，选择控制类的竞赛队可以不学习高频知识，而选择高频类的竞赛队则不需要掌握控制理论。

2. 积极准备是前提

机会是留给有准备的人，不打无准备之仗。在平常的课程学习中，只学习了模电、数电等课程的一些基本知识，在竞赛中就会发现掌握的知识不够用，无法满足竞赛的需求，所以，首先要知道自身的不足，小组每个成员，都应该制订学习或培训计划，组长可以综合大家的意见，制订总体计划，分配任务。对于要掌握的技术要扎实的学习，做到熟练应用。三个人分工不同，在总的目标指导下要熟练精通各自负责的内容，比如说负责总体设计的要熟悉系统设计图，精通各个模块的设计，可多尝试一些新方案，相同的要求可以多用几个方案去实现。负责程序设计的要在平时多积累一些程序模块和算法，用时信手拈来。负责画图制板的要做到熟练，比赛时需要的是速度和质量。一张电路板若要一天时间才磨蹭出来，或焊出来的板不稳定，那么在制板这一环节，对竞赛来说是不符合要求的。

在准备期间还要了解一些相关信息。如元器件如何购买，网购是否方便，在哪里有做机械加工的等。特别是选自控类题目的，影响进度的不是因为芯片买不到，而是因为其中一些机械部件没有做好。另外，应充分用好互联网。只要会找，网上很多东西都能查找到，包括设计资料、程序、相关电路。再者，需存储一些必要的电话号码，比如说需要请教的老师电话，老师不可能总是在需要的时候出现，需要主动去联系老师；还有元器件供应商。出去买器件之前应先联系看是否有货，免得浪费时间。

3. 模块化设计是基础

一件电子作品的设计、制作与调试，模块化设计思想是非常重要的。平时在练习过程中，就要养成良好的习惯，无论软件和硬件设计，都要按模块化的方法进行，只有靠平时一点一点积累，才能在竞赛中得以发挥。

正式比赛只有四天三夜，从头开始完成一件作品的设计、制作与调试，是一件困难的事情。分析后不难发现，有一些部分是通用的，如显示模块（软、硬件）、AD/DA 模块（软、硬件）等。在比赛前可以将这些通用的部分做成一个个通用的小模块，正式比赛时所要做的只是对已有模块的组装及少量模块的制作，重点放在控制或算法的编写与调试上。只有赛前做好模块化的准备，正式比赛时才能灵活应对。

4. 团结协作是关键

三个臭皮匠顶个诸葛亮。比赛是三个人的，在准备比赛的过程中首先要明确分工，然后按照各自的任务进行准备。不同的题目对软、硬件方面的要求是不同的，有的对软件编写技巧要求高，有的则对硬件设计要求高。遇到问题时，不应气馁，仔细查找，科学分析，坚信一定能解决。

三个人的精诚配合不仅仅在于工作上，还体现在在精神层面上。三个人之间要互相沟通、互相包容、互相帮助、互相关心、互相鼓励，这样才能不断成功。

5. 信息交流是重点

很多同学觉得掌握的电子设计方面的知识和经验太少，会遇到很多困难和问题，这是正常的。我们可以学习吸收他人的经验快速成长。有些工作别人已经做过，通过请教花很少时间便可掌握，没有必要花大量时间自己钻研。所以当遇到问题或使用一个新的器件时，首先要做的就是查阅有关资料，看其他人是否遇到过相同的问题，对于典型成熟的电路，如果在短时间内设计不出来，最好的方法就是采用已有的。训练期间要学会交流。把自己的经验与别人分享，并以此获得别人的经验。

6. 冷静沉着是保障

参加电子设计竞赛，要有一个良好的心态，以平和的心态对待成败，不要抱着功利的眼光去看待，应该凭着对电子设计的爱好去参与，去努力。获奖固然是一种肯定，但真正令你受益匪浅的是其过程。电子设计竞赛作为一项综合赛事不仅是对参赛队员专业知识的考核，更是对参赛选手毅力和团队精神的考验。在竞赛的过程中，只要三个人都努力了，在过程中得到了锻炼和提高就达到目的了。

正式比赛时，应冷静沉着，灵活应对。四天三夜，无论是谁，到最后时刻都会有一点迷糊，这时要冷静下来慢慢思考，不要一时求快，带来难以弥补的损失。测试时，更要保持清醒头脑，不要求完美而临时调整，要在稳定稳妥的基础上更好地发挥。

四、参考教材

1. 基础类训练教材

《电子技术工程训练》，库锡树、刘菊荣主编，电子工业出版社 2011 年 6 月出版。主要介绍常用电子元器件、电子仪器、焊接制板技术、仿真软件应用及训练题。

《电子技术基础实验与课程设计》（第三版）高吉祥、库锡树主编，电子工业出版社 2011 年 4 月出版。主要为模拟电子技术和数字电子技术的实验与课程设计。

2. 培训类训练教材

高吉祥主编的全国大学生电子设计竞赛培训系列教程：《全国大学生电子设计竞赛培训系列教程——基本技能训练与单电路设计》、《全国大学生电子设计竞赛培训系列教程——模拟电子线路设计》、《全国大学生电子设计竞赛培训系列教程——高频电子线路设计》、《全国大学生电子设计竞赛培训系列教程——电子仪器仪表设计》、《全国大学生电子设计竞赛培训系列教程——数字系统与自动控制系统设计》，电子工业出版社 2007 年出版。

黄智伟主编的系列教材有：《全国大学生电子设计竞赛训练教程》（修订版），电子工业出版社 2010 年出版。《全国大学生电子设计竞赛系统设计》、《全国大学生电子设计竞赛电路设计》、《全国大学生电子设计竞赛技能训练》、《全国大学生电子设计竞赛制作实训》、《全国大学生电子设计竞赛常用电路模块制作》，北京航空航天大学出版社，2011 年出版。

3. 电子设计竞赛题类型

《全国大学生电子设计竞赛获奖作品汇编》（第一届～第五届）全国大学生电子设计竞赛组委会编，北京理工大学出版社 2004 年 8 月出版。

《电子系统设计实践一湖北省大学生电子设计竞赛优秀作品与解析》，全国大学生电子设计竞赛湖北赛区组委会组编，华中科技大学出版社 2005 年 7 月出版。

《全国大学生电子设计竞赛试题精解选》，陈永真等编著，电子工业出版社 2007 年 6 月出版。主要介绍 1994 年至 2005 年中每届选一至三题进行试题精解。

15.4 电子设计竞赛报告撰写

全国大学生电子设计竞赛在 4 天 3 夜里，除了完成制作的作品，同时还要完成设计报告。设计报告是竞赛的一个重要组成部分，设计报告在 2009 年之前占 50 分，2009 占 30 分，而 2011 年占 20 分，主要是因为当年加一项综合测评占 30 分，设计制作的基本部分和发挥部分一直没有改变，各占 50 分，竞赛满分 150 分，近几年竞赛评分表见表 15-4-1。

表 15-4-1　近几年竞赛评分表

年份	设计报告	基本要求	发挥部分	理论考核	综合测评	总分
2007	50	50	50			150
2009	30	50	50	20		150
2011	20	50	50		30	150

一、设计报告基本要求

1. 基本要求

按照 2011 年全国电子设计竞赛组委会的要求，《设计报告》文字应控制在 8000 字以内，第一页为 300 字以内的设计中文摘要，正文采用小四号宋体字，标题字号自定，一律采用 A4 纸纵向打印。《设计报告》每页上方必须留出 3cm 空白，空白内不得有任何文字，每页右下端注明页码。

2. 评分标准

设计报告的评分是一个独立环节。参赛学生的设计报告是以密封的形式提供给专家组，专家只能看到题目和内容，不能知道学生的姓名及所在的学校。专家参照由全国大学生电子设计竞赛组委会提供的评分标准进行评分。

按照 2011 年全国大学生电子设计竞赛要求，设计报告的评分项目由方案论证、理论分析与计算、电路及程序设计、测试方案与测试结果等，满分 20 分，具体的评分标准见表 15-4-2。

表 15-4-2　设计报告评分标准

项　　目	主 要 内 容	满分
方案论证	方案比较与选择、方案描述	2～4
理论分析与计算	各题相应的理论分析	6～8
电路与程序设计	系统组成、原理框图与各部分的电路图 系统软件与流程图	5～7
测试方案与测试结果	测试结果完整性、测试结果分析	2～4
设计报告结构及规范性	摘要、正文的结构及图表的规范性	2
总分		20

二、设计报告基本内容

设计报告一般包括：摘要、目录、正文、参考文献、附录等几部分，下面对这几部分分别加以说明。

1. 封面

封面单独一页，写上所选的题目名称，应注意的是，题目名称必须与全国大学生电子设计竞赛组委会发给的题目名称相同，不能改变。题目名称后面不能提供参赛队的学校、姓名等文字。

2. 摘要

摘要又称内容提要，它应以浓缩的形式概括设计报告的内容、方法和结论，突出设计的创新点，反映整个内容的精华。中外文摘要一般控制在 300 字以内，撰写摘要时应注意以下几点：

(1) 用精炼、概括的语言来表达，每项内容不宜展开论证或说明；

(2) 要客观陈述，不宜加主观评价；

(3) 创新和结论性字句是摘要的重点，在文字论述上要着重强调一些，以加深评阅人的印象；

(4) 要独立成文，选词用语要避免与正文雷同；

(5) 既要写得简短扼要，又要生动，避免出现“本文、我们、作者”之类的词语。

3. 目录

目录包括设计报告的各章节标题及页码。目录一般按三级标题编写，章节标题的排列建议按如下格式进行：

1………………(第1级)

1.1………………(第2级)

1.1.1………………(第3级)

要求标题层次清晰。目录中标题应与正文中标题一致。

4. 正文

正文是设计报告的详细表述。它占全文的绝大部分，其内容包括：方案论证与比较、理论分析与计算、电路与程序设计、测试方案与测试结果。

(1) 方案论证

方案论证主要论述系统方案的选取及各个方案的比较从而选出比较好的系统方案。对这部分的要求主要有以下两点：

① 提出方案：所谓方案包括比较和论证，即为什么选这个方案？方案的适用场合、优缺点等，一般应提出两至三个方案，主要列举重要的方案，其他的次要方案可以用简短文字一笔带过略加说明即可。方案的提出可以用文字说明、图表框图，框图具有明确直观的效果，如果用框图说明要注明图号、图名、框图相关注释等。

② 论证：论证就是结合本设计的特点和要求综合各个方案的优缺点来选取系统最终方案。如果所选取的最终方案还有不足，可以提出改进和优化手段以及在具体实施时的注意事项。

(2) 理论分析与计算

经过比较论证所选方案后，即可对确定的方案进行理论分析，介绍各电路的工作原理，并对相关电路进行分析设计，对电路中的相关参数进行计算及元器件的选择等。

理论计算时，要注意公式的完整性、参数和单位的匹配、计算的正确性，注意计算值与实际选择的元器件参数值的差别。如果采用仿真工具进行分析，可以将仿真结果表示出来。

(3) 电路与程序设计

电路与程序设计需要给出电路设计总体框图、各分电路设计框图、系统软件设计及流程图。如果没有程序则程序流程图可以忽略，具体要求如下。

① 画电路图时注意：标出图号、电路名注释、原理图中器件参数，注意单位的大小写，如电阻值为1kΩ不能标称为1K。电路图可以采用手画，也可以采用软件工具绘制。

② 电路的参数选取：器件参数的选取要根据理论计算和工程经验为依据，不能凭感觉来选。器件选取不要太过详细。如在选取电阻和电容时，要依据电阻电容表来选，不应选取实际中没有的电阻和电容值。

(4) 测试方案及测试结果

电路的软、硬件调试完后，是否能达到题目所要求的功能和性能，就要看测试结果。测试方案要求给出所选的测试仪器、测试方法以及测试数据。测试的数据可以用表格、图或曲线来说明。

注意：不同的环境测试的结果可能不同，必要的时候明确测试环境(温度、湿度、光照度等)。

测试结果：作品测试后，必须对整个作品进行一个完整的、结论性的评价，测试结果需说明系统通过测试后各个指标是否达到题目的要求，

（5）附录

在正文中如有较长、不太重要的电路图、表或程序等，可放在附录中列出。

（6）参考文献

参考文献应列出在设计过程中参考的主要书籍、刊物、杂志等。参考文献的格式如下：

[序号]主要作者．书名．版次．出版地：出版者，出版年

三、设计报告格式与示例

LC 谐振放大器（D 题）

摘　要

本作品由前级固定衰减，中间级选频放大，AGC 输出三个模块构成。固定衰减模块通过级联 20dB 衰减器的方法实现信号的稳定衰减；选频放大模块先采用晶体管谐振放大电路来实现微弱信号的检测放大与初步选择，并通过运算放大器对信号进一步放大提高系统增益，最后利用电容耦合谐振器式带通滤波器减小矩形系数；输出部分利用可编程增益控制芯片 AD8367 的 AGC 功能，稳定输出电压幅度。经过理论分析与实际测试，整个系统符合题目要求并实现全部指标，分立元件电路与集成芯片的恰当配合使本作品兼备性能稳定与经济适用两大特色。

Abstract

This work is made up of three modules which are the pre-attenuation, middle-class frequency-selective amplification and AGC output . Two attenuation of 20dB fixed attenuator modules cascade to achieve the stabe attenuation of the signal; Frequency-selective amplifier module uses the transistor resonance amplifier circuit to achieve detection and amplification of weak signal and initial choice, and uses through the operational amplifier to improve the system gain further, and finally use capacitively coupled resonator bandpass filters to reduce the rectangular coefficient; Output part uses AD8367 which is programmable gain control chip to achieve AGC function and to stable output voltage. Through theoretical analysis and practical testing, the system meets all the subject requirements and achieves all the targets, and discrete components circuit and integrated chips make this work properly with two major characteristics which are stable and affordable.

关键字：谐振放大器　矩形系数　AGC

一、系统方案论证

LC 谐振放大器广泛应用于通信系统和其他电子系统中。对于接收设备而言，要从信噪比很低的接收信号中恢复有用信息。为提高系统的信噪比与输出动态范围，常采用三级放大，即输入级、中间级和输出级。输入级对信号进行预衰减，中间级对信号进行谐振放大，输出级增大驱动能力稳定输出信号。谐振放大通常采用 LC 谐振放大器，其良好的频率选择特性使有用信号被放大的同时抑制噪声。

（一）系统方案论证与选择

1. 40dB 固定衰减方案选择

方案一：利用有源元件实现。可采用压控增益放大器 VCA810 实现固定增益衰减。通过

设定合适的控制电压，可以使 VCA810 工作在固定衰减 40dB 的模式。但由于 VCA810 是双电源供电，而且外围电路较为复杂，这无疑增加了整个系统的不稳定性。

方案二：利用无源元件实现。即利用电阻衰减网络对信号衰减。这种方案简单易行，很适合对信号进行固定衰减，但对电阻阻值的准确性有较大依赖。

经过充分比较，我们将方案二作为实施方案。考虑到电阻阻值对电路性能的影响以及避免分布参数在最终输出信号中引入谐波分量。选用基于电阻衰减网络原理设计的 20dB 固定衰减模块级联来实现稳定的 40dB 衰减效果。

2. LC 谐振放大模块方案选择

方案一：宽带放大＋无源滤波方案。利用宽带运算放大器对衰减信号进行充分放大，再利用无源滤波器对放大信号进行频率选择。优点是电路结构简单，调试方便；缺点是所有的增益指标都由运算放大器完成，对元件的带宽增益积提出了很高的要求。

方案二：谐振放大电路级联方案。利用多级晶体管谐振放大电路对信号进行选频放大，然后利用带通滤波器实现带宽要求，提高矩形系数。但要进一步提高增益，需要许多级谐振放大模块级联，这给电路的调试带来很大的不便。

方案三：谐振放大＋无源滤波方案。先利用单级晶体管谐振放大电路对信号进行选频放大，然后通过放大器对电路增益进行补偿，最后利用滤波器进一步提升选频性能。这样可以减小由于三极管自身温度漂移带来的系统不稳定性，放大器增益的稳定性也会有所改善。

综上所述，我们选择方案三来完成 LC 谐振放大的要求。这样不但能够保证良好的频率选择性以及增益性能，也能减小电路调试的工作量。

3. AGC 电路方案选择

方案一：软件监测与控制。利用单片机程控的方法，通过监测放大电路的输入/输出信号大小，反馈控制放大电路的增益，实现输出信号的稳定。该方案可以将输出信号稳定在任意一个幅度，但系统实现复杂，功耗大，而且在输入信号很小的情况下，由于输入端噪声的干扰，将很大程度上降低 AGC 的控制精度。

方案二：分立元件反馈控制。利用三极管的反馈作用实现输出信号变化时，对系统增益进行动态调整。该方案的优点在于功耗很小，同时能保证性能，但缺点时硬件调试困难。

方案三：集成芯片控制。利用集成芯片实现 AGC 功能不但可以保证功能的稳定运行，而且可以降低系统本身的复杂性，只需要简单的外围电路便可实现 AGC 功能。相比方案一、二，该方案的功耗适中。

为了使整个系统简洁、稳定，最终选择利用自动增益控制芯片实现自动增益控制的功能。

（二）系统总体框图

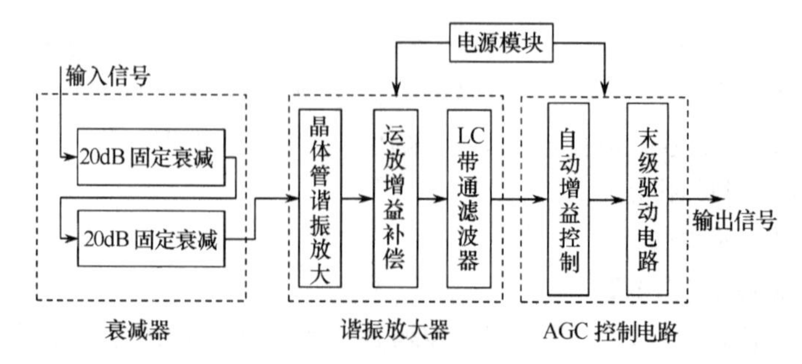

二、理论分析与计算

(一) 系统增益理论计算

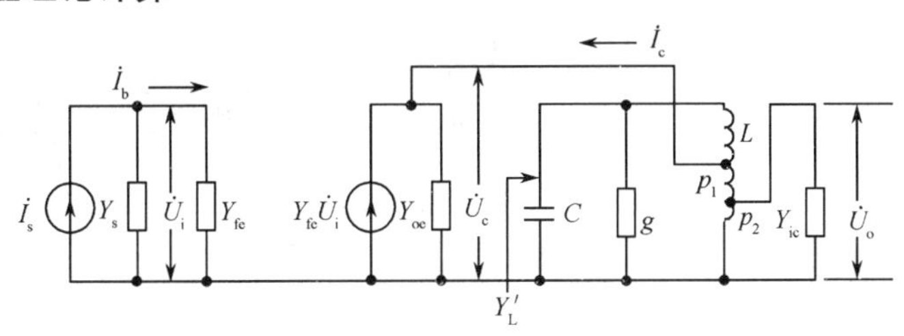

图 1　单级谐振放大器的等效电路

1. 晶体管谐振放大电路增益计算

图 1 为单级谐振放大器的高频等效电路。在电路谐振的条件下，该电路的电压放大倍数满足表达式：

$$A_u = \frac{-p_1 p_2 Y_{fe}}{g_{sum}} = \frac{-p_1 p_2 Y_{fe}}{g_p + p_1^2 g_{oe} + p_2^2 g_{ie}} \tag{2.1}$$

电路中所选用的 9018 高频三极管，在工作频率为 15MHz，供电电压为 3.6V 的条件下，其 Y 参数为：$g_{ie}=1.2$ms，$C_{ie}=12$pF，$g_{oe}=400$us，$C_{oe}=9.5$pF，$|Y_{fe}|=58.3$ms。在实际电路中，选用电感 $L=1.2\mu$H，部分接入系数 $p_1=1$，$p_2=1$，带入表达式(2.1)：

$$A_u = \frac{-p_1 p_2 Y_{fe}}{g_p + p_1^2 g_{oe} + p_2^2 g_{ie}}$$

$$= \frac{58.3}{0.384\times10^{-3}+0.84\times10^{-3}+0.918\times10^{-3}} = 27.63 \approx 28.82\text{dB}$$

2. 系统总增益计算

系统中级联的两级正向比例放大电路，每级可以提供增益为

$$A_u = 1 + \frac{R_4}{R_1} \tag{2.2}$$

若合理选择阻值使 $R_4=10R_1$，那么两级放大器可以提供的增益大小应为 $A_{amp}=22\approx 26$dB。而 AGC 芯片 AD8367 最大可以提供 42.5dB，考虑到级间耦合以及无源滤波器的通带衰减等因素，实际系统增益仍应大于 80dB，满足题目发挥部分的要求。

(二) AGC 原理分析

AD8367 是一款具有 45dB 控制范围的高性能可变增益放大器，输入信号从低频到 500MHz 带宽内增益均是以分贝为单位线性变化。作为 AD 公司 X-AMP 结构的可变增益中频放大器，AD8367 能够实现精确的增益控制。它既能配置应用于外加电压控制的传统的 VGA 模式，同时内部还集成了平方律检波器，因而也可以工作于自动增益控制模式。

AD8367 的原理框图如图 2 所示。它由前端的可变衰减网络以及后级 45dB 的固定增益放大器构成。放大器增益与引脚 GAIN 的电压 V_{GAIN} 满足表达式：Gain(dB)$=45-50\times V_{GAIN}$。当芯片工作在 AGC 模式下时，如果将 DETO 与 GAIN 相连，输出电压经过内部平方律检波后由 DETO 输出，并通过 GAIN 端口来控制前端衰减网络的衰减程度。这样一来，可以保证输出信号幅度保持基本不变。

(三) 带宽与矩形系数讨论

系统的带宽主要由晶体管谐振放大器和滤波器的性能决定，而矩形系数则由滤波器自身

的性能决定。谐振耦合式滤波器适合用于来设计窄带滤波器，N 阶谐振器耦合式 BPF 由 N 个谐振器和 $N-1$ 个耦合元件 K 组成。图 3 给出了三阶谐振器耦合式带通滤波器构成。

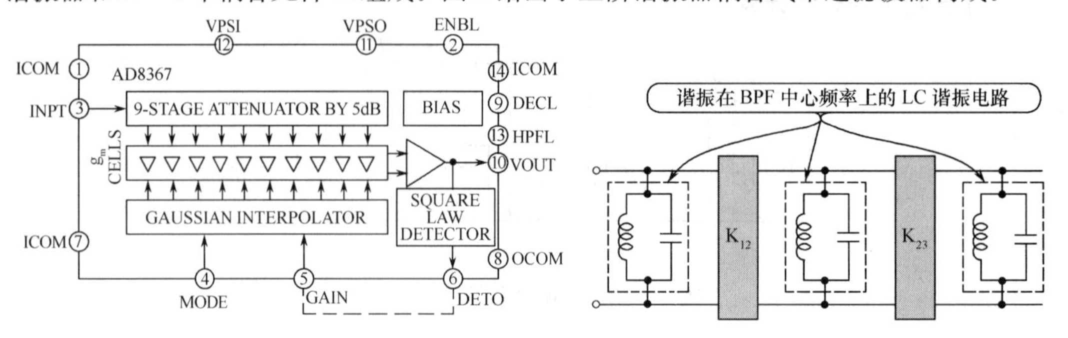

图 2　AD8367 原理框图　　　　图 3　三阶谐振器耦合式带通滤波器构成

如果选取电容作为耦合元件，相当于滤波器在频率等于零的地方增加零点。这样一来，所设计的滤波器衰减曲线便会不对称。表现为衰减特性曲线在低于中心频率的一侧比较陡峭，而在高于中心频率的一侧比较平缓。因此，过大的耦合电容会显著降低滤波器的矩形系数。

由于单调谐放大器的矩形系数远大于 1，在不提高放大器级数的情况下，整个系统的矩形系数将主要由滤波器决定。

三、电路设计

（一）固定衰减器设计

虽然采用 π 形电阻网络对信号进行衰减的方案合理简便，但是在电路制作中，由于电阻实际阻值与标称值之间的差距以及电路板分布电容的影响，往往会在输出的微弱信号中夹杂很多谐波分量而造成波形失真。为了克服这一问题，选择基于电阻衰减网络原理设计的 20dB 固定衰减模块级联来实现稳定的 40dB 衰减效果。

（二）谐振放大电路设计

整个谐振放大电路原理图如图 4 所示，主要由两部分构成：

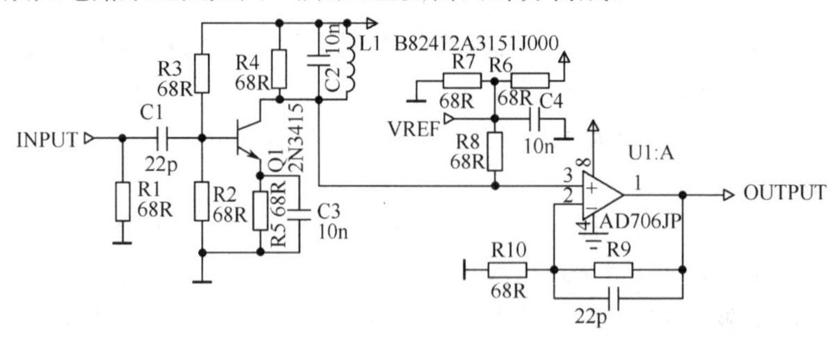

图 4　谐振放大电路原理图

（1）谐振放大器。它由晶体管和并联谐振回路两部分构成，对前级衰减信号进行选择性放大。对于小信号放大器而言，单级增益太高会造成工作的不稳定，从而降低系统的可靠性。因此考虑用运算放大器对增益进行补偿。

（2）运放增益补偿模块。为了进一步提高系统的增益，有必要在晶体管谐振放大器后利用运算放大器对增益进行进一步补偿。选取运算放大器时遵循以下原则：

① 在 3.6V 供电电压下可以正常工作；

② 要有足够的压摆率，输出电压动态范围大；

③ 静态电流小，减小系统功耗。

考虑到上述条件，THS4304 适合进行增益补偿，该运放在 2.7～5.5V 的条件下可以正常工作，大信号带宽达到 240MHz，满足上述要求。

（三）LC 滤波电路设计

LC 滤波电路原理图如图 5 所示，选用谐振器耦合式带通滤波器的形式，且选用电容进行级间耦合。软件仿真的结果如图 6 所示，可以得出该滤波器的性能参数为

中心频率：$f_0=15.003\text{MHz}$

3dB 带宽：$f_L=14.853\text{MHz}$，$f_H=15.144\text{MHz}$，$\Delta f_1=291\text{kHz}$

20dB 带宽：$f_L=14.79\text{MHz}$，$f_H=15.22\text{MHz}$，$\Delta f_2=0.43\text{MHz}$

矩形系数：$K_{r0.1}=\Delta f_2/\Delta f_1=1.477$

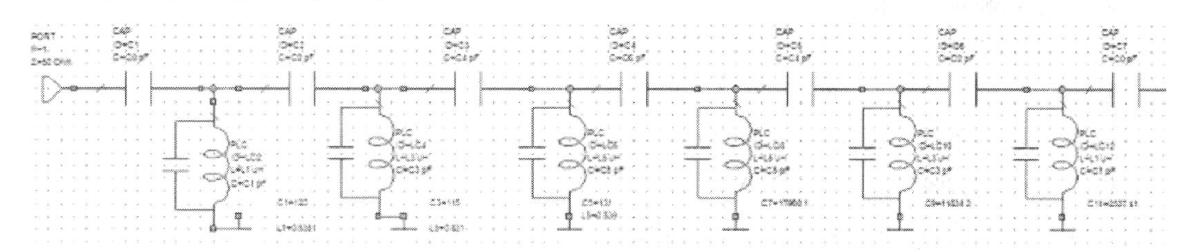

图 5　LC 滤波电路原理图

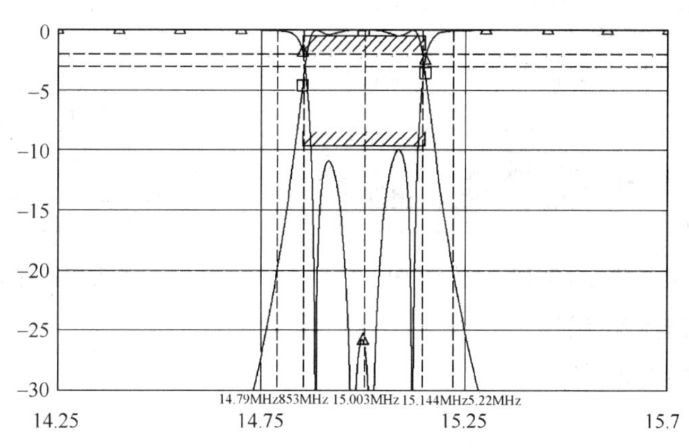

图 6　LC 滤波器的幅频响应曲线

从图 6 中可以看出每个谐振回路的中心频率对称相等，这样可以通过参差调谐，提高矩形系数。在 PCB 布板时一定要注意电感之间互耦而对电路性能的影响。凡是平行排列的电感，最好用接地的金属隔板隔开。

（四）AGC 电路设计

作为可编程增益控制芯片，当将 AD8367 的 DETO 与 GAIN 相连，同时将 MODE 引脚设为低电平，AD8367 便工作在 AGC 模式。在该模式下最常见的电路连接方式如图 7 所示。

题目要求输出信号的有效值要达到 1V，即峰-峰值应不低于 2.8V。但 AD8367 工作在 AGC 模式下不能达到这么大的输出电压，因此还需要对信号进行进一步的放大。末级放大电路的原理图如图 8 所示。由于运放为单电源供电，因此必须对输入信号加入直流偏置，以避免放大的信号失真，在输出端加入隔直电容，便可获得无直流偏置的放大信号。

利用叠加定理，可得输出电压的计算公式

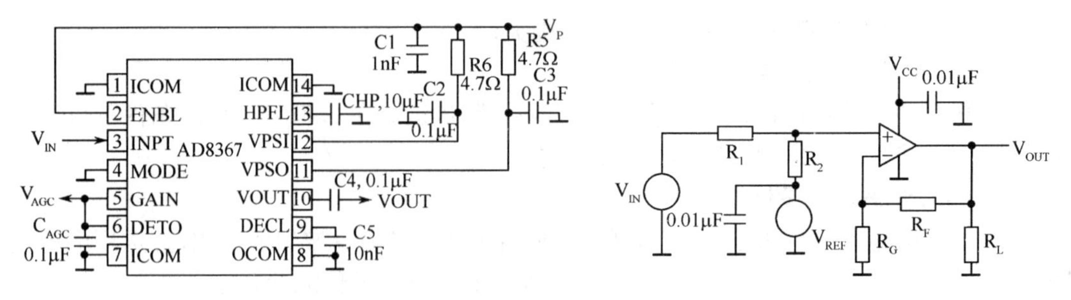

图 7　AD8367 在 AGC 模式下应用电路　　　　图 8　末级放大电路原理图

$$V_{\mathrm{OUT}}=\left[V_{\mathrm{IN}}\left(\frac{R_2}{R_1+R_2}\right)+V_{\mathrm{REF}}\left(\frac{R_1}{R_1+R_2}\right)\right]\left(\frac{R_G+R_F}{R_G}\right)$$

四、结果测试与分析

（一）测试条件

数字双踪示波器：Tektronix　TDS2022

函数信号发生器：Aglient　33120A

网络分析仪：Aglient　E5062A

直流稳压电源：INSTECK　GPS3303C

（二）测试连接

衰减器性能测试连接图如图 9 所示，放大器指标测试连接图如图 10 所示。

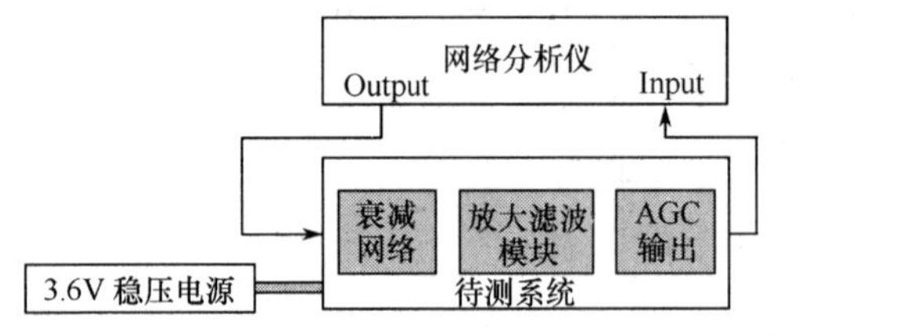

图 9　衰减器性能测试连接示意图

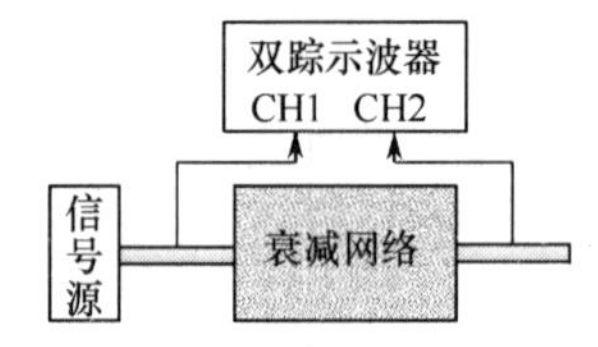

图 10　放大器指标测试连接图

（三）测试方法与测试结果

1. 衰减网络衰减性能测试

测试步骤：

（1）用信号源产生幅度峰-峰值为 2V 的正弦波，从 13～17MHz 以 200kHz 为步进逐渐增大输入信号的频率，分别记录输入信号及输出信号的幅度。

（2）固定输入信号的频率为 15MHz，从 1～5V 以 0.2V 为步进增大输入信号的幅度，分别记录输入信号以及输出信号的幅度。

测试数据：

频率(MHz)	13.000	13.204	13.401	13.603	13.800	14.010	14.201	14.405	14.609
输入信号幅度(V)	2.00	2.01	2.01	2.00	2.02	1.98	1.98	1.98	1.98
输出信号幅度(mV)	19.9	19.9	19.9	19.9	19.8	19.8	19.8	19.8	19.8
频率(MHz)	14.811	15.072	15.213	15.407	15.618	15.811	16.002	16.206	16.409
输入信号幅度(V)	1.99	2.02	2.00	1.99	1.98	1.99	1.99	1.98	2.00
输出信号幅度(mV)	19.9	20.0	20.0	19.9	19.9	20.0	20.0	20.0	20.0
频率(MHz)	16.611	16.808	17.027						
输入信号幅度(V)	2.00	2.01	2.02						
输出信号幅度(mV)	20.0	20.0	19.9						

2. LC 放大器指标测试

测试步骤：

按照图 8 所示的连接方式将系统与网络分析仪相连，从 12～18MHz 对整个系统进行幅频测试，记录频率以及系统增益。

频率(MHz)	12.0	12.2	12.4	12.6	12.8	13.0	13.2	13.4	13.6	13.8
增益(dB)	−5.03	−2.97	−1.53	0.22	1.31	2.85	4.01	5.32	6.22	6.35
频率(MHz)	14.0	14.2	14.4	14.6	14.8	15.0	15.2	15.4	15.6	15.8
增益(dB)	4.66	−2.67	13.13	26.18	40.38	50.309	47.062	38.997	27.171	17.027
频率(MHz)	16.0	16.2	16.4	16.6	16.8	17.0	17.2	17.4	17.6	17.8
增益(dB)	9.21	17.431	20.784	22.435	23.120	23.339	23.159	22.632	21.936	21.051

中心频率：$f_0=15.04\text{MHz}$

3dB 带宽：$f_L=14.88\text{MHz}$，$f_H=15.19\text{MHz}$，$\Delta f_1=307\text{kHz}$

20dB 带宽：$f_L=14.75\text{MHz}$，$f_H=15.33\text{MHz}$，$\Delta f_2=0.58\text{MHz}$

矩形系数：$K_{r0.1}=\Delta f_2/\Delta f_1=1.88$

根据测试结果描绘出系统的频率响应如图 11 所示。

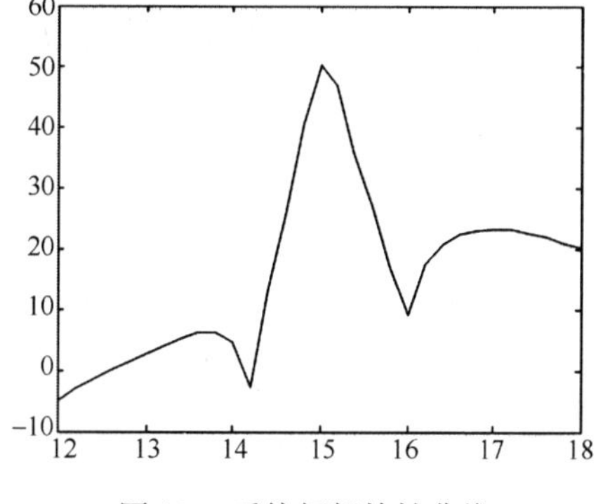

图 11　系统幅频特性曲线

3. 系统功耗测试

测试步骤：

电源电压应调到 3.6V，固定输入信号的峰峰值为 10mV，调节系统增益，使输出峰-峰值为 1V，用万用表测量电源电压以及提供的电流，计算功耗。

测试数据：

调节输入信号的峰-峰值为 10.1mV，这时输出信号的峰-峰值为 1.0V，用万用表测得这时电源电压为 3.58V，电流为 75mA。

功耗计算：$P=UI=3.58\times75=268.5\text{mW}$

4. 结论

指 标 名 称	题 目 要 求	本系统指标	结论
最大电压增益/dB	80	91.7	合格
衰减器衰减量	40±2dB	40dB	合格
衰减器特性阻抗	50Ω	50Ω	合格
谐振频率	15±0.1MHz	15.04MHz	合格
−3dB 带宽	300±20kHz	307kHz	合格
−3dB 带内起伏	<2dB	0.9dB	合格
矩形系数	尽可能小	1.88	较为理想
系统功耗	360mW	268.5mW	合格
AGC 控制范围	>40dB	45dB	合格

通过系统自测试，各个指标均已达到题目要求，而且部分指标还超出了题目的要求，整个系统方案简洁，性价比高、稳定可靠。

第16章 电子设计竞赛题选

我们搜集整理了9道电子设计竞赛综合设计题，通过本章的训练，让读者全面系统掌握所学的电子线路系列课程的知识，提高工程设计和独立工作能力。

16.1 测量放大器①

16.1.1 题目说明

一、任务

设计并制作一个测量放大器及所用的直流稳压电源，参见图16-1-1。

输入信号 V_I 取自桥式测量电路的输出。当 $R_1=R_2=R_3=R_4$ 时，$V_I=0$。R_2 改变时，产生 $V_I\neq0$ 的电压信号。测量电路与放大器之间有1m长的连接线。

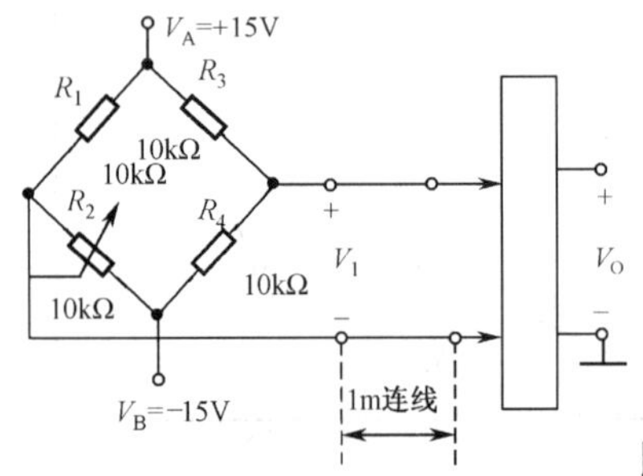

图16-1-1 设计电路图

二、要求

1. 基本要求

(1) 测量放大器：

① 差模电压放大倍数 $A_{VD}=1\sim500$，可手动调节；

② 最大输出电压为±10V，非线性误差<0.5%；

③ 在输入共模电压−7.5～+7.5V范围内，共模抑制比 $K_{CMR}>10^5$；

④ 在 $A_{VD}=500$ 时，输出端噪声电压的峰峰值小于1V；

⑤ 通频带为0Hz～10Hz；

⑥ 直流电压放大器的差模输入电阻≥2MΩ(可不测试，由电路设计予以保证)。

(2) 设计并制作上述放大器所用的直流稳压电源。由单相220V交流电压供电。交流电压变化范围为−15%～+10%。

(3) 设计并制作一个信号变换放大器(参见图16-1-2)。将函数发生器单端输出的正弦电压信号不失真地转换为双端输出信号，用做测量直流电压放大器频率特性的输入信号。

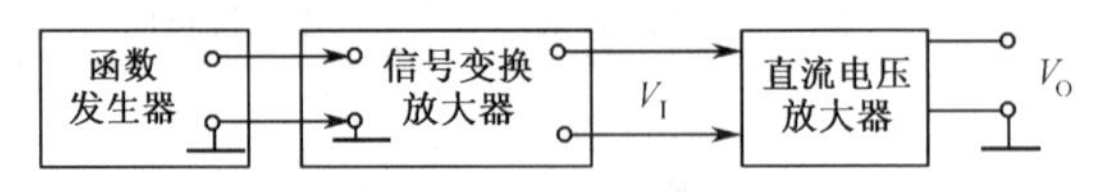

图16-1-2 位置变换放大器

2. 发挥部分

(1) 提高差模电压放大倍数至 $A_{VD}=1000$，同时减小输出端噪声电压。

(2) 在满足基本要求(1)中对输出端噪声电压和共模抑制比要求的条件下，将通频带展宽为0～100Hz以上。

(3) 提高电路的共模抑制比。

(4) 差模电压放大倍数 A_{VD} 可预置并显示，预置范围为1～1000，步距为1，同时应满足基本要求(1)中对共模抑制比和噪声电压的要求。

---

① 1999年全国大学生电子设计竞赛A题

(5) 其他(如改善放大器性能的措施等)。

说明:直流电压放大器部分只允许采用通用型集成运算放大器和必要的其他元器件组成,不能使用单片集成的测量放大器或其他定型的测量放大器产品。

实例如下。

16.1.2 设计实例*

摘要:本设计由三个模块电路构成:前级高共模抑制比仪器放大器、AD7520 衰减器和单片机键盘显示处理模块。在前级高共模抑制比仪器放大器中还将输出共模电压反馈到正、负电源的公共端,使运放电源电压随共模输入电压浮动,各极偏置电压都跟踪共模输入电压,从而提高了共模抑制比。AD7520 衰减器利用电阻网络的可编程性,实现衰减器衰减率的数字编程。单片机键盘显示处理模块除可以对 8279 进行实时控制外,还可进行数字处理和对继电器及 AD7520 的控制。

一、方案论证与比较

1. 放大电路

方案一:简单的测量放大器是由仪器放大器和可变增益放大器级联而成的。如将 R-2R 的D/A看成一个可数控的电阻网络来实现增益可变放大,其放大倍数将由单片机送到 D/A 的数据决定。该种方法的优点是电路简单,单片机控制也不复杂,易于实现,但是其电路结构决定了它不能满足发挥部分提出的放大倍数步距为 1 的要求,该电路的 D_i 与放大倍数的关系如图 16-1-3 所示,而且前级零漂会影响后级,特别是在后级放大倍数很大时,影响更大。

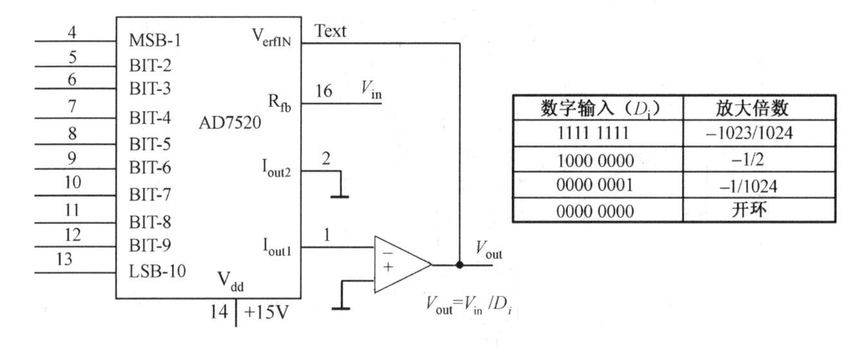

数字输入(D_i)	放大倍数
1111 1111	−1023/1024
1000 0000	−1/2
0000 0001	−1/1024
0000 0000	开环

图 16-1-3 电路的 D_i 与放大倍数关系

方案二:同相关联式高阻测量放大器,见图 16-1-4。线路前级为同相差动放大结构,要求两运放的性能完全相同,这样,线路除具有差模、共模输入电阻大的特点外,两运放的共模增益、失调及其漂移产生的误差也相互抵消,因而不需精密匹配电阻。后级的作用是抑制共模信号,并将双端输出转变为单端放大输出,以适应接地负载的需要,后级的电阻要求精度高且匹配。增益分配一般前级取高值,后级取低值。

该方案电路结构简单,易于定位和控制。但要调节增益必须手动调节变阻器,虽然也可将放大倍数设成固定的几挡,但不能满足发挥部分的要求。

方案三:电路结构与方案二基本相同,只是为了达到增益调节的要求,考虑用两片 R-2R 的 D/A 代替图 16-1-4 中的 RP,结合单片机通过改变 D/A 的电阻网络来改变公式中 RP 值,

---

* 本作品荣获第四届全国大学生电子设计竞赛索尼杯。

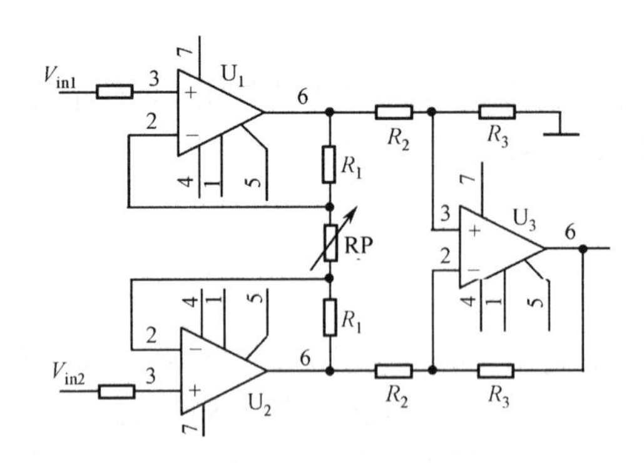

图 16-1-4　同相关联式电阻测量放大器

从而改变增益。其优点是输入电阻大，两运放的共模增益、失调及漂移产生的误差也相互抵消。其缺点是由于电阻匹配的要求而使用了两片 D/A，既增加了控制的工作量，又提高了成本，而且精度也不能满足要求。

方案四：前级采用仪用放大器组成高共模抑制测量放大器，见图 16-1-5，运放 A_4 从两个 R_0 中取出输出共模输入电压，反馈到正、负电源的公共端，使运放电源电压随共模输入电压浮动，从而使各级偏置电压都跟踪共模输入电压，这就使前置放大器的共模抑制比提高了$CMRR_4$倍。图中的 RP 由三条并列的固定电阻通路构成，由继电器来控制哪条通路接入电路，由此构成了三挡固定放大器。中间级采用程控衰减器，由 10 位 CMOS 开关及 R-$2R$ 电阻网络的 D/A 转换器及外加运算放大器构成，随着数字量 D_i 的不同，接入电路的电阻网络也相应不同，从而改变放大器的增益。再经后级放大 10 倍，以得到 1～1000 倍的任意整数的放大倍数，而 10 位 D/A 也能满足步距为 1 的要求。该方案前级放大电路的接法提高了共模抑制比，抵消了失调及漂移产生的误差：中间级采用单片机实现数控增益调节，步距为 1，且控制较简单；后级运放的固定放大倍数最终保证了设计要求。具体电路经计算可满足要求。

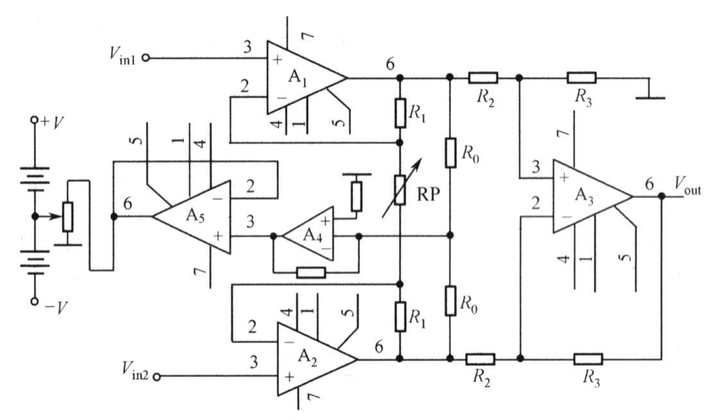

图 16-1-5　高共模抑制测量放大器

经比较，方案四既可满足题设要求，电路又不太烦琐，控制较简单，成本又不高，所以采用该方案。

2. 控制电路

方案一：数字电路实现方法。根据放大倍数以步距 1 在 1～1000 范围内变化的要求，可用 10 位拨码开关对 D/A 置数来设置放大倍数，并手动切换三挡增益。该方案电路简单，但置的是十六进制数，使用者必须根据增益在哪一挡来换算放大倍数，且只能实现预置数功能。

方案二：单片机实现方法。MCU 最小系统可由 MCS-51 系列芯片或其派生芯片构成，程序存储器有 2Kbyte 容量已足够。置数可由 0～9 数字键及几个功能键完成。8 位 LED 显示电路显示提示符及放大倍数。单独设置的"＋"、"－"键，实现步进。在软件的控制下，单片机开机后先将预置数读入，在送去显示的同时，送入 D/A，然后等待键盘中断，并做相应处理，如加、减和预置数等。

两种方案比较如表 16-1-1 所示。

显然，方案二采用单片机控制，其效果优于前者。

表 16-1-1　两种控制电路性能对照表

性　　能	数字电路实现方法	单片机实现方法
控制精度	两者相同，仅取决于输出电路	
控制方式	较繁	灵活
控制能力	受硬件限制较大	扩展容易且可自动调节
实现功能	较单一	过电压保护，高共模抑制比，步距为 1

二、系统设计

1. 总体设计思路

根据题目的要求，我们认真取舍，充分利用了模拟和数字系统各自的优点，发挥其优势，采用单片机控制放大器增益的方法，大大提高了系统的精度；采用仪器放大器输入，大大提高了放大器的品质。由 5 片运放构成的前级高共模输入的仪表差动放大器，对不同的差模输入信号电压进行不同倍数的放大，再经后级数控衰减器得到要求放大倍数的输出信号。每种信号都将在单片机的算法控制下得到最合理的前级放大和后级衰减，以使信号放大的质量最佳。图 16-1-6 所示即为本系统原理方框图。

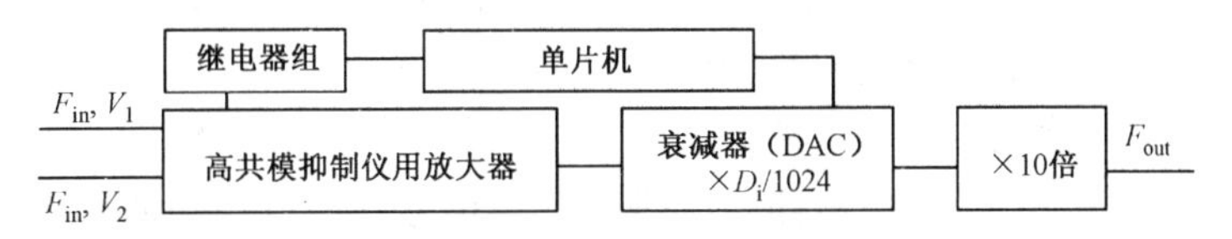

图 16-1-6　系统设计框图

在前级仪器放大器中，将不同等级的电压信号分别选择不同的通道进行放大，在后级衰减器中，由 D/A 的数字控制其衰减倍数，并经乘 10 完成放大，这样的设计可在用一片 10 位 D/A 的基础上精确地完成题目要求的 1～1000 倍放大且步距为 1 的任务，且可使放大的误差较小。

2. 原理分析和说明

(1) 测量放大器基本原理：在工业自动控制等领域中，常需要对远离运放的多路信号进行测量，由于信号远离运放，两者的电位不统一，不可避免地存在长线干扰和传输网络阻抗不对称引入的误差。为了抑制干扰，运放通常采用差动输入方式。对测量电路的基本要求是：

① 高输入阻抗，以抑制信号源与传输网络电阻不对称引入的误差。

② 高共模抑制比，以抑制各种共模干扰引入的误差。

③ 高增益及宽的增益调节范围，以适应信号源电平的宽范围。

以上这些要求通常采用多运放组合的电路来满足，典型的组合方式有：同相串联式高阻测量放大器，同相并联式高阻测量放大器，高共模抑制测量放大器。

抑制共模信号传递的最简单方法是在基本的同相并联电路之后，再接一级差动运算放大器，它不仅能割断共模信号的传递，还将双端变单端，适应接地负载的需要，电路如图 16-1-4 所示。它具有输入阻抗高、增益调节方便、漂移相互补偿，以及输出不包含共模信号等优点，其代价是所用组件数目较多，共模抑制能力略有下降。

不难证明，此电路的理想闭环增益和共模抑制比分别为

$$A_C = \frac{R_3}{R_2}\left(1 + \frac{2R_1}{R_{RP}}\right) \tag{16-1-1}$$

$$\mathrm{CMRR} = \frac{A_{C12} \times \mathrm{CMRR}_3 \times \mathrm{CMRR}_{12}}{A_{C12} \times \mathrm{CMRR}_3 + \mathrm{CMRR}_{12}} \tag{16-1-2}$$

假若
$$\mathrm{CMRR}_{12} \gg A_{C12} \times \mathrm{CMRR}_3$$
则式(16-1-2)可近似为
$$\mathrm{CMRR} \approx A_{C12} \times \mathrm{CMRR}_3 \tag{16-1-3}$$
式中,A_{C12}和 CMRR_{12}为 A_1 和 A_2 组成的前置级的理想闭环增益和共模抑制比,CMRR_3 为由 A_3 组成的输出级的共模抑制比。

由式(16-1-1)和式(16-1-2)可知,为了提高整个电路的共模抑制能力,除了设法提高前置级和输出级的共模抑制比外,使整个电路的增益主要由前置级来承担,也是十分有利的,但是这样做又会限制差动输入电压范围,必须权衡利弊,全面考虑。一般应用中,差动运算放大器的主要问题是提高 CMRR,所以往往使输出级的增益取低值(这对 CMRR_3 不利,必须相应提高电阻匹配精度,才能保证 CMRR_3 不下降),前置级的增益取高值,把输入电压的工作范围放在第二位考虑。

如果能使运算放大器的输入端没有共模信号,或者虽然有共模信号,但能使它在放大器输出端不产生误差信号,则放大器有限的共模抑制比就不会带来共模误差。因此,从电路技术来看,有两种方法可以提高现有电路的共模抑制能力。一种是设法使输入信号中的共模信号不能传递到放大器的输入端,另一种是设法减弱输入端的共模信号在输出端产生的误差电压。这里采用了后一种电路技术来提高放大器的共模抑制能力。

共模信号在放大器输出端产生误差电压的充要条件是:运算放大器各级电路结构不完全对称;在共模输入电压作用下,各级电路也出现了共模信号。所以如果使放大器的电源电压随共模输入电压浮动,从而使各级偏置电压都跟踪共模输入电压,则各级的共模信号就能大大削弱,共模输入电压在放大器输出端产生的误差电压就可大幅度减小,这就相当于提高了放大器的共模抑制能力。

图 16-1-5 是利用浮动电源法提高前置放大器共模抑制比的电路。与图 16-1-4 相比,这个电路多加了一级倒相器和一级电压跟随器 A_4、A_5,A_4 的输入信号取自两只电阻 R_0 组成的共模信号引出电路,所以它的输入电压等于共模输入电压 U_{src},输出电压也是如此,A_5 的输出加到运算放大器 A_1 和 A_2 正、负电源电压的涨落幅度的公共端,使正、负电源电压浮动起来。若 A_4 具有理想特性,调节 RP,使正、负电源电压的涨落幅度与共模输入电压的大小完全相同。这样,虽然共模输入电压照样加在放大器的 A_1 和 A_2 同相端,但却因放大器本身电源对共模输入信号的跟踪作用,使它的影响大大削弱。这样就算 A_1 和 A_2 的元件参数不完全对称,但由于有效共模电压减小,输出端的差动误差电压也是很小的,也就意味着前置级的共模抑制能力提高了。显然,这个电路的共模抑制比仍可由式(16-1-2)表述,但式中的前置放大器的共模抑制比 CMRR_{12}应考虑隔离级 A_4 的作用而加以修正。当运算放大器 A_1、A_2 和 A_4 的共模抑制比分别为 CMRR_1,CMRR_2 和 CMRR_4 时,整个前置级的共模抑制比 CMRR_{12}可表述为

$$\mathrm{CMRR}_{12} = \frac{\mathrm{CMRR}_1 \times \mathrm{CMRR}_2 \times \mathrm{CMRR}_4}{\mathrm{CMRR}_1 - \mathrm{CMRR}_2}$$

从上式可知,由于 A_4 使电源电压跟随共模输入电压浮动,使前置级的共模抑制比提高了 CMRR_4倍。这样,即使 A_1 和 A_2 的共模抑制比不太匹配,整个电路的共模抑制比用式(16-1-3)来描述也是足够精确的,从而使电路的共模抑制比接近理想值。

(2) 控制原理设计:本系统的控制由单片机完成,任一输入信号都将在前级放大的基础上

再经后级数控衰减器才得到最终的放大倍数，因此其控制特色主要也体现在这两个方面。

首先是在前级放大器的控制上。在仔细考虑题目要求的基础上，我们将前级放大器的可变电阻 RP 按要求分为三个控制段，分别对 1～10V，0.1～1V 和小于 0.1V 的三个不同电压等级的输入信号进行控制，用继电器切换以实现不同的放大倍数。按分析，规定的放大倍数见表16-1-2。

表 16-1-2 放大倍数汇总

电压等级/V	前级放大倍数	实际可得到放大倍数
1～10	1.024	1～10
0.1～1	10.24	1～100
<0.1	102.4	1～100

前级仪用放大器的放大倍数的适当选取是在单片机的算法控制下实现的，在用户预置的放大倍数有多种设定方式时，继电器动作的原则是：选择最小的前级放大倍数和相应最小的后级衰减方式。这样的选择可使由放大器和衰减器引起的误差最小。例如，用户设置的放大倍数是 9，则任一分挡都可满足要求，但在算法控制下，输入信号将以第一个电压等级方式来处理。

在衰减器电路中，由一片 D/A 构成的控制器在单片机的控制下对用户预置的放大倍数做出响应。单片机控制的可变增益的衰减器 AD7520 可看成一个 R-2R 电阻网络，而 10 位数据口的输入则相当于对该网络的输出电阻进行编程，对于输入不同的数字量，得到不同的输出/输入电压比。由于前级放大器已经做了相应的放大，后级又做了同样的 10 倍放大，所以只要调整相应的衰减率就可得到要求的放大倍数。因此我们用的 10 位 DAC，数字量每改变一个 bit，该模块的衰减就变动 1/1024，完全可以实现题目要求的步距为 1 的指标。例如，要求得到 203 倍的放大倍数，只要做 203/1024 的衰减，就可得到 $102.4\times10\times203/1024=203$ 的放大倍数，也就是说，只要给 AD7520 置数 0CBH(203D)就可以了。

3. 主要电路说明

(1) 电源电路：如图 16-1-7 所示。本方案的直流稳压电源采用通常的桥式全波整流、单电容滤波、三端固定输出的集成稳压器件。输出电路由＋15V 稳压供给，从而大大提高了电压调整率和负载调整率等指标。所有的集成稳压器根据功耗均安装有充分裕量的散热片。

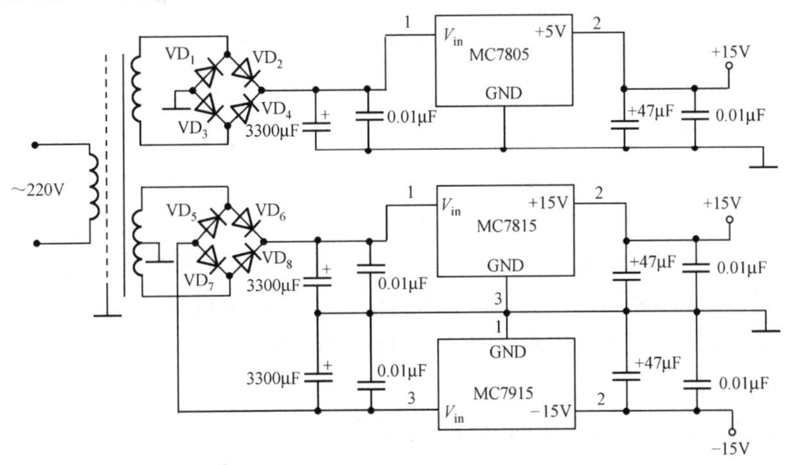

图 16-1-7 直流稳压电源电理图

(2) 单片机最小系统电路：由 MCS-51 系列的单片机和一片 8279 显示键盘接口构成了单片机最小系统，以完成单片机控制和人机接口功能。

(3) 变换电路：如图 16-1-8 所示，将单端输入信号分别经过两个运算放大器，一个接成跟随器，另一个接成反相比例放大器，这样通过简单、基本的运算放大电路就将单端输入信号变换成双端输出。

(4) 数字控制的衰减器电路：用一片 DAC 和一只运算放大器即可组成数字控制的衰减器电路，如图 16-1-3 所示。当运算放大器的输出端接至 AD7520 的 R_{fb}端时，该电路就是一个可由数字控制的衰减器电路。在做衰减器电路时输入电压从 AD7520 的参考源输入端加入。

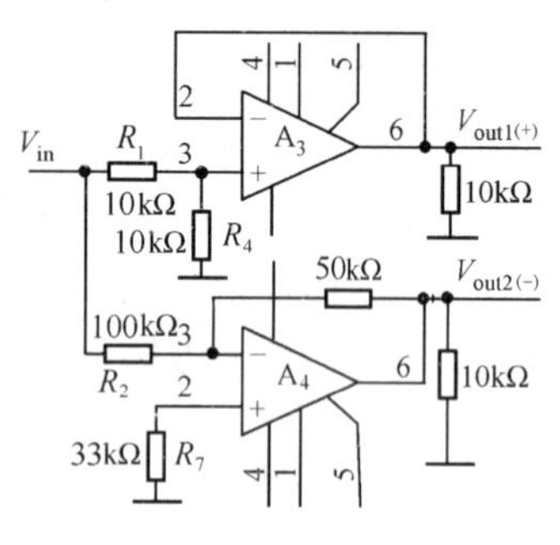

图 16-1-8　数字控制的衰减器

输出电压的表达式推导如下：

将
$$I_{REF}=\frac{V_{REF}}{R},\quad V_{REF}=V_{in}$$

代入
$$I_{ol}=I_{REF}(D_1 2^{-1}+D_2 2^{-2}+\cdots+D_{10} 2^{-10})$$

通过运算放大器将输入电流转换成电压输出，得

$$I_{ol}=\frac{V_{in}}{R}(D_1 2^{-1}+D_2 2^{-2}+\cdots+D_{10} 2^{-10})$$

因为 $V_{out}=-I_{ol}R$，所以得

$$V_{out}=-V_{in}(D_1 2^{-1}+D_2 2^{-2}+\cdots+D_{10} 2^{-10})$$

三、调试实践

根据前面所提方案的要求，调试过程共分三大部分：硬件调试、软件调试和软、硬件联调。其中硬件调试又可分为两部分：数字部分和模拟部分。

1. 硬件调试

(1) 数字部分：主要包括 89C51、8279 的键盘和显示电路。根据以往经验，在脱机运行时，很重要的一点是必须使 89C51 的 EA 使能端置高，让它读取执行内部 ROM 中的程序，它才能正常工作。在本方案中，采用了 AD7520 作为一个可编程的电阻网络来实现可控增益，但是注意到 AD7520 没有片选控制端，它的增益随时会随着输入数字量的改变而改变，所以必须给 AD7520 加一片 373 锁存器。经过实验得知，将一控制端与写信号“或非”后产生一个高电平再连到 373 的 LE 端是可行的办法。

(2) 模拟部分：模拟部分是整个系统中最重要的环节。放大电路产生误差的原因很多，一般有：运放的输入偏置电流、失调电压和失调电流及其温漂；电阻器的实际值与标称值的误差，且随温度变化；另外，电源和信号源的内阻及电压变化、干扰和噪声都会造成误差。模拟部分的核心是一个带自举电源的差放电路。

元器件的选择是高性能放大的保证，图中运放 A_1 和 A_2 的参数必须尽可能相同，因此选用双运放，其他几个运放也应选共模抑制比高的，这要通过试验来挑选。同时，为了提高共模抑制比，四个电阻 R 必须精密匹配，可用电桥测量法找出阻值最接近的电阻。由于对放大电路的频带也有要求，所以选运放和调试时还必须注意其频响。

2. 软件静态调试

主要为检查语法错误以及程序的逻辑结构错误。

3. 软、硬件联调

由于硬件包括单片机控制和模拟电流两部分，调试时也分两部分进行。模拟电路部分在实验板上调试，测试各项参数是否能满足题目要求。而单片机部分的硬件完成后，就可以进行软件调试了。调试重点是 D/A 在单片机控制下对模拟输出的影响是否满足要求。

四、结论

经实验验证，该电路各项技术指标均达到设计要求。

16.2 数字式工频有效值多用表①

16.2.1 题目说明

一、任务

设计并制作一个能同时对一路工频交流电（频率波动范围为 50±1Hz、有失真的正弦波）的电压有效值、电流有效值、有功功率、无功功率、功率因数进行测量的数字式多用表。其构成如图 16-2-1所示。

二、要求

1. 基本要求

(1) 测量功能及量程范围：

① 交流电压：0～500V；

② 交流电流：0～50A；

③ 有功功率：0～25kW；

④ 无功功率：0～25kV·A；

⑤ 功率因数(有功功率/视在功率)：0～1。

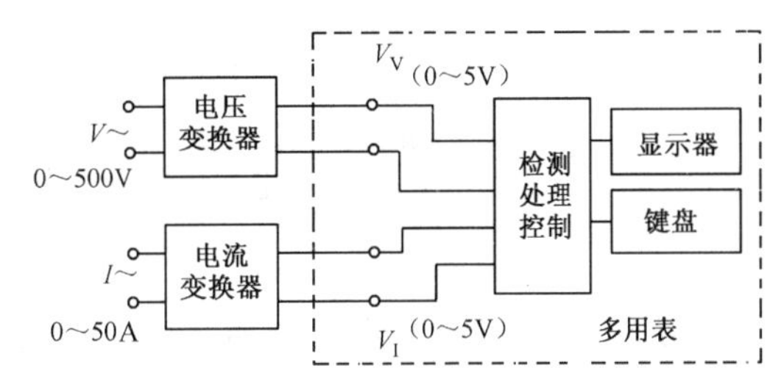

图 16-2-1 多用表方框图

为便于本试题的设计与制作，设定待测 0～500V 的交流电压、0～50A 的交流电流均已经相应的变换器转换为 0～5V 的交流电压。

(2) 准确度：

① 显示为 $3\frac{4}{5}$位(0.000～4.999)，有过量程指示；

② 交流电压和交流电流：±(0.8%读数+5 个字)。例如，当被测电压为 300V 时，读数误差应小于±(8.8%×300V+0.5V)=±2.9V；

③ 有功功率和无功功率：±(1.5%读数+8 个字)；

④ 功率因数：±0.01。

(3) 功能选择：

用按键选择交流电压、交流电流、有功功率、无功功率和功率因数的测量与显示。

2. 发挥部分

(1) 用按键选择电压基波及总谐波的有效值测量与显示。

(2) 具有量程自动转换功能，当变换器输出的电压值小于 0.5V 时，能自动提高分辨力达 0.01V。

(3) 用按键控制实现交流电压、交流电流、有功功率、无功功率在测试过程中的最大值和最小值测量。

---

① 1999 年全国大学生电子设计竞赛 B 题

(4) 其他(如扩展功能,提高性能)。

16.2.2　设计实例

摘要:设计分三个模块:数据采集、数据处理和显示模块。数据信号采集采用可编程运算放大器 PGA103,对大、小信号分别进行放大处理,采样控制信号由集成锁相环 CD4046 对被测信号进行 64 倍频产生;数据处理以单片机 AT89C52 为核心,对采集信号进行精确控制和严格计算;显示部分由 74LS164 移位寄存器和数码管构成。

一、方案设计与论证

方案一:系统对电压、电流信号分别测量,测量功率时则将电压、电流信号取出,送到功率测量模块进行测量,原理框图如图 16-2-2 所示。整个系统是采用模拟控制方式,硬件电路实现复杂,功率因数测量难以实现,系统不能实现复杂的控制和运算。

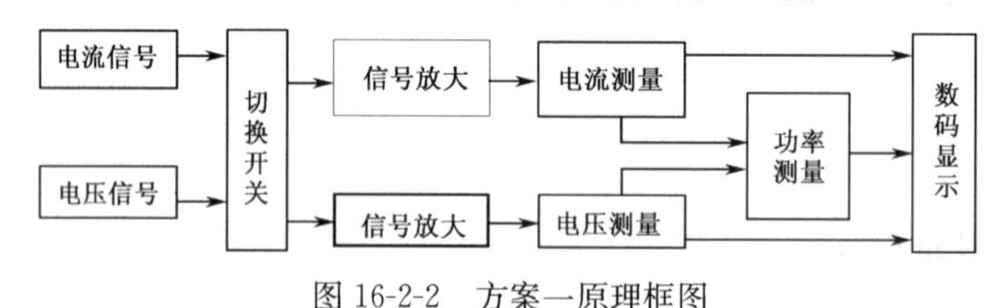

图 16-2-2　方案一原理框图

方案二:采用 89C52 单片机来实现,单片机软件编程灵活、自由度大,可用软件编程实现各种算法和逻辑控制。单片机系统可用数码管显示测量值。对于电压、电流信号采样用可编程放大器进行预处理。在测量工频交流电压、电流信号时,利用锁相环对信号倍频,所得脉冲控制 89C52 对电压、电流信号的相位测量。另外测量功率时,采用双路保持器对信号采样保持,做到电压、电流信号的同时采集,因此,采用单片机系统使整体结构简单原理框图如图 16-2-3 所示。

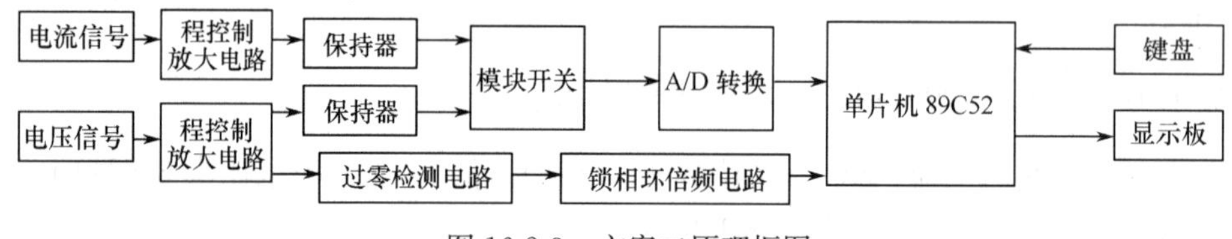

图 16-2-3　方案二原理框图

比较以上两种方案,方案一是模拟控制方式,而模拟控制系统难以实现复杂控制和计算,控制方案的改善也较麻烦。方案二是采用以 89C52 为核心的单片机系统,可以实现显示、打印、与微机通信等功能,大大提高了系统的智能化程度,并且系统所测结果的精度很高。经过对两种方案的比较,本设计及制作采用了方案二。

二、模块电路设计与比较

系统硬件以 89C52 单片机为核心,包括三个模块电路:数据信号采集模块,单片机系统数据处理模块,工频表显示模块。

1. 数据采集模块

(1) 电流、电压信号的放大电路

方案一:采用集成运放芯片 OP07 对电压、电流信号进行放大处理(见图 16-2-4)。根据理论公式进行计算可得电路的放大倍数为

$$A_u = V_{out}/V_{in} = 1 + R_1/R_2$$

选择不同的阻值就可以得到不同的放大倍数，但是这种放大处理不能同时满足对大小信号的放大要求。

方案二：考虑到要满足对大小信号的处理，采用可编程运算放大器件 PGA103，对电压、电流信号进行放大，通过单片机对可编程器件 PGA103 的引脚 1 和引脚 2(见图 16-2-5)进行控制，使放大倍数可以为×1($A_0=A_1=0$)、×10($A_0=1, A_1=0$)两种不同值。这样能满足对大小不同信号的放大要求，硬件电路简单，容易实现。本设计采用了这种方案。

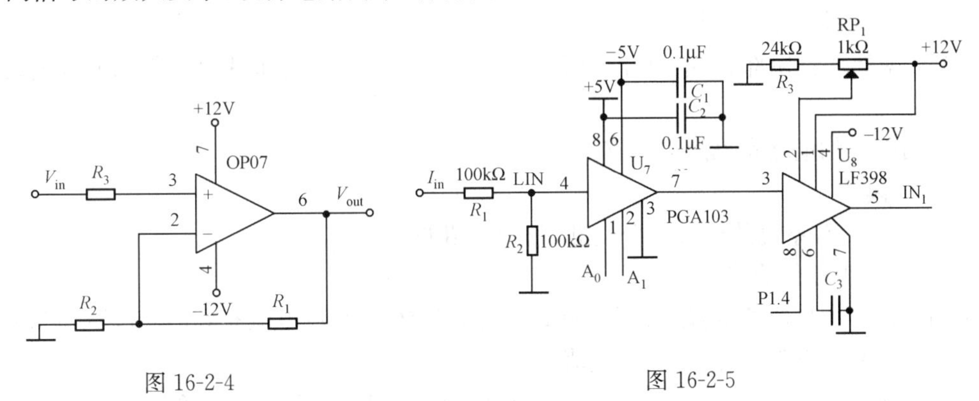

图 16-2-4　　　　图 16-2-5

(2) 数据保持部分

方案一：对电压、电流信号进行分开测量，先在一个周期测电压值，再在下一个周期测电流值。方案电路简单，全部通过软件实现。由于所测电压、电流信号不是同时采样，所以功率值会有误差。

方案二：由于测量功率时要对电压、电流信号进行同时测量，可采用保持器 LF398(见图 16-2-5)对两路信号分别进行保持，用单片机 P1.4 口对保持器 LF398 进行控制。进行测量时，单片机先对电压信号进行转换，而此时电流信号被送到保持器进行保持，等待电压信号处理完毕。这种方案可以对电压、电流信号进行同时测量，并且减小了系统带来的误差。本设计采用方案二。

2. 单片机系统数据处理模块

(1) 信号频率倍频处理部分：为了保证信号采样的精度，要对信号进行等时间间隔采样。其间隔时间就是采样周期。从理论和理想情况来看，若认为信号频率是固定不变的，则采样周期也固定不变，但实际系统中，工频信号频率经常会发生变动，假设信号频率减小时，若仍以原频率时的理论采样间隔对信号采样，会造成信号的一个周期中前一段是以理论间隔被采样(以采 64 个点为例)，如果采满了 64 个点，造成信号后一部分没有被采到，如图 16-2-6(b)所示。而当信号频率增大时，则一个周期采不到 64 个点，如图图 16-2-6(c)所示。所以频率变化会引起采样失真，从而影响测量的精度。在实际中，必须保持采样间隔随信号频率的波动而发生相应的变化，即把一个周期等时间间隔采样变为等相位采样。

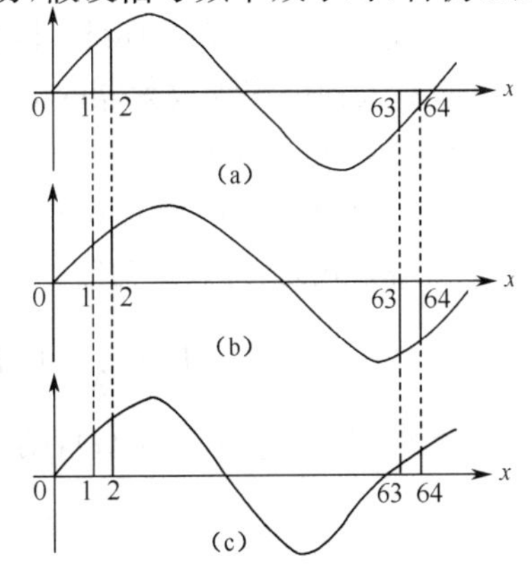

图 16-2-6　信号频率信频

方案一：选用单片机外部芯片 8253 来实现倍频，把信号一个周期分成相等的 64 份，从而实现了一个周期的等相位 64 点采样。假设信号频率为 f 先用 8253 对信号进行测量，设测得的周期为 T_1，则采样周期为 $T_2=T_1/64$，每隔一个采样周期，单片机给 AD574 发出脉冲，启动 AD574 进行转换。这种方法可以实现倍频，但单片机的指令会频繁启动 8253 进行测频、倍频、计数。这样的过程会损失单片机的一些工作时间，经计算大约有 200μs，使得转换所需时间加长，系统工作繁忙，测量精度难以进一步提高。

方案二：采用锁相环电路直接实现。用锁相环把信号的频率通过计数器进行 64 倍频，从而在需采集信号的一个周期中产生 64 个脉冲，利用此脉冲信号作为单片机的外部中断信号，快速启动 AD574 进行转换，实现高速数据采集。这种方案实施简单，而且可靠性高，简化了软件的设计。本设计采用了这种方案。

(2) 数据处理转换部分：本设计采用 AD574 和片外 RAM 与单片机一起构成数据处理转换部分。

上述两部分的电路参见图 16-2-7。

3. 显示模块

(1) 键盘设定：系统共设有 4 个按键，分别介绍如下。

复位键：实现复位功能。

正循环显示测量值按键：循环顺序为交流电压有效值、交流电流有效值、有功功率、无功功率、功率因数、基波有效值、总谐波有效值。

反循环显示测量值按键：循环顺序为总谐波有效值、基波有效值、功率因数、无功功率、有功功率、交流电流、交流电压。

副功能选择按键(显示一段时间内的最大值和最小值)：循环顺序为电压的最大、最小值，电流的最大、最小值，有功功率的最大、最小值，无功功率的最大、最小值。

(2) 数码显示

采用 6 位数码管显示，第 1 个数码管表示显示的物理量(U 表示电压有效值，I 表示电流有效值，P 表示有功功率，Q 表示无功功率，N 表示功率因数，b 表示基波有效值，H 表示谐波有效值)，第 3～6 个数码管显示测量值的大小。单片机利用 74LS164 的串/并转换功能，将数据送到数码管显示。采用串行输入使得硬件简单，占用单片机系统接口少，能简化软件编程。

三、系统实现及理论分析

1. 数据采集部分

电流、电压信号的放大电路。由于电压、电流信号有效值为 0～5V，最大峰—峰值为 7.07V，超过了 AD574 的量程，因而在可编程放大器的前端加一电位器(见图 16-2-5)，调节它可以使输入到可编程放大器的电压有效值在 0～2.5V 之间，保证了 AD574 的正常工作。

2. 数据处理部分

(1) 交流电压、电流有效值的计算分析：对交流工频信号的采集，一般是以其有效值进行计量，其计算公式为(其中 T 为信号周期)

$$U=\sqrt{(1/T)\int_0^T u^2(t)\mathrm{d}t}\text{，故 }U^2=(1/T)\int_0^T u^2(t)\mathrm{d}t$$

令 $F=U^2T$，$f(t)=u^2(t)$，则

$$F=\int_0^T f(t)\mathrm{d}t$$

由于在计算机采集系统中 $U(t)$ 和 $f(t)$ 都是一些离散点的数值，故采用数值积分的方法，将函数分解为离散值之和，即

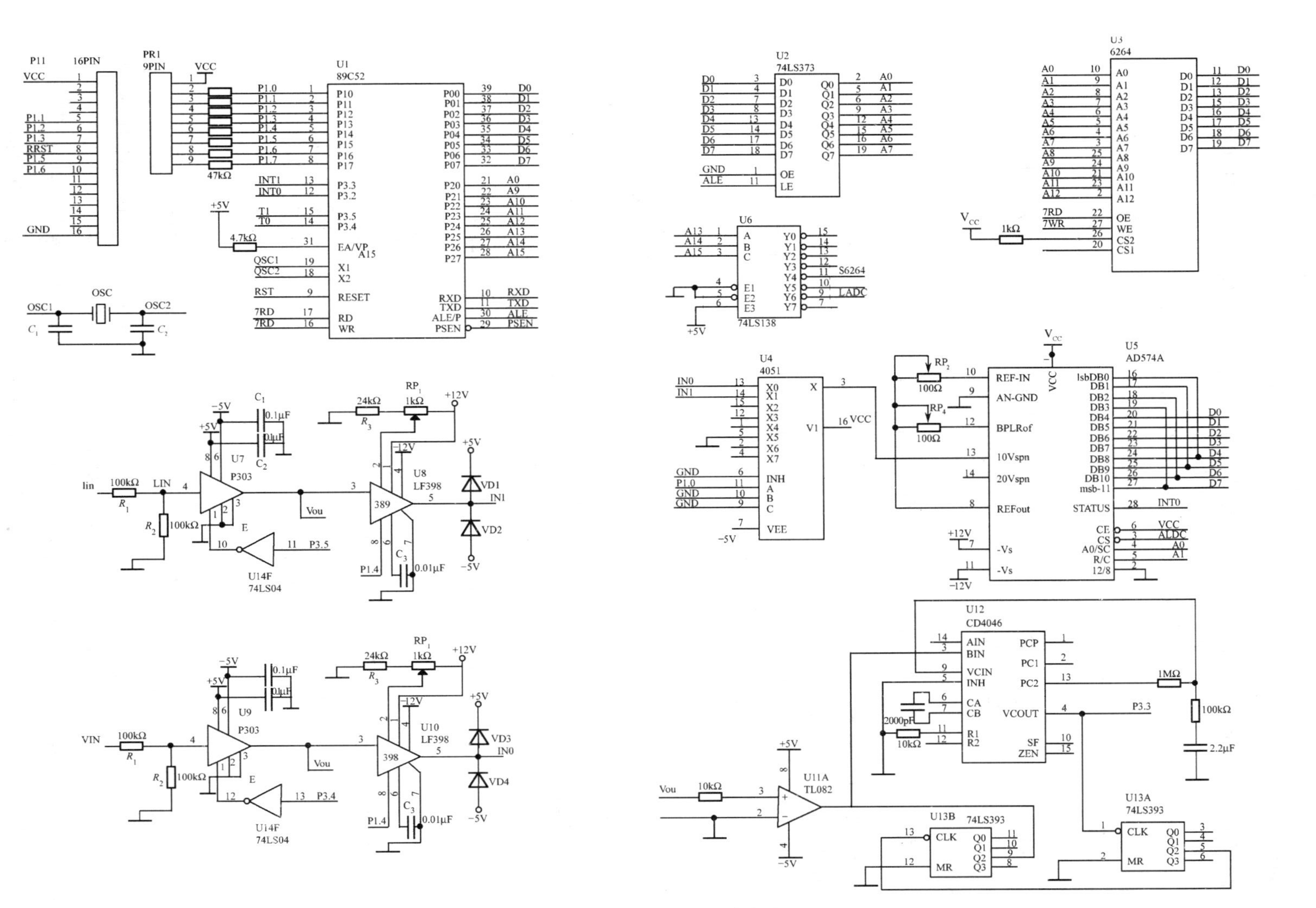

图16-2-7 数据处理转换部分电路

$$F = (h/3)[f_0 + 4(f_1 + f_3 + \cdots + f_{63}) + 2(f_2 + f_4 + \cdots + f_{62}) + f_{64}] + EN$$

其余项 $$|EN| = (nh^5/90)f^{(4)}(\zeta), \qquad 0<\zeta<T$$

上式中，$h=T/(2n)$为采样间隔；$n=N/2$，N为每周期采样点数。

理论上电压为正弦信号，但当电压发生波动时，以三次谐波影响最大，因此可以认为电压波形为基波和三次谐波之和，即

$$u(t) = U_1\cos\omega t + U_3\cos 3\omega t$$

设在最严重情况，令$U_1=U_3=U$，则$f_{\max}^{(4)}=928U^2\omega^4$，AD574 采用±5V 满量程，因此可认为$U=5\text{V}$，则$|EN|=2.3\times10^{-5}\text{V}$，因此在每周期采集 64 点时，其余项部分为 23μV，远小于 AD574 的最低分辨率 2.4mV，采集精度完全满足要求。

(2) 功率和功率因数的计算：在上一步中已经测出了电压、电流的有效值U、I，根据以下公式可以计算出视在功率、有功功率，无功功率和功率因数。即

视在功率 $S=UI$

有功功率 $P=(1/T)\int_0^T ui\,\mathrm{d}t$ （u，i为瞬时采样值）

无功功率 $Q=\sqrt{S^2-P^2}$

功率因数 $\cos\varphi=P/S$

(3) 测量电压基波有效值的算法：采用傅里叶算法来实现。所测信号是一个周期的时间函数，除基波外还含有直流分量和各次谐波，可表示为

$$u(t) = \sum_{n=0}^{\infty}[b_n\cos n\omega_1 t + a_n\sin n\omega_1 t]$$

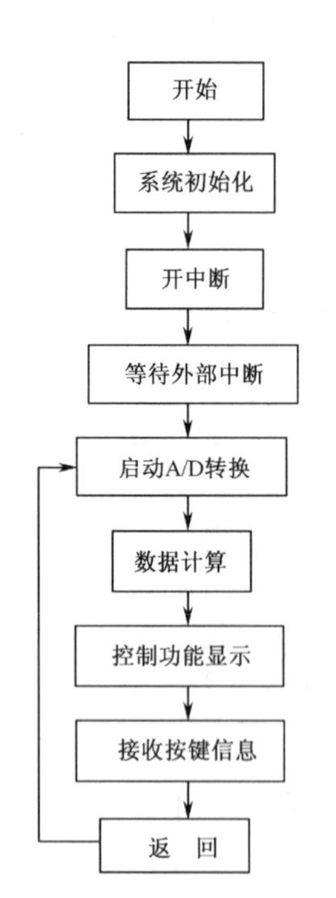

图 16-2-8　系统软件流程图

式中，$n=0,1,2\cdots$；a_n和b_n分别为各次谐波的正弦项和余弦项的振幅。a_1、b_1分别为基波分量的正、余弦项的振幅；b_0为直流分量的值。

根据傅里叶级数的原理，可以求出a_1、b_1分别为

$$a_1 = (2/T)\int_0^T u(t)\sin\omega_1 t\mathrm{d}t, \quad b_1 = (2/T)\int_0^T u(t)\cos\omega_1 t\mathrm{d}t$$

则$u(t)$中的基波分量为 $u_1=a_1\sin\omega_1 t+b_1\cos\omega_1 t$

将上式化简可以得到

$$a_1 = \sqrt{2}U\cos\alpha_1, \quad b_1 = \sqrt{2}U\sin\alpha_1,$$
$$U_1^2 = (a_1^2 + b_1^2)/2, \quad \tan\alpha_1 = b_1/a_1$$

式中，U_1为基波的有效值，α_1为$t=0$时的基波分量的相角。

用单片机处理时，a_1、b_1的积分可以用梯形法则求得，即

$$a_1 = (1/N)\left[2\sum_{k=1}^{N-1}u_k\sin k(2\pi/N)\right]$$
$$b_1 = (1/N)\left[u_0 + 2\sum_{k=1}^{N-1}u_k\cos k(2\pi/N) + u_n\right]$$

式中，N为一个周期采样点数，$N=64$，u_k为第k次采样值，u_0、u_n分别为$k=0$和n时的采样值。

谐波总有效值根据基波有效值可以算出为：$U_\Sigma=\sqrt{U^2-U_1^2}$其中$U$为电压总有效值，$U_1$为基波有效值，$U_\Sigma$为谐波总有效值。

(4) 软件设计及软件流程图：软件设计是用新编软件完成各部分的控制和协调。系统图如图 16-2-8 所示。

数据采集放大部分：P3.4 口控制可编程放大器对交流电压信号进行放大处理，P3.4 口置“0”，放大倍数为×1；置“1”，放大倍数为×10。P3.5 口控制可编程放大器对交流电流信号进行放大处理，P3.5 口置“0”，放大倍数为×1；置“1”，放大倍数为×10。P1.4 控制两路采样保持器。P1.4 口置“0”，采样保持器关闭；置“1”采样保持器打开。P3.3 口接收锁相环倍频电路的输出信号。

显示部分：P1.5 口、P1.6 口对数码管进行控制。P1.1 口接收按键 3 的信息，P1.2 口接收按键 1 的信息，P1.3 口接收按键 2 的信息。

四、电路调试

1. 调试方法和过程

采用先分别调试各单元模块，调通后再进行整机设计的方法，提高调试效率。

(1) 数据采集、放大模块调试：可编程放大器 PGA103 的引脚 1 和 2 用单片机的 P3.4 和 P3.5 来控制，将 PGA103 的输入与函数信号发生器输出相连，先通过改变 P3.4 和 P3.5 脚的电平来改变放大倍数，用万用表测试输入、输出电压；再调节函数信号发生器的输出，用万用表测试输入、输出电压是否正确；数据保持器 LF398 的引脚 8 则用单片机的 P1.4 来控制，并用示波器观察波形。调试结果显示，模块可以正常工作。

(2) 数据信号频率倍增模块调试：将函数信号发生器的输出与锁相环倍频电路的输入相连，调节函数信号发生器的输出频率，用示波器观察锁相环倍频电路的输出频率。经检验，锁相环能够正常工作。

(3) A/D 转换模块调试：因系统软件较大，不适合用来调试 A/D 转换模块，故编制了一套简单程序进行测试，并用示波器监视几个控制信号(如片选、启动)是否正确。通过这种方法使 A/D 转换电路很快便能正常工作。

(4)显示模块调试：将显示模块与仿真机相连，编制一简单程序进行调试，并观察显示数码管的变化是否正确。通过这种方法可以看出显示模块能够正常工作。

各单元均调通后，进行整机调试，其过程如下：将调好的各模块连接在一起，用函数信号发生器模拟交流电压和交流电流两路输入，先用仿真机代替 89C52 单片机进行模拟调试，对每一芯片的片选、启动进行检测，并对数据线和地址线也进行检测。调试成功后再将程序写到单片机中进行调试。调试结果显示，整个系统能够正常工作。

2. 测试仪器

PC，K6-266，32MB 内存	HH1710-4 双路稳压稳流电源
AEDK5196ET 仿真机	COS5020B 示波器
UT2003 型数字万用表	EE1641B 型函数信号发生器/计数器

3. 测试数据(略)

16.3 频率特性测试仪[①]

16.3.1 题目说明

一、任务

设计并制作一个频率特性测试系统，包含测试信号源、被测网络、检波及显示三部分。

① 1999 年全国大学生电子设计竞赛 C 题

二、要求

1. 基本要求

(1) 制作幅频特性测试仪：

① 频率范围:100Hz～100kHz;

② 频率步进:10Hz;

③ 频率稳定度:10^{-4};

④ 测量精度:5%;

⑤ 能在全频范围和特定频率范围内自动步进测量,可手动预置测量范围及步进频率值;

⑥ LED 显示,频率显示为 5 位,电压显示为 3 位,并能打印输出。

(2) 制作一被测网络:

① 电路形式:阻容双 T 网络;

② 中心频率:5kHz;

③ 带宽:±50Hz;

④ 计算出网络的幅频和相频特性,并绘制相位曲线;

⑤ 用所制作的幅频特性测试仪测试自制的被测网络的幅频特性。

2. 发挥部分

(1) 制作相频特性测试仪:

①频率范围:500Hz～10kHz;

②相位度数显示:相位值显示为 3 位,另以 1 位作为符号显示;

③测量精度:3°。

(2) 用示波器显示幅频特性。

(3) 在示波器上同时显示幅频和相频特性。

(4) 其他。

16.3.2 设计实例

摘要:该频率特性测试仪以 89C52 最小系统为控制核心,由正弦波发生器、数据采集存储、处理、显示、打印等功能模块组成。其中,信号发生电路采用可编程器件和 DDS 技术实现。本测试仪通过键盘控制来实现幅频和相频特性的测量,包括参数预置、点测结果的显示与打印,以及幅频、相频特性曲线的显示与打印。本系统硬件设计应用了 EDA 工具,软件设计采用模块化编程方法。

一、总体方案设计

本系统采用单片机和可编程器件(CPLD)作为控制及数据处理的核心,将设计任务分解为正弦信号发生器、被测网络、数据采集与存储、幅频特性测量、相频特性测量、结果显示、打印等功能模块。

如图 16-3-1 所示,正弦波发生器采用 DDS 直接数字频率合成技术,其逻辑控制部分用可编程器件 CPLD 实现。幅度测量采用峰值检波技术,相位测量则利用数字鉴相技术实现。检波电路和鉴相电路输出分别经 A/D 采集后由 89C52 存储在 RAM 中,再经分析处理后输出到 LED 显示电路、波形显示控制电路或控制打印输出电路,以实现频率特性参数和频率特性曲线显示或打印。由于使用了 CPLD 器件,使系统具有很大的灵活性,便于实现各种复杂控制,从而能方便地对系统进行功能扩展和性能改进。

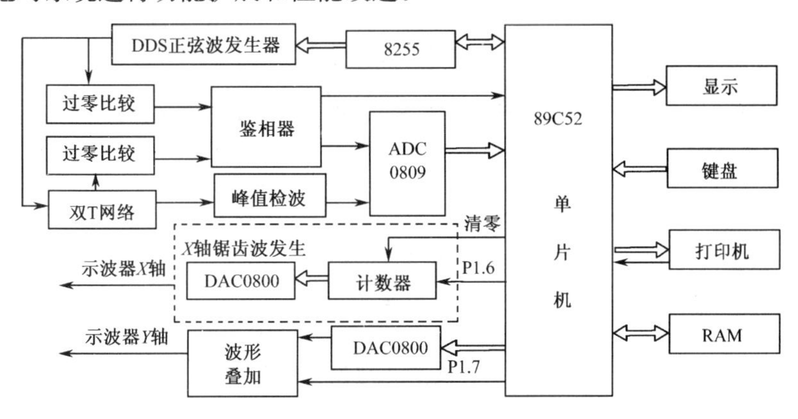

图 16-3-1　总体方案设计框图

二、频率特性测试仪信号源的设计与制作

通常采用以下几种方法产生正弦信号:锁相环(PLL)及可预置分频器、单片集成波形发生器、专用频率合成器件及直接数字频率合成(DDS)电路等。

1. 组成原理

本系统利用单片机和可编程器件实现直接数字频率合成(DDS)。采用这种纯数字化的方法,产生信号的频率准确,频率分辨率高,其组成原理如图 16-3-2 所示。图中波形存储器中存储正弦波数据,通过 CPU 改变相位增量寄存器(PIR)的增量值(即步长),相位累加器输出将依据 PIR 给出的步长来改变波形存储器的地址,从而改变正弦波每周期的点数,以达到改变输出波形频率的目的。从波形存储器读出的数据送 D/A 转换器,并经低通滤波器(滤除波形中的小台阶),最后得到所需的正弦波信号。

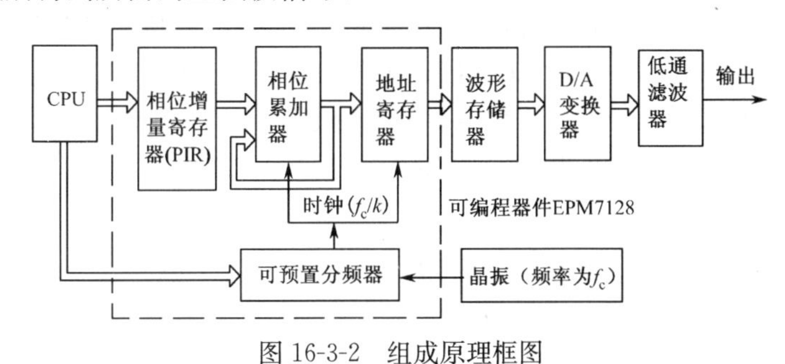

图 16-3-2　组成原理框图

2. 控制电路

全部控制电路由一片 Altra 公司的 CPLD(EPM7128SLC84-15)实现,该器件支持在系统编程(ISP),其开发软件 MAX-PLUI 使用方便。图 16-3-3 为该控制电路的顶层原理图,其中 1 为相位增量寄存器;LPM-ADD-SUB 为相位累加器;74273B 为数据锁存器;df50 为 50 分频器。

信号发生器输出波形的频率 f_0 可依据下式计算,即

$$f_0 = \frac{f_c/k}{2^N} \times M$$

式中:f_c 为晶振频率,k 为分频比,N 为相位累加器位数,M 为相位累加器的增量(步长)。

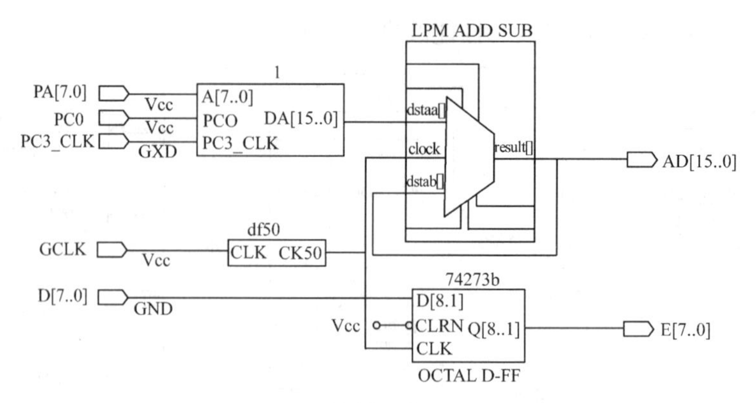

图 16-3-3 控制电路顶层原理图

本设计中取 $f_c=32.768\text{MHz}$，$k=50$，$N=16$，代入上式可得

$$f_0=\frac{32.768\times10^6\times M}{65\,536\times50}=10(\text{MHz})$$

这样只要控制 M 的值就可以准确地实现频率步进 10Hz 的要求。这里时钟频率为

$$f_s=\frac{f_c}{k}=\frac{32.768\times10^6}{50}=655.36(\text{kHz})$$

三、被测网络的设计与制作

1. 被测网络的方案论证

题目要求，双 T 网络带宽为±50Hz，中心频率 $f_0=5\text{kHz}$。这说明要求其幅频特性是对称的，且品质因数 Q 高达 5000/100=50。这样高的 Q 值只能用有源双 T 网络滤波器。有源双 T 网络可以是带阻，也可以是带通，这里选择了带通。

2. 高 Q 有源双 T 网络滤波器的设计原理

双 T 网络本身是一个带阻滤波器，如果要构成带通滤波器，则要将双 T 网络引入到运算放大器的负反馈回路中去；为了提高 Q 值，还要将其零极点分布加以调整。本设计采用图 16-3-4所示电路，图中，A_1 与双 T 网络构成有源带阻电路，处于运放 A_2 的反馈支路中。A_2 构成反相相加器，将输入信号 V_I 与带阻滤波器的输出信号 V_o 相加。经推导，该带通滤波器的幅频特性 $|H(j\omega)|$ 和相频特性 $\varphi(j\omega)$ 分别为

$$|H(j\omega)|=H_0'\sqrt{\frac{(\omega_0^2-\omega^2)^2+\left(\dfrac{\omega_0\omega}{Q_F}\right)^2}{(\omega_0^2-\omega^2)+\left(\dfrac{\omega_0\omega}{Q}\right)^2}}$$

$$\varphi(j\omega)=-180^\circ+\arctan\frac{\omega\,\omega_0/Q_F}{\omega_0^2-\omega^2}-\arctan\frac{\omega\,\omega_0/Q}{\omega_0^2-\omega^2}$$

3. 有源带通双 T 网络的参数计算

选 $C_1=C_2=C_4=C=1000\text{pF}$，$C_3=2C=2000\text{pF}$。

选 $R_1=R_2=R_4=R=\dfrac{1}{5f_0C}=31.8\text{k}\Omega$，则 $R_3<\dfrac{R}{2}=15.9\text{k}\Omega$。

选 $R_8/R_9=0.75$，$Q_F=3$，取 $R_8=18\text{k}\Omega$，$R_9=24\text{k}\Omega$。

选 $R_6=100\text{k}\Omega$，算出 $R_5\leqslant3.6\text{k}\Omega$。用一个 10kΩ 精密电位 R_T 与增益有关，选 $R_7=3.2\text{k}\Omega$。用一个 5kΩ 精密电位器来调节。

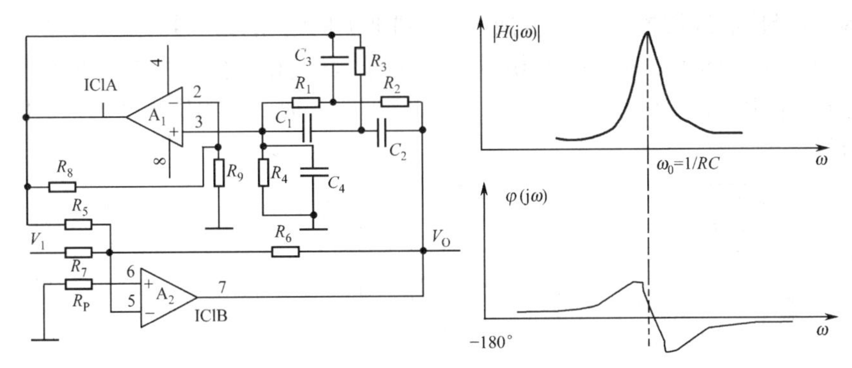

图 16-3-4 设计原理图

4. 带通有源滤波器的计算机仿真

利用 Electronics Workbench 软件进行虚拟实验,其结果分别如图 16-3-5 所示。

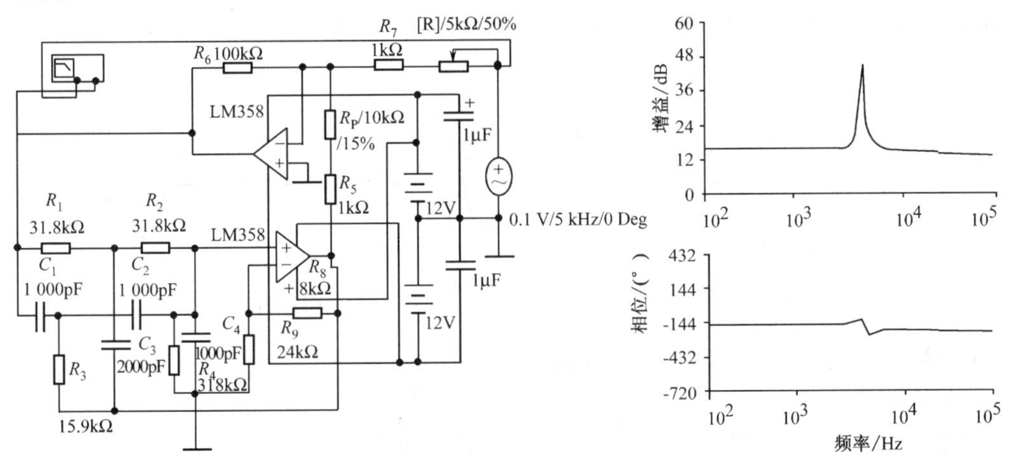

图 16-3-5 仿真电路及结果

四、频率特性测试

1. 幅频特性测试原理与实现

如图 16-3-6 所示,采用有源峰值检波器实现峰值测量,峰值检波器将被测网络的输入和输出信号的峰值检出,再送至 A/D 转换器完成量化。峰值检波器电路如 16-3-7 所示。实际上,由于信号源的 D/A 及低通滤波器的特性能保证在 100Hz～100kHz 范围内的幅值保持不变,所以可以省去一路峰值检波器及 A/D,而只采集被测网络的输出信号。

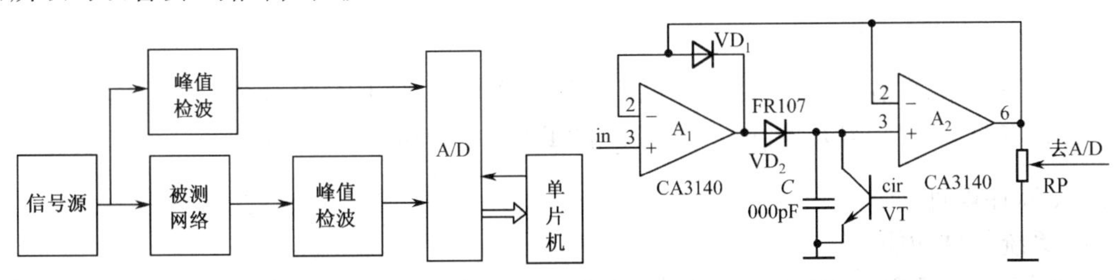

图 16-3-6 幅频特性测试原理框图

图 16-3-7 峰值检波器

2. 相频特性测试原理及实现

如图 16-3-8(a)所示,鉴相电路将输入和输出信号分别通过电压比较器整形为方波,然后送鉴相器鉴相，经低通滤波器取出直流成分，得到被测网络相移信号，送 A/D 进行数据采集。本电路采用 CD4046 锁相环中的异或鉴相器进行鉴相。其鉴相特性如图 16-3-8(b)所示，它只能给出相移的大小信息，无法判断超前与滞后。因此，需要另加一个相位极性判别电路，该电路如图 16-3-9 所示。

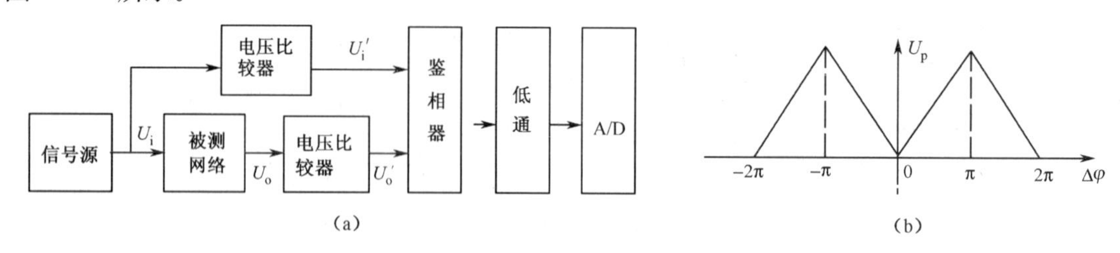

图 16-3-8 相频特性测试原理框图及波形

异或鉴相器与极性判别电路配合使用便可实现实际相频特性测量。图 16-3-10(a)是直接经过异或鉴相器输出的相频特性曲线，图 16-3-10(b)是经过相位极性判别电路修正后的实际相频特性曲线。

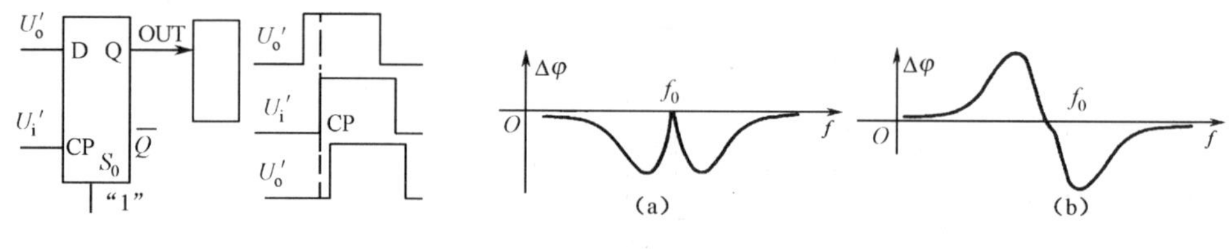

图 16-3-9 相位极性判别电路　　　　图 16-3-10 相频特性曲线

五、频率特性曲线显示及打印功能的实现

1. 特性曲线的显示

采用 X-Y 方式在示波器上显示曲线，即在 X 轴上加锯齿波扫描信号，Y 轴上加曲线信息，并根据在示波器屏幕上的位置要求，叠加直流电平。扫描原理如图 16-3-11 所示。

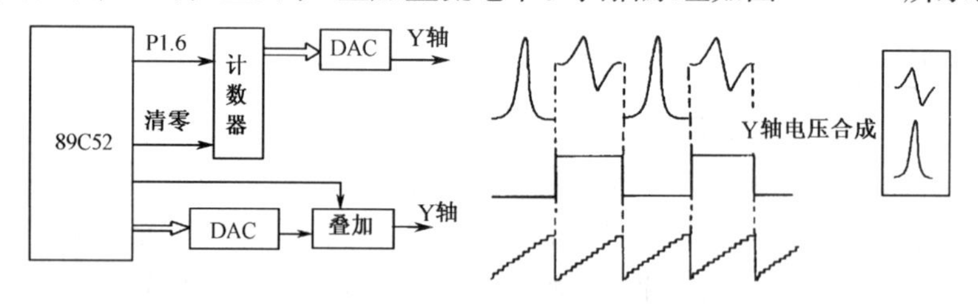

图 16-3-11 扫描原理图

2. 打印功能的实现

RAM 中存储的幅频、相频特性信息由 CPU 读出，送给 BJC-255SP 喷墨打印机，所以与 CPU 接口需要 10 根信号及控制线，由 8255 的 PA、PC.0 和 PC.6 口引出。

六、软件设计

1. 系统软件功能

(1) 频率上、下限及步长的预置。根据 $f_0=10M(\text{Hz})$，由 f_0 反算出步长 M 后，送给波形发生器的相位累加器寄存器，然后锁存。

(2) 完成频率步进。只要在原频率的基础上累加步长 M，然后送出即可实现步进。

(3) 数值显示、打印。在显示频率时，低 5 位 LED 显示结果，最高位 lED 显示标志“F”；显示幅度时，低 3 位显示结果，最高位 LED 显示标志“U”；显示相位时，当结果为正或零，第 3 位不显示，当结果负，显示“－”，低 3 位显示数值，最高位 LED 显示标志“P”。需要时把测量值转换成 ASCII 码送打印机打印。为了提高测量精度，软件设计中采用了判断、平均等滤波算法。

(4) 显示打印特性曲线。在扫频时，由 CPU 循环读出曲线数据，经 D/A 变换后加到示波器 Y 轴上，同时发脉冲经计数器和 D/A 形成锯齿波扫描电压加到 X 轴上，以实现在示波器上同时显示幅频和相频特性曲线。打印时把相应的数据值送给打印机即可。

2. 程序流程图

主程序流程如图 16-3-12 所示，子程序流程如图 16-3-13 所示。

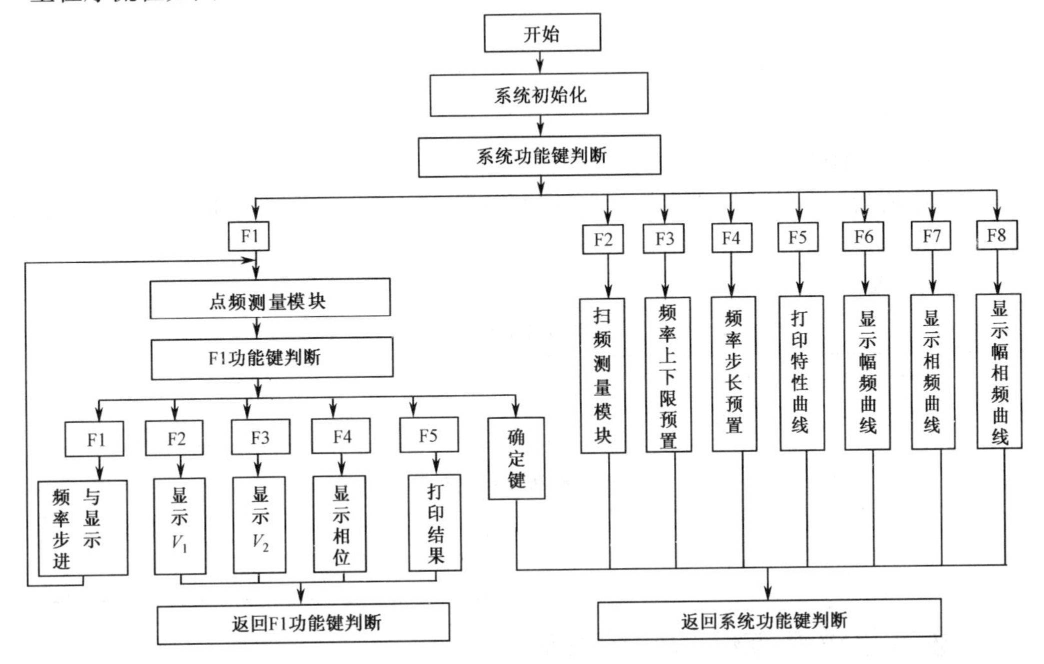

图 16-3-12　主程序流程图

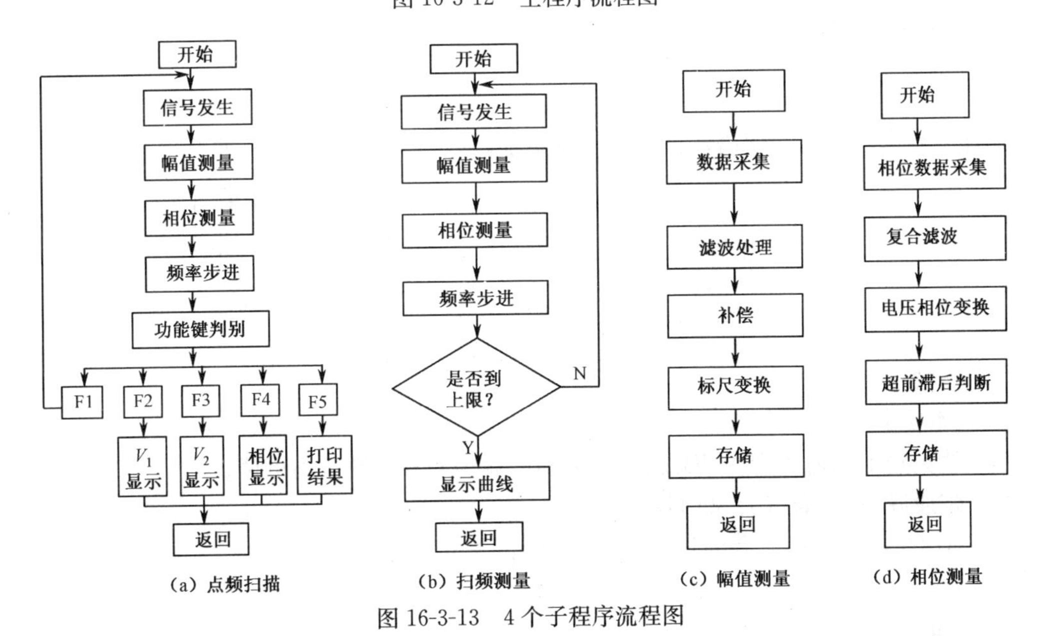

图 16-3-13　4 个子程序流程图

七、测试结果

1. 测试仪器

DT9202A 数字万用表

HC-1643 函数发生器

HP54645D 混合示波器(100MHz 双踪数字存储示波器、16 位逻辑分析仪)

EE434C 频率计和 20MHz 模拟示波器 COS5020

2. 正弦信号产生器测试

① 达到了频率范围为 100 Hz～100 kHz 的要求;

② 达到了频率步进为 10 Hz 的要求;

③ 达到了频率自动步进扫频的要求;

④ 达到了频率稳定度<10^{-4}的要求。

3. 双 T 网络测试

中心频率值为 4.970 kHz,带宽为 $\Delta f\pm 40$ Hz,$Q=62$。调节 R_5,Q 值可以在 30～100 范围内变化。

4. 测试数据

幅频特性测试数据

频率/Hz	4 800	4 850	4 900	4 950	5 000	5 050	5 100	5 150	5 200
测量值/V	1.25	1.65	2.21	3.54	4.93	3.37	2.13	1.52	1.19

相频特性测试数据

频率/Hz	4 800	4 850	4 900	4 950	5 000	5 050	5 100	5 150	5 200
测量值/(°)	−119	−123	−128	−152	−187	−225	−240	−238	−237

16.4 数字化语音存储与回放系统①

16.4.1 题目说明

一、任务

设计并制作一个数字化语音存储与回放系统,其示意图如图 16-4-1 所示。

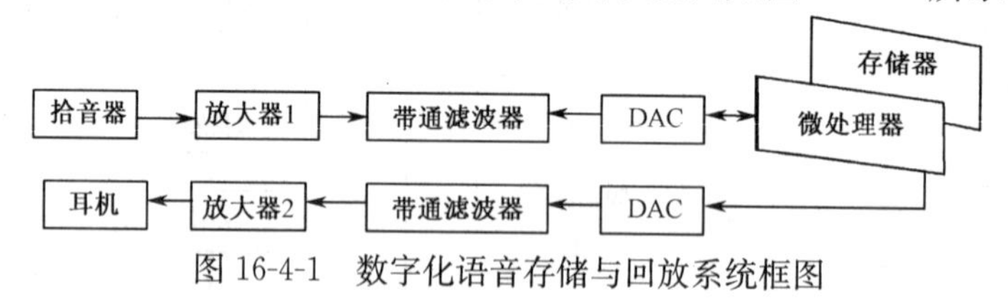

图 16-4-1 数字化语音存储与回放系统框图

二、要求

1. 基本要求

(1) 放大器 1 的增益为 46dB,放大器 2 的增益为 40dB,增益均可调。

(2) 带通滤波器:通带为 300Hz～3.4kHz。

(3) ADC:采样频率 f_s=8kHz,字长=8 位。

① 1999 年全国大学生电子设计竞赛 E 题

(4) 语音存储时间≥10s。

(5) DAC:变换频率 $f_c=8\text{kHz}$,字长=8 位。

(6) 回放语音质量良好。

2. 发挥部分

在保证语音质量的前提下:

(1) 减少系统噪声电平,增加自动音量控制功能。

(2) 语音存储时间增加至 20s 以上。

(3) 提高存储器的利用率(在原有存储容量不变的前提下,提高语音存储时间)。

(4) 其他$\left[\text{如}\dfrac{\pi f/f_s}{\sin(\pi f/f_s)}\text{校正等}\right]$。

三、说明

不能使用单片语音专用芯片实现本系统。

16.4.2 设计实例

摘要:本系统以 8031 单片机为核心器件,由四片 62256 组成 RAM 阵列,并采用分页存储模式,将外部数据存储空间扩大至 128Kbyte。利用 ΔM 和 DPCM 方法对数据进行压缩以加长存储时间。前向通道中的自动音量控制器可有效地提高系统性能。另外,系统有自检和工作模式设定等功能,使其具有实用性。

一、方案论证

语音信号经数字化处理后,在传输及存储等方面具有很多模拟方法无法比拟的优点。为完成"数字化语音存储与回放系统"这一课题,我们自行设计了以单片机 8031 为核心器件,以 128Kbyte RAM 阵列为数据存储器的实施方案。

8031 的典型时钟为 6MHz,指令周期为 2～8μs,可在要求的 125μs 采样间隔执行系统工作,还可同时对 A/D 转换器输出的数字语音信号进行增量调制(ΔM)或差分脉码调制(DPCM)。ΔM 和 DPCM 是两种语音压缩编码技术,可分别将语音速率由 64Kbit/s 压缩到 8Kbit/s 和 32Kbit/s。另外,为加长录音与回放时间,我们利用四片 62256 组成 RAM 阵列,借助 8031 的 P1 口参与地址选择,采用分页存储模式,可将系统的数据存储空间扩展至 128Kbyte,以 128Kbyte 空间存储 PCM 码、ΔM 和 DPCM 码,语音回放时间可达 16s、32s 和 128s,达到题目要求。

二、系统原理

整个系统由前向通道、主机和后向通道三个子系统构成,如图 16-4-2 所示。

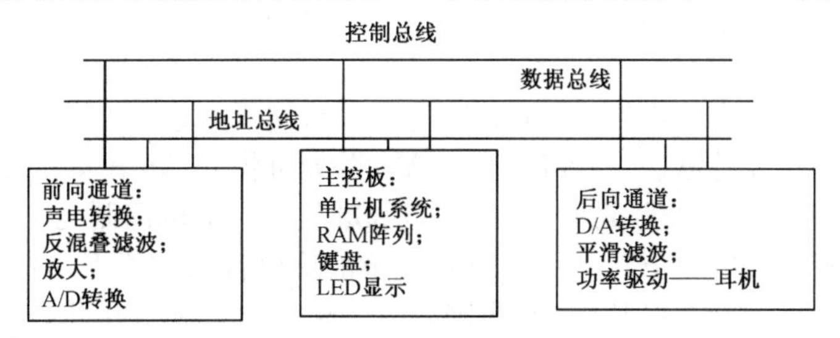

图 16-4-2　系统方框图

1. 前向通道子系统

该子系统由话筒、话筒放大电路、自动增益控制级、滤波器、A/D转换器组成。

声电转换通过驻极体话筒实现,它具有灵敏度高、噪声小、价格低等诸多优点。转换后的电信号经低噪声宽频带的运放NE5532放大,该电路采用一级反向放大接一级隔离缓冲,使电路结构大大简化,并减少了系统噪声。放大增益由两个50kΩ精密电位器调节,可方便地满足题目的要求。

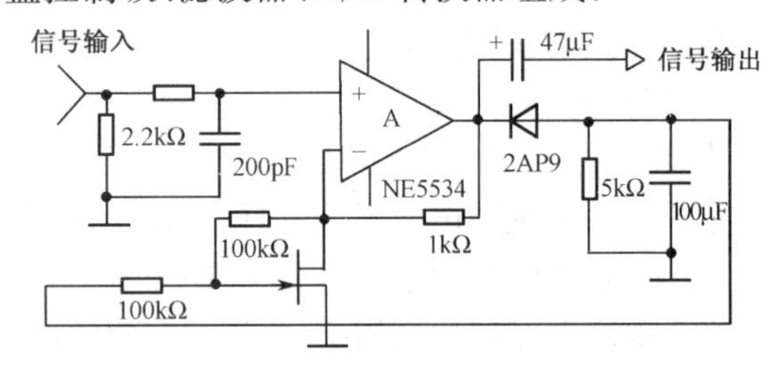

图 16-4-3　前向通道子系统自动音量控制器

放大后的信号进入自动音量控制器,电路如图16-4-3所示。放大电路输出的音频交流电压经二极管2AP9和RC电路构成的包络检波器检波后,输出一个随音频平均电压变化的电压,用此电压控制工作于可变电阻区的场效应管的栅极,改变场效应管的导通电阻,使放大倍数受音频信号大小控制。当音频信号强时自动减小放大倍数,信号弱时自动增大放大倍数,从而实现音量自动调节。

前向通道中的带通滤波器用以消除混叠失真,所以被称为抗混叠滤波器,它由二阶低通滤波器级联二阶高通滤波器构成。根据公式 $f=1/(2\pi RC)$ 计算电阻电容值,将通频带设置为300～3 400Hz。

A/D转换部分采用常用的A/D转换器ADC0809,ADC0809的最大允许采样率为11kHz。由于其典型时钟为640kHz,所以一般应用电路都把8031的地址锁存信号经二分频后输入ADC0809的时钟端,这种接法限制了ADC0809的采样速率。ADC0809的最大时钟可达1.28MHz,可以从8031的ALE端直接引入1MHz的时钟,这样完全可以使ADC0809的采样率达到8kHz。

2. 主机子系统

数字存储的关键技术在于数据的编码压缩和物理存储空间的扩展,这是主机子系统所要解决的问题。

以8位采样精度、8kHz采样速率计,每秒钟的语音信息经PCM编码后的数据量为8KB,以8031的最大寻址能力(64KB)存储数据,也只能存储8s PCM语音,况且单片机的外设如键盘、显示以及A/D、D/A转换器都要占用寻址空间。所以要实现更长时间的语音存储就必须扩展内存,同时采用非常规的CPU寻址模式。

(1) RAM阵列及分页寻址模式:利用4片62256组成RAM阵列,并采用分页存储模式,可将单片机系统的存储空间扩展至128KB。

分页存储模式是以8KB存储空间为一页。利用P0口的全8位和P2口低5位作为地址线,共13位,对页内寻址。P1口的P1.0～P1.3经4-16译码器引出16线作为页选地址线参与寻址。由于P1口具有锁存功能,所以对P1口的改写只发生在换页时刻,平常并不占用系统时间,对最高采样频率没有影响。

同时,为保证分页内存可靠性,开机或复位后,系统将通过校验写入与读出值自动检查各页内存,成功后再进入工作状态。128KB的RAM阵列可将PCM语音信息存储16s。

(2) 采用增量调制和差分脉码调制技术实现数据压缩:增量调制是一种实现简单且压缩比高的语音压缩编码方法,该方法只用一位码记录前后语音采样值 $S(n)$、$S(n-1)$ 的比较结果,若 $S(n)>S(n-1)$,则编为"1"码,反之则为"0"码。这种技术可将语音转换的数码率由64Kbit/s降低至8Kbit/s,存储时间可加长至128s,但噪声大,信号失真明显。

差分脉码调制(DPCM)是一种比较成熟的压缩编码方法,它比ADPCM实现起来更简单,可以把数码率由 64Kbit/s 压缩至 32Kbit/s,从而使语音存储时间增加一倍,达到 32s,并且信噪比损失小。其数学表达式如下:

$$e(n)=\begin{cases}-8 & S(n)-A(n-1)<-8\\ S(n)-A(n-1) & -8\leqslant S(n)-A(n-1)\leqslant 7\\ 7 & S(n)-A(n-1)>7\end{cases}$$

$$A(n)=A(n-1)+e(n)$$

其中,$S(n)$表示当前采样值,$A(n)$表示增量累加值,$A(n-1)$作为预测值,$e(n)$表示差分值,以 4 位存入 RAM。

系统的三种录音模式,即 PCM 模式(16s)、DPCM 模式(32s)、增量调制模式(168s),可供用户由按键自行选择。

(3) 键盘和显示:键盘为 4×4 编码键盘,直接与数据总线相连,有键按下时可发出中断申请。显示部分由专用显示芯片 7218 驱动 8 位七段码实现。

3. 后向通道子系统

主机输出的数字信号经 0832 数模转换后,进入平滑滤波器滤波,然后经过放大器电压调整,最后经功率放大输出,可直接驱动耳机或音箱。

平滑滤波器是后向通道中的重要组成部分,它应滤出 300Hz～3.4kHz 语音信号,同时有效地抑制噪声特别是 D/A 转换后的数字信号。我们利用专用滤波器设计软件 filt 进行计算机辅助设计,设计出一种四阶带通滤波器。从计算机模拟的幅频特性曲线来看,其带通宽度、截止点和矩形系数均达到系统要求,实测效果接近模拟结果。

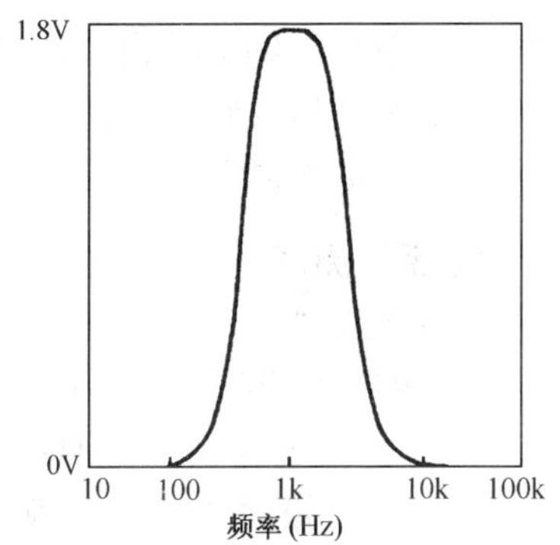

图 16-4-4　平滑滤滤器幅频特性

由 PSPICE 5.0 模拟,结果如图 16-4-4 所示。

由滤波器输出的信号经一级运放隔离,再经甲类功率放大器,可驱动耳机或音箱,回放出录制的语音。

三、程序设计

1. 程序整体流程(如图 16-4-5 所示)

2. 程序设计体系结构

(1) 进程管理:采用多进程统一集中调度方式。进程由调度中心调用,进程结束后,统一返回调度中心。进程为独立功能模块,进程间并行且互斥,严格避免进程间冲突。

(2) 中断管理:采用单中断方式,即同一时刻只能有一个中断源处于允许状态,从而避免因中断嵌套而引起的任务相互干扰。

(3) 多种驱动方式复合:等待任务时采用键盘事件驱动,执行 A/D、D/A 转换时采用时间中断驱动。

(4) 模块与主线的耦合:输入/输出模块与主线呈松耦合,便于功能扩充。A/D、D/A 模块与主线呈紧密耦合,便于快速转换、快速编码。

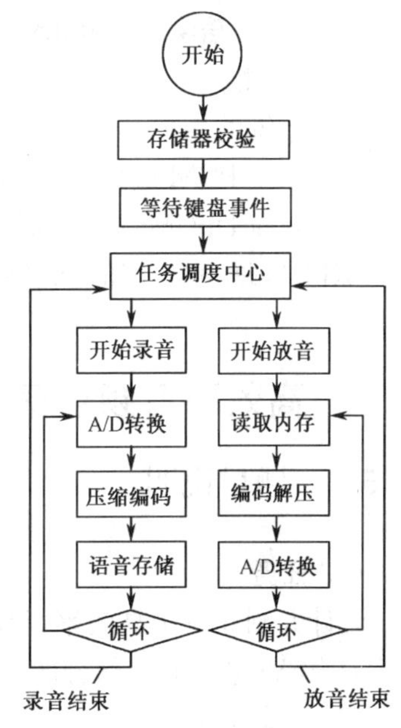

图 16-4-5　整体流程图

四、噪声分析及降噪措施

初步完成的系统在放音中夹杂着明显的噪声,实验观察及分析表明,这种噪声来源于数字系统的干扰以及系统外界窜入的音频电信号干扰。据此采取了以下几项降噪措施:模拟地和数字地分开,在电源处一点接地;数字集成块的电源脚接入端接上 0.01μF 电容;话筒引线使用屏蔽线,且话筒放大与后级之间用运放射随器隔离。另外,系统所使用的运放全部是低噪声运放,这也是降低噪声的具体措施。

五、系统功能及使用方法

系统用户界面友好,显示采用高亮绿色 LED,十分醒目。在每次的功能切换时都有英文显示,并伴有声音提示。

系统开机后将进行自检,数码管显示"TEST"及当前检查的内存页码,检测成功后显示"SUCCESS",几秒钟后显示当前录音模式和采样速度。按"模式"键选择录音模式:0 为非压缩编码模式;1 为 DPCM 模式;2 为增量调制模式。按"录音"键开始录音,显示"SAVE"及当前存储页码。录音结束后按"播放"键回放,显示"PLAY"及当前读取页码。用户还可以通过选择"快放"和"慢放"功能听到有趣的变声效果。

六、系统测试

1. 参数测试

测试仪器:DFl731SB3A 直流稳压电源
SS-7802 20MHz 示波器
YBl651 功率函数信号示波器

测试结果:前端滤波器半功率点　270Hz～3.3kHz
后端滤波器半功率点　310Hz～3.3kHz
无信号输入时终端输出噪声　25mV
最大不失真输出　4.5V
信噪比　45dB

2. 试听测试

以本系统的各种录音模式录制朗读声音,回放试听效果如下:

64Kbit/s PCM 编码存储,录音时间为 16s。声音清晰,试听中未听到噪声。

32Kbit/s DPCM 压缩编码存储,录音时间为 32s。声音清晰,有轻度噪声干扰。

8Kbit/s 增量调制压缩编码存储,录音时间为 128s,回放中有明显噪声,但朗读内容仍能听清。

16.5 高效率音频功率放大器[①]

16.5.1 题目说明

一、任务

设计并制作一个高效率音频功率放大器及其参数的测量、显示装置。功率放大器的电源电压为+5V(电路其他部分的电源电压不限),负载为 8Ω 电阻。

① 2001 年全国大学生电子设计竞赛 D 题

二、要求

1. 基本要求

(1) 功率放大器：

① 3dB 通频带为 300～3400Hz，输出正弦信号无明显失真。

② 最大不失真输出功率≥1W。

③ 输入阻抗>10kΩ，电压放大倍数为 1～20 连续可调。

④ 低频噪声电压(20kHz 以下)≤10mV，在电压放大倍数为 10、输入端对地交流短路时测量。

在输出功率 500mW 时测量的功率放大器效率(输出功率/放大器总功耗)≥50%。

(2) 设计并制作一个放大倍数为 1 的信号变换电路，将功率放大器双端输出的信号转换为单端输出，经 RC 滤波供外接测试仪表用，如图 16-5-1 所示。图中，高效率功率放大器组成框图可参见本题第三项“说明”。

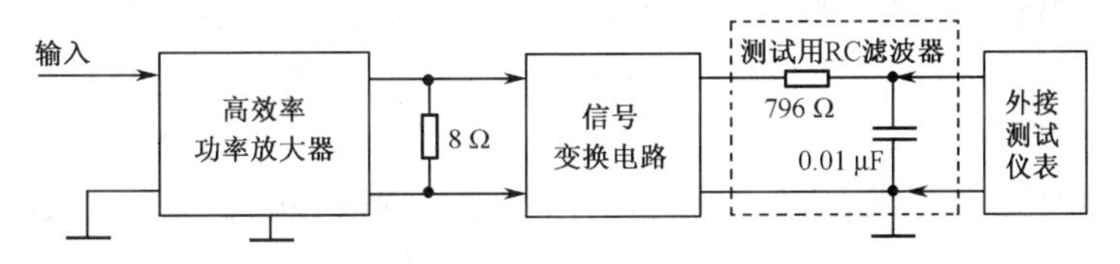

图 16-5-1

(3) 设计并制作一个测量放大器输出功率的装置，要求具有 3 位数字显示，精度优于 5%。

2. 发挥部分

(1) 3dB 通频带扩展至 300Hz～20kHz。

(2) 输出功率保持为 200mW，尽量提高放大器效率。

(3) 输出功率保持为 200mW，尽量降低放大器电源电压。

(4) 增加输出短路保护功能。

(5) 其他。

三、说明

(1) 采用开关方式实现低频功率放大(即 D 类放大)是提高效率的主要途径之一，D 类放大原理框图如图 16-5-2 所示。本设计中如果采用 D 类放大方式，不允许使用 D 类功率放大集成电路。

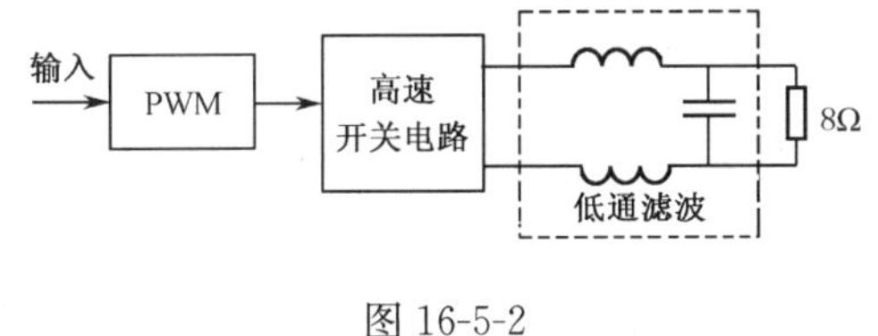

图 16-5-2

(2) 效率计算中的放大器总功耗是指功率放大器部分的总电流乘以供电电压(+5V)，不包括“基本要求”中第(2)、(3)项涉及的电路部分功耗。制作时要注意便于效率测试。

(3) 在整个测试过程中，要求输出波形无明显失真。

16.5.2 设计实例

摘要：本系统以高效率 D 类功率放大器为核心，输出开关管采用高速 VMOSFET 管，连接成互补对称 H 桥式结构，最大不失真输出功率大于 1W，平均效率可达到 70%左右，兼有输出1∶1双变单电路，单片机实现功率测量显示电路。此外还有输出短路保护及指示、输出音量电平指示等辅助功能，比较理想地实现了设计指标的要求。

一、方案论证与比较

根据设计任务的要求，本系统的组成方框图如图 16-5-3 所示。下面对每个框内电路的设计方案分别进行论证与比较。

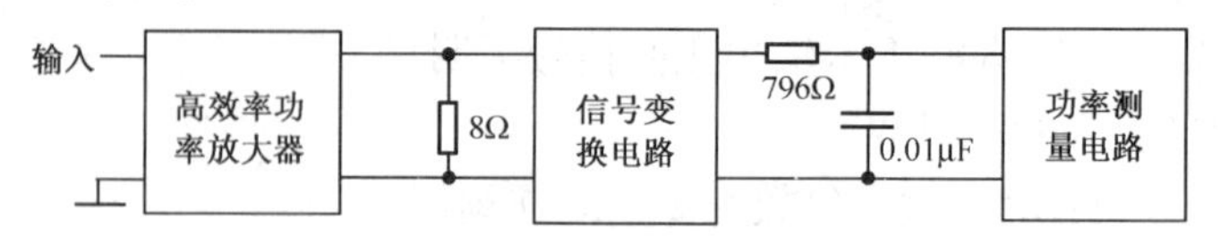

图 16-5-3　系统方框图

1. 高效率功率放大器

(1) 高效率功放类型的选择

方案一：采用 A 类、B 类、AB 类功率放大器。这三类功放的效率均达不到题目的要求。

方案二：采用 D 类功率放大器。D 类功率放大器是用音频信号的幅度去线性调制高频脉冲的宽度，功率输出管工作在高频开关状态，通过 LC 低通滤波器后输出音频信号。由于输出管工作在开关状态，故具有极高的效率。理论上为 100%，实际电路也可达到 80%～95%，所以我们决定采用 D 类功率放大器。

(2) 高效 D 类功率放大器实现电路的选择：本题目的核心就是功率放大器部分，采用何种电路形式以达到题目要求的性能指标，是我们成功的关键。

① 脉宽调制器(PWM)设计。

方案一：可选用专用的脉宽调制集成块，但通常有电源电压的限制，不利于本题发挥部分的实现。

方案二：采用图 16-5-4 所示方式来实现。三角波产生器及比较器分别采用通用集成电路，各部分的功能清晰，实现灵活，便于调试。若合理地选择器件参数，可使其能在较低的电压下工作，故选用此方案。

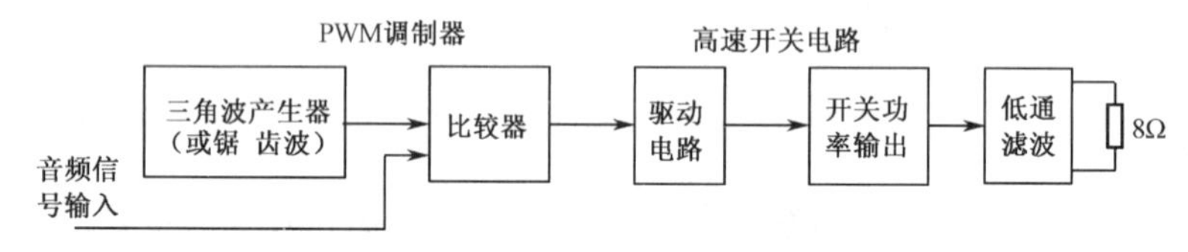

图 16-5-4　原理方框图

② 高速开关电路

a. 输出方式确定。

方案一：选用推挽单端输出方式(电路如图 16-5-5 所示)。电路输出载波峰—峰值不可能超过 5V 电源电压，最大输出功率远达不到题目的基本要求。

方案二：选用 H 桥型输出方式(电路如图 16-5-6 所示)。此方式可充分利用电源电压，浮动输出载波的峰—峰值可达 10V，有效地提高了输出功率，且能达到题目所有指标要求，故选用此输出电路形式。

b. 开关管的选择。为提高功率放大器的效率和输出功率，开关管的选择非常重要，对它的要求是高速、低导通电阻、低损耗。

方案一：选用晶体三极管、IGBT 管。晶体三极管需要较大的驱动电流，并存在储存时间，开关特性不够好，使整个功放的静态损耗及开关过程中的损耗较大；IGBT 管的最大缺点是导通压降太大。

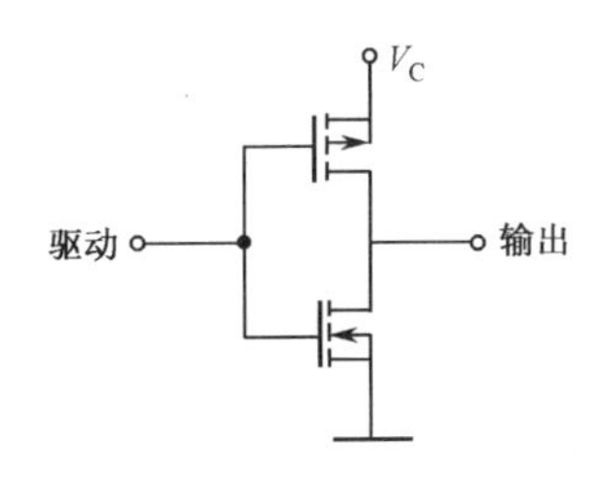

图 16-5-5　推挽单端输出方式

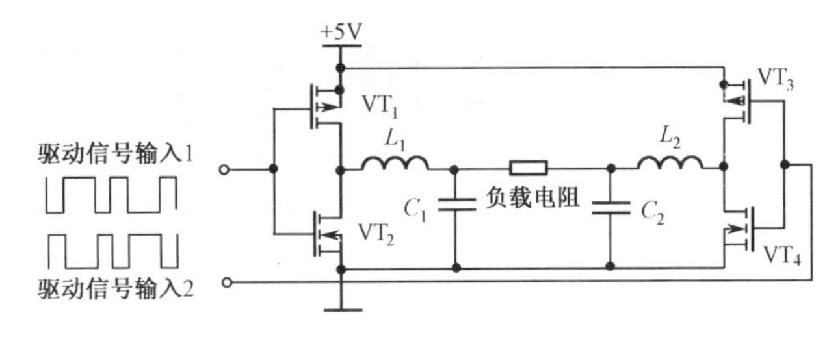

图 16-5-6　H 桥型输出方式电路图

方案二:选用 VMOSFET 管。VMOSFET 管具有较小的驱动电流、低导通电阻及良好的开关特性,故选用高速 VMOSFET 管。

③ 滤波器的选择

方案一:采用两个相同的二阶 Butterworth 低通滤波器。缺点是负载上的高频载波电压得不到充分衰减。

方案二:采用两个相同的四阶 Butterworth 低通滤波器,在保证 20kHz 频带的前提下使负载上的高频载波电压进一步得到衰减。

2. 信号变换电路

由于采用浮动输出,要求信号变换电路具有双端变单端的功能,且增益为 1。

方案一:采用集成数据放大器,精度高,但价格较贵。

方案二:由于功放输出具有很强的带负载能力,故对变换电路输入阻抗要求不高,所以可选用较简单的单运放组成的差动式减法电路来实现。

3. 功率测量电路

方案一:直接用 A/D 转换器采样音频输出的电压瞬时值,用单片机计算有效值和平均功率,原理框图如图 16-5-7 所示,但算法复杂,软件工作量大。

方案二:由于功放输出信号不是单一频率,而是 20kHz 频带内的任意波形,故必须采用真有效值变换电路。此方案采用真有效值转换专用芯片,先得到音频信号电压的真有效值。再用 A/D 转换器采样该有效值,直接用单片机计算平均功率(原理框图如图 16-5-8 所示),软件工作量小,精度高,速度快。

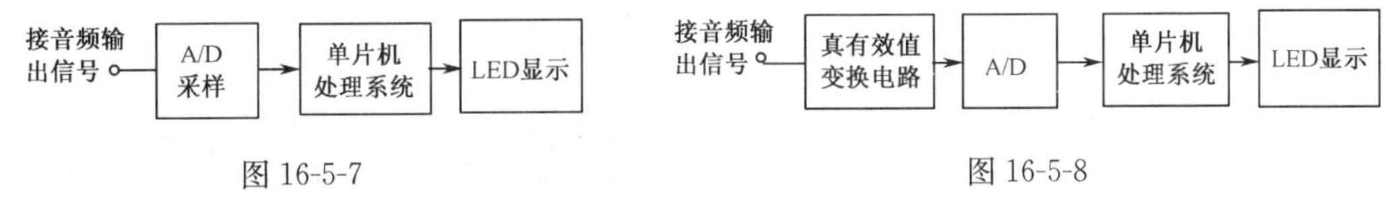

图 16-5-7　　图 16-5-8

二、主要电路工作原理分析与计算

1. D类放大器的工作原理

一般的脉宽调制 D 类功放的原理方框图如图 16-5-8 所示。图 16-5-10 为工作波形示意图,其中(a)为输入信号;(b)为锯齿波与输入信号进行比较的波形;(c)为调制器输出的脉冲(调宽脉冲);(d)为功率放大器放大后的调宽脉冲;(e)为低通滤波后的放大信号。

2. D类功放各部分电路分析与计算

(1) 脉宽调制器:

① 三角波产生电路。该电路我们采用满幅运放 TLC4502 及高速精密电压比较器 LM311 来实现(电路如图 16-5-11 所示)。TLC4502 不仅具有较宽的频带,而且可以在较低的电压下

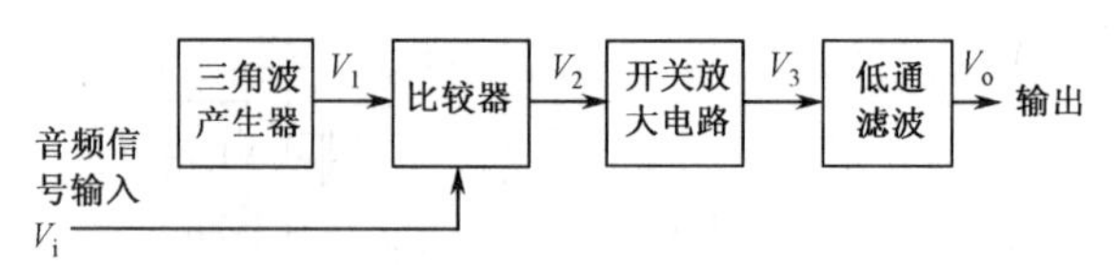

图 16-5-9 脉宽调制 D 类功效的原理方框图

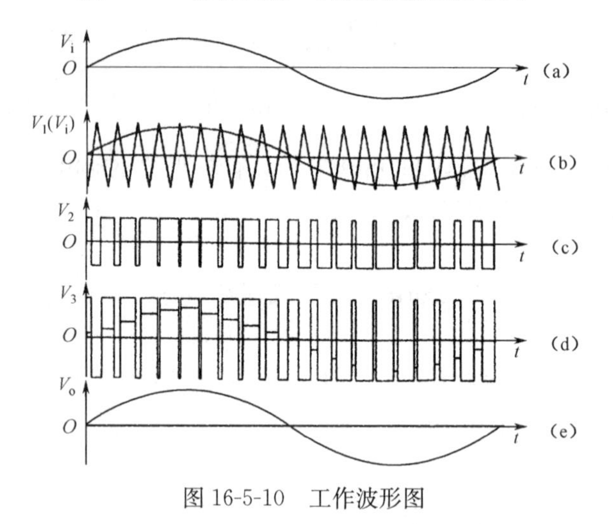

图 16-5-10 工作波形图

满幅输出，既保证能产生线性良好的三角波，而且可达到发挥部分对功放在低电压下正常工作的要求。

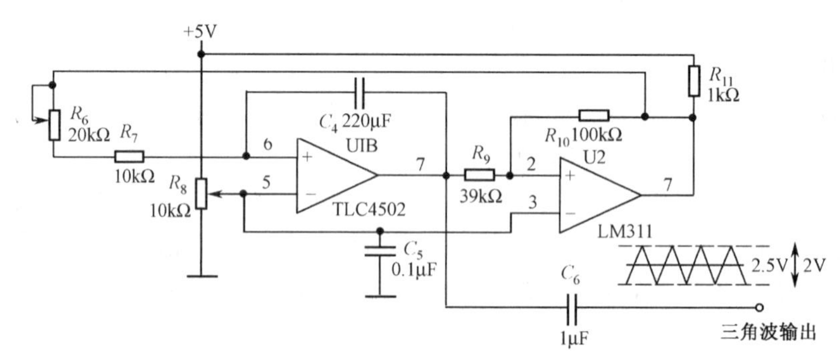

图 16-5-11 脉宽调制器原理图

载波频率的选定既要考虑抽样定理，又要考虑电路的实现，选择 150kHz 的载波，使用四阶 Butterworth LC 滤波器，输出端对载频的衰减大于 60dB，能满足题目的要求，所以我们选用载波频率为 150kHz。

电路参数的计算：在 5V 单电源供电下，将运放 5 脚和比较器 3 脚的电位用 R_8 调整为 2.5V，同时设定输出的对称三角波幅度为 1V（$V_{P\text{-}P}=2V$）。若选定 R_{10} 为 100kΩ，并忽略比较器高电平时 R_{11} 上的压降，则 R_9 的求解过程如下：

$$\frac{5-2.5}{100}=\frac{1}{R_9},\quad R_9=\frac{100}{2.5}=40\text{k}\Omega$$

取 R_9 为 39kΩ。

选定工作频率为 $f=150\text{kHz}$，并设定 $R_7+R_6=20\text{k}\Omega$，则电容 C_4 的计算过程如下。

对电容的恒流充电或放电电流为

$$I=\frac{5-2.5}{R_7+R_6}=\frac{2.5}{R_7+R_6}$$

则电容两端最大电压值为

$$V_{C_4}=\frac{1}{C_4}\int_0^{T_1} I\mathrm{d}t=\frac{2.5}{C_4(R_7+R_6)}T_1$$

其中 T_1 为半周期，$T_1=T/2=1/2f$。V_{C_4} 的最大值为 2 V，则

$$2=\frac{2.5}{C_4(R_7+R_6)}\frac{1}{2f}$$

$$C_4=\frac{2.5}{(R_7+R_6)4f}=\frac{2.5}{20\times10^3\times4\times150\times10^3}\approx208.3\text{pF}$$

取 $C_4=220\text{pF}$，$R_7=10\text{k}\Omega$，R_6 采用 20kΩ 可调电位器。使振荡频率 f 在 150kHz 左右有较大的调整范围。

② 比较器。选用 LM311 精密、高速比较器，电路如图 16-5-12 所示，因供电为 5 V 单电源，为给 $V_+=V_-$ 提供 2.5 V 的静态电位，取 $R_{12}=R_{15}$，$R_{13}=R_{14}$，4 个电阻均取 10 kΩ。由于三角波$V_{\text{P-P}}=2\text{V}$，所以要求音频信号的 $V_{\text{P-P}}$不能大于 2 V，否则会使功放产生失真。

(2) 前置放大器：电路如图 16.5.13 所示。设置前置放大器，可使整个功放的增益从 1～20 连续可调，而且也保证了比较器的比较精度。当功放输出的最大不失真功率为 1W 时，其 8 Ω上的电压为 $V_{\text{P-P}}=8\text{V}$，此时送给比较器音频信号的 $V_{\text{P-P}}$值应为 2V，则功放的最大增益约为 4(实际上，功放的最大不失真功率要略大于 1W，其电压增益要略大于 4)。因此必须对输入的音频信号进行前置放大，其增益应大于 5。前放仍采用宽频带、低漂移、满幅运放 TLC4502，组成增益可调的同相宽带放大器。选择同相放大器的目的是容易实现输入电阻 $R_i\geqslant10\text{k}\Omega$ 的要求。同时，采用满幅运放可在降低电源电压时仍能正常放大，取 $V_+=V_{CC}/2=2.5\text{V}$，要求输入电阻 R_i 大于 10kΩ，故取 $R_1=R_2=51\text{k}\Omega$，则 $R_i=51/2=25.5\text{k}\Omega$，反馈电阻采用电位器 R_4，取 $R_4=20\text{k}\Omega$，反相端电阻 R_3 取 2.4kΩ，则前置放大器的最大增益 A_V 为

$$A_V=1+\frac{R_4}{R_3}=1+\frac{20}{2.4}\approx9.3$$

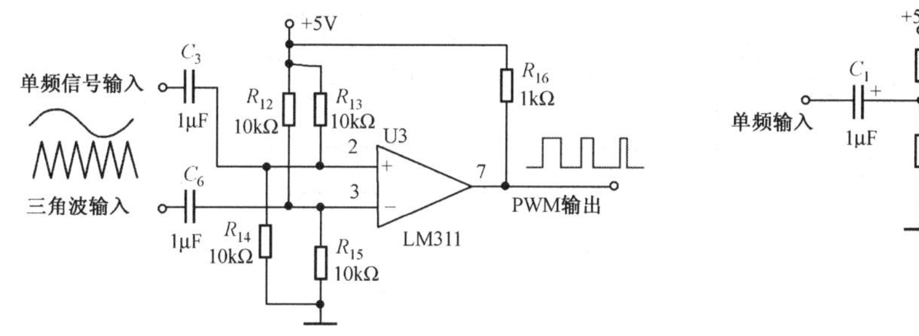

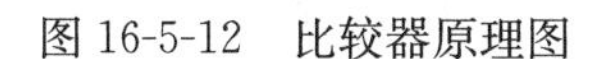
图 16-5-12 比较器原理图

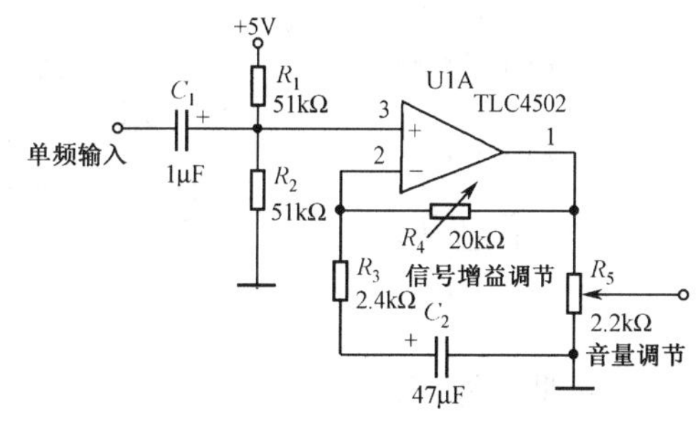

图 16-5-13 前置放大器电路图

调整 R_4 使其增益约为 8，则整个功放的电压增益从 0～32 可调。

考虑到前置放大器的最大不失真输出电压的幅值 $V_{om}<2.5$ V，取 $V_{om}=2.0$ V，则要求输入的音频最大幅度 $V_{im}<(V_{om}/A_V)=2/8=250$ mV。超过此幅度则输出会产生削波失真。

(3) 驱动电路

电路如图 16-5-14 所示。将 PWM 信号整形变换成互补对称的输出驱动信号，用 CD40106 施密特触发器并联运用以获得较大的电流输出，送给由晶体三极管组成的互补对称式射极跟随器驱动的输出管，保证了快速驱动。驱动电路晶体三极管选用 2SC8050 和 2SA8550 对管。

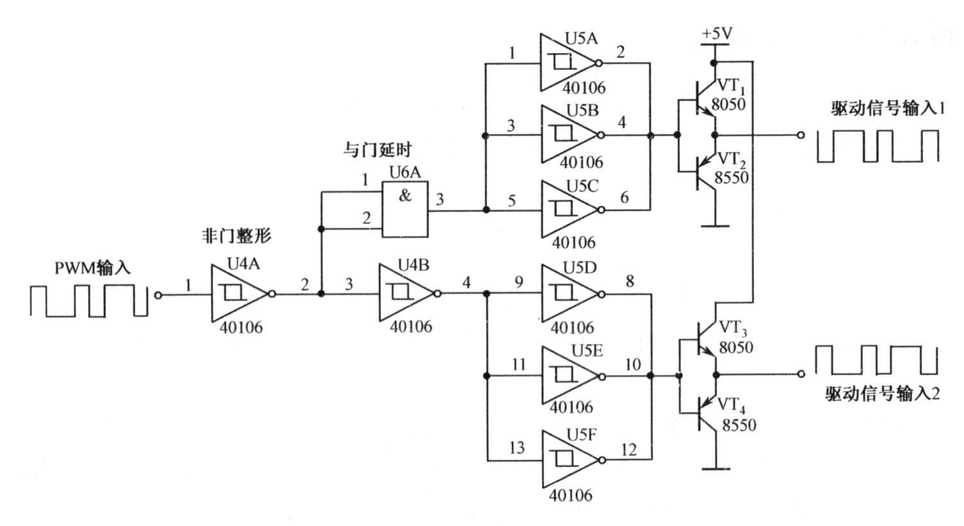

图 16-5-14　驱动级电路

(4) H 桥互补对称输出电路

对 VMOSFET 的要求是导通电阻小，开关速度快，开启电压小。因输出功率稍大于 1 W，属小功率输出，可选用功率相对较小、输入电容较小、容易快速驱动的对管，IRFD120 和 IRFD9120 VMOS 对管的参数能够满足上述要求，故采用之。实际电路如图 16-5-15 所示。互补 PWM 开关驱动信号交替开启 VT_5 和 VT_8 或 VT_6 和 VT_7，分别经两个 4 阶 Butterworth 滤波器滤波后推动喇叭工作。

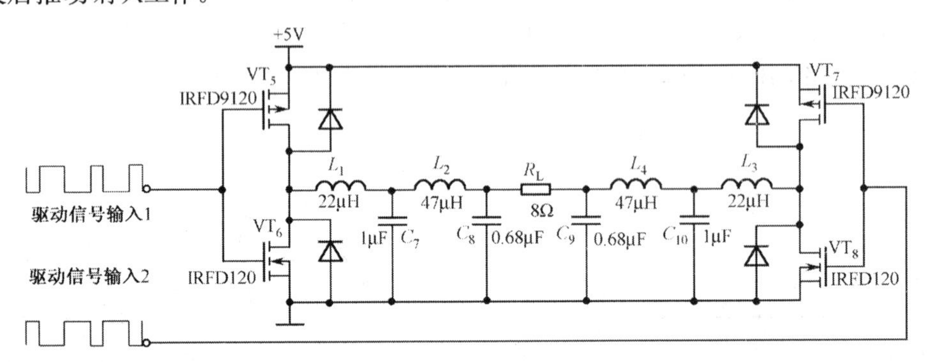

图 16-5-15　H 桥互补对称输出电路

(5) 低通滤波器

本电路采用 4 阶 Butterworth 低通滤波器(如图 16-5-15)。对滤波器的要求是上限频率≥20kHz，在通频带内特性基本平坦。

我们采用了电子工作台，(EWB)软件进行仿真，从而得到了一组较佳的参数：$L_1=22\mu H$，$L_2=47\mu H$，$C_1=0.68\mu F$，$C_2=1\mu F$。19.95kHz 处下降 2.464dB，可保证 20kHz 的上限频率，且通带内曲线基本平坦；100kHz、150kHz 处分别下降 48dB、62 dB，完全达到要求。

3. 信号变换电路

电路要求增益为 1，将双端变为单端输出，运放选用宽带运放 NE5532，电路如图 16-5-16 所示。由于对这部分电路的电源电压不加限制，可不必采用价格较贵的满幅运放。由于功放的带负载能力很强，故对变换电路的输入阻抗要求不高，选 $R_1=R_2=R_3=R_4=20\ k\Omega$。其增益为 $A_V=R_3/R_1=20/20=1$，其上限频率运超过 20kHz 的指标要求。

4. **功率测量及显示电路**

功率测量及显示电路由真有效值转换电路和单片机系统组成。

(1) 真有效值转换器:选用高精度的 AD637 芯片(图 16-5-17),其外围元件少、频带宽,精度高于 0.5%。

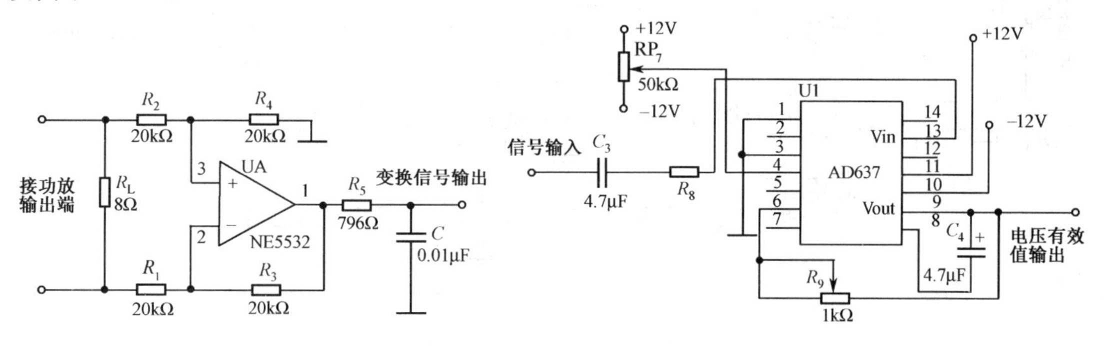

图 16-5-16 信号变换电路　　图 16-5-17 AD637 芯片电路图

(2) 单片机系统:本系统主要由 89C51 单片机、可编程逻辑器件 EPM7128、A/D 转换器 AD574 和键盘显示接口电路等组成。

经 AD637 进行有效值变换后的模拟电压信号送 A/D 转换器 AD574,由 89C51 控制 AD574 进行模/数转换,并对转换结果进行运算处理,最后送显示电路完成功率显示。其中 EPM7128 完成地址译码和各种控制信号的产生,62256 用于存储数据的处理。

键盘显示电路用于调试过程中的参数校准输入,主要由显示接口芯片 8279,4×4 键盘及 8 位数码管显示部分构成。

(3) 软件设计:本系统用软件设计了特殊功能键,通过对键盘的简单操作,便可实现功率放大器输出功率的直接显示(以十进制数显示),精确到小数点后 4 位,显示误差小于 4.5%。

本系统软件采用结构化程序设计方法,功能模块各自独立。软件主体流程图如图16.5.18所示。

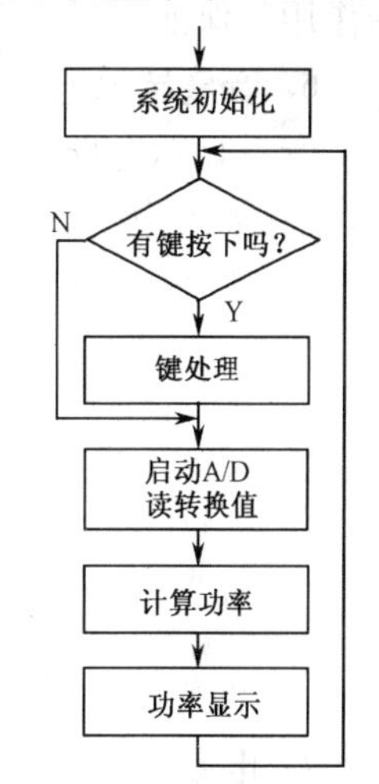

图 16-5-18 系统软件主体流程图

系统初始化:加电后完成系统硬件和系统变量的初始化。其中包括变量设置、标志位设定、置中断和定时器状态、设置控制口的状态、设置功能键等。

等待功能键输入:由键盘输入命令和校准参数。

控制测量:由单片机读取所设定的数值,进行数据的处理。

显示测量结果:AT89C51 控制 8279 显示接口芯片,使用 8 位数码管显示测量的输出功率。

5. **短路保护电路**

短路保护电路的原理电路如图 16-5-19 所示。0.1Ω 过流取样电阻与 8Ω 负载串联连接,对 0.1Ω 电阻上的取样电压进行放大(并完成双变单变换)。电路由 U1B 组成的减法放大器完成,选用的运放是 LM5532。R_6 与 R_7 调整为 11kΩ,则该放大器的电压放大倍数为

$$A_u = \frac{R_9}{R_7} = \frac{560}{11} \approx 51$$

经放大后的音频信号再通过由 D1、C_2、R_{10} 组成的峰值检波电路,检出幅度电平,送给由

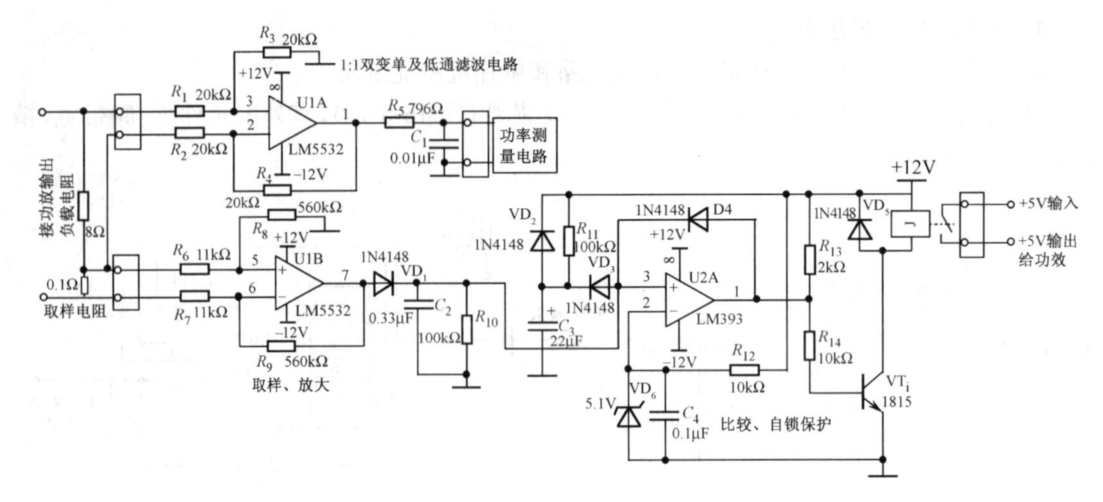

图 16-5-19　短路保护电路

LM393 组成的电压比较器"＋"端,比较器的"－"端电平设置为 5.1 V,由 R_{12} 和稳压管 VD_6 组成,比较器接成迟滞比较方式,一旦过载,即可锁定状态。

正常工作时,通过 0.1Ω 上的最大电流幅度 $I_m=5/(8+0.1)=0.62$ A,0.1Ω 上的最大压降为 62mV,经放大后输出的电压幅值为 $V_{im}\times A_u=62\times51\approx3.2$V,检波后的直流电压稍小于此值,此时比较器输出低电平,VT_1 截止,继电器不吸合,处于常闭状态,5V 电源通过常闭触点送给功放。一旦 8Ω 负载端短路或输出过流,0.1Ω 上电流、电压增大,经过电压放大、峰值检波后,大于比较器反相端电压(5.1V),则比较器翻转为高电平并自锁,VT_1 导通,继电器吸合,切断功放 5V 电源,使功放得到保护。要解除保护状态,需关断保护电路电源。

为了防止开机瞬间比较器自锁,增加了开机延时电路,由 R_{11}、C_3、VD_2、VD_3 组成。VD_2 的作用是保证关机后 C_3 上的电压能快速放掉,以保证再开机时 C_3 的起始电压为零。

6. 音量显示电路

音量显示电路由专用集成块 TA7666P 实现,通过多个发光二极管来直观指示音量的大小,电路如图 16-5-20 所示。

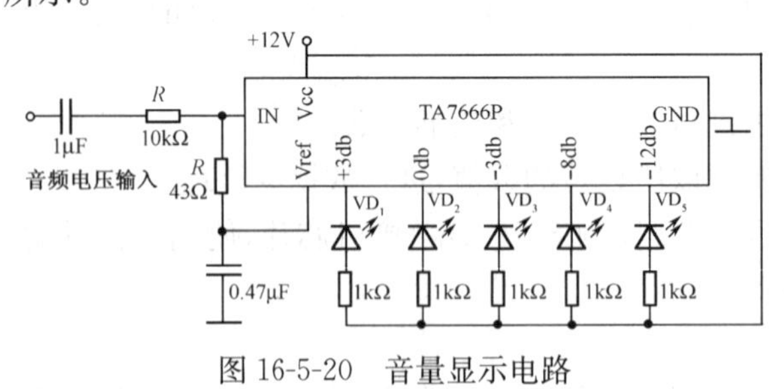

图 16-5-20　音量显示电路

7. 电源

整个系统既包括模拟电路也包括数字电路,为减少相互干扰,本系统采用自带 4 路电源:＋5V,＋5V,＋12V,－12V,分别对各部分电路供电。电路图如图 16-5-21 所示。

三、系统测试及数据分析

1. 测试使用的仪器

E51/L 仿真机　　　　　　VC201 型数字式万用表

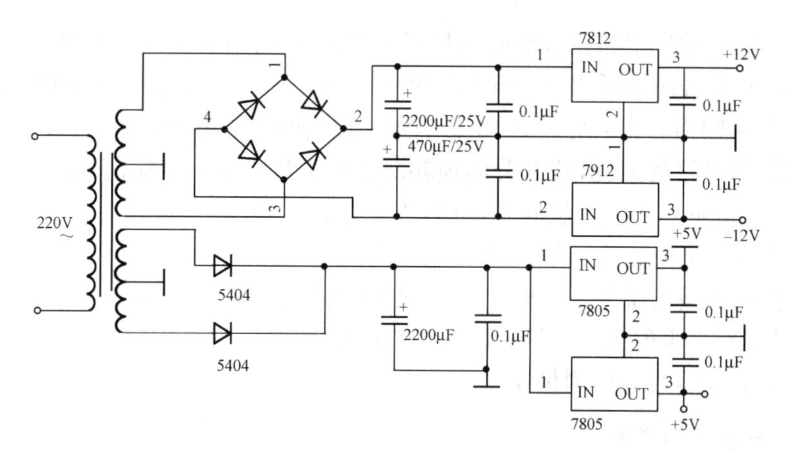

图 16-5-21　直流稳压电源

WD990　　日立 V-1065A 100MHz 示波器

SG1643 型信号发生器　　JH811 晶体管毫伏表

PC,PⅢ1000,128MB 内存

2. 测试数据

① 最大不失真输出功率:测试数据如下表所示。

f	20Hz	100Hz	300Hz	1.6kHz	3.4kHz	10kHz	20kHz	25kHz
$V_{op\text{-}p}$/V	8.21	8.21	8.22	8.16	8.10	8.05	7.02	5.82
P_{max}/W	1.05	1.05	1.06	1.04	1.03	1.01	0.77	0.53

② 通频带的测量:测试数据如下表所示。

V_{in} \ V_{om} \ f	20Hz	100Hz	300Hz	1.6kHz	3.4kHz	10kHz	20kHz	25kHz
100mV	1.03V	1.08V	1.07V	0.97V	0.96V	0.82V	0.75V	0.60V
200mV	2.12V	2.14V	2.11V	1.90V	1.88V	1.65V	1.49V	1.18V

由表看出通频带 $BW_{0.7} \approx f_H \approx 20$kHz,满足发挥部分的指标要求。

③ 效率的测量:测试数据如下表所示。

P_0	200mW	500mW	1 000mW
$V_{OP\text{-}P}$	3.58V	5.68V	8.00V
I_{CC}	68mA	147mA	278mZ
η	59%	68%	72%

④ 测量输出功率 200mW 时的最低电源电压:测量结果为 $V_{CC}=4.12$V。

⑤ 电压放大倍数的测量:增益变化范围为 0～31。

⑥ 低频噪声电压的测量:噪声电压=8.1mV,满足≤10mV 的指标要求。

⑦ 功率测量显示电路性能测试:用公式 $P_0=V_0^2/8$ 计算理论功率,与测量结果进行比较,并对误差进行计算,计算结果测量误差小于 4.5%。

3. 测量结果分析

① 功放的效率和最大不失真输出功率与理论值还有一定差别,其原因有以下几个方面:

a. 功放部分电路存在的静态损耗,包括 PWM 调制器、音频前置放大电路、输出驱动电路及 H 桥输出电路。这些电路在静态时均具有一定的功率损耗，实测结果其 5V 电源的静态总电流约为 30mA，即静态功耗 $P_{损耗}=5\times30=150\text{mW}$。那么这部分的损耗对总的效率影响很大，特别对小功率输出时影响更大，这是影响效率提高的一个很重要的方面。

b. 功放输出电路的损耗，这部分的损耗对效率和最大不失真输出功率均有影响。此外，H 桥的互补激励脉冲达不到理想同步，也会产生功率损耗。

c. 滤波器的功率损耗，这部分损耗主要是由 4 个电感的直流电阻引起的。

② 功率测量电路的误差。这里有 1∶1 变换电路的误差，真有效值转换电路的误差，A/D 转换器及软件设计带来的误差。尽管以上电路精度已很高，但每一部分的误差均不可避免，此外，还有测量仪器本身带来的测量误差。

四、进一步改进的措施

1. 尽量设法减小静态功耗

① 尽量减小运放和比较器的静态功耗。实测两个比较器（LM311）的静态电流约为 15mA，这部分损耗就占了静态损耗的一半功率。这是由于在选择器件时几个方面不能完全兼顾所致。若选择同时满足几方面要求的器件，这部分的功耗是完全可以大幅度降低的。

② 选用的 VMOSFET 管的导通电阻还不是很小，若能换成导通电阻更小的 VMOSFET 管，则整个功放的效率和最大不失真输出功率还可进一步提高。

③ 低通滤波器电感的直流内阻需进一步减小。

2. 尽量减小动态功耗

采用上面的第 2 和第 3 项措施即可。

五、结束语

对于本系统设计，有些指标还有待于进一步提高。例如，在功放效率、最大不失真输出功率等方面还有较大的潜力可挖，这些都有待于通过对电路的改进和对元器件的最佳选择来进一步完善。

16.6 简易智能电动车①

16.6.1 题目说明

一、任务

设计并制作一个简易智能电动车，其行驶路线示意图如图 16-6-1 所示。

二、要求

1. 基本要求

(1) 电动车从起跑线出发（车体不得超过起跑线），沿引导线到达 B 点。在“直道区”铺设的白纸下沿引导线埋有 1～3 块宽度为 15cm、长度不等的薄铁片。电动车检测到薄铁片时需立即发出声光指示信息，并实时存储、显示在“直道区”检测到的薄铁片数目。

(2) 电动车到达 B 点以后进入“弯道区”，沿圆弧引导线到达 C 点（也可脱离圆弧引导线到达 C 点）。C 点下埋有边长为 15cm 的正方形薄铁片，要求电动车到达 C 点检测到薄铁片后在

---

① 2003 年全国大学生电子设计竞赛 E 题

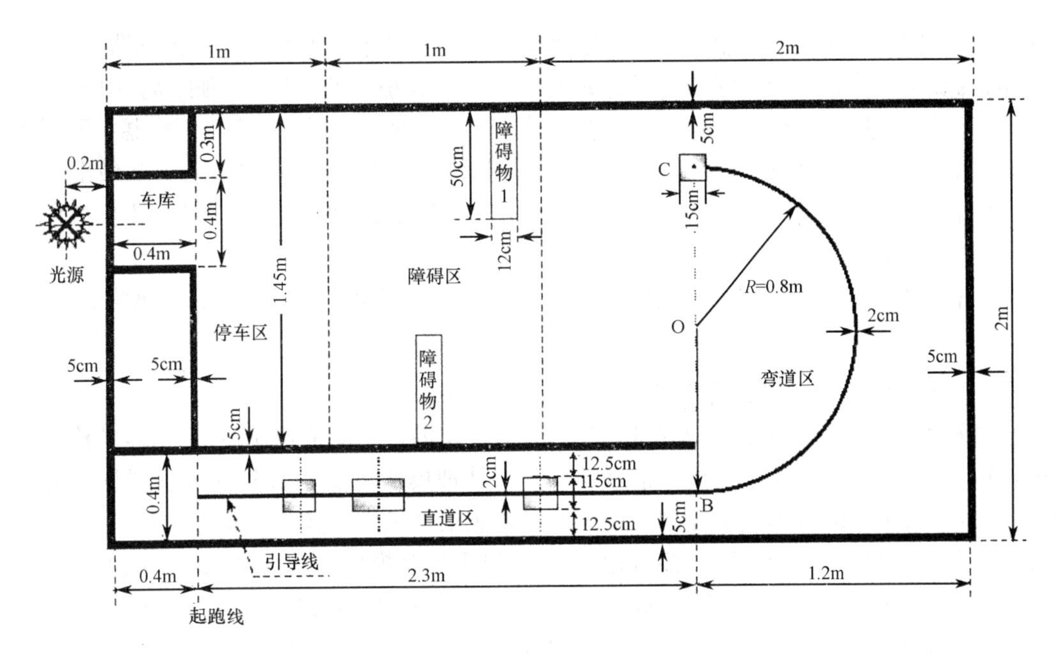

图 16-6-1　行驶线路示意图

C 点处停车 5s，停车期间发出断续的声光信息。

(3) 电动车在光源的引导下，通过障碍区进入停车区并到达车库。电动车必须在两个障碍物之间通过且不得与其接触。

(4) 电动车完成上述任务后应立即停车，但全程行驶时间不能大于 90s，行驶时间达到 90s 时必须立即自动停车。

2. 发挥部分

(1) 电动车在“直道区”行驶过程中，存储并显示每个薄铁片(中心线)至起跑线间的距离。

(2) 电动车进入停车区域后，能进一步准确驶入车库中，要求电动车的车身完全进入车库。

(3) 停车后，能准确显示电动车全程行驶时间。

(4) 其他。

三、说明

(1) 跑道上面铺设白纸，薄铁片置于纸下，铁片厚度为 0.5～1.0mm。

(2) 跑道边线宽度为 5cm，引导线宽度为 2cm，可以涂墨或粘黑色胶带。示意图中的虚线和尺寸标注线不要绘制在白纸上。

(3) 障碍物 1、2 可由包有白纸的砖组成，其长、宽、高约为 50cm×12cm×6cm，两个障碍物分别放置在障碍区两侧的任意位置。

(4) 电动车允许用玩具车改装，但不能由人工遥控，其外围尺寸(含车体上附加装置)的限制为：长度≤35cm，宽度≤15cm。

(5) 光源采用 200W 白炽灯，白炽灯泡底部距地面 20cm，其位置如图 16-4-1 所示。

(6) 要求在电动车顶部明显标出电动车的中心点位置，即横向与纵向两条中心线的交点。

16.6.2　设计实例

摘要：本设计对象为一个简易小车的智能控制系统。该系统以 FPGA 技术作为核心控制技术，以行为控制作为核心控制策略。控制决策所需的信息主要来源于光电传感器、金属探测传感器，以及超声传感器等传感器。通过光电传感器获取小车的车速、行驶距离、引导线以及引导性光源等信息；金属探测传感器主要获取轨道上的金属标志信息；超声传感器主要用来探测障碍物的位置。小车根据以上各种信息"了解"它所处的位置，并根据运动策略做出运动决策。实验表明，本文所提供的设计方案正确可行，能够达到设计要求。本设计的主要特色：

(1) 控制电路电源和电动机电路电源隔离，信号通过光电耦合器耦合；

(2) 采用以 FPGA 控制脉宽调制(PWM)信号的方式实现了 8 个挡位的车速调节；

(3) 基于行为的智能控制策略。

一、简易智能电动车设计方案的比较、论证与选取

简易智能电动车控制系统主要包括三个模块：小车的行动决策控制模块、信号的检测与处理模块以及小车的执行/显示模块。信号的检测与处理模块主要通过各种传感器从外部环境拾取标志信号；小车的行动决策控制模块信号对传感信号做进一步的处理，它是信号的检测与处理模块与小车执行/显示模块的接口；经过行动决策控制模块后的信号从信号的形式上是符合执行/显示模块要求的信号，从信息的角度提供了足够控制信息给执行/显示模块。下面就系统各部分的实现方案分别进行评述、比较，并对拟选取的方案做出初步论证。

1. 控制方案与控制策略的选取

方案一：基于单片机技术的小车控制方案　单片机是通过对程序语句的顺序执行来建立与外部设备的通信和完成其内部运算处理，从而实现对信号的采集、处理和输出控制。它最主要的特点是其串行处理特性，在同一时刻 CPU 资源只能为一个线程占用。其原理图如图 16-6-2 所示。

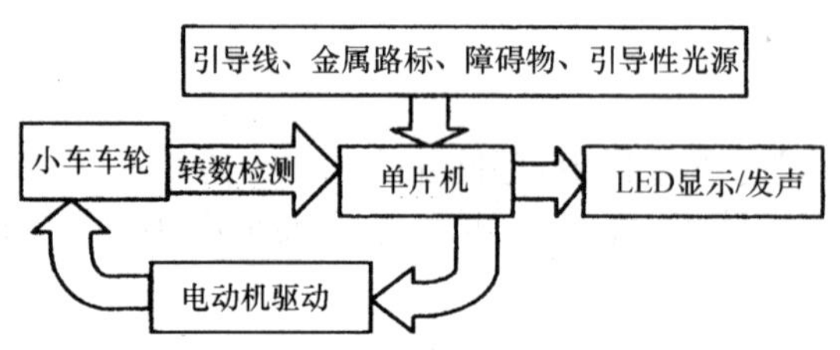

图 16-6-2　基于单片机技术的小车控制原理图

方案二：基于 FPGA(可编程门阵列)技术的小车控制方案　相对于单片机的串行处理方式，FPGA(可编程门阵列)最显著的特点是它的并行处理能力，它支持对通信、信号的采集、处理和输出控制等的并行处理。其原理图如图 16-6-3 所示。

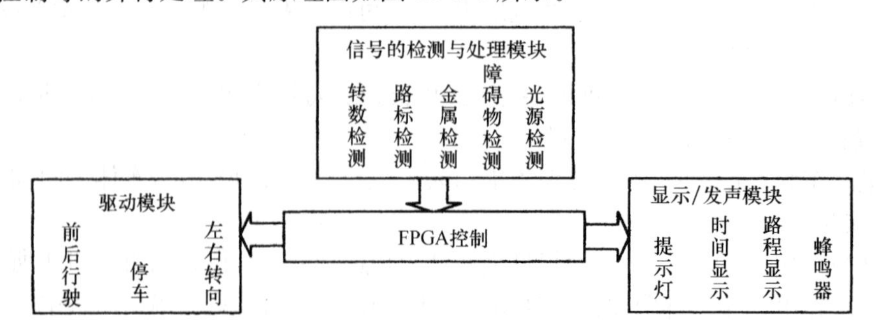

图 16-6-3　基于 FPGA(可编程门阵列)技术的小车控制原理图

上述两种控制方案除了在处理方式和处理能力(速度)上的差异，二者在实现的效果以及复杂程度等方面也有显著的区别。方案一单片机技术比较成熟,开发过程中可以利用的资源和工具丰富,但是它的外围电路较多,控制系统电路的集成和调试均相对复杂,同时系统的抗干扰能力相对稍差。方案二将器件功能集成在一块芯片上,外围电路较少,集成度高。整个控制电路简单,控制板的体积大大减小的同时也提高了系统稳定性,此外FPGA也有方便的开发环境和丰富的开发工具等可资利用,易于调试和进行功能扩展。

鉴于智能电动小车需要同时对多路信号进行检测、处理,且对这些信号处理的实时性要求比较高,运算处理速度是控制方案选择时所必须优先考虑的问题。再综合FPGA在稳定性以及硬件复杂程度等方面的优越性,本设计的控制方案模块拟选用上述基于FPGA(可编程门阵列)技术的方案二。

本文将采用基于行为的控制策略。

2. 信号检测与处理方案的选取

本简易智能电动车所包含的传感器有光电传感器、金属探测传感器以及超声传感器等,分别用来拾取与引导线、小车车轮转数(距离和速度)、引导性光源、金属路标,以及障碍物等有关的信号,现就各传感器选取有关的问题讨论如下。

(1) 小车移动距离(速度)检测。

方案一:采用霍尔集成芯片的方案。该方案利用霍尔效应实现对小车车轮转数(距离和速度)的检测。在车轮上安装磁片,而将霍尔集成芯片安装在固定轴上,当磁铁正对金属板时,金属板发生横向导通,产生一个脉冲,这样通过对脉冲的计数就可以反求小车行驶的距离和速度。

方案二:采用对射式光电传感器的方案。该方案采用的是基于断续式光电开关原理的对射式光电传感器,也是通过对脉冲计数,实现对距离和速度的测量。对射式光电传感器是沟槽式结构,可以将其固定于轮轴附近,再在轮轴上固定一片开有若干条漏光条的挡板。安装时把挡板的边缘嵌入到沟槽中,这样轮轴转一圈,就可以产生数目与挡板上的漏光条数相等的脉冲。

以上两种方案从理论上说都可以得到小车行驶的距离和速度,但考虑到电动小车的车轮较小,采用方案一时磁片安装困难,也容易产生相互干扰;而采用方案二就可以很好地克服这些困难,实现较精确测量。故采用上述方案二。

(2) 小车移动引导线信号的检测:

环境所提供的引导线是白色背景下一条宽度为2cm的黑线,为了确保小车沿着该引导线行驶,小车必须“识别”黑色引导线和白色背景,可以在小车底部左、右部分分别安装一对反射式光电二极管以提供反映小车与引导线位置关系的信号。该传感器是利用PN结单向导电性的结型光电器件,具有响应速度快、精巧、坚固、温度稳定性好和工作电压低(10～20V)的优点,因而不失为一种比较理想的方案。

此外,发光二极管安装的位置也至关重要,现提出两种方案以供选取:将两个传感器分别置于黑线内侧或者放置于黑线外侧。考虑到引导线只有2cm宽,若采用置于黑线内侧方式由于探测的范围太小,小车极易冲出轨道而失去判断力;置于黑线外侧的方式较为可行,对小车的控制也比较准确。为此选用后者。

(3) 小车金属路标信号的检测:

要检测到跑道下面的金属,并沿着金属路标到达C点,小车必须要能“识别”金属。现提供两种方案参考:其一是采用自制金属检测器的方案。原理图如图16-6-4所示,基于电涡流式传感器的原理，受到交变磁场作用的导体会产生电涡流，从而改变线圈原来阻抗。其二：采用LJ12A3-4-Z/BX型金属检测器的方案。经过实验比较，LJ12A3-4-Z/BX型金属检测器在性能和指标方面都优于自制的金属探测器。自制的金属探测器是用多匝金属丝绕制而成，制作过程繁琐，而且精度不同。且线圈振荡产生的正弦波形要通过整形，才能形成高低电平。相反的LJ12A3-4-Z/BX型金属检测器弥补了以上的不足，精确度高也比较稳定。所以采用LJ12A3-4-Z/BX型金属检测器完成金属的探测的功能。

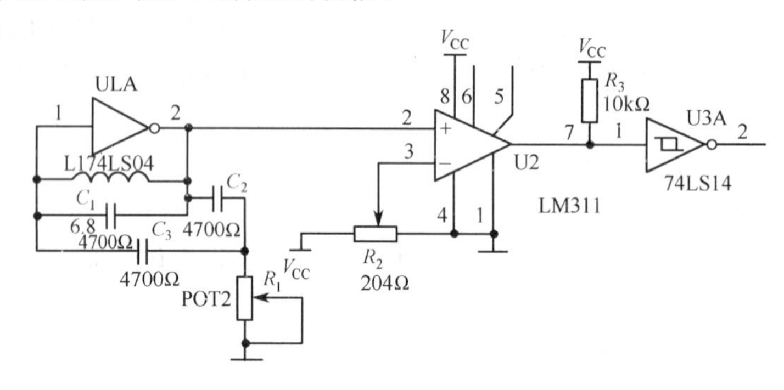

图 16-6-4　自制金属传感器原理图

(4) 路障信号的检测：

超声波传感器相比于其他类型的传感器(如激光测距传感器)是小车实现障碍物检测部分最现实可行的装置。超声波具有频率高、波长短、绕射现象小，特别是方向性好、能够实现定向传播等特点，特别适合应用于实现各种遥控和测量，如测速、测距、入侵报警、汽车倒车等。完全满足小车探测障碍物的需要。

(5) 引导性光源信号的检测：

引导性光源信号由置于小车运动前方的200W的白炽灯提供，作为电动车移动的引导光源，小车必须能够通过光电传感器识别光源的方位，同时意味着光源信号的传感系统必须能够排除背景光(大多数情况为自然光)的干扰。针对这一具体情况，没有通用的集成式光电传感器可用，本小车系统将用自制的传感系统替代。其理论分析和设计过程见后续有关章节。

3. 执行部件和显示模块的方案及选取

执行部件主要指小车驱动部分。它由前、后轮的各一个驱动电机组成，小车通过前轮电机控制运动方向，后轮电机则用来提供小车的运动动力。前、后电机的驱动控制信号均由FPGA芯片以PWM(脉宽调制)的方式控制产生，再通过调节PWM参数来控制驱动电机从而精确地控制小车的前进、后退、左转和右转，以及小车的运动速度。

显示/发声模块用以显示小车行驶距离、时间等相关信息以及在特定的条件下发出相应的声光信息，可分别用译码驱动的LED数码管、发光二极管和蜂鸣器来实现。

4. 小车控制、驱动系统电源的方案及选取

方案一：采用单一电源供电　这样供电比较简单；但是由于电动机启动瞬时电流很大，而且PWM驱动的电动机电流波动较大，会造成电压不稳，严重时可能会对FPGA小板造成损坏。

方案二：采用双电源供电　将电动机驱动电源与FPGA小板及外围电路电源完全隔离，利用光电耦合器传输信号，如图16-6-5所示。这样做虽然不如单电源方便灵活，但可以将电动机驱动所造成的干扰彻底清除，提高了系统的稳定性。考虑到本设计的稳定性更为重要，故采用方案二。

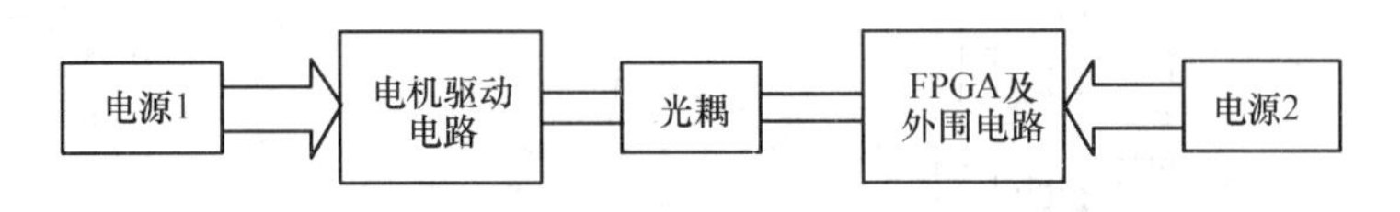

图 16-6-5　双电源供电方式原理框图

5. 简易智能小车测控系统的总体方案

以上对简易智能小车测量、控制系统的各个模块进行了方案层面上的比较与论证，其系统总体方案如图 16-6-6 所示。

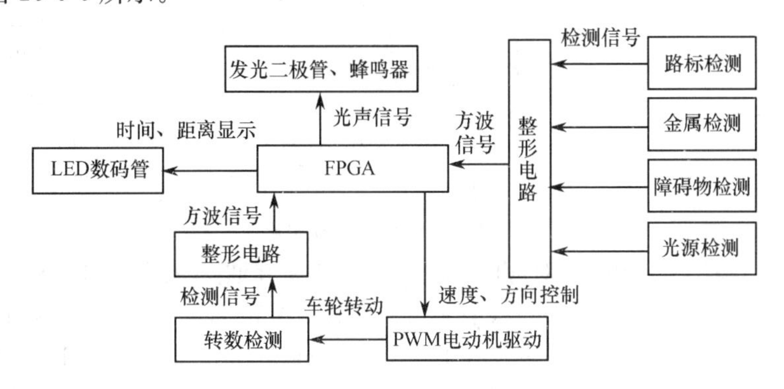

图 16-6-6　简易智能小车测量控制系统方框图

对图 16-6-6 所示的系统所包含的主要模块概述如下：

系统核心控制模块：包括 FPGA 芯片及由其硬件逻辑功能所承载的控制策略；

信号检测和处理模块：包括两对反射式光电传感器、一对对射式光电传感器、白炽灯光源光电传感器、金属传感器和超声波传感器及相关处理系统；

驱动模块：由 FPGA 控制的以 PWM(脉宽调制)的方式控制电动机的驱动信号的电动机驱动电路；

显示/发声部分：包括 LED 数码管、译码驱动电路、发光二极管及蜂鸣器；

电源部分：包括电动机驱动电源和 FPGA 小板及外围电路电源。

二、简易智能小车测控系统的设计

经过方案层面的研究，我们已经得到了如图 16-6-6 所示的简易智能小车测量控制系统概念框图。这一部分我们将分别对上述各个模块进行理论分析和设计。

1. 小车的电动机驱动控制模块设计

电动机驱动控制模块是一个执行模块。电动机接受由 FPGA 控制端发出的控制信号(该控制信号根据控制策略产生，控制策略见后续章节)的控制，从而确定电机的转动方向和转动速度。由前、后两电动机的转动方向和转动速度分别决定小车的运动方向和运动速度。实现上述电动机驱动控制的电路如图 16-6-7 所示。

图中的 12 个三极管是这个电路的关键，这 12 个三极管的导通与否关系到电机的停机和正、反转。由于这个电路是由 FPGA 控制，所以与 FPGA 的数据输出端口相接时，必须用 4 个光耦 TIL117 隔开，将控制部分与电机的驱动部分隔离开来，这样增加了各系统模块之间的隔

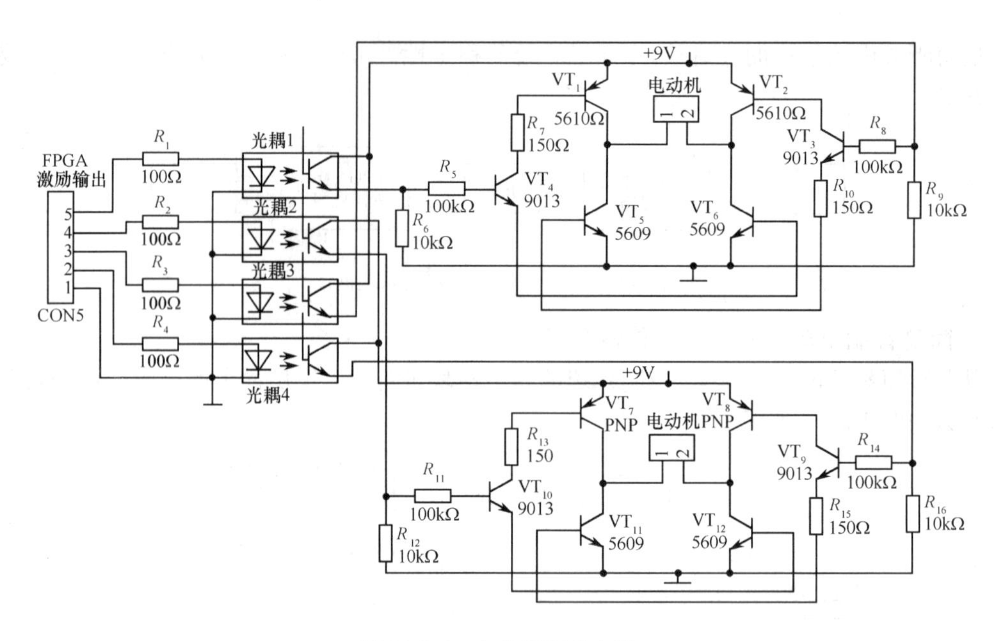

图 16-6-7　电动机驱动电路

离度。若 5、4 端口输出为高电平，对应的光耦 1 和光耦 2 导通，三极管 VT_1、VT_4、VT_6 和三极管 VT_7、VT_{10}、VT_{12}导通，其余 6 个三极管截止，使电动机正向偏置；若 3、2 端口输出为高电平，对应的光耦 3 和光耦 4 导通，三极管 VT_2、VT_3、VT_5 和三极管 VT_8、VT_9、VT_{11}导通，其余 6 个三极管截止，电动机反向偏置。本设计中端口 5 控制小车左转，端口 3 控制右转，端口 4 控制前行，端口 2 控制后退。

我们通过调节一个 10Hz 的周期信号占空比系数，来对车速进行控制。该控制信号的占空比系数决定了电机的通、断电时间，实际上也就实现了速度上的调节。速度共分为 8 挡，可以满足车速调节的精度要求。

综上所述，用 FPGA 控制以 PWM（脉宽调制）的形式产生的控制信号驱动小车电动机不仅能精确地控制小车的运动方向如前进、后退、左转和右转，也可以通过控制电动机的输出功率和转速来限定小车行驶速度。

2. 信号检测与处理模块的设计

信号检测和处理模块包括两对反射式光电传感器、一对对射式光电传感器、白炽灯光源光电传感器、金属传感器和超声波传感器及相关处理系统，它们分别完成相关信息的拾取和处理。现将它们的设计过程分别叙述如下。

（1）小车移动距离（速度）信号的检测与处理模块的设计：为了对小车的总行程（或速度）进行测量，把有沟槽的断继式光电传感器固定于轮轴附近，再在轮轴上固定一片开有 4 条漏光条的挡板。安装时把挡板的边缘嵌入到沟槽中，轮轴转一圈，漏光条依次通过沟槽，光电开关得到通断相同的高低电平信号。得到的信号经过整形，发送到 FPGA，以实现对距离、速度的测量，具体电路如图 16-6-8 所示。需要说明的是，考虑到后轮刹车时的打滑和车轮反转的情况，我们将该检测装置安装在前轮上，以提高测量的准确度。

经测量得到小车车轮外围的周长为 16cm，车轮转动一周，发出 4 个脉冲。所以有

$$16\text{cm}\div 4=4\text{cm}\quad \text{即小车测量的最小精确为 4cm}$$

小车行驶距离的测量：距离 $S=\dfrac{N}{4}\times 16(\text{cm})$，其中 N 为测得车轮的转数；

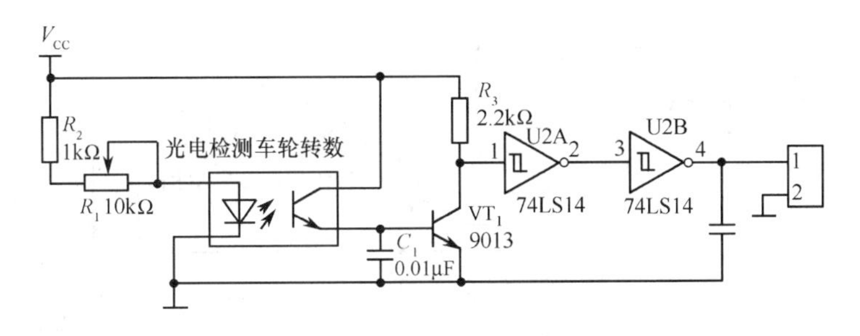

图 16-6-8　转数检测原理图

小车行驶速度的测量：速度 $V=\frac{S}{T}$，S 为小车行驶的距离，T 为小车行驶的时间。

(2) 小车移动引导线信号的检测与处理模块的设计：小车沿着引导线行驶的意思是引导线始终与小车的中心线一致。要确定小车的这一状态，决定小车行驶方向的两个前轮一定位于引导线的两侧。要向控制器提供判断小车位置状态的这些信息，需要两个传感器，检测理想的初始状态(两个前轮位于引导线的两侧)是否遭到改变。要做到这一点，传感器必须具备对黑色的引导线和白色背景进行区分的能力。

反射式光电传感器包括发射和接收部分，其中发射部分为发光二极管，接收部分为光敏二极管。光电照射到路面并反射，由于黑线和白色背景的反射系数不同，可根据接收到的反射光强弱(由光电传感器转换为电信号的强弱)判断小车的左右传感器是否压住黑色引导线，或者说小车是否偏离由引导线给定的轨道。根据该两传感器的状态可以判断小车和引导线的位置关系，如表 16-6-1所示。

表 16-6-1　小车和引导线的位置关系确定表

传感器(左)	传感器(右)	小车位置
0(未压引导线)	0(未压引导线)	理想的初始状态
0(未压引导线)	1(压引导线)	向左偏
1(压引导线)	0(未压引导线)	向右偏
1(压引导线)	1(压引导线)	横压引导线

实现上述逻辑功能的电路原理图如图 16-6-9 所示。光电检测器检测到黑线时，发射光比较微弱，而不足以使光敏二极管导通，VT_1 或 VT_2 截止，则输出的高电平信号通过施密特触发器整形后，就送入 FPGA 的数据输入端口 1 或 2 进行分析；反之，光电检测器检测到的是白色背景时，发射光较强，光敏二极管导通，VT_1 或 VT_2 导通，则输出的低电平信号通过施密特触发器整形后，也送入 FPGA 的数据输入端口 1 或 2 进行分析。

(3) 金属探测传感系统的设计：本设计中使用的金属探测传感器是基于接近式开关传感器工作原理(见图 16-6-10)。外界的金属性物体对传感器的高频振荡器(即是由缠绕在铁氧体磁心上的线圈构成的 LC 振荡器)产生非接触式感应作用。当外界的金属性导电物体接近这一磁场，并到达感应区时，在金属物体内产生涡流效应，从而导致 LC 振荡电路振荡减弱，振幅变小，即称之为阻尼现象(见图 16-6-11)。这一振荡的变化，经过施密特触发器整形成高低电平以后，即被开关的后置电路放大处理并转换为一确定的输出信号，触发开关并驱动 FPGA，从而达到非接触式目标检测之目的。

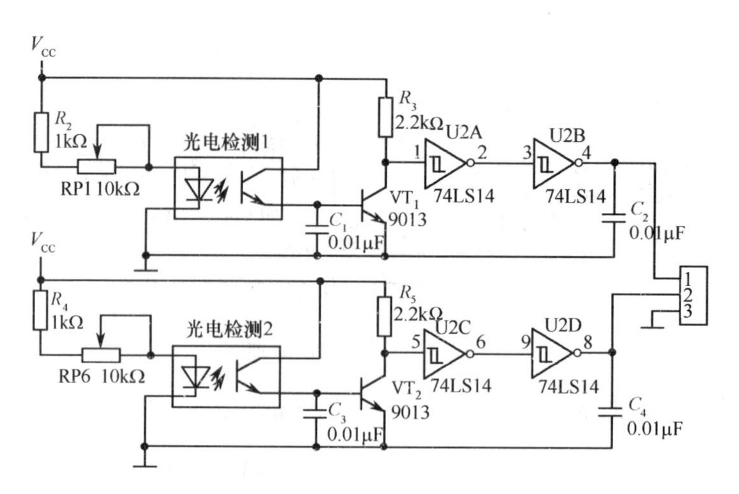

图 16-6-9　小车移动引导线检测原理图

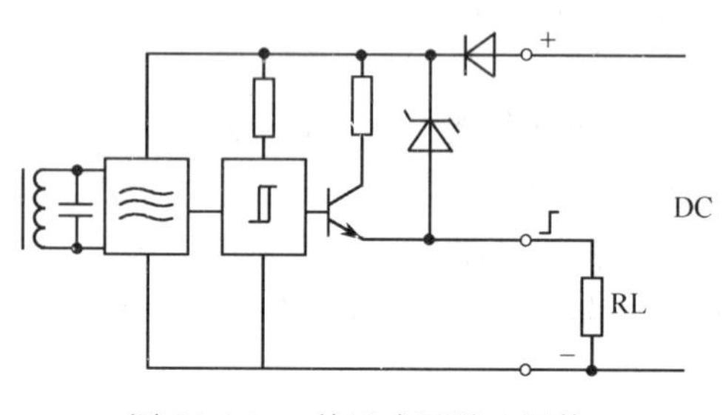

图 16-6-10　接近式开关金属传感器的工作原理图

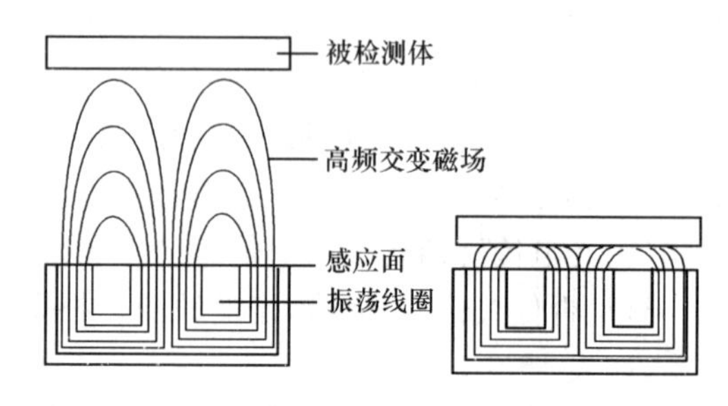

图 16-6-11　在阻尼和非阻尼状态时的磁场

(4) 障碍物信号的检测和处理系统设计:超声传感器包括超声发射器、超声接收器和控制电路三个主要部分(见图 16-6-12)。它的工作原理是:首先 FPGA 发射出的超声波发射信号经过 7414 整形送到超声发射器。超声发射器则向障碍物方向发射出一连串脉冲式的超声波,后即自行关闭,停止发射。超声波遇到物体后,被反射回来,此时超声接收器开始检测回声信号。当超声接收器收到回声信号后,就送一个标志信号到 FPGA 控制中心,超声传感器整个工作过程都是在控制电路控制下顺序进行的。

(5) 小车运动方向引导光源信号的检测系统设计:该自制小车运动方向引导光源信号的检测系统示意图如图 16-6-13 所示。在小车的前端装上三个光电传感器。它们分别对光源进行信号采集,并通过采集到的数据发出控制信号,实现对小车的运动状态的控制。根据三个传感器检测到的数据,可以判断小车的运动趋势。具体描述见表 16-6-2。

表 16-6-2　引导光源检测信号与小车运动关系表

A	B	C	小车状态
0	1	0	小车正对光源
0	0	1	小车向右偏离入库方向(大幅度)
1	0	0	小车向左偏离入库方向(大幅度)
1	1	1	背景光严重干扰了灯光源
0	1	1	小车向右偏离入库方向(小幅度)
1	1	0	小车向左偏离入库方向(小幅度)
0	0	0	查找光源

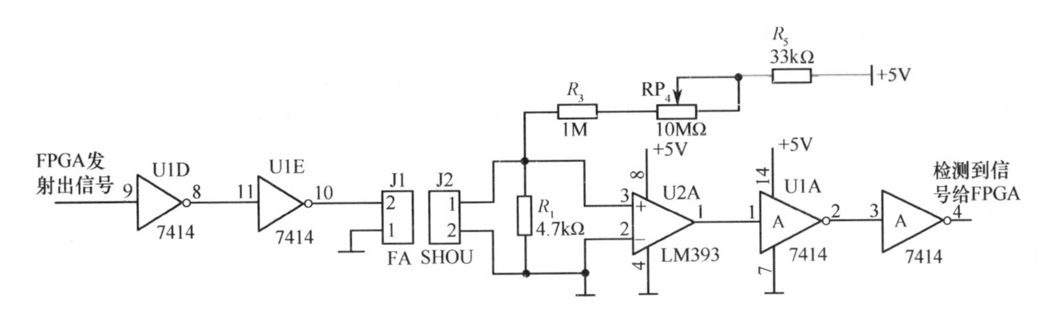

图 16-6-12　障碍物信号检测原理图

图 16-6-14 为引导光源信号的检测原理图，作为探头的光电二极管。采集到光源信号的光电二极管处于导通状态，三极管 VT_1 和 VT_2 也导通，产生的一个低电平信号经过整流管整流、滤波，再倒相输出一个高电平 FPGA 控制端。

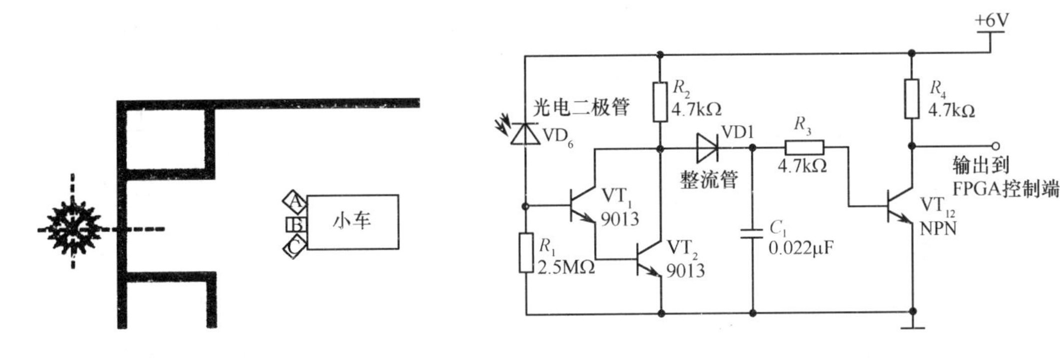

图 16-6-13　引导光源信号的检测系统示意图　　图 16-6-14　引导光源信号的检测原理

3. 简易智能小车运动控制策略设计

系统用 FPGA 来完成整个核心控制部分，由信号的检测及处理模块把检测到的各路信号分别输入到 FPGA 的数据输入接口，然后用超高速硬件描述语言 VHDL 编程实现控制部分。控制策略分别描述如下。

(1) 小车移动距离(速度)信号的检测与处理控制策略的设计

小车车轮转动，每当经过一次漏光条，对射式光电传感器就导通一次，导通 4 次，小车车轮即旋转了一周。可以通过计算光电传感器的导通次数，来对小车移动的距离(速度)进行测量。描述见表 16-6-3。其中 n 为传感器导通次数。

(2) 小车移动引导线信号的检测与处理控制策略的设计

小车要压着引导线前进，就需要两对检测黑线的发射式光电传感器分别卡在黑线的两边。当它们检测到异样的信号后，就发送信号给 FPGA 控制核心部分，从而做出相应的操作。见表 16-6-4。其中“0”表示检测到黑线，“1”表示检测到白线。

表 16-6-3　小车移动距离(速度)信号的控制策略示意表

光电传感器导通次数	车子行驶的距离
$4\times n+1$	$(16\times n+4)$cm
$4\times n+2$	$(16\times n+8)$cm
$4\times n+3$	$(16\times n+12)$cm
$4\times(n+1)$	$16\times(n+1)$cm

表 16-6-4　引导线信号的检测与处理的控制策略示意表

光电传感器左	光电传感器右	小车要做的动作
0	0	方向性错误
0	1	左转
1	0	右转
1	1	严重偏离轨道

(3) 金属探测传感控制策略的设计

当金属探测传感器探测到金属的时候,对 FPGA 控制信号端口发出信号,随即 FPGA 控制系统发出信号给外围电路,控制发出光声信号以提示检测到了金属。

(4) 障碍物信号的检测和处理控制策略的设计

当用于探测障碍物的超声传感器检测到前方有障碍物的时候,它马上返回一个回声信号。当传感器的接收部分,接收到了这个信号以后,就给 FPGA 控制系统发出一个标志信号。经过FPGA的处理,对小车的动作做出相应的处理。

(5) 小车运动方向引导光源信号的检测控制策略的设计

小车的三个光电传感器从三个方位对前方的电源进行检测,追踪。三个传感器分别采集到不同信号,一起发送给 FPGA 控制系统,经过处理再输出一个控制信号给外部的电动机,来控制小车的走向。具体描述见表 16-6-5。其中 A、B、C 分别表示装在小车前部的三个光电传感器;"1"表示检测到光源的存在,"0"则表示没有检测到。

表 16-6-5 引导光源信号的检测控制策略示意表

A	B	C	功能
0	1	0	进库
0	0	1	左转(大幅度)
1	0	0	右转(大幅度)
1	1	1	有问题(调整整个传感器位置)
0	1	1	左转(小幅度)
1	1	0	右转(小幅度)
0	0	0	查找光源

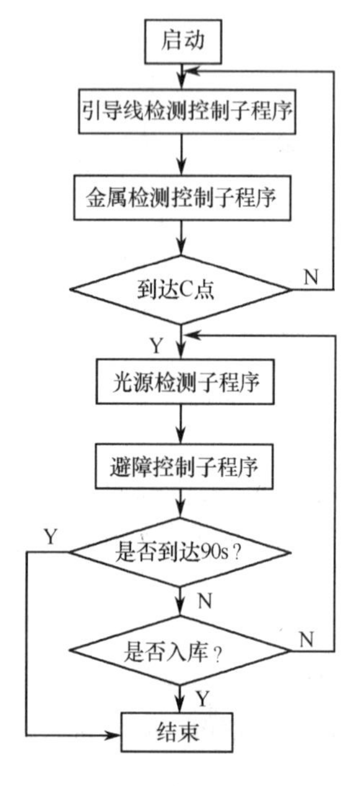

图 16-6-15 简易智能电动小车总体控制策略的流程图

(6) 简易智能电动小车的总体控制策略的流程图如图 16-6-15所示。

三、实际测试

1. 测试设备

(1) 最终测试用到的仪器包括

① 模拟跑道:直道区长为 2.3m(下面铺有薄铁片任意个)
弯道区半径为 0.8m
障碍区长为 1m(两侧任意位置分别放一大小为 50cm×12cm×6cm 的障碍物)
停车区长为 0.6m
车库长为 0.4m

② 卷尺:精度为 0.1cm,最大测量为 300.0cm

③ 秒表:精度为 0.01s

④ 光源:灯泡

⑤ 薄铁片:3 片

(2) 调试过程中用到的仪器包括

① 频率发生器:GFG-8216A

② 示波器:YB4365

③ 直流电压源:DF1731SC2A

④ 数字万用表：UT2006

2. 测试过程

① 光电检测部分：引导线的检测可以通过调节电位器来调整光电传感器的灵敏度，直至小车严格压着引导线行进。

车速测量的检测可以通过对车轮转数的计数，乘以车轮的周长。计算出来的路程和实际用软尺所测的路程进行比较。

② 金属检测部分：小车检测到并显示的金属片数应该与实际的金属片数相符。

③ 超声波检测部分：小车通过超声波传感器避开障碍物，越过障碍区，检测的方法就是使小车行驶的过程中不会碰到障碍物。

④ 引导性光源检测部分：小车由题目所给的光源引导，顺着光源顺利走进车库。即完成了光源引导部分的功能测试。

3. 测试结果(略)

4. 测试结论

经过对系统的各部分参数的测试，本设计的基本部分和发挥部分实现的功能都达到了设计要求。

四、结论

本系统以 FPGA 技术作为核心控制技术，以行为控制作为核心控制策略。采用光电传感器、金属探测传感器，以及超声传感器等传感器并配合超高速硬件描述语言 VHDL 编程实现了小车跟踪引导线行驶、探测金属、躲避障碍物、自动寻找光源、时间和路程的显示以及蜂鸣器报警的功能。通过光电传感器获取小车的车速、行驶距离、引导线以及引导性光源等信息；金属探测传感器主要获取轨道上的金属标志信息；超声传感器主要用来探测障碍物的位置。小车根据以上诸信息“了解”它所处的位置，并根据运动策略做出运动决策。最终使小车完成题目中的各项任务。并且本设计还有许多特色之处，比如控制电路电源和电动机电路电源隔离，信号通过光电耦合器耦合；采用以 FPGA 控制脉宽调制(PWM)信号的方式实现了 8 个挡位的车速调节；基于行为的智能控制策略等。很好地完成了题目设计的要求。

16.7 液体点滴速度监控装置[①]

16.7.1 题目说明

一、任务

设计并制作一个液体点滴速度监测与控制装置，示意图如右图所示。

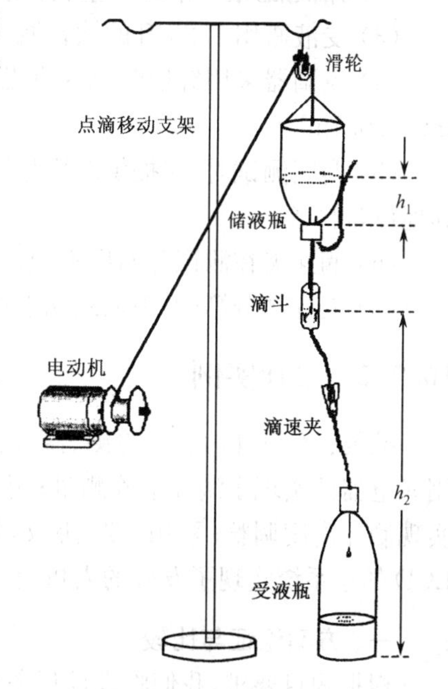

二、要求

1. 基本要求

(1) 在滴斗处检测点滴速度，并制作一个数显装置，能动态显示点滴速度(滴/分)。

① 2003 年全国大学生电子设计竞赛 F 题

(2) 通过改变 h_2 控制点滴速度，如右图所示；也可以通过控制输液软管夹头的松紧等其他方式来控制点滴速度。点滴速度可用键盘设定并显示，设定范围为 20～150 滴/分，控制误差范围为设定值±10%±1 滴。

(3) 调整时间≤3 分钟(从改变设定值起到点滴速度基本稳定，能人工读出数据为止)。

(4) 当 h_1 降到警戒值(2～3cm)时，能发出报警信号。

2. 发挥部分

设计并制作一个由主站控制 16 个从站的有线监控系统。16 个从站中，只有一个从站是按基本要求制作的一套点滴速度监控装置，其他从站为模拟从站(仅要求制作一个模拟从站)。

(1) 主站功能：

① 具有定点和巡回检测两种方式。

② 可显示从站传输过来的从站号和点滴速度。

③ 在巡回检测时，主站能任意设定要查询的从站数量、从站号和各从站的点滴速度。

④ 收到从站发来的报警信号后，能声光报警并显示相应的从站号；可用手动方式解除报警状态。

(2) 从站功能：

① 能输出从站号、点滴速度和报警信号；从站号和点滴速度可以任意设定。

② 接收主站设定的点滴速度信息并显示。

③ 对异常情况进行报警。

(3) 主站和从站间的通信方式不限，通信协议自定，但应尽量减少信号传输线的数量。

(4) 其他。

三、说明

(1) 控制电动机类型不限，其安装位置及安装方式自定。

(2) 储液瓶用医用 250 毫升注射液玻璃瓶(瓶中为无色透明液体)。

(3) 受液瓶用 1.25 升的饮料瓶。

(4) 点滴器采用针柄颜色为深蓝色的医用一次性输液器(滴管滴出 20 点蒸馏水相当于 1mL±0.1mL)。

(5) 赛区测试时，仅提供医用移动式点滴支架，其高度约 1.8m，也可自带支架；测试所需其他设备自备。

(6) 滴速夹在测试开始后不允许调节。

(7) 发挥部分第(2)项从站功能中，c 中的"异常情况"自行确定。

16.7.2 设计实例

摘要：本设计由滴速检测、滴斗高度调整、串行通信、人机交互和声光报警五模块构成。用光电器件实现了滴速准确测量；用集成 H 桥 L298 芯片驱动直流伺服电机，在单片机控制下实现滴斗高度调整；采用 485 协议，用双线实现了主、从站间数据通信；带键盘、LED、点阵 LCD 的小系统实现了友好的人机交互功能；用发光二极管和蜂鸣器实现了报警功能。

一、方案论证与比较

根据题目要求，我们将设计任务分成从站、主站和模拟站的设计三部分。

从站的设计是本系统的主要部分，它的功能主要是测量液体点滴的速度、控制滴斗的高度、检测警戒液面、对异常情况发出声光报警、与主站之间进行通信。

主站的功能是对16个从站进行定点或巡回检测、设置从站的控制参数、显示从站的状态信息，并有报警输出。

模拟从站就是不具有检测和控制装置的从站，它可以接受主站的设置命令，并显示状态信息。

下面对系统方案进行论证与比较。

1. 液体点滴速度测量方案的选择

检测点滴速度的关键是检测有液滴通过滴斗，经试验证实，虽然液滴是无色透明的，但光线通过液滴时会发生反射和折射，使得通过液滴的光强降低，利用这个特点就可以检测液滴是否存在，而在一定时间内测量的液滴数量就是滴速。

方案一：利用激光收发装置测量液体滴速。这种方法光束集中，测量精度高，抗杂散光干扰能力强。但是激光器一般对电源要求比较高，重量重、体积大，很难安装在滴斗上，且成本较高，所以此法不可取。

方案二：利用普通红外发射、接收管实现。这种方法具有结构简单、成本低、重量轻、便于安装、对电机负载影响小等优点。但是接收管输出信号微弱，需经过较高倍数的放大处理，对信号调整电路的要求较高。此法实现难度较大，故不选择。

方案三：利用高亮发光二极管发射，光敏二极管检测实现。这种方法具备方案二的优点，经试验表明光敏二极管的输出信号较强，只需经过简单地滤波、整形即可得到单片机所需的计数脉冲信号。

因此，本设计选择方案三。

2. 液体点滴速度控制方案的选择

方案一：通过控制滴速夹的松紧实现。可以通过控制步进电机的步进角度，实现对滴速夹松紧程度的精确控制。这种方法虽具有灵敏度高、调整时间短的优点，但机械结构加工复杂，对电机控制精度要求高，实现难度较大。

方案二：通过控制滴斗的高度实现。这种方法通过电机控制点滴瓶的高度来实现。它具有机械结构简单，响应速度较快，高度与滴速之间线性关系较好的优点。只要采用合理的控制算法，就可完全实现题目要求。

因此，本设计选择方案二。

3. 警戒液面检测方案的选择

方案一：在瓶内插入电极。这是测量液位的一种常见方法，但插入的电极对瓶内的药液有影响，甚至改变某些药品的化学性质，故不宜使用。

方案二：采用电容传感器检测。将储液瓶置于电容两极之间，那么液面高度的不同将改变电容两极间的介电常数，从而改变电容的大小。只要能准确测出电容值，也就意味着可以检测出警戒液面。但这种方案具有电路设计复杂的缺点，在较短时间内实现较为困难。

方案三：采用软件实现。由于题目明确指出滴管滴出20滴蒸馏水相当于1mL±0.1mL。只要在程序开始时输入总容量，然后对点滴进行累加计数，不难计算出瓶内剩余液量。而到达警戒液面时储液瓶中剩余的液量完全可以通过实验测出，这样程序中只需对实际剩余容量和警戒余量进行比较，即可判断出是否该报警。使整个系统的硬件大为简化。

因此，本设计选择方案三。

4. 主从站之间通信方案的选择

方案一：并行通信。这种方法可以完成8位数据一次传输，传输速度高，但所需要的信号传输线多，进行多从站双向通信较为复杂，不适合远距离数据通信。

方案二：采用 RS-232 进行通信。由于单片机带有串口，使用 RS-232 协议只需一个电平转换芯片，使用三根线就可实现双向通信，而且可与计算机直接通信。但使用 RS-232 通信具有通信距离短，抗干扰能力差，组网需设计专门电路的缺点，经综合考虑，不适用于本系统。

方案三：RS-485 和 RS-422 通信。RS-485 只需 2 根传输线，采用差分电平传输信号，抗干扰能力强，有效传输距离可达到 1200m。而且 RS-485 具有组网能力强的特点，组网时只需将 AB 两根线直接接入网络。采用合适的接口芯片，节点数可多达 256 个。RS-422 是全双工接口，网络连接需 4 根线；RS-485 是半双工接口，网络连接需两根线。

分析本系统对通信的需求，对通信速率要求不高，且要求信号线尽量少，因此本系统选择方案三，采用 RS-485 接口，主站采用"广播—应答"的通信方式实现对从站的通信。经综合选择，采用 MAX487E 接口芯片实现 TTL 到 RS-485 的转换。

二、硬件设计与实现

系统硬件主要包括主站、标准从站和模拟从站三大部分。其中标准从站是系统的主要部分，它以 ATMEL 公司的 AT89C52 单片机为核心，包含液体滴速检测模块、点滴瓶高度调整模块、串行通信模块、人机交互模块和声光报警模块 5 个部分。

1. 液体滴速检测模块

图 16-7-1 所示是液体滴速检测电路，它包含了 4 个部分：可见光反射与接收电路、信号放大电路、滤波电路和整形电路。

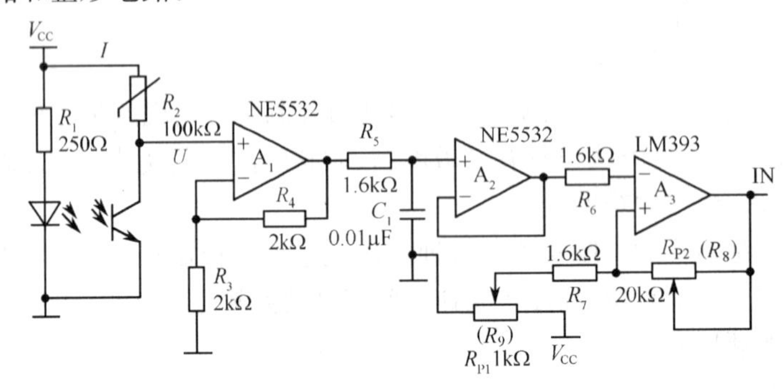

图 16-7-1　液体滴速检测电路

可见光发射与接收电路采用高亮发光二极管和光敏三极管实现。将它们通过支架尽量同轴地安放在滴斗两侧，并使其到液滴脱离点距离尽量小些。在没有液滴经过时，光敏三极管感光量最大，通过的电流也最大。光敏三极管两端电压

$$U = V_{CC} - IR_2$$

此时达到最小值 U_{min}；当液滴正好处在光敏三极管和高亮发光二极管同轴线上时，光敏三极管感光量最小，通过的电流也最小，U 达到最大值 U_{max}。本设计正是通过检测这两个不同的状态来实现对下落液滴数目的检测。

本电路中 R_1 用于限流，防止因电流过大而烧坏发光二极管。

$$I_{LED} = (V_{CC} - U_{LED})/R_1$$

V_{CC}为 5V，U_{LED}是发光二极管的管压降，为 1.9V，发光二极管的工作电流取 20mA，经计算，R_1 取 160Ω，实际电路 R_1 取 250Ω。

由于发射、接收管安装在滴斗上，与电路板有较长的距离，而光敏三极管工作时带来的是

电流变化，通过屏蔽长线传输时不易受外界干扰，R_2 给光敏三极管提供工作电流，并将光敏三极管的电流变化转换成电压变化。通过调节 R_2，可以调节 U_{min} 和 U_{max} 的大小，这样液滴的两个不同的状态就可以转化成 R_2 端电压从 U_{min} 到 U_{max} 的交替变化。

R_2 由于液体透明，对光的影响较小，电压的变化不够大。所以要经过一级放大电路以便于后面电压比较器进行整形。本电路采用 NE5532 运放组成两倍同相放大电路。NE5532 具有低噪声的特点，同时同相放大电路对可见光接收电路的影响也较小。

在测试时发现可见光接收电路输出信号中包含有高频干扰，而液滴最大速度为 150 滴/分，即信号的交流成分的频率极低。所以设计了一级低通滤波器进行滤波以抑制干扰，该电路的截止频率设计在 1kHz，经试验证明该电路对高频信号有较好的抑制作用，同时对有用信号影响较小。

最后信号经过具有消抖功能的电压迟滞比较器（由 R_6、R_7、R_8、R_9 和 LM393 构成），整形为 TTL 电平的脉冲信号送入单片机的计数脚。通过调整 RP_1 可以改变比较电压基准，调整 R_{P1} 可以改变迟滞比较器的阈值电压，仔细地调整这两个电位器可以获得较好的脉冲波形，同时可避免将一次液滴信号整形成多个脉冲。

2. 高度调整模块

这部分主要由直流电机及其驱动电路和一定的机械结构组成。电机安装在地面，电机的主轴上缠绕一根软线，软线通过支架顶部的滑轮系在储液瓶上。通过电机的旋转即可调节点滴装置的高度。

由于调整高度的部分包括储液瓶、滴斗及滴速检测模块，最大质量约为 500g，滑轮直径为 40mm，根据

$$T_L=\frac{1}{2}d\times W$$

可算出 $T_L=0.1\text{N}\cdot\text{m}$，由此可知对电机承载能力要求不高，同时针对题目要求的调整时间为 3 分钟，所以我们选择了由 24V 直流电源供电的带减速器的电机，减速器输出转速为 60 转/分，输出转矩大于 $0.5\text{N}\cdot\text{m}$，负载转矩和堵转性能均满足要求。

电机的驱动电路采用 L298H 桥模块，可以通过 P1 口两根线输出的高低电平来控制电机的正、反转，从而实现对滴斗升降的平稳控制。电路如图 16-7-2 所示。

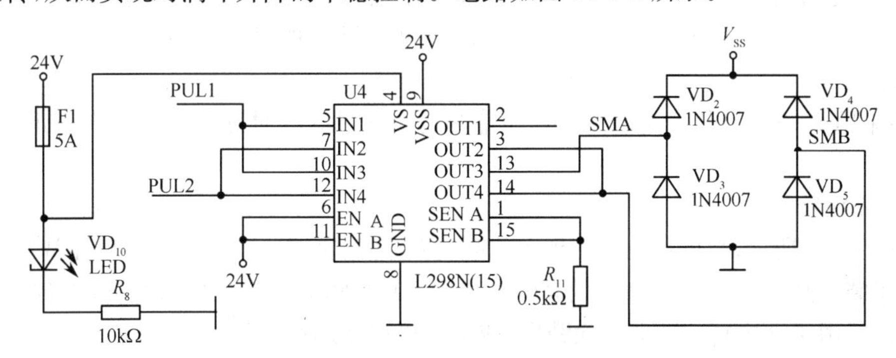

图 16-7-2　电机驱动电路

L298N 是 ST 公司生产的通用电机驱动芯片，它内部包括两个 H 桥。它的工作电压可高达 46V，工作电流可达 2A，完全可以驱动所选的直流电机。而且它具有抗干扰能力强，与单片机的接口简单等优点，采用它可方便地实现电机控制接口。

3. 串行通信模块

由于题目要求尽量减少主从站之间的信号传输线，所以我们采用 RS-485 接口来实现通信电路(如图 16-7-3 所示)，接口芯片采用 MAC487E，该芯片只需两根信号传输线就可以实现单片机组网串行通信，从而使信号传输线达到尽可能少。

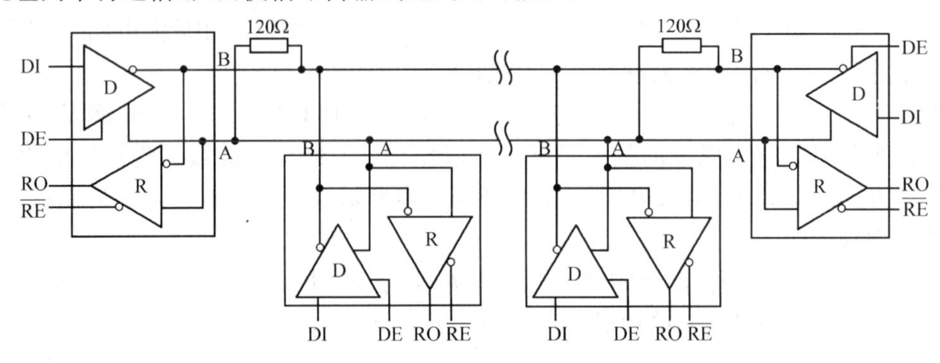

图 16-7-3 串行通信电路

在系统中，主站、标准从站和模拟从站的 MAX487E 芯片按图 16-7-3 接入网络。主站采用“广播—应答”的方式进行通信。每一个从站具有唯一的地址编码，串口工作在模式 3，波特率为 9600bps。主机发送的字节有两种，一种为地址字节，一种为数据字节。通常，从站单片机串口的 SM2 位置 1，只接收网络上的地址字节。当从站发现地址字节与自己的地址编码一致时，就将 SM2 位置 0，就可以接收主机发送的数据字节，按照一定的通信协议，从站再回应一定的数据，就完成了一次通信。然后，从站在将 SM2 位置 1，开始了准备接收下一次通信。

采用这种半双工的通信方式，通信的速率不能很高，但已完全满足系统的要求。

主站、从站、模拟站均由带键盘、显示模块的单片机最小系统构建，电路图见附录。

4. 人机交互模块

这部分电路采用单片机最小系统实现，分为显示和键盘输入两部分。

显示部分采用 LED 和 LCD 两种方式并行显示。用 LCD 完成汉字菜单部分的显示，实现友好的人机交互；用 LED 完成液体滴速与总滴数的实时显示，灵活醒目。(显示器件采用长沙太阳人公司的 SMG12232B—2LCM 液晶显示器，该液晶显示容量为 122×32 点阵，通过编程可以将 LCD 做成非常友好的用户界面。可以灵活地显示题目所要求的各种功能和相关参数)。

键盘采用 2×8 矩阵键盘，操作方便，可靠易行。通过编程对键盘进行扫描，同时具有消抖功能。

5. 声光报警模块

如图 16-7-4 所示，当单片机检测到水位高度 h_1 降到警戒值以下或有其他异常情况产生时(如手动报警)，从 P13 和 P12 输出的高电平控制 9013，驱动发光二极管发光和蜂鸣器产生报警信号，最后由手动按复位键来解除警报，或由主机进行远程清除。

主机和模拟从站分别采用带按键和显示功能的单片机最小系统来实现，外置一片 MAX487E 完成通信接口转换。

该系统的总体框图如图 16-7-5 所示。

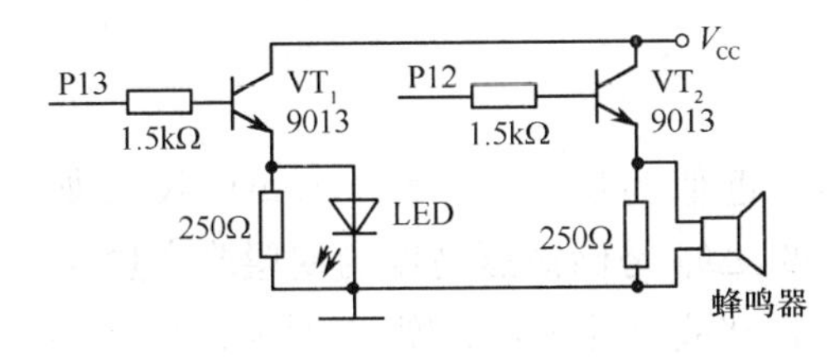

图 16-7-4　声光报警电路

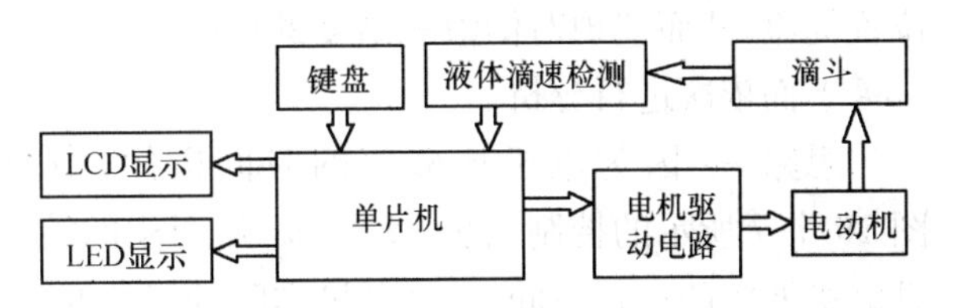

图 16-7-5　系统的总体框图

三、软件设计

1. 滴速测量

用单片机的 T0 口对液滴检测模块的输出信号进行计数。设经过 Γ 秒后计数值为 N，则滴速可用公式描述为

$$v=\frac{N}{\Gamma}$$

则误差表示为

$$\frac{\Delta v}{v}=\frac{\Delta N}{N}-\frac{\Delta\Gamma}{\Gamma}$$

由于用单片机定时器 T1 来完成定时，可以使 $\Delta\Gamma/\Gamma$ 近似为零，而计数误差 ΔN 为 ±1，因此有

$$\frac{\Delta v}{v}\approx\frac{1}{N}=\frac{1}{v\Gamma}$$

即

$$\Delta v=\frac{1}{\Gamma}$$

而题目要求 $\Delta v\leqslant10\%v+1$，则

$$\Gamma\geqslant\frac{1}{0.1v+1}$$

可见，在保证同样精度的前提下，滴速 v 越大所需测量时间 Γ 越小。当滴速最小（20 滴每分钟）时，所需测量时间最长，即 $\Gamma\geqslant\dfrac{1}{0.1v_{\min}+1}=1/3\text{min}=20\text{s}$。

为了将精度提高到 5%，我们取 $\Gamma=30$ 秒。

2. 滴速控制

为了实现对滴速的精确控制，我们预先对滴斗高度与点滴速度的关系进行了测试，数据如表 16-7-1、表 16-7-2 所示。

表 16-7-1　测试滴斗高度与点滴速度(a)

高度(cm)	15	17	19	22	25	28	30	34	40	46	51
滴速(滴 / 分)	20	22	24	27	32	36	38	44	52	60	66

表 16-7-2　测试滴斗高度与点滴速度(b)

高度(cm)	54	59	63	67	74	78	83	88	103	124	148
滴速(滴 / 分)	72	78	84	90	98	104	112	120	136	166	178

用MATLAB仿真得图 16-7-6 曲线，容易发现在 20 滴 / 分～150 滴 / 分速度范围内滴斗高度 h 与点滴速度 v 具有良好的线性关系，其数学模型可以表示为

$$v=v_0+K_2\Delta h$$

因而只要控制储液瓶的高度就可以实现对液滴速度的控制。控制储液瓶的高度有两种思路：思路一为把电机的转速近似为恒定值，对电机进行工作时间的控制；思路二是对电机进行

位置伺服，从而实现对储液瓶高度的控制。

下面依次进行分析。

思路一：因为电机加减速的时间极短，其转速可近似为恒定，记为 n(rpm)。设计如图 16-7-7 所示的控制系统。图中，v_d 是期望的液滴速度，Δh_d 是储液瓶高度的期望改变量，t_d 是电机期望的运行时间，t_s 是电机实际的运行时间，h_s 是储液瓶的实际高度，v_s 是实际的液滴速度。从物理意义出发可以得到：

$$g_1(s)=\frac{\Delta h_d(s)}{V_e(s)}=K_1,\quad g_2(s)=\frac{h_d(s)}{\Delta h_d(s)}=\frac{1}{n_d K_0}$$

$$g_3(s)=\frac{\Delta h_s(s)}{t_s(s)}=nK_0,\quad g_4(s)=\frac{V_s(s)}{h_s(s)}=K_2$$

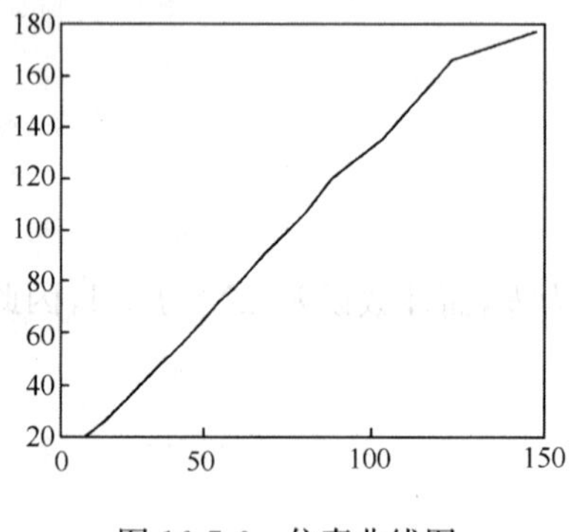

图 16-7-6　仿真曲线图

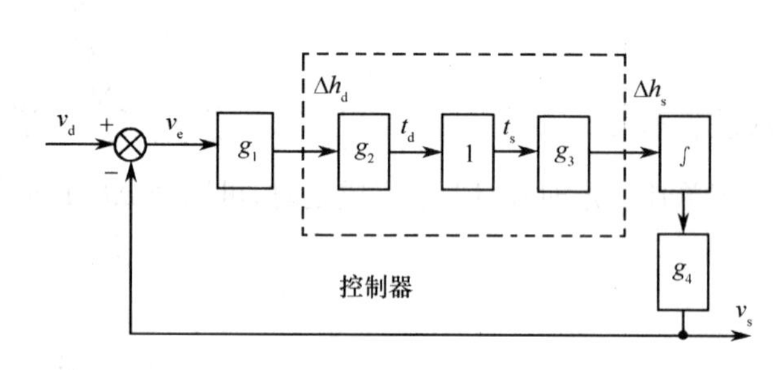

图 16-7-7　滴速控制系统框图

从而得到开环传递函数为：$$G_C(s)=\left(K_1K_2\frac{n}{n_d}\right)\frac{1}{s}$$

闭环传递函数为：$$G(s)=\frac{G_C(s)}{G_C(s)+1}=\frac{K_1K_2n}{K_1K_2n+n_d s}$$

如果参数 K_1,K_2,n_d 与实际完全符合，必然有

$$K_1K_2=1, n_d=n$$

则 $G(s)=\dfrac{1}{s+1}$，其阶跃响应曲线如图 16-7-8 所示。

可见该系统是稳定的，而且没有超调，动态响应时间 $t_r=5.1\text{s}$。如果参数 K_1,K_2,n_d 与实际不完全符合，t_r 会略有出入。

值得注意的是，上述控制系统中隐含了一个时延 t_d，再考虑到滴速测量需要的时间 Γ，系统的调整时间 $t_a=t_d+\Gamma+t_r(\text{s})$。

思路二：与思路一的区别在于控制器的不同。如图 16-7-9 所示。其中，n_d 是电机的期望速度，n_s 是电机的实际速度。

取位移反馈控制律 $$g_5(s)=\frac{n_d(s)}{\Delta h_d(s)}=K_4$$

则控制器闭环传递函数为

$$G_{C1}(s)=\frac{g_5(s)\dfrac{K_3}{Ts+1}\dfrac{1}{s}}{1+g_5(s)\dfrac{K_3}{Ts+1}\dfrac{1}{s}}=\frac{K_3K_4}{Ts^2+s+K_3K_4}$$

总体闭环函数

$$G_C(s) = \frac{g_1(s)G_{C1}(s)\frac{1}{s}g_4(s)}{1+g_1(s)G_{C1}(s)\frac{1}{s}g_4(s)} = \frac{K_1K_2K_3K_4}{Ts^3+s^2+s+K_1K_2K_3K_4}$$

显然，该系统是一个三阶系统。调整 K_1、K_2、K_3、K_4，可以使系统稳定。

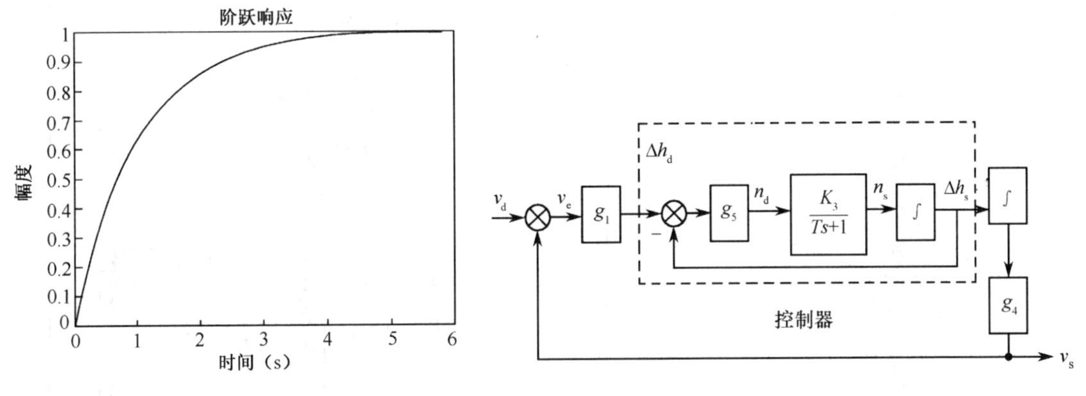

图 16-7-8　阶跃响应曲线　　　图 16-7-9　滴速控制系统框图

比较以上两种思路可以发现思路二存在三个问题：

其一，系统会出现超调；

其二，K_1、K_2、K_3、K_4 的取值如果为整数，很难使系统达到稳定，而如果取为浮点数，主频 12M 的单片机很难胜任；

其三，控制算法要用到电机的机电常数 T，而在本题中 T 是不能得到的。

相比较而言，思路一要简单、优越得多。根据题目所给参数（绕线轴直径 $d=0.04\text{m}$，点滴架高度 $H=1.8\text{m}$），以及所选电机的转速 $n=60\text{rpm}$，即

$$t_d = \frac{H}{\pi dn} = \frac{1.8}{3.14\times0.04\times60} = 0.23\text{min} = 14\text{s}$$

再考虑 Γ 和 t_r 的取值，必然有调整时间 $t_a = t_d + \Gamma + t_r < 3\text{min}$，满足题目要求。

因此，本设计选择思路一进行滴速控制。

3. 报警

由于储液瓶中初始液量 V 可以手动置入，而滴管滴出 20 滴蒸馏水相当于 1ml 左右，那么液体总量约 $20\times V$ 滴，所以通过对下落滴数总数的累计，就可以算得 h_1 是否降到警戒值进行相应的报警处理。

4. 通信

采用单片机串行通信模式 3—— 多机模式进行通信，波特率选用 9600bps。主机与从机之间数据以数据包的形式发送。主机发送的数据包包括五个数据：从站号、命令字、新站号、新速度、新状态。从机数据包包括四个数据：从站号、滴速、状态、液量。（网络数据协议如表 16-7-3 所示。）模拟站工作方式与从机相同。

表 16-7-3　网络数据协议

长　度	数据包（数据 1，…，数据 N）	CRC 校验码
1 字节	N 字节	2 字节

程序流程图如图 16-7-10、图 16-7-11 和图 16-7-12 所示。

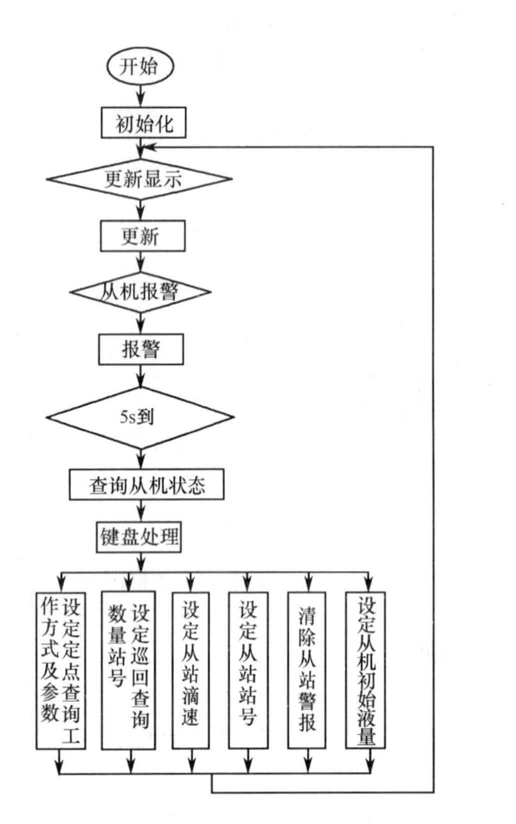

图 16-7-10　主站程序流程图

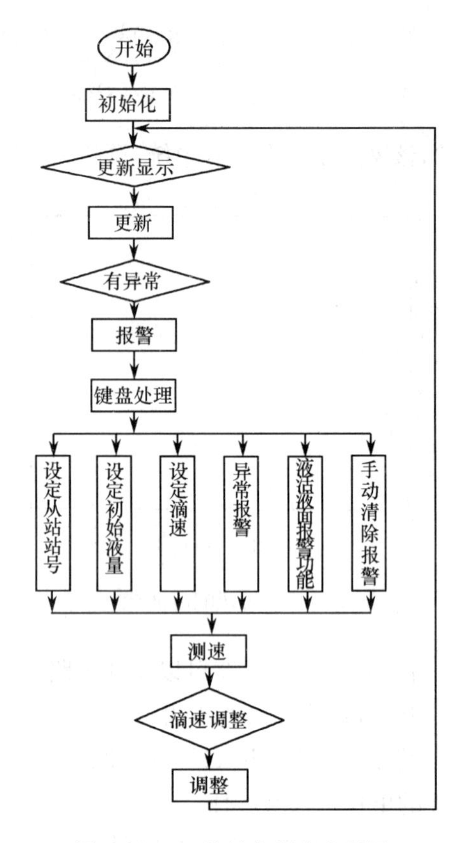

图 16-7-11　从站主程序流程图

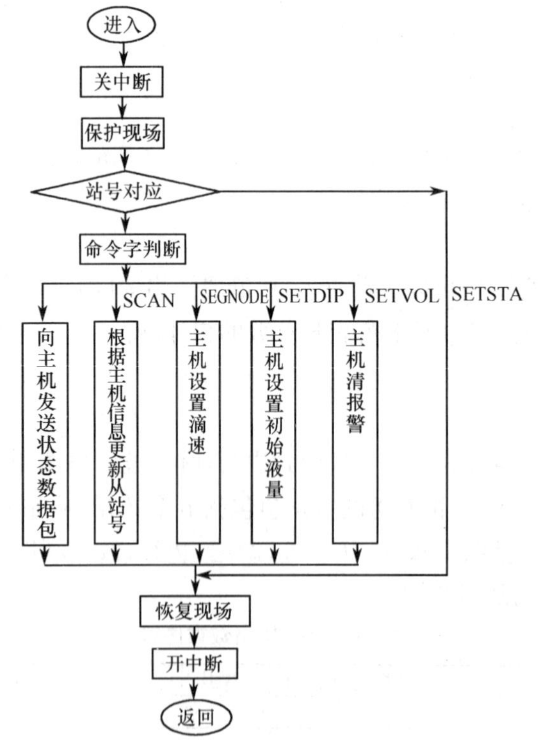

图 16-7-12　从站通信中断服务程序流程图

四、测试方法与数据

(1) 测试仪器

数字万用表　　　　DT9205

数字双踪示波器　　TDS210

秒表　　　　　　　PC397

(2) 液体滴速检测的测试

在不同的滴速段用秒表计时1分钟，对实际液体落下的滴数进行记录并与显示值比较，数据如表16-7-4所示。

表16-7-4　滴速检测的测试

实际滴速	20	30	40	50	70	90	110	130	150
显示滴速	20	30	40	50	70	90	109	129	151

(3) 滴速控制的测试

利用键盘在20～150(滴/分)范围内设定点滴速度，同时用秒表开始计时直到点滴速度基本稳定，记录调整时间与控制误差。测量数据如表16-7-5所示。

表16-7-5　滴速控制的测试

设定滴速	20	40	60	80	90	100	120	140	150
稳定滴速	20	40	60	78	86	96	115	134	143
控制误差	0%	0%	0%	2.5%	4.4%	4%	4.2%	4.3%	4.7%
调整时间(s)	32	31	35	68	63	61	95	97	96

(4) 主、从站间通信功能的测试

①主站功能

a. 具有定点和巡回检测功能。

b. 可显示从站号及其滴速。

c. 可设定要查询的从站数量、从站号和各从站的滴速。

d. 可接收从站报警信号并显示相应从站号，并能手动解除警报。

②从站功能

a. 能输出从站号、点滴速度和报警信号，可以设定站号和滴速。

b. 可接受、显示主站设定的滴速。

c. 能通过按键紧急呼叫。

五、测试结果分析

通过对数据的测试，发现本设计能够实现题目的所有要求。一些性能还高于题目要求，如控制误差限制在5%以内，调整时间小于2分钟。

16.8　电压控制LC振荡器[①]

16.8.1　题目说明

一、任务

设计并制作一个电压控制LC振荡器。

① 2003年全国大学生电子设计竞赛A题

二、要求

1. 基本要求

(1) 振荡器输出为正弦波,波形无明显失真。

(2) 输出频率范围:15～35MHz。

(3) 输出频率稳定度:优于 10^{-3}。

(4) 输出电压峰一峰值:V_{p-p}=1V±0.1V。

(5) 实时测量并显示振荡器输出电压峰一峰值,精度优于 10%。

(6) 可实现输出频率步进,步进间隔为 1MHz±100kHz。

2. 发挥部分

(1) 进一步扩大输出频率范围。

(2) 采用锁相环进一步提高输出频率稳定度,输出频率步进间隔为 100kHz。

(3) 实时测量并显示振荡器的输出频率。

(4) 制作一个功率放大器,放大 LC 振荡器输出的 30MHz 正弦信号,限定使用 E=12V 的单直流电源为功率放大器供电,要求在 50Ω 纯电阻负载上的输出功率≥20mW,尽可能提高功率放大器的功率。

(5) 功率放大器负载改为 50Ω 电阻与 20pF 电容串联,在此条件下 50Ω 电阻上的输出功率≥20mW,尽可能提高放大器效率。

(6) 其他。

三、说明

需留出末级功率放大器电源电流 I_{CO}(或 I_{DO})的测量端,用于测试功率放大器的效率。

16.8.2 设计实例

1. 总体构思

综合考虑本题的基本要求和发挥部分的要求。将一个普通的电压控制的 LC 振荡器,变成一个高档的实用型的立体声输入的 FM 调制器。

本设计基于数字频率合成技术,采用 FPGA 来完成电压控制 LC 振荡器。利用数字锁相环式频率合成器,由 FPGA 实现对 PLL 频率合成芯片 MC145152 的控制。可自动改变频率,步进达 5kHz,可实时测量压控振荡器输出频率、输出电压峰一峰值,并用液晶显示器显示;在输出负载为容性阻抗时,用一串联谐振回路提高其输出功率;采用了交流电压负反馈和 AGC 电路来稳定输出电压;末级功放选用三极管 3DA5109,使其工作在丙类放大状态,提高了放大器的效率。同时系统还实现了频率扩展、自制音源、立体声编码等实用性功能。程序设计采用超高速硬件描述语言 VHDL,在 Xilinx 公司的 SpartanⅡ系列的 XC2S005PQ-208 芯片上编程实现。其总体框图如图 16-8-1所示。

2. 单元电路设计

(1) 压控振荡器和稳幅电路的设计

压控 LC 振荡器主要由压控振荡芯片 MC1648、变容二极管 MV209,以及 LC 谐振回路构成。MC1648 需要外接一个由电感和电容组成的并联谐振回路。为达到最佳工作性能,在工作频率要求并联谐振回路的 Q_L≥100。电源采用+5V 的电压,一对串联变容二极管背靠背与该谐振回路相连,振荡器的输出频率随加在变容二极管上的电压大小改变而改变。

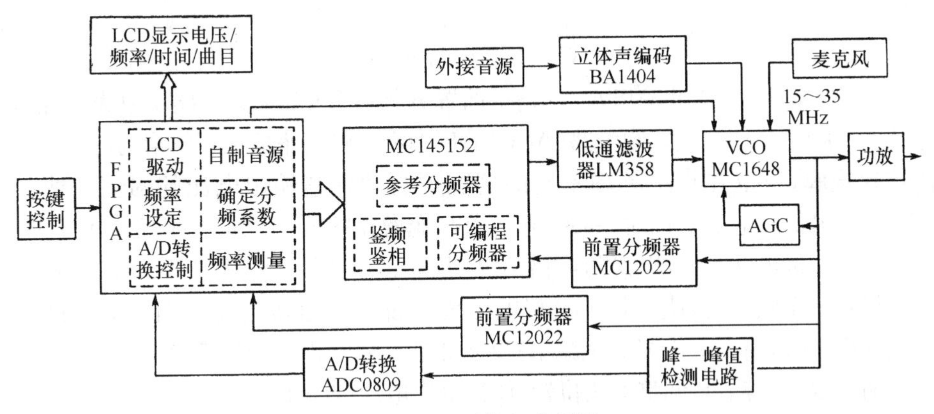

图 16-8-1　系统组成框图

因变容二极管部分接入振荡回路，为减小非线性失真，电容指数 ν 应选 1 为宜。图 16-8-2 为 MC1648 的内部电路图。图 16-8-3 为压控振荡电路图。

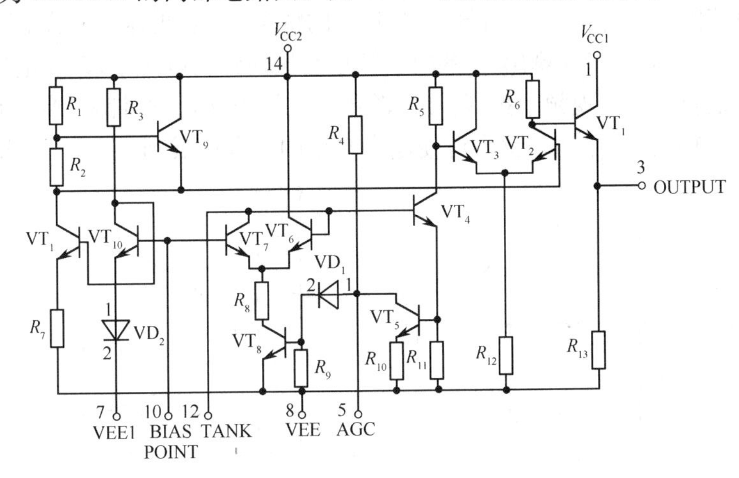

图 16-8-2　MC1648 的内部电路图

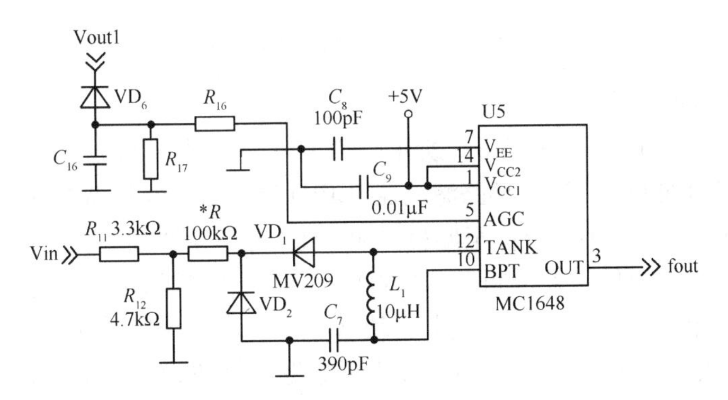

图 16-8-3　压控振荡电路图

压控振荡电路由芯片内部的 VT_8，VT_5，VT_4，VT_1，VT_7 和 VT_6，10 脚和 12 脚外接 LC 谐振回路(含 MV209)组成正反馈(反向 720°)的正弦振荡电路。其振荡频率由下式计算：

$$f_c=\frac{1}{2\pi\sqrt{L_1C}}$$

式中
$$\frac{1}{C}=\frac{1}{C_{D1}+C_{D2}+C_7}$$

VCO的芯片引脚3为缓冲输出端，一路供前置分频器MC12022，一路供放大电路放大后输出。该芯片的5脚是自动增益控制电路(AGC)的反馈端。将功率放大器输出的电压 V_{out1} 通过一反馈电路接到该脚，可以在输出频率不同的情况下自动调整输出电压的幅值并使其稳定在1V±0.1V。在输出信号电平变化时，AGC电路用改变增益的办法维持输出信号电平基本不变。结合MC1648的内部电路图，可以得到：当输出电压高于1V时，经二极管 VD_6、C_{16}、R_{17} 组成的峰值检波电路得到一个负电压，使 VT_8 的基极电压减小，集电极电压增大，这样 VT_1 的 V_{be} 减小，电压放大倍数减小，使得输出电压 V_{out1} 也减小；反之亦然。使输出电压稳定在1V±0.1V。另外在输出部分增加了变压器耦合，调整抽头位置，使得输出电压进一步稳定、准确。

VCO产生的振荡频率范围和变容二极管的压容特性有关。图16-8-4为变容二极管的测试图。可利用图中(a)所示的测量电路来测变容二极管MV209的压容特性。(b)为其压容特性和压控振荡器的压控特性示意图。从图中可见变容二极管的反偏电压从 $V_{Dmin}\sim V_{Dmax}$ 变化，对应的输出频率范围是 $f_{min}\sim f_{max}$。在预先给定 L 的情况下，给变容二极管加不同的电压，测得对应的谐振频率，从而可以计算出 C_j 的值。减小谐振回路的电感量，改变电容容量，不需要并联二极管即可很容易地实现频率扩展，在实验中利用该方法用 $\phi 6$ 骨架，绕6圈，曾使输出达到87MHz以上。在本设计中通过该方法使输出频率的范围扩展到14～45MHz。

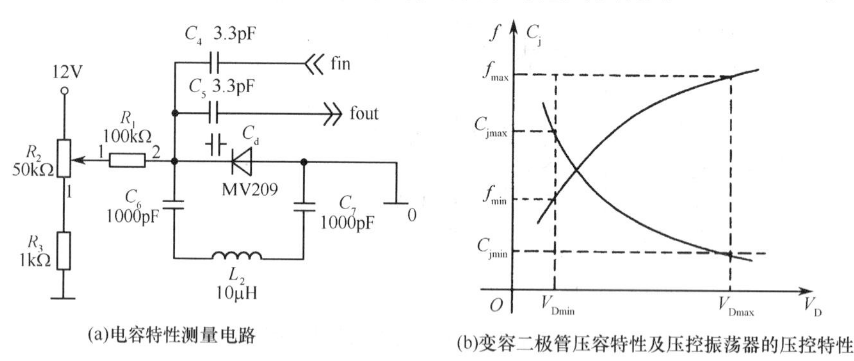

图16-8-4 变容二极管的测试图

(2) 锁相环式频率合成器的设计

锁相环的基本原理框图如图16-8-5所示。锁相环路主要由晶振、参考分频器、压控振荡器(VCO)、鉴频/鉴相器(FD/PD)、环路滤波器(LPF)及可编程分频器组成。它是应用数字逻辑电路将VCO频率一次或多次降低至鉴相器频率上，再与参考频率在鉴相电路中进行比较，通过低通滤波器取出控制信号来控制VCO的频率，使VCO的振荡频率稳定度与参考频率稳定度保持一致。由于采用了大规模集成电路块MC145152，将图中的晶振、参考分频器、鉴频鉴相器、可编程分频器都集成在一个芯片中，不需要再单独设计。同时利用FPGA来控制MC145152，确定分频系数 A、N 和发射频率的对应关系。下面将分别介绍各部分的功能。

① PLL频率合成电路的设计：锁相环频率合成器是以大规模集成PLL芯片MC145152为核心设计的。MC145152是MOTOROLA公司生产的大规模集成电路，它是一块采用并行码输入方式置定、由14根并行输入数据编程的双模CMOS—LSI锁相环频率合成器。图16-8-6为其内部组成框图。MC145152内含参考频率振荡器、可供用户选择的参考分频器(12×8 ROM参考译码器和12位÷R计数器)、双端输出的鉴相器、控制逻辑、10位可编程

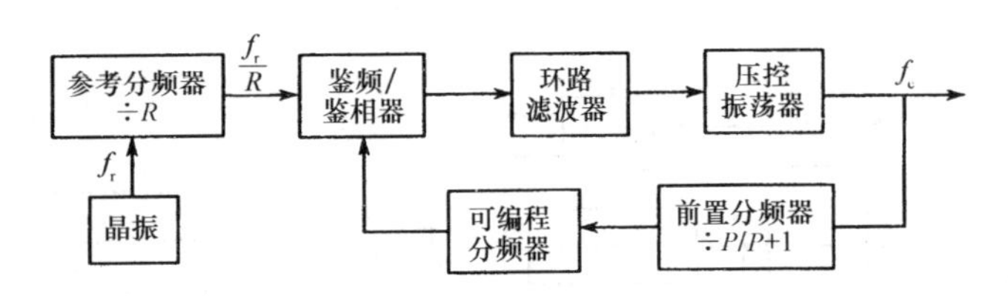

图 16-8-5　锁相环的基本原理框图

的 10 位÷N 计数器、6 位可编程的 6 位÷A 计数器和锁定检测等部分。其中,10 位÷N 计数器、6 位÷A 计数器、模拟控制逻辑和外接双模前置分频器组成吞咽脉冲程序分频器,吞咽脉冲程序分频器的总分频比为:$D=PN+A$(A 的范围 0～63,N 的范围 0～1023)。由此可以计算出频率和 A、N 值的对应关系,利用 FPGA 控制器改变其值,便可达到改变输出频率的目的。

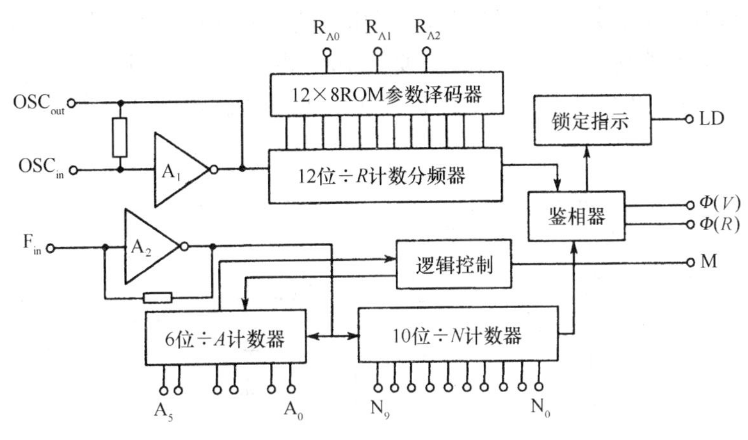

图 16-8-6　MC145152 内部结构图

参考分频器是为了得到所需的频率间隔而设定的。频率合成器的输出频谱是不连续的,两个相邻频率之间的最小间隔就是频率间隔。在 MC145152 中,外部稳定参考源由 OSC_{in} 输入,经 12 位分频将输入频率÷R,然后送入 FD/PD 中。R 值由 R_{A0},R_{A1},R_{A2} 上的电平决定,只有 8 个值可选,分别为 8,64,128,256,512,1024,1160,2048。在设计中,可通过改变 R 值来改变步进。

鉴相器的作用实际上相当于一个模拟乘法器。鉴相器将参考分频器出来的很稳定的参考信号和压控振荡器产生的频率经可编程分频之后得到的频率信号进行比较,输出为两者之间的相位差。经低通滤波器将其中的高频分量滤掉。

② 前置分频器:由于一般可编程分频器只能工作到几十兆赫兹,更高频率时需要在 VCO 与÷N 分频器之间再加上一个前置分频器。前置分频器和 MC145152 中的÷A 和÷N 计数器一起构成一吞咽脉冲程序分频器。图 16-8-7 为其工作示意图,其中(a)是 $P/P+1$ 前置分频器方框图,(b)是吞咽脉冲计数器示意图。选用的是集成芯片 MC12022,分频比为 $P/P+1=64/65$。MC12022 受控于吞咽计数器的分频比切换信号,也就是模式选择信号 M。当 M 为高电平时,分频比为 $P+1$,低电平时为 P。MC145152 内的÷N 和÷A 计数器均为减计数器,当减到零时,÷A计数器输出由高变低,÷N 计数器减到零时输出一脉冲到 FD/PD 并同时将预置的 N 和 A 重新置入÷A 和÷N 计数器。利用这种方法可以方便地使总分频比为连续数,总分频比为 $D=PN+A$。

③ 低通滤波器:低通滤波器由运放 LM358 和 RC 电路组成。其电路图如图 16-8-8 所示。

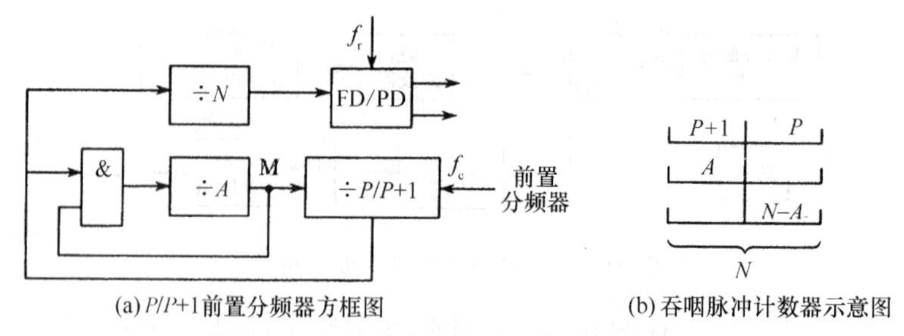

图 16-8-7 吞咽式脉冲计数器工作示意图

低通滤波器用于滤除鉴相器输出的误差电压中的高频分量和瞬变杂散干扰信号，以获得控制电压，提高环路稳定性和改善环路跟踪性能和噪声性能。锁相稳频系统是一个相位反馈系统，其反馈目的是使 VCO 的振荡频率由自有偏差的状态逐步过渡到准确的标准值。而 VCO 如做调频源用，其瞬时频率总是偏离标准值的，锁相环路只对 VCO 平均中心频率不稳定所引起的分量(处于低通滤波器通带之内)起作用，使其中心频率锁定在设定的频率上。因此，输出的调频波的中心频率稳定度很高。作为 FM 广播用的低通滤波器的截止频率 f_0 一般情况下小于 10 Hz。

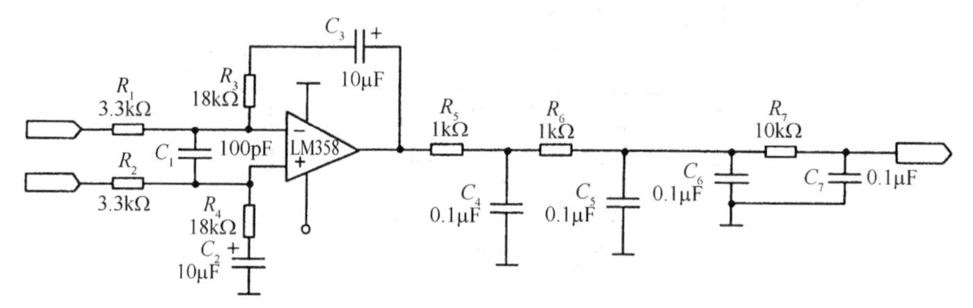

图 16-8-8 低通滤波器电路图

④ 电源电路：电源电路如图 16-8-9 所示，由于运放 LM358 的工作电压是+12V，其他各芯片工作电压为+5V，输入电压为+15～20V，因此选用稳压芯片 LM7812 和 LM7805 将电压降到+12V 和+5V。

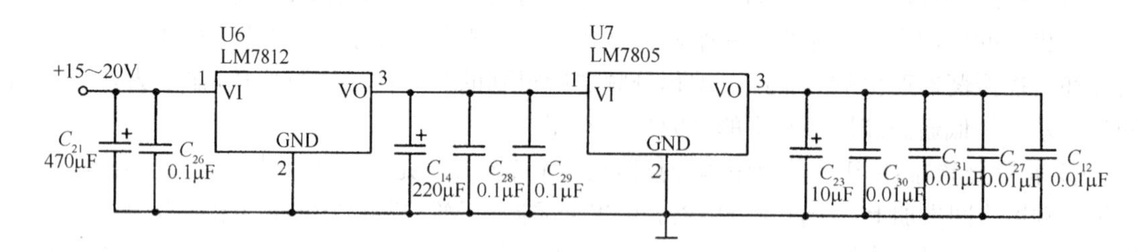

图 16-8-9 电源电路图

⑤ 功率放大电路的设计

功率放大电路图如图 16-8-10 所示。利用三极管 9018 将压控振荡芯片 MC1648 的 3 脚输出的电压进行功率放大，后级的三极管 3DA5109 工作在丙类状态，可提高功率放大器的效率。

放大器效率可由下式计算：

$$\eta=\frac{P_{out}}{P_E}\times 100\%$$

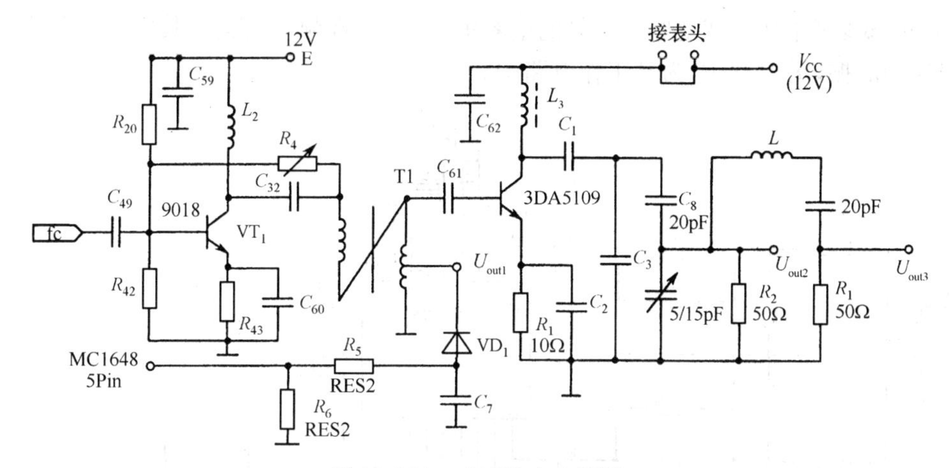

图 16-8-10　功率放大电路图

式中 P_{out} 为输出功率，P_E 为电源消耗的功率。在输出功率不变的情况下，P_E 越小，效率越高。VCO 输出的电压经三极管 9018 后，通过可调电阻 R_4 形成一个交流电压并联负反馈，三极管 9018 工作在甲类放大状态，在频率改变的情况下，电压负反馈使输出电压 U_{out1} 稳定在 1V±0.1V。后一级电路可以进一步提高放大器的工作效率。调整 C_3 和 L_3 的值，使得其谐振频率为 30MHz，此时当输出接 50Ω 负载时，输出电压为 U_{out2}，调整电感 L_3 的值，使 U_{out2} 取得最大值，这时功率最大。调整放大管 3DA5109 的导通角为 $\theta=70°$ 左右，可以提高功放和效率。为了防止失真过大，输出端采用并联谐振回路。当负载为容性时，采用串联谐振回路。这样可以使输出功率和效率都达到最大值。在该电路中，要保持输出电压 U_{out1} 稳定在 1V±0.1V，需要增加一个自动增益控制电路(AGC)。输出电压 U_{out1} 和压控振荡芯片 MC1648 的第 5 脚相连。

⑥ 峰-峰值检测显示电路的设计：该电路由一个二极管 2AP30、一个电容 C 和一个电阻 R_2 构成。其原理图如图 16-8-11(a)所示。输入电压加到该电路中，正半周时二极管 VD_1 导通，对电容充电，对应一个电压值；负半周时二极管 VD_1 截止，电容放电。因充电时间少，而放电时间常数很大，故运放输入端加进的是一个脉动直流源。经直流放大器后，输出一个大约几伏的直流电压 U_o。U_o 与给出峰-峰值电压的关系曲线通过实验得到，如图 16-8-11(b)所示。然后将输出电压经 AD 转换后送入 FPGA 就可以直接测得电压峰-峰值。

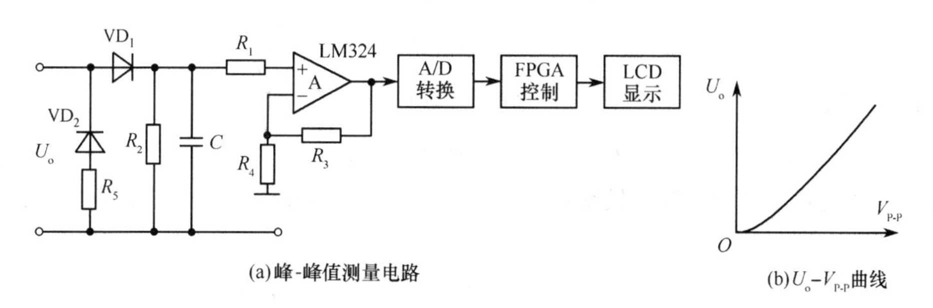

(a)峰-峰值测量电路　　(b) U_o-V_{P-P} 曲线

图 16-8-11　峰-峰值测量原理

⑦ 立体声编码器的设计：立体声发射芯片 BA1404 是该设计的核心部分。它主要由前置音频放大器(AMP)、立体声调制器(MPX)组成。

该芯片采用低电压、低功耗设计，电压在 1～3V 间，典型值为：最大功耗500mW，静态电流为 3mA。左右声道各通过一个时间常数为 50μs 的预加重电路把音频信号输入到 BA1404 内部。利用内部参考电压改变变容二极管的电容值,从而实现频率调整。其中 6,7 脚之间接一个 38kHz 的晶振,图 16-8-12 为其工作电路图。

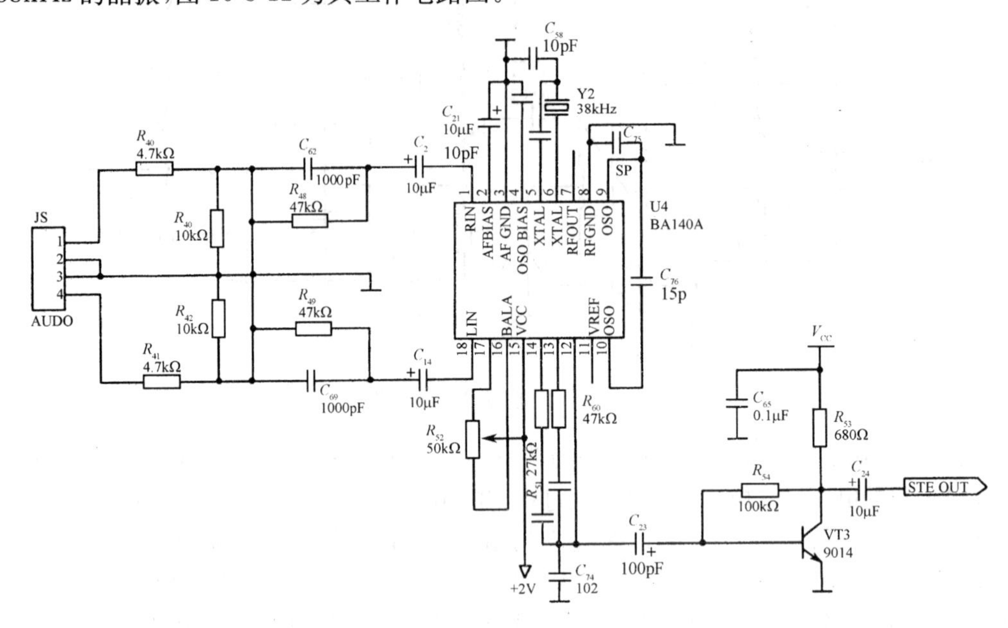

图 16-8-12　立体声编码器电路图

⑧ 频率的计算:VCO 输出频率的范围是 14～45MHz。首先应确定参考频率 f'_r,f_r 为步长(频率间隔)的整数倍。频率间隔 f'_r 可由下式确定:

$$f'_r=\frac{f_r}{R}$$

由于 R 值是固定的,只能从 8 个参考值中选择,采用 10.2400MHz 的晶振作为标准频率。对其进行 $\div R$ 分频。R 取 2048,进行分频得到 5kHz 的脉冲信号作为频率间隔 f'_r。该值可通过 FPGA 改变。

由 f_r 确定的 N 值和 A 值的范围应该在 MC145152 范围内(A 的范围 0～63,N 的范围 0～1023),并且必须满足 $N>A$。采用吞咽脉冲计数的方式,下式为总分频比,只要 $N>A$,尽管 P 为固定值,但合理选择 N 和 A 的值,D 即连续可变。

$$D=A(P+1)+(N-\mathrm{A})P=PN+A$$

此时 f_c 被锁定在 $$f_c=(PN+\mathrm{A})\times f'_r$$

式中 N 为 0～1023;A 为 0～63;P=64(由 MC12022 确定)。

现举例计算确定 A、N 的值,使输出频率为 f_c=25MHz,步长 f'_r=5kHz(前面已经给出计算过程)。则

$$D=(PN+A)=25M\div 5K=5000, 5000\div 64=78.8$$

由此可得 $$N=78, A=8$$

通过此方法可以方便地算出每个频率对应的参数。

3. 软件设计

软件设计的关键是对 PLL 芯片 MC145152 的控制及测频显示。软件实现的功能是:

① 设定频率间隔 $f_r\div R$,即确定调频步进;

② 设定分频系数 A、N 的值，以得到需要的输出频率；

③ 测量输出频率并显示；

④ 显示时间；

⑤ 控制 ADC0809 的工作；

⑥ 产生自制音源；

⑦ 驱动液晶显示器。

(1) MC145152 的控制和显示部分的程序设计

相关软件采用 VHDL 硬件描述语言编写。VHDL 是用于逻辑设计的硬件描述语言，成为 IEEE 标准。利用它，硬件的功能描述可完全在软件上实现。它支持自顶向下（Top Down）和基于库（Library Based）的设计方法，支持同步电路、异步电路、FPGA 以及随机电路的设计，范围很广，语言的语法比较严格，给阅读和使用都带来极大好处。

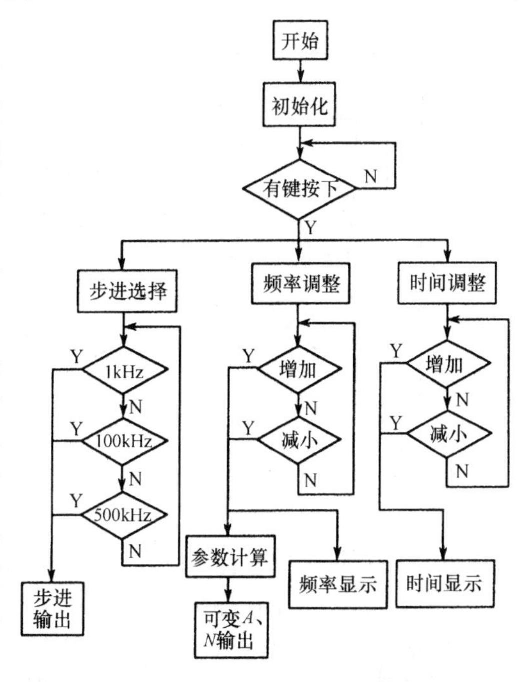

图 16-8-13　软件设计流程图

图 16-8-13 为软件设计流程图。选用晶振频率为 10.2400MHz，首先确定其频率间隔，对其进行 $\div R$ 分频，若 R 取 2048，得到频率间隔为 5kHz。这样改变计数方法，可以使调频步进分别为 5kHz，100kHz 和 500kHz。分为 3 挡，若选择的挡位不同，A、N 值的计算可由前述的公式来完成，但是在编程过程中并不是将该算法存入程序，而是寻找到 A、N 的变化规律，找到简单的计算方法。

表 16-8-1 给出了步进不同时分别对应的 A、N 值，限于篇幅，只取其中一部分，通过观察可发现其变化规律。频率范围 14～45MHz。A、N 的初始值为 16 和 31。图 16-8-14 为参数计算的流程图。当步进分别为 1kHz，10kHz，100kHz 时，A 的值分别增加 1，10 和 36。由于 A 值的范围是 0～63，而且必须满足 $N>A$ 的条件，所以当 A 值大于 63 时，A 值变为 $A\sim64$。图 16-8-13 为软件设计流程图。其中的参数

表 16-8-1　频率间隔为 5kHz，100kHz，500kHz 时对应的 A、N 值列表（部分）

5kHz	A 值	N 值	100kHz	A 值	N 值	500kHz	A 值	N 值
30.0	48	93	30.1	4	94	30.5	20	95
30.005	49	93	30.2	24	94	31.0	56	96
30.01	50	93	30.3	44	94	31.5	28	98
30.015	51	93	30.4	0	95	32.0	0	100
30.02	52	93	30.5	20	95	32.5	36	101
30.025	53	93	30.6	40	95	33.0	8	103
30.03	54	93	30.7	60	95	33.5	44	104
30.035	55	93	30.8	16	96	34.0	16	106
30.04	56	93	30.9	36	96	34.5	52	107
30.045	57	93	31.0	56	96	35.0	24	109
30.05	58	93	31.1	12	97	35.5	60	110

计算规律在图16-8-14所示的参数计算流程图中列出。在程序设计中，不需要将每个变化都存入FPGA，而是使用一个变量 f_a，其值分别对应不同的步进取值为1，20或36，选择挡位不同，f_a 就取相应的值即可。这样节省了系统资源，可根据设定频率确定 A、N 值并送到MC145152中。

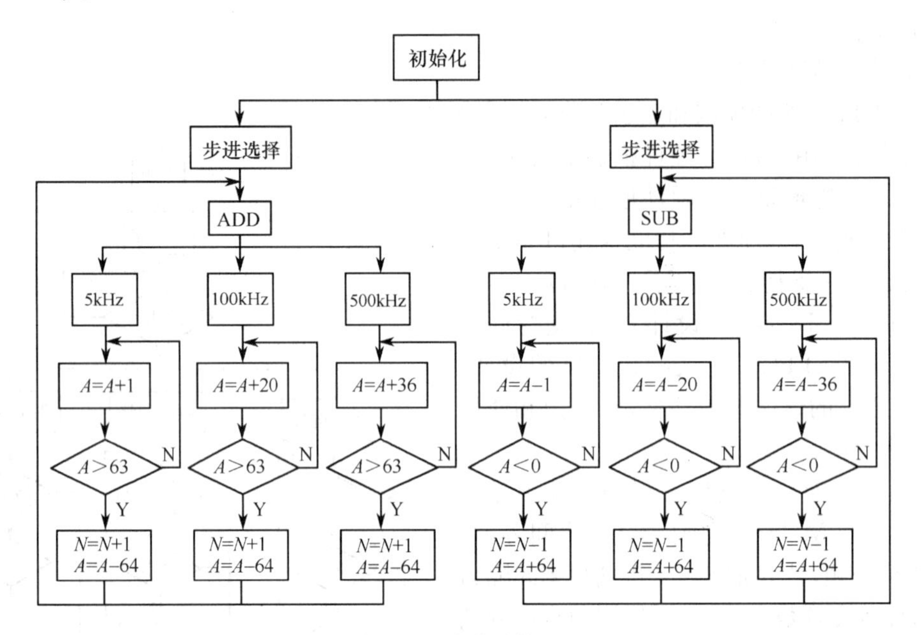

图16-8-14　参数计算流程图

(2) 频率测量部分的程序设计

频率测量是对设定的输出频率进行实时测定并显示。相关软件利用VHDL语言来编写。该程序包括4个模块：分频器、测频控制器、计数器和锁存器。最终将测得的数据锁存后送到液晶显示屏显示出来。图16-8-15为其原理框图。利用计数器对被测频率脉冲计数，当时钟周期为1s时测得的脉冲个数即为所测频率。由于采用的实验小板的晶振是50MHz，首先对其分频，得到一个1kHz的时钟信号作为测频控制器的时钟信号。而测频控制器是为了完成自动测频而设计的。它控制计数器的工作，使其计数周期为1s，1s之后就停止计数，将此时的计数值送入锁存器锁存，同时对计数器清零。开始下一个周期的计数，该计数值就是测得的频率。该控制器产生3个控制信号：cnt_en；rst_cnt；load，它们分别作为计数器的使能、清零和锁存器的使能信号，完成测频三部曲：计数、锁存和清零。

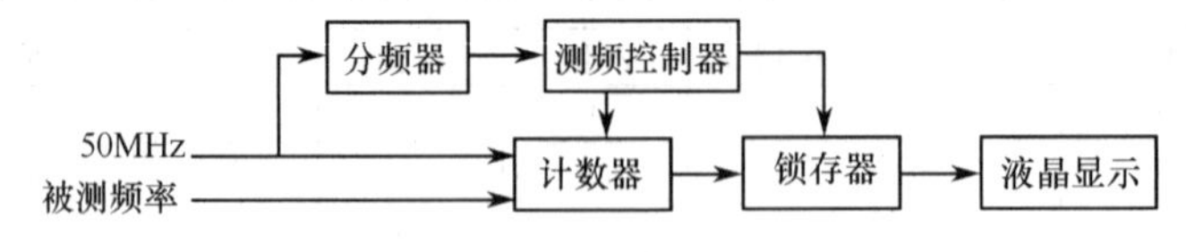

图16-8-15　频率测量原理框图

(3) ADC0809的控制程序设计

相关软件用VHDL硬件描述语言编写。程序设计主要是对ADC0809的工作时序进行控制。ADC0809是8位MOS型A/D转换器，可实现8路模拟信号的分时采集，片内有8路模拟选通开关，以及相应的通道地址锁存用译码电路，其转换时间为100μs。START是转换启动信号，高电平有效；ALE是3位通道选择地址(ADDA，ADDB，ADDC)信号的锁存信号。当模拟量送至某一输入端时(如 IN1 或 IN2 等),由 3 位地址信号选择,而地址信号由 ALE 锁存;EOC 当启动转换约 100μs 后,EOC 产生一个负脉冲,以示转换结束;在 EOC 的上升沿,若使输出使能信号 OE 为高电平,则控制打开三态缓冲器,把转换好的 8 位数据结构输至数据总线。至此 ADC0809 的一次转换结束(见图 16-8-16)。

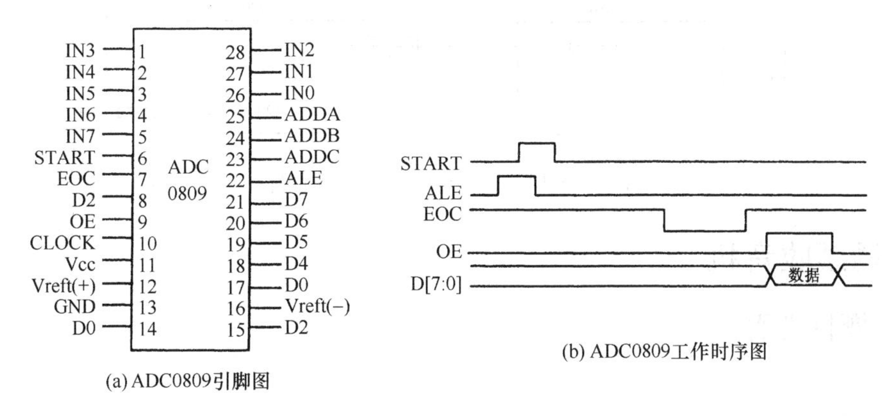

图 16-8-16　ADC0809 引脚和工作时序图

(4) 液晶显示驱动的程序设计

该部分程序用 VHDL 硬件描述语言编写。利用液晶显示屏来显示设定频率、实测频率、电压峰-峰值、时间和自制音源中存储的曲目。采用的液晶是 MDLS 系列字符型液晶显示模块(LCM)。LCM 由字符型液晶显示屏(LCD),控制驱动电路 HD44780 及其扩展驱动电路 HD44100 等组成,HD44780 有 8 条指令,利用 FPGA 驱动字符型液晶显示模块主要是对这 8 条指令进行控制。利用状态机完成该部分的设计。分为 6 个状态,状态图如图 16-8-17 所示。

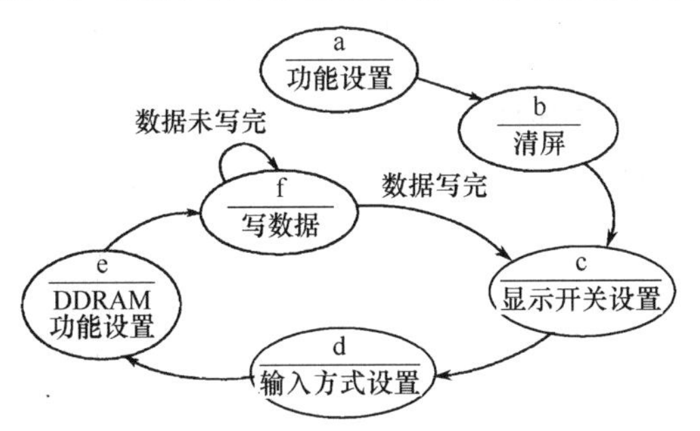

图 16-8-17　液晶驱动状态图

(5) 自制音源信号的程序设计

图 16-8-18 为其原理框图,分为 4 个模块:分频(Pulse)、乐曲自动演奏(Automusic)、音调发生(Tone)和数控分频(Speaker)。当开关接通,即选择自动演奏存储好的乐曲,此时系统工作。由于所采用的实验板提供的时钟是 50MHz,因此首先对其分频,得到12MHz和 8MHz 的脉冲,分别作为 Speaker 和 Automusic 模块的时钟信号。Automusic 模块产生 8 位发声控制输入 index,其中一个进程对基准脉冲进行分频得到 4Hz 的脉冲以控制每个音阶停顿时间为 1/4=0.25s,第二个进程是音乐存储,将编好的乐曲存在 ROM 中,本设计中存储了 3 首歌曲。Tone 模块产生获得音阶的分频预置值。当 8 位发声控制输入 index 中的某一位为高电平时,则对应某一音阶的数值将以端口 Tone 输出,作为获得该音阶的分频预置值,该值为数控分频器的输入,对 4MHz 的脉冲分频,得到每个音阶相应的频率,如输入 index="00000010",即对应的按键是 2,产生的分频系数便是 6809。Speaker 模块的目的是对基准脉冲分频,得到 1,2,3,4,5,6,7 以及高低八度的音符对应频率。

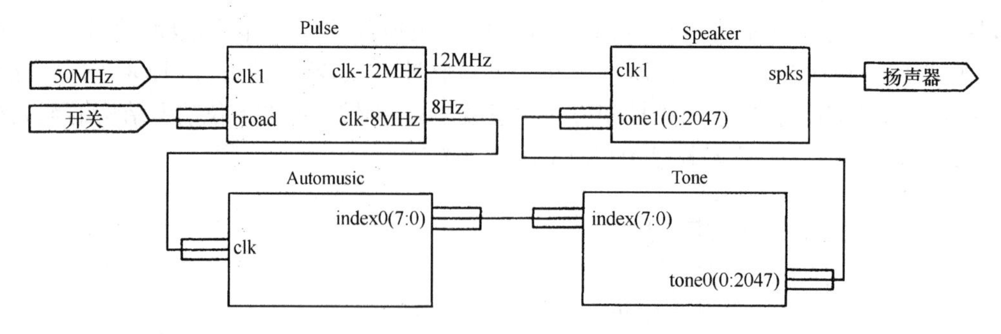

图 16-8-18 乐曲自动演奏原理框图

16.9 调频收音机[①]

16.9.1 题目说明

一、任务

用SONY公司提供的FM/AM收音机集成芯片CXA1019和锁相频率合成调谐集成芯片BU2614,制作一台调频收音机。

二、要求

1. 基本要求

(1) 接收FM信号频率范围88～108MHz。

(2) 调制信号频率范围100～15 000Hz,最大频偏75kHz。

(3) 最大不失真输出功率≥100mV(负载阻抗8Ω)。

(4) 接收机灵敏度≤1mV。

(5) 镜像抑制性能优于20dB。

(6) 能够正常收听FM广播。

2. 发挥部分

(1) 可实现多种自动程序频率搜索(如全频率范围搜索、指定频率范围搜索等)。

(2) 能显示接收频率范围内的调频电台载波频率值,显示载波频率的误差≤5kHz。

(3) 进一步提高灵敏度。

(4) 可存储已搜索到的电台,存储电台数不少于5个。

(5) 其他(如3 V单电源整机供电、节能供电、时钟显示等)。

三、说明

(1) 本题提供一组SONY公司的集成芯片和元件,包括:

FM/AM收音机集成芯片CXA1019;

锁相频率合成调谐集成芯片BU2614;

RF输入带通滤波器;

10.7MHz陶瓷带通滤波器CF-2;

10.7MHz陶瓷谐振器CF-3;

---

① 2001全国大学生电子设计竞赛F题

可调电容器；

变容二极管；

锁相环所用的 75kHz 晶体。

(2) 建议本振线圈与输入回路线圈垂直安装。

16.9.2 设计实例

摘要：本调频收音机主要由 FM/AM 收单机芯片 CXA1019、PLL 频率合成器 BU2614 和单片机 AT89C51 组成。收音机以单片机 AT89C51 为控制核心，实现全频搜索、指定频率范围搜索和手动搜索电台；本收音机还使用了数字电位器(X9511)控制音量。采用液晶显示器显示载频和时钟等信息，大幅度降低了系统的功耗。整机实现 3V 电源工作，采用 E^2PROM (AT24C04)存储电台，还增加了立体声解码功能。

一、方案论证与比较

1. 调谐方式的选择与论证

方案一：采用 LC 调谐法，在本振回路通过机械调整谐振电路的电容值来改变本振频率，从而达到调谐的目的，这种调谐方式电路简单，但频率的稳定性差，且不利于使用单片机进行智能控制。

方案二：数据经 D/A 转换器转换成模拟电压，控制变容二极管两端电压来改变频率。这种调谐方式的精度取决于 D/A 转换器的精度，该电路结构简单，没有锁相环路中可能产生的噪声，但是其最大的缺点是谐振电路处于开环状态，温度稳定性差，本振频率随温度等外界因素的变化而漂移。

方案三：采用 PLL 频率合成方式。PLL 频率数字调谐系统主要由压控振荡器(VCO)、相位比较器(PD)、低通滤波器(LF)、可编程分频器、高稳定晶体振荡器、参考分频器、中央控制器等组成。高稳定度的晶振使得本振频率稳定性极大地提高，而且在单片机控制下可以实现频率步进扫描、预置电台、电台存储等多种功能。PLL 频率合成器(BU2614)可完全实现上述功能，故本收音机采用此方案。

2. 电台信号的检测及锁定方式的选择与论证

CXA1019 的⑳脚为调谐指示输出端，此端的输出电压随输入电台信号的强弱变化，电台信号越强⑳脚电压越低，故对此脚的电压进行精确判断是准确锁台和自动存储电台的关键。实现方案有如下选择：

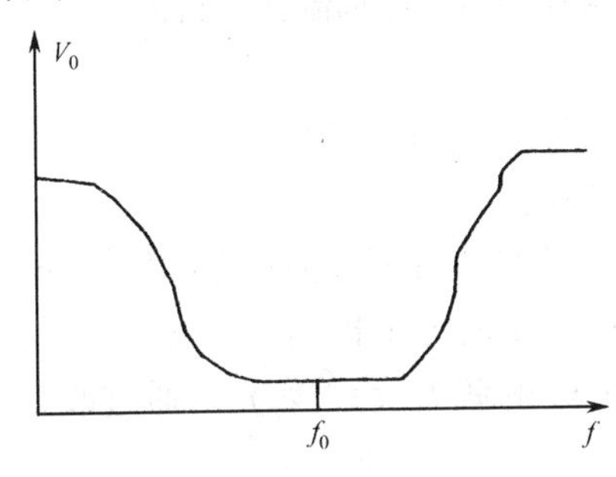

图 16-9-1 CXA1019⑳脚帕频特性曲线

方案一：直接将此调谐指示输出端的电压送到单片机的 I/O 进行检测，调谐指示输出端的电压值降至低电平以下时则表示可以将该电台频率进行存储。但是实际电路测试结果表明，只有在电台信号极强(如本地桂林电台)才能使调谐指示输出端达到低电平，而对于其他信号比较弱的电台(如中央台)，调谐指示输出端不能降为低电平，即不能对这些电台进行自动存储。

方案二：使用 V/F 变换器。经实际测试，CXA1019 的调谐指示输出端的电压随输入电台信号的强弱变化如图 16-9-1所示，在中心频率 f_0 附近 V_0 基本不变。单片机测量电压较困难，但测量频率时不必增加硬件，可完全用软件实现，并且通过对频率的计算可以准确地将中心频率 f_0 锁住而不会产生偏差。因而用CD4046作为V/F变换器，通过判断CD4046的输出频率来锁定电台的中心频率。此自动锁台方法非常准确，故本收音机采用此方案。

二、主要单元电路分析

1. 系统简介

本系统由单片机、频率合成器、接收机三部分构成，系统框图如图16-9-2所示。

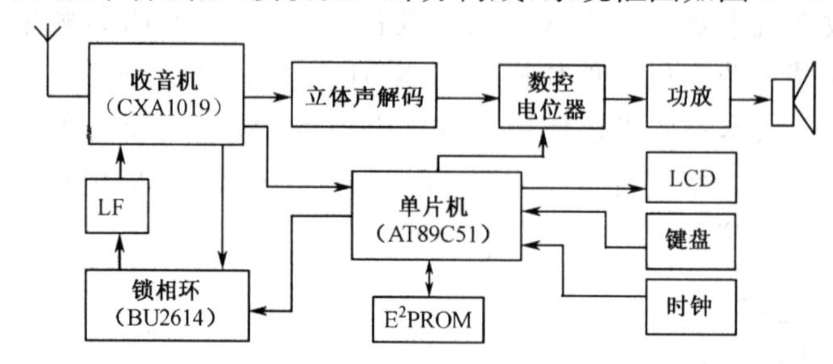

图16-9-2 调制接收机系统框图

从天线输入的信号经过88～108MHz带通滤波器后送入CXA1019，经过混频、鉴频立体声解码、音频放大电路，最后还原出单频信号。单片机是整机的控制核心，通过键盘使单片机控制BU2614的分频比，从而达到选台的目的。同时通过键盘经单片机调整音量大小、调整时钟和选存电台，各项操作提示和操作结果通过LCD显示出来。

2. 收音机电路

收音机采用CXA1019的典型电路制作(见图16-9-3)，因为超外差收音机具有灵敏度高、选择性好、在波段内的灵敏度均匀等优点，所以我们采用超外差接收方式。其中频频率选符合FM频段标准的10.7MHz，本振频率比接收信号频率要高10.7MHz，所以本振(f_{osc})、中频(f_m=10.7MHz)、接收频率(f_{in})之间的关系为：$f_{osc}=f_{in}+f_m$；接收机的带宽为：$B=\Delta f_{0.7}=2(1+m_f+\sqrt{m_f})\times F_{max}$；而 $m_f=\Delta f_{max}/F_{max}$。根据题目要求，最大频偏 Δf_{max}=75kHz，最大调制频率 F_{max}=15kHz，所以求得 B=247kHz，此时 Q 值最佳。

在电子线路的排版、布线上，使所有元件尽量靠近集成电路的引脚，特别是谐振回路走线尽量短，并且对空白电路用大面积接地的方法，使得收音机分布参数影响最小。为了提高镜像抑制比，在调频信号输入端采用特性很好的声表面波带通滤波器，又仔细调整谐振回路的线圈，在满中带宽要求的情况下使 Q 值尽量大，以提高电路的选择性，达到提高镜像抑制比的目的。

3. PLL频率合成器及环路滤波电路

以BU2614为核心构成的锁相环频率合成器和环路滤波电路如图16-9-4所示。BU2614的最高工作频率可达到130MHz，采用串行数据输入控制方式。

图16-9-5是锁相环的原理简图。锁相环的工作原理为：锁相环路锁定时，鉴相器的两个输入频率相同，即：$f_r=f_d$，本电路中参考频率 f_r 取1kHz，主要是为了提高锁台精度。f_d 是本振频率 f_{osc} 经 N 分频以后得到的，即：$f_d=f_{osc}/N$，所以本振频率 $f_{osc}=N\times f_r$。通过改变分频次数 N，VCO输出的频率将被控制在不同的频率点上。

因为基准频率 f_r 是由晶振分频得到的，所以本振频率的稳定度几乎与晶振的稳定度一样高。由于调频信号载波范围为88MHz$<f_{in}<$108MHz，根据超外差收音机的原理，可知本振频率为 $f_{osc}=f_{in}+f_m$，分频器的分频次数为 $N=f_{osc}/f_r$，选取中频频率 f_m 为10.7MHz，则本

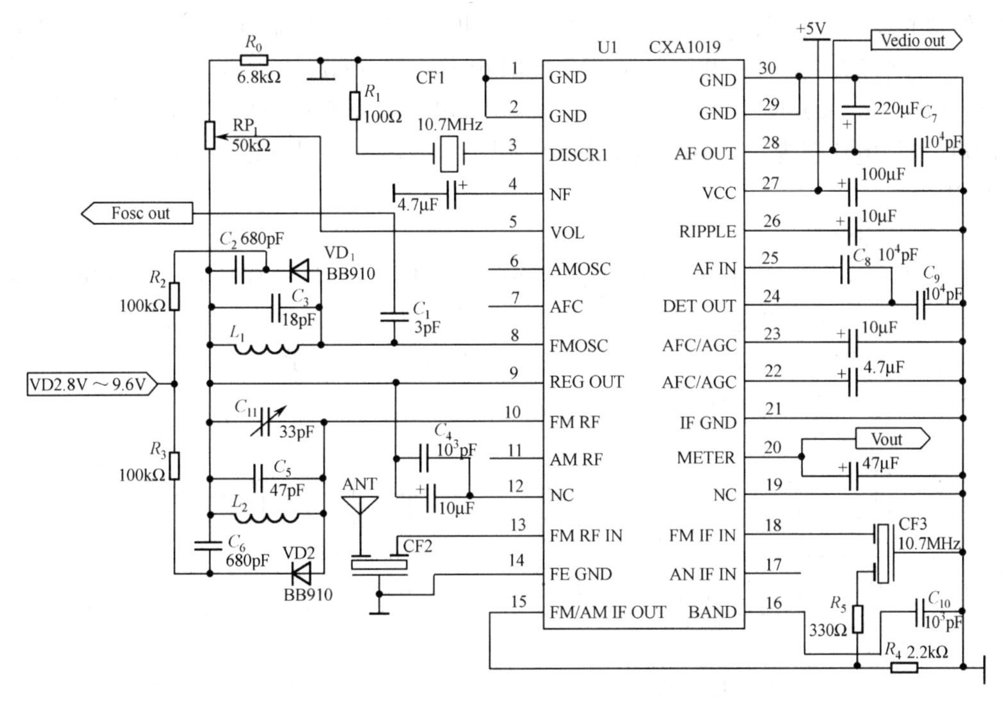

图 16-9-3　收音机原理图

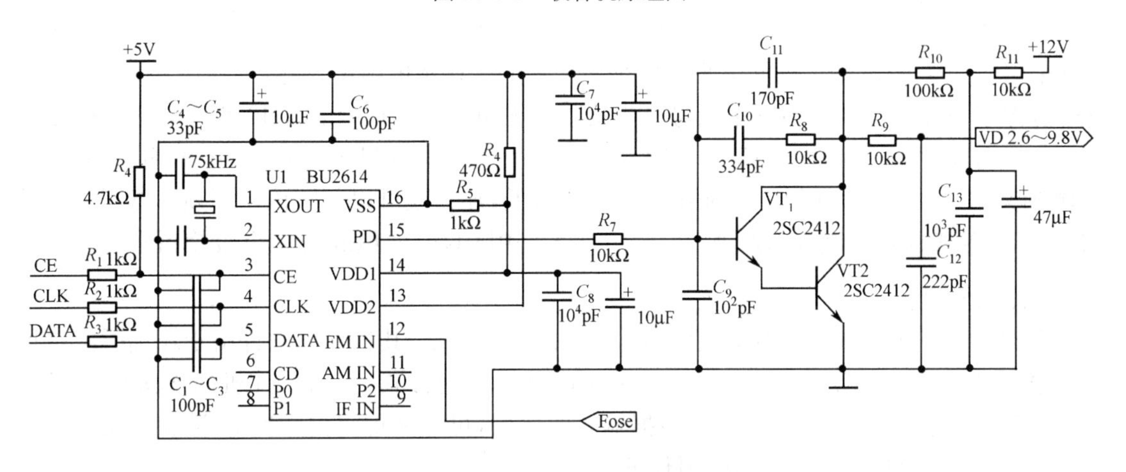

图 16-9-4　锁相环原理图

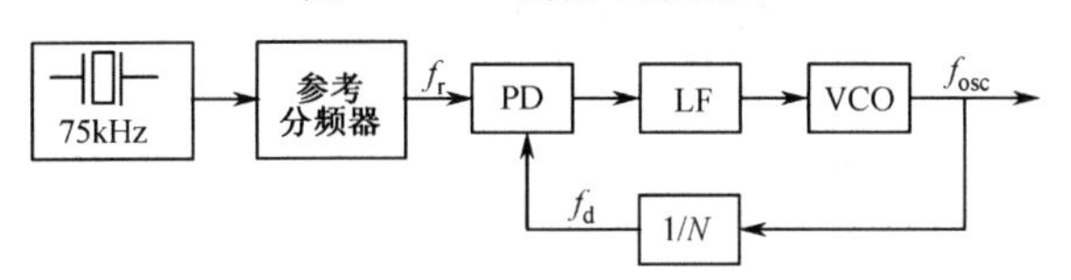

图 16-9-5　锁相环的原理框图

振频率范围为 98.7MHz$<f_{osc}<$118.7MHz，故输入 BU2614 的分频次数 N 的范围为 $f_{osc(min)}/f_r<N<f_{osc(max)}/f_r$，即 98 700$<N<$118 700。

通过单片机将相应的 N 值输入 BU2614，即可达到选台的目的。

4. 电源电路

由于变容二极管需要 2.6～9.8V 的反向偏置调谐电压，单片机工作电压为 5V，为满足整机 3V 供电的要求，我们采用 DC-DC 变换器 MC34063。为提高电压转换效率，用两片 MC34063 分别将直流 +3V 电压升至 5V，此时选 $R_1=2.7\text{k}\Omega$，$R_2=8.2\text{k}\Omega$。另外一片升到 12V，此时 $R_1=4.7\text{k}\Omega$，$R_2=40\text{k}\Omega$。大电流条件下，电源效率有所下降，本机工作电流小，3V 单电源供电时，电流仅为 160 mA，效率在 80%以上。具体 +3V 升压为 +5V 和 +12V 电路如图16-9-6所示。

5. **实时时钟电路**

为了实现实时时钟功能，本电路采用了 DS1302 芯片，该芯片具有时钟/日历功能，电路中配备了两粒纽扣式后备电池，以保证 DS1302 在外电源中断后正常计时，在收音机开面机，可以通过键盘校准 DS1302 的时间、日历。时钟电路如图 16-9-7 所示。

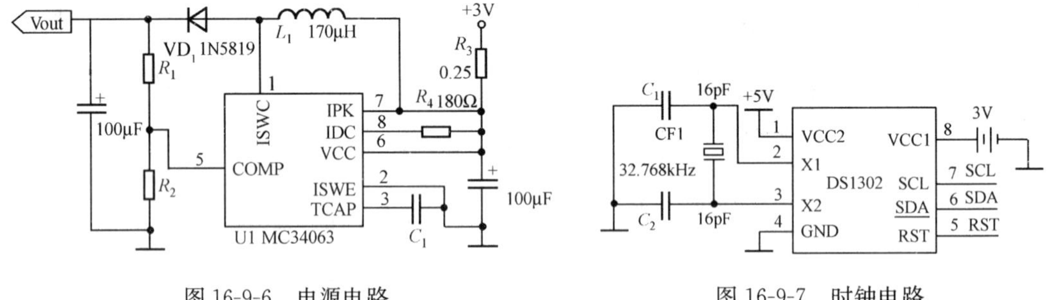

图 16-9-6　电源电路　　　　图 16-9-7　时钟电路

6. **电台锁存电路**

自动搜索并存储电台是本收音机最突出的功能之一，为了准确存台，仅仅靠对 CXA1019 调谐指示(⑳脚)输出做出高低电平识别是不可靠的。在本电路中，通过锁相环 CD4046 将调谐指示端的电压变化变换为频率信号。当接收到强电台信号时，由 CD4046 构成的压控振荡器的振荡频率在电台信号最强处输出频率最低，那么通过单片机跟踪 CD4046 的输出频率，在检测到某调频频率点的 CD4046 输出频率处于最低，那么就可以判断该调频频率点即为信号最强点，单片机即可对该频率点锁存。图 16-9-8 是用 CD4046 组成的 V/F 变换器示意图。

三、软件设计

软件设计的关键部分是对锁相环 BU2614 的正确控制，其他部分软件由于篇幅所限这里不再作详细介绍。BU2614 采用了标准的 I^2C 总线控制方式，它与单片机的连接仅需 CK、DA、CE 三条线(见图 16-9-9)。根据数据输入时序图，可方便地将分频次数 N 和控制字节输入 BU2614。如要接收频率为 100MHz 的电台，则

$$N = f_{\text{osc}}/f_{\text{r}} = (f_{\text{in}} + f_{\text{m}})/f_{\text{r}} = (10^8 + 1.07\times10^7)/10^3 = 110\ 700$$

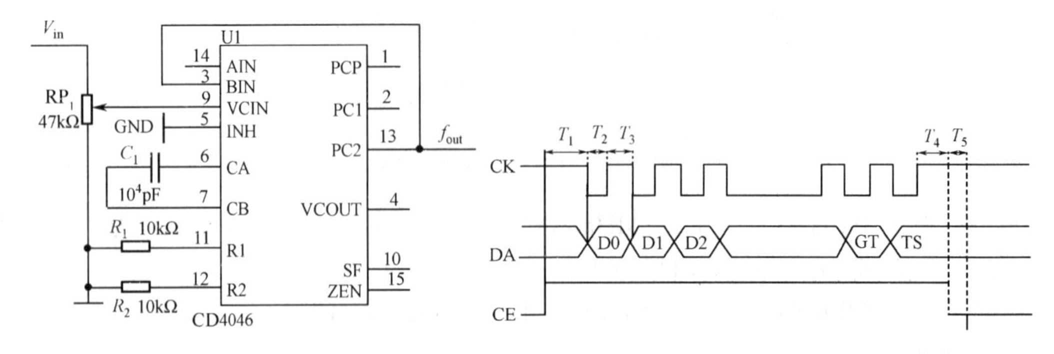

图 16-9-8　自动锁存电路　　　　图 16-9-9　BU2614 的总线控制时序

实际输入 BU2614 的数据(分频次数 N 是实际输入数据的两倍):

$$DA = N/2 = 110\ 700(D)/2 = 55\ 350(D) = d836(H)$$

相应的命令字节为 8200(H)。

依据先低位后高位的次序将 DA 和命令字节依次输入 BU2614,即可将接收频率稳定在 100MHz。系统软件流程图如图 16-9-10 所示。

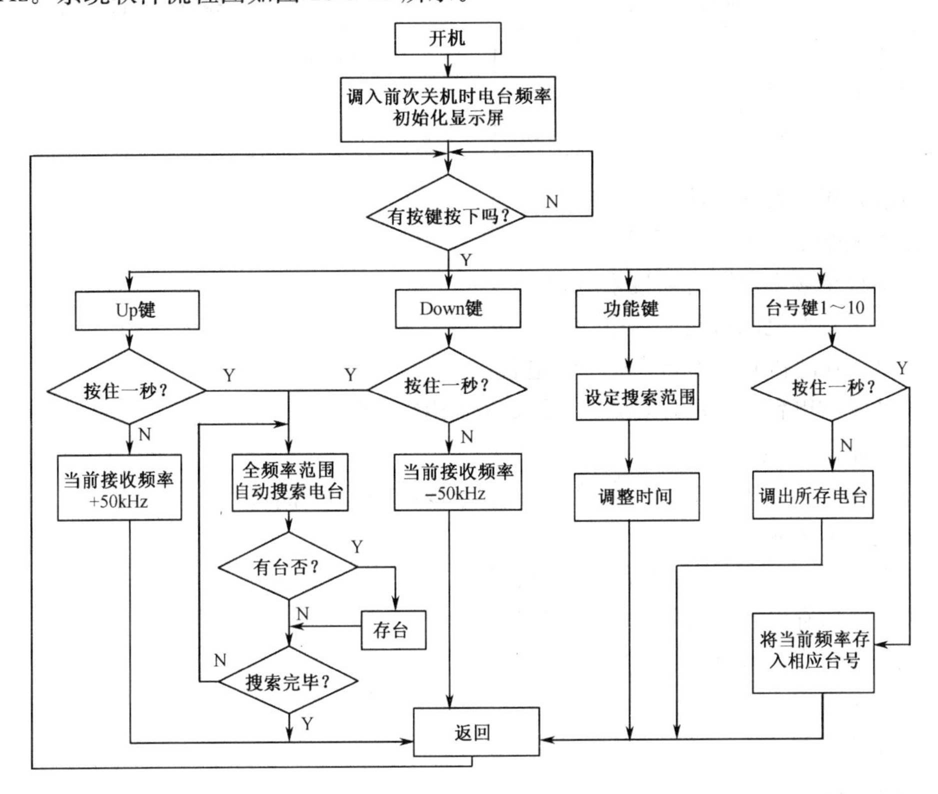

图 16-9-10　系统软件流程图

四、测试方法与测试数据

1. 指标测试

(1) 最大不失真功率测试

调频信号源载频分别为 88MHz、98MHz、108MHz,调制频率为 1kHz 频偏为 75kHz 时,接收机分别调谐在 88MHz、98MHz、108MHz 点上,改变电位使负载(8Ω)两端电压波形失真最小,记下 R_L 两端电压 U_0,按$P=U_0^2/R_L$,计算最大不失真功率,见表 16-9-1。

表 16-9-1　最大不失真功率测试

频率/MHz	88	98	108
喇叭输出功率/mW	490	490	386

(2) 灵敏度测试

灵敏度的测试本应该在屏蔽室内无外界电磁干扰的条件下测量,但是受条件的限制,只能采用在达到要求输出功率和输出信号不失真的条件下,测试输入信号的最小幅度。减小信号源的输出幅度,使波形刚好不失真,此时调频信号源输出的电平即为灵敏度电平。实测数据见表 16-9-2。

(3) 镜像抑制比测试

与灵敏度测试方法类似，先测信号源输出的灵敏度电平，改变频率为各频率点对应的镜像频率，测其灵敏度电平。前后两次调频信号输出电压 dB 值之差即为镜像抑制比，数据见表 16-9-3。

表 16-9-2 灵敏度测试

频率/MHz	88	98	108
喇叭输出功率/mW	423	423	287
灵敏度电平/μV	399	396.7	576

表 16-9-3 镜像抑制比测试

载波频率/MHz	100	121.4	差值
灵敏度电平/dB	−74.9	−37.3	37.6

2. 本收音机可实现的功能

① 接收频率范围 88～108MHz。

② 可实现全频率范围自动搜索电台。

③ 可指定频率范围自动搜索电台。

④ 通过 Up 键和 Down 键手动搜索电台。

⑤ 自动搜索电台时自动存台，也可手动存入相应台号。

⑥ 可存储 10 个电台。

⑦ 按住 1～10 号按键中的一个键，并持续一秒，便可将当前接收的频率保存其中，按键一次，相应的电台将被调出。

⑧ LCD 显示载波频率值、时间、当前台号。

⑨ 关机后所存电台不丢失，时钟不丢失。

⑩ 无电台时自动静噪。

⑪ 立体声输出。

⑫ 数控音量调节。

五、测试结果及功能分析

最大不失真功率和灵敏度电平在 108MHz 时偏差较大，这是因为带通滤波器在 108MHz 附近衰减较大，这与理论正好相符。为了提高镜像抑制比参数指标，在调频信号输入端采用特性很好的带通滤波器，又仔细调整谐振回路的线圈，使其在可能的情况下 Q 值尽量大，以提高电路的选择性，达到提高镜像抑制比的目的。在功能实现方面，由于使用了 V/F 变换器，实现了精确锁存电台，DC-DC 电路和 LCD 实现了低电压、低功耗。可以说系统完成了全部功能，而数控电位器和立体声解码器则使系统功能进一步完善。

附录 A　常用实验元器件引脚图及功能表

附录 A-1　常用数字集成电路引脚图

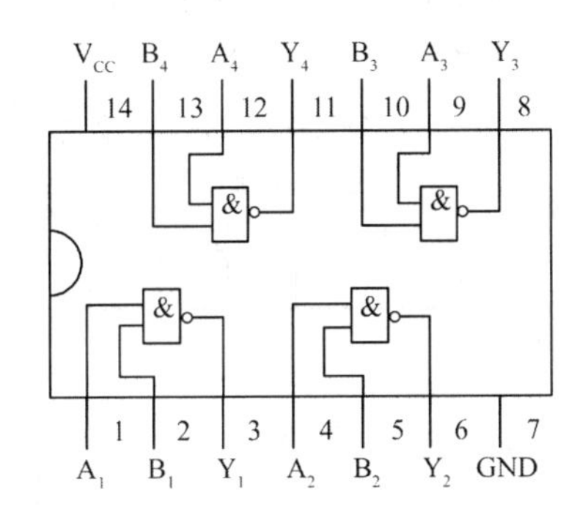

附 A-1-1　74LS00　2 输入端四与非门

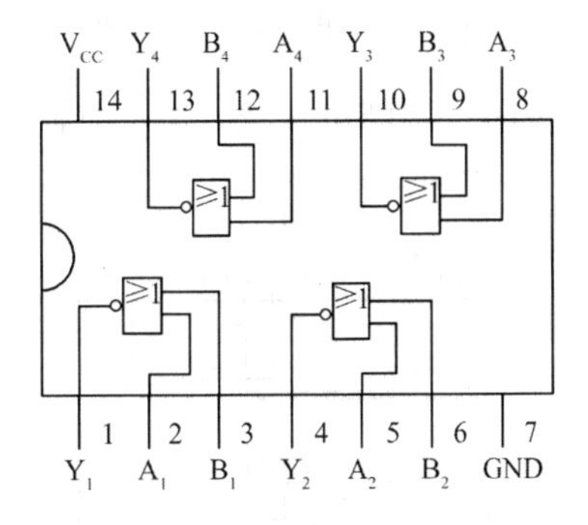

附 A-1-2　74LS02　2 输入端四或非门

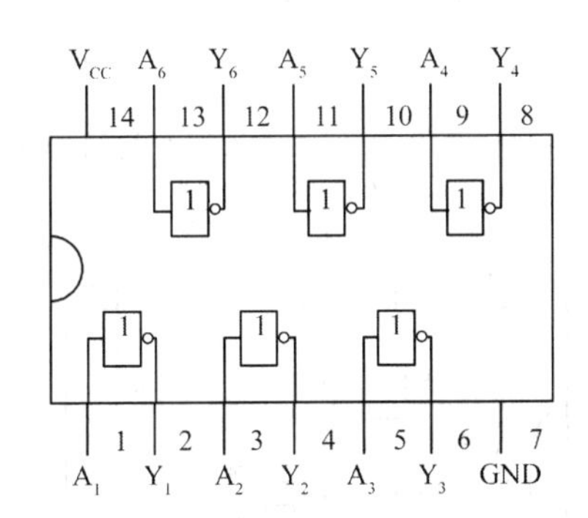

附 A-1-3　74LS04　六反相器

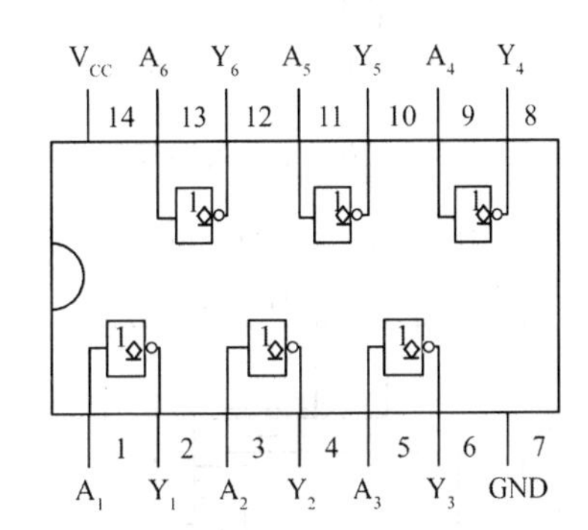

附 A-1-4　74LS06 六反相缓冲/驱动器(OC)

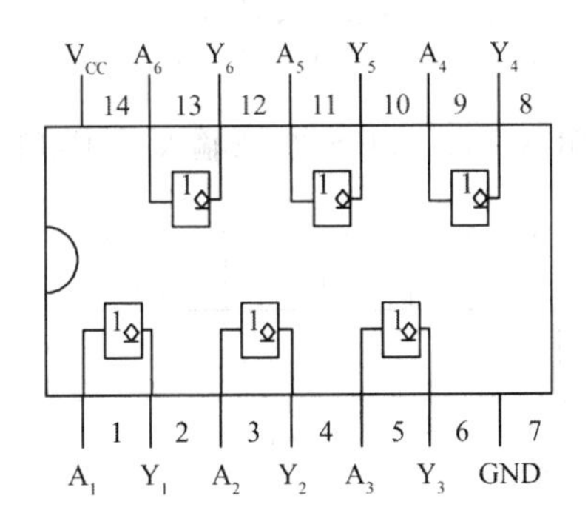

附 A-1-5　74LS07　六缓冲/驱动器(OC)

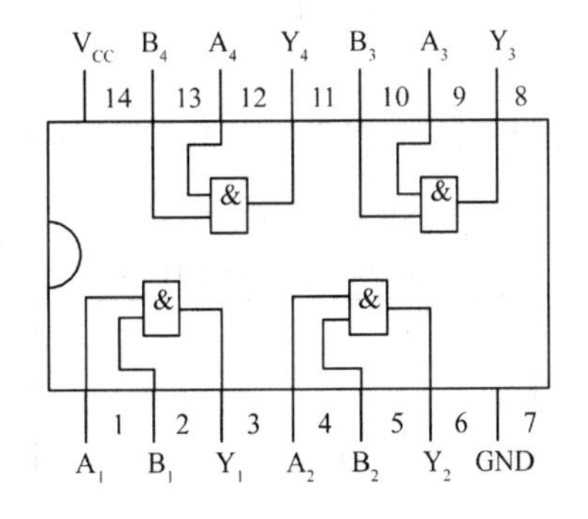

附 A-1-6　74LS08　2 输入端四与门

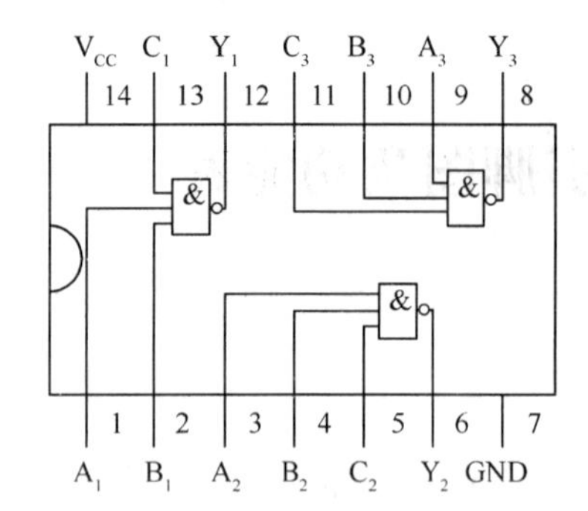

附 A-1-7　74LS10　3 输入端三与非门

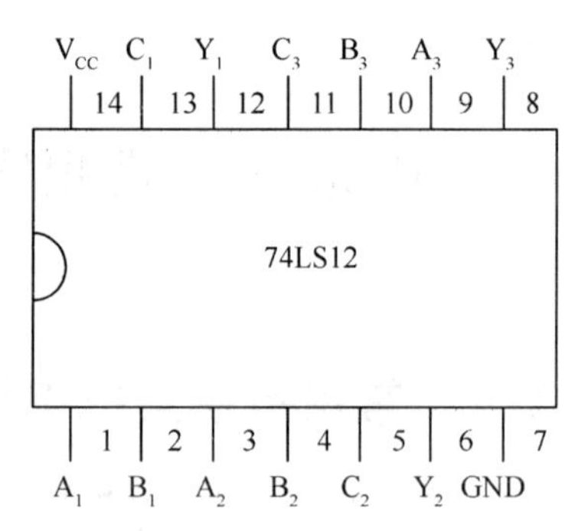

附 A-1-8　74LS12　3 输入端三与非门（OC）

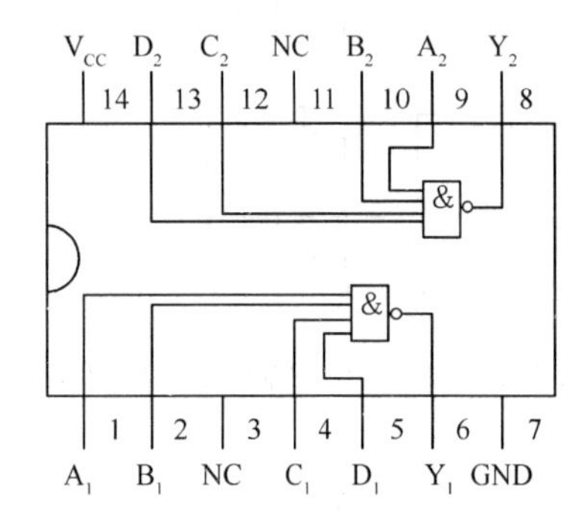

附 A-1-9　74LS20　4 输入端双与非门

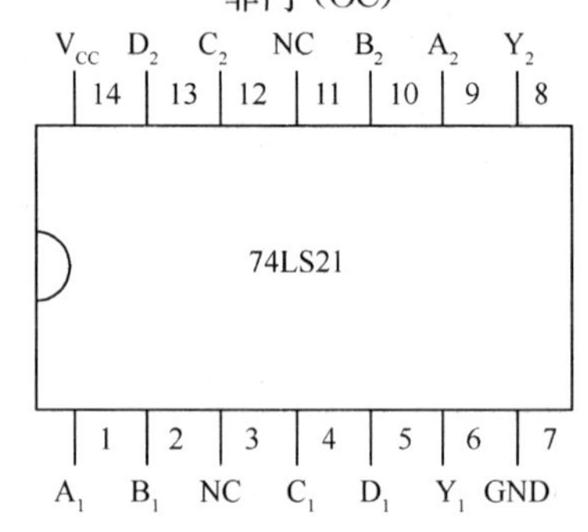

附 A-1-10　74LS21　4 输入端双与门（OC）

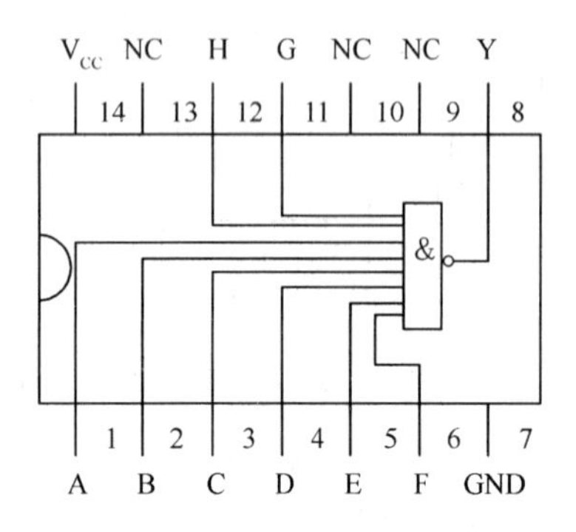

附 A-1-11　74LS30　8 输入端与非门

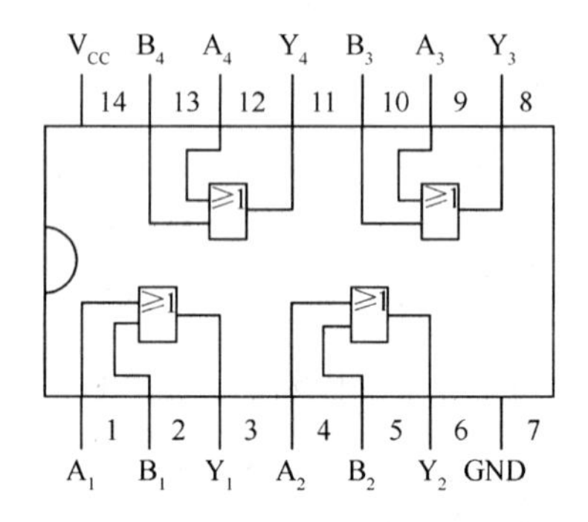

附 A-1-12　74LS32　2 输入端四或门

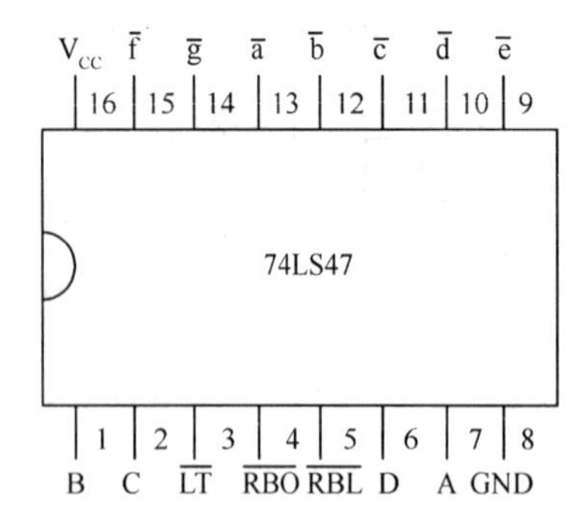

附 A-1-13　74LS47/74LS247
BCD-七段译码器/驱动器

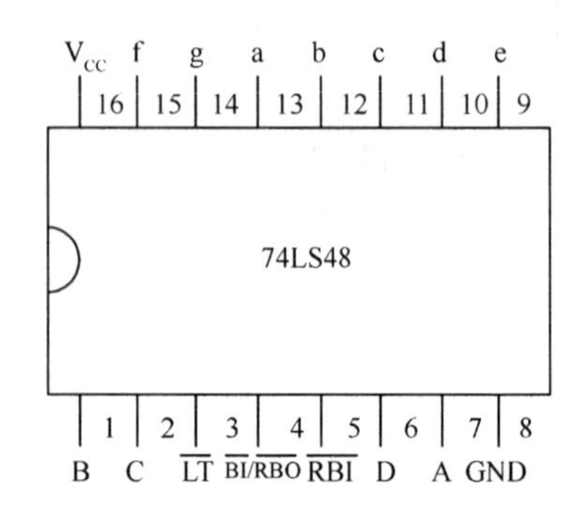

附 A-1-14　74LS48/74LS248
BCD-七段译码器/驱动器

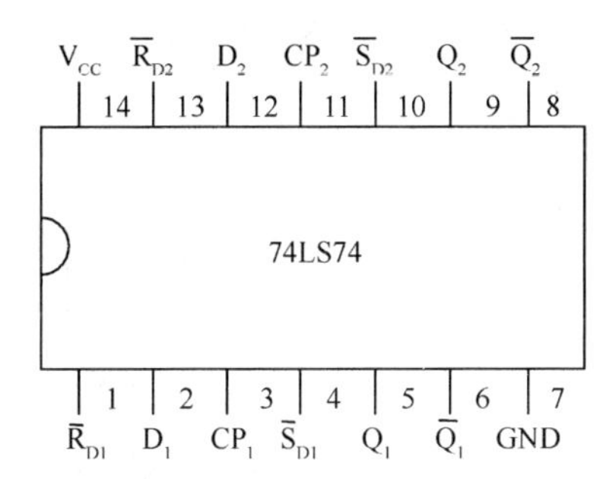

附 A-1-15　74LS74　双 D 触发器（带置位、复位、正触发）

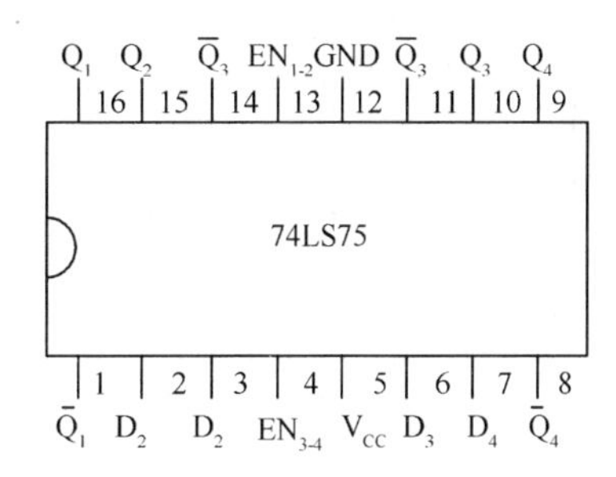

附 A-1-16　74LS75　4 位双稳态 D 型锁存器

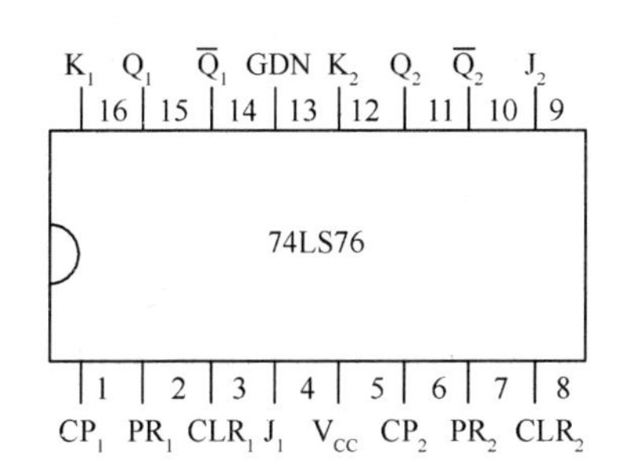

附 A-1-17　74LS76　双 JK 触发器

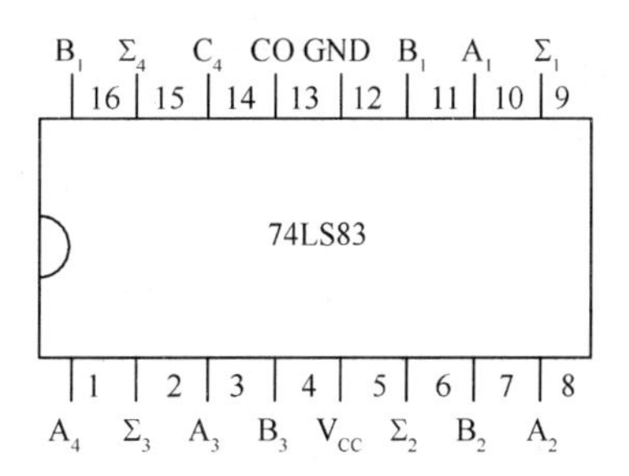

附 A-1-18　74LS83　4 位二进制快速进位全加器

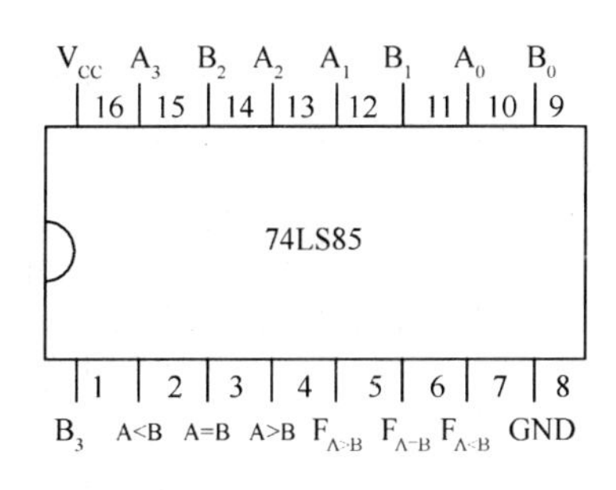

附 A-1-19　74LS85　4 位二进制数比较器

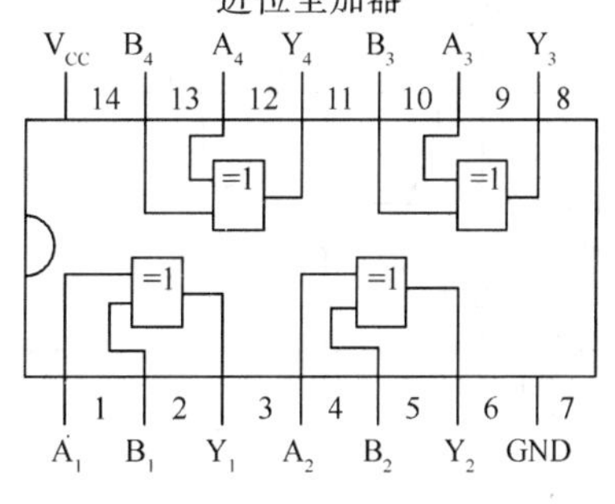

附 A-1-20　74LS86　2 输入端四异或门

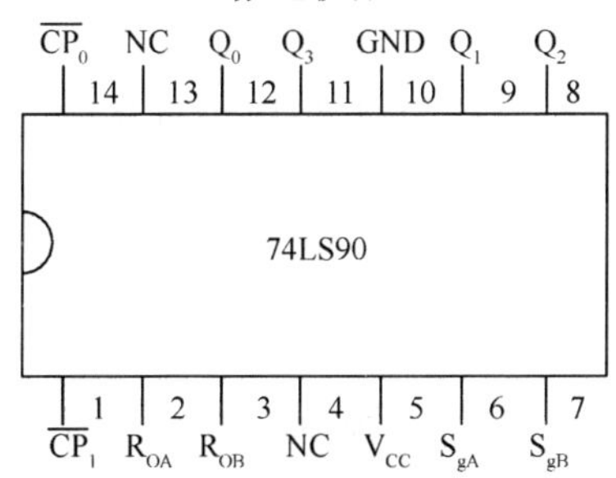

附 A-1-21　74LS90　十进制计数器（2、5 分频）

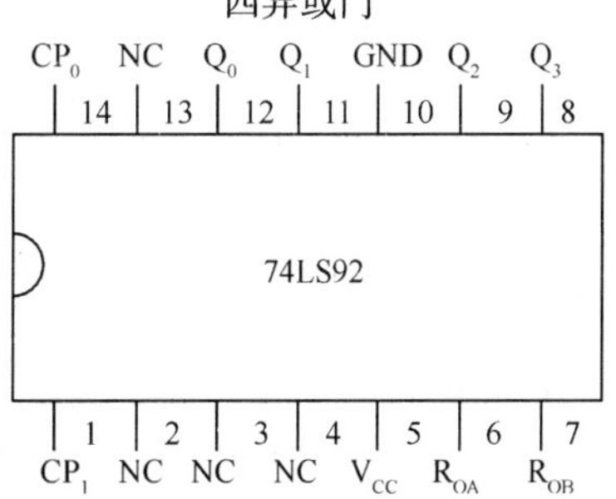

附 A-1-22　74LS92　十二分频计数器（2、6 分频）

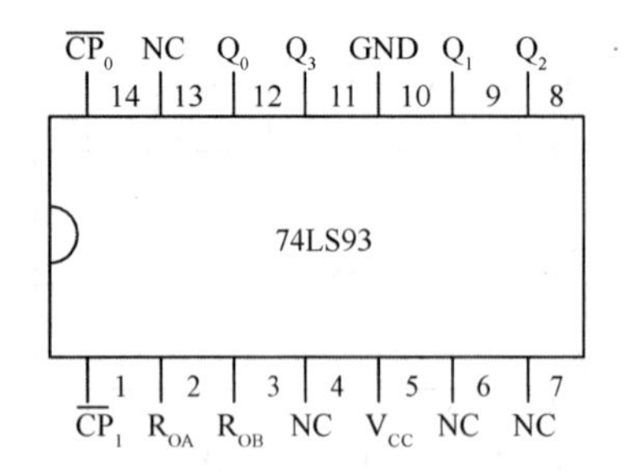

附 A-1-23　74LS93 4 位二进制计数器（2、8 分频）

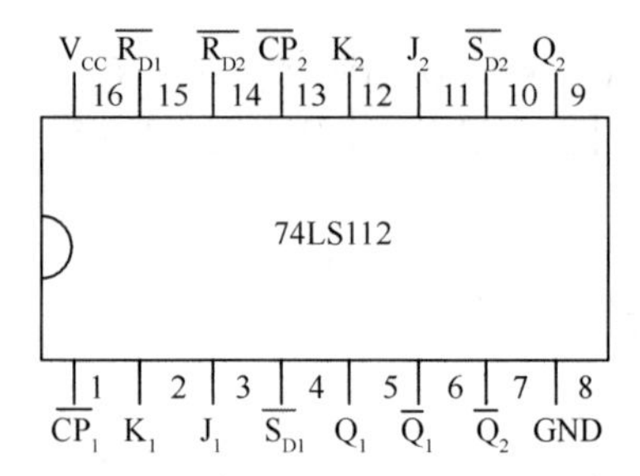

附 A-1-24　74LS112 双 J-K 触发器

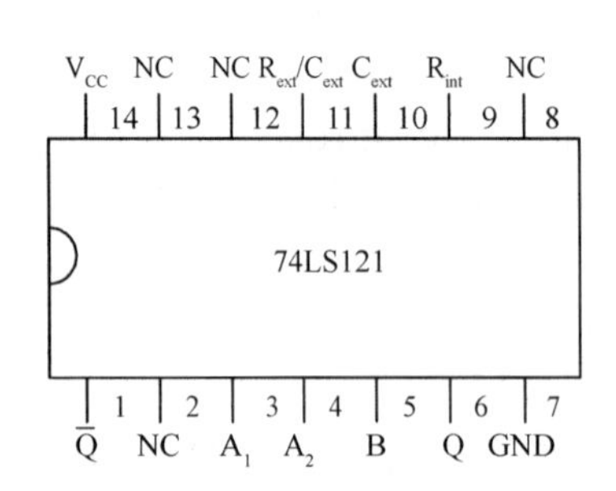

附 A-1-25　74121　单稳态触发器

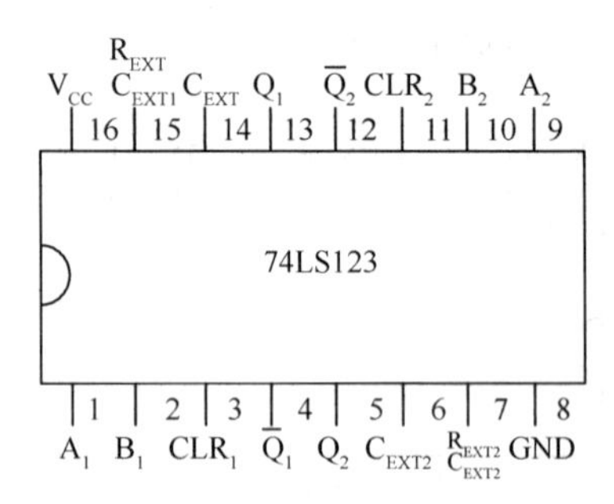

附 A-1-26　74LS123　双可重触发单稳态触发器

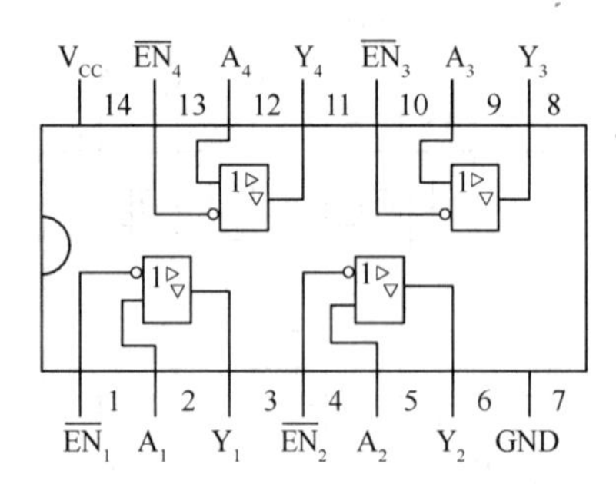

附 A-1-27　74LS125　三态输出的四总线缓冲门

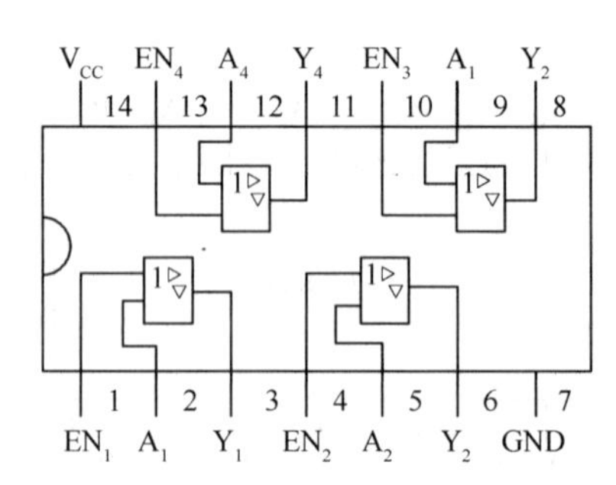

附 A-1-28　74LS126　三态输出的四总线缓冲门

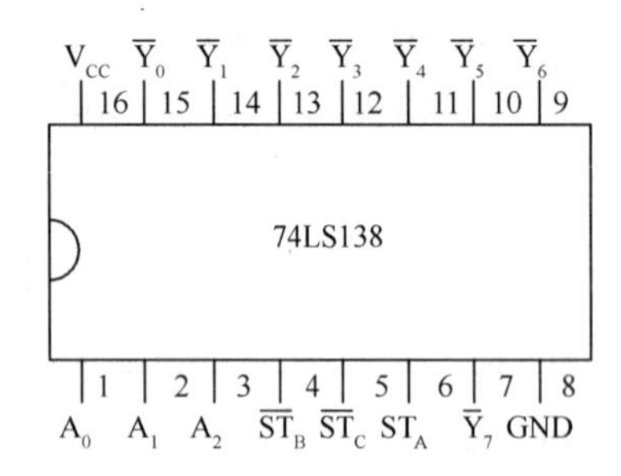

附 A-1-29　74LS138　3 线-8 线译码器

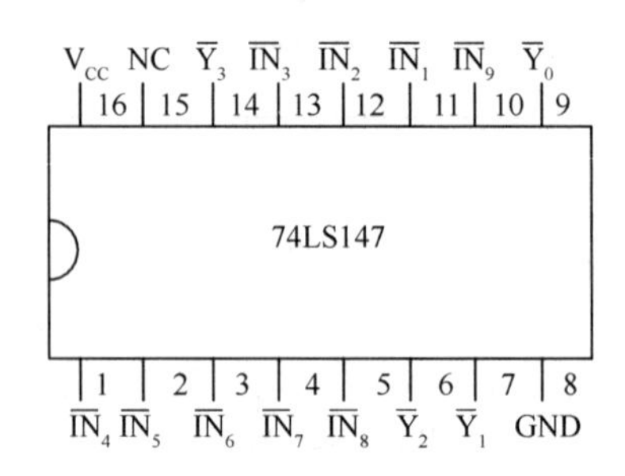

附 A-1-30　74LS147　10 线-4 线优先编码器

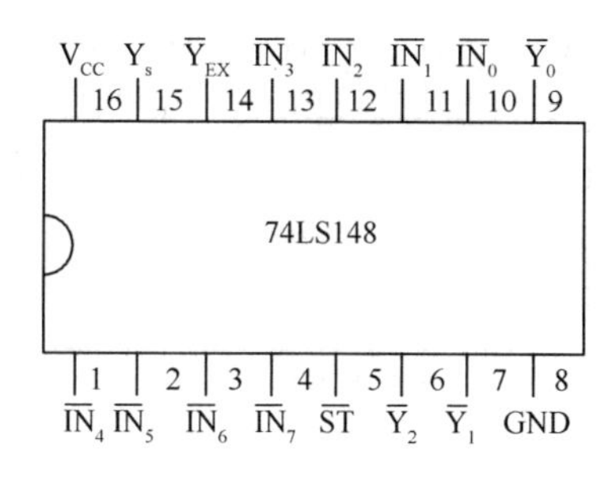

附 A-1-31　74LS148　8 线-3 线优先编码器

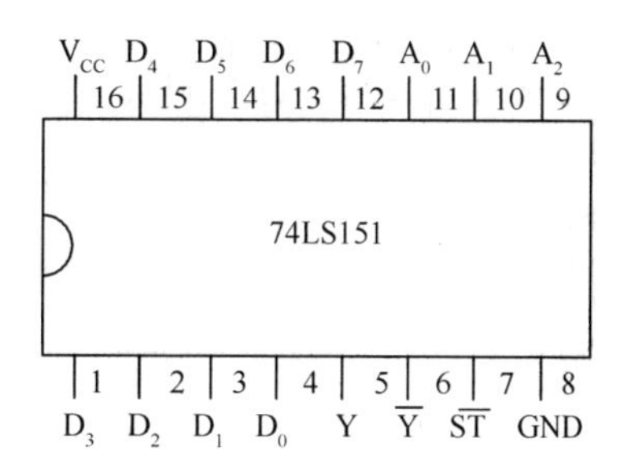

附 A-1-32　74LS151　8 选 1 数据选择器

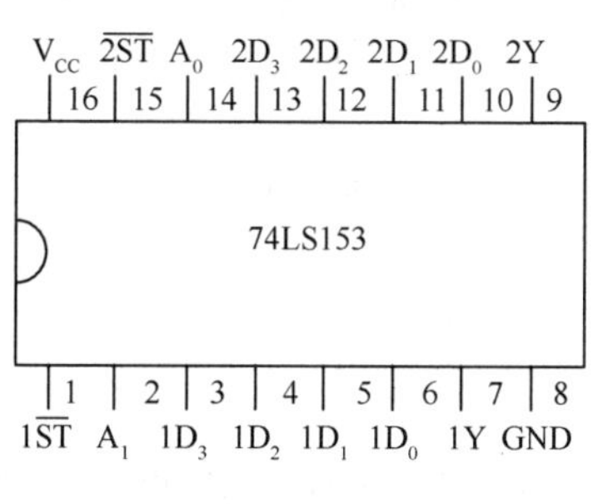

附 A-1-33　74LS153　双 4 选 1 数据选择器(有选通输入端)

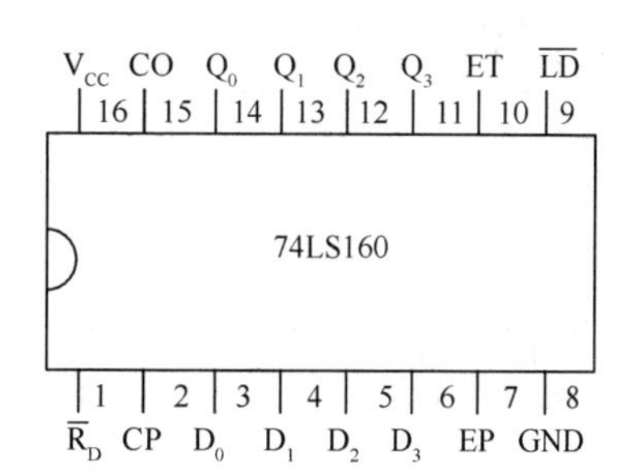

附 A-1-34　74LS160　可预置 BCD 计数器(异步清零)

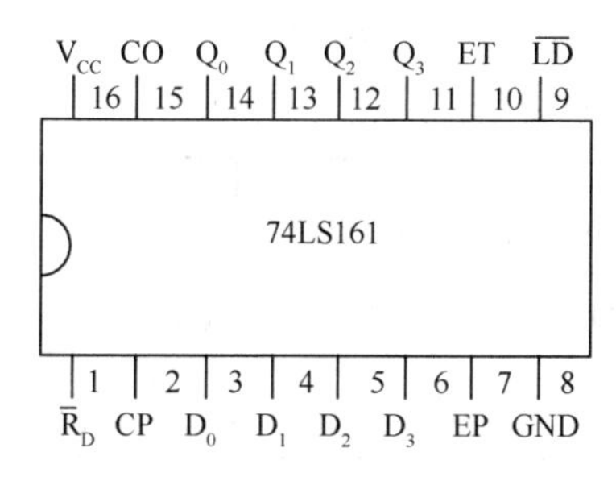

附 A-1-35　74LS161　可预置 4 位二进制同步计数器(异步清零)

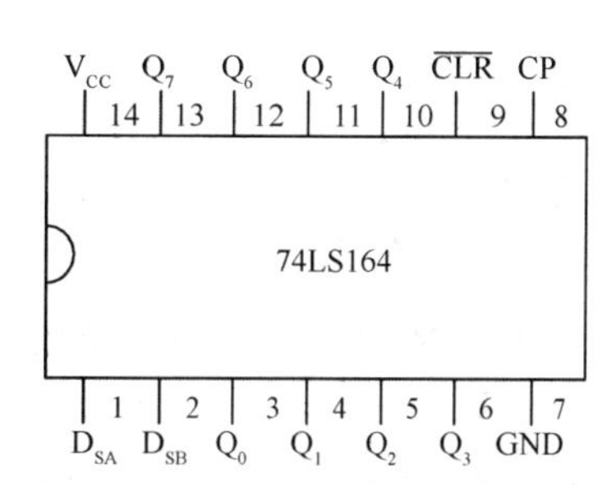

附 A-1-36　74LS164　8 位串行输入/并行输出移位寄存器

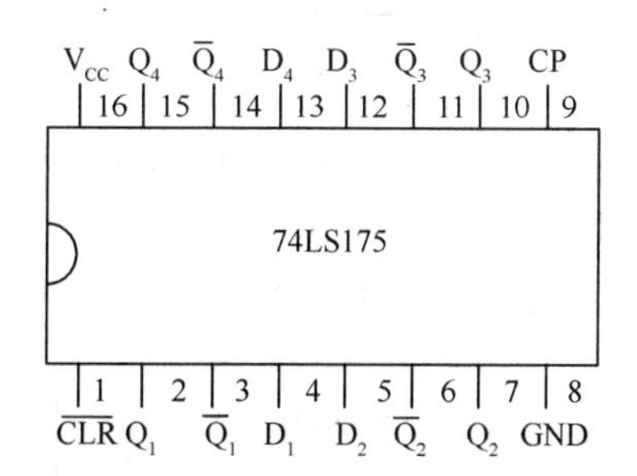

附 A-1-37　74LS175　四 D 触发器

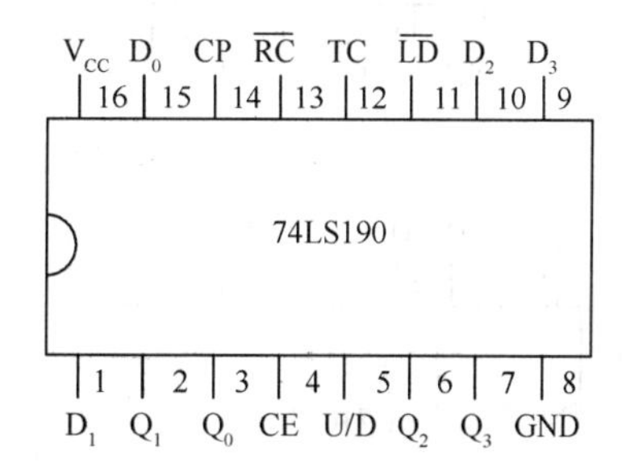

附 A-1-38　74LS190　BCD 同步加/减计数器

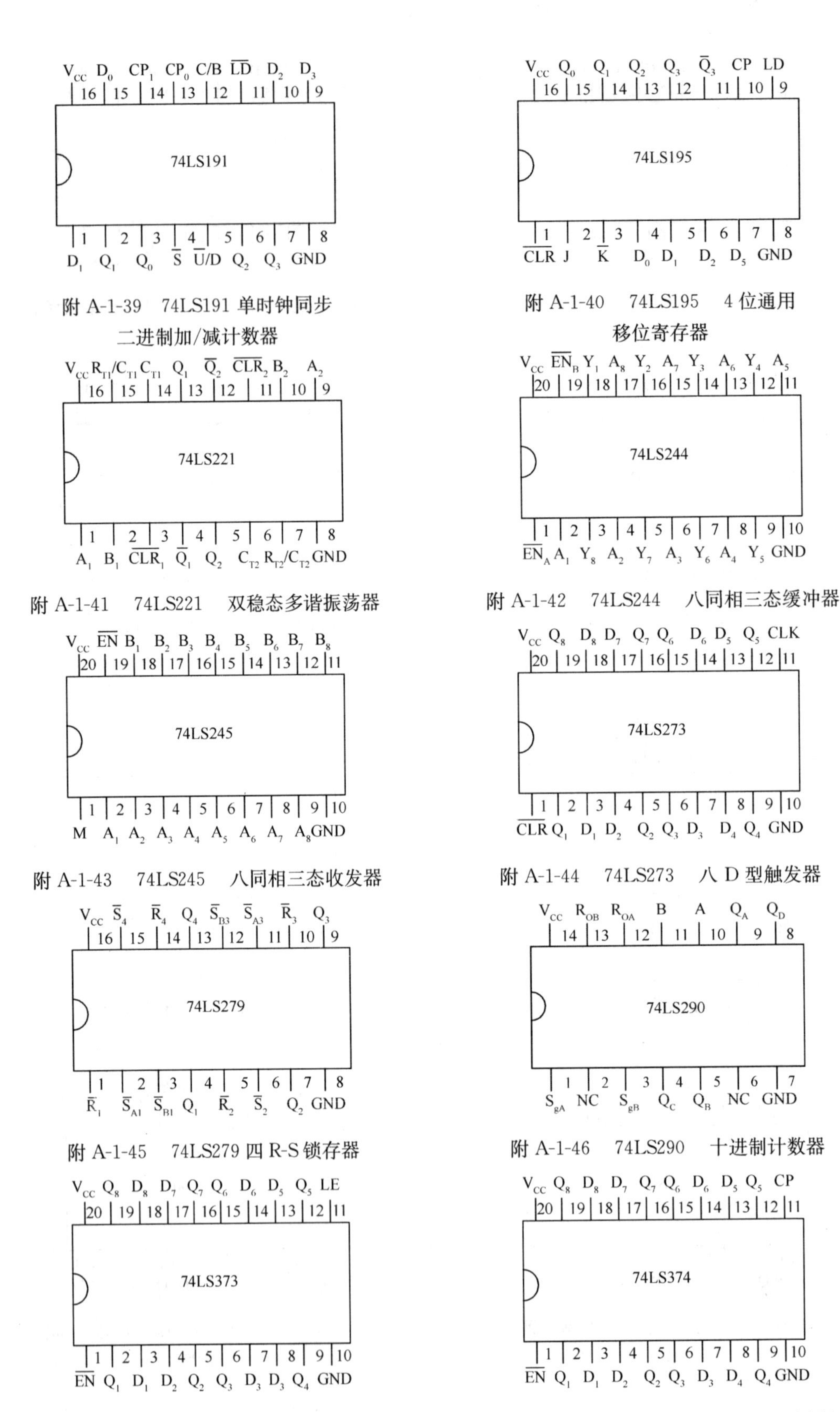

附 A-1-39　74LS191 单时钟同步二进制加/减计数器

附 A-1-40　74LS195　4 位通用移位寄存器

附 A-1-41　74LS221　双稳态多谐振荡器

附 A-1-42　74LS244　八同相三态缓冲器

附 A-1-43　74LS245　八同相三态收发器

附 A-1-44　74LS273　八 D 型触发器

附 A-1-45　74LS279 四 R-S 锁存器

附 A-1-46　74LS290　十进制计数器

附 A-1-47　74LS373 八 D 锁存器(三态同相)

附 A-1-48　74LS374 八 D 触发器(三态同相)

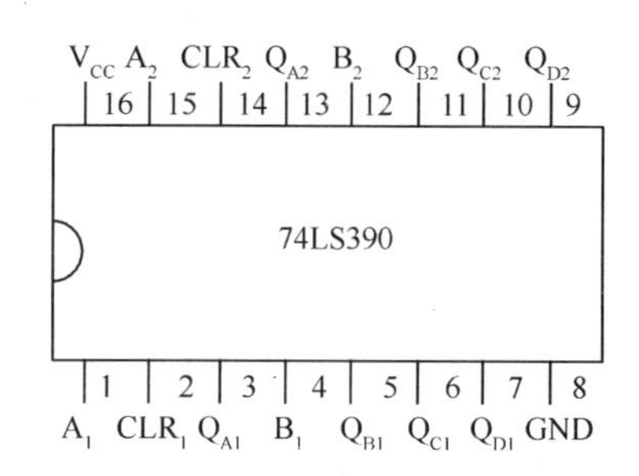

附 A-1-49　74LS390 双十进制计数器

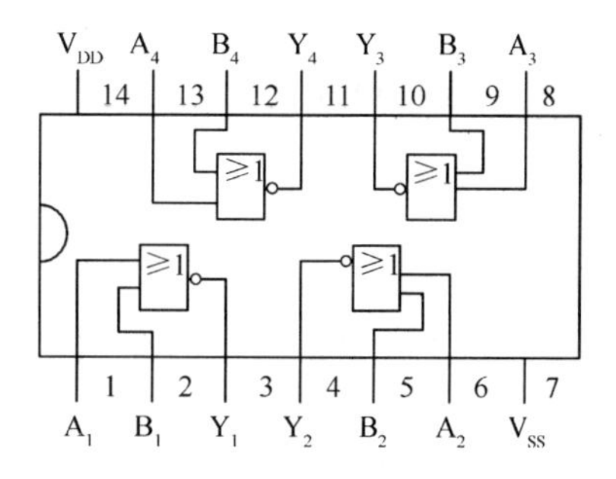

附 A-1-50　CC4001 2 输入端四或非门

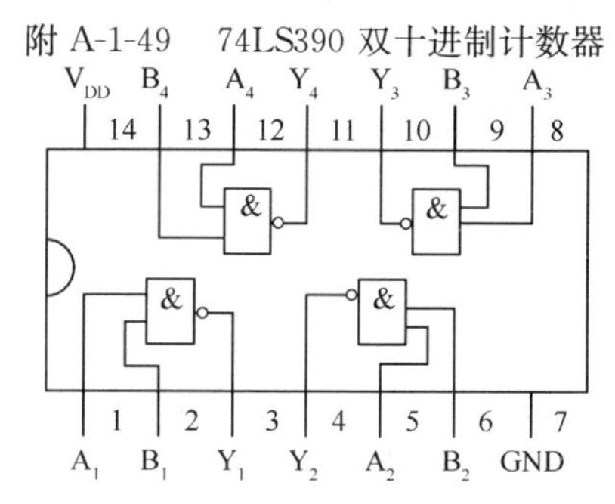

附 A-1-51　CC4011 2 输入端四与非门

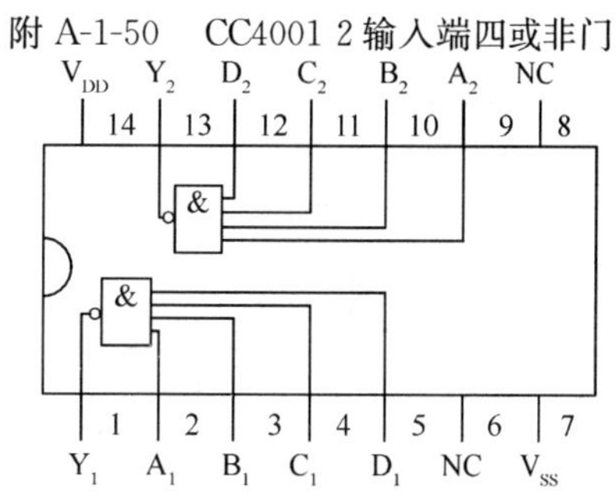

附 A-1-52　CC4012 4 输入端双与非门

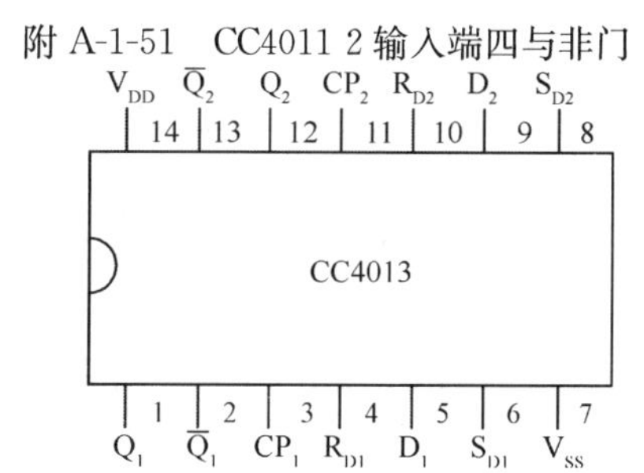

附 A-1-53　CC4013 双 D 触发器

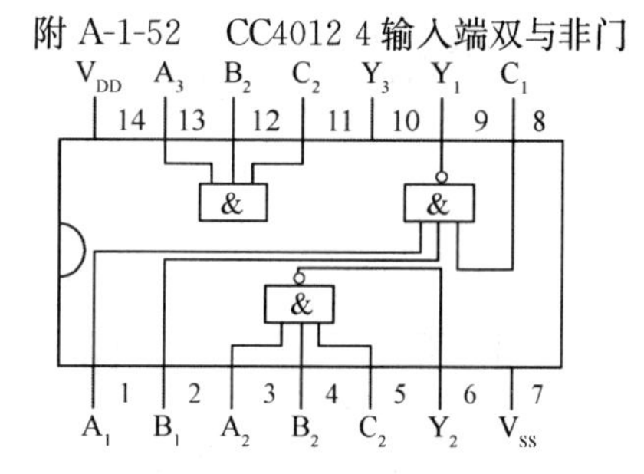

附 A-1-54　CC4023 3 输入端三与非门

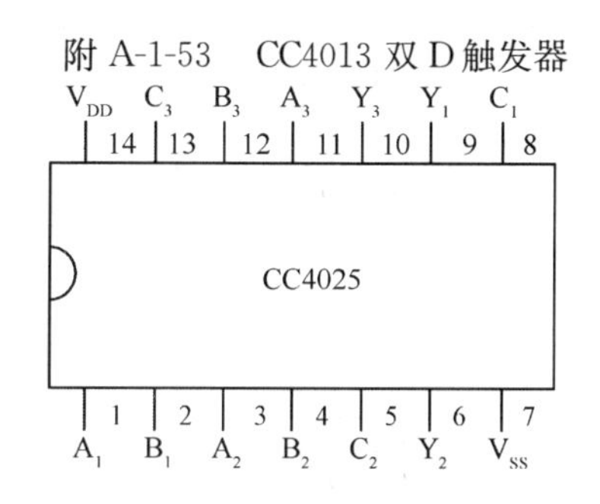

附 A-1-55　CC4025 3 输入端三或非门

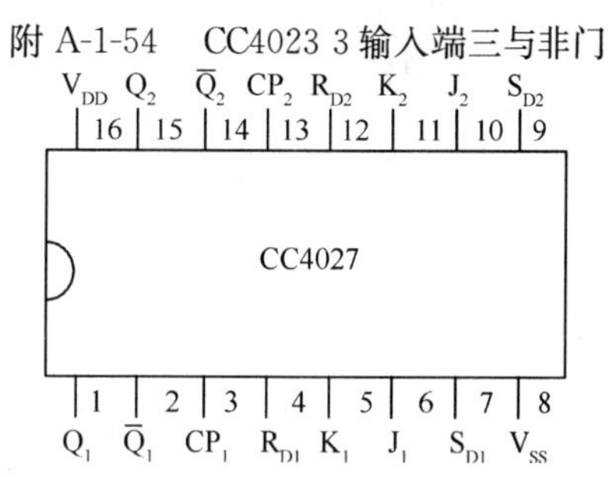

附 A-1-56　CC4027 双 JK 触发器

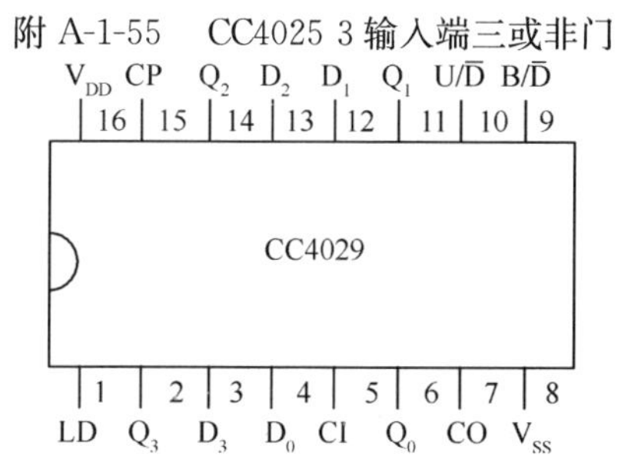

附 A-1-57　CC4029　4 位二进制/十进制加/减计数器(有预置)

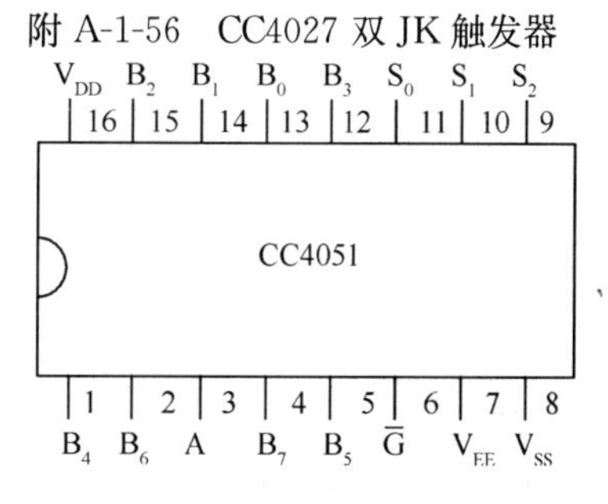

附 A-1-58　CC4051　模拟多路转换器/分配器(8 选 1 模拟开关)

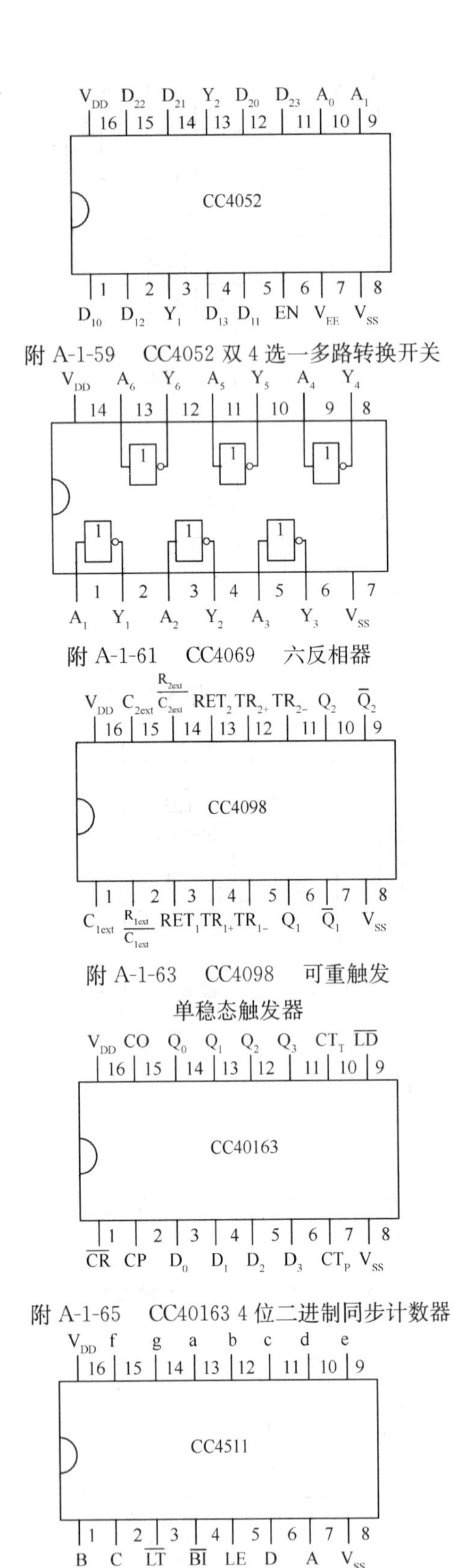

附 A-1-59　CC4052 双 4 选一多路转换开关

附 A-1-61　CC4069　六反相器

附 A-1-63　CC4098　可重触发单稳态触发器

附 A-1-65　CC40163 4 位二进制同步计数器

附 A-1-67　CC4511 BCD 码锁存 7 段译码器

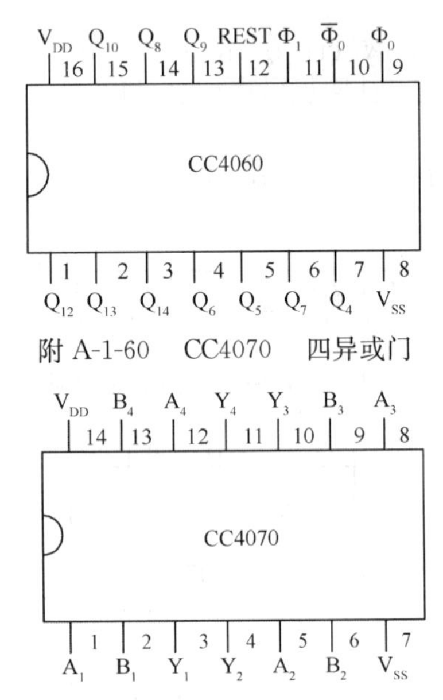

附 A-1-60　CC4070　四异或门

附 A-1-62　CC4098　可重触发单稳态触发器

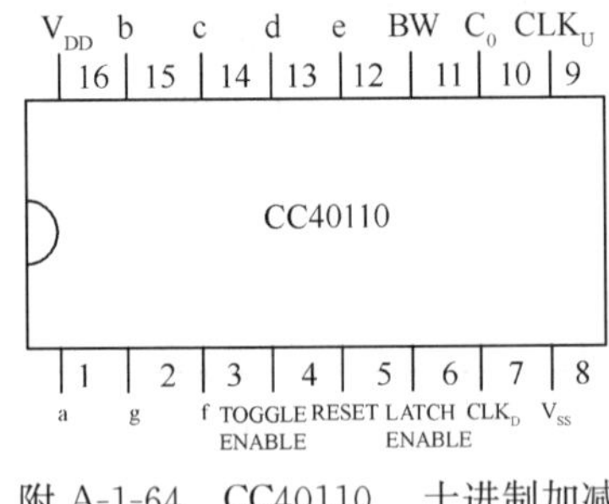

附 A-1-64　CC40110　十进制加减计数/译码/锁存/驱动器

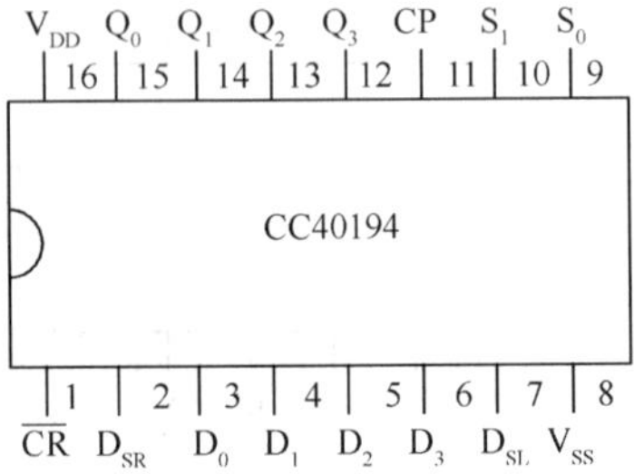

附 A-1-66　CC40194 4 位双向移位寄存器

附录 A-2　常用数字集成电路功能表

附 A-2-1　74LS74 功能表

输入				输出	
预置	清除	时钟	D	Q	$\overline{Q}$
$\overline{S_D}$	$\overline{R_D}$	CP			
0	1	×	×	1	0
1	0	×	×	0	1
0	0	×	×	1	1
1	1	$\uparrow$	1	1	0
1	1	$\uparrow$	0	0	1
1	1	0	×	Q_0	$\overline{Q_0}$

附 A-2-2　74LS112 功能表

输入					输出		功能说明
$\overline{S_D}$	$\overline{R_D}$	CP	J	K	Q	$\overline{Q}$	
0	1	×	×	×	0	1	异步置 0
1	0	×	×	×	1	0	异步置 1
1	1	$\downarrow$	0	0	Q^n	$\overline{Q^n}$	保持
1	1	$\downarrow$	0	1	0	1	置 0
1	1	$\downarrow$	1	0	1	0	置 1
1	1	$\downarrow$	1	1	$\overline{Q^n}$	Q^n	计数
1	1	1	×	×	Q^n	$\overline{Q^n}$	保持
0	0	×	×	×	1	1	不允许

附 A-2-3　74LS123 功能表

输入			输出	
CLEAR	A	B	Q	$\overline{Q}$
0	×	×	0	1
×	1	×	0	1
×	×	0	0	1
1	0	$\uparrow$	$\sqcap$	$\sqcup$
1	$\downarrow$	1	$\sqcap$	$\sqcup$
$\uparrow$	0	1	$\sqcap$	$\sqcup$

附 A-2-4　74LS138 功能表

输入					输出							
使能		选择										
ST_A	$\overline{ST_B}+\overline{ST_C}$	A_2	A_1	A_0	$\overline{Y_0}$	$\overline{Y_1}$	$\overline{Y_2}$	$\overline{Y_3}$	$\overline{Y_4}$	$\overline{Y_5}$	$\overline{Y_6}$	$\overline{Y_7}$
×	1	×	×	×	1	1	1	1	1	1	1	1
0	×	×	×	×	1	1	1	1	1	1	1	1
1	0	0	0	0	0	1	1	1	1	1	1	1
1	0	0	0	1	1	0	1	1	1	1	1	1
1	0	0	1	0	1	1	0	1	1	1	1	1
1	0	0	1	1	1	1	1	0	1	1	1	1
1	0	1	0	0	1	1	1	1	0	1	1	1
1	0	1	0	1	1	1	1	1	1	0	1	1
1	0	1	1	0	1	1	1	1	1	1	0	1
1	0	1	1	1	1	1	1	1	1	1	1	0

附 A-2-5　74LS148 功能表

输入									输出				
$\overline{ST}$	$\overline{IN_0}$	$\overline{IN_1}$	$\overline{IN_2}$	$\overline{IN_3}$	$\overline{IN_4}$	$\overline{IN_5}$	$\overline{IN_6}$	$\overline{IN_7}$	$\overline{Y_2}$	$\overline{Y_1}$	$\overline{Y_0}$	$\overline{Y_{EX}}$	$\overline{Y_S}$
1	×	×	×	×	×	×	×	×	1	1	1	1	1
0	1	1	1	1	1	1	1	1	1	1	1	1	0
0	×	×	×	×	×	×	×	0	0	0	0	0	1
0	×	×	×	×	×	×	0	1	0	0	1	0	1
0	×	×	×	×	×	0	1	1	0	1	0	0	1
0	×	×	×	×	0	1	1	1	0	1	1	0	1
0	×	×	×	0	1	1	1	1	1	0	0	0	1
0	×	×	0	1	1	1	1	1	1	0	1	0	1
0	×	0	1	1	1	1	1	1	1	1	0	0	1
0	0	1	1	1	1	1	1	1	1	1	1	0	1

附 A-2-6　74LS151 功能表

输入				输出	
选择			选通 $\overline{ST}$	Y	$\overline{Y}$
A_2	A_1	A_0			
×	×	×	1	0	1
0	0	0	0	D_0	$\overline{D_0}$
0	0	1	0	D_1	$\overline{D_1}$
0	1	0	0	D_2	$\overline{D_2}$
0	1	1	0	D_3	$\overline{D_3}$
1	0	0	0	D_4	$\overline{D_4}$
1	0	1	0	D_5	$\overline{D_5}$
1	1	0	0	D_6	$\overline{D_6}$
1	1	1	0	D_7	$\overline{D_7}$

附 A-2-7　74LS161 功能表

CP	$\overline{R}_D$	$\overline{L}_D$	EP	ET	工作状态
×	0	×	×	×	异步清零
↑	1	0	×	×	同步置数
×	1	1	0	1	保持
×	1	1	×	0	保持(但 C=0)
↑	1	1	1	1	计数

附 A-2-8　74LS164 功能表

输入				输出			
$\overline{CR}$	CP	D_{SA}	D_{SB}	Q_0	Q_1	…	Q_7
1	×	×	×	0	0		0
1	0	×	×	Q_{00}	Q_{10}		Q_{70}
1	↑	1	1	1	Q_{0n}		Q_{6n}
1	↑	0	×	0	Q_{0n}		Q_{6n}
1	↑	×	0	0	Q_{0n}		Q_{6n}

附 A-2-9　74LS279 功能表

输入		输出	输入		输出
$\overline{S}$	$\overline{R}$	Q	$\overline{S}$	$\overline{R}$	Q
1	1	Q_0	1	0	0
0	1	1	0	0	×

附录 A-3　其他集成电路引脚图

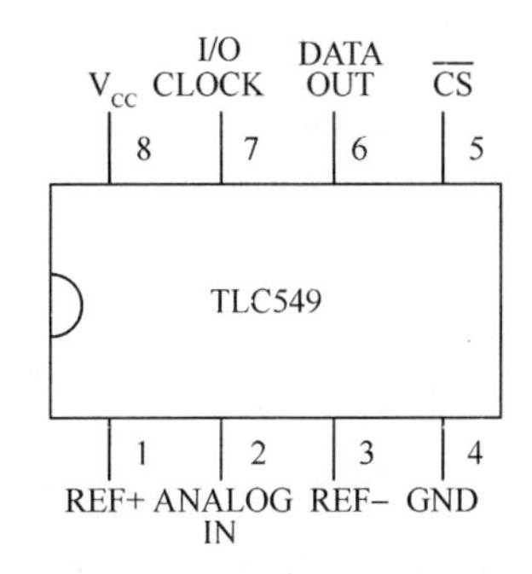

附 A-3-1　TLC549　8 位 AD 转换器

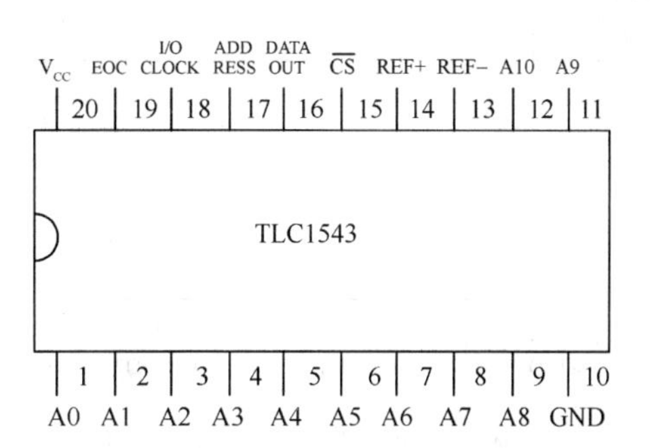

附 A-3-2　TLC1543　10 位 AD 转换器

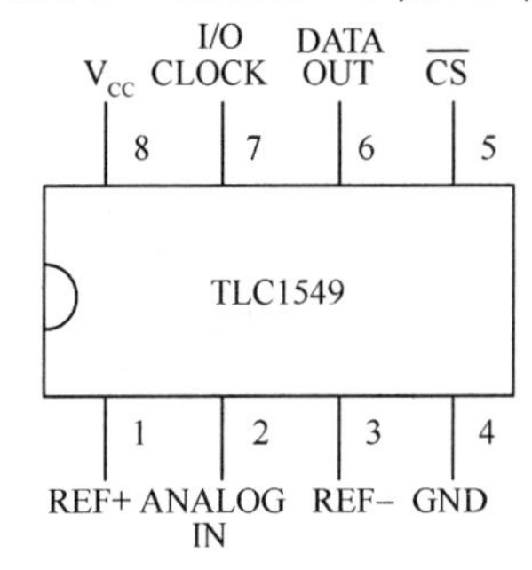

附 A-3-3　TLC1549 10 位 AD 转换器

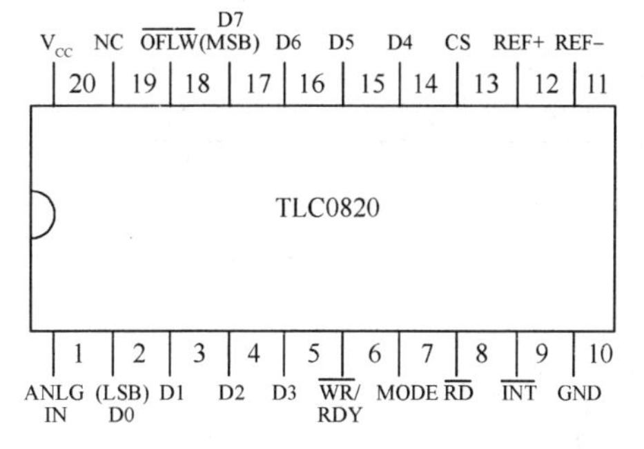

附 A-3-4　TLC0820　8 位 AD 转换器

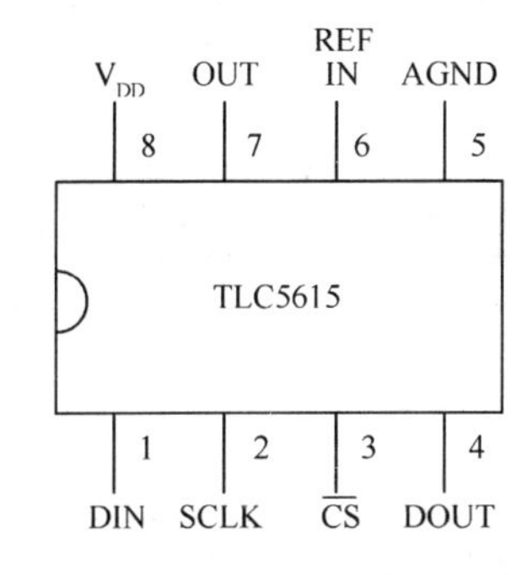

附 A-3-5　TLC5615　8 位 DA 转换器

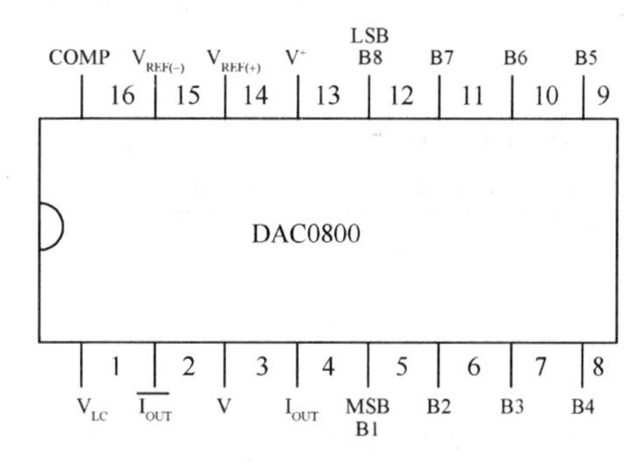

附 A-3-6　DAC0800 10 位串行 DA 转换器

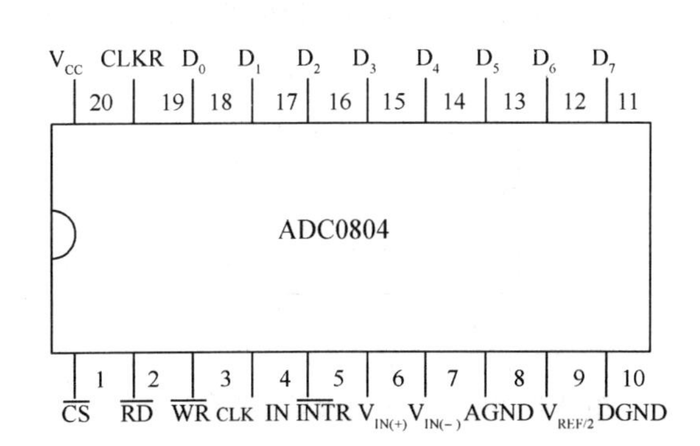

附 A-3-7　ADC0804 8 位 AD 转换器

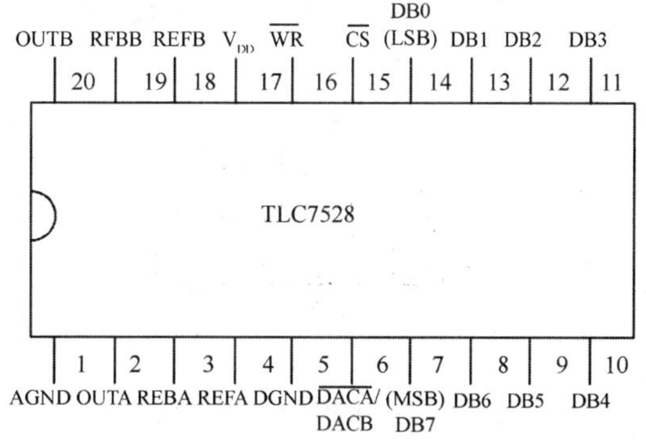

附 A-3-8　TLC7528　双路、8 位数模转换器

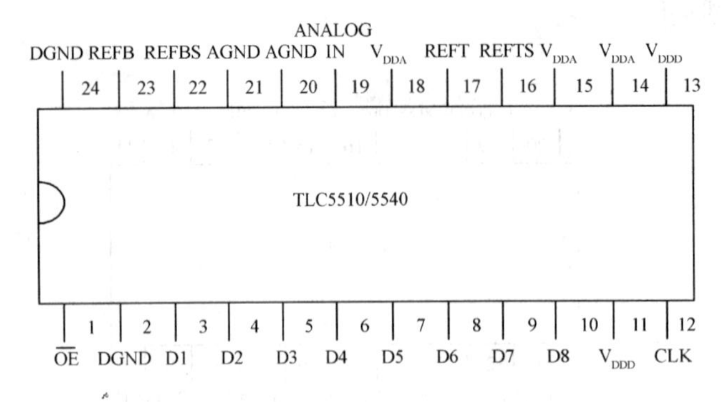

附 A-3-9 TLC5510/5540 8 位高速 AD 转换

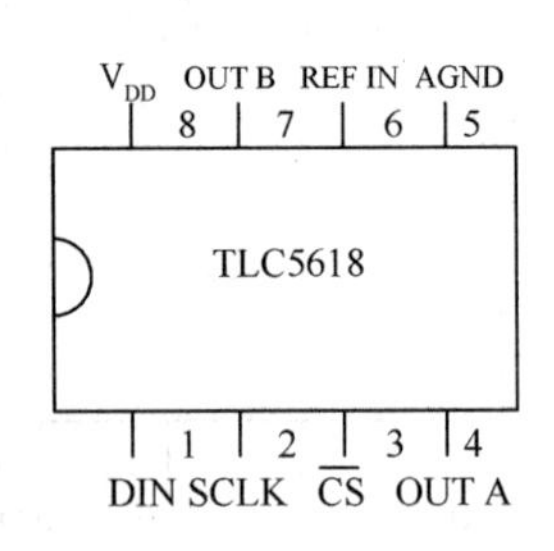

附 A-3-10 DAC0832 8 位 D/A 转换器

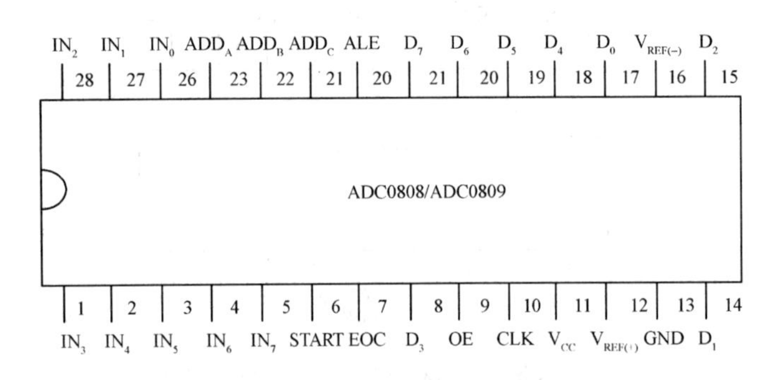

附 A-3-11 ADC0808/ADC0809 8 位 AD 转换器

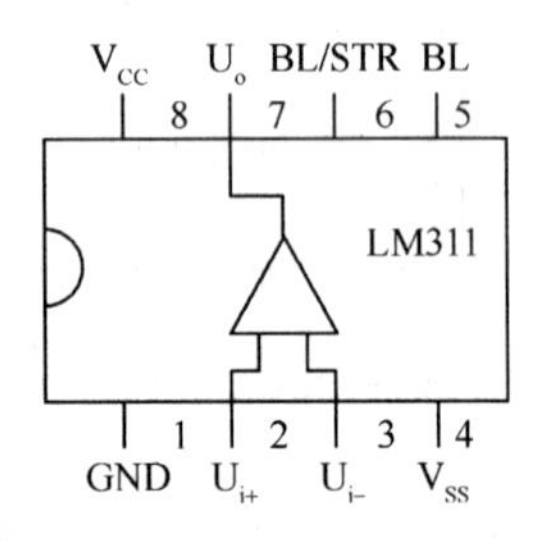

附 A-3-12 LM311 集成电压比较器

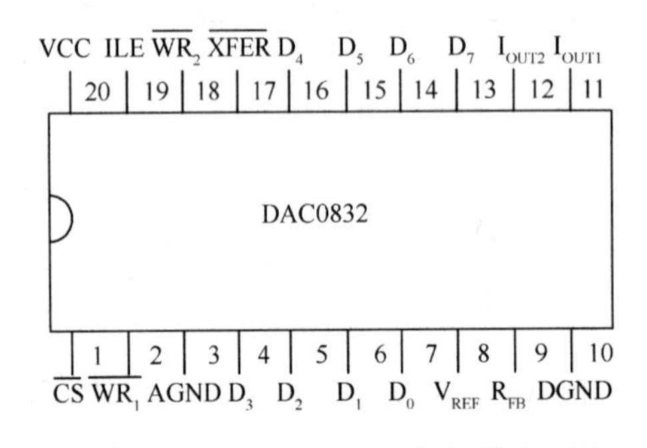

附 A-3-13 TLC5618 12 位数模转换器

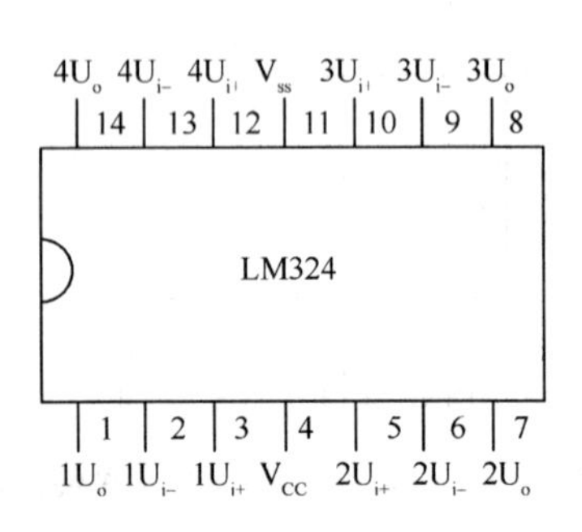

附 A-3-14 LM324 通用四运放

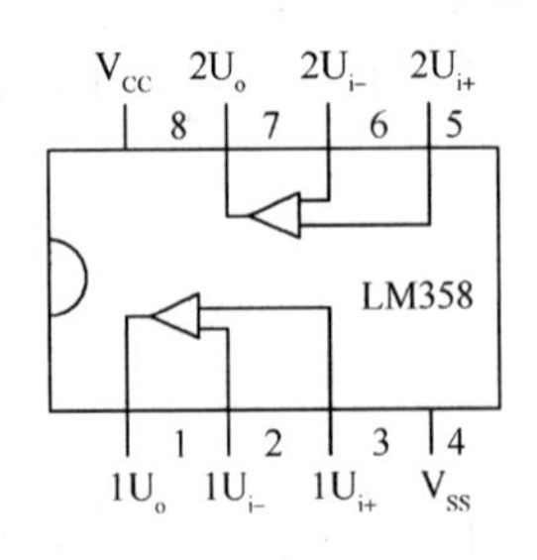

附 A-3-15 LM358 低功耗双运放

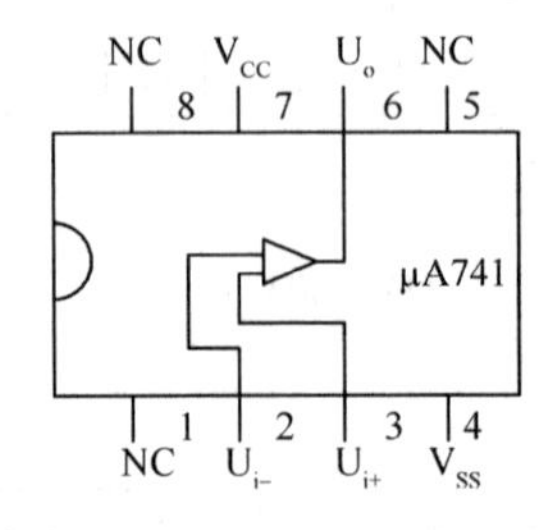

附 A-3-16 μA741 通用型运算放大器

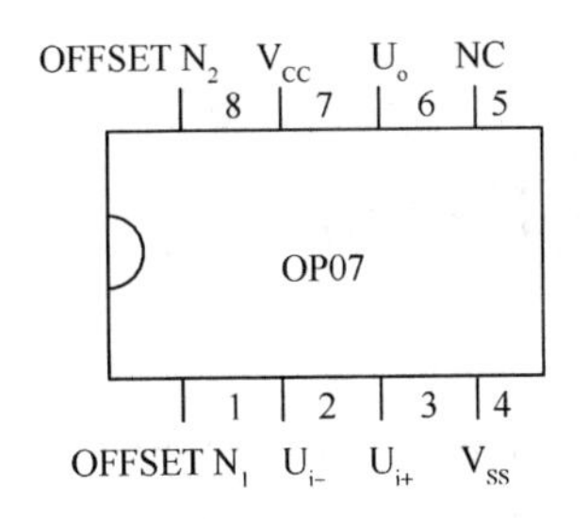

附 A-3-17 OP07 低噪声运放

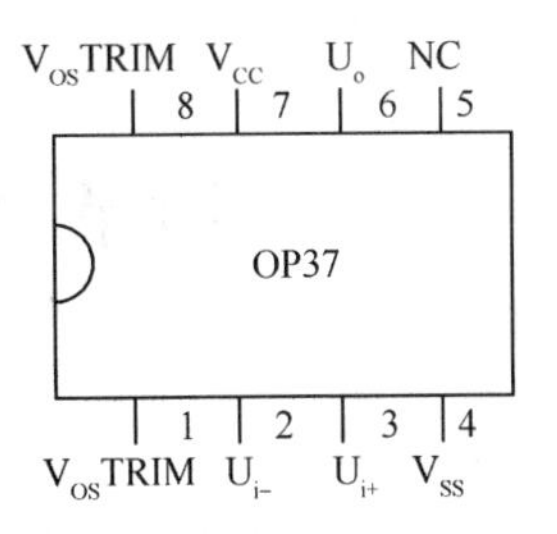

附 A-3-18 OP37 超低噪声精密运放

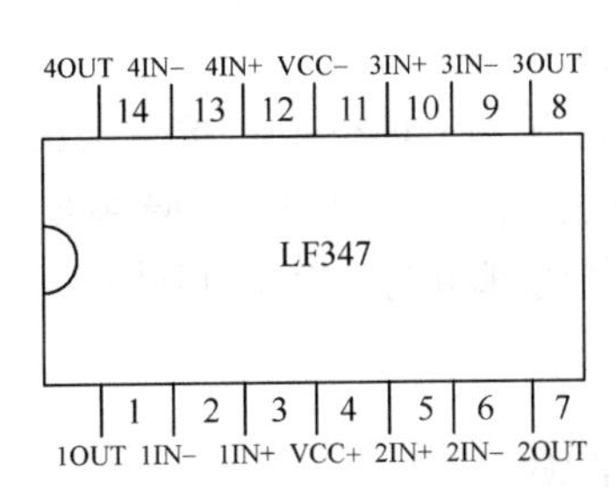

附 A-3-19 LF347 四路通用 JFET 输入运算放大器

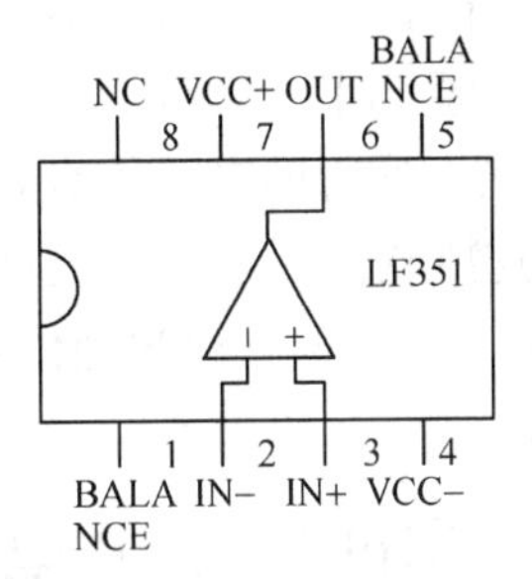

附 A-3-20 LF351 宽带 JFET 输入运算放大器

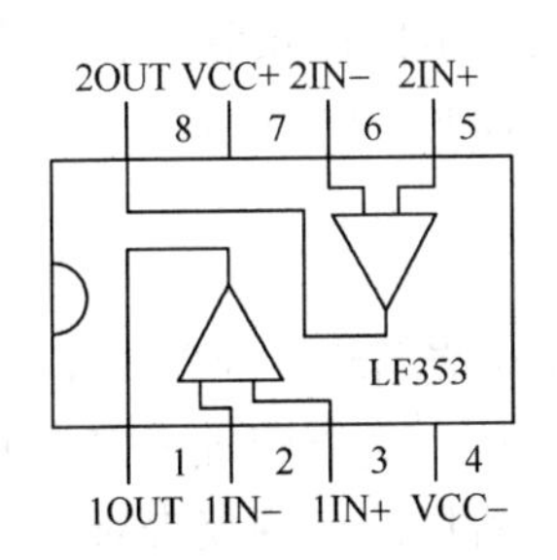

附 A-3-21 LF353 双运算放大器

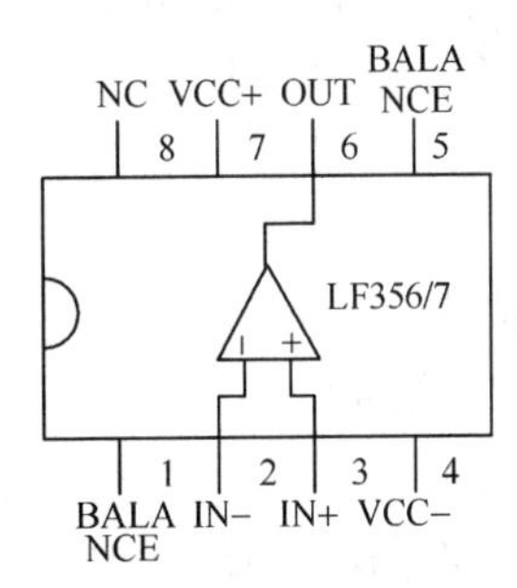

A-3-22 LF356/7 JFET 型输入运算放大器

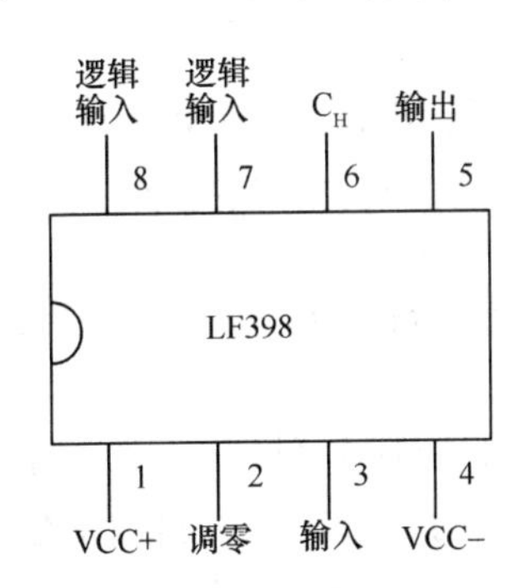

附 A-3-23 LF398 反馈型采样/保持放大器

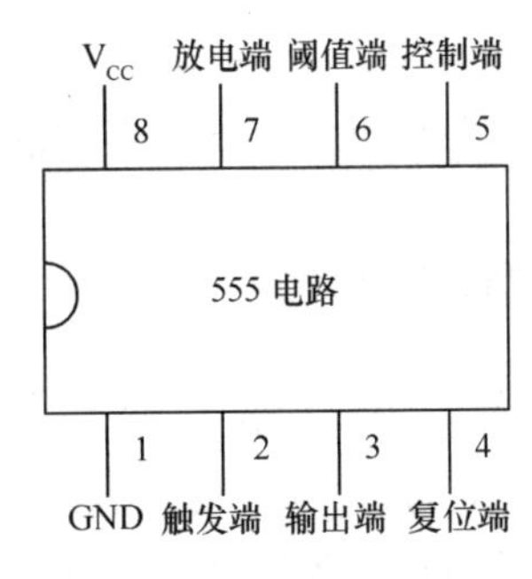

附 A-3-24 NE555 电路

附录 B　仿真软件使用介绍

随着科学技术的发展，许多电子电路的验证由原来的实物电路转化为"实物＋仿真"的方式，甚至有的电路仅靠虚拟仿真就能达到实物电路验证的效果。由此可见，仿真软件的出现给电子设计带来了极大的方便，既减小了设计的工作量，又节约了设计时间和成本。因而，仿真软件上市以来，受到了广大从事电子行业工作者的青睐。

目前，市场上盛行的电路仿真软件种类很多，有 Multisim、Proteus、PSpice、Protel99、ProtelDXP 等。这些软件所具备的功能各不一样，其特点也不完全相同。本章主要针对 Multisim10 和 Proteus7 这两款教学型仿真软件，着重介绍其仿真功能的使用，可快速学会使用软件进行电路仿真。

附录 B-1　Multisim 10 电路仿真软件介绍

Multisim 是 Interactive Image Technologies（Electronics Workbench）公司推出的以 Windows 为平台的仿真工具，主要适用于板级的模拟/数字电路的设计工作。它包含了电路原理图的图形输入、电路硬件描述语言输入方式，具有丰富的仿真分析能力。

1. Multisim 10 的基本操作

(1) 界面简介

Multisim 10 软件以图形界面为主，具有一般 Windows 应用软件的界面风格，界面由多个区域构成：菜单栏、工具栏、元器件栏、仪器栏、工作窗、信息窗、文档管理窗等。通过对各部分的操作可以实现电路图的输入与编辑，并根据需要使用仪器栏的各种仪表对电路参数进行相应的观测和分析。用户可以通过菜单栏或工具栏改变主窗口的视图内容及视窗大小等。

(2) 菜单介绍

Multisim10 汉化版对 90％以上的菜单进行了汉化，使得用户操作起来比较容易。其主菜单栏（如图附 B-1-1）所示位于主界面的上方，通过各项菜单可以对 Multisim 10 的所有功能进行操作。

文件(F)　编辑(E)　视图(V)　放置(P)　MCU　仿真(S)　转换(A)　工具(T)　报表(R)　选项(O)　窗口(W)　帮助(H)

附 B-1-1　主菜单

该菜单中有一些功能选项均与 Windows 平台上的应用软件一致，如文件(File)、编辑(Edit)、视图(View)、选项(Options)、窗口(Window)、帮助(Help)等。此外，还有一些专用的选项，如放置(Place)、MCU、仿真(Simulation)、转换(Transform)、工具(Tools)以及报表(Reports)等。现对专用的选项菜单的功能进行简单介绍。

放置(Place)菜单：主要提供电路图输入工具。通过放置菜单中的各项命令可在电路图输入时选择放置节点、导线、总线、注释、文本、新建子电路等操作。

MCU 菜单：主要提供单片机调试时的各种操作命令，菜单中主要包含了单步调试、断点调试、暂停运行、执行到光标处等调试命令。

仿真(Simulate)菜单：主要包含与仿真相关的各种设置命令。通过仿真菜单中的命令可对项目进行开始仿真、暂停仿真、停止仿真、仪器选择、电路数据分析以及仿真设置等操作。

转换(Transform),转换菜单提供的命令可以完成 Multisim 对其他 EDA 软件需要的文件格式的输出,如 PCB 板设计时要用到的网络表文件等。

工具(Tools):主要可完成元器件数据库的管理、元器件编辑、电器规则检查、屏面捕捉等功能。

报表(Reports):可输出项目的材料清单、元件详细报告、网络表报告、对照报告、原理图统计、多余门报告等各类报表。

(3) 常用工具栏简介

Multisim 10 提供了多种工具栏,并以层次化的模式加以管理,用户可以通过视图菜单中的选项方便地将顶层的工具栏打开或关闭,再通过顶层工具栏中的按钮来管理和控制下层的工具栏。通过工具栏,用户可以方便直接地使用软件的各项功能。

顶层的工具栏主要有:标准工具栏、视图工具栏、主要工具栏、元件工具栏、电源工具栏、信号源元件工具栏、仪器工具栏、仿真工具栏。

标准工具栏包含了常见的文件操作和编辑操作。视图工具栏提供工作窗缩放功能,工作窗的缩放也可通过鼠标滚轮的滚动来实现,缩放时以鼠标所在位置为中心。主要工具栏包含显示或隐藏设计工具箱及电子表格工具栏、数据库管理、电气规则检查等操作选项,同时还提供各种记录仪,可用来进行仿真参数分析。元件工具栏共有 18 个按钮,每一个按钮都对应一类元器件,其分类方式和元器件数据库中的分类相对应。电源工具栏提供虚拟的电源。信号源元件工具栏提供虚拟仿真信号。仪器工具栏集中了所有虚拟仪器仪表,可以通过按钮选择需要的仪器对电路进行观测。仿真工具栏可以控制电路仿真的开始、暂停和结束,同时还提供单步调试、执行到光标处调试等各种调试方式供操作者选择。

(4) 元器件的管理与取用

① 元器件管理:Multisim 10 提供了丰富的元器件,并以库的形式管理元器件,通过菜单“工具/数据库/数据库管理”可打开数据库管理(Database Management)窗口,对元器件库进行管理。

在数据库管理窗口中的数据库名(Daltabase Name)列表中有三个数据库:主数据库、公司数据库和用户数据库。其中主数据库中存放的是软件提供的元器件,用户数据库是为用户自建元器件准备的数据库。用户按下“编辑”可对 Multisim 主数据库中的元器件进行编辑。

为方便用元件,可以建立一个常用的元件库。具体操作步骤:找到主数据库中需要的器件,鼠标左键单击后,选择“复制”,弹出对话框,在此对话框左侧选择对应的元件组,单击元件类型图标后,选择“添加系列”,此时可在“输入系列名”中输入该元件的名称,最后单击“确定”即可。只要将自己认为比较常用的元件找到,加入用户数据库中,下次使用时便可直接进入用户数据库(User Database)快速的获取常用的元器件,不必每次都从成千上万个元件中查找自己需要的元件,非常方便,且对用户数据库里的元件进行编辑也不会影响软件主数据库中元器件的参数。

② 元器件的取用:在 Multisim 主数据库中有实际元器件和虚拟元器件,它们之间的根本差别在于:一种是与实际元器件的型号、参数值以及封装都相对应的元器件,在设计中选用此类器件,不仅可以使设计仿真与实际情况有良好的对应性,还可以直接将设计导出到 Ultiboard 中进行 PCB 的设计。另一种器件的参数值是该类器件的典型值,不与实际器件对应,用户可以根据需要改变器件模型的参数值,只能用于仿真,这类器件称为虚拟器件。它们在工具栏和对话窗口中的表示方法也不同。

在元器件工具栏中,虽然代表虚拟器件的按钮的图标与该类实际器件的图标形状相同,但虚拟器件的按钮有底色(软件中为深绿色),而实际器件则没有,相同类型的实际元器件和虚拟元器件的按钮并排排列，但并非所有的元器件都设有虚拟类的器件。在元器件类型列表中，虚拟元器件类的后缀均标有 Virtual，这也是虚拟元件的独特特征。

取用元器件时，由于库中元件种类、个数很多，因此可利用库中的分类筛选工具。例如，要找 1N4148 二极管，可按以下步骤操作：

鼠标左键单击“放置”，选择“选择元件(Component)”打开选择元件对话框。也可直接单击元件工具栏中的任意图标打开选择元件对话框，如图附 B-1-2 所示。在选择元件对话框的“组”中选择器件类型“⊣⊢ Diodes”，即二极管类型。在“系列”列表中选择“DIODE”。在“元件”列表中选择“1N4148”。鼠标左键单击“确定”，即可将需要的二极管获取，在工作窗中单击鼠标左键后即可放置该二极管在工作窗中。

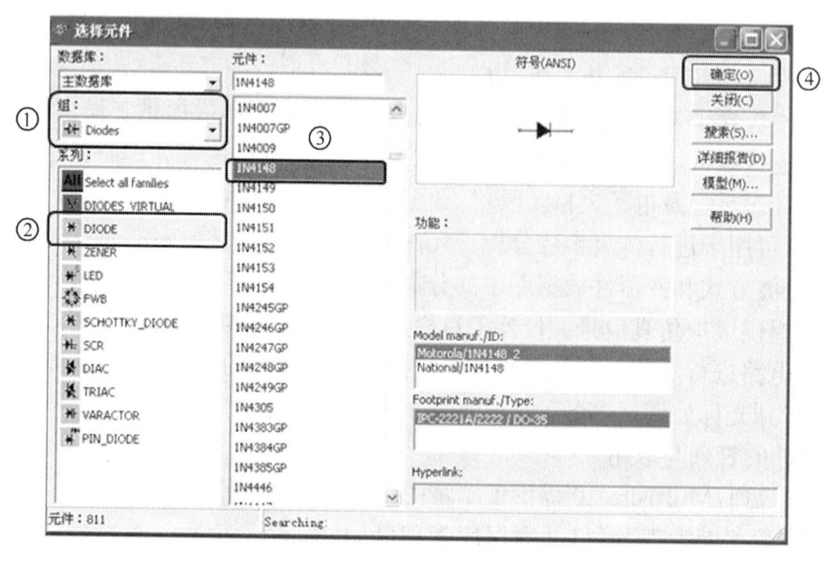

附 B-1-2　选取元件二极管 1N4148

若不知道 1N4148 二极管器件所在的组和所属的系列时，也可使用查找的方法快速找到需要的器件，打开选择元件对话框之后，在“选择元件”对话框中鼠标左键单击“搜索”按钮，打开“搜索元件”对话框。在“搜索元件”对话框中的“元件”一栏输入需要查询的元件型号“1N4148”。鼠标左键单击“搜索”按钮，系统便能迅速查找出元件库中对应型号的元件。在搜索结果对话框中选择“确定”即可获取该元件。如果元件数据库中符合搜索条件的元件有多个时，会在弹出对话框中的“元件”列表中一一列出。如果没有符合条件的元件型号时，则在弹出对话框的“元件”列表中显示为空。

③ 元件的放置：在“选择元件”对话框中获取元件后，将鼠标移至工作窗指定位置，单击左键即可放置该元件。

对已放置的元件用户可以进行复制(Ctrl+C)、粘贴(Ctrl+V)、剪切(Ctrl+X)、删除(Delete)、旋转、镜像等操作。操作步骤如下：将鼠标移至需要操作的元件上，单击右键，在弹出的对话框中做出相应的选择即可。Multisim 10 中元件旋转或镜像的模式有四种：顺时针旋转 90°(Ctrl+R)，逆时针旋转 90°(Ctrl+Shift+R)，水平镜像(Alt+X)，垂直镜像(Alt+Y)。

④ 导线的连接：元件与元件、元件与仪器、电源与元件等进行引脚连线时，只需将鼠标置于引脚最外端后鼠标左键单击一次，然后将鼠标移动到另一引脚外端点处再次单击鼠标左键即可。如果只需要从元件引脚连接至工作窗的任意位置，则可在终点的位置双

击鼠标左键即可。如果需要从工作窗的任意位置开始连线，则只需将鼠标置于该位置后双击左键即可。

2. Multisim 10 虚拟仪器介绍

Multisim 10 提供了多种虚拟仪器，可通过菜单“视图/工具栏/仪器”打开虚拟仪器工具栏，如图附 B-1-3 所示。

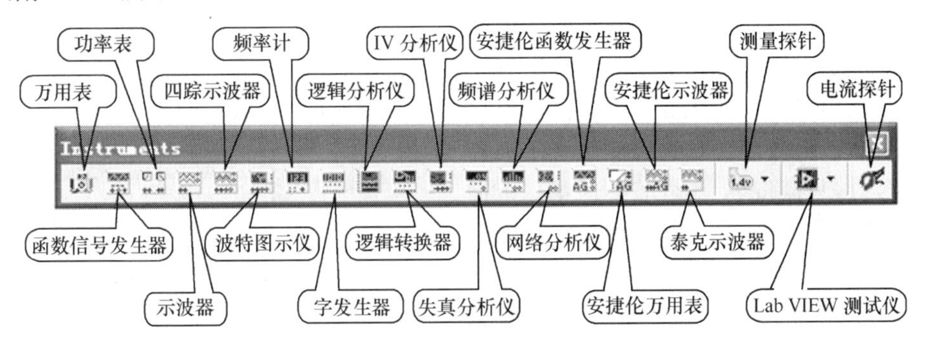

附 B-1-3　虚拟仪器工具栏

在仪器工具栏中单击需要的仪器图标后便能将仪器选取并放置到工作窗中。在仿真开始后，只需双击工作窗仪器符号，虚拟仪器便能以面板的方式显示在电路中，将其正确连入电路里，即可像操作实验仪器一样对其按钮、旋钮和各种参数进行改变。

下面介绍万用表、函数信号发生器和示波器常用仪器的使用方法。

(1) 万用表

Multisim 10 软件中的万用表可用来测量交直流电压、电流、电阻、增益等。使用万用表测量直流电压的基本方法如图附 B-1-4 所示。

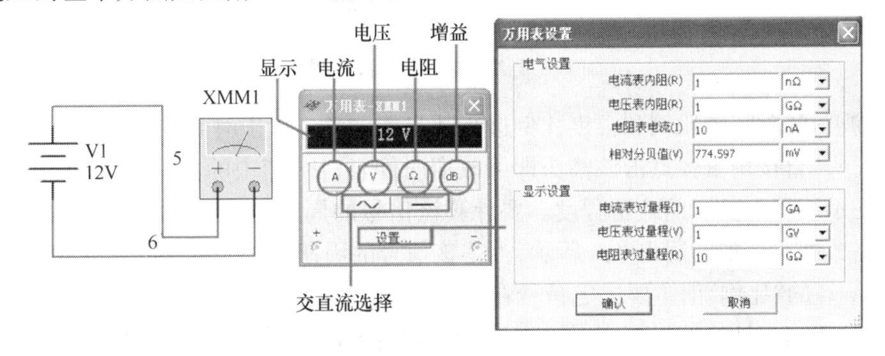

附 B-1-4　测量直流电压的基本方法

首先按附 B-1-4 所示连好电路，单击“开始仿真”后双击万用表的电路符号即可打开万用表的功能选择与显示界面。在打开的界面中选择测量功能为“电压(V)”，交直流选择为“直流(—)”，此时，万用表上显示的“12V”即测得的直流电压值。

在万用表界面中单击“设置”可以打开万用表“电气设置”和“显示设置”对话框，必要时用户可根据需要进行相关参数的设置。为使设置的参数及时更新，建议用户设置完成后先关闭“仿真开关”，然后再重新开启“仿真开关”。

(2) 函数信号发生器

Multisim 10 中的函数信号发生器能提供正弦波、三角波、方波三种波形，信号的参数如频率、振幅、偏移等均可调。使用时，应将函数信号发生器的公共端接地，正输出端接至电路的信号输入端即可。若需对信号发生器的参数进行设置时,只需双击函数信号发生器的电路符号即可打开设置界面,如图附 B-1-5 所示。在“波形”栏中可选则正弦波、三角波或方波输出,在“信号选项”栏中可用键盘输入直接对频率、振幅、偏移等进行设置。相应的信号参数单位也可用鼠标单击后在下拉条中进行选择。

(3) 示波器

示波器主要用来显示信号的波形。如图附 B-1-6所示为使用函数信号发生器产生频率为 1kHz,幅度峰值为 1V 的正弦波信号,再用双踪示波器对该信号进行观察与测量。示波器与电路连接时,只需将 A、B 通道中任意一个通道标有“+”号的引脚连入电路测试点,标有“-”号的引脚接电路的参考地即可使用。

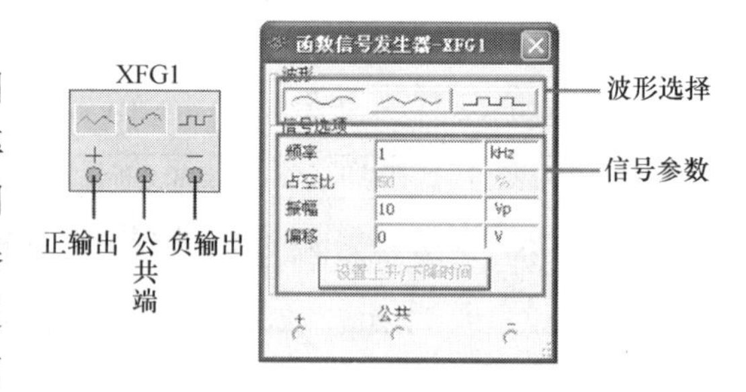

附 B-1-5　函数信号发生器及其设置界面

为了使波形能在示波器上显示得比较合

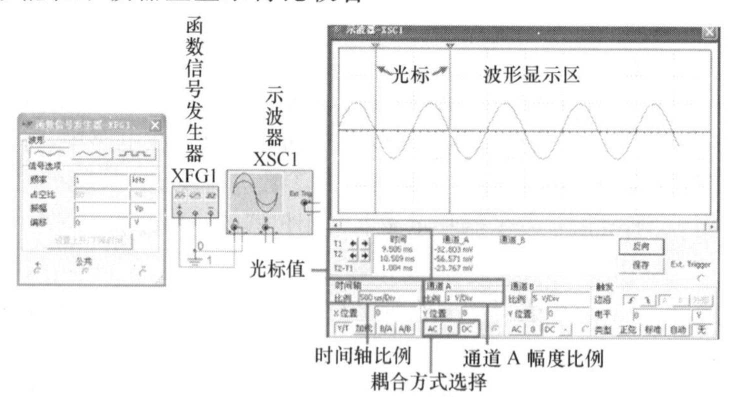

附 B-1-6　示波器及其设置界面

适,应对示波器的时间轴比例和幅度比例进行适当的调整。单击时间轴“比例”框后,其右侧会出现增减箭头,直接用鼠标点击该箭头即可改变时间轴“比例”中的值。时间轴“比例”值主要决定信号在示波器上显示的疏密程度。要计算该信号的周期时,可使用该值乘以信号一个周期所占的格数即可。如图附 B-1-6 所示,测得该信号的周期为“500μs/Div×2Div=1ms”。

通道 A/B 的“比例”值主要决定信号在显示界面上的幅度大小,其调整方法与时间轴“比例”调整方法相同。计算波形幅度时可用该“比例”值乘以信号峰与峰之间垂直方向上所占的格数即可。由图附 B-1-6 可知该信号的幅度峰峰值为“1V/Div×2Div=2V”。

对于示波器的每个通道,还有“AC”交流耦合、“0”接地、“DC”直流耦合等耦合方式的选择。一般来说,测量不带直流分量的交流信号选择“AC”交流耦合即可。

光标测量值可在“光标值”一栏中显示出来。如图附 B-1-6 所示,由光标 1 和光标 2 测得的时间差值即为该信号的周期值。通过“T2-T1”所显示的值可知该信号周期为 1.004ms。

附录 B-2　Proteus 7 电路仿真软件介绍

Proteus ISIS 是英国 Labcenter 公司开发的电路分析与实物仿真软件。它运行于 Windows 操作系统上,可以仿真、分析(SPICE)各种模拟器件和集成电路。该软件的主要功能包括:

实现了单片机仿真和 SPICE 电路仿真相结合。具有模拟电路仿真、数字电路仿真、单片机及其外围电路组成的系统的仿真、RS232动态仿真、I^2C调试器、SPI调试器、键盘和LCD系统仿真的功能；有各种虚拟仪器，如示波器、逻辑分析仪、信号发生器等。

支持主流单片机系统的仿真。目前支持的单片机类型有：68000系列、8051系列、AVR系列、PIC12系列、PIC16系列、PIC18系列、Z80系列、HC11系列及各种外围芯片等。

提供软件调试功能。在硬件仿真系统中具有全速、单步、设置断点等调试功能，同时可以观察各个变量、寄存器等的当前状态，因此在该软件仿真系统中，也必须具有这些功能；同时支持第三方的软件编译和调试环境，如Keil C51 uVision2等软件。

具有强大的原理图绘制功能。总之，该软件是一款集单片机和SPICE分析于一身的仿真软件，功能极其强大。

这里主要介绍Proteus 7软件的工作环境和一些仿真的基本操作。

1. Proteus 7基本操作简介

Proteus 7软件主界面同样是采用了图形化的风格，采用菜单、热键、工具栏相结合的方式，符合Windows的典型风格，使用起来比较容易熟悉和掌握。

进入Proteus 7只需双击桌面快捷图标"ISIS 7 Professional"或单击"开始→所有程序→Proteus 7 Professional→ISIS 7 Professional"。下面介绍几种常用的操作。

(1) 文件操作

文件操作通常包括新建、打开、保存、另存为、打印等。Proteus 7中对文件的操作也可以用两种方式实现，即File菜单和菜单工具栏。在File菜单下的子菜单中，同样包含有上述工具栏中的所有功能。

(2) 缩放与平移

对于编辑窗口的显示，可以通过缩放与平移两种途径改变。具体操作如下。

① 缩放。对原理图可按以下几种方式进行缩放：

- 鼠标移动至需要缩放的位置，滚动滚轮进行缩放。
- 鼠标移动至需要缩放的位置，按键盘F6放大，F7缩小。
- 按下SHIFT键，鼠标左键拖曳出需要放大的区域。
- 使用工具条中的Zoom in(放大)、Zoom Out(缩小)，Zoom All(全图)，Zoom Area(放大区域)进行操作。

注意：按F8键可以在任何时候显示整张图纸。使用SHIFT　ZOOM及滚轮均可应用于预览窗口。在预览窗口进行操作，编辑窗口将发生相应的变化。

② 平移。在编辑窗口中由如下几种方式进行平移操作：

- 按下鼠标滚轮，出现✥光标，表示图纸已处于提起状态，可以进行平移。
- 鼠标置于想要平移目的地的位置，按快捷键F5进行平移。
- 按下SHIFT键，在编辑窗口移动鼠标，进行平移(Shift Pan)。
- 如想平移至较远的位置，最快捷的方式是在预览窗口单击显示该区域。
- 使用工具栏Pan按钮进行平移。

注意：在图纸提起状态下，也可以使用鼠标滚轮进行缩放操作。

掌握以上操作将会大大提高原理图绘制效率。特别是滚轮的使用，不仅可以用于缩放，还可以进行平移。

(3) 元件取用

① 进入元件库：绘制原理图进行电路仿真时必须从Proteus器件库中获取元件，进入器件

库的方法有两种：单击对象选择器上方的P按钮（快捷键P）或在编辑窗口空白处点击右键，选择放置（Place）——器件（Component）——From Libraries。

② 查找器件：器件库中器件较多，要挑选到合适的器件比较困难，借助器件库中的器件类别筛选（Category）查找功能或关键字（Keywords）搜索功能则能快速找到需要的器件。

采用器件类别筛选查找的操作方法是：在Category种类栏中选择器件所属的类别，然后到结果栏（Results）中直接选择需要的器件。

采用关键字搜索功能查找器件更为简单，但这要求使用者必须记住器件在器件库中的大致名称。使用该方法查找器件应按以下步骤操作：在器件库Keywords栏中直接输入需要查找的器件型号即可。例如，查找AT89C52芯片只需在Keywords栏中直接输入89C52即可在结果中找到AT89C52芯片。

③ 放置器件：单击⇮符号进入元件模式，此时，对象选择器中会显示出已找到的元件。

将鼠标置于对象选择器中需要选择的器件上，单击鼠标左键，将鼠标移至编辑窗口需要放置器件的位置，单击鼠标左键即可放置一个器件。如需继续放置相同型号的器件，可将鼠标移至目的地直接单击左键即可。需要放置不同器件时则需重新从对象选择器中选择需要的器件进行放置。

④ 调整器件：器件的调整通常包括器件移动、旋转、翻转与删除。

- 器件移动：方法一，鼠标左键单击一次器件，使器件由黑色变为红色（处于激活状态），然后再按住鼠标左键将器件拖动到合适位置，松开鼠标左键即可。方法二，鼠标右键单击器件后选择Drag Object，然后松开鼠标按键，器件即可随鼠标一起移动。鼠标移动到合适位置后单击左键将器件释放，在空白处单击左键即可取消器件的激活状态。
- 器件旋转与翻转：光标移至元件上单击鼠标右键，在弹出的菜单中选择相应的旋转或翻转方式即可使器件旋转或翻转一次。其中，“Rotate Clockwise”为顺时针旋转90°（快捷键NUM－），“Rotate Anti－Clockwise”为逆时针旋转90°（快捷键NUM＋），“Rotate 180 degrees”为180°旋转，“X－Mirror”为X方向翻转（快捷键Ctrl＋M），“Y－Mirror”为Y方向翻转。
- 器件删除：光标移至器件上双击鼠标右键或单击鼠标右键后选择Delete Object均可删除该器件。

⑤ 元件标签：对于Proteus中每一个元件都有一个对应的编号，电阻电容等还有相应的量值。这些都是由ISIS的工具菜单下的实时标注（Real Time Annotation）命令实现的。

元件标签的位置和可视性完全由用户控制——可以改变取值、移动位置或隐藏这些信息。通过编辑器件（Edit Componet）对话框可以设置元件名称、量值及隐藏选项。

注意：同一张原理图中相同的元件标签只允许出现一次，如两个电阻则必须分别标为R1和R2。如全部标为R1或R2的话就会出错。

（4）连线

连线即信号连接。在Proteus中信号的连接有两种方式，一种是直接连接，需要连接的两个端口直接用导线连在一起。具体操作是：将鼠标置于器件需要连线的端口，这时器件引脚处会显示一个红色小框，鼠标单击后松开，移动鼠标连线便开始跟着移动。将鼠标移至需要与之连接的另一个引脚处，待出现红色小框后单击即完成两个端口的导线连接。这种方式主要适用于连线相对较少、电路比较简单的场合。

另一种是通过连线标签进行连接。具体操作是，将需要连接的两个端口各引出一段连接线，然后将光标置于其中一根导线上单击鼠标右键，选择 Place Wire Label，在弹出的对话框中输入该导线的名称，该名称一般用简单的英文、数字或二者组合即可。同一个设计文件中，标签相同的导线默认为其电气特性相互连接。

删除连线的方法较为简单，将光标指向需要删除的导线，双击鼠标右键或单击鼠标右键后选择 Delete Object 即可将导线删除。

(5) 开始仿真

在仿真工具栏中包含有开始仿真按钮、单步执行按钮、暂停按钮、停止按钮等，需要进行仿真操作时只要按动相应的按钮即可。

(6) 模式工具栏使用

模式工具栏包含选择模式、元件模式、终端模式、虚拟仪器模式、发生器模式、电流探极模式、电压探极模式等，如图附 B-2-1 所示。

附 B-2-1　模式工具栏

以上各种模式中常用的模式与图形对应关系如附表 B-2-1 所示。

附表 B-2-1　各种常用模式符号、名称与包含对象的关系

图　标	英 文 名	名　称	功　能
	Selection Mode	选择模式	取消当前鼠标已执行的所有功能
	Component Mode	元件模式	当前器件栏中显示事先已选择的元器件
	Terminals Mode	终端模式	列出可选终端，包括电源、地等
	Generator Mode	激励源模式	列出软件包含的单脉冲、信号源等供选择
	Voltage Probe Mode	电压探针模式	提供电压测试探针
	Current Probe Mode	电流探针模式	提供电流测试探针
	Virtual Instruments Mode	虚拟仪器模式	提供各种虚拟仪器设备

2. Proteus 7 虚拟仪器介绍

虚拟仪器是仿真软件中提供给用户进行电路仿真参数、信号参数等测量的工具。此工具类似于实验室中调试电路用的仪器。其操作方法与实际仪器类似。

当模式工具栏选择为虚拟仪器模式时，在左侧的当前器件列表中便会显示出软件提供给用户的所有虚拟仪器，如图附 B-2-2 所示。

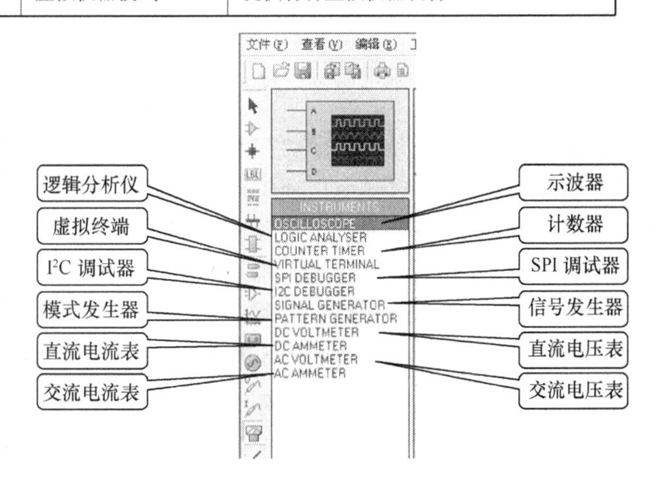

附 B-2-2　虚拟仪器名称

虚拟仪器的使用，只需按照实际仪器的操作方式将其对应的端口用虚拟的连线接至电路中的测试单和地即可。开始仿真时，仪器都会自动弹出其操作面板，如没有弹出则可双击该仪器符号或单击菜单“Debug”，在下拉菜单底部所列的对应仪器名称即可。常用的测量仪器仪表的英文名称、中文名称和电路中的符号对应关系附表 B-2-2。

附表 B-2-2　常用仪器仪表中、英文名称及符号的对应关系

英文名称	中文名称	电气符号
OSCILLOSCOPE	四踪示波器	
SIGNAL GENERATOR	信号发生器	
DC VOLTMETER	直流电压表	
DC AMMETER	直流电流表	

Proteus 7 所提供的虚拟仪器种类较多，下文将以最常用的几种仪器（电压表、电流表、信号发生器、示波器）的使用方法为例进行介绍。

(1) 电压、电流表

Proteus 7 中的电压包含直流电压表、交流电压表，电流表包含直流电流表、交流电流表。其使用方法，电压表应并联在电路中，而电流表应串联在电路中。使用直流电流表和电压表测量流过发光二极管 D1 的电流及灯泡两端的电压如图附 B-2-3 所示。

(2) 信号发生器

信号发生器主要为电路测试提供正弦波、方波、三角波等信号。开始仿真后，信号源便会自动弹出其操作界面，如图附 B-2-4 所示。用户通过旋钮和按钮可以对其产生波形的种类及参数进行设置。

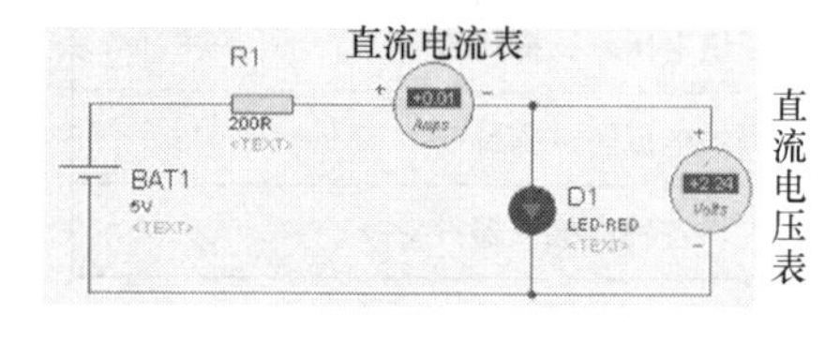

附 B-2-3　测量直流电流和电压

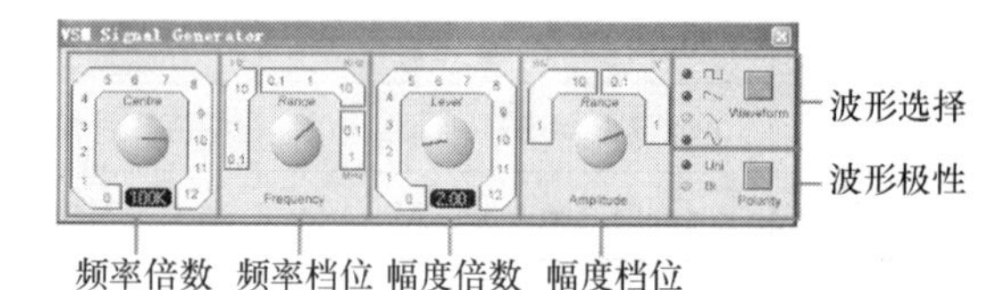

附 B-2-4　信号发生器操作界面

图附 B-2-4 中“波形选择(Waveform)”按钮可选择输出不同的波形，包括方波、锯齿波、三角波、正弦波等。“波形极性(Polarity)”可选择单极性输出(Uni)和双极性输出(Bi)。该设置主要针对方波信号而言，方波信号如果选择单极性输出，则输出波形的幅度始终为 0V 以上。通常情况下，该设置选择为双极性输出。

波形频率的改变可通过频率倍数旋钮和频率档位旋钮结合进行调整。输出波形的频率值等于频率挡位乘以频率倍数所得的值。如图附 B-2-4 所示，频率值应为“10kHz×10＝100kHz”。同理，波形幅度的改变方法与此相同。

(3) 示波器

Proteus 7 中提供给用户一台四踪示波器。该示波器可同时观察 4 路(A、B、C、D)信号的波形。其操作界面如图附 B-2-5 所示。

虚拟示波器与真实示波器类似，同样包括水平控制部分、垂直控制部分、触发控制部分和波形显示区等。

触发控制部分可选择“AC/DC”交流/直流耦合，上升沿/下降沿触发，触发源的通道 A/B/C/D 以及触发电平(Level)。触发电平只需直接滚动 Level 对应的滑轮即可。

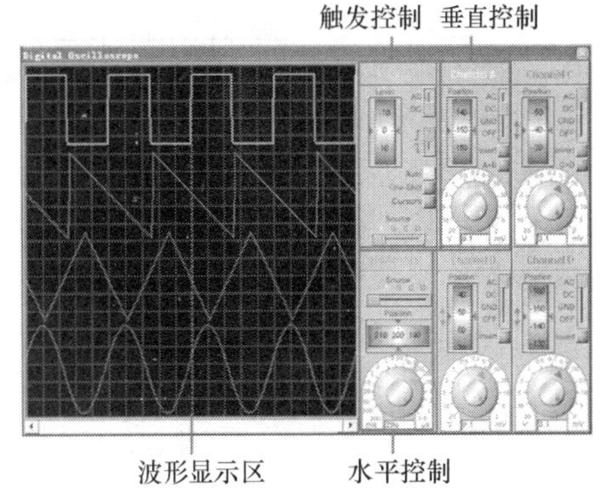

附 B-2-5　示波器操作界面

水平控制部分同时控制四个通道的水平参数。通过“Position”滑轮左右滚动可改变波形显示的水平位置，而水平扫描时间则由该部分底部的大小两个旋钮组成。大的旋钮对水平扫描时间进行粗调，小的旋钮则进行细调。

垂直控制部分一共有四组，每组分别控制对应的某一通道。以“ChannelA”为例，“Position”下对应的滚轮为波形显示垂直位置的调整，“AC、DC、GND、OFF”为耦合方式的选择，分别为“交流、直流、接地、关闭”等耦合方式。“Invert”按钮可控制波形是否反向显示，“A+B”按钮则控制 A 通道与 B 通道的波形是否需要叠加。该部分底部的大小旋钮分别对垂直方向的伏/格参数进行粗调和细调。B、C、D 三个通道的垂直控制部分与 A 通道相似。

附录 B-3　电路仿真软件实验练习

电路仿真软件是一种实践性较强的软件，只要勤动手、多练习、多操作，就能较快的掌握其使用的技能与窍门。反之，光看书不练习则只会产生事倍功半的效果。因此，学习仿真软件时，建议先快速地将书本浏览两遍，然后按照书中的实例边看书边进行操作练习，遇到不懂的再查书解决，这样就能快速学会仿真软件的使用。

1. Multisim 10 仿真练习

本节以利用 LM555 设计一个施密特触发器和 8051 单片机方波发生器的实验为例，介绍采用 Multisim 10 软件进行设计仿真的全过程。

(1) LM555 设计施密特触发器实验

① 输入并编辑电路原理图

输入电路图是分析和设计工作重要的一步，进行电路仿真前需从元器件库中选择需要的元器件放置在电路图中并连接起来，为分析和仿真做准备。

原理图应在工作窗进行输入，因此，在放置元件前应先通过“文件”菜单，新建一个项目。在新建项目的工作空间进行原理图的输入。原理图输入完毕后应及时保存。

② 添加虚拟仪器并仿真

在“信号源元件”工具栏中找到正弦信号“”并连入施密特触发器电路的输入端，双击该信号源图标将其中 Voltage 改为 5V，Frequency 改为 1kHz。

在“仪器”工具栏中找到虚拟示波器“”，并将其 A 通道连接在施密特触发器电路的输入端，B 通道连接在施密特触发器电路的输出端。连接完成后单击“仿真开关”工具栏中的“开始仿真”按钮“”或通过单击菜单“仿真/运行”即可开始仿真。双击示波器符号，将示波器水平扫描时间和垂直灵敏度调至合适大小，即可观察到仿真结果，施密特触发器电路及仿真结果如图附 B-3-1 所示。

如需停止仿真，反方向按下“仿真开关”按钮“”即可。也可通过菜单“仿真/停止”来结束仿真。

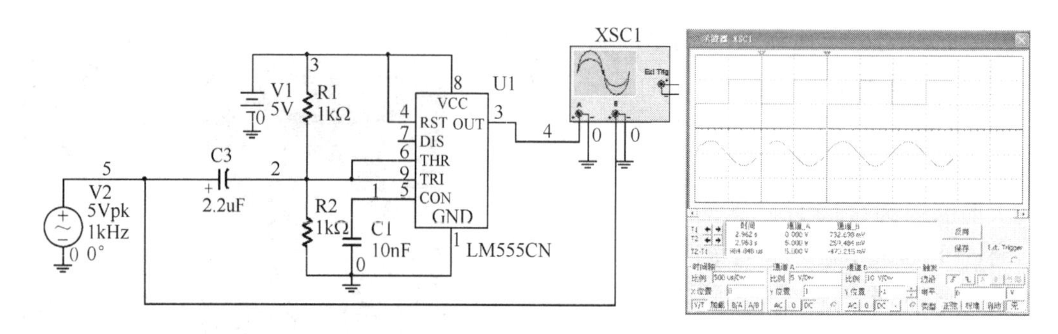

附 B-3-1　施密特触发器电路图及仿真结果

(2) 8051 单片机方波发生器实验

① 输入并编辑电路原理图

通过“文件”菜单，新建一个项目，然后在新建项目的工作空间进行原理图的输入。原理图输入完毕后应及时保存。8051 单片机方波发生器的实验电路如图附 B-3-2 所示。

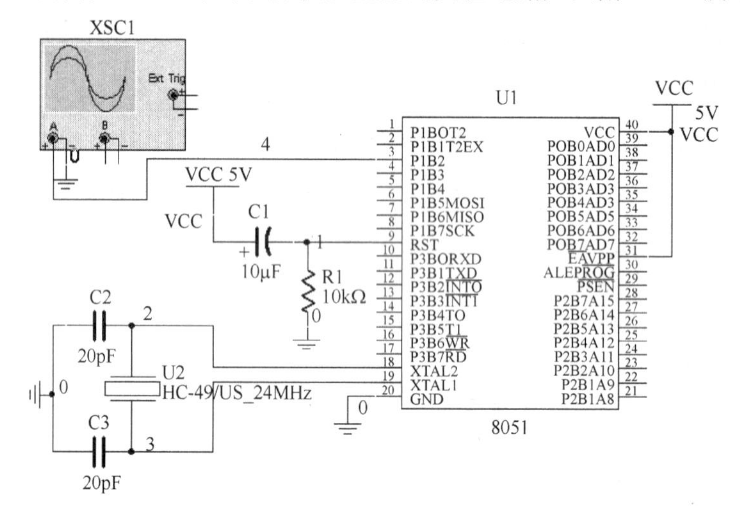

附 B-3-2　8051 单片机方波发生器实验电路

值得注意的是，使用 Multisim 10 进行单片机仿真时，取用单片机要进行一些基本设置，具体操作方法如下：

- 按照“元器件管理与取用”中介绍的操作方法打开选择元件对话框，在“组”中选择“MCU Module”，“系列”中选择“805x”，然后在“元件”列表中选择 8051，单击“确定”。
- 在工作窗中单击鼠标左键，弹出对话框，在对话框中选择保存路径并输入英文文件名，单击“下一步”，在弹出对话框的“Project type(项目类型)”项中选择“Use External Hex File(使用外部 Hex 文件)”，在“项目名称”处输入英文名称。单击“下一步”，选择“Create empty project”，单击“完成”即可。
- 在工作窗双击单击单片机元件，弹出对话框中主要设置单片机的时钟脉冲速度和代码属性。单击“代码”的“属性”后，弹出代码属性设置对话框，选择项目文件名后单击“浏览”，添加单片机程序通过编译后产生的机器文件(Hex 文件)。

② 添加机器代码并开始仿真

单片机是一种可编程器件，因此，在开始仿真前必须先加入需要运行的程序代码。Multisim 10 要求在使用单片机时添加“Hex”格式的机器代码。进行单片机程序开发时，通常采用汇编语言或 C 语言，此处，需要用户使用 Keil C 或其他单片机程序开发软件将程序编译，并产生“Hex”格式的机器代码。

获取了“Hex”格式的机器代码后，按照本节上文介绍的方法，将“Hex”文件路径添加即可。此时，单击“仿真开关”，即可看到程序和电路运行的结果，在 8051 单片机的 P1.2 口产生一个 500Hz 的方波。

③ 汇编语言程序源代码

该程序采用汇编语言编写，Keil C 软件进行编译。程序实现了在单片机 P1.2 口产生一个 500Hz 的方波。使用软件中的模拟示波器便可以观察到仿真结果，可在计算机上按例子的流程操作一遍，以加深印象。程序的说明及源代码如下：

```
;时钟:24MHZ              CPU:8051
;软件:Keil C51           编辑:LLZFRY
;时间:2012 年 3 月
;功能:P1.2 产生 500Hz 方波
ORG 0000H
AJMP MAIN
ORG 000BH
AJMP QUFAN
ORG 0030H
MAIN:
MOV TH0,#0F8H                ;2000 次
MOV TL0,#30H
MOV TMOD,#01H                ;定时器模式设置
MOV TCON,#10H
SETB ET0                     ;允许 T0 中断
SETB EA                      ;总中断允许
AJMP $                       ;原地等待
QUFAN:
MOV TH0,#0F8H                ;重装初值
MOV TL0,#30H
PUSH ACC                     ;压栈
PUSH PSW
PUSH DPL
PUSH DPH
CPL P1.2                     ;P1.2 取反
POP DPH                      ;出栈
POP DPL
POP PSW
POP ACC
RETI                         ;中断返回
END                          ;程序结束
```

2. Proteus 7 仿真练习

使用 Proteus 7 进行单片机设计的虚拟仿真实验练习。设计一个从单片机 P1.2 口输出

500Hz 方波信号的仿真设计实现过程，着重介绍从取用元件、绘制原理图直到添加 Hex 文件，即能快速掌握 Proteus 软件的基本应用。

(1) 取用元件

打开 Proteus 7 软件，在元件模式下进入器件库后利用关键字查找的方法找到此设计要用到的基本元器件 AT89C52。

(2) 输入并编辑原理图

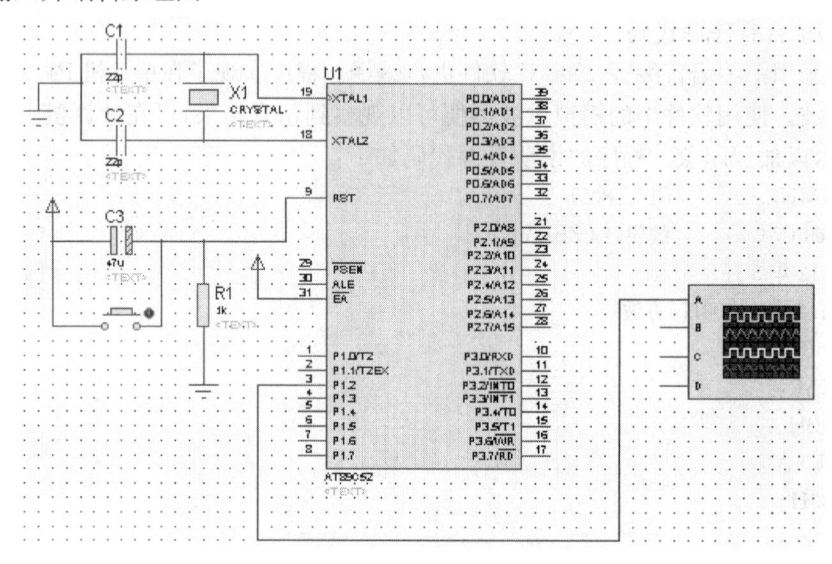

附 B-3-3　电路图

利用选择好的元件在编辑窗口绘制出该设计的电路原理图。绘制完毕后在虚拟仪器栏中找到示波器并加入到电路图中，将示波器 A 通道接入单片机的 P1.2 引脚，以备后续测试中观察 P1.2 引脚的波形，电路图如图附 B-3-3 所示。

(3) 设置单片机的仿真参数

双击原理图中的单片机元件，弹出对话框，输入“晶振频率(Clock Frequency)”为 24MHz，并单击“编程文件(Program File)”右边对应的文件夹符号，浏览至 500Hz 方波产生的源程序编译后所产生的 16 进制文件“square. hex”(实际电路中需要下载到单片机中去的机器码文件)所对应的路径，单击 OK 即可(此过程相当于将单片机机器代码虚拟的下载到了用于仿真的单片机芯片中)。

(4) 开始仿真

单击开始仿真按钮“▶”，此时可以观察到示波器自动启动，并显示出所需波形。通过波形图可证实此电路和源程序设计都正确。

(5) 单片机源程序

上述仿真实验的单片机程序为汇编语言编写，源代码已给出，仅供参考。如要编译产生能仿真使用的 Hex 文件，请使用相关的编译软件进行编译。如，Keil C51、Wave6000 等，都支持 51 单片机汇编语言的编译。单片机 P1.2 口产生 500Hz 方波的源代码同上述 Multisim 10。

附录C　实验板介绍

附录 C-1　单片机最小系统介绍

一、硬件系统

1. 单片机最小系统硬件整体结构

实验用单片机最小系统由时钟电路、复位电路、片外 RAM、片外 ROM、按键、数码管、液晶显示器、外部扩展接口等部分组成，图附 C-1-1、附 C-1-2、附 C-1-3 分别给出了单片机最小系统的结构框图、实物图和原理图。

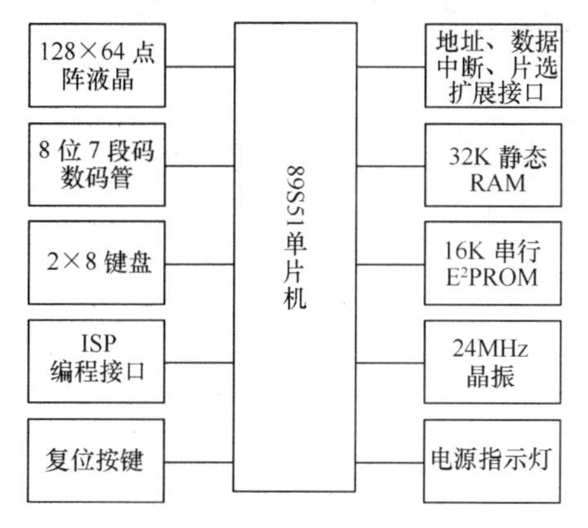

附 C-1-1　单片机最小系统的结构框图

附 C-1-2　单片机最小系统的实物图

2. 单片机最小系统硬件地址译码电路

最小系统上的全部硬件除 E²PROM 以外均是采用总线方式进行扩展的，每一个硬件均占用特定的物理地址。为了减少芯片的使用数量和降低 PCB 板布线的复杂度，本系统使用小规模可编程逻辑器件 GAL 代替 74 系列芯片实现译码电路。具体硬件如图附 C-1-3 中 U24，译码逻辑表达式如下：

LED_CS　=　(A == 0xA0)&(! $\overline{WR}$)；

KEY_CS　=　! ((A == 0xA1)&(! $\overline{RD}$))；

LCD_E　=　(A≥0xA2)&(A≤0xA3)&(! ($\overline{WR}$& $\overline{RD}$))；

LCD_L_CS　=　(A == 0xA2)；

LCD_R_CS　=　(A == 0xA3)；

OUT1_CS　=　(A == 0xA4) &(! ($\overline{WR}$& $\overline{RD}$))；

OUT2_CS　=　(A≥0xA8)&(A≤0xC7) &(! ($\overline{WR}$& $\overline{RD}$))；

OUT3_CS　=　(A≥0xC8)&(A≤0xFF) &(! ($\overline{WR}$& $\overline{RD}$))；

其中：

A 为单片机高 8 位地址 $A_{8..15}$，$\overline{WR}$与$\overline{RD}$为读写控制信号；

LED_CS 为数码管显示器片选信号，高电平有效，物理地址范围为 0xA000～0xA0FF，因为小系统上只有 8 个数码管显示器，实际只用到 0xA000～0xA007 8 个地址；

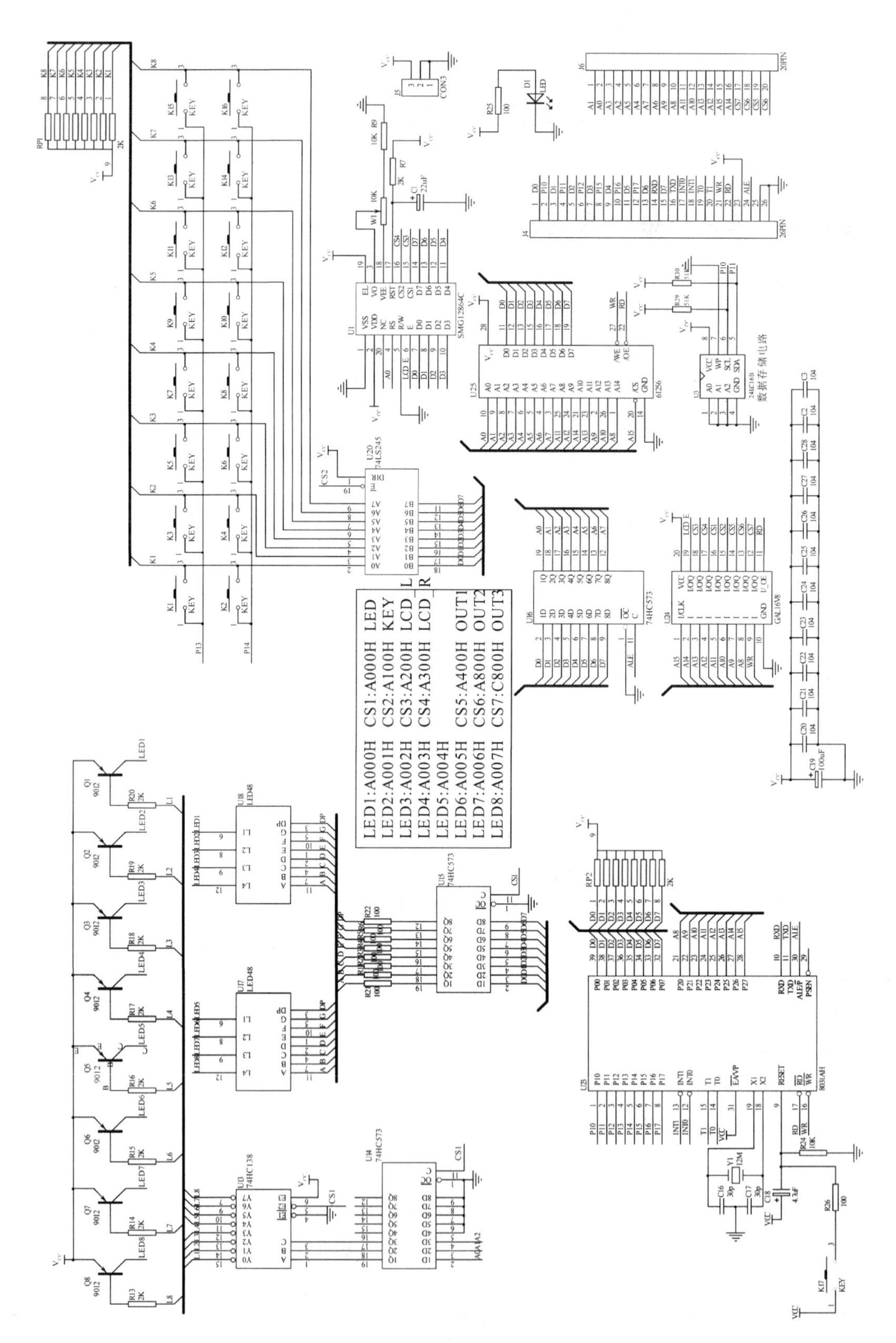

附 C-1-3　单片机最小系统的原理图

KEY_CS 为键盘片选信号，低电平有效，物理地址范围为 0xA100～0xA1FF，实际地址仅用到了 0xA100；

LCD_L_CS 为液晶左半部分片选信号，高电平有效，物理地址范围为 0xA200～0xA2FF，实际地址仅用到了 0xA200；

LCD_R_CS 为液晶右半部分片选信号，高电平有效，物理地址范围为 0xA300～0xA3FF，实际地址仅用到了 0xA300；

LCD_E 为液晶使能信号，高电平有效，物理地址范围为 0xA200～0xA3FF，实际地址仅用到了 0xA200 和 0xA300 两个地址；

OUT1_CS、OUT2_CS、OUT3_CS 为外部扩展片选信号，在小系统外部以总线的方式扩展其他硬件设备时可以利用其作为片选信号，高电平有效，地址范围分别为 0xA400～0xA4FF、0xA800～0xC7FF、0xC800～0xFFFF。用户可以根据自己的需要修改三者的逻辑表达式，只要保证不与 LED_CS、KEY_CS、LCD_L_CS、LCD_R_CS、LCD_E 和片外 RAM 地址冲突即可。

二、软件设计实例

1. 按键、数码管综合应用程序设计

在编写程序时考虑到单片机的资源利用情况，使用一个定时器为键盘扫描和数码管显示更新提供定时服务，定时中断函数流程如图附 C-1-4 所示。定时器定时间隔为 2ms，每次进入中断调用一次显示更新函数，每两次进入中断调用一次扫描键盘函数（保证每隔 4ms 读取一次键盘的数值）。

附 C-1-5 给出了利用以上给出的键盘扫描和数码管显示以及中断函数实现一个最简单系统的主程序流程图。在主程序中通过查询方式判断 getkey（获得有效按键标志位，当获得一个有效按键后键盘扫描函数将其置为 1），当获得有效按键后，令所有的数码管显示按键的数值。

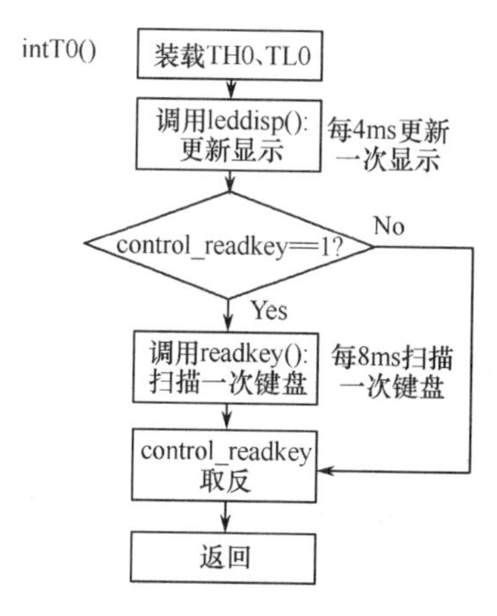

附 C-1-4　T0 中断处理函数流程图

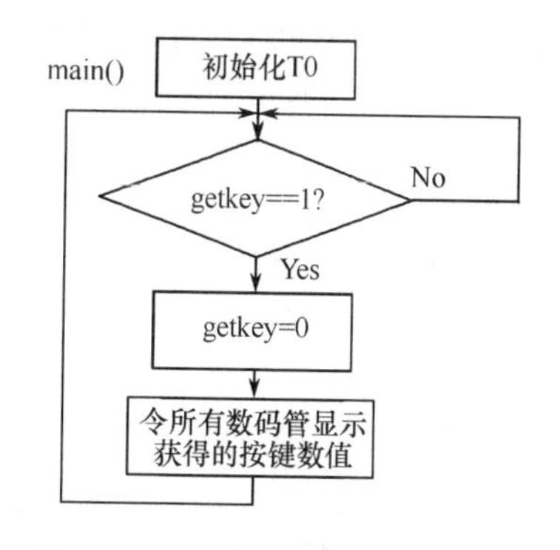

附 C-1-5　最简系统主程序流程图

根据程序流程图编写的 C 程序代码如下：

```
#include <absacc. h>
#include <reg51. h>
#include<intrins. h>
#define uchar unsigned char
```

```
/*数码管物理地址*/
#define LED1 XBYTE [0xA000]
#define LED2 XBYTE [0xA001]
#define LED3 XBYTE [0xA002]
#define LED4 XBYTE [0xA003]
#define LED5 XBYTE [0xA004]
#define LED6 XBYTE [0xA005]
#define LED7 XBYTE [0xA006]
#define LED8 XBYTE [0xA007]
/*键盘物理地址*/
#define KEY XBYTE [0xA100]
/*扫描键盘使用的变量 */
sbit first_row = P1^4;        //键盘第一行控制
sbit second_row = P1^3;       //键盘第二行控制
bit first_getkey = 0,control_readkey = 0;  //读键盘过程中的标志位
bit getkey = 0; //获得有效键值标志位,等于1时代表得到一个有效键值
bit keyon = 0;  //防止按键冲突标志位
uchar keynum = 0;  //获得的有效按键值寄存器
/*数码管显示使用的变量和常量*/
uchar lednum = 0;  //数码管显示位控制寄存器
uchar led[8] = {0,0,0,0,0,0,0,0};  //数码管显示内容寄存器
uchar code segtab[18] =
{0xc0,0xf9,0xa4,0xb0,0x99,0x92,0x82,0xf8,0x80,0x90,0x88,0x83,0xc6,
0xa1,0x86,0x8e,0x8c,0xff}; //七段码段码表
          // "0", "1", "2", "3", "4", "5", "6", "7", "8", "9", "A", "B", "C",
// "D", "E", "F", "P" ,"black"
/*函数声明*/
void leddisp(void); //数码管显示更新函数
void readkey(void); //键盘扫描函数
/ *T0 定时中断处理函数*/
void intT0() interrupt 1
{
    TH0 = -4230/256;          //定时器中断时间间隔 2ms
    TL0 = -4230%256;
    leddisp();                //每次定时中断显示更新一次
    if(control_readkey == 1)  //每两次定时中断扫描一次键盘
    {
    readkey();
    }
    control_readkey = ! control_readkey;
}
/*主函数*/
void main(void)
{
```

```
 TMOD = 0x01;      //设定定时器 T0 工作模式为模式 1
 TH0 = -4230/256;  //定时器中断时间间隔 2ms
 TL0 = -4230%256;
 TCON = 0x10;
     ET0 = 1;
     EA = 1;

     while(1)            //等待获得有效按键
     {
          if(getkey == 1)  //判断是否获得有效按键
          {
             getkey = 0;        //当获得有效按键时,清除标志位
             led[0] = keynum;  //令全部数码管显示按键值
             led[1] = keynum;
             led[2] = keynum;
             led[3] = keynum;
             led[4] = keynum;
             led[5] = keynum;
             led[6] = keynum;
             led[7] = keynum;
          }
     }
}

/*****************************************
              键盘扫描函数
原型:    void readkey(void);
功能:  当获得有效按键时,令 getkey=1,keynum 为按键值

*****************************************/
void readkey(void)
{
uchar M_key = 0;  ////键盘数值暂存单元
     first_row = 0;
     second_row = 0;
     M_key = KEY;
     if(M_key != 0xff)  //如果有连续两次按键按下,认为有有效按键按下
//消除按键抖动
        {
         if(first_getkey == 0)
                {
                first_getkey = 1;
            }
```

```
        else        //当有有效按键按下时，进一步识别是哪一个按键
        {
            if(keyon == 0) //防止按键冲突，当还有未释放的按键时不对其他
//按键动作响应
            {
                first_row = 0;              //扫描第一行按键
                second_row = 1;
                M_key = KEY;
                if(M_key ! = 0xff)
            {
                    switch(M_key)
                    {
                        case 0xfe:
                            keynum = 0x00;
                            break;
                        case 0xfd:
                            keynum = 0x01;
                            break;
                        case 0xfb:
                        keynum = 0x02;
                            break;
                        case 0xf7:
                            keynum = 0x03;
                            break;
                        case 0xef:
                            keynum = 0x04;
                            break;
                        case 0xdf:
                            keynum = 0x05;
                            break;
                        case 0xbf:
                            keynum = 0x06;
                            break;
                        case 0x7f:
                            keynum = 0x07;
                            break;
                    }
            }
                else
            {
                    second_row = 0;        //扫描第二行按键
                    first_row = 1;
                    M_key = KEY;
                    switch(M_key)
```

```
            {
                case 0xfe:
                    keynum = 0x08;
                    break;
                case 0xfd:
                    keynum = 0x09;
                    break;
                case 0xfb:
                    keynum = 0x0a;
                    break;
                case 0xf7:
                    keynum = 0x0b;
                    break;
                case 0xef:
                    keynum = 0x0c;
                        break;
                 case 0xdf:
                        keynum = 0x0d;
                        break;
                 case 0xbf:
                        keynum = 0x0e;
                        break;
                 case 0x7f:
                        keynum = 0x0f;
                        break;
            }
        }
         getkey = 1; //获得有效按键数值
            keyon = 1;   //防止按键冲突,当获得有效按键时将其置 1
      }
      }
  }
  else
  {
  first_getkey = 0;
  keyon = 0;        //防止按键冲突,当所有的按键都释放时将其清零
  }
}

/*****************************************
            数码管显示函数
原型:    void leddisp(void);
功能:  每次调用轮流显示一位数码管
```

```
********************************************/
void leddisp(void)
{
switch(lednum)  //选择需要显示的数码位
    {
        case 0:
        LED1 = segtab[led[0]];
            break;
        case 1:
            LED2 = segtab[led[1]];
            break;
        case 2:
            LED3 = segtab[led[2]];
            break;
        case 3:
            LED4 = segtab[led[3]];
            break;
        case 4:
            LED5 = segtab[led[4]];
            break;
        case 5:
            LED6 = segtab[led[5]];
            break;
        case 6:
            LED7 = segtab[led[6]];
            break;
        case 7:
            LED8 = segtab[led[7]];
            break;
      }

    if(lednum == 0) //更新需要显示的数码管位置
        {
        lednum = 7;
        }
        else
        {
        lednum = lednum-1;
 }
 }
```

2. 液晶驱动程序

根据地址译码器提供的地址以及信号 A_0,可以得出向液晶左右两个控制器中写入命令和数据的物理地址,下面给出在C语言中的具体定义:

```
#define  LCD_L_DATA  XBYTE[0xA201]  //左半边液晶数据地址
```

```
#define  LCD_R_DATA  XBYTE [0xA301]  //右半边液晶数据地址
#define  LCD_L_Command  XBYTE [0xA200]//左半边液晶命令地址
#define LCD_R_Command XBYTE [0xA300]   //右半边液晶命令地址
```

为了使液晶能够显示字符、汉字以及图形,需要对其进行正确的设置,具体过程如下:

① 在系统上电后对其进行初始化设置。向左右两部分控制器写入控制字 0xC0,设置显示的初始行。向左右两部分控制器写入控制字 0x3F,将液晶的左右两部分显示开启。此部分功能由后面给出程序中的 lcd_initial()函数完成。

② 在液晶指定位置显示给定的数据。完成液晶的初始化以后,通过写入命令字确定显示的列地址和页地址,然后写入需要显示的数据。

以下给出了在液晶指定位置显示大小为 8×8 字符、16×16 汉字以及 128×64 图形的 C 语言程序,用户可以根据需要利用函数 lcd_write_byte()编写显示任意大小图形和文字的函数。

```
/*****************************************/
/**            单片机小系统测试程序            **/
/**            作者:关永峰                       **/
/**            时间:2006/12/20                 **/
/*****************************************/
#include <absacc.h>
#include <reg51.h>
#include<intrins.h>
#define uchar unsigned char
#define LCD_L_DATA XBYTE [0xA201] //左半边液晶数据地址
#define LCD_R_DATA XBYTE [0xA301] //右半边液晶数据地址
#define LCD_L_Command  XBYTE [0xA200]//左半边液晶命令地址
#define LCD_R_Command  XBYTE [0xA300]//右半边液晶命令地址

uchar code G[8] = {0x00,0x00,0x3e,0x41,0x49,0x49,0x7a,0x00}; /*G*/
uchar code U[8] = {0x00,0x00,0x3f,0x40,0x40,0x40,0x3f,0x00}; /*U*/
uchar code O[8] = {0x00,0x00,0x3e,0x41,0x41,0x41,0x3e,0x00}; /*O*/
/*--  宋体 12;  此字体下对应的点阵为:宽×高=16×16   --*/
/*--  文字:  国  --*/
uchar code guo[32] =
{0x00,0xFE,0x02,0x0A,0x8A,0x8A,0x8A,0xFA,0x8A,0x8A,0x8A,0x0A,0x02,0xFE,
0x00,0x00,0x00,0xFF,0x40,0x48,0x48,0x48,0x48,0x4F,0x48,0x49,0x4E,0x48,0x40,
0xFF,0x00,0x00};
/*--  文字:  防  --*/
uchar code fang[32] =
{0x00,0xFE,0x22,0x5A,0x86,0x02,0x08,0x08,0xF9,0x8E,0x88,0x88,0x88,0x08,0x08,
0x00,0x00,0xFF,0x04,0x08,0x47,0x20,0x18,0x07,0x00,0x00,0x40,0x80,0x7F,0x00,
0x00,0x00};
/*--  文字:  科  --*/
uchar code ke[32] =
{0x10,0x12,0x92,0x72,0xFE,0x51,0x91,0x00,0x22,0xCC,0x00,0x00,0xFF,0x00,0x00,
0x00,0x04,0x02,0x01,0x00,0xFF,0x00,0x04,0x04,0x04,0x02,0x02,0x02,0xFF,0x01,
```

```
0x01,0x00};
/*--  文字: 技  --*/
uchar code ji[32] =
{0x08,0x08,0x88,0xFF,0x48,0x28,0x00,0xC8,0x48,0x48,0x7F,0x48,0xC8,0x48,0x08,
0x00,0x01,0x41,0x80,0x7F,0x00,0x40,0x40,0x20,0x13,0x0C,0x0C,0x12,0x21,0x60,
0x20,0x00};
/*--  文字: 大  --*/
uchar code da[32] =
{0x20,0x20,0x20,0x20,0x20,0x20,0xA0,0x7F,0xA0,0x20,0x20,0x20,0x20,0x20,0x20,
0x00,0x00,0x80,0x40,0x20,0x10,0x0C,0x03,0x00,0x01,0x06,0x08,0x30,0x60,0xC0,
0x40,0x00};
/*--  文字: 学  --*/
uchar code xue[32] =
{0x40,0x30,0x10,0x12,0x5C,0x54,0x50,0x51,0x5E,0xD4,0x50,0x18,0x57,0x32,0x10,
0x00,0x00,0x02,0x02,0x02,0x02,0x02,0x42,0x82,0x7F,0x02,0x02,0x02,0x02,0x02,
0x02,0x00};
/***********************************
 液晶驱动函数声明
***********************************/
void lcd_initial(void);
void lcd_write_byte(uchar xpos,uchar ypos,uchar * byte);
void lcd_write_char(uchar char_xpos,uchar char_ypos,uchar * char_source_addr);
void lcd_write_hanzi(uchar hanzi_xpos,uchar hanzi_ypos,uchar * hanzi_source_addr);
void lcd_clear(void);
void lcd_fill(void);
void  delay(uchar time_nop);
void main(void)
{
lcd_initial();//初始化液晶
lcd_clear();  //液晶清屏

lcd_write_char(0,0,G);   //显示"A"
lcd_write_char(1,0,U);   //显示"B"
lcd_write_char(2,0,O);   //显示"C"

lcd_write_hanzi(2,2,guo);  //显示"国"
lcd_write_hanzi(4,2,fang); //显示"防"
lcd_write_hanzi(6,2,ke);   //显示"科"
lcd_write_hanzi(8,2,ji);   //显示"技"
lcd_write_hanzi(10,2,da);  //显示"大"
lcd_write_hanzi(12,2,xue); //显示"学"
while(1){}
}
```

```
/*************************************************************************
                    延时函数
函数原型：void   delay(uchar time_nop)；
功能：          延时 time_nop 个 nop
*************************************************************************/
void   delay(uchar time_nop)
{
uchar i；
for(i=0；i<time_nop；i++)
{
    _nop_()；
}
}
/*************************************************************************
            LCD 初始化
原型：  void lcd_initial(void)；
功能：将 LCD 进行初始化，设置初始行并开显示
*************************************************************************/
void lcd_initial(void)
{
delay(5)；
LCD_L_Command = 0xC0；      //设置显示初始行
delay(5)；
LCD_R_Command = 0xC0；
delay(5)；
LCD_L_Command = 0x3F；      //开显示
delay(5)；
LCD_R_Command = 0x3F；
delay(5)；
}
/*************************************************************************
            向 LCD 中写入一个字节数据函数
原型：  void lcd_write_byte(uchar xpos,uchar ypos,uchar byte)；
功能：将一个字节数据 byte 写入液晶的(xpos,ypos)的位置处，此处将液晶的显示区按照二维坐
标进行定义，xpos 为横坐标从左到右顺序为 0～127，ypos 为纵坐标从上到下顺序为 0～7。
*************************************************************************/
void lcd_write_byte(uchar xpos,uchar ypos,uchar * byte)
{
if(xpos <= 63)  //坐标位置处在液晶的左半部分
{
    delay(5)；
    LCD_L_Command = xpos + 0x40；  //设定写入数据的列地址
    delay(5)；
    LCD_L_Command = ypos + 0xB8；  //设定写入数据的行地址
```

```
        delay(5);
        LCD_L_DATA = *byte;                   //向(xpos,ypos)处写数据
        delay(5);
    }
    else        //坐标位置处在液晶的右半部分
    {
        delay(5);
        LCD_R_Command = (xpos - 64) + 0x40;  //设定写入数据的列地址
        delay(5);
        LCD_R_Command = ypos + 0xB8;  //设定写入数据的行地址
        delay(5);
        LCD_R_DATA = *byte;                   //向(xpos,ypos)处写数据
        delay(5);
    }
    }
    /*****************************************
    在 LCD 指定位置显示一个 ASIIC 字符函数    字符大小为 8×8
    原型:void lcd_write_char(uchar char_xpos,uchar char_ypos,uchar *char_source_addr);
    功能:将一个字符数据写入液晶的(char_xpos,char_ypos)的位置处,此处将液晶的显示区按照二维坐标进行定义,char_xpos 为横坐标从左到右顺序为 0~15,char_ypos 为纵坐标从上到下顺序为 0~7。
    *****************************************/
    void lcd_write_char(uchar char_xpos,uchar char_ypos,uchar *char_source_addr)
    {
    uchar i = 0;

    for(i=0;i<=7;i++)
    {
        lcd_write_byte(char_xpos * 8 + i, char_ypos, char_source_addr + i);
    }
    }
    /*****************************************
    在 LCD 指定位置显示一个汉字函数      字符大小为 16*16
    原型:void lcd_write_hanzi(uchar hanzi_xpos,uchar hanzi_ypos,uchar
     *hanzi_source_addr);
    功能:将一个汉字数据写入液晶的(hanzi_xpos,hanzi_ypos)的位置处,此处将液晶的显示区按照二维坐标进行定义,hanzi_xpos 为横坐标从左到右顺序为 0~4(以半个汉字符为单位),hanzi_ypos 为纵坐标从上到下顺序为 0~6(以半个汉字符为单位)。
    *****************************************/
    void lcd_write_hanzi(uchar hanzi_xpos,uchar hanzi_ypos,uchar *hanzi_source_addr)
    {
    uchar i = 0;

    for(i=0;i<=15;i++) //写汉字的上半部分
```

```
{
    lcd_write_byte(hanzi_xpos * 8 + i, hanzi_ypos, hanzi_source_addr + i);
}
for(i=0;i<=15;i++) //写汉字的下半部分
{
    lcd_write_byte(hanzi_xpos *8+i,hanzi_ypos+1,hanzi_source_addr+16+i);
}
}
/*************************************
LCD 清屏
原型: void lcd_clear(void);
功能:将 LCD 清屏
*************************************/
void lcd_clear(void)
{
uchar i,j;
uchar byte[1] = {0x00};

for(i=0;i<=127;i++)
{
    for(j=0;j<=7;j++)
    {
        lcd_write_byte(i,j,byte);
    }
}
}
/*************************************
LCD 填充
原型: void lcd_fill(void);
功能:将 LCD 填充为黑色
*************************************/
void lcd_fill(void)
{
uchar i,j;

uchar byte[1] = {0xFF};
for(i=0;i<=127;i++)
{
    for(j=0;j<=7;j++)
    {
        lcd_write_byte(i,j,byte);
    }
}
}
```

附录 C-2　FPGA 核心板介绍

一、FPGA 核心板介绍

1. 基本配置：

① 支持+5V 直流电源输入，也支持从扩展板取电。

② 核心 FPGA 芯片为 Altera 公司的 EP2C20Q240C8。

③ 片内 18752 个 LE，239616bit RAM，52 个 9 位乘法器，4 个 PLL。

④ 内核电压 1.2V，IO 口电压 3.3V。

⑤ 最大可提供 142 个可用 IO 口。

⑥ 支持 JTAG、AS 等多种加载配置模式。

⑦ 提供 50MHZ 有源晶振输入，满足高速设计要求。

2. 核心板实物及示意图，如图附 C-2-1 及附 C-2-2 所示。

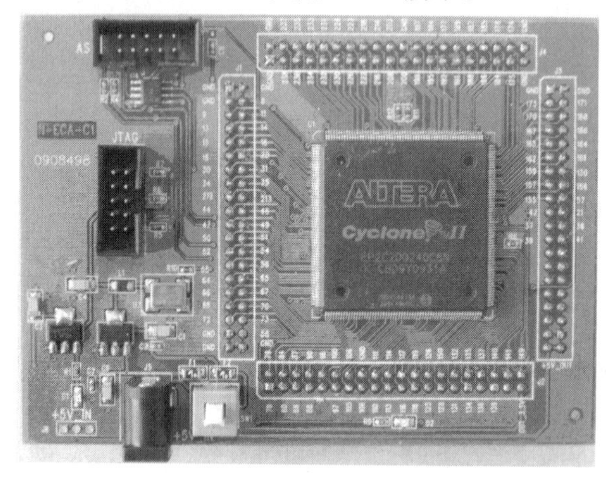

附 C-2-1　FPGA 核心板实物图

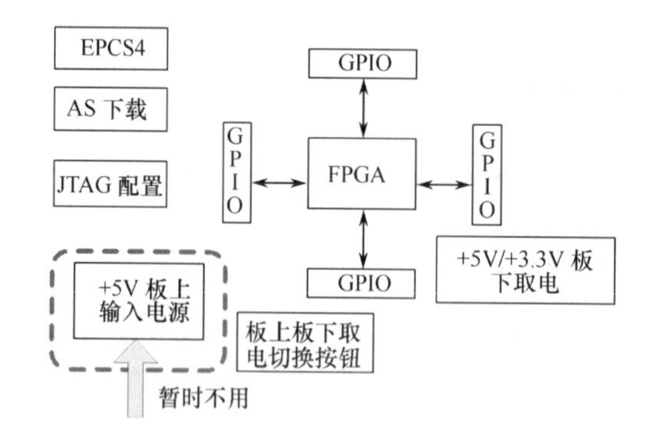

附 C-2-2　FPGA 核心板示意图

3. 核心板与扩展板 IO 口对应关系表见附表 C-2-1。

附表 C-2-1　核心板与扩展板 IO 口对应关系表

序号	J1	EP2C20	J2	EP2C20
1	GND		RAM_A8	78
2	GND		RAM_A10	79
3	GND		RAM_A11	80
4	MCU_D4/LCD_D6	8	RAM_A13	84
5	MCU_P15/LCD_D5	9	RAM_A9	86
6	MCU_D3/LCD_D4	11	RAM_A15	87
7	MCU_P12/LCD_D3	13	RAM_D8	88
8	MCU_D2/LCD_D2	14	RAM_D9	90
9	MCU_P11/LCD_D1	15		
10	MCU_D1/LCD_D0	16	RAM_D11	96
11	MCU_P10/LCD_E	18	RAM_D13	97
12	MCU_D0/LCD_RS	20	RAM_D10	100
13	KEY2	30	RAM_D15	105
14	KEY1	31	RAM_D12	106
15	KEY4	34	RAM_D14	109
16	KEY3	35	GND	
17	KEY6	212	RAM_BLE	110
18	KEY5	213	RAM_BHE	111
19	ROM_SDA	44	RAM_OE	113
20	ROM_SCL	46	RAM_A7	114
21	RAM_A14	47	RAM_A6	116
22	RAM_A12	49	RAM_A5	117
23	RAM_D6	50	VGA_VS	118
24	RAM_WE	51	VGA_HS	119
25	RAM_D2	52	VGA_B1	125
26	RAM_D4	54	VGA_B2	126
27	RAM_A0	55	VGA_G2	128
28	RAM_D0	56	VGA_B0	150
29	RAM_A4	64	VGA_G0	131
30	RAM_A2	65	VGA_G1	132
31	RAM_A1	66	VGA_R0	134
32	RAM_A3	67	VGA_R1	135
33	RAM_D1	68	232_RXD	136
34	RAM_CS	70	232_TXD	137
35	RAM_D5	72	KB_DATA	139
36	RAM_D3	73	KB_CLK	140
37	GND		OUT_1.8V	
38	RAM_D7	58	MOUSE_DATA	141
39	GND		OUT_3.3V	
40	GND		MOUSE_CLK	149

续表

序号	J3	EP2C20	J4	EP2C20
1	GND		GND	
2	GND		GND	
3	DA1_D8	173	MCU_P16/LCD_D7	238
4	DA1_D9	171	MCU_P17/LCD_CS2	237
5	DA1_D6	170	MCU_D5/LCD_CS1	236
6	DA1_D7	168	AUDIO	235
7	DA1_D4	167	MCU_ALE/LED_CS	234
8	DA1_D5	166	MCU_RD/SEG_DCS	233
9	DA1_D2	165	MCU_WR/SEG_LCS	232
10	DA1_D3	164	MCU_T1/LEDKEY_D7	231
11	DA1_D0	162	MCU_T0/LEDKEY_D6	230
12	DA1_D1	161	MCU_INT1/LEDKEY_D5	228
13	DA2_D9	159	MCU_INT0/LEDKEY_D4	226
14	DA1_CLK	130	MCU_TXD/LEDKEY_D3	223
15	DA2_D7	157	MCU_D7/LEDKEY_D2	222
16	DA2_D8	156	MCU_RXD/LEDKEY_D1	218
17	DA2_D5	155	MCU_D6/LEDKEY_D0	216
18	DA2_D6	57	MCU_A15/KEY_LINE2	214
19	DA2_D3	42	MCU_A11/KEY_ROW2	208
20	DA2_D4	21	MCU_A13/KEY_LINE0	203
21	DA2_D1	37	MCU_A9/KEY_ROW0	200
22	DA2_D2	38	GND	
23	DA2_CLK	39	MCU_A10/KEY_ROW3	199
24	DA2_D0	41	MCU_A8/KEY_ROW1	197
25	DDS_RESET		MCU_A14/KEY_LINE3	195
26	DDS_D7		MCU_A12/KEY_LINE1	194
27	DDS_D6		AD_OE	192
28	DDS_D4		AD_CLK	177
29	DDS_D5		AD_D9	191
30	DDS_D3		AD_D8	189
31	DDS_D2		AD_D7	188
32	DDS_D0		AD_D6	187
33	DDS_D1		AD_D5	186
34	DDS_FQUD		AD_D4	185
35	DDS_WCLK		AD_D3	184
36	DDS_QOUT		AD_D2	178
37	DDS_QOUTB		AD_D1	175
38	GND		AD_D0	174
39	VCC		GND	
40	VCC		GND	

参 考 文 献

[1] 高吉祥,库锡树主编. 电子技术基础实验与课程设计(第三版). 北京:电子工业出版社,2011

[2]《无线电》编辑部. 无线电元器件精汇. 北京:人民邮电出版社,2001

[3] 李桂安主编. 电工电子实践初步. 南京:东南大学出版社,1999

[4] 杨圣,江兵. 电子技术实践基础教程. 北京:清华大学出版社,2006

[5] 朱卫东主编. 电子技术实验教程. 北京:清华大学出版社,2009

[6] 梁宗善. 新型集成电路的应用——电子技术基础课程设计. 武汉:华中理工大学出版社,1998

[7] 徐建仁. 数字集成电路应用与实验(第二版). 长沙:国防科技大学出版社,1999

[8] 苏文平. 新型电子电路应用实例精选. 北京:北京航空航天大学出版社,2000

[9] 高吉祥. 刘原主编. 电路分析基础(第二版). 北京:电子工业出版社,2011

[10] 高吉祥主编. 模拟电子技术(第三版). 北京:电子工业出版社,2011

[11] 高吉祥. 丁文霞主编. 数字电子技术(第三版). 北京:电子工业出版社,2011

[12] 高吉祥主编. 高频电子线路(第三版). 北京:电子工业出版社,2011

反侵权盗版声明

举报电话：（010）88254396；（010）88258888
传　　真：（010）88254397
E-mail：　dbqq@phei.com.cn
通信地址：北京市万寿路 173 信箱
　　　　　电子工业出版社总编办公室
邮　　编：100036